HIDROLOGIA

*CONCEITOS E EXERCÍCIOS
COM APLICAÇÕES PRÁTICAS*

Fealq

FUNDAÇÃO DE ESTUDOS AGRÁRIOS LUIZ DE QUEIROZ - FEALQ
Avenida Centenário, 1080 - São Dimas
13.416-000 | Piracicaba-SP | Brasil

Fone: 19 3417 6600
livros@fealq.com.br
www.fealq.org.br

1ª edição maio de 2024

CAPA E DIAGRAMAÇÃO
Victor Benatti (@vbenatti)

APOIO EDITORIAL
Sônia Piacentini

IMPRESSÃO
Gráfica Idealiza

Catalogação na Publicação
DIVISÃO DE BIBLIOTECA - DIBD/ESALQ/USP

Hidrologia: conceitos e exercícios com aplicações práticas / Sergio Nascimento Duarte ... [et. al.]. - - Piracicaba : FEALQ, 2024.
563 p. : il.

ISBN: 978-65-89722-53-3

1. Hidrologia I. Araújo, J. C. II. Costa, R. N. T. III. Gheyi, H. R. IV. Título
CDD 551.48

Elaborada por Maria Angela de Toledo Leme - CRB-8/3359

SERGIO NASCIMENTO DUARTE – ESALQ/USP
JOSÉ CARLOS DE ARAÚJO – UFC
RAIMUNDO NONATO TÁVORA COSTA – UFC
HANS RAJ GHEYI – UFCG

HIDROLOGIA

CONCEITOS E EXERCÍCIOS COM APLICAÇÕES PRÁTICAS

Piracicaba-SP
– 2024 –

Sumário

Agradecimentos

Várias pessoas colaboraram direta ou indiretamente para a execução desta obra, mas é necessário destacar algumas devido à grande influência que exerceram no conteúdo.

Ao Prof. Décio Eugênio Cruciani da ESALQ/USP, por ter sido o pioneiro no lecionamento da disciplina de Hidrologia em cursos de Agronomia no Brasil.

Ao Prof. Fernando Falco Pruski, da UFV, pelo fornecimento do material que balizou a elaboração deste livro.

Ao Prof. Abel Genovez da FEC/UNICAMP, pelas excelentes aulas ministradas na disciplina de Pós-Graduação de Complementos de Hidrologia.

À Prof.ª Vera Lúcia da UFCG pelas sugestões e correções.

Aos colegas do DAEE-SP, Regional de Piracicaba, por todas as vezes que se mostraram disponíveis para o esclarecimento de dúvidas relacionadas a Outorgas e Gestão de Recursos Hídricos.

Ao Luiz Fernando Novello e Beatriz Regina Duarte Novaes, servidores do Departamento de Engenharia de Biossistemas da ESALQ/USP, pela colaboração no trabalho com as figuras e o texto.

Ao Laboratório de Hidrologia Aplicada e Ambiental da ESALQ (LABHA) pelo incentivo dado à elaboração e ao Laboratório de Hidrologia da UNICAMP (LADSEA) pelo apoio técnico.

Ao Instituto Nacional de Ciência e Tecnologia de Engenharia de Irrigação (INCTEI - CNPq) e Instituto Nacional de Ciência e Tecnologia de Agricultura Sustentável no SemiÁrido Tropical (INCTAgriS), pelo apoio na confecção deste material.

Prefácio

A Hidrologia vem despertando de forma crescente a atenção tanto do meio acadêmico quanto da sociedade, em virtude das alterações na disponibilidade de água nas bacias hidrográficas, e da frequente ocorrência de eventos hidrológicos extremos, que podem impactar a segurança social, o desenvolvimento socioeconômico, e a sustentabilidade ambiental das diversas regiões do planeta.

Este documento reúne experiências acadêmicas e científicas de profissionais com larga atuação no país, que trazem ao leitor conteúdos teóricos e práticos em Hidrologia, de forma abrangente e comparativa, a partir de aplicações tanto em bacias hidrográficas de regiões mais úmidas do Brasil, quanto daquelas que apresentam fortes cenários de escassez hídrica.

Abordando assuntos de crescente interesse técnico-científico, este livro aprofunda tópicos relacionados a eventos extremos, processos hidrológicos, e critérios para alocação hídrica em bacias hidrográficas rurais, com um viés para aplicações na engenharia de irrigação.

Os capítulos a seguir tratam conteúdos essenciais para aumento da segurança hídrica e usos múltiplos, em um mundo cada vez mais atento à necessidade de gestão sustentável dos recursos hídricos disponíveis, combinando aspectos relacionados ao armazenamento de água em reservatórios superficiais e subterrâneos, controle de enchentes, sem esquecer de aspectos de qualidade dessas águas, que muitas vezes restringem sua aplicação para os usuários e para suporte a atividades econômicas.

Os cinco primeiros capítulos do livro tratam de fundamentos relacionados aos componentes e aos processos hidrológicos. Do capítulo 6 ao 10 são abordadas fundamentações essenciais para gestão dos recursos hídricos, e para atendimento de demandas, incluindo importantes questões relacionadas à produção de sedimentos, conservação da água e análise estatística de eventos extremos. Conteúdos abrangentes referentes a modelos hidrológicos são apresentados no capítulo 11, envolvendo aplicações tanto em bacias localizadas em áreas mais úmidas quanto em bacias do semiárido. No capítulo final, são abordados aspectos de legislação de recursos hídricos, de fundamental importância para um adequado gerenciamento dos recursos hídricos.

Sem dúvida, este livro reflete a experiência científica dos autores, e de cooperações estabelecidas com profissionais do país e do exterior, e constitui-se em material de grande valia para o ensino, a pesquisa e a aplicação da Hidrologia no Brasil. À medida que integra aplicações em Engenharia Agrícola e Ambiental, Engenharia Agronômica, e Engenharia Civil, este material traz uma abordagem inovadora de assuntos que precisam estar presentes no dia a dia dos profissionais que lidam com a Engenharia Hidrológica, e com disciplinas afins.

Abelardo A.A. Montenegro
Departamento de Engenharia Agrícola
Universidade Federal Rural de Pernambuco

Apresentação

Passados oito anos do lançamento de uma Apostila de Hidrologia Básica na ESALQ, observou-se que esta teve uma boa acolhida, principalmente pelos estudantes de Graduação e de Pós-Graduação que vieram de várias regiões do país e que se mostram interessados em iniciar seus estudos em Hidrologia. Devido a este fato, e considerando que possivelmente estes estudantes vão prosseguir aprimorando os seus conhecimentos hidrológicos, achou-se por bem adicionar ao texto os capítulos com conceitos básicos de *Infiltração* (Capítulo 3), *Processos Evaporativos* (Capítulo 4) e *Hidrossedimentologia em Bacias* (Capítulo 9). Essa ampliação visou dar as principais informações sobre estes três grandes capítulos da Hidrologia, àqueles que prosseguirão se aprofundando no estudo desta Ciência, e culminou na elaboração do livro de Hidrologia que aqui se apresenta.

O livro procurou, também, ampliar o número de *Exercícios Resolvidos e Propostos* e corrigir uma série de pequenos erros que passaram despercebidos na Apostila, mantendo seu objetivo principal de fornecer noções básicas de Hidrologia aos alunos dos cursos de Engenharia Agronômica, Engenharia Agrícola e Ambiental, Gestão Ambiental e Engenharia Civil.

Além de ser um material didático de apoio aos estudantes, escrito em uma linguagem simples e acessível, este livro de Hidrologia é indicado para os profissionais que buscam atualizar seus conhecimentos, levando-se em consideração as mudanças ocasionadas pela Lei nº 9.433, que estabeleceu a outorga de uso de água como um dos instrumentos de gestão de recursos hídricos, e a necessidade do pedido de outorga para realizar captação de água e intervenções nas calhas dos rios. Esta Lei requer a formação de profissionais capacitados a planejar o manejo de vazões máximas, médias e mínimas, que muitas vezes ocorrem em pequenos cursos d'água, onde normalmente não há medições ou registros de dados de vazão.

Os autores agradecem aos colegas e estudantes que ajudaram com sugestões para o texto e no diagnóstico de erros cometidos na antiga Apostila.

Os Autores

Lista de abreviaturas e siglas

CAPÍTULO 1 • CICLO HIDROLÓGICO E BACIAS HIDROGRÁFICAS

a.C. - Antes de Cristo
A - Área da bacia
APP - Área de Preservação Permanente
Kc - Coeficiente de compacidade
L - Comprimento axial da bacia
CAD - Computer Aided Design
IΔ - Declividade média do triângulo de área equivalente do talvegue
Ieq - Declividade média harmônica equivalente ponderada do talvegue
Is - Declividade média simples do talvegue
Dd - Densidade de drenagem
ℓ - Extensão média do escoamento sobre o terreno ou comprimento de rampa
Kf - Fator de forma de Horton
F - Fator de forma de I-Pai-Wu
GCM - Global Climate Circulation Models
Lm - Largura média da bacia
LF - Lençol freático
MG - Minas Gerais
MNT - Modelo Numérico do Terreno
PSA - Pagamentos por Serviços Ambientais
P - Perímetro da bacia
P' - Perímetro do círculo de área igual à da bacia
ppt - Precipitação
SIG - Sistema de Informação Geográfica

CAPÍTULO 2 • CHUVAS

h - Altura precipitada
CETESB - Companhia Ambiental do Estado de São Paulo
DNOS - Departamento Nacional de Obras e Saneamento
t - Duração
i - Intensidade média
I-D-F - Intensidade-Duração-Frequência das chuvas
MS - Microsoft
MG - Minas Gerais
OMM - Organização Meteorológica Mundial
PB - Paraíba
T - Período de retorno
PAB - Pesquisa Agropecuária Brasileira
ppt - Precipitação
PMP - Precipitação máxima provável
P - Probabilidade de excedência
RO - Roraima
SP - São Paulo
SE - Sergipe
SCS - Soil Conservation Service
UFC - Universidade Federal do Ceará

CAPÍTULO 3 • INFILTRAÇÃO DA ÁGUA NO SOLO

R^2 - Coeficiente de determinação
L - Comprimento do campo
K(θ) - Condutividade hidráulica do solo em função da umidade no solo
K_0 - Condutividade hidráulica do solo saturado
Z - Distância
K - Fator de decaimento temporal da taxa de infiltração
S_z - Fator de forma
$\partial \Psi t/\partial Z$ - Gradiente de potencial hidráulico
SAT - Grau de saturação do solo
F - Lâmina de água infiltrada acumulada Lâmina nos sulcos
B_i - Largura da superfície livre da água no sulco
Pm - Perímetro molhado
θ_e - Porosidade efetiva do solo
Ψm - Potencial mátrico de água no solo
F - Taxa de infiltração
q - Taxa de infiltração da água no solo
T - Tempo de infiltração acumulado
T - Tempo desde o início do evento
A - Unidade de área
T - Unidade de tempo
Δθ - Variação de umidade
$\partial \Psi t$ - Variação do potencial total
Q - Vazão
VIB - Velocidade de infiltração básica
Q - Velocidade de infiltração instantânea
V - Volume de água
V - Volume total infiltrado

CAPÍTULO 4 • PROCESSOS EVAPORATIVOS

α_V - Albedo da vegetação
Z_2 - Altura medida de velocidade do vento

A_L - Área do lisímetro aberta para a atmosfera
λET - Calor latente de evapotranspiração
I_v - Calor latente de vaporização
C_S - Capacidade calorífica do solo úmido
K_{TCA} Coeficiente de correção
K_a Condutividade convectiva-condutiva do ar
σ_{SB} - Constante de Stefan-Boltzmann
∇ - Declividade da curva de saturação
Y - Distância de uma borda de referência ao nível d'água
η_V - Eficiência de interceptação da radiação
ε_L - Emissividade de ondas longas do ambiente
E - Evaporação combinada
E_{EP} - Evaporação pelo método de Piché
ET_p - Evapotranspiração potencial
ET_R - Evapotranspiração real
F - Fator cinético
K_{EP} - Fator de correção
G_S - Fluxo de calor no solo
G_8 - Fluxo de calor no solo a 8 cm de profundidade
FAO - Organização das Nações Unidas para a Alimentação e a Agricultura
COB - Grau de cobertura do solo
h_a - Lâmina d'água armazenada no lisímetro
I - Lâmina de água introduzida ou retirada
W_V - Largura média das folhas
ρa - Massa específica da água
ρar - Massa específica do ar
E_a - Método aerodinâmico
E_E - Método balanço de energia
K_f - Parâmetro de formato das folhas
γp - Parâmetro psicométrico
H - Precipitação ocorrida
Patm - Pressão atmosférica local
e_s - Pressão de saturação de vapor
e_a - Pressão parcial de vapor
Y_S - Profundidade da placa
R_G - Radiação global
R_n - Radiação líquida média das 24 horas do dia
TCA - Tanque Classe A
E_{TCA} - Taxa evaporativa do Tanque Classe A
T_a - Temperatura da água
T_C - Temperatura da copa
T_{ar} - Temperatura do ar
T_{orv} - Temperatura do ponto de orvalho
R_H - Umidade relativa do ar
θ_S - Umidade volumétrica
ΔM - Variação da massa de água
ΔT/Δt - Variação temporal de temperatura
U - Velocidade do vento média diária
U_2 - Velocidade do vento medida a 2 m de altura
U - Velocidade do vento sobre a copa
V_P - Volume de água percolado
VOL - Volume introduzido ou retirado em um dia

CAPÍTULO 5 • ESCOAMENTO SUPERFICIAL

A - Área de contribuição
k - Coeficiente de abatimento da chuva
D - Coeficiente de abatimento da vazão
C* - Coeficiente de escoamento superficial corrigido
C_{MM} - Coeficiente de escoamento superficial de MacMath
C - Coeficiente de escoamento superficial ou coeficiente de deflúvio
Ct - Coeficiente numérico (variável entre 1,8 e 2,2)
CODEVASF - Companhia de Desenvolvimento dos Vales do São Francisco e do Parnaíba
L - Comprimento do talvegue ou comprimento axial da bacia
I - Declividade do percurso
Ieq - Declividade equivalente harmônica do talvegue
IΔ - Declividade média do talvegue achada pelo triângulo de área equivalente
DER - Departamento de Estradas de Rodagem
La - Distância da seção principal ao ponto do rio mais próximo ao centro de gravidade da bacia
EUA - Estados Unidos da América
Y - Fator climático
X - Fator de deflúvio
F - Fator de forma I-Pai-Wu
Z - Fator de redução do tempo de pico
GO - Goiás
HU - Hidrograma Unitário
i - Intensidade
LF - Lençol freático
CN - Número de curva
PR - Paraná
PCH - Pequenas Centrais Hidrelétricas
ppt - Precipitação
P - Precipitação total
RJ - Rio de Janeiro
t - Tempo

ta - Tempo de ascensão
tb - Tempo de base
tc - Tempo de concentração
tr - Tempo de duração calculado
tr - Tempo de duração da precipitação
tR - Tempo de duração medido
tp - Tempo de pico
t'p - Tempo de pico corrigido
tl - Tempo de retardamento do hidrograma
Q_{max} - Vazão de pico de descarga
Q_p - Vazão de pico de escoamento superficial
Qmax - Vazão máxima de escoamento total do curso d'água
V - Velocidade de escoamento superficial

CAPÍTULO 6 • VAZÕES DOS CURSOS D'ÁGUA

h - Altura do nível d'água na seção
Ac - Área de contribuição ao ponto c
Ax - Área de contribuição ao ponto X
Kc - Coeficiente de compacidade na bacia
n - Coeficiente de rugosidade de Manning
q95, q90 - Coeficientes de redução da Regionalização Paulista
C7,m; XT - Coeficientes para o cálculo da Q7,10 da Regionalização Paulista
L1 - Comprimento do talvegue na bacia 1
K - Constante de ajuste da curva-chave
a, b, ..., f - Constantes de ajuste aos modelos de regionalização
I - Declividade do rio
Ieq - Declividade equivalente do talvegue na bacia
Dd1 - Densidade de drenagem na bacia 1
ho - Distância do zero da régua ao fundo da seção
Fs - Frequência emitida
Fd - Frequência recebida
n - Número de dados
m - Número de ordem do dado
P1 - Precipitação média anual na bacia 1
P - Probabilidade de excedência
P - Profundidade de posicionamento do molinete
R - Raio hidráulico
RPS - Rotações por segundo do molinete
S - Seção do curso d'água
Qjusante - Vazão a ser mantida à jusante
Qbomba - Vazão da bomba
Q - Vazão de um rio ou canal
Qdemanda - Vazão demandada
qc - Vazão específica no ponto c
QF - Vazão firme de regularização
Qcontínua - Vazão média contínua para o cálculo do volume do reservatório
Qmesp - Vazão média específica
Qc - Vazão no ponto c
V - Velocidade da água
c Velocidade do som
Vm - Velocidade média da água
VR10 - Volume do reservatório com período de retorno de 10 anos

CAPÍTULO 7 • RESERVATÓRIOS

HT Altura do barramento
A - Área irrigada
Kc - Coeficiente da cultura
K2 - Coeficiente da hora de maior demanda
K1 - Coeficiente do dia de maior demanda
C - Constante do vertedor
Ef - Eficiência de aplicação do sistema de irrigação
EV - Evaporação no espelho do reservatório
ETo - Evapotranspiração de referência
b - Largura da base da barragem
a - Largura da crista da barragem
bm - Largura média da barragem
P - Pico de vazão
α - Razão vazão/precipitação da bacia hidrográfica
ppt - Vazão acrescida ao reservatório devido à chuva
Qbomba - Vazão da bomba hidráulica
Di - Vazão de demanda
Qcontínua - Vazão de demanda média para o reservatório
Q. E. Bruta - Vazão de entrada bruta no reservatório
Q. E. Efetiva - Vazão de entrada efetiva no reservatório
QF - Vazão firme de regularização
ΔVol - Volume que vai da soleira do vertedor ao nível máximo
VR - Volume útil do reservatório

CAPÍTULO 8 • AMORTECIMENTO DE ONDAS DE CHEIA EM RESERVATÓRIOS E CANAIS

he - Altura máxima da lâmina de enchente sobre a soleira do vertedor
H - Carga sobre o vertedor
n - Coeficiente de rugosidade de Manning

C - Coeficiente do vertedor
L - Comprimento de trecho do rio
DAEE - Departamento de Águas e Energia Elétrica
"a" - Função da declividade do canal e do coeficiente de rugosidade das paredes
Δt - Intervalo de tempo
L - Largura do vertedor
K, X - Parâmetros adimensionais do canal
C0, C1, C2 - Parâmetros da equação da vazão amortecida
b, m - Parâmetros relacionados à geometria do canal
y1 - Profundidade do canal na seção de entrada
y2 - Profundidade do canal na seção de saída
A(y2i) - Seção transversal do rio à jusante, em cada tempo
A(y1i) - Seção transversal do rio à montante, em cada tempo
t - Tempo
QE - Vazão de entrada
Q_e - Vazão de entrada ou afluente
Qmax - Vazão de pico
Qmax* - Vazão de pico efluente
QS - Vazão de saída
Q_s - Vazão de saída ou efluente
Vol - Volume
Vi - Volume armazenado na calha, em cada tempo
VR - Volume do reservatório

CAPÍTULO 9 • HIDROSSEDIMENTOLOGIA EM BACIAS HIDROGRÁFICAS

g - Aceleração da gravidade
H - Altura da lâmina d'água
A_B - Área da bacia hidrográfica da seção de observação
A_V - Área de influência da mesma vertical
A_I - Área inundada
Vmax - Capacidade de acumulação
Q_{SS} - Carga de sedimentos suspensos
Q_{SL} - Carga de sedimentos transportada pelo leito
Q_S - Carga de sedimentos transportada pelo rio
q_{SL} - Carga específica pelo leito
L_R - Comprimento da rampa
L_{ESTR} - Comprimento de estradas
L_{RIO} - Comprimento de todos os cursos d'água
L_{DREN} - Comprimento total de drenagem da área
C_{SS} - Concentração média de sedimentos suspensos na água
K_S - Condutividade hidráulica saturada do solo
S_0 - Declividade longitudinal do curso d'água
Δ - Densidade da partícula em questão
D - Diâmetro da partícula
USLE - Equação universal de perda de solo
ε_{WS} - Erosão bruta
R_{WS} - Erosividade da chuva
K_{WS} - Erosividade do solo
L_{DD} - Eventuais estruturas de drenagem difusas
C_{WS} - Fator que reflete o efeito da cobertura do solo sobre a erosão
LS_{WS} - Fator que reflete o efeito da topografia sobre a erosão
P_{WS} - Fator que reflete o efeito de práticas conservacionistas sobre a erosão
i - Índice referente a vertical em questão
I_{30} - Intensidade máxima da chuva
I_P - Intensidade média da chuva
H_P - Lâmina total precipitada
E_P - Lâmina total precipitada no evento
W - Largura
W_{HS} - Largura da boca do amostrador
L_C - Maior comprimento em linha reta
S_E - Mais íngreme declividade da encosta
M_{HS} - Massa de sedimentos capturada pela malha do amostrador Helley-Smith
ΣεWS - Massa total deslocada ou erodida
HÁ - Média precipitada anualmente
L_{RES} - Perímetro total de lagos e reservatórios
PS Produção de sedimentos
Rey_p - Reynolds da partícula
SDR - Sediment Delivery Ratio
E - Taxa evaporativa
t_{HS} - Tempo de coleta da amostra
Tc - Tensão crítica
H_M - Total precipitado mensalmente
Q_H - Vazão aportada pela precipitação diretamente no lago
Q_R - Vazão aportada pelos rios
Q_E - Vazão evaporada
Q_I - Vazão infiltrada
Q - Vazão líquida escoada pela seção
Q_G - Vazão que entra no reservatório através do lençol freático
Q_T - Vazão transportada

Q_U - Vazão utilizada
Q_V - Vazão vertida
U^*_C - Velocidade de cisalhamento crítica
U_V - Velocidade média de uma vertical
Y - Viscosidade cinemática da água
V - Volume armazenado no tempo

CAPÍTULO 10 • ANÁLISE DE EVENTOS EXTREMOS
N - Anos
G - Coeficiente de assimetria
Γ - Coeficiente de assimetria da distribuição de Weibull
σx - Desvio-padrão da série
σn - Desvio-padrão médio
E - Exponencial
K - Fator de frequência da distribuição de Gumbel-Chow
[Log Q] - Logarítmo das vazões
X - Magnitude da chuva
X - Magnitude do evento hidrológico
Dn - Máximo módulo dos desvios entre as probabilidades, decimal
Xmédio - Média da série de dados
Yn - Média reduzida
Mo - Moda da distribuição
M - Número da ordem decrescente dos dados (para máximos) e número da ordem crescente dos dados (para mínimos)
N - Número de dados
K - Parâmetro da distribuição de Log-Pearson III
A - Parâmetro que faz as vezes do desvio-padrão
T - Período de retorno
P(x) - Probabilidade acumulada calculada por fórmula, decimal
$P_0(x)$ - Probabilidade acumulada calculada por função de distribuição de frequência
P - Probabilidade de excedência
J - Risco de falha
Qmáx - Vazão máxima
Qmín - Vazão mínima

CAPÍTULO 11 • MODELAGEM HIDROLÓGICA
WXGEN - "Weather generator"
GAR - Acoplamento do modelo de infiltração de Green-Ampt com redistribuição para o escoamento subterrâneo
AGNPS - Agricultural Non-Point Source
ADEPC - Alternating Direction Explicit scheme with an additional predictor-corrector step
E_{ws} - Altitude da superfície da água
h_c - Altura média do dossel
z_e - Alturas de medição de umidade do vento
z_u - Alturas de medição de velocidade
ASCII - American Standard Code for Information Interchange
A - Área
i - Área de contribuição
A - Área molhada
ANSWERS - Area Non-point Source Watershed Environmental Response Simulation,
BH - Bacia hidrográfica
c_p - Calor específico do ar
β - Calor latente de evaporação da água
HEC - Centro de Engenharia Hidrológica do Exército dos Estados Unidos
R^2 - Coeficiente de determinação
NS - Coeficiente de Nash-Sutcliffe
n - Coeficiente de rugosidade de Manning
K_{gw} - Condutividade hidráulica saturada média da zona saturada
γ - Constante psicométrica
CN - Curva-número, parâmetro empírico usado na determinação do escoamento superficial direto a partir dos excessos de precipitações
Δ - Declividade da curva de pressão de vapor
S_f - Declividade da fricção
S_o - Declividade da superfície na direção x
Si - Déficit
ρ_a - Densidade do ar seco
ER - Equação de Richards
RUSLE - Equação Universal de Perda de Solos Revisada
USLE - Equação Universal de Perda do Solo
qb - Escoamento subsuperficial na zona saturada
qv - Escoamento subsuperficial vertical na zona não saturada
qofj - Escoamento superficial na saturação
EUA - Estados Unidos da América
SHE - European Hydrological System
ETP - Evaporação potencial
ETA - Evaporação real
Δx - Extensão do segmento de reta
Fatec - Faculdade de Tecnologia de São Paulo
G - Fluxo de calor no solo

GLUE - Generalized Likelihood Uncertainty Estimation
GWLF - Generalized Loading Function
GRASS - Geographic Resources Analysis Support System
GSSHA - Gridded Surface Subsurface Hydrologic Analysis Model
GLEAMS - Groundwater Loading Effects of Agricultural Management Systems
HSB - Hillslope-storage Boussinesq
HEC-HMS - Hydrologic Modeling System
HRU - Hydrologic Response Units
IPH - Instituto de Pesquisas Hidráulicas
LABISID - Laboratório de Sistemas de Suporte a Decisões
LU - Landscape Units
LARSIM - Large Area Runoff Simulation Model
LF - Lençol freático
MCMC - Markov Chain Monte Carlo
MGB - Modelo de Grandes Bacias
NSM - Modelo de simulação de nutrientes
MDT - Modelo Digital de Terreno
$\mathbf{q_{lat}}$ - Montante de entrada do escoamento na superfície pelas células vizinhas ao segmento de reta
$\mathbf{q_{recharge}}$ - Montante de troca
ADE - Onda difusa em duas direções, com o algoritmo explícito alternando as direções
ParaSol - Parameter Solution
PSO - Particle swarm optimization
Pbias - Percentual de tendência
PC - Personal Computer ou Computador Pessoal
$\boldsymbol{\theta_{sgw}}$ - Porosidade média da zona saturada
$\mathbf{P_a}$ - Pressão atmosférica
$\mathbf{e_i}$ - Pressão de saturação de vapor
e - Pressão parcial de vapor
$\mathbf{r^\#}$ - Produto da recarga à zona saturada
zi' - Profundidade
h - Profundidade
d - Profundidade
QR - Quociente de risco
Rn - Radiação líquida
$\mathbf{R_s}$ - Radiação líquida de ondas curtas na superfície do solo
$\mathbf{R_1}$ - Radiação líquida de ondas longas ao nível de referência
R - Raio hidráulico
SDE - Razão de Aporte de Sedimentos
ε - Razão molecular de proporção vapor d'água/ar seco
a - Representa a área do declive por unidade de comprimento de contorno e b o gradiente da declividade
SRZ - Reservatório da zona de raízes expresso em déficit
SUZ - Reservatório da zona não saturada
SSZ - Reservatório da zona saturada
$\mathbf{r_a}$ - Resistência aerodinâmica
$\mathbf{r_c}$ - Resistência do dossel ao transporte da água
m - Segundo Monteith
SUFI-2 - Sequential Uncertainty Fitting
SSD ABC - Sistema de Suporte a Decisões para Análise de Ondas de Cheia em Bacias Complexas
SIG - Sistemas de Informações Geográficas
SWAT - Soil and Water Assessment Tool
SCS Soil Conservation Service
SMDR - Soil Moisture Distribution Routing
SWMM - Storm Water Management Model
p - Taxa sobre o segmento de área e profundidade
T - Temperatura média
t - Tempo
S - Termo de armazenamento
F - Termo de fluxos de entradas / saídas
TOPMODEL - Topography-based hydrological model
CASC2D - Two-dimention physically-based rainfall-runoff model
USACE - U.S. Army Corps of Engineers
$\boldsymbol{\theta_A}$ - Umidade atual do solo
$\boldsymbol{\theta_{cc}}$ - Umidade na capacidade de campo
$\boldsymbol{\theta_{PMP}}$ - Umidade no ponto de murcha permanente
URHs - Unidades de Resposta Hidrológica
USP - Universidade de São Paulo
Unesp - Universidade Estadual Paulista
VIC-2L - Variable Infiltration Capacity
Qi-1/2 - Vazão do vértice anterior/do próximo vértice
[i.q] - Vazão subsuperficial
$\mathbf{U_z}$ - Velocidade do vento
$\mathbf{V_i}$ - Volume total escoado no i-ésimo nó
WASA - Water Availability in Semi-arid environments
WEPP - Water Erosion Prediction Project

CAPÍTULO 12 • ÁGUA SUBTERRÂNEA

ABAS - Associação Brasileira de Água Subterrânea
$\mathbf{\Delta V_{max}}$ - Assoreamento volumétrico
S - Coeficiente de armazenamento

C - Coeficiente de perdas de carga turbulentas
B - Coeficiente de proporcionalidade
CREA - Conselho Regional de Engenharia e Agronomia
q - Densidade de fluxo
Δh - Diferença de potencial hidráulico
Δx - Distância
he - Espessura do aquífero
ETR - Evapotranspiração real
ESC - Fluxos superficiais
Δt - Intervalo de tempo
LF - Lençol freático
V_{max} - Maior volume de armazenamento do reservatório
ND - Nível dinâmico
NE - Nível estático
ΔS_L - Perdas laminares
ΔS_T - Perdas turbulentas
K_o - Permeabilidade
PVC - Policloreto de Vinila
ε - Porosidade total
P - Precipitação
PS - Produção de sedimentos
re - Raio de influência
rp - Raio do poço
r - Raio qualquer
Sw - Rebaixamento médio no poço em bombeamento
R - Recarga
Re - Recursos explotáveis
Rp - Reserva permanente
Rr - Reserva renovável
A - Seção transversal
SEV - Sondagem elétrica vertical
BQ - Termo laminar
CQ^2 - Termo turbulento
T - Transmissividade
ARM - Variação no armazenamento de água na zona não saturada
Q - Vazão de bombeamento
cotg β - Vazão específica do poço ou capacidade específica do poço
Vol - Volume de água
WTF - Water Table Fluctuation

CAPÍTULO 13 • QUALIDADE DA ÁGUA

CEa - Condutividade elétrica da água de irrigação
RAS^o - Razão de adsorção de sódio corrigida

CAPÍTULO 14 • LEGISLAÇÃO SOBRE O USO DA ÁGUA

ANA - Agência Nacional de Águas
SABESP - Companhia de Saneamento Básico do Estado de São Paulo
CPRH - Companhia Pernambucana de Recursos Hídricos
CONAMA - Conselho Nacional do Meio Ambiente
DAEE - Departamento de Águas e Energia Elétrica do Estado de São Paulo
DNAEE - Departamento Nacional de Águas e Energia Elétrica
DNOCS - Departamento Nacional de Obras Contra a Seca
DNPM - Departamento Nacional de Produção Mineral
EIA - Estudo de Impactos Ambientais
IGAM - Instituto Mineiro de Gestão das Águas
PNRH - Plano Nacional de Recursos Hídricos
RIMA - Relatório de Impacto Ambiental
SERHID - Secretaria de Recursos Hídricos e do Meio Ambiente do Estado do Rio Grande do Norte
SEMAE - Secretaria Municipal de Água e Esgoto de Piracicaba
SINGREH - Sistema Nacional de Gerenciamento dos Recursos Hídricos
SISNAMA - Sistema Nacional do Meio Ambiente
SUDAM - Superintendência de Desenvolvimento da Amazônia
SUDENE - Superintendência de Desenvolvimento do Nordeste

Lista de símbolos

% - Por cento (porcentagem ou percentagem)
km - Quilômetros
m - Metro
mm - Milímetros
km^3 - Quilômetro cúbico
≈ - Aproximadamente
km^2 - Quilômetro quadrado
ha - Hectares
m^2 - Metro quadrado
A - Área
π - Pi
r - Raio
√ - Raiz
> - Maior que
≥ - Maior ou igual a
< - Menor que
≤ - Menor ou igual a
∑ - Somatório
cm - Centímetro
Δ - Delta
α - Alfa
β - Beta
γ - Gama
tg - Tangente
≅ - Aproximadamente igual
m^3 - Metro cúbico
s - Segundo
L - Litro
cm^2 - Centímetro quadrado
R$ - Real
h - Hora
∴ - Conclusão (logo, portanto)
log - Logaritmo
( ) - Parênteses
( ) - Chaves ou chavetas
[ ] - Colchetes
hm^3 - Hectômetro cúbico
θ - Teta
∂ - Del
Ψ - Psi
min Minuto
ρ - Rho
°C - Celsius ou centígrados
∇ - Nabla
W - Watt
J - Joule
N - Newton
Pa - Pascal
kPa - Quilopascal
MJ - Megajoule
λ - Lambda
η - Eta
ε - Épsilon
σ - Sigma
K - Kelvin
o - Grau
Mg - Megagrama
mg - Miligrama
$CaCO_3$ - Calcário
m.c.a - Metro de coluna d'água
cotg - Cotangente

—CAPÍTULO 1—

Ciclo Hidrológico e Bacias Hidrográficas

1.1 O ciclo hidrológico

O *ciclo hidrológico* é o fenômeno de circulação da água em nosso planeta, ocorrendo em uma faixa que tem como limite superior a parte de cima da troposfera (8 km de altitude sobre os polos e 16 km de altitude sobre a linha do Equador, aproximadamente), onde se concentra cerca de 90% da umidade atmosférica; como limite inferior têm-se as camadas impermeáveis profundas da crosta terrestre, localizadas a profundidades bastante variáveis (1 km em média, segundo Lima (2008)).

O ciclo é impulsionado basicamente pela energia solar, associada à força da gravidade e à rotação terrestre. Como é um ciclo, o início da sua descrição pode ser feito a partir de qualquer etapa. As diferentes etapas do ciclo hidrológico se constituem em capítulos de estudo da ciência hidrológica, ou seja, precipitação, processos evaporativos, infiltração, escoamento superficial, etc. (Figura 1.1).

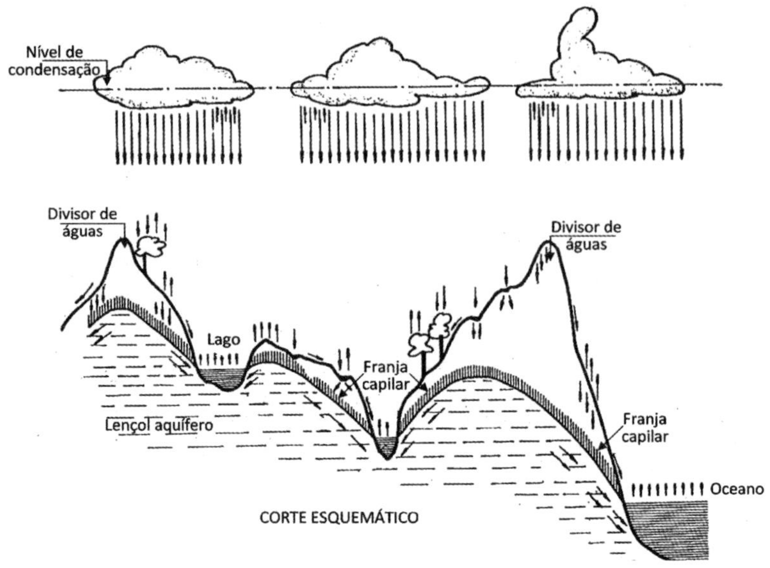

Figura 1.1 – Esquema do ciclo hidrológico.
Fonte: Souza (1974).

O homem da Antiguidade não conhecia o ciclo hidrológico. As teorias para a explicação da existência da água subterrânea e das fontes ou nascentes foram, com o correr do tempo, as mais variadas. Cinco séculos a.C., Platão admitia a existência de um grande abismo no fundo do mar, que atravessava a Terra (a que chamou de "Tártaro"), abismo este tão grande que, por mais água que corresse dos rios para o mar, o nível da água do mar se mantinha constante, porque do abismo a água entrava de volta por terra à dentro e embebia o solo, fechando o ciclo. Lucrecio (um século a.C.), em seu livro "De Natura Rerum" (Da Natureza das Coisas), explicava: "como a Terra está rodeada pelo mar, este não pode receber as águas da terra sem que esta (a Terra) receba, por sua vez, as do mar, as quais, ao filtrarem-se pelos poros dos perfis e camadas terrestres, purificam-se, perdendo o sal". Descartes (ano 1630) sustentava que as águas do subsolo procedem das do mar, que chegam às cavernas subterrâneas, onde evaporam para logo se condensarem, impregnando as camadas subterrâneas. Essas e outras explicações foram caindo em desuso até surgir a teoria da infiltração das águas da chuva e superficiais, hoje universalmente aceita (BISWAS, 1972).

Embora, um século antes de Cristo, Vitruvius já admitisse, pela primeira vez, que as chuvas podiam ser a origem das águas subterrâneas, somente muito mais tarde, no final do século XVII, esta teoria foi aceita e generalizada pelas medições e experiências de Perrault e Mariotte (França) no Rio Sena e, posteriormente, confirmadas por experimentos e aparelhos mais rigorosos por Edmund Halley (Inglaterra). Esses estudiosos demonstraram que a água da chuva era mais que suficiente para abastecer as nascentes e os rios; estava assim descoberto o ciclo hidrológico.

Chama-se *tempo de residência* da água o intervalo de tempo médio necessário para uma molécula d'água atravessar uma das fases de ciclo hidrológico. Assim, o tempo de residência nos rios é da ordem de algumas semanas; já o tempo de residência da água subterrânea é da ordem de 10 a 100 anos, em alguns casos estima-se que pode atingir a mais de 1.000 anos (WATSON & BURNETT, 1995). A água subterrânea no embasamento cristalino do semiárido nordestino é relativamente jovem, com tempo de residência de 30 a 300 anos, atingindo no máximo 2.000 anos. A velocidade de escoamento da água subterrânea, segundo Daker (1986), varia bastante em virtude da variação da permeabilidade dos diferentes materiais e também devido à variação do gradiente de potencial da água. Esse autor relata, entretanto, que essa velocidade não deve ser superior a 1,5 m por dia e nem inferior a 1,5 m por ano.

Segundo Maidment (1992), o tempo de residência da água na atmosfera é bastante curto: da evaporação até o retorno à superfície pela chuva, o tempo médio é de apenas 8 dias. Segundo Christopherson (2002), a quantidade de água no planeta tem se mantido aproximadamente constante desde 2 bilhões de anos atrás. Até o final da década de 1980, acreditava-se que o ciclo hidrológico no planeta era completamente fechado, ou seja, que a quantidade total de água sempre permanecera a mesma, desde o início da formação da Terra. Hoje, sabe-se que pequenos cometas chamados de "bolas de neve", de 20 a 40 toneladas, provenientes de outras regiões do sistema solar, vaporizam-se quando se aproximam da atmosfera terrestre e podem ter acrescentado 3 trilhões de toneladas de água a cada 10.000 anos ao ciclo hidrológico.

A água contida na atmosfera é pequena e representa apenas 0,001% da água total no planeta. Se toda a água da atmosfera precipitasse na superfície da Terra daria uma lâmina de apenas 25 mm.

Alguns valores quantitativos de volumes de água movimentados no globo terrestre em um ano (km^3 ano^{-1}) são apresentados na Figura 1.2.

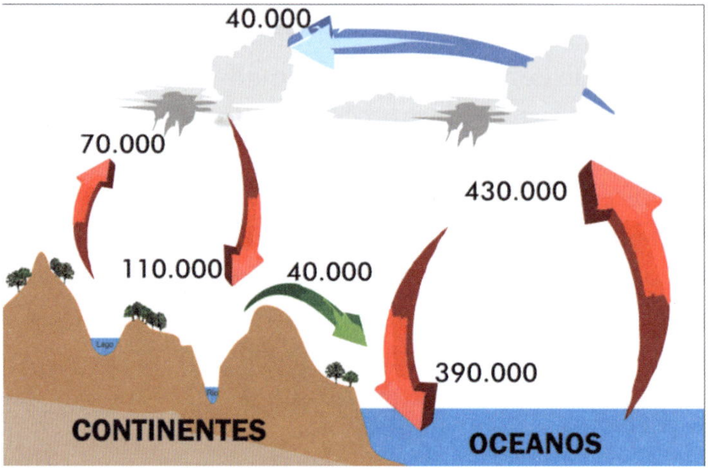

Figura 1.2 – Volumes de água movimentado na Terra em km^3 ano^{-1}.
Fonte: Christopherson (2002).

Anualmente, verifica-se que nos oceanos há uma evaporação da ordem de 430.000 km^3 e uma precipitação da ordem de 390.000 km^3, ou seja, existe um saldo de 40.000 km^3 que se deslocam para sobre os continentes. Esses 40.000 km^3, somados com 70.000 km^3 que evapotranspiram dos continentes, fornecem uma precipitação continental de 110.000 km^3. Os 40.000 km^3 restantes representam, justamente, o escoamento dos rios para os oceanos e o escoamento subterrâneo direto para os oceanos. Este montante se constitui no volume anual de água doce possível de ser utilizado prontamente pelo Homem, ou seja, cerca de (40.000/110.000)100 = 36% do total precipitado sobre os continentes, confirmando que Perrault e Haley estavam cobertos de razão. Assim, cerca de 2/3 da precipitação que atinge os continentes retorna à atmosfera por evaporação da superfície da água dos rios e lagos, do solo, da vegetação e pela transpiração da vegetação. 1/3 restante retorna aos oceanos por meio do escoamento superficial e subterrâneo (PINTO *et al.*, 1976).

Na Figura 1.3 estão representadas as grandes bacias hidrográficas brasileiras. Os valores da *razão vazão/precipitação* para essas bacias são apresentados na Tabela 1.1. Esses valores também são conhecidos como razão deflúvio/precipitação, rendimento hidrológico ou módulo da bacia hidrográfica.

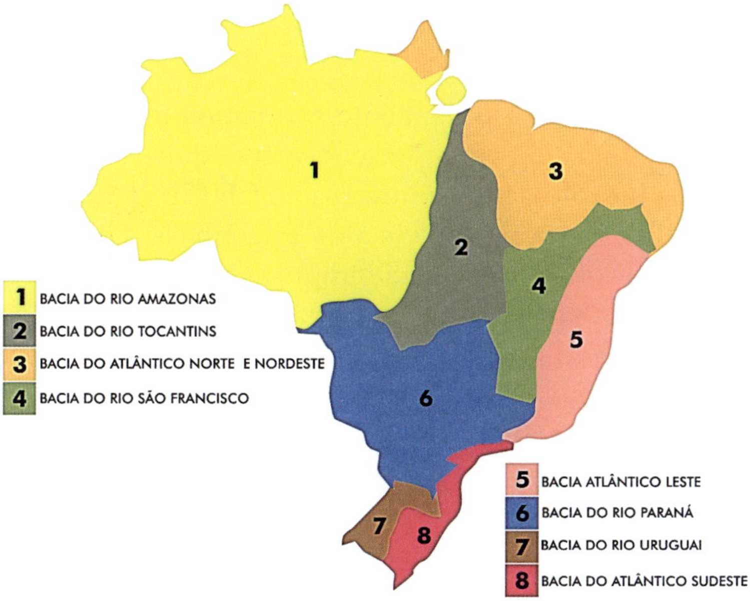

Figura 1.3 – As grandes bacias hidrográficas brasileiras.
Fonte: Elaborada pelos autores.

Tabela 1.1 - Razão deflúvio/precipitação das grandes bacias hidrográficas brasileiras. Sendo Q = *deflúvio* (mm ano^{-1}) e ppt = precipitação (mm ano^{-1}). Rebouças *et al.*, (2022).

Número	Bacia	Razão Q/ppt
1	Amazonas	0,39
2	Tocantins	0,30
3 a	Atlântico norte	0,51
3b	Atlântico nordeste	0,13
4	São Francisco	0,15
5 a	Atlântico leste 1 (SE e BA)	0,09
5b	Atlântico leste 2 (MG/BA, ES e RJ)	0,31
6 a	Paraná	0.29
6 b	Paraguai	0.08
7	Uruguai	0.47
8	Atlântico sudeste	0.42

1.2 bacias hidrográficas

1.2.1 Conceito

A bacia hidrográfica é o elemento fundamental de análise da fase terrestre do ciclo hidrológico; representa a área que é o objeto de estudo dos fenômenos hidrológicos de interesse (SCHIEL *et al.*, 2003; GOMES & PESSOA, 2010). Do ponto de vista da Engenharia Hidrológica, bacia hidrográfica é um conceito que está sempre associado a um determinado ponto ou seção do curso d'água que está sendo estudado: "É a área, a montante de um dado ponto ou seção, tal que a água nela precipitada, que não for evapotranspirada, passa obrigatoriamente por essa seção, considerando um balanço hídrico anual". A equação desse balanço pode ser escrita como:

Volume Entra = Volume Sai + Variação Armazenamento;

ou

Volume Entra - Volume Sai = Variação Armazenamento

Aplicando essa expressão para uma bacia hidrográfica, tem-se:

Precipitação - Evapotranspiração - Vazão Escoada =
Variação Armazenamento

O armazenamento na bacia é composto pelo volume armazenado na calha do rio, pela água da zona não saturada do solo e pela água da zona saturada. Considerando-se valores de armazenamento médios medidos em anos sucessivos, pode-se admitir que estes sejam parecidos; assim, é possível desprezar a variação do armazenamento, o que conduz à equação 1.1:

Precipitação - Evapotranspiração - Vazão Escoada ≈ 0;

ou

Precipitação ≈ Evapotranspiração + Vazão Escoada (1.1)

Segundo Garcez & Alvarez (1988), excepcionalmente, a bacia poderá conter sub-bacias secundárias fechadas, nas quais as águas superficiais vão ter a sumidouros ou a lagos que não estão ligados a rede hidrológica do curso d'água principal (mesmo que os lençóis freáticos correspondentes estejam em comunicação). Segundo Linsley (1988), caso essas áreas sejam identificadas, elas devem ser descontadas da área total da bacia; entretanto, esse procedimento requer um estudo mais detalhado da bacia.

Como será abordado posteriormente, uma bacia hidrográfica pode ter forma variada; nesse texto ela será representada pela forma de uma "pêra", conforme é ilustrado na Figura 1.4.

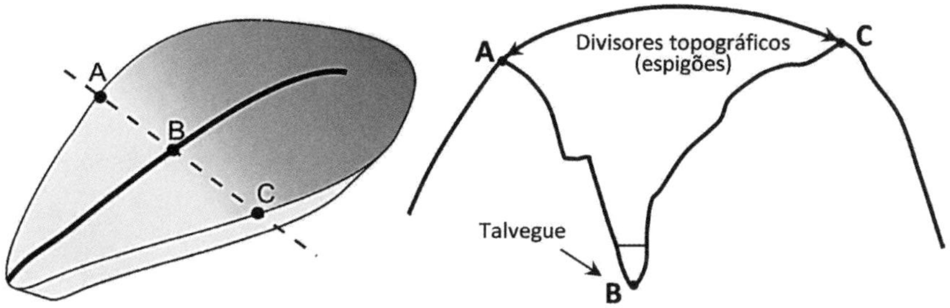

Figura 1.4 – Esquemas de planta baixa e de corte transversal de uma bacia hidrográfica mostrando os divisores de água e o talvegue.
Fonte: Elaborada pelos autores.

Do lado direito da Figura 1.4 é mostrado um corte transversal da bacia. Os divisores topográficos separam a água superficial que vai para dentro, daquela que escoa para fora da bacia. A linha talvegue, geralmente ocupada por um riacho, representa os pontos de cota mais baixa da bacia.

Na Figura 1.5 encontra-se representado um corte de um divisor topográfico, destacando-se também o divisor subterrâneo. Pode-se observar que existe uma diferença de localização entre os dois, que é tão maior quanto mais profundo for o lençol freático; entretanto, na grande maioria das vezes, essa diferença não é contabilizada nos trabalhos hidrológicos devido aos custos envolvidos na localização do divisor subterrâneo. Assume-se, portanto, por simplificação, que a bacia hidrogeológica seja coincidente com a bacia hidrográfica.

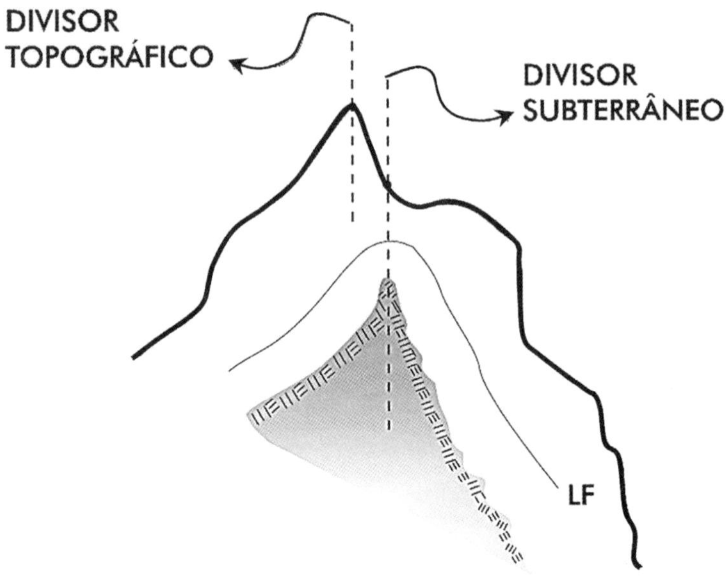

Figura 1.5 – Divisores de águas superficial e subterrânea.
Fonte: Elaborada pelos autores.

1.2.2 Características físicas de uma bacia hidrográfica

Estas características são importantes para se tentar transferir dados de uma bacia monitorada para outra semelhante onde faltam dados ou onde não é possível a instalação de postos hidrométricos; essa técnica de transferência é denominada *regionalização hidrológica* (Capítulo 6). As características físicas (ou fisiográficas ou índices morfométricos), na verdade, são geralmente medidas em mapas topográficos, fotografias aéreas ou imagens de satélites.

1) Área de drenagem da bacia

É a área da projeção da bacia, em um plano horizontal, geralmente expressa em km^2 ou ha. A área da bacia é um parâmetro importante, pois o produto desta área pela altura de precipitação pluvial que caiu na bacia representa o volume total de água recebida por ela. Essa área é extremamente variável, conforme se exemplifica a seguir:

* A bacia hidrográfica do Rio São Francisco, no ponto em que este deságua no mar, é de 640.000 km² (LUCAS & NETTO, 2011).
* A bacia do Rio Piracicaba, no ponto em que este deságua no Rio Tietê, é de 12.400 km².
* A bacia de um canal de terraço em desnível, no ponto em que ele deságua em um canal escoadouro, vale apenas alguns poucos hectares.

Para rios grandes, quando não se especifica o ponto de interesse, subentende-se que este se trata da foz. Bacias muito pequenas, como a de terraços ou açudes, geralmente são chamadas de área de contribuição para essas estruturas. O conceito de "microbacia hidrográfica" será apresentado no Capítulo 5.

Uma vez que os divisores topográficos tenham sido identificados, pode-se medir a área da bacia, em mapas topográficos ou em fotografias aéreas, utilizando diversos procedimentos:

- Pesagens de papel recortado;
- Quadrículas;
- Planímetros;
- Programas CAD; e
- Programas de SIG.

Tendo em vista a facilidade e a boa precisão, atualmente tem-se usado mais os dois últimos procedimentos. Entretanto, alguns trabalhos demonstram que, na ausência destes, a utilização cuidadosa de um planímetro garante, também, precisão satisfatória. Para a utilização do planímetro procede-se da seguinte forma:

1. Regula-se o tamanho do braço;
2. Zera-se o aparelho e trabalha-se em sentido HORÁRIO;
3. Tira-se a média de 2 leituras que difiram no máximo de 3 unidades do último dos 4 dígitos da leitura;
4. Utiliza-se a equação do aparelho, qual seja:

$$\text{Área}\left(m^2\right) = \text{leitura (4 dígitos) x}\left(\frac{\text{Escala}}{1.000}\right)^2 \text{x } 10 \qquad (1.2)$$

A delimitação da área da bacia pode requerer alguma prática (PORTO *et al.*, 1999). O procedimento assume etapas diferentes conforme a escala do mapa.

Mapas de escala grande (1:1.000 por exemplo) apresentam muitas curvas de nível e poucos cursos d'água. Nesse caso recomenda-se proceder em 2 etapas:

1º Traçar a linha que une os pontos cotados dos espigões (divisores de água propriamente ditos) até um pouco a jusante do ponto considerado;

2º A partir do ponto considerado no talvegue, traçar as linhas de maior declive, para ambos os lados, até atingir a linha que uniu os espigões.

No caso de mapas em escalas pequenas (1: 250.000, por exemplo) muitos cursos d'água são contemplados e existem poucas curvas de nível. Recomenda-se, então, proceder em três etapas.

1º Marcar a rede hidrográfica interna e externa com cores diferentes;

2º Realizar a separação pelas nascentes;

3º Refinar o traçado com uma linha perpendicular às curvas de nível.

2) Forma da Bacia

Em geral as bacias hidrográficas dos grandes rios lembram a forma de uma "pêra" ou de um "leque", mas as pequenas bacias variam muito no formato, dependendo da estrutura geológica do terreno e do clima da região.

Dadas duas bacias de áreas iguais, e supondo que todas as outras características também sejam semelhantes (declividade média, cobertura vegetal, tipo de solo e subsolo etc.) aquela de forma mais arredondada terá a tendência de estar sujeita a maiores picos de enxurrada. Isto porque nesta bacia arredondada o escoamento superficial se concentra mais rapidamente (Capítulo 5). Outro fator que influencia é o fato de que, em uma bacia estreita e longa, há menos possibilidade de chuvas intensas cobrirem, simultaneamente, toda a sua extensão.

Existem vários índices utilizados para determinar a forma das bacias, procurando relacioná-las com formas geométricas conhecidas.

- Coeficiente de Compacidade (*Kc*)

Também chamado de Índice de Gravelius, relaciona a forma da bacia com a de um círculo. O coeficiente de compacidade é a razão entre o perímetro da bacia e o perímetro de um círculo de área igual à da bacia, conforme é ilustrado na Figura 1.6.

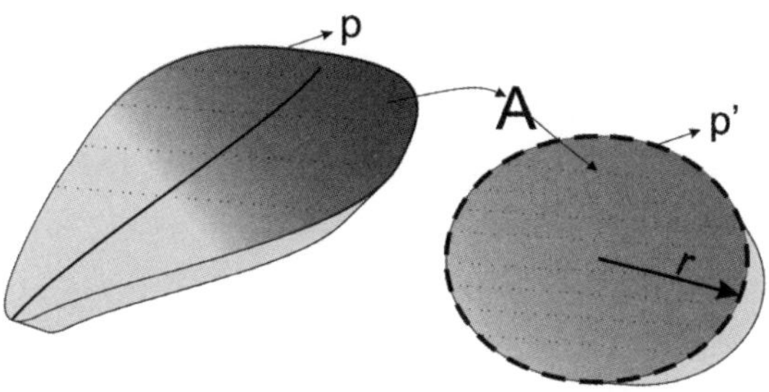

Figura 1.6 – Comparação de uma bacia com um círculo, visando a obtenção do índice Kc.
Fonte: Elaborada pelos autores.

$$Kc = \frac{P}{P'} \tag{1.3}$$

em que:

Kc - coeficiente de compacidade, adimensional;
P - perímetro da bacia, km;
P' - perímetro do círculo de área igual à da bacia, km.

Pela Figura 1.6 pode-se verificar que $P'=2.\pi.r$ e $A=\pi.r^2$ ou $r=\sqrt{\frac{A}{\pi}}$. Assim, $P'=2.\pi.\sqrt{\frac{A}{\pi}}$. Substituindo-se esta última expressão na fórmula do coeficiente de compacidade (equação 1.3) obtém-se:

$$Kc = \frac{P}{2.\pi.\sqrt{\frac{A}{\pi}}}$$

ou

$$Kc = 0{,}28\ \frac{P}{\sqrt{A}} \tag{1.4}$$

Como o círculo é a forma geométrica de perímetro mínimo, as bacias naturais dispõem de Kc >1, sendo que quanto mais estreita for a bacia, maior o seu valor de Kc. Assim, quanto maior o Kc, menor a susceptibilidade a picos de enxurrada, considerando todos os outros fatores intervenientes constantes. O hidrólogo I-Pai-Wu determinou coeficientes Kc de 21 bacias utilizadas para realizar seu método de cálculo de pico de enxurradas, e encontrou valores de Kc variando de 1,190 até 2,020.

- Fator de forma de Horton (*Kf*)

Idealizado por Horton (1932), é também chamado de índice de conformação. É definido como a razão entre a largura média da bacia (*Lm*) e o comprimento axial da bacia (*L*).

O comprimento axial da bacia (*L*) é a distância do mais longo curso d'água da bacia, desde a cabeceira mais afastada até a sua foz, podendo ser medido de forma retilínea ou acompanhando o talvegue (Figura 1.7). A largura média da bacia (*Lm*) é a razão entre a área da bacia (*A*) e o comprimento axial (*L*). Assim:

$$Kf = \frac{Lm}{L}\ \therefore\ Kf = \frac{\frac{A}{L}}{L}\ \rightarrow\ Kf = \frac{A}{L^2} \tag{1.5}$$

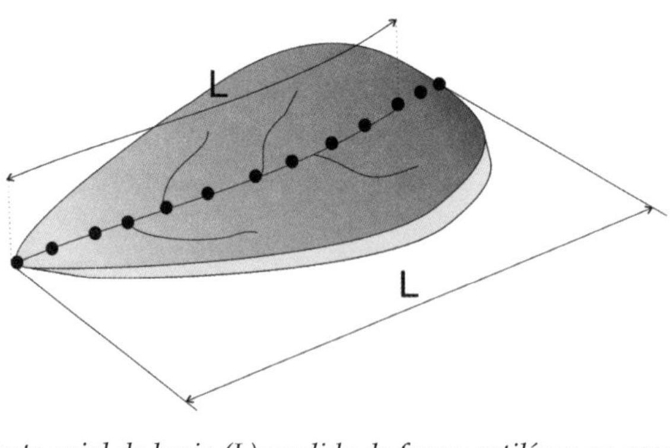

Figura 1.7 – Comprimento axial da bacia (L) medido de forma retilínea ou acompanhando o talvegue.
Fonte: Elaborada pelos autores.

- Fator de forma de I-Pai-Wu (*F*)

Definido pelo hidrólogo americano I-Pai-Wu como a razão entre o comprimento axial da bacia (*L*) e o comprimento axial de uma bacia circular de área igual à da bacia (*L'*); esse fator é usado na fórmula desse mesmo autor para o cálculo do escoamento superficial (Capítulo 5).

Pelo conceito estabelecido tem-se que:

$$F = \frac{L}{L'} \tag{1.6}$$

Como $L' = 2.\,r$ e $A = \pi.r^2 \rightarrow L' = 2.\sqrt{\frac{A}{\pi}}$. Substituindo-se essa última expressão em 1.6, obtém-se:

$$F = \frac{L}{2.\sqrt{\frac{A}{\pi}}} \tag{1.7}$$

Geralmente as bacias naturais apresentam F > 1. Quanto mais estreita for a bacia, maior o valor de F e menor a susceptibilidade a picos de cheia, considerando iguais os outros fatores intervenientes.

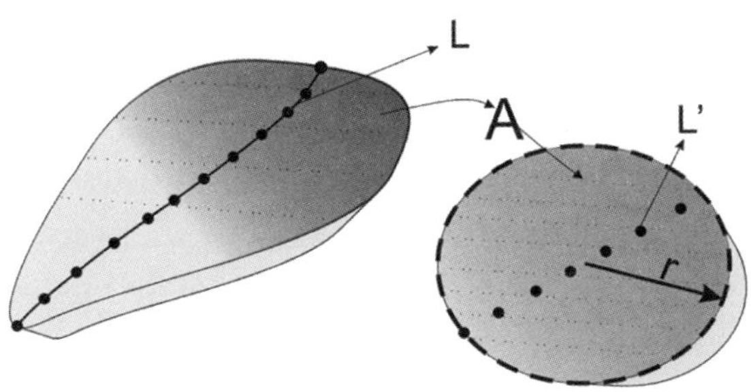

Figura 1.8 – Comprimento axial da bacia (L) e comprimento axial de um círculo hipotético (L') de área igual à da bacia (A).
Fonte: Elaborada pelos autores.

3) Sistema de drenagem da bacia

- Tipos de cursos d'água

Quanto ao regime de escoamento, os cursos d'água são classificados em perenes, efêmeros e intermitentes.

Os cursos d'água perenes têm, geralmente, a calha bem desenvolvida, de forma que o lençol freático (LF) mantém-se acima da calha durante todo ano (ou em mais de 90% do tempo), o que garante sua perenidade. Enquadram-se nesse tipo os grandes rios das regiões úmidas. Estes são abastecidos durante todo o ano pelo escoamento subterrâneo e, durante as chuvas, pelo escoamento superficial também. Assim, a vazão total de enxurrada é a soma da vazão subterrânea mais a vazão superficial (Figura 1.9).

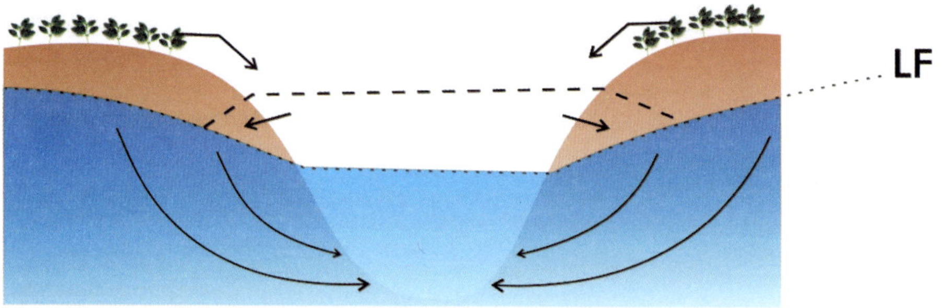

Figura 1.9 - Corte esquemático da calha de um curso d'água perene, recebendo contribuições subterrâneas e superficiais.
Fonte: *Elaborada pelos autores.*

No caso dos rios perenes, como a água do LF flui em direção a eles, estes fazem o papel de verdadeiros drenos naturais da bacia.

Os cursos d'água efêmeros são aqueles em que o escoamento só existe durante as precipitações, ou seja, são alimentados apenas pelo escoamento superficial. Com a ocorrência da chuva a água escorre ou infiltra, podendo recarregar o LF (Figura 1.10). Enquadram-se nesse grupo as pequenas ravinas existentes no relevo, de pequena profundidade.

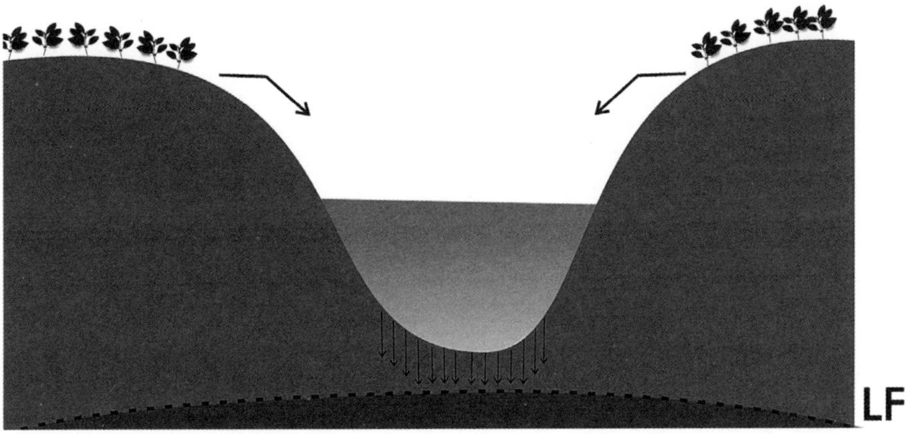

***Figura 1.10** – Esquema de corte de curso d'água efêmero, que é alimentado apenas pelo escoamento superficial.*
***Fonte:** Elaborada pelos autores.*

Os cursos d'água intermitentes assemelham-se aos perenes durante a estação chuvosa e aos efêmeros durante a estação seca (ANDRADE *et al.*, 2010). A maioria dos rios que cortam o semiárido brasileiro são desse tipo, sendo também denominados de rios "cortados" (têm fluxo em 50% do tempo ou em menos).

A identificação desses três tipos de cursos d'água, que caracterizam a rede de drenagem da área, depende do tipo de material básico usado (mapas topográficos ou fotografias aéreas) e da escala em que se apresenta esse material.

- Padrões de drenagem

No início do desenvolvimento da Ciência da Hidrologia (final do século XIX), esta assumia um caráter muitas vezes meramente descritivo. Assim, a forma como se apresentava a rede de drenagem de uma bacia era classificada, qualitativamente, conforme se ilustra a seguir:

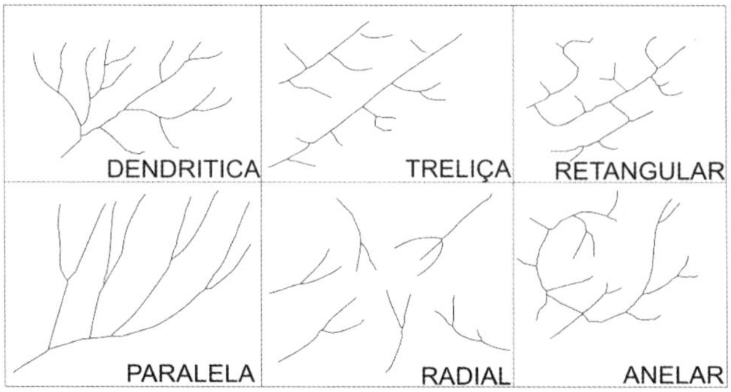

***Figura 1.11** – Alguns padrões ou formas da rede de drenagem.*
***Fonte:** Lima (1976).*

O padrão dendrítico ou arborescente é aquele em que a rede de drenagem se assemelha aos ramos de uma árvore. Isso ocorre quando os ângulos que os afluentes formam com o rio principal são agudos. Quando esses ângulos são maiores, tendendo ao ângulo reto, o padrão é dito do tipo treliça. Já o padrão retangular se caracteriza por ter ângulos, entre os afluentes e o principal, praticamente retos. O padrão paralelo (também chamado de calda equina ou rabo de cavalo) é típico de áreas com declividade forte em uma dada direção, de forma que os afluentes e o principal têm praticamente a mesma direção. Quando o relevo é formado por uma grande elevação central, como um vulcão ou chapada, por exemplo, o padrão é chamado radial centrífugo. Já o padrão anelar é típico de regiões muito planas, nas quais o rio principal forma meandros que quase se fecham.

Padrões qualitativos de drenagem são bastante usados pela Pedologia para ajudar a separar tipos de solo distintos. Entretanto, do ponto de vista da Engenharia Hidrológica, sua importância é pequena.

– Hierarquia fluvial

A Hierarquia Fluvial é uma técnica que consiste em dar número aos cursos d'água, objetivando separar os mesmos em ordens de grandeza semelhantes. Existem vários critérios utilizados para se atingir esse objetivo, como o de Horton (1940), o de Strahler (1952), o de Scheidegger (1965) e o de Shreve (1967); os mais importantes são os critérios de Strahler (1952) e o de Shreve (1967).

Pelo critério de Strahler (1952), dá-se o número 1 aos rios de cabeceira; dois rios de ordem igual geram um rio de ordem imediatamente superior; quando dois rios de ordem diferentes se encontram, mantém-se a ordem do maior deles. Esse critério é exemplificado na Figura 1.12 pelos números circundados.

Pelo critério de Shreve (1967), os rios de cabeceiras também recebem o número 1. Porém, todos os rios que se sucedem têm a ordem correspondente à soma da ordem dos rios que os geraram. Esse critério é ilustrado na Figura 1.12 pelos números que não estão circundados.

A ordem do rio principal no seu ponto de saída reflete o grau de ramificação da rede de drenagem da bacia; quanto maior esta ordem maior a tendência a picos de enchente, considerando os outros fatores intervenientes constantes.

Alguns autores consideram microbacias àquelas que têm rio principal de ordem de até no máximo 2.

- Densidade de drenagem (Dd)

A densidade de drenagem é um parâmetro importante, que muitas vezes aparece nas equações de regionalização (Capítulo 6). Ela é definida como a razão entre o somatório do comprimento dos rios da bacia por sua área (equação 1.8).

$$Dd\ (km\ km^{-2}) = \frac{\sum comprimento\ dos\ rios\ (km)}{Área\ da\ bacia\ (km^2)} \quad (1.8)$$

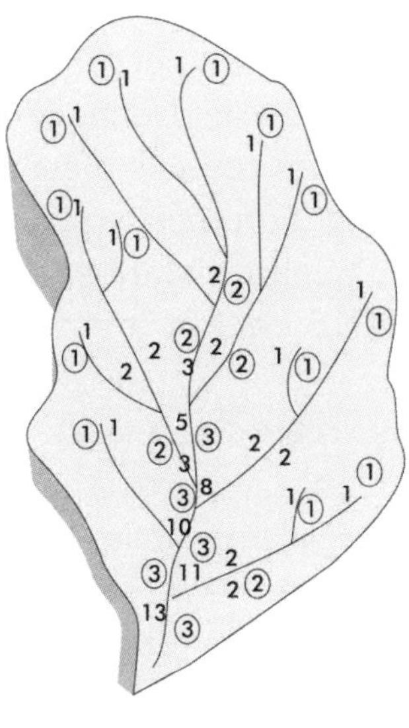

Figura 1.12 – Hierarquia fluvial pelos critérios de Strahler (1952) (números circundados) e de Shreve (1967) (números não circundados).
Fonte: Elaborada pelos autores.

A densidade de drenagem depende de vários fatores. O primeiro é o clima: ela é maior em regiões de clima úmido do que em regiões de clima árido. Outro fator importante é o tipo de solo: quanto maior a profundidade do solo e sua capacidade de infiltração, menor a densidade de drenagem (Figura 1.13). Vegetação e litologia também influenciam a densidade de drenagem.

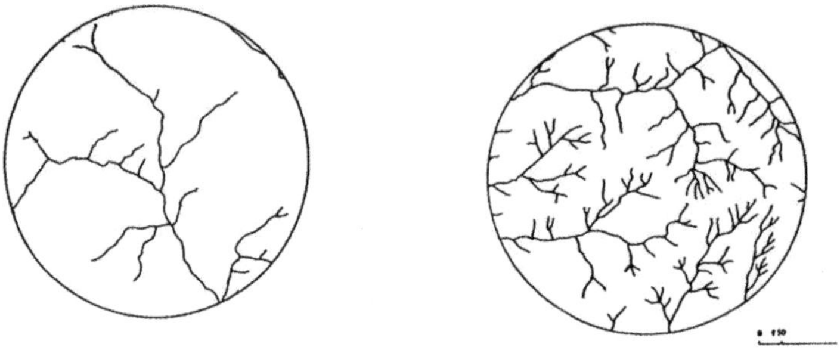

***Figura 1.13** – Rede de drenagem fraca à esquerda (Latossolo) e forte à direita (Argissolo).*
***Fonte:** Demattê (1990).*

França (1968) verificou, para Piracicaba – SP, que a densidade de drenagem de solos Litólicos era maior do que a de Argissolos e que por sua vez era maior que a dos Latossolos. Observou, também, que a densidade de drenagem, o padrão de drenagem e o grau de ramificação, eram mais controlados pelo tipo de solo do que pela estrutura geológica.

A determinação da densidade de drenagem para fins de Pedologia geralmente considera inclusive as ravinas efêmeras presentes no solo. Do ponto de vista da Hidrologia, entretanto, apenas os rios perenes e intermitentes são considerados. Vilella & Mattos (1975) consideram pobre uma densidade de drenagem de 0,5 km km^{-2} e rica quando atinge 3,5 km km^{-2}.

- Extensão média do escoamento sobre o terreno (ℓ)

Na trajetória do escoamento superficial em direção à saída da bacia, este percorre um trecho sobre a superfície do terreno (ℓ), também chamado de comprimento de rampa, antes de cair na rede de drenagem.

Imagina-se uma bacia de formato retangular, em forma de calha, e cujo comprimento é igual ao somatório do comprimento dos cursos d'água (Figura 1.14).

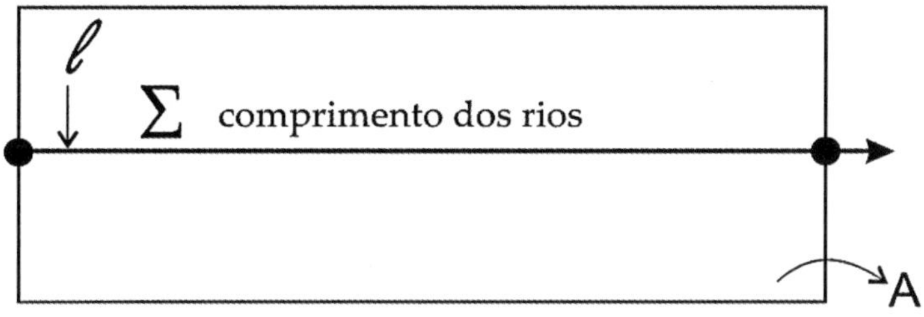

Figura 1.14 *- Bacia retangular imaginária de comprimento igual ao somatório dos comprimentos dos rios e largura igual a 4 x ℓ.*
Fonte: *Elaborada pelos autores.*

A área (A) da bacia esquematizada na Figura 1.14 é igual a:

$$A = 4 \times l \times \sum \text{comp.};$$

Assim:

$$l = \frac{1}{4} \times \frac{A}{\sum comp.} \quad \therefore \quad l = \frac{1}{4} \times \frac{l}{Dd} \qquad (1.9)$$

Exemplo: calcular o valor de *l*, para uma densidade de drenagem de 3 km km^{-2}.

Solução:

$$l = \frac{1}{4} \text{ x } \frac{1}{\text{Dd}} \quad \therefore \quad l = \frac{1}{4} \text{ x } \frac{1}{3 \text{ km/ km}^2} \quad \therefore \quad l = \frac{1}{12} \quad \therefore \quad l = 83{,}3 \text{ m}$$

4) Características do relevo da bacia

- Declividade média da bacia

É uma característica importante da bacia, pois permite que se adote um coeficiente de escoamento superficial adequado, conforme será visto no Capítulo 5. Quanto maior a declividade de uma bacia, maior a velocidade com que a água escoa sobre o terreno e na rede de drenagem, menor o tempo de concentração (Capítulo 5) e maior o pico de descarga superficial (KOBIYAMA *et al.*, 1998). Existem vários métodos para calcular essa declividade média; serão abordados três deles.

- Método de cálculo utilizando SIG

É o método mais preciso. Consiste em se digitalizar todas as curvas de nível e pontos cotados em um programa SIG e, a partir destes elaborar o

Modelo Numérico do Terreno (MNT). Com esse MNT calcula-se a declividade de cada pixel (menor unidade de representação da bacia em formato raster) e, por fim, calcula-se a média das declividades de todos os pixels da bacia.

Este método exige um pouco de conhecimento de SIG e, também, a escolha correta do algoritmo de geração do MNT.

– Método das quadrículas associadas a um vetor

Consiste em se quadricular a bacia a cada cerca de 2 cm, marcar os nós que ficaram dentro da bacia, traçar segmentos de reta que representem a menor distância entre 2 curvas de nível e achar a declividade desse segmento.

Exemplo: Achar a declividade do nó (1), sabendo-se que a escala do mapa é de 1:10.000 e que as curvas de nível estão de 5 em 5 m.

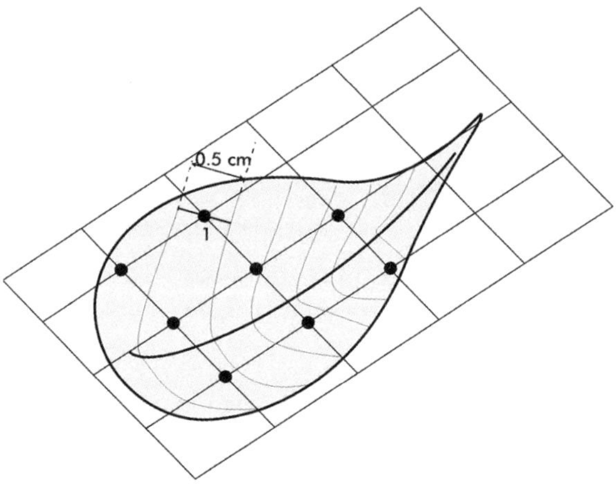

Figura 1.15 – *Bacia quadriculada, na qual o segmento que passa no nó (1) vale 0,5 cm.*
Fonte: *Elaborada pelos autores.*

Dessa forma, a declividade do nó (1) pode ser estimada por:

$$\text{Declive} = \frac{\text{distância vertical}}{\text{distância horizontal}} = \frac{5\ \text{m}}{50\ \text{m}} = 0{,}10\ \text{m/m} = 10\%$$

Procedendo-se de forma similar para os 7 nós que faltaram, pode-se obter a declividade média, tirando-se a média aritmética da declividade dos 8 nós.

Quando o número de nós é muito elevado, Vilella & Mattos (1975) sugerem que se tire a média ponderada do ponto central de intervalos de classe, tendo como fator de ponderação o número de ocorrências de nós em cada intervalo de declive, conforme é apresentado na Tabela 1.2.

Tabela 1.2 - Cálculo da declividade média da bacia que engloba 200 nós

(1)	(2)	(3)	(4)
Intervalos de declive (%)	**Número de ocorrências**	**Declividade média no intervalo (%)**	**(2) x (3)**
0 a 1	3	0,5	1,5
1 a 2	4	1,5	6,0
2 a 3	5	2,5	12,5
⋮	⋮	⋮	⋮
24 a 25	1	24,5	24,5
	Σ = 200		Σ = 700

$$\text{Declividade média} = \frac{700}{200} = 3,5\%$$

- Método de Wisler & Brater (1964)

É um método empírico cujo uso é menos frequente. Consiste em considerar que uma bacia que apresente muitas curvas de nível deve ser mais declivosa do que aquela que apresenta poucas curvas, considerando a mesma distância entre as curvas e a mesma área de bacia (Figura 1.16).

Assim, os autores propõem a expressão 1.10 para o cálculo da declividade média da bacia:

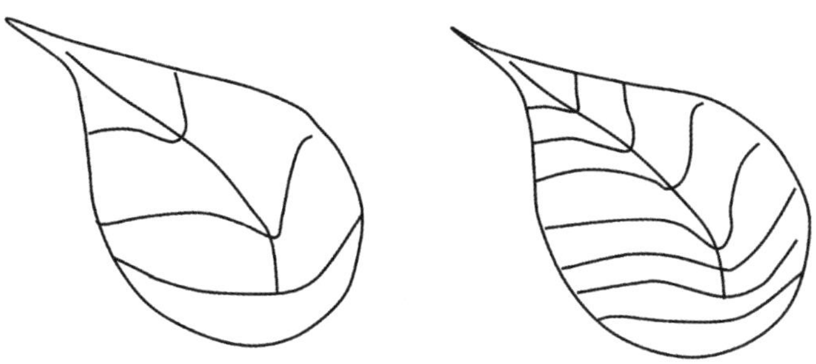

Figura 1.16 – *Bacias hidrográficas de área semelhantes, sendo que a da esquerda apresenta poucas curvas de nível e a da direita, muitas curvas.*
Fonte: *Elaborada pelos autores.*

$$\text{declividade média} = \frac{(\sum \text{comprimento curvas de nível})\text{x (distância vertical entre curvas)}}{\text{área da bacia}} \quad (1.10)$$

- Altitude média da bacia

Existe uma tendência de bacias com maior altitude (variando de 0 a 2.500 m) estarem sujeitas a maiores índices pluviométricos. É, entretanto, uma influência bastante indireta.

Existem 4 métodos para a determinação da altitude de uma bacia: (1) Método do cálculo da altitude média do MNT em programa SIG; (2) Método da área sob a curva hipsométrica; (3) Método das áreas entre as curvas de nível e (4) Método das quadrícolas. Será abordado o terceiro método, por meio de um exemplo, por ser de mais fácil entendimento.

Exemplo: calcular a altitude média de uma bacia de 50 km^2, cujas curvas de nível variam de 680 a 940 m, conforme é ilustrado na Tabela a seguir.

(1)	(2)	(3)	(4)
Intervalos das cotas	**Cota média (m)**	**Subárea (Km^2)**	**(2) x (3)**
940 - 920	930	2,0	1.860
920 - 900	910	1,0	910
900 - 880	890	4,0	3560
.	.	.	.
700 - 680	690	3,0	2.070
		Σ = 500 km^2	Σ = 42.000 km^2 x m

Dessa forma a altitude média ponderada, tendo a área entre as curvas de nível como fator de ponderação, será dada por:

$$\text{Altitude média} = \frac{\sum(\text{subárea} \times \text{cota média})}{\text{área total}} = \frac{42.500 \text{ km}^2 \times \text{m}}{50\text{km}^2} = 850 \text{ m}$$

- Declividade do talvegue da bacia

A declividade média do talvegue da bacia é um parâmetro importante que entra em várias expressões empíricas destinadas ao cálculo do tempo de concentração da bacia (Capítulo 5). Essa declividade pode ser calculada de 3 formas: a declividade média simples (*Is*), a declividade média do triângulo de área equivalente (*I*Δ) e a declividade média harmônica equivalente ponderada (*Ieq*).

- Declividade média simples (*Is*)

Consiste da simples razão entre a diferença de cota entre a nascente e a foz do ribeirão, e o comprimento do talvegue, ou seja:

$$Is = \frac{\text{cota nascente} - \text{cota foz}}{\text{comprimento do rio}} \tag{1.11}$$

Na Figura 1.17 está esquematizado um perfil típico de um ribeirão. Percebe-se que a declividade é maior próximo à cabeceira, e vai diminuindo à medida que se caminha para foz. A declividade média simples é dada pela tangente de *α*. Observando-se o eixo das abscissas, verifica-se que existe um trecho pequeno tal que a declividade é maior que a *tg α*, e um trecho grande no qual a declividade é menor que a *tg α*. Assim, é de se esperar que, quando se calcular uma declividade ponderada por trechos de comprimento do rio, esta seja menor que *Is*. É com esse objetivo que são definidas as duas propostas de cálculo a seguir.

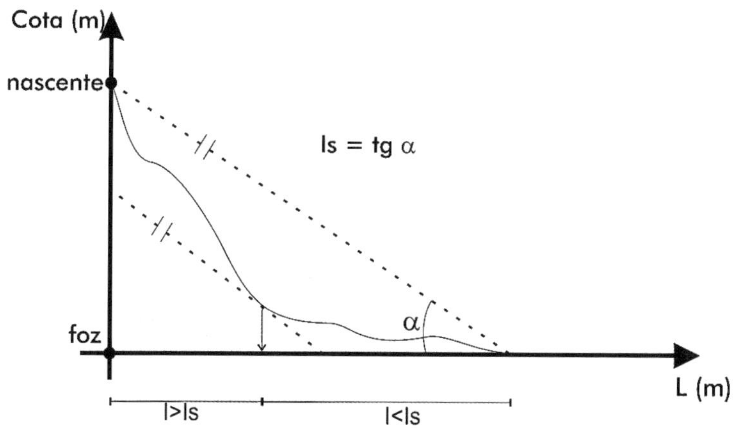

***Figura 1.17** – Perfil de ribeirão com trecho com declive maior que Is (junto à nascente), e com trecho com declive menor que Is (em direção à foz).*
***Fonte:** Elaborada pelos autores.*

- Declividade média harmônica equivalente ponderada (*Ieq*)

Consiste em calcular a declividade média ponderada, utilizando a distância entre as curvas de nível como fator de ponderação, por meio de uma fórmula própria (equação 1.12):

$$Ieq = \left[\frac{\sum L}{\frac{L1}{\sqrt{I1}} + \frac{L2}{\sqrt{I2}} + \ldots + \frac{Ln}{\sqrt{In}}} \right]^2 \quad (1.12)$$

Exemplo: calcular a declividade equivalente ponderada do talvegue da Figura 1.18.

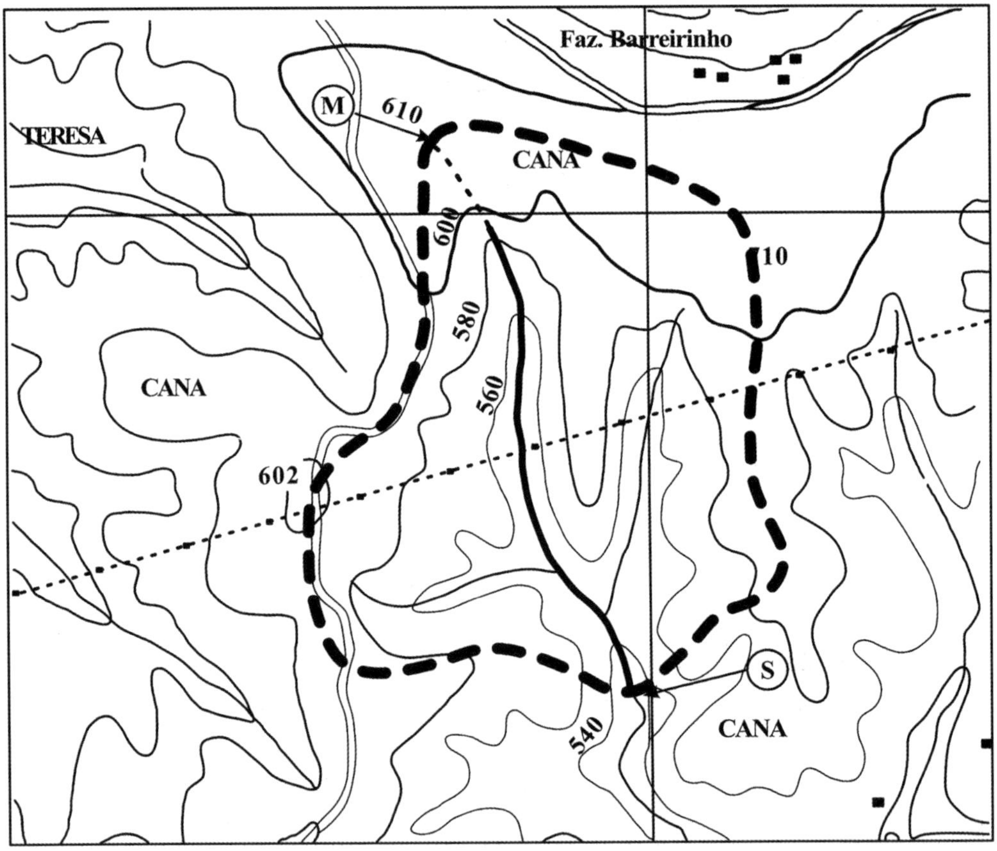

Figura 1.18 – *Talvegue de bacia com cabeceira no ponto (M) e exutório no ponto (S).*
Fonte: *Elaborada pelos autores.*

Solução:

Pontos no talvegue	Cotas (m)	Distância até o divisor (M) (Km)	Desnível entre os pontos (m)	Comprimento de cada trecho L(Km)	Declividade no trecho I (m Km^{-1})
Divisor (M)	610	0,00	X	X	X
Curva 600	600	0,23	10,0	0,23	43,5
Curva 580	580	0,34	20,0	0,11	181,8
Curva 560	560	0,60	20,0	0,26	76,9
Curva 540	540	1,80	20,0	1,20	16,7
Seção (S)	539,5*	2,00	0,5	0,20	2,5
				$\sum = 2,00$	

**Obtido por interpolação entre as curvas 540 e 520.*

Aplicando-se a equação 1.12, obtém-se:

$$\text{Ieq} = \left[\frac{2}{\frac{0,23}{\sqrt{43,5}}+\frac{0,11}{\sqrt{181,8}}+\frac{0,26}{\sqrt{76,9}}+\frac{1,20}{\sqrt{16,7}}+\frac{0,20}{\sqrt{2,5}}}\right]^2 = 16,47 \text{ m km}^{-1} =$$

$$= 16,47 \text{ m}/1000 \text{ m} = 0,01647 \text{ m m}^{-1} = 1,647\%$$

Observação: Calculando-se a declividade média simples para esse exemplo, tem-se:

$$\text{Is} = \frac{(610\text{-}539,5) \text{ m}}{2.000 \text{ m}} = \frac{70,5 \text{ m}}{2.000 \text{ m}} = 0,03525 \text{ m m}^{-1} = 3,525\%$$

- Declividade média do triângulo de área equivalente (IΔ)

Consiste em calcular a declividade da hipotenusa do triângulo cuja área coincida com a área que o perfil do talvegue faz com os eixos coordenados, conforme ilustra a Figura 1.19:

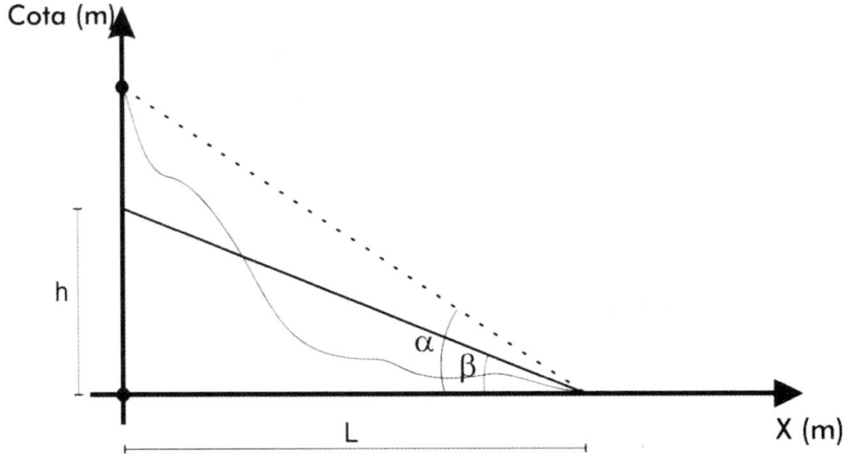

Figura 1.19 *– Triângulo cuja área se iguala à área do perfil do rio com os eixos coordenados.*
Fonte: *Elaborada pelos autores.*

O método assume que a área que o perfil faz com os eixos deva ser igual à área do triângulo, ou seja:

$$\text{Aperfil} = \text{Atriângulo} \;\therefore\; \text{Aperfil} = \frac{L\,.\,h}{2} \tag{1.13}$$

Mas a

$$\text{tg}\,\beta = I\Delta = \frac{h}{L} \;\therefore\; h = I\Delta\,.\,L \tag{1.14}$$

Substituindo-se *h* obtido em 1.14 em 1.13, obtém-se:

$$\text{Aperfil} = \frac{L\,.\,I\Delta\,.\,L}{2} \;\therefore\; I\Delta = \frac{2\,.\,\text{Aperfil}}{L^2} \tag{1.15}$$

5) Cobertura vegetal da bacia

– Alterações da precipitação devido ao desmatamento

Com praticamente qualquer alteração no uso do solo, os fluxos envolvidos no ciclo hidrológico se alteram. Com relação ao Comportamento Hidrológico em função do Manejo Florestal, pode-se consultar o trabalho de Lima (2008). Num exemplo de retirada da floresta pode ocorrer:

- Aumento do albedo com maior reflexão de ondas curtas;
- Maiores flutuações da temperatura e déficit de tensão de vapor das superfícies das áreas desmatadas;
- O volume evaporado diretamente é menor, devido à redução da interceptação vegetal pela retirada da vegetação das árvores; e
- Menor variabilidade da umidade das camadas profundas do solo, já que a floresta pode retirar umidade de profundidades superiores à vegetação rasteira, como o pasto, por exemplo.

Devido a esses fatos, acreditava-se no passado que a evaporação de áreas continentais constituía a fonte principal de umidade para "alimentar" a precipitação em uma dada área, e que o aumento da evaporação local, portanto, deveria necessariamente resultar em um aumento da precipitação da região. Baseando-se nesta premissa, várias alternativas foram, inclusive, sugeridas para se conseguir aumentar a precipitação de uma dada região, tais como a construção de represas e açudes, o reflorestamento, etc.

Entretanto, o sistema climatológico local depende muito pouco da evapotranspiração da superfície de uma pequena área; como a precipitação local depende principalmente dos movimentos de massas de ar globais, o efeito da alteração da cobertura é mínimo (WMO, 1994). Mooley & Parthasarathy (1983) examinaram a tendência de valores acima ou abaixo da precipitação média, entre os anos de 1871 e 1980 para 306 estações na Índia e não encontraram nenhuma evidência estatística de alteração na tendência, apesar das áreas cobertas pelos postos terem sofrido grande desmatamento ao longo dos anos mencionados.

Vários ensaios têm sido realizados com modelos GCM (*Global Climate Circulation Models*) sobre o comportamento da Amazônia. Estes modelos têm estudado a hipótese de retirada total da floresta e substituição por pasto (NOBRE *et al.*, 1988). Os resultados têm previsto redução de até 50% na evapotranspiração e 20% na precipitação. Isso se deve à grande dependência que a região pode ter no ciclo interno de evaporação e precipitação, e também devido às grandes incertezas na modelagem. Segundo Shuttleworth *et al.* (1990) estes resultados devem ser vistos com muito cuidado, ou seja, são especulações sobre o comportamento desta região.

Segundo McCulloch & Robinson (1993) não existe nenhuma evidência de que plantando ou retirando uma floresta em uma área restrita se afete a precipitação local.

- Alterações das vazões de interesse hidrológico devido ao desmatamento

Segundo a equação 1.1 já vista:

$$\text{Precipitação} \cong \text{Evapotranspiração} + \text{Vazão escoada};$$

ou

$$\text{Vazão escoada} \cong \text{Precipitação} - \text{Evapotranspiração}$$

Desta forma, considerando que a precipitação não se altera com o desmatamento e que a evapotranspiração diminui, conclui-se que a *vazão média* de longo período da bacia deverá aumentar com o desmatamento, embora isso não necessariamente seja bom, por exemplo, pois isso aumentaria a erosão e a propagação de poluentes.

A vazão de estiagem, ou *vazão mínima de referência,* é dependente da água que infiltra no solo e alimenta o lençol freático. Assim, com a retirada da vegetação, embora a evapotranspiração diminua permitindo aumento da vazão, a infiltração também diminui, causando diminuição da vazão de estiagem. Desta forma, pode haver diminuição ou aumento da vazão conforme o caso. A maioria dos estudiosos considera que é mais provável que a vazão mínima diminua como consequência do desmatamento (RODRIGUES; BUCCI, 2006). Já o efeito da mata ciliar sobre a manutenção da vazão mínima está sujeito às mesmas incertezas discutidas anteriormente, acrescidas do fato de que a área ocupada por esse tipo de vegetação em relação à área da bacia como um todo é pequena. Esta relação não é verdadeira quando se trata de microbacias hidrográficas, nas quais tem sido demonstrado que a recuperação da vegetação ciliar contribui para com o aumento da capacidade de armazenamento da água na microbacia ao longo da zona ripária, o que contribui para o aumento da vazão na estação seca do ano (ELMORE; BESCHTA, 1987). Ou seja, segundo Lima (2008), a destruição da mata ciliar pode, a médio e longo prazos, pela degradação da zona ripária, diminuir a capacidade de armazenamento da microbacia, e consequentemente, a vazão na estação seca. Ao que tudo indica, o efeito da APP ciliar em médias e grandes bacias se dá mais do ponto de vista ecológico e de manutenção da qualidade da água do que do ponto de vista quantitativo propriamente dito.

No que se refere às *vazões máximas de referência*, tudo indica que estas aumentam quando há desmatamento, pois a interceptação foliar diminui (mais água atinge o solo), a infiltração da água no solo diminui devido ao maior selamento superficial (causando maior escoamento superficial) e a rugosidade do terreno diminui, fazendo com que a enxurrada se concentre mais rapidamente (DREZZA, 2008). Entretanto, observações têm demonstrado que, quando a chuva é extremamente intensa (período de retorno de várias dezenas de anos - Capítulo 2), o efeito amortecedor da vegetação sobre a enxurrada é praticamente desprezível, havendo risco de desastres (GENOVEZ, 1995).

1.3 Exercícios propostos

a) A quantidade de água total presente na atmosfera representa uma lâmina de 25 mm sobre o solo, e a precipitação pluvial média no globo terrestre é cerca de 860 mm ano^{-1}. Calcular o tempo de residência de uma gotícula de água da atmosfera.
Resposta: 10,6 dias

b) Pretende-se implantar uma sequência de lagoas de estabilização de dejetos de suínos, em série. A suinocultura terá 500 cabeças; estima-se que o volume de (fezes + urina + água de higienização) = 30 Litros cabeça^{-1} dia^{-1}. As lagoas deverão ter 1,50 metros de profundidade, em média, e um tempo de detenção (ou tempo de residência) para toda a série das lagoas, em conjunto, de 125 dias. Calcule a área total que deverá ser ocupada pelo espelho hidráulico das lagoas conjuntamente, expressando o seu valor em ha.
Resposta: 0,125 ha.

c) A bacia do Rio Piracicaba mede cerca de 12.400 Km^2. Sabendo-se que sua vazão média de longo período é de 147,41 m^3 s^{-1} e que a precipitação média anual é de 1.371,2 mm ano^{-1}, calcule a evapotranspiração média anual e expresse-a em mm dia^{-1}.

Resposta: 2,73 mm dia^{-1}.

d) Em uma bacia com 20 km^2, a precipitação total anual é, em média, de 1500 mm e a vazão média na saída da bacia é igual a 386 L s^{-1}. Nessa bacia, pretende-se construir um reservatório que inundará 18% da área total da bacia. O reservatório provocará um acréscimo do total evaporado na bacia e o consequente decréscimo na vazão média anual. Considerando que a evaporação direta do espelho d'água no reservatório é estimada em 980 mm ano^{-1}, calcule em quantos % a vazão média vai diminuir.

Resposta: 2,62%.

e) Em um mapa feito na escala 1:25.000, a planimetria acusou um valor de 4.163 cm^2 para a área da bacia, e a somatória dos comprimentos dos cursos d'água foi igual a 1.534 cm. Calcule a densidade de drenagem da bacia e expresse-a em km km^{-2}.

$$\text{Dd} = \frac{\sum \text{comprimento dos rios}}{\text{Área da bacia}}$$

Resposta: 1,47 km km^{-2}.

f) Por intermédio da soma das frações das áreas de quadrículas englobadas pelo divisor de águas, estime a área de contribuição para o ponto X no mapa em escala 1:10.000 apresentado a seguir. Em seguida, estime a declividade do ponto Y no mesmo mapa. Expresse sua medida de área em ha e a medida de declividade em %. As curvas de nível do mapa estão plotadas de 10 em 10 metros.

Resposta: Área ≈ 31 ha; Declividade ≈ 28%.

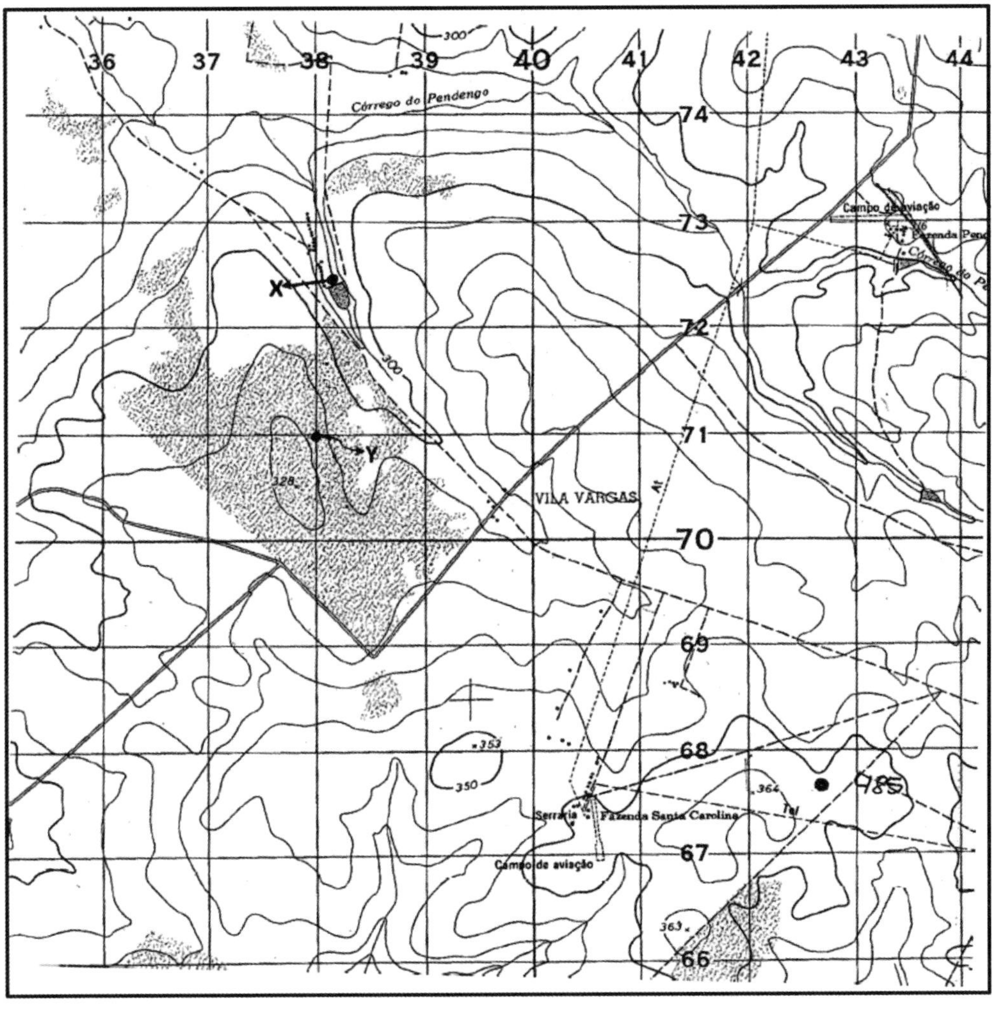

Fonte: *Elaborada pelos autores.*

g) O Projeto "Conservador de Águas" é a primeira iniciativa municipal brasileira que implanta o conceito de Pagamentos por Serviços Ambientais (PSA), baseada na relação existente entre a floresta e os serviços prestados por ela, em relação à conservação do solo e da água. Criado pela lei municipal de 21 de dezembro de 2005, no município de Extrema (MG), esse projeto prevê o pagamento de R$ 150,00 ha^{-1} ano^{-1} a proprietários rurais que se disponham a preservar a Reserva

Legal, a APP e aumentar a área reflorestada. Com a implantação do projeto e adoção das práticas nele propostas, tem-se como hipóteses:

1. Redução efetiva dos processos erosivos e, consequentemente, redução do transporte de sedimentos.
2. Aumento da vazão média do manancial ao longo do tempo.
3. Melhoria ou manutenção da qualidade da água dos mananciais das sub-bacias hidrográficas de Extrema (MG).

Responda qual das hipóteses está mal fundamentada?
Resposta: É a hipótese 2, pois aumentando-se a área com floresta a vazão média deve diminuir ao invés de aumentar. É possível que aumente a vazão mínima e a qualidade da água.

CAPÍTULO 2

Precipitações

2.1 Introdução

As precipitações incluem todas as formas de água que caem e atingem a superfície terrestre, provenientes do vapor d'água atmosférico. Em termos genéricos, incluem a chuva, a neve, o granizo, a geada e a neblina. Para as condições brasileiras, a chuva é a forma mais abundante.

Quanto ao processo de ascensão do vapor d'água na atmosfera, as precipitações são classificadas em convectiva, frontal e orográfica. A chuva convectiva é a típica chuva de verão, na qual o vapor ascende devido às elevadas temperaturas diárias. A chuva frontal ocorre pela ascensão de uma massa de ar mais quente devido à entrada de uma frente fria. Já no caso na chuva orográfica a ascensão se dá devido ao relevo.

As estruturas de controle de águas naturais não são dimensionadas para serem capazes de comportar a máxima vazão absoluta que possa um dia vir a passar por elas. Primeiro, porque é impossível se conhecer a magnitude desse evento e, segundo, porque possivelmente a obra ficaria antieconômica, caso esta estratégia fosse adotada; devem ser utilizadas vazões de dimensionamento que apresentem certa probabilidade de ocorrer, probabilidade essa que deve ser tanto menor quanto maior for a importância da estrutura. Tendo em vista que a obra ainda não foi implantada e, consequentemente, que as vazões que escoam para ela, na maioria das vezes, não são conhecidas, essas vazões podem ser estimadas por equações que transformam as chuvas em vazões (subterrâneas e superficiais), já que os dados de chuva podem ser obtidos com relativa facilidade.

As chuvas podem ser medidas com pluviômetros ou pluviógrafos. O pluviômetro (do latim pluviu = chuva, metru = medir), também conhecido como hietômetro ou udômetro, destina-se a medir a quantidade de precipitação, em forma de chuva, garoa, orvalho, neve ou granizo em uma determinada região. Esta precipitação é medida em milímetros, que distribuídos sobre uma determinada área, pode fornecer o volume de água precipitado. Uma boa maneira de avaliar este volume é lembrar que cada milímetro de chuva lança um litro de água por metro quadrado.

Para medir a chuva, qualquer recipiente de formato prismático pode servir. Basta colocar uma latinha ou outro recipiente numa área descoberta. Como a área é constante, podemos medir diretamente quantos milímetros se acumularam dentro do recipiente, mas este processo tem pouca precisão, podendo gerar erros de 1 ou 2 milímetros.

Um meio mais exato de fazer a medida é usar uma vasilha de grande diâmetro e medir o volume de água acumulado mediante o uso de uma proveta. Dividindo o volume pela área de coleta do recipiente pode-se obter dados com precisão de décimos de milímetro. Nas regiões mais frias, o conjunto deve prever um sistema de aquecimento para derreter a neve ou o granizo.

Nas estações meteorológicas são usados pluviômetros padronizados. O mais utilizado no Brasil é o padrão francês, conhecido como "Ville de Paris" (Figura 2.1). Ele tem uma "boca" padronizada de 400 cm^2, e um reservatório com uma torneirinha para descarregar a água em uma proveta para medição. São fornecidas provetas especiais de 7, 10, 25 e 80 mm já graduadas para este tamanho da área coletora, de modo a evitar os cálculos.

O pluviômetro fornece a altura da chuva diária, enquanto o pluviógrafo permite que se identifiquem chuvas de até 10 minutos de duração. Para os sistemas de controle de águas naturais, serão mais importantes as chuvas intensas curtas (de 10 minutos a 24 horas) que exigem dados de pluviógrafo, embora já existam correlações empíricas que permitem estimar dados de chuvas curtas a partir de dados de chuva de 1 dia (DAEE, 1980; MAGNI & NERO, 1982).

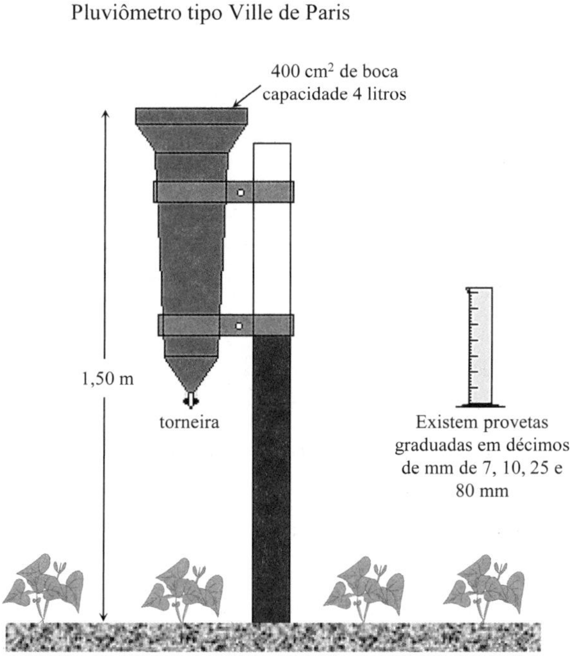

***Figura 2.1** – Pluviômetro Ville de Paris.*
***Fonte:** Elaborada pelos autores.*

O pluviógrafo foi inventado no século XIX, e os primeiros registros encontrados foram os pluviógrafos de Walravens em 1893, de Hottinger, em 1896, e de Hellman-Fuess em 1898 (MENDES *et al.*, 2015). O primeiro pluviógrafo patenteado foi o desenvolvido por Chappel e Colt em 1938 (CHAPPEL & COLT, 1938), que é do tipo flutuador (Figura 2.2), e o primeiro pluviógrafo com registros gráficos e medições automatizadas foi patenteado em 1966 por Barker (MANRÍQUEZ *et al.*, 2016). A maioria dos pluviógrafos utilizados no Brasil tem uma superfície receptora padrão de 200 cm², e dentre os mais utilizados estão três tipos: o pluviógrafo flutuador, o pluviógrafo de peso e o pluviógrafo de caçambas basculantes (DULNIK, 2006).

No pluviógrafo flutuador (Figura 2.2), existe um sistema com uma boia conectada a um aparelho que pode registrar a informação, como lápis ou caneta, que está conectado a um papel acoplado em um cilindro que rotaciona a uma dada velocidade. Então, a água é armazenada em um recipiente que contém uma boia em seu interior, e à medida que esse recipiente vai se enchendo a boia vai se elevando, e com isso elevando o utensílio que registra a precipitação. Com esse sistema é possível obter a lâmina de água precipitada com o sistema conectado à boia, e o tempo dá-se pela rotação do cilindro no qual está acoplado o papel para registrar essa informação.

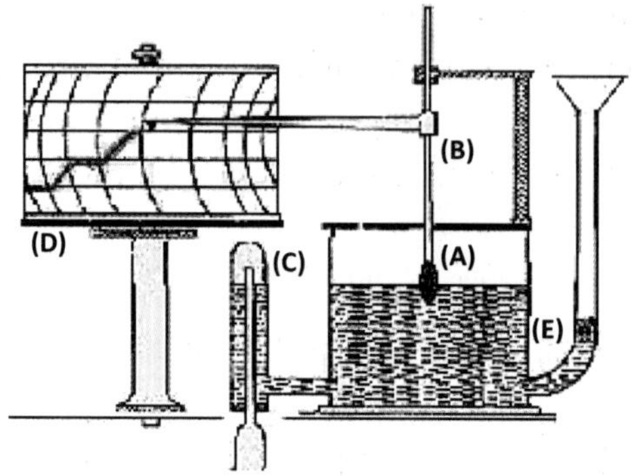

***Figura** 2.2 – Pluviógrafo do tipo boia.*
***Fonte:** Elaborada pelos autores.*

No pluviógrafo de peso (Figura 2.3), a água coletada cai sobre um sistema de balança, que faz com que um lado com a balança decline, enquanto no outro, onde tem um aparelho registrador conectado a um cilindro, que está rotacionando, será elevado e registrará a quantidade de água equivalente ao peso captado (DULNIK, 2006).

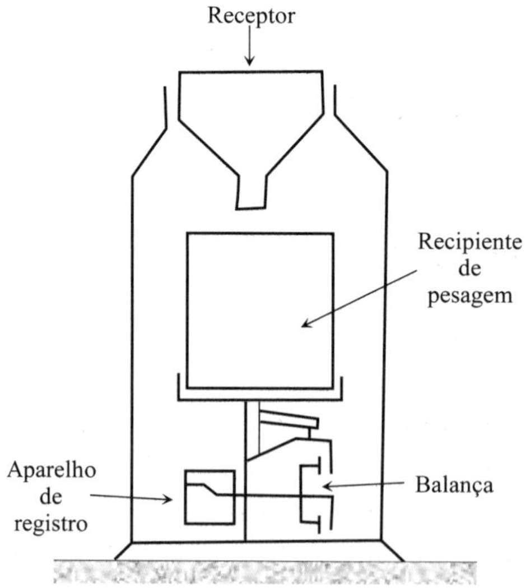

***Figura** 2.3 – Pluviógrafo de contrapeso.*
***Fonte:** Elaborada pelos autores.*

No pluviógrafo de cubas basculantes (Figura 2.4) a água coletada cai em um sistema de duas cubas que estão interligadas por um eixo central. Quando uma das cubas enche, essa cuba irá rotacionar em torno do eixo e será esvaziada, enquanto a que estava vazia começará a receber a água. Cada rotação corresponderá a uma certa quantidade de chuva precipitada, por exemplo 0,2 mm de chuva, e o aparelho registra o número de vezes que esse movimento ocorreu e quando eles ocorrem (COLLISCHON; DORNELLES, 2015).

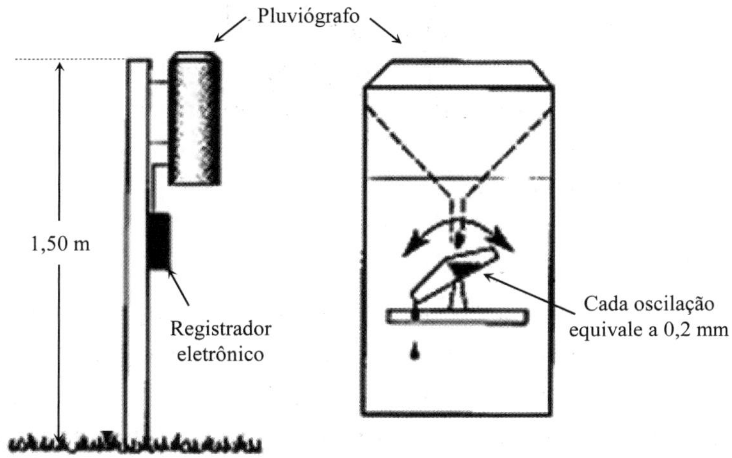

Figura 2.4 - Pluviógrafo de básculas ou pluviômetro "tipping-bucket".
Fonte: Elaborada pelos autores.

2.2 Características das chuvas

2.2.1 Altura precipitada (h)

A altura precipitada representa o volume de água de chuva dividido pela área da superfície de coleta. É geralmente medida em mm, que corresponde a 1 litro por metro quadrado. Se não fosse o efeito do vento, a área da boca do coletor não influenciaria a lâmina precipitada; entretanto, como pode haver entrada dos pingos d'água em trajetória diagonal, por meio da boca do coletor, existe um efeito da borda deste sobre o total coletado. Assim, visando padronizar esse efeito, os pluviômetros e pluviógrafos são construídos com um diâmetro de boca de coleta similar, para que os dados possam ser comparados. O pluviômetro mais usado no Brasil é o Ville de Paris, que tem uma boca receptora de 400 cm²; já no Estado de São Paulo utiliza-se uma modificação do Ville de Paris, chamada de pluviômetro tipo "Paulista", que tem uma boca receptora de 500 cm².

2.2.2 Duração (t)

A duração, expressa em minutos ou em horas, pode se referir à do evento como um todo ou a de um período específico de interesse. Na Figura 2.5 está representado um pluviograma de um pluviógrafo convencional que registrou uma precipitação total de 20,9 mm (5,7 + 10,0 + 5,2 mm). O evento total transcorreu das 8h35 às 15h15 e, portanto, t = 6h40. Já o período de uma hora mais intenso ocorreu das 10h20 às 11h20, quando houve precipitação de cerca de 9,7 mm.

Caso sejam estudadas as maiores alturas precipitadas de um dado ano, para as diferentes durações, possivelmente se obterá um gráfico tal como apresentado na Figura 2.6. Nesta figura pode-se verificar que, para as chuvas intensas, existe uma tendência da altura precipitada aumentar à medida que a duração da chuva aumenta.

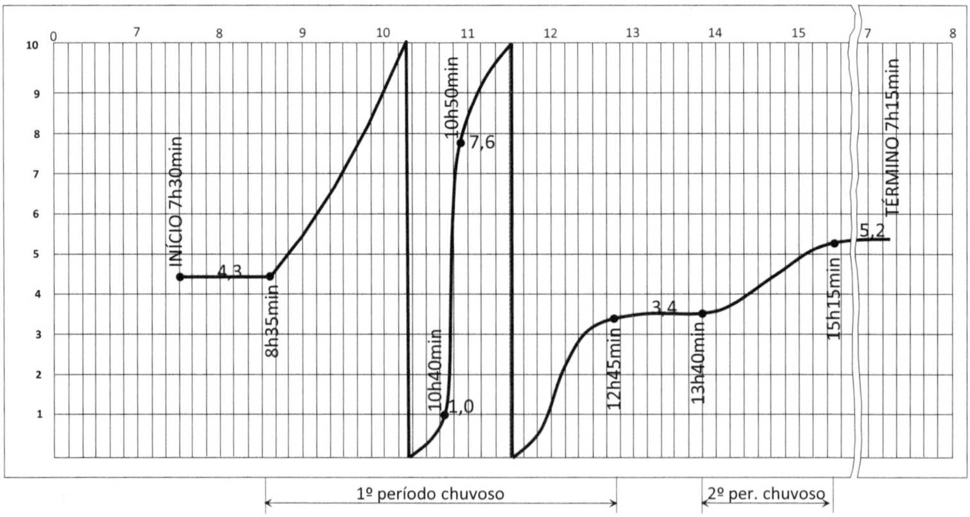

Figura 2.5 – *Chuva registrada em um pluviograma de um pluviógrafo convencional.*
Fonte: *Elaborada pelos autores.*

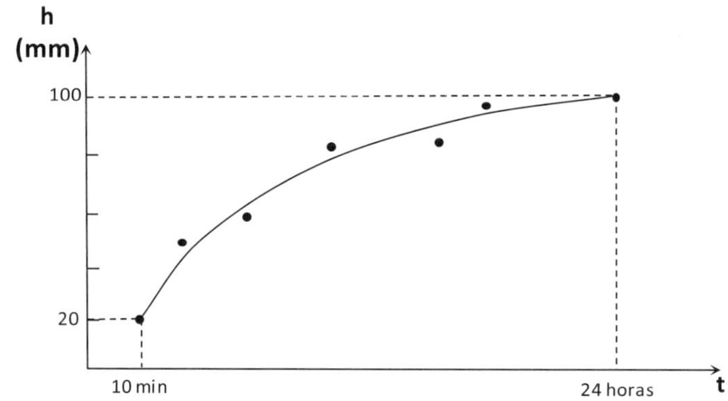

Figura 2.6 – Relação entre as maiores chuvas precipitadas de um dado ano (h) e as suas respectivas durações (t).
Fonte: Elaborada pelos autores.

2.2.3 Intensidade média (i)

A intensidade média da chuva representa a razão entre a altura precipitada (h) e a duração (t), ou seja, , sendo que i normalmente é expresso em mm h^{-1} ou mm min^{1}.

Dividindo-se as alturas precipitadas pelas respectivas durações, apresentadas na Figura 2.6, obtém-se a Figura 2.7. Nesta, pode-se observar que, para chuvas intensas, existe uma tendência da intensidade média diminuir à medida que a duração da chuva aumenta.

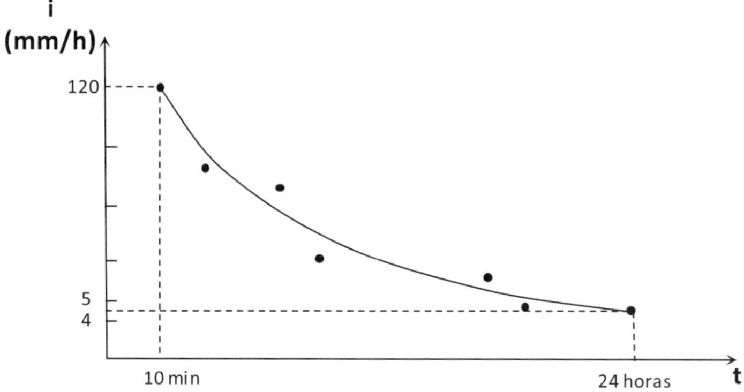

Figura 2.7 – Relação entre as intensidades médias das maiores chuvas de um dado ano (i) e suas durações (t).
Fonte: Elaborada pelos autores.

2.2.4 Distribuição temporal

Existem modelos chuva-vazão (Capítulo 5) que entram no mérito de como as alturas precipitadas se desenvolveram ao longo do evento, ou seja, exigem que se caracterize a distribuição temporal da chuva. Essa distribuição geralmente é representada em diagramas de blocos, sendo o de quatro blocos o mais didático (SENTELHAS *et al.*, 1998). Segundo essa representação, a chuva pode ser classificada em adiantada, intermediária ou atrasada.

A chuva é dita adiantada quando a maior altura ocorreu no primeiro bloco. Chuvas convectivas intensas e curtas, também chamadas de "chuvas de verão" na região SE do Brasil, geralmente apresentam essa distribuição. Essas chuvas são as que acarretam picos de enxurrada em bacias de pequena área de contribuição (Figura 2.8 A). Chuvas adiantadas tendem a ser pouco erosivas, pois são mais intensas quando o solo tem maior capacidade de infiltração. Em consequência, há menos escoamento para transportar o sedimento deslocado.

As chuvas intermediárias são aquelas em que a maior precipitação ocorreu no segundo ou no terceiro bloco. Geralmente as chuvas frontais, típicas de entrada de frente fria, são desse tipo. Essas chuvas são particularmente importantes para bacias grandes (Figura 2.8 B).

Quando a maior altura precipitada ocorreu no último quarto do evento, a chuva é dita atrasada; esse tipo é de ocorrência rara na natureza (Figura 2.8 C). Chuvas atrasadas tendem a ser muito erosivas pois são mais intensas quando o solo tem menor capacidade de infiltração. Em consequência, há mais escoamento para transportar o sedimento deslocado.

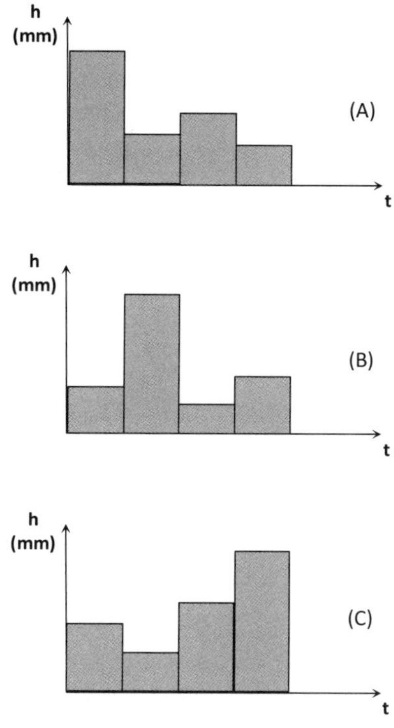

***Figura** 2.8 – Hietograma de chuvas adiantada (A), intermediária (B) e atrasada (C).*
***Fonte:** Elaborada pelos autores.*

A maioria das localidades brasileiras ainda não dispõe de um estudo da distribuição temporal de suas chuvas intensas. Dessa forma, caso se opte por utilizar nessa localidade um modelo chuva-vazão que exija a distribuição temporal da chuva, é comum se utilizar o chamado Método dos Blocos Alternados do SCS americano. Por esse método, a chuva intensa é dividida em, de 6 a 12 blocos, que são arranjados de forma a maximizar o escoamento superficial, como será visto no Capítulo 5 (TUCCI, 1993).

2.2.5 Distribuição espacial

Na Figura 2.9 está representada uma possível distribuição de uma chuva em uma área. As curvas de igual precipitação, chamadas de isoietas, caracterizam a existência de um ponto onde ocorreu a maior altura precipitada, denominado epicentro (FERREIRA *et al.*, 2005).

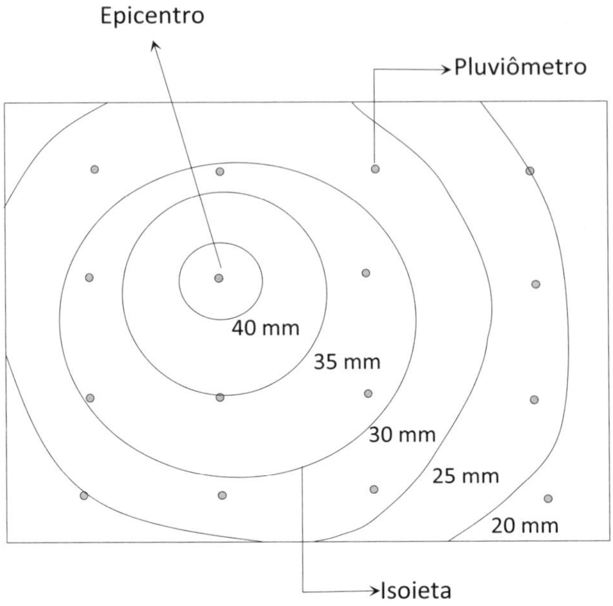

***Figura 2.9 –** Distribuição espacial de uma chuva em uma área grande.*
***Fonte:** Elaborada pelos autores.*

Quando se trabalha com áreas de contribuição pequenas (< 2 km^2), despreza-se a distribuição espacial da chuva, ou seja, considera-se que a chuva de projeto pode ser representada pela altura ocorrida no epicentro. Já para áreas de contribuição grandes (> 2 km^2), deve-se abater o valor do epicentro para se caracterizar a chuva de projeto, visando considerar que a chuva máxima não ocorre em toda a área simultaneamente (MELO JÚNIOR *et al.*, 2005). Isto normalmente é feito multiplicando-se a chuva intensa por um fator que pode ser obtido graficamente na Figura 2.10. Essa figura, cujos dados foram obtidos na bacia do Rio Mississipi nos Estados Unidos e publicada pelo U.S. Weather Bureau, mostra que o valor numérico do fator é tão menor quanto maior for a área da bacia e mais curta for a duração da chuva.

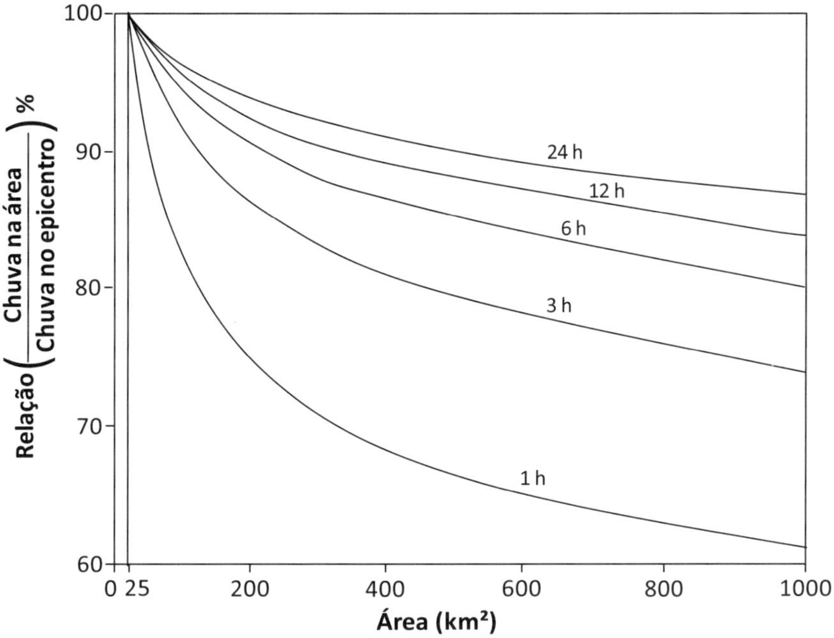

Figura 2.10 *– Fator de abatimento da chuva intensa em função da área da bacia de contribuição e da duração da chuva.*
Fonte: *Wisler & Brather (1964),*

2.3 Chuvas intensas

As estruturas de controle de águas naturais não são dimensionadas para serem capazes de comportar a máxima vazão absoluta que possa um dia vir a passar por elas. Primeiro, porque é impossível se conhecer a magnitude desse evento e, segundo, porque possivelmente a obra ficaria antieconômica, caso esta estratégia fosse adotada. Devem ser utilizadas vazões de dimensionamento que apresentem uma certa probabilidade de ocorrer, probabilidade essa que deve ser tanto menor quanto maior for a importância da estrutura. Tendo em vista que a obra ainda não foi implantada e, consequentemente, que as vazões que escoam por ela, na maioria das vezes, não são conhecidas, essas vazões podem ser estimadas por equações que transformam as chuvas intensas em vazões (subterrâneas e superficiais), já que os dados de chuva podem ser obtidos com facilidade relativamente maior.

2.3.1 Probabilidade de excedência (P) e período de retorno (T)

Os métodos de previsão meteorológica atuais só conseguem fazer uma previsão quantitativa da chuva para no máximo de 5 a 10 dias no futuro. Assim, como a vida útil das obras de controle de águas naturais geralmente ultrapassa os 25 anos, é necessário trabalhar-se com probabilidades. Para a obtenção da magnitude de um evento associado a uma determinada probabilidade, assume-se que as chuvas intensas possam conter um elemento aleatório. Considera-se, também, que o clima não está mudando com o tempo e que, desta forma, a frequência com que os eventos ocorreram no passado possam fornecer uma boa estimativa da probabilidade de ocorrência destes no futuro. Assim sendo, a probabilidade de excedência pode ser representada por várias fórmulas empíricas associadas à frequência ,como, por exemplo, a expressão de Kimbal (equação 2.1):

$$\mathrm{P} = \frac{m}{n+1} \tag{2.1}$$

em que:
P - probabilidade do evento ocorrer ou ser excedido;
m - número de vezes que o evento ocorreu ou foi excedido; e
n - número total de dados analisados.

O período de retorno (T) é definido como o intervalo médio de tempo, geralmente medido em anos, em que se espera que o evento venha a ser igualado ou superado. Se , ou seja, o evento ocorre em média uma vez a cada 5 vezes, significando que T= 5. Geralmente, nas análises de probabilidade de excedência de eventos máximos, utiliza-se o maior valor de cada ano de uma série de vários anos, o que é chamado de série anual. Assim, o valor de T é medido em anos.

O valor de m vai corresponder ao número de ordem dos valores, quando eles são colocados em ordem decrescente, como ilustra o exemplo a seguir:

Exemplo 2.1 – Dada uma série de 10 anos de chuva máxima anual de 1 hora de duração, obter a chuva com duração de 1 hora com período de retorno de 5 anos.

Ano	Chuva máxima anual de 1 hora (mm)
2000	50
2001	40
2002	30
2003	60
2004	80
2005	45
2006	70
2007	20
2008	10
2009	65

Solução:

Chuva em ordem decrescente (mm)	Nº de ordem (m)	$P = \frac{m}{n+1}$	$T = \frac{1}{P}$
80	1	1/11	11,0
70	2	2/11	5,5
65	3	3/11	3,7
60	4	4/11	2,8
50	5	5/11	2,2
45	6	6/11	1,8
40	7	7/11	1,6
30	8	8/11	1,4
20	9	9/11	1,2
10	10	10/11	1,1

Resposta:

Após o preenchimento da tabela, pode-se observar que a chuva para um período de retorno de 5 anos, está entre 65 e 70 mm. Fazendo-se uma interpolação linear obtém-se h (1 hora, T= 5 anos) = 68,6 mm.

Como pode ser observado, quanto maior o período de retorno (evento mais raro), maior a sua magnitude. Assim, pequenas obras de controle de águas naturais como drenos agrícolas e galerias de águas pluviais de ruas, cujas falhas não impliquem em grande prejuízo, são dimensionadas para um período de retorno pequeno. Já obras grandes, como os vertedores de grandes barragens, por exemplo, são dimensionadas para períodos de retorno (T) grandes. A Tabela 2.1 fornece valores usuais de T adotados para o dimensionamento de algumas estruturas. Constata-se, portanto, que não existe risco nulo de rompimento em nenhuma delas, até mesmo na barragem de Itaipu.

Tabela 2.1 - Valores usuais de período de retorno (T) adotados para o dimensionamento de algumas estruturas hidráulicas de controle

Estrutura	"T" (Anos)
1 - Galeria de águas pluviais	2 a 10
2 - Terraceamento agrícola	5 a 10
3 - Retificação de rios em zonas rurais; macrodrenagem	20 a 100
4 - Cota de casa de bombas de sistemas de irrigação	25 a 100
5 - Bueiros e vertedores de pequenas barragens	100
6 -Vertedores de barragens de porte médio	1.000
7 - Vertedores de grandes barragens	10.000
8 - Vertedor de barragens muito grandes	Ppt. máxima provável (PMP)

Fonte: *Elaborada pelos autores.*

Se os valores de precipitação, colocados em ordem decrescente do Exemplo 2.1, forem plotados em relação ao período de retorno (T), e ajustados a uma curva (equação), obter-se-á o gráfico mostrado na Figura 2.11.

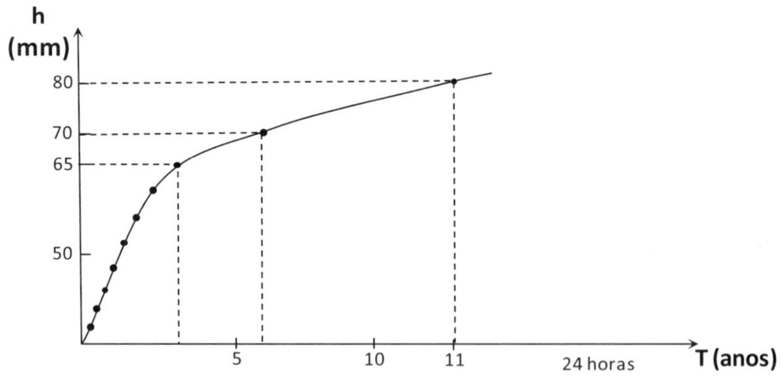

***Figura 2.11** - Alturas de chuva de 1 hora (h) em função do período de retorno (T) do Exemplo 2.1.*
Fonte: *Elaborada pelos autores.*

No dimensionamento de estruturas de controle de águas naturais muitas vezes é necessário trabalhar-se com chuvas de diferentes durações. Dessa forma, trabalho semelhante ao realizado para a chuva de 1 hora deve ser feito para chuvas de outras durações, variando de 10 minutos a 24 horas. Assim, o resultado da análise de chuvas intensas de uma localidade pode ser apresentado como um conjunto de curvas, tal como é esquematizado na Figura 2.12.

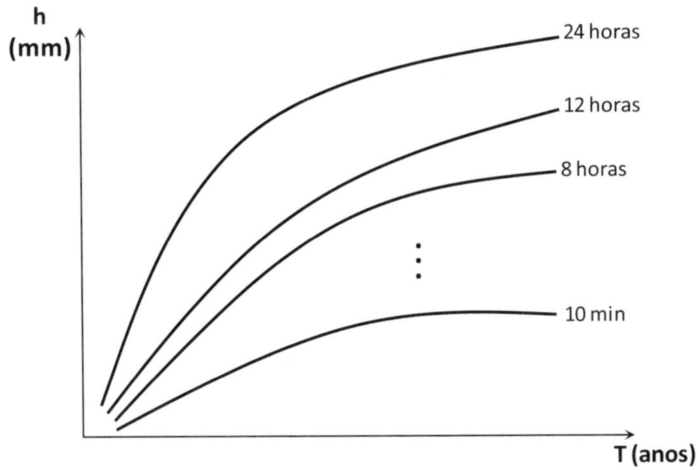

Figura 2.12 *– Altura de chuvas de diferentes durações (h) em função do período de retorno (T).*
Fonte: *Elaborada pelos autores.*

Essas chuvas também podem ser expressas em função de sua intensidade média, originando outra forma de apresentação destas, como ilustra a Figura 2.13, denominadas Curvas Intensidade-Duração-Frequência ou Curvas I-D-F.

A identificação das chuvas intensas nos pluviogramas e sua posterior análise estatística constitui uma tarefa bastante trabalhosa. Por isso, na grande maioria das vezes, para elaboração de um projeto de controle de águas naturais, utilizam-se dados já analisados de chuvas disponíveis na literatura especializada.

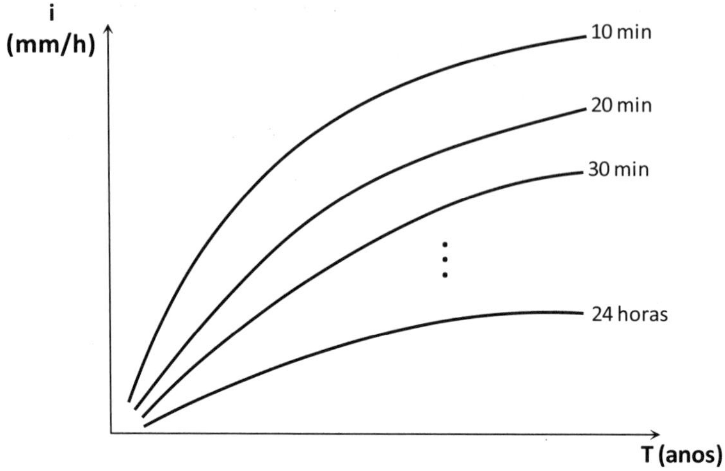

Figura 2.13 – Intensidade média de chuvas de diferentes durações (i) em função do período de retorno (T).
Fonte: Elaborada pelos autores.

2.3.2 Chuvas intensas no Brasil

Um dos trabalhos pioneiros realizados no Brasil, que abrangeu 98 estações, é de autoria do engenheiro Otto Pafastetter, do extinto DNOS (Departamento Nacional de Obras de Saneamento). A obra, publicada em 1957, apresenta dados de altura precipitada em função da duração e do período de retorno, de forma gráfica.

A obra foi publicada em 1982 pela CETESB, sendo as alturas de chuva apresentadas na forma de tabelas, como mostra a Tabela 2.2, elaborada para Piracicaba-SP, por exemplo.

Tabela 2.2 - Alturas de chuvas intensas, em função da duração e do período de retorno, segundo CETESB (1982)

	Período de Retorno (T)					
Duração (t)	**2**	**5**	**10**	**25**	**50**	**100**
	Piracicaba - SP					
15 min	21	24	27	30	33	35
30 min	30	37	42	48	53	58
1 h	39	48	55	65	73	81
2 h	48	58	66	78	88	98
4 h	57	70	81	96	108	122
8 h	66	83	95	113	128	145
12 h	74	91	104	124	140	168
24 h	87	106	121	144	162	182

As equações que geraram essas tabelas eram do seguinte modelo:

$$h_{t,T} = T^{\alpha + \frac{\beta}{T^{\gamma}}} . [a. t. + b. Log(1 + c. t)] \quad (2.2)$$

em que:
$h_{t,T}$ - altura da precipitação, correspondente à duração t e período de retorno T, mm;
T - período de retorno, anos;
t - duração da precipitação, horas; e
$a, b, c, a, \beta, \gamma$ - parâmetros de ajuste de cada estação.

Trabalho publicado na revista Pesquisa Agropecuária Brasileira (PAB) de outubro de 1982, de autoria dos hidrólogos José Eloir Denardin e Pedro Luiz de Freitas, utilizou os dados brutos de Pfafstetter (1957) e os ajustou a equações do tipo:

$$i = \frac{K.T^{a}}{(t + b)^{c}} \quad (2.3)$$

em que:
i - intensidade média da chuva intensa, mm h^{-1};
T - período de retorno, ano;
t - duração da chuva, minuto; e
K, a, b, c - parâmetros de ajuste local.

As 98 localidades contempladas nos trabalhos de Pafafstetter (1957) e Denardin & Freitas (1982) são apresentadas na Figura 2.10. Pode-se observar que a maior parte das estações estão localizadas nas capitais brasileiras e em cidades litorâneas das regiões Sul e Sudeste do Brasil. Desta forma, houve a necessidade de se desenvolver trabalhos regionais que abrangessem um maior número de localidades (MAGNI & NERO, 1982; MARTINEZ JÚNIOR & MAGNI, 1999).

Vários autores como Pruski (1990), Pinto *et al.* (1996), Valverde *et al.* (1999), Silva *et al.* (1999a), Silva *et al.* (1999b), Costa & Prado (2003), Falaguasta & Genovez (2003), Endo *et al.* (2005), Oliveira *et al.* (2005), Pereira *et al.* (2007), Oliveira *et al.* (2008), entre outros, determinaram relações I-D-F para alguns Estados brasileiros. Alguns desses trabalhos foram posteriormente espacializados no software PLUVIO, pelo Grupo de Pesquisas em Recursos Hídricos do Departamento de Engenharia Agrícola da Universidade Federal de Viçosa - MG. Dessa forma, a equação IDF de uma localidade pode ser obtida por meio de sua denominação ou conhecendo-se suas coordenadas geográficas (PRUSKI *et al.*, 1997). O programa interpola os dados das estações estudadas de cada Estado pelo método do inverso da quinta potência da distância (CECÍLIO & PRUSKI, 2003). Este programa pode ser obtido, gratuitamente, no sítio www.ufv.br/dea/gprh; (softwares).

Caso a obra de controle a ser realizada esteja localizada em uma região que ainda não foi contemplada pelos estudos citados anteriormente, existe a alternativa de se transformar a chuva de 1 dia (dados de pluviômetro), obtida para um determinado período de retorno, em chuvas de durações mais curtas. Esses coeficientes de transformação foram obtidos do trabalho original de Pfafstetter (1957) e, a princípio, valem para todo o Brasil (Figura 2.14). Embora seja um procedimento apenas aproximado, ainda tem sido bastante utilizado em regiões que dispõe apenas de dados pluviométricos. Esses coeficientes são os seguintes:

- h (24 horas) = h (1 dia) x 1,14
- h (1 hora) = h (24 horas) x 0,42
- h (30 minutos) = h (1 hora) x 0,74
- h (10 minutos) = h (30 minutos) x 0,54
- h (12 horas) = h (24 horas) x 0,85

Observação: a chuva de 1 dia é obtida de leituras de pluviômetro, geralmente às 7:30 horas da manhã. Já a chuva de 24 horas é um dado de pluviógrafo que abrange um período de 24 horas qualquer. Daí a tendência da segunda ser maior do que a primeira.

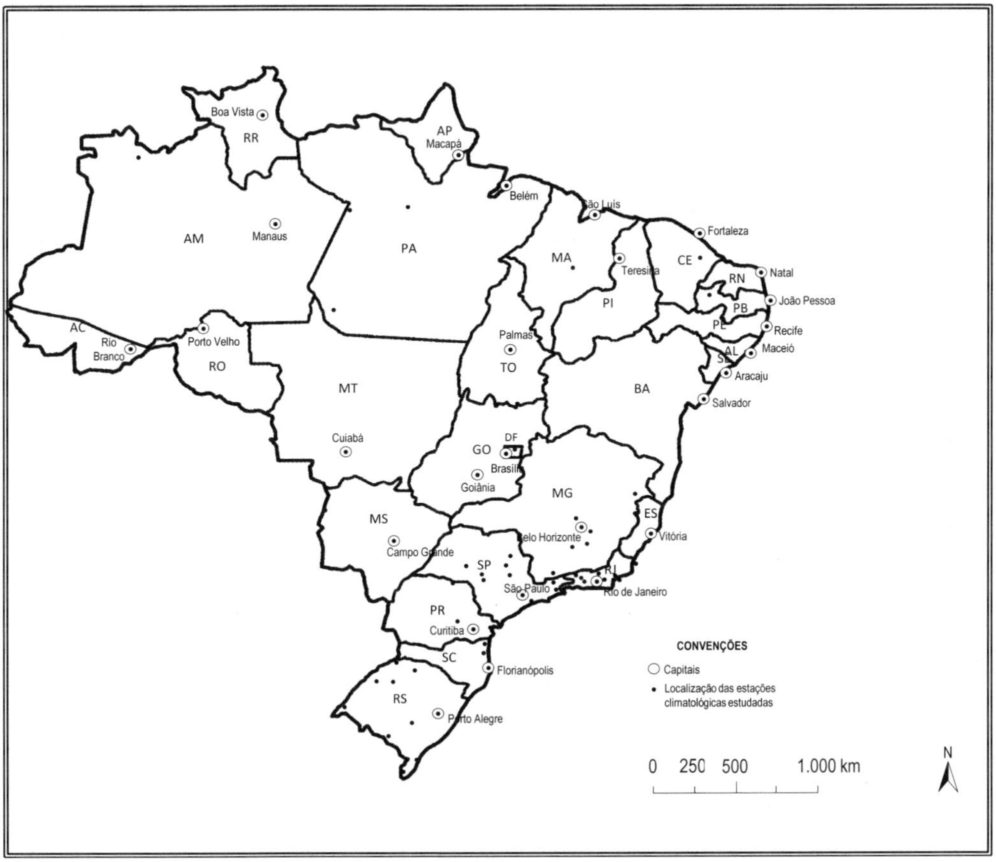

Figura 2.14 - Localidades contempladas nos trabalhos de Pfafstetter (1957) e Denardin & Freitas (1982)

Exemplo 2.2: *Obter a altura (h) e a intensidade média (i) de uma chuva de 30 minutos de duração, com um período de retorno de 10 anos, para Piracicaba - SP, pelos seguintes procedimentos:*

1º Utilizando a tabela de chuvas de Otto Pfafstetter - CETESB (1982) (Tabela 2.2)

2º Utilizando a equação I-D-F fornecida por Denardin & Freitas (1982), ou seja:

$$i = \frac{2.017,05 \cdot T^{0,16}}{(t+21)^{0,91}}$$

3º Utilizando a equação I-D-F obtida no programa PLUVIO para Piracicaba, qual seja,

$$i = \frac{1.773,932 \cdot T^{0,173}}{(t+24,999)^{0,798}}$$

4º Discretizando a chuva de 1 dia , sabendo-se que: h(Piracicaba; 1 dia; T=10 anos) = 102 mm (BANZATTO & BENINCASA, 1986).

Resposta:

1º) h = 42 mm; i = 84 mm h^{-1};

2º) h = 40,7 mm; i = 81,4 mm h^{-1};

3º) h = 54,0 mm; i = 107,9 mm h^{-1};

4º) h=36,1 mm; i = 72,2 mm h^{-1}.

2.4 Análise de dados pluviométricos (mensais ou anuais)

Os dados de chuva mensal são utilizados frequentemente quando se faz um balanço hídrico climatológico para uma dada região, por exemplo. Já os totais anuais são usados para estimativas de vazões médias e mínimas em regionalizações, dentre outras aplicações.

2.4.1 Preenchimento de falhas

Na utilização de séries históricas de dados pluviométricos frequentemente se depara com falhas em alguns períodos. Para preencher estas falhas existem alguns métodos, sendo o mais comum o Método de Ponderação Regional (BERTONI & TUCCI, 2009), que será apresentado a seguir, e que pode ser utilizado para dados mensais.

Na Figura 2.15 está apresentado um croqui com a localização de quatro postos pluviométricos.

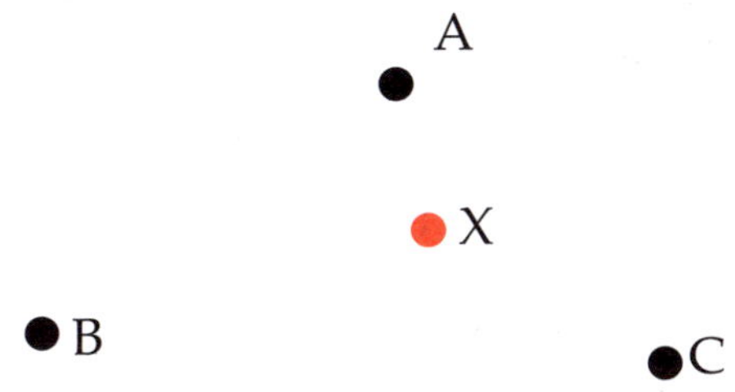

***Figura 2.15** – Localização hipotética de quatro postos pluviométricos.*
***Fonte:** Elaborada pelos autores.*

Supõe-se que na série histórica do posto X está faltando a informação de precipitação do mês de maio de 1995 [h_X(maio, 1995)]. Para realizar o preenchimento precisa-se saber a precipitação para este mesmo mês nos outros postos e também a média anual de todos os postos. As informações estão apresentadas na Tabela 2.3.

Tabela 2.3 – Precipitação do mês de maio de 1995 e precipitação média anual dos postos analisados

Posto	h (maio, 1995) (mm)	Média anual (mm)
A	42	1302
B	35	1136
C	48	1344
X	?	1170

Para calcular a precipitação do mês de maio de 1995 do posto X, utiliza-se a seguinte equação:

$$\Sigma[(h_x/h_i) \times h_i(t)]/n$$

$$h_X(m{,}1995) = \frac{1}{3}\left\{\frac{\text{hanual\_X}}{\text{hanual\_A}} * h_A(m{,}1995) + \frac{\text{hanual\_X}}{\text{hanual\_B}} * h_B(m{,}1995) + \frac{\text{hanual\_X}}{\text{hanual\_C}} * h_C(m{,}1995)\right\}$$

Substituindo-se pelos valores da Tabela 2.3:

$$h_X(m{,}1995) = \frac{1}{3}\left\{\frac{1170}{1302} * 42 + \frac{1170}{1136} * 35 + \frac{1170}{1344} * 48\right\}$$

$$h_X(m{,}1995) = 38{,}5\text{mm}$$

2.4.2 Homogeneidade dos dados

Na medição de dados de precipitação podem ocorrem erros de, basicamente, dois tipos:

1. *Grosseiros:* são aqueles que não têm correlação ou tendência com os valores corretos. Por exemplo: erros de leitura / anotação.
2. *Sistemáticos:* os dados errados apresentam correlação com os corretos: Por exemplo: alteração do local do posto pluviométrico.

A análise da homogeneidade dos dados visa corrigir os erros sistemáticos. Um dos métodos mais utilizados é o das Duplas Massas (observação: "massa" em Hidrologia = conjunto de dados acumulados) desenvolvido pelo Geological Survey (USA) e, segundo Bertoni & Tucci (2009), comumente utilizado no Brasil, sendo válido apenas para séries mensais ou anuais. Este método tem o objetivo de detectar e anular a alteração da tendência dos dados devido a modificações e alterações do ambiente no entorno do posto.

No exemplo a seguir será utilizado o método das Duplas Massas para analisar e corrigir a homogeneidade de dados de quatro postos pluviométricos. Os dados disponíveis estão apresentados na Tabela 2.4, colunas B, C, D e E.

Primeiramente, calcula-se a lâmina de precipitação acumulada para os postos analisados (colunas F, G, H e I); em seguida calcula-se, para cada período, a média dos totais acumulados (coluna J).

Por fim, plota-se a altura de precipitação acumulada de cada posto (eixo y) contra a média anual acumulada (eixo x). A análise da homogeneidade pode ser feita de duas formas: i) visual, tentando verificar mudanças na tendência dos dados; ou 2) por meio de linhas de tendência lineares em um software específico. Neste exemplo será feita a análise pela segunda forma, utilizando o MS Excel.

Tabela 2.4 – Análise da homogeneidade dos dados de precipitação pelas duplas massas do exemplo 2.3

Coluna A	B	C	D	E	F	G	H	I	J
Anos	h anual (mm)				h anual acumulada (mm)				h anual acumulada média (mm)
	Posto A	Posto B	Posto C	Posto D	Posto A	Posto B	Posto C	Posto D	
1963	526	812	728	597	526	812	728	597	665,75
1964	921	942	830	692	1447	1754	1558	1289	1512,00
1965	498	745	689	565	1945	2499	2247	1854	2136,25
1966	611	927	863	702	2556	3426	3110	2556	2912,00
1967	570	870	786	655	3126	4296	3896	3211	3632,25
1968	432	637	586	480	3558	4933	4482	3691	4166,00
1969	539	802	747	612	4097	5735	5229	4303	4841,00
1970	514	785	692	577	4611	6520	5921	4880	5483,00
1971	512	775	732	595	5123	7295	6653	5475	6136,50
1972	575	835	760	639	5698	8130	7413	6114	6838,75
1973	613	837	846	705	6311	8967	8259	6819	7589,00
1974	551	855	609	642	6862	9822	8868	7461	8253,35
1975	682	1057	755	795	7545	10879	9623	8256	9075,77
1976	565	845	570	620	8110	11724	10193	8876	9725,77
1977	619	902	646	695	8729	12626	10839	9571	10441,27
1978	598	887	638	672	9327	13513	11477	10243	11140,02
1979	460	710	503	535	9787	14223	11980	10778	11692,02
1980	563	850	615	640	10350	15073	12595	11418	12359,02

Neste exemplo, pode-se verificar que a linha de tendência com menor coeficiente de ajuste é a da Estação C, que têm uma visível alteração na tendência dos dados ao longo da série histórica (Figura 2.16).

A seguir, obtém-se o coeficiente angular da reta em cada um dos dois períodos dos dados de precipitação neste posto (C), sendo que, a definição do período, caso não seja de conhecimento prévio, é feita procurando o melhor ajuste das tendências dos dois períodos. Na Figura 2.17 está apresentada esta etapa da análise.

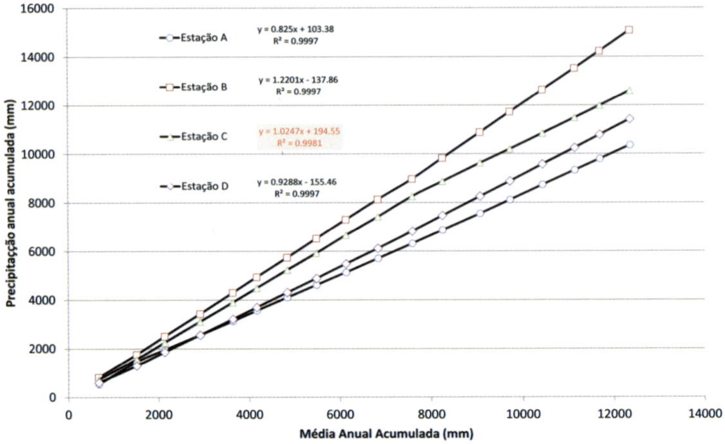

Figura 2.16 *– Gráfico dos dados acumulados de precipitação dos postos analisados do exemplo 2.3.*
Fonte: *Elaborada pelos autores.*

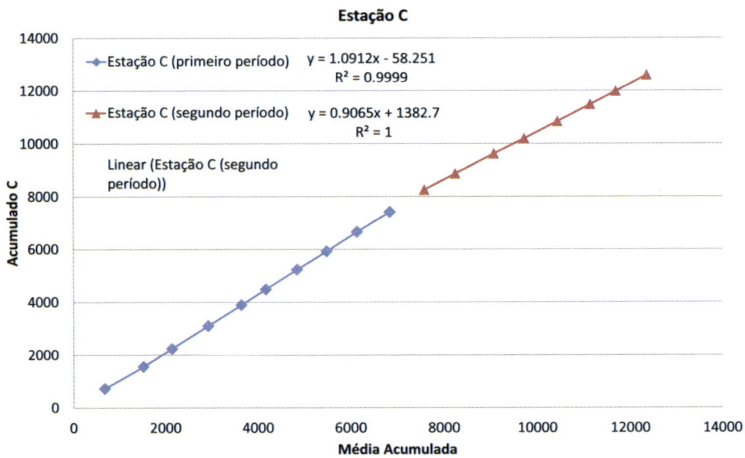

Figura 2.17 *– Gráfico dos dados acumulados médios de precipitação dos postos analisados versos os dados acumulados do posto C.*
Fonte: *Elaborada pelos autores.*

O passo seguinte é corrigir os dados de precipitação do período errado. Nesta etapa, é necessário saber qual o período correto; a melhor alternativa se dá quando é possível de ser realizado um questionamento a pessoas da região sobre o que deve ter transcorrido com o posto.

Supondo que o primeiro trecho está correto, corrige-se o segundo pela equação:

$$\text{Hcorrigido} = \text{herrado}^* \frac{tg\alpha}{tg\beta} \tag{2.4}$$

em que:
$tg\beta$ é o coeficiente angular do segundo período; e
$tg\alpha$ é o coeficiente angular do primeiro período.

Supondo que o segundo trecho está correto, corrige-se o primeiro pela equação:

$$\text{Hcorrigido} = \text{herrado}^* \frac{\text{tg}\beta}{\text{tg}\alpha} \tag{2.5}$$

No nosso exemplo, supõe-se que o período correto seja o segundo. Na Tabela 2.5 e na Figura 2.18 está apresentado os dados da Estação C após a correção.

Tabela 2.5 – Dados de precipitação da Estação C após a correção da homogeneidade (Exemplo 2.3)

Anos	h anual (mm) Posto C	h anual acumulada (mm) Posto C
1963	604.8	604.75
1964	689.5	1294.24
1965	572.4	1866.60
1966	716.9	2583.49
1967	652.9	3236.43
1968	486.8	3723.22
1969	620.5	4343.76
1970	574.8	4918.61
1971	608.1	5526.68
1972	631.3	6158.02
1973	702.8	6860.80
1974	609	7469.80
1975	755	8224.80
1976	570	8794.80
1977	646	9440.80
1978	638	10078.80
1979	503	10581.80
1980	615	11196.80

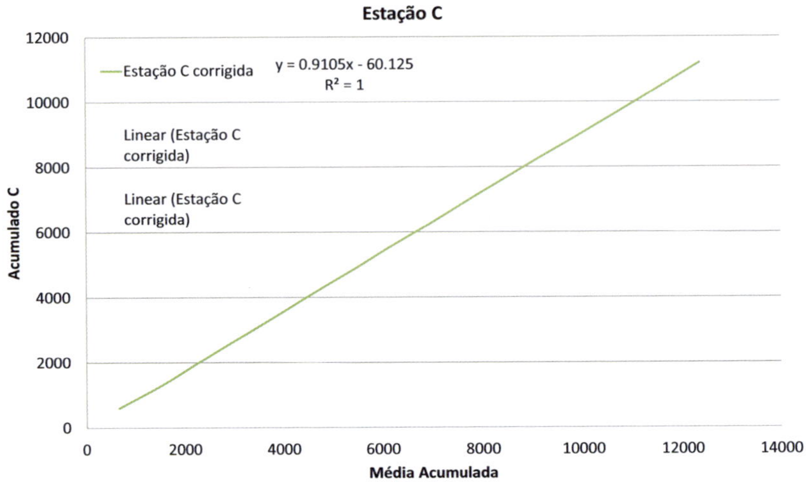

Figura 2.18 *– Gráfico dos dados acumulados de precipitação do posto C, após correção do Exemplo 2.3.*
Fonte: *Elaborada pelos autores.*

2.4.3 Chuva média de uma bacia

A precipitação média em uma bacia é definida como a lâmina de água de altura uniforme que cai sobre toda a área da bacia, que teria o mesmo volume das lâminas variáveis dessa bacia, associada a um período de tempo (hora, dia, mês ou ano) (BERTONI & TUCCI, 2009). Nessa definição é ignorada a distribuição espacial e temporal da precipitação.

A precipitação média de uma bacia é largamente utilizada em cálculos hidrológicos, desde os mais simples, como o volume total precipitado, até cálculos mais complexos, como a regionalização hidrológica, o amortecimento em reservatórios e a propagação de ondas de cheia em áreas rurais e urbanas ("routing"). Sendo assim, existem alguns métodos para calculá-la, com diferentes acurácias e limitações. Nos itens a seguir serão apresentados os três mais comumente utilizados.

a) Método aritmético simples

Este é o método mais simples, consistindo no cálculo da média aritmética das precipitações registradas em todos os pluviômetros internos de uma área. Devido à sua simplificação (não considera a variação espacial da chuva) deve ser utilizado em regiões com variação suave do gradiente pluviométrico e com cobertura de pluviômetros muito densa. A equação a seguir resume o cálculo:

$$Pm = 1/n * \sum Pi \tag{2.6}$$

em que:
Pm - precipitação média da bacia, mm;
n - número de pluviômetros localizados dentro da bacia; e
Pi - precipitação do i-ézimo pluviômetro, mm

b) Método de Thiessen

Este método é muito utilizado devido ao fato de considerar a variação espacial da precipitação e ser de fácil execução.

O cálculo da precipitação é feito pela média ponderada das alturas dos pluviômetros, tendo como fator de ponderação a área de influência (área do polígono) de cada pluviômetro. A equação a seguir resume o cálculo:

$$Pm = 1/A * \sum Ai * Pi \tag{2.7}$$

em que:
A - área total da bacia;
Ai - área de influência do pluviômetro i.

Observação: ambas as áreas devem ter a mesma unidade de medida.

A área de influência de cada pluviômetro é delimitada pelas mediatrizes de pluviômetros vizinhos. Um roteiro para obtenção destes polígonos pode ser como se segue: 1 - ligar os pluviômetros utilizando linhas retas; 2 - traçar as mediatrizes destas linhas; 3 - prolongar cada mediatriz até ocorrer o encontro com outra (chamado de circuncentro); 4 - cada pluviômetro ficará no interior de um polígono, o qual deverá ter sua área de influência medida. O processo está ilustrado na Figura 2.19.

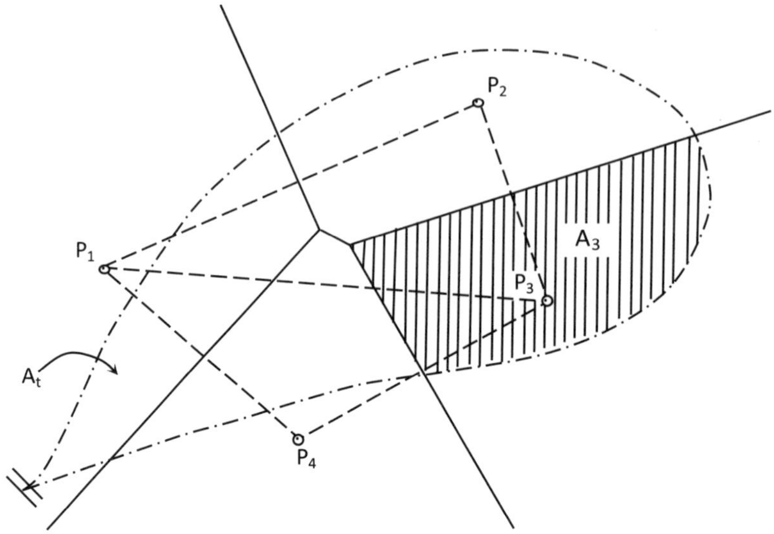

Figura 2.19 *– Delimitação dos polígonos de Thiessen de áreas A1, A2, A3 e A4, relativos aos postos P1, P2, P3 e P4, respectivamente.*
Fonte: *Elaborada pelos autores.*

c) Método das Isoietas

Isoietas são linhas de igual precipitação que podem ser traçadas para um evento ou para um intervalo de medição de eventos. As isoietas são comumente utilizadas para a caracterização do regime pluviométrico de uma região. No Estado de São Paulo, por exemplo, atingem mais de 2.000 mm/ano junto a Serra do Mar e diminuem em direção ao Rio Paraná para cerca de 1.200 mm/ano.

O cálculo da precipitação média de uma bacia utilizando isoietas é feito pela média ponderada das alturas médias entre as isoietas, tendo como fator de ponderação a área que cada 2 isoietas delimitam na bacia. A equação a seguir resume o cálculo:

$$Pm = 1/A * \sum Ai \ * hi \tag{2.8}$$

em que:
hi - altura média da precipitação entre duas isoietas, que formam uma área Ai na bacia.

O traçado delas pode ser feito pelo roteiro a seguir: 1 - localizar os pluviômetros (dentro e fora da bacia, de modo a permitir uma correta interpolação), anotar suas alturas de precipitação e definir o intervalo das isoietas (por exemplo de 10 em 10 mm); 2 - a partir da localização dos pluviômetros e das alturas de precipitação de cada um, é feita a interpolação linear para determinar a localização das isoietas; 3 - realizar um esboço das isoietas; 4 - utilizando um mapa planialtimétrico, ajustar as isoietas em função do relevo; 5 - medir a área entre cada isoieta na bacia. O desenvolvimento deste método está ilustrado na Figura 2.20.

Este método não é tão imparcial como os anteriores, pois em seu desenvolvimento, o autor pode realizar o traçado da isoieta nos pontos entre pluviômetros seguindo a topografia do terreno, ou seguindo outra característica local que melhor se relacione com a distribuição espacial da precipitação. Técnicas de Geoestatística também podem ser usadas no traçado das isoietas.

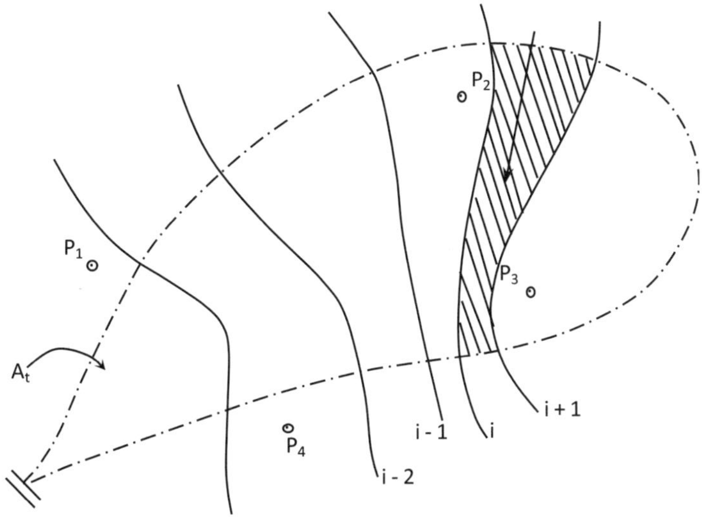

Figura 2.20 *- Delimitação das áreas At entre as isoietas i.*
Fonte: *Elaborada pelos autores.*

2.4.4 Tamanho das séries históricas de dados de chuvas

Foram apresentados, nos itens anteriores, métodos para preencher falhas em séries históricas de precipitação, métodos para analisar sua homogeneidade e, por fim, métodos para calcular o valor de precipitação média em uma bacia; entretanto, é necessário ter-se uma atenção especial para o tamanho da série histórica que será utilizada pois, quanto maior a série disponível, mais significativa ou representativa será a média de seus valores. A Organização Meteorológica Mundial (OMM), após realizar estudos em estações meteorológicas de várias partes do mundo, determinou que as médias anuais normais devem ser calculadas por séries com, no mínimo, 30 anos de observação (CRUCIANI, 1987).

Ao se trabalhar com séries históricas menores, o autor está assumindo um erro maior em suas análises. Alexander Binnie, citado por Wisler & Brather (1964), estudou a variação periódica da precipitação e, de acordo com o autor, qualquer dado de um período de 5 anos, provavelmente, conterá um erro de aproximadamente 15%; para um período de 10 anos, a probabilidade será de 8,2% da média real; para 20 anos, de 3,3% do valor mais representativo. Dados referentes a séries de 30 a 40 anos de período amostrado, com grande probabilidade, fornecerão a média real de precipitação no longo prazo, com erro médio menor ou igual a cerca de 2%, o que é, geralmente, uma aproximação suficiente para a maioria das finalidades hidrológicas (WISLER & BRATHER, 1964).

Por outro lado, existe uma corrente mais moderna de pensamento que considera que, devido ao aquecimento global, a partir da Revolução Industrial as chuvas diárias máximas aumentaram, embora as totais anuais não tenham variado muito. Assim, segundo esse grupo de pesquisadores, no caso da análise de chuvas curtas intensas, deve-se sempre atualizar as equações de chuvas intensas com os anos mais modernos da série.

Exercícios propostos

a) Calcular a distância entre as marcas de graduação de uma proveta pluviométrica, correspondente a uma altura de chuva de 1 *mm*. O diâmetro da boca do pluviômetro é igual a 25,231 cm e o diâmetro da boca da proveta é igual a 5,642 cm.
Resposta: 2 cm

b) Dado o pluviograma esquematizado na figura a seguir, determine:
1º A altura pluviométrica total.
2º A intensidade pluviométrica média total.
3º A intensidade média máxima para um intervalo de 20 minutos.

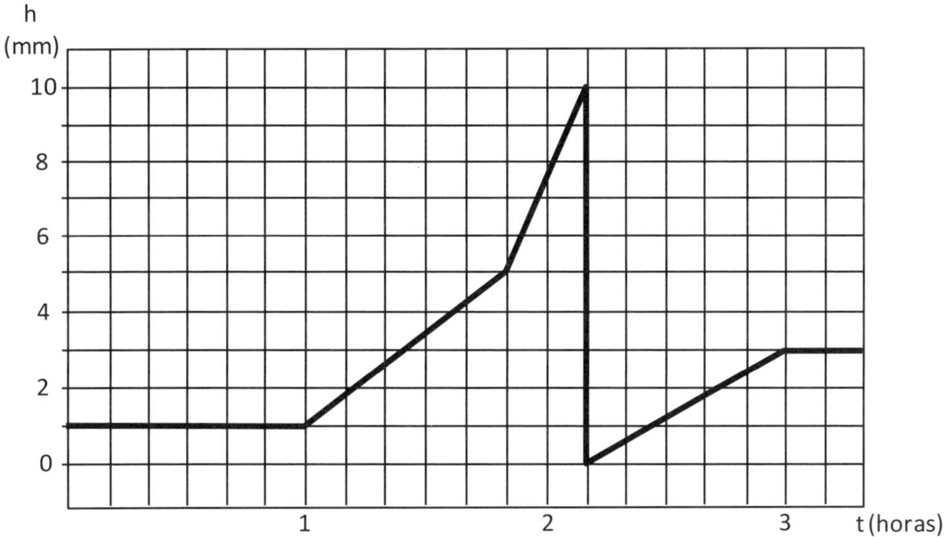

Fonte: *Elaborada pelos autores.*

Resposta: 12 mm; 6 mm h^{-1}; 15 mm h^{-1}

c) Conhecendo-se os dados de chuvas em mm para os anos de:

1960	1.211,1	**1964**	2.151,2	**1968**	2.083,4	**1972**	1.842,3
1961	1.465,0	**1965**	1.081,7	**1969**	1.467,2	**1973**	1.958,7
1962	1.114,3	**1966**	1.373,2	**1970**	1.534,1	**1974**	1.275,6
1963	1.786,4	**1967**	1.651,7	**1971**	1.187,5		

Indique (claramente) com que frequência (em %), a precipitação de 1.467,2 mm foi igualada ou superada pelo menos uma vez. (Use o método de Kimball → $F = m/n+1$) e interpole linearmente.

Resposta: F = 50%

d) Pretende-se dimensionar um bueiro de concreto para um período de retorno de 20 anos, com o objetivo de permitir a passagem de uma estrada rural sobre um córrego em Boa Vista - RO. A duração da chuva crítica para o ponto da travessia foi estimada em 30 minutos. A região dispõe apenas de um posto pluviométrico próximo, que forneceu 72 chuvas máximas anuais de 1 dia apresentadas na Tabela a seguir.

Tabela 2.6 – Chuva anual máxima de 1 dia em mm (período de 1917 a 1988) em Boa Vista

Anos	0	1	2	3	4	5	6	7	8	9
1910								65,0	68,0	65,0
1920	64,0	65,0	55,0	64,0	60,0	57,0	66,5	64,0	50,0	89,2
1930	86,5	93,0	69,0	65,0	83,0	50,0	64,4	58,8	58,0	109,5
1940	83,3	77,9	104,9	97,7	111,2	95,3	64,4	75,2	46,8	108,4
1950	55,5	62,4	73,9	54,4	57,8	80,1	39,9	59,1	80,0	78,4
1960	83,8	55,5	82,9	52,0	48,3	80,4	70,7	49,1	63,0	73,7
1970	71,6	68,5	80,4	99,5	68,6	76,0	72,7	71,8	46,4	63,4
1980	50,7	59,2	68,6	114,0	51,1	70,4	62,0	103,2	86,7	

Fonte: *Elaborada pelos autores.*

Pede-se:

* Estimar a intensidade média da chuva de duração igual a 30 minutos e período de retorno de 20 anos, utilizando os coeficientes de correção originados do trabalho de Otto Pfafstetter (1982), quais sejam:

h(24 horas) = 1,14 h(1 dia); h(1 hora) = 0,42 h(24horas); h(30min) = 0,74 h(1hora).

* Lembrar que

Resposta: i = 77,04 mm h^{-1}

e) O pluviograma a seguir representa uma chuva intensa de 5 horas de duração ocorrida no dia 02/02/2020, das 16 às 21 horas, em João Pessoa – PB. Considerando a intensidade média desta chuva e a relação intensidade-duração-frequência de João Pessoa, fornecida abaixo, estime o período de retorno deste evento.

i = 369,40 . T^0,15 / (t + 5)^0,568, sendo i em mm h^{-1}; t em minutos e T em anos

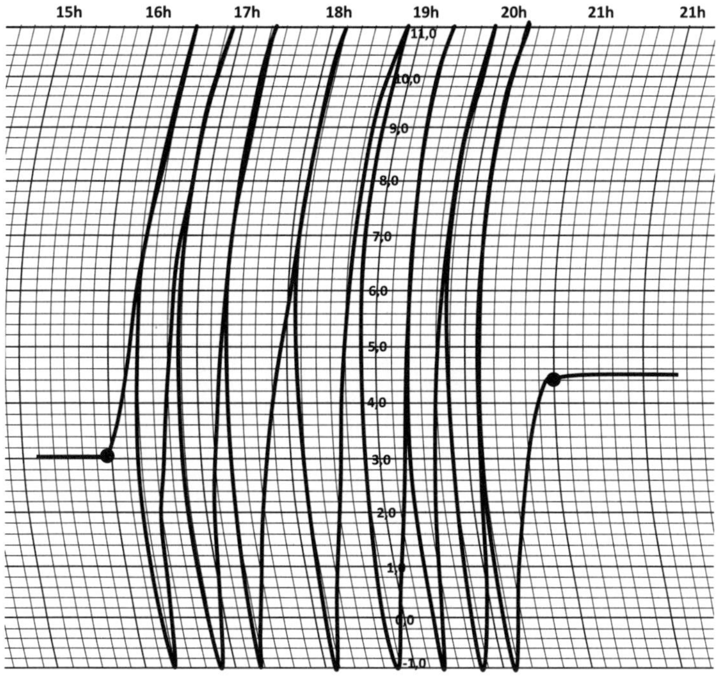

Fonte: *Elaborada pelos autores.*

Resposta: T ≈ 14 anos (No eixo dos y a unidade é mm)

f) Na chuva ocorrida no início da noite do dia 6 de abril de 2019 (terça-feira da Semana Santa), em Fortaleza, houve um período mais intenso de cerca de 15 minutos no qual o pluviógrafo do posto da UFC registrou 30 *mm*. Devido a esse evento, a maioria das galerias de águas pluviais da Av. Rio Branco transbordaram e algumas foram danificadas. Tendo em vista que galerias de águas pluviais próximas ao centro de cidades são geralmente dimensionadas para um período de retorno de 10 anos e supondo que as galerias da Av. Rio Branco não estavam entupidas com lixo, verifique se o problema ocorreu em virtude de um subdimensionamento das galerias.

Dado: Relação intensidade-duração-frequência de Fortaleza: 506,99.T^0,181 / (t+8)^0,61 (lembre-se que t ⇒ min , T ⇒ anos, i ⇒ mm/h)

Resposta: A chuva teve T > 70 anos → Não houve subdimensionamento.

g) Calcular a altura (h) e a intensidade média (i) de uma chuva de 1 hora de duração, com um período de retorno de 10 anos, para Piracicaba, pelos seguintes procedimentos:

1) Tabela de Otto Pfafstetter - CETESB (1982).

Duração (t)	Período de Retorno (T)					
	2	5	10	25	50	100
	Piracicaba-SP					
15 min	21	24	27	30	33	35
30 min	30	37	42	48	53	58
1 h	39	48	55	65	73	81
2 h	48	58	66	78	88	98
4 h	57	70	81	96	108	122
8 h	66	83	95	113	128	145
12 h	74	91	104	124	140	168
24 h	87	106	121	144	162	182

2) Equação de Denardin & Freitas (1982)

$$i = \frac{2017{,}05 \text{ x } T^{0,16}}{(t+21)^{0,91}}; \text{ em que i(mm h}^{-1}\text{); T(anos); t(minutos)}$$

3) Utilizando os coeficientes de discretização da chuva de 1 dia em durações mais curtas, sabendo-se que:

h(1 dia, Piracicaba, T=10 anos) = 102 mm

4) Utilizando a equação do Programa PLUVIO 2.1 para Piracicaba:

$$i = \frac{1773{,}932 \text{ x } T^{0,173}}{(t+24{,}999)^{0,798}}; \text{ em que i(mm h}^{-1}\text{); T(anos); t(minutos)}$$

Respostas:

1) h = 55,0 mm; i = 55,0 mm h^{-1}

2) h = 53,5 mm; i = 53,5 mm h^{-1}
3) h = 48,8 mm; i = 48,8 mm h^{-1}
4) h = 76,3 mm; i = 76,3 mm h^{-1}

h) Uma estação pluviométrica X ficou inoperante durante um mês no qual apenas uma tempestade ocorreu. As medições da tempestade em três estações vizinhas A, B e C foram, respectivamente, 47 mm, 43 mm e 51 *mm*. As precipitações médias normais anuais nas estações X, A, B e C são, respectivamente, 694 mm, 826 mm, 752 mm e 840 *mm*. Estimar a precipitação em X, correspondente a este mês que faltou.
Resposta: 40,4 *mm*

i) Curva de Dupla Massa para uma Estação Pluviográfica: Teste a consistência de 50 anos de registro de precipitação anual medida em Chiangmai, Tailândia. Os dados, para um período de 50 anos, são apresentados na tabela a seguir, junto com a precipitação medida a cada ano em um grupo de sete estações de base. A estação no grupo básico é apresentada em uma região fisiográfica e meteorologicamente semelhante. Os dados são apresentados em ordem cronológica inversa, por conveniência, para fazer o gráfico.

1° Calcule a precipitação anual acumulada medida em Chiangmai (A tabela de dados, para facilitar, tem uma coluna com *alguns* valores calculados.)

2° Calcule a precipitação anual acumulada medida nas sete estações de base e faça o gráfico com os valores na tabela.

3° Trace uma curva de dupla massa. Indique o ano a cada cinco pontos.

4° Sabe-se que a estação foi movida dentro dos últimos 20 anos. Descubra em qual ano este movimento foi feito.

5° Há algum período durante o qual a estação está produzindo registros consistentes?

Ano	Chiangmai		Média de 7 estações		Observações
	Anual (mm)	Σ Anual (mm)	Anual (mm)	Σ Anual (mm)	
1960	1339,1	1339,1	1249,9	1249,9	
1959	957,7	2296,8	1310,3	2560,2	
1958	1129,9	3426,7	1125,5	3685,7	
1957	1151,1	4577,8	1154,6	4840,5	
1956	1175,4	5753,2	1257,0	6137,3	
1955	1257,2	7010,4	1295,7	7433,0	
1954	1276,5	8286,9	1256,2	8689,2	
1953	2032,5	10319,4	1521,5	10210,7	
1952	1364,0	11683,4	1412,8	11623,5	
1951	1473,3	13156,7	1314,1	12937,6	
1950	1618,4	14775,1	1348,7	14286,3	
1949	1389,8		1424,5		
1948	1543,7		1315,1		
1947	1414,8		1122,5		
1946	938,0		956,5		
1945	1035,8		1106,4		
1944	1009,6		1078,4		
1943	1147,6		1352,7		
1942	1752,4		1713,9		
1941	970,5		1133,2		
1940	1073,0		1174,2		
1939	1210,3		1358,0		
1938	1364,4		1493,9		
1937	1375,3		1438,1		
1936	913,9		1059,9		
1935	1254,6		1341,3		
1934	1189,1		1317,4		
1933	1198,0		1332,1		
1932	1281,2		1166,5		
1931	500,5		942,1		
1930	1134,9		1113,6		
1929	1209,7		1141,6		

1928	1071,4		1181,6		
1927	1409,9		1429,2		
1926	1075,9		1195,1		
1925	1162,5		1166,5		
1924	1218,6		1245,8		
1923	1281,7		1234,2		
1922	1256,3		1296,9		
1921	1254,9		1320,4		
1920	893,7		1093,9		
1919	1165,5		1078,2		
1918	1394,7		1255,8		
1917	1186,8		1210,2		
1916	1429,2		1404,4		
1915	864,9		1285,2		
1914	1070,2		1367,5		
1913	889,6		1245,4		
1912	1138,7		1200,2		
1911	1305,6		1220,7		

Resposta: A estação possivelmente foi movida em 1953; de 1932 à 1953 houve um longo período de consistência dos dados.

j) Dentro de uma bacia hidrográfica estão instalados cinco postos pluviométricos cujas áreas de influência estão indicadas na tabela a seguir:

POSTO	A	B	C	D	E
Área de influência (km^2)	327	251	104	447	371
Altura de chuva (mm)	83	114	60	136	70

Calcule a chuva média pelo método de Thiessen e compare com o da média aritmética simples.

Resposta: 92,6 mm (Aritmética); 99,2 mm (Thiessen)

k) Na figura a seguir estão representadas as posições das estações mais próximas da bacia desenhada. Traçar os polígo-

nos de Thiessen e achar a precipitação total anual, sabendo--se que as precipitações medidas nos postos são: Posto 1 = 1.300 mm; Posto 2 = 1.400 mm; Posto 3 = 1.500 mm; Posto 4 = 1.600 *mm* Para a estimativa das áreas de contribuição utilize um planímetro ou as quadrícolas de 1 km de lado.
Resposta: Precipitação média ≈ 1.400 mm

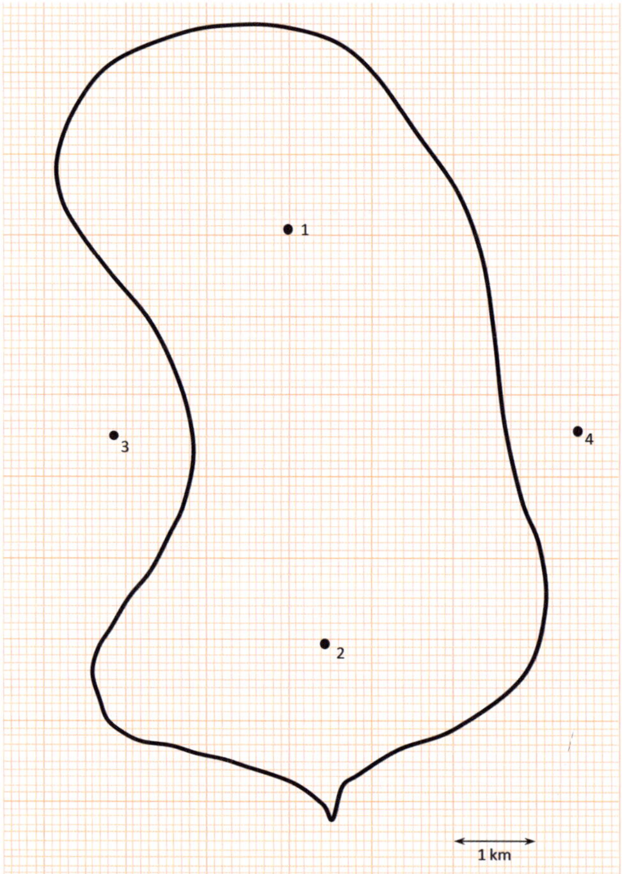

Fonte: *Elaborada pelos autores.*

l) A figura a seguir representa, esquematicamente, uma bacia hidrográfica, com 3 postos pluviométricos internos e 2 vizinhos.

1) Faça o traçado dos polígonos de Thiessen utilizando apenas régua (não é necessário utilizar compasso

para traçar as mediatrizes). Marque a área de influência de cada posto com cor diferente ou com uma legenda diferente.

2) Responda, qual dos 5 postos vai ter um maior peso no cálculo na chuva média.
3) Responda se o posto 4 tem alguma participação no cálculo da chuva média.

Resposta: O posto que vai ter um maior peso é o posto 1; o posto 4 não tem participação no cálculo da média ponderada por Thiessen.

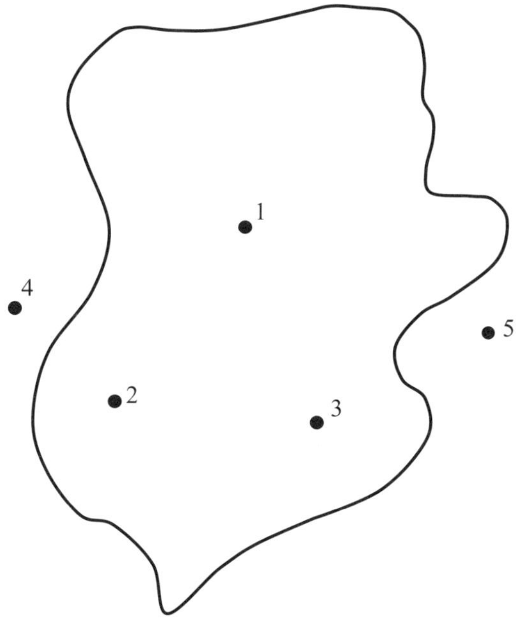

Fonte: *Elaborada pelos autores.*

m) É dada a planta de uma bacia hidrográfica de 173 km^2 com 12 postos pluviométricos. Pede-se:

1) Traçar os polígonos que delimitam a área de influência de cada posto, pelo método de THIESEN.

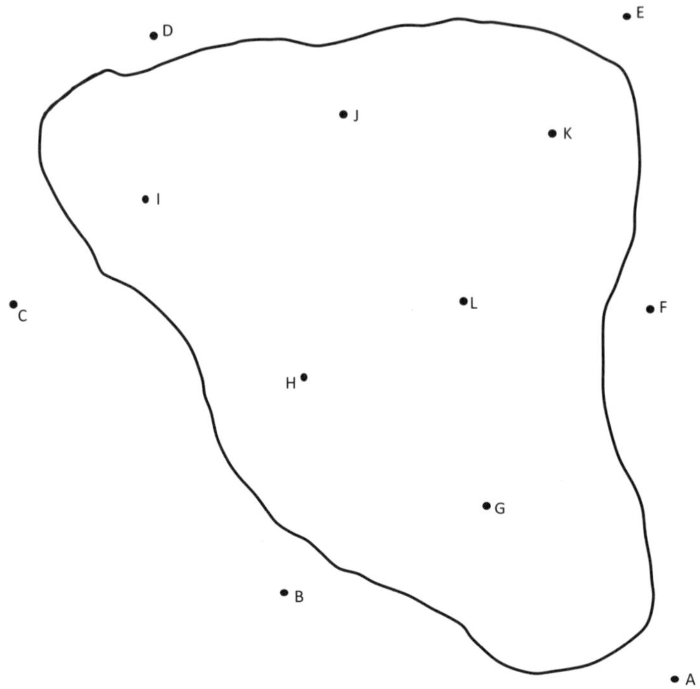

Fonte: *CRUCIANI (1987)*.

2) Assumir que as áreas dos polígonos são aquelas indicadas na tabela a seguir.
3) Calcular a precipitação média da bacia por Thiessen quando os valores observados em cada posto forem:

POSTO	A	B	C	D	E	F	G	H	I	J	K	L
P (mm)	86,7	176,7	217,4	178,1	182,5	237,1	249,5	342,8	331,9	355,3	292,9	207,6
A - km^2	9	7	-	11	3	10	25	23	22	23	19	21

4) Comparar o resultado, utilizando o método da Média Aritmética Simples (nesse caso, usar apenas os postos localizados dentro da bacia).

Resposta: Thiessen→268,3 mm; Média aritmética simples → 296,7 mm (apenas os postos internos).

n) Em uma bacia hidrográfica estão instalados cinco postos pluviométricos cujas áreas de influência estão indicadas na tabela a seguir:

Posto	A	B	C	D	E
Área influência (Km^2)	327	251	104	447	371
Altura da chuva (mm)	83	114	60	136	70

Conhecidas as alturas de uma chuva intensa ocorrida no dia 02/05/2007 (terceira linha da Tabela), calcular a altura média de chuva (mm) e o deflúvio pluvial correspondente (hm^3), usando, respectivamente, os métodos da média aritmética simples e o dos polígonos de Thiessen.

Resposta: 92,6 mm; 138,9 hm^3; 99,2 mm; 148,8 hm^3.

o) Utilizando o Método das Isoietas, calcule a precipitação média para a bacia em questão:

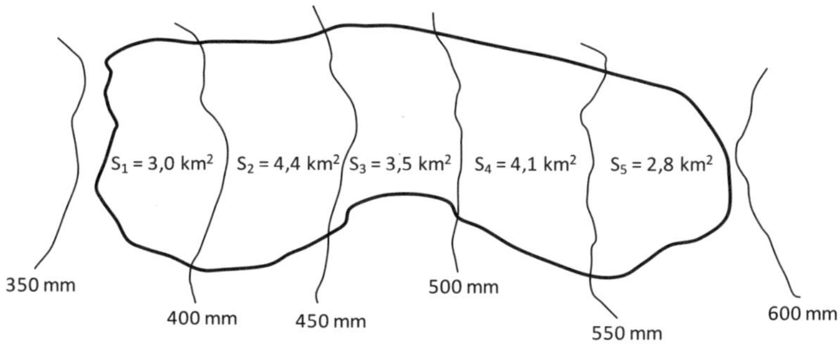

Fonte: *Elaborada pelos autores.*

Resposta: Precipitação Média na Bacia = 473,0 mm

p) Determine as precipitações médias para as bacias dadas a seguir. Para a bacia da figura à esquerda, usar o método de Thiessen e para a figura à direita usar o método das isoietas:

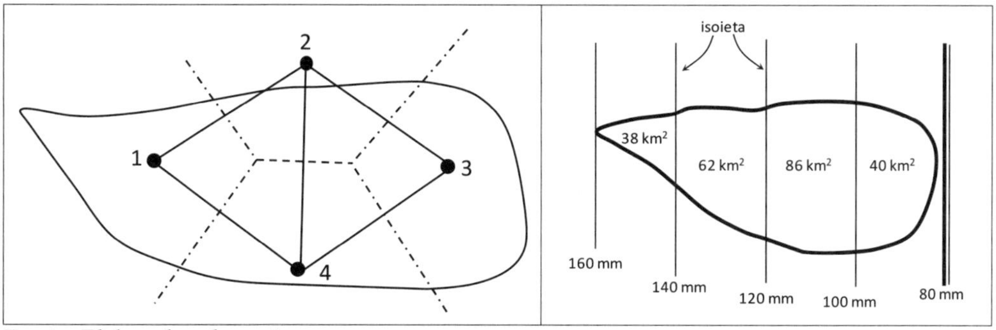

Fonte: *Elaborada pelos autores.*

Posto	ÁREA (km²)	h (mm)
1	64	140
2	58	146
3	88	128
4	70	137

Resposta: ESQUERDA(Thiessen)→136,7 mm;
DIREITA(Isoietas)→118,7 mm

q) Determine as precipitações médias para as bacias dadas abaixo pelo método de Thiessen:

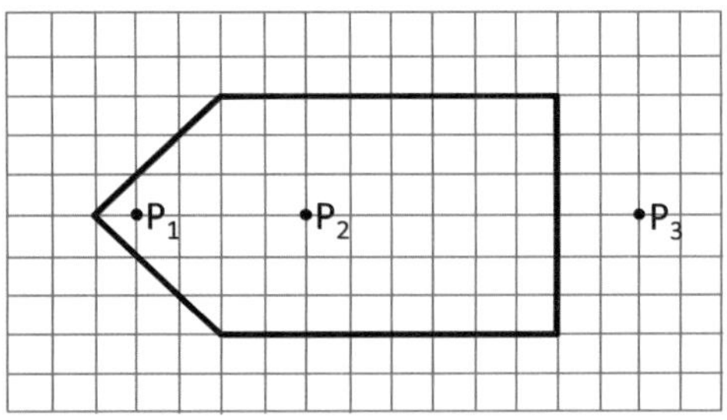

Posto	h (mm)
1	140
2	146
3	128

Fonte: *Elaborada pelos autores.*

Resposta: (Thiessen)→141,3 *mm*

CAPÍTULO 3

Infiltração da Água no Solo

3.1 Introdução

A água proveniente de uma precipitação (chuva ou irrigação) ao chegar na superfície do solo pode ser considerada como "água livre", no que diz respeito ao processo de retenção pela matriz do solo. Tendo em vista que a água no interior do solo está sob retenção, isto acarreta a sua passagem na interface solo-ar, atendendo uma diferença de potencial hidráulico (a água no interior do solo encontra-se em um estado energético inferior à água livre na superfície do solo). A este processo denomina-se infiltração de água no solo. Cessada a infiltração, o processo de movimento da água no perfil do solo, atendendo às diferenças de potenciais, denomina-se redistribuição de água no solo. Na Figura 3.1 ilustra-se o processo de infiltração de água no solo.

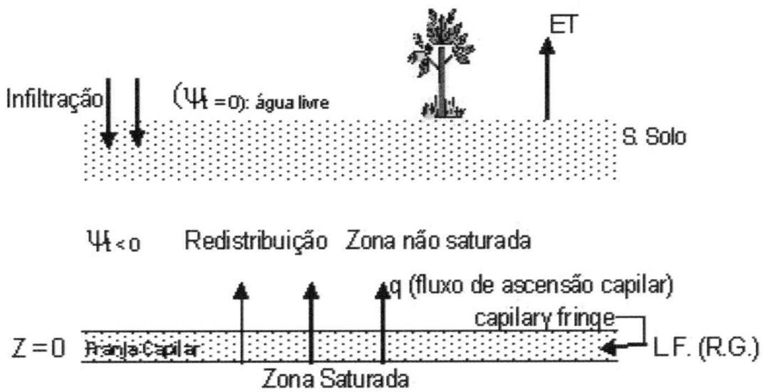

Figura 3.1 – Ilustração do processo de infiltração da água no solo.

A taxa de infiltração da água no solo (q) se refere ao volume de água (V) que atravessa a unidade de área (A) da superfície do solo por unidade de tempo (T), sendo mais alta no início do processo de infiltração, quando o solo está com déficit de umidade, e tendendo a decrescer com o tempo, aproximando-se de um valor constante (conhecido como velocidade de infiltração básica da água no solo - VIB).

De acordo com Bernardo (1995), a variação da velocidade de infiltração em um mesmo solo, em razão da diferença no teor de umidade, desaparece geralmente cerca de 60 minutos depois do início da aplicação d'água. Ainda conforme Bernardo (1995), a VIB de um solo pode ser classificada conforme dados apresentados na Tabela 3.1.

Tabela 3.1 – Classificação conforme a magnitude da velocidade de infiltração básica do solo

Classes de VIB	Valores (mm h^{-1})
Muito alta	> 30
Alta	15 - 30
Média	5 - 15
Baixa	< 5

Fonte: *Elaborada pelos autores.*

O valor da VIB de um solo se constitui em uma variável importante para orientação da taxa de aplicação de água por sistemas de irrigação, tendo em vista que esta taxa de aplicação não deve superar a VIB do solo, para assim evitar o escoamento superficial. No período chuvoso, no entanto, é comum se observar escoamento superficial proporcionado por chuvas com intensidades superiores ao valor da VIB do solo. Neste caso, e em terrenos com declividades acentuadas, se torna necessário o uso de técnicas conservacionistas tais como terraços em contorno e plantio em curvas de nível, como forma de minimizar problemas relacionados à erosão do solo.

A taxa de infiltração pode ser quantificada por meio da equação de Darcy-Buckingham, descrita a seguir:

$$q = -K(\theta) . \frac{\partial \psi t}{\partial z} \tag{3.1}$$

em que:
q: taxa de infiltração de água no solo, [L T^{-1}];
K(θ): condutividade hidráulica do solo em função da umidade no solo, [L T^{-1}];
$\frac{\partial \psi t}{\partial Z}$: gradiente de potencial hidráulico, [L L^{-1}].

O gradiente de potencial hidráulico $\partial\psi t/\partial Z$ representa a variação do potencial hidráulico da água ao longo da direção Z, sendo, portanto, a relação de uma energia ($\partial\psi t$) e uma distância (Z). No início do processo de infiltração, o valor da profundidade da frente de umedecimento é pequeno. Desta forma, tem-se um valor do gradiente hidráulico muito elevado e, portanto, uma taxa de infiltração alta. Com o passar do tempo, o valor de Z vai aumentando até que o gradiente hidráulico [(Ψ+Z)/Z] vai tendendo a 1,0 e, consequentemente, a taxa de infiltração tende a um valor aproximadamente igual à condutividade hidráulica do solo saturado (K_o), a qual se aproxima da própria VIB.

Cabe destacar que no teste de K_o se assegura à condição de uma completa saturação da amostra de solo, fato este que geralmente não ocorre no perfil de infiltração de água no solo e, portanto, a ideia de assumir o valor da VIB como sendo igual a K_o deve ser vista com restrição.

O elevado valor do gradiente hidráulico no início do processo de infiltração, decorrente do baixo teor de água no solo, explica a elevada taxa de infiltração no início do processo. A redução dos gradientes hidráulicos com o passar do tempo, explica o comportamento da curva de velocidade de infiltração, caracterizando assim a infiltração como um processo desacelerado.

Um solo mais úmido terá, inicialmente, menor taxa de infiltração devido ao menor gradiente hidráulico (menor diferença nos potenciais totais da água no solo), e mais rapidamente a taxa de infiltração se tornará constante.

O tempo de estabilização do regime assintótico da curva de infiltração acumulada tem uma correlação muito forte com o gradiente hidráulico no solo no início do processo de infiltração. Assim, para menores valores de gradientes hidráulicos, espera-se a obtenção mais rápida do regime assintótico. Contudo, nota-se que a estabilização não é total em face da própria natureza da equação utilizada.

A infiltração é um fenômeno complexo, dependente de inúmeras variáveis relacionadas às características físicas e morfológicas do solo (BAUTISTA *et al.*, 2014; WALKER; SKROGERBOE, 1987). Pesquisas como as de

Bautista *et al.* (2016), Fan *et al.* (2018) e Mattar *et al.* (2015) evidenciam a relação entre os atributos físicos do solo e suas relações intrínsecas com a taxa de infiltração, dentre elas, a textura e a estrutura do solo. Além destas variáveis, as práticas culturais podem interferir no aumento ou no decréscimo da infiltração, dependendo do equipamento utilizado e da umidade do solo no momento do preparo mecânico do solo.

3.2 Equações que descrevem o processo de infiltração

De acordo com Frizzone (1993), as equações de infiltração podem ser classificadas em três categorias:

a) Modelos baseados em relações gerais para fluxo em meios porosos - são equações baseadas em solução da equação unidimensional de Darcy, conhecida como equação de Richards;
b) Modelos físicos - fundamentam-se na suposição de um modelo de solo simplificado, isto é, o solo pode ser representado por um feixe de tubos capilares. As equações dessa categoria são similares ou podem ser derivadas da equação de Green-Ampt;
c) Equações empíricas - são baseadas no ajuste estatístico de dados experimentais de infiltração a funções explícitas dependentes do tempo. As constantes dessas equações não têm significado físico.

A grande vantagem de certas equações, como a proposta por Philip para explicar a lei da infiltração, é o fato de ela ser baseada na teoria, e de suas constantes terem um significado físico. Trata-se de uma equação deduzida a partir da equação do perfil de conteúdo de água no solo (LIBARDI, 2018).

3.2.1 Equação de Horton

O principal modelo empírico que visa representar a evolução temporal da taxa de infiltração é o de Horton (1940), na forma:

$$f(t) = f_C + (f_0 - f_C).e^{-k.t} \quad (3.2)$$

Na equação 3.2, f representa a taxa de infiltração (L T^{-1}); t, o tempo decorrido desde o início da precipitação (T); enquanto f_C, f_0 e k são os parâmetros do modelo. O parâmetro f_0 significa a taxa de infiltração inicial (L T^{-1}), ou seja, no instante em que se inicia a precipitação. Esse valor depende não somente do tipo de solo, mas também de sua umidade no momento inicial. O parâmetro f_C (L T^{-1}) corresponde à taxa da última infiltração, ou seja, ao menor valor de f, que deve ocorrer após um longo tempo de exposição do solo à água acumulada. Alguns interpretam f_C como VIB ou como K_0, o valor de condutividade hidráulica do solo saturado. O parâmetro k (T^{-1}) representa o fator de decaimento temporal da taxa de infiltração: quanto maior seu valor, mais rapidamente a taxa de infiltração se aproxima (assintoticamente) de f_C.

As principais vantagens do modelo de Horton são sua simplicidade de cálculo e o número limitado de parâmetros. Há, entretanto, desvantagens, entre as quais duas se destacam: primeiro, o modelo pressupõe que a precipitação ocorre continuamente, de modo que a taxa de infiltração depende somente do tempo de precipitação, indiferentemente se esta ocorreu de modo contínuo ou intermitente. A segunda desvantagem é que o parâmetro f_0 não é único para um dado solo, mas deve ser estimado em função de sua umidade.

Exercícios:

1) Seja um solo cujos parâmetros sejam f_0 = 30 mm h^{-1}, f_C = 5 mm h^{-1} e k = 0,25 h^{-1}. Calcule a taxa de infiltração após uma, duas e três horas de precipitação contínua.

2) Realizou-se um experimento de infiltração, no qual a taxa de infiltração inicial foi de 28 mm h^{-1}. Após quase cinco horas de experimento, a taxa de infiltração era praticamente constante no tempo (12 mm h^{-1}), não demonstrando mais nenhuma alteração significativa. Sabendo-se que, após 1 h e 36 minutos de experimento a taxa de infiltração era de 25 mm h^{-1}; estime o parâmetro k do solo.

Respostas:

1) f(1 h) = 24,47 mm h^{-1}; f(2 h) = 20,16 mm h^{-1}; f(3 h) = 16,81 mm h^{-1}.

2) f_0 = 28 mm h^{-1}; f_C = 12 mm h^{-1}; t = 1,6 h; k = 0,13 h^{-1}.

3.2.2 Equação de Green & Ampt

Apesar de publicado há mais de um século, o modelo de infiltração idealizado por Green & Ampt (1911) é possivelmente a explicação física mais consistente do processo, sendo utilizada até os dias atuais. A base das equações 3.3 e 3.4 é o movimento vertical da água no solo, dominado pela frente de umedecimento do solo. Os autores admitem que, acima da frente de umedecimento, o solo encontra-se próximo à saturação e, abaixo dela, o solo mantém-se à sua umidade inicial. Uma explicação mais detalhada do modelo pode ser encontrada, por exemplo, em Chow *et al.* (1988).

$$F(t) = K_S.t + \psi.\Delta\theta.Ln[1 + F(t)/\psi.\Delta\theta] \tag{3.3}$$

$$f(t) = K_S. [\psi.\Delta\theta/F(t) + 1] \tag{3.4}$$

Nas equações 3.3 e 3.4, *F* (*L*) significa a lâmina de água infiltrada acumulada; *t* é o tempo desde o início do evento; K_0 ($L.T^{-1}$) é a condutividade hidráulica do solo saturado; ψ (*L*) é o potencial mátrico de água no solo na frente de umedecimento; e $\Delta\theta$ (adimensional) é a diferença entre a umidade efetiva inicial do solo e sua umidade efetiva máxima, como indica a equação 3.5. Observe que a equação 3.3 apresenta o termo *F*(*t*) dos dois lados da equação, o que demanda que sua solução seja obtida por meio de um processo iterativo.

$$\Delta\theta = (1 - SAT).\ \theta_e \tag{3.5}$$

Na equação 3.5, SAT (adimensional) é o grau de saturação do solo e θ_e é a porosidade efetiva do solo. Na Tabela 3.2 é apresentada uma faixa de valores dos parâmetros para alguns tipos de solo.

Tabela 3.2 – Parâmetros do modelo de infiltração de Green & Ampt para alguns tipos de solo

Classe de solo	Porosidade efetiva (θ_e)	Potencial mátrico (ψ: mm)	Condutividade (K_0: mm h^{-1})
Areia	0,35 - 0,48	10 - 254	118
Areia siltosa	0,33 - 0,47	13 - 280	30
Silte	0,33 - 0,59	13 - 954	6
Silte argilosa	0,28 - 0,50	48 - 1080	1
Argila	0,27 - 0,50	64 - 1565	0,3

Fonte: *Chow et al. (1988).*

A principal vantagem do modelo de Green-Ampt é sua consistência física, que permite, por exemplo, admitir que uma chuva seja intermitente. Para isso, basta definir o tamanho do passo temporal (Δt). Para cada instante (t), calcula-se o valor de $F(t)$ pela equação 3.3, comparando-o ao valor precipitado no mesmo intervalo de tempo. Fisicamente é inadmissível que a lâmina infiltrada supere a lâmina precipitada (a menos que haja outra fonte de água), portanto, atribui-se o valor de $F(t)$ como sendo o menor entre os dois (valor calculado pela equação 3.3 e valor precipitado) e segue-se à rotina de cálculo, aplicando-se a equação 3.4. É importante também compreender que, para o modelo de Green-Ampt, a taxa de infiltração inicial (f_0 no modelo de Horton) tende ao infinito, pois para $t = 0$, $F(t) = 0$. Portanto, as equações 3.3 e 3.4 resolvem o problema causado pelo modelo empírico de Horton (equação 3.2). A principal desvantagem é a necessidade de cálculo pelo processo iterativo para a estimativa de $F(t)$, quando se utiliza a equação 3.3.

Exercícios:

1) Seja um solo arenoso cujo grau de saturação inicial seja de 30% quando uma chuva ininterrupta de quatro horas tem início. Estime a lâmina total infiltrada e a taxa de infiltração no final da chuva.

2) Admitindo que, na chuva do Exercício 3, a precipitação total tenha sido 109 mm, calcule a taxa de infiltração real no final da chuva.

Respostas:

1) $\theta e = 0{,}40$; $\psi = 100$ mm; $K0 = 118$ mm h-1; $\Delta\theta = 0{,}28$; F (4 h) = 557 mm; f (4 h) = 124 mm h^{-1}.

2) F(4 h) = mínimo entre o valor calculado pela Equação 03 (557 mm) e o valor precipitado (109 mm), portanto, o valor real de $F(t)$ = 109 mm (não é possível uma chuva de 109 mm causar uma infiltração de 557 mm). Aplicando-se a Equação 04, obtém-se f(4 h) = 148 mm h^{-1}.

3.2.3 A equação de Kostiakov

Em relação às equações empíricas, verifica-se que a equação do tipo potencial é a que melhor se adapta aos dados experimentais de campo para a maioria dos solos, sendo expressa na forma:

$$I = KT^a \tag{3.6}$$

em que:
I: lâmina de infiltração acumulada, mm;
T: Tempo de infiltração acumulado, min; e
K e a: parâmetros empíricos do modelo obtidos por regressão.

Esta equação é conhecida na literatura como equação de Kostiakov.

A equação de velocidade de infiltração instantânea (q) é obtida por derivação da equação de infiltração acumulada (I) em relação ao tempo:

$$q = dI/dT \text{ e, portanto, } q = a.K.T^{a-1} \text{ ou } q = K'.T^n$$

em que:
q: velocidade de infiltração instantânea, mm min^{-1};
T: Tempo acumulado, min; e
K' e n: parâmetros empíricos do modelo.

O coeficiente K' corresponde ao valor de velocidade de infiltração instantânea decorrido o primeiro minuto do teste, traduzindo o processo de infiltração na sua fase inicial.

Dentre outras limitações, a equação sugere que a velocidade de infiltração tende a zero para tempos muito longos, quando na verdade tende para um valor conhecido na literatura como velocidade de infiltração básica.

Dessa forma, deve ser introduzida na equação de Kostiakov uma componente de correção, descrita conforme a equação 3.7:

$$I = KT^a + fo.T \quad (3.7)$$

fo, a velocidade de infiltração básica, em mm min^{-1}. Esta nova equação é conhecida na literatura como equação de Kostiakov-Lewis.

3.3 Medição da infiltração da água no solo

Uma das principais preocupações na avaliação da infiltração da água no solo é a escolha de um método adequado. A utilidade de cada método está relacionada à finalidade dos dados, à precisão desejada, à facilidade de manejo e ao custo operacional.

3.3.1 Método do cilindro-infiltrômetro

Considerando a recarga proveniente de uma chuva por exemplo, cujo processo de infiltração de água no solo ocorre predominantemente na direção vertical, o método do cilindro-infiltrômetro tem sido o mais utilizado.

Costa *et al.* (2019), em estudo sobre métodos ou técnicas para estimativa da infiltração de água no solo, verificaram que a técnica do cilindro-infiltrômetro proporcionou os maiores valores da constante numérica "*K*". Isto se deve ao método de instalação do equipamento, que por mais cuidadoso que seja, não permite uma penetração regular do cilindro medidor. Neste tipo de técnica é comum ocorrer o que se denomina "efeito parede", ou seja, o surgimento de um fluxo preferencial junto à parede, entre o cilindro e o solo.

Ainda conforme Costa *et al.* (2019), a lâmina de água infiltrada no solo apresentou maior grau de dependência à variável preparo de solo se comparada à variável umidade no solo. Observou-se, ainda, que em todos os testes realizados, as maiores lâminas infiltradas ocorreram no primeiro dia, fato este que foi atribuído às condições de revolvimento do solo, demonstrando assim que, de forma ponderada, apresentou-se com maior influência se comparado ao teor de água no solo antes da realização dos testes (Figura 3.2).

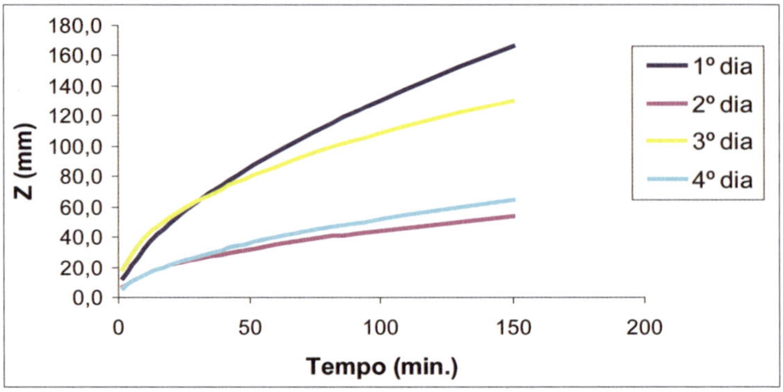

Figura 3.2 – Infiltração acumulada em função tempo acumulado.
Fonte: Elaborada pelos autores.

A seguir, a descrição de um roteiro para a realização do teste em nível de campo pela técnica do cilindro-infiltrômetro (Figura 3.3).

Figura 3.3 – Ilustração de teste com cilindro-infiltrômetro.
Fonte: Costa et al. (2019).

Material necessário:

Dois cilindros com 50 e 25 cm de diâmetro, respectivamente, ambos com 30 cm de altura, uma régua graduada para medição do nível d'água no cilindro, um plástico fino para impedir a infiltração quando a água for introduzida no cilindro, uma marreta, uma prancha de madeira e um nível de pedreiro.

Procedimento:

Instalar os cilindros no solo até uma profundidade de 10 a 15 cm por intermédio de golpes sucessivos com a marreta, aplicados sobre a prancha de madeira apoiada sobre os cilindros de maneira que sua penetração seja a melhor possível, na vertical, com o propósito de promover um perfeito contato do solo com suas paredes. Em seguida, cobrir o fundo do cilindro central com o plástico fino e introduzir água no cilindro interno e externo até próximo da borda superior. Retirar o plástico e, imediatamente, fazer a primeira leitura de lâmina. As leituras de nível d'água e o tempo em que se faz as referidas medições são anotadas e repetidas em intervalos de 1, 2, 5, 5, 10, 10, 15, 15, 30, 30, 30, 30 min, até estabilizar. Esses intervalos de tempo são escolhidos arbitrariamente, porém os intervalos de tempo de medições no início devem ser pequenos em função do processo de infiltração. Os níveis da água nos dois cilindros devem ser reabastecidos sempre que o nível no cilindro interno baixe em torno de 5,0 cm.

Análise dos dados:

Os valores de tempo acumulado e da lâmina infiltrada acumulada devem ser analisados por meio de regressão com o objetivo de se obter os valores dos parâmetros da equação. A regressão utiliza o método dos mínimos quadrados, que tem como objetivo tornar mínima a soma dos quadrados dos desvios.

3.3.2 Métodos de medição da infiltração para irrigação por sulcos

Em particular, ao se tratar de irrigação por sulcos, os métodos mais utilizados são: sulco infiltrômetro, entrada e saída de água no sulco, balanço de volume (que utiliza o modelo cinemático para a fase de avanço) e balanço de volume proposto por Walker & Skogerboe (1987).

Na técnica do sulco-infiltrômetro se utiliza geralmente um sulco-teste com 1,0 m de comprimento e duas chapas de aço semicirculares com raio de aproximadamente 0,30 m nas extremidades do sulco. Dois sulcos laterais são irrigados durante a execução do teste e funcionam como sulcos bordadura. Um reservatório com dispositivo externo transparente para a leitura do nível d'água e aplicação do princípio dos vasos comunicantes, conectado a uma mangueira na sua parte superior com o objetivo de manter o nível d'água constante no sulco-infiltrômetro (Mariotte), permite o abastecimento do sulco-teste (Figura 3.4).

Figura 3.4 – Técnica do sulco-infiltrômetro.
Fonte: Costa et al. (2019).

Na técnica de entrada e saída são assentados dois medidores Parshall em um comprimento de sulco que varia de 30 a 75 m. A diferença entre a vazão de entrada e a vazão de saída permitirá calcular a taxa de infiltração (Figura 3.5).

Figura 3.5 – Técnica de entrada e saída.
Fonte: Costa et al. (2019).

No balanço de volume que compreende o modelo cinemático para a fase de avanço é assentado apenas um medidor Parshall no início do sulco para as medições das vazões de entrada, além de se medir o avanço da água ao longo do sulco.

Na técnica do balanço de volume proposto por Walker & Skogerboe (1987), são obtidas as hidrógrafas de entrada e de saída no sulco-teste, curvas de avanço e de recessão, geometria do fluxo, sendo os parâmetros da equação de infiltração obtidos por meio de uma equação de balanço de volume de água no sulco para qualquer tempo (Figura 3.6).

***Figura 3.6** – Técnica do balanço de volume.*
***Fonte:** Costa et al. (2019).*

3.4 Exemplo de um ensaio de campo com cilindro infiltrômetro

Os dados do teste de infiltração constantes na Tabela 3.3 se referem a um ensaio em um campo de futebol.

Tabela 3.3 – Dados de campo do teste de infiltração de água no solo

Tempo acumulado (min)	Inf. instantânea (mm)	Inf. acumulada (mm)
0	-	-
1	0,0	0,0
3	1,0	1,0
6	2,0	3,0
11	2,0	5,0
16	1,0	6,0
26	0,0	6,0
36	1,0	7,0
51	2,0	9,0
66	1,0	10,0
96	3,0	13,0
126	3,0	16,0
156	3,0	19,0

Fonte: *Elaborada pelos autores.*

Na Figura 3.7 se visualiza a equação de infiltração acumulada em função do tempo acumulado, obtida por meio de regressão. Verifica-se elevado valor de coeficiente de determinação (R^2) para o comportamento físico da característica de infiltração de água no solo. Na Figura 3.8 se verifica a equação da velocidade de infiltração (q) em função do tempo acumulado (T) obtida por meio da derivação da equação de infiltração acumulada em função do tempo acumulado.

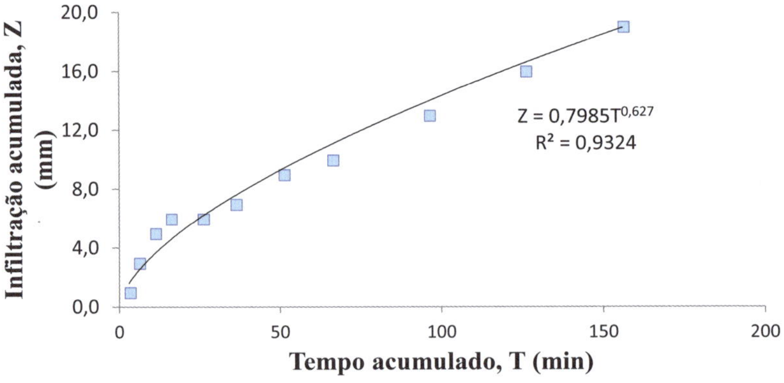

Figura 3.7 *– Equação de infiltração acumulada em função do tempo acumulado.*
Fonte: *Costa & Filho (2014).*

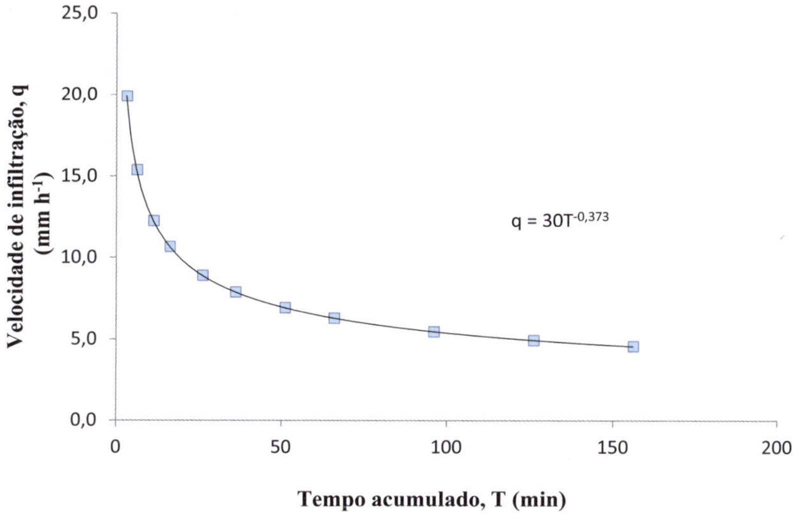

***Figura 3.8** – Velocidade de infiltração de água no solo em função do tempo acumulado.*
***Fonte:** Costa & Filho (2014).*

Exercício:

Na Tabela 3.4 constam os dados de campo de um teste de infiltração realizado pela técnica do cilindro infiltrômetro e em base a estes dados obtenha:

- **a.** Equação de infiltração acumulada (mm) em função do tempo acumulado (min);
- **b.** Equação de velocidade de infiltração (mm h^{-1}) em função do tempo acumulado (min);
- **c.** A lâmina infiltrada acumulada (mm) decorridos duas horas; e
- **d.** A velocidade de infiltração (mm h^{-1}) decorridos duas horas.

Tabela 3.4 – Teste de infiltração com cilindro-infiltrômetro

Hora	Tempo Inst. (min)	Tempo acum. (min)	Leitura (cm)	Lâmina Inst. (cm)	Lâmina acum. (cm)
8:00	00		2,0	0,0	0,0
8:01	01		2,5		
8:03	02		2,9		
8:06	03		3,2		

8:11	05		3,5		
8:16	05		3,8		
8:26	10		4,1		
8:36	10		4,5		
8:51	15		4,7		
9:06	15		5,1/4,0		
9:36	30		4,5		
10:06	30		4,6/3,2		
10:36	30		3,4		
11:06	30		3,5		

Fonte: *Elaborada pelos autores.*

Respostas:

a. $Z = 5{,}689T^{0{,}3941}$

b. $q = 134{,}5T^{-0{,}6059}$

c. Z = 37,5mm

d. $q = 7{,}4\ mm\ h^{-1}$.

3.5 Metodologia de Walker & Skogerboe para avaliação de irrigação por sulcos

3.5.1 Medição das variáveis de avaliação:

O principal objetivo da avaliação em sistemas de irrigação por superfície, segundo Walker (1989), é identificar práticas de manejo que possam melhorar a eficiência de irrigação. Para isso alguns dados de campo devem ser coletados, tais como:

a) hidrógrafa de entrada;
b) hidrógrafa de saída;
c) curva de avanço e recessão;
d) umidade do solo antes da irrigação;
e) infiltração e capacidade de retenção de água no solo; e
f) geometria da seção transversal da área de fluxo.

a) Hidrógrafas

As vazões de entrada e de saída nos sulcos podem ser medidas por meio de calhas Parshall de uma polegada, de forma a produzir uma hidrógrafa de entrada e uma hidrógrafa de saída. Deve-se ter o cuidado em manter o fluxo na calha de entrada constante.

De posse dos resultados, confeccionam-se as duas hidrógrafas, e após isso, integram as hidrógrafas para se obter os volumes aplicados e os volumes de *runoff*.

Duas variáveis são obtidas da comparação das hidrógrafas. Primeiro, o volume infiltrado no solo, em pode ser obtido pela diferença entre o valor integrado das duas hidrógrafas.

Deste modo:

$$V_z = V_{en} - V_{saída} \tag{3.8}$$

em que V_z, V_{en} e $V_{saída}$ são o volume total infiltrado, o volume introduzido na parcela e o volume de escoamento superficial, respectivamente. A segunda variável definida pelas hidrógrafas de entrada e saída é a taxa de infiltração básica, fo (em m^3/min/m), calculada conforme a seguinte equação:

$$fo = \frac{(Q_{en} - Q_{saída})}{L} \tag{3.9}$$

em que Q_{en} e $Q_{saída}$ são as vazões em m^3/min quando o fluxo atinge uma estabilidade nas calhas de entrada e saída, respectivamente e L é o comprimento do campo em metros.

b) Avanço e recessão

Para a confecção das curvas de avanço e de recessão, instalam-se estacas, em espaços regulares. Durante a fase de avanço, registram-se o tempo em que a água atinge cada estação e para o registro da fase de recessão recomenda-se usar como critério o momento em que a lâmina de água decresce a mais ou menos a metade da lâmina original. Este procedimento é utilizado para não superestimar o tempo de recessão. Quando for o caso, deve-se instalar uma estaca intermediária para registrar o tempo de avanço.

A trajetória do avanço não tem uma descrição matemática concisa, mas pode ser aproximada por uma função potencial do tipo:

$$x = pt_x^r \tag{3.10}$$

em que x é a distância do avanço em metros, atingida em t_x minutos e p e r são parâmetros de ajuste. Após a coleta dos dados à campo, utiliza-se a metodologia dos dois pontos proposta por Elliot e Walker (1982), a qual baseia-se no princípio da conservação da massa. Neste método, mede-se o tempo de avanço à metade do campo ($t_{0.5L}$) e ao final (t_l) e resolve-se simultaneamente para definir os parâmetros da equação 3.10:

$$r = \frac{\log(L/0{,}5L)}{\log(t_L/t_{0{,}5L})} \tag{3.11}$$

e

$$p = \frac{L}{{t_L}^r} \tag{3.12}$$

c) Geometria do fluxo

Para se descrever a geometria do sulco, utiliza-se um perfilômetro durante a fase de avanço. Segundo a metodologia convencional, deve-se usar o perfilômetro antes e depois da irrigação, e durante esta, anota-se a largura da superfície livre da água e da sua profundidade. No entanto deve-se fazer as referidas medições durante as irrigações, quando a forma do sulco se modificar durante a fase de avanço.

Assim sendo, coloca-se o perfilômetro sobre o sulco e com um nível de pedreiro e certifica-se de que este está nivelado. Deixa-se descer uma haste para medir o nível da água, para somente após se medir a forma do sulco.

Plota-se em papel milimetrado a seção do sulco obtida a campo, dividindo-a em de 10 a 15 intervalos iguais. Desta seção obtém-se a largura da água na superfície e à metade da lâmina de água. Assim faz-se uma relação entre a largura e a profundidade da seguinte forma:

$$L_2 = \frac{\log(\text{Xtotal}/\text{Xmédia})}{\log(\text{Ytotal}/\text{Ymédia})} \tag{3.13}$$

e

$$L_1 = \frac{Xtotal}{(Ytotal)^{L_2}} \tag{3.14}$$

Faz-se uma relação entre a área e a lâmina de água no sulco, na qual:

$$A = a_1 \cdot Y^{a_2} \tag{3.15}$$

sendo que:

$$a_1 = \frac{L_1}{L_2+1} \tag{3.16}$$

$$a_2 = L_2 + 1 \tag{3.17}$$

O cálculo do perímetro molhado de forma mais rigorosa deve ser obtido por integração numérica utilizando-se a seguinte equação:

$$Pm = \sum_{i=0}^{n} 2\left\{\left[y_i - y_{(i-1)}\right]^2 + \left[0{,}5 \cdot \left[B_i - B_{(i-1)}\right]^2\right]\right\}^{0,5} \tag{3.18}$$

em que:
Pm: perímetro molhado em metros
y_i: lâmina no sulco em metros
B_i: largura da superfície livre da água no sulco em metros.

Com esta equação pode-se obter os perímetros molhados total e médio e relacioná-los com a lâmina de água da seguinte maneira:

$$PM = b_1 \cdot Y^{b_2} \tag{3.19}$$

em que:

$$b_2 = \frac{\log(PMtotal/PMmédio)}{\log(Ytotal/Ymédio)} \tag{3.20}$$

e

$$b_1 = \frac{PMtotal}{(Ytotal)^{b_2}} \tag{3.21}$$

Para o cálculo da área de fluxo na entrada do sulco, utiliza-se a equação de Manning para fluxo uniforme:

$$A_0 = C_1 \left(\frac{Q_o \cdot n}{60 \cdot S_0^{1,2}} \right)^{C_2} \tag{3.22}$$

sendo:

$$C_2 = \frac{3a_2}{5a_2 - 2b_2} \tag{3.23}$$

e

$$C_1 = a_1 \left(\frac{b_1^{0,67}}{a_1^{1,67}} \right)^{C_2} \tag{3.24}$$

onde C_1 e C_2 são as constantes geométricas do sulco.

d) Infiltração:

Para o cálculo das constantes de infiltração de Kostiakov-Lewis (*a* e *K*), utiliza-se a equação do balanço de volume para qualquer tempo da seguinte forma:

$$Q_o t = S_y \cdot A_0 \cdot X + S_z \cdot K \cdot t^a \cdot X + \frac{fo \cdot t \cdot X}{1+r} \tag{3.25}$$

em que Q_0 é a vazão de entrada em $m^3 \, min^{-1}$ e t é o tempo transcorrido desde o início da irrigação em min, A_0 é a área da seção transversal de fluxo na entrada em m^2, S_z é o fator de forma definido como:

$$S_z = \frac{a + r(1-a) + 1}{(1+r) \cdot (1+a)} \tag{3.26}$$

A área da seção transversal do fluxo na entrada A_o, é calculada como descrito na equação 3.22.

A equação 3.25 é escrita para dois pontos do avanço de forma a definir os parâmetros de infiltração *a* e *K*. Os dois pontos do avanço medidos são, à metade do sulco (L/2) e ao final do sulco (L). Assim, para a metade do campo, o avanço é:

$$Q_o \cdot t_{0,5L} = \frac{S_y \cdot A_0 \cdot L}{2} + \frac{S_z \cdot K \cdot t_{0,5L}{}^a}{2} + \frac{fo \cdot t_{0,5L} \cdot L}{2(1+r)} \quad (3.27)$$

e para o final do sulco:

$$Q_o \cdot t_L = S_y \cdot A_0 \cdot L + S_z \cdot K \cdot t_L{}^a \cdot L + \frac{fo \cdot t_L \cdot L}{(1+r)} \quad (3.28)$$

em que $t_{0.5L}$ é o tempo de avanço à metade do campo em minutos, t_L é o tempo de avanço medido ao final do sulco em minutos e L é o comprimento total do sulco.

Observando-se as equações 3.27 e 3.28, somente os parâmetros K e a são desconhecidos. Resolvendo-se simultaneamente usando uma transformação logarítmica se obtém:

$$a = \frac{\log(V_L/V_{0,5L})}{\log(t_L/t_{0,5L})} \quad (3.29)$$

sendo:

$$V_L = \frac{Q_o \cdot t_L}{L} - S_y \cdot A_0 - \frac{fo \cdot t_L}{(1+r)} \quad (3.30)$$

e

$$V_{0,5L} = \frac{2Q_o \cdot t_{0,5L}}{L} - S_y \cdot A_0 - \frac{fo \cdot t_{0,5L}}{(1+r)} \quad (3.31)$$

então S_z é obtido diretamente da equação 19 e o parâmetro K pode ser obtido por:

$$K = \frac{V_L}{S_z \cdot t_L^a} \quad (3.32)$$

Os cálculos das lâminas infiltradas em cada estação podem ser realizados mediante a seguinte equação:

$$Zi = K[(tr)i - (ta)i]^a + fo[(tr)i - (ta)i] \quad (3.33)$$

Em que $(tr)i$ e $(ta)i$ são os tempos de recessão e tempo de avanço na estação i respectivamente. K, a e f_0 são determinados de acordo com as equações 3.32, 3.29 e 3.2.

A diferença entra $(tr)i$ e $(ta)i$ define o tempo de oportunidade de infiltração. Z_i é a lâmina infiltrada no ponto i em $m^3\ m^{-1}$.

e) Cálculo dos volumes de água infiltrados:

Segundo Walker & Skogerboe (1987) e Walker (1989), uma irrigação por superfície pode resultar em três situações típicas de lâminas infiltradas no perfil do solo: a) irrigação com déficit, b) irrigação completa, e c) irrigação em excesso.

Quando a vazão de entrada é cortada pouco tempo após se completar a fase de avanço, em alguns pontos ao longo do sulco a lâmina infiltrada será insuficiente para atender o déficit de umidade do solo. Outras vezes, se fornece a lâmina requerida na parte que se recebe a menor quantidade de água e, finalmente, e mais frequentemente, as lâminas aplicadas excedem, em todos os pontos, a lâmina requerida.

Para os casos b e c, o volume total infiltrado ao longo do sulco pode ser calculado integrando-se a distribuição superficial da umidade mediante a regra do trapézio:

$$V_Z = \frac{L}{2n}(Z_0 + 2Z_1 + 2Z_2 + \dots\dots\dots + 2Z_{n-1} + Z_n) \qquad (3.34)$$

em que L é o comprimento do sulco em metros, Z_i são as lâminas acumuladas no ponto i em $m^3\ m^{-1}$ e n é o número de incrementos usados para subdividir o sulco.

Quando se tem uma situação de déficit de irrigação na parte final do sulco, calcula-se o volume infiltrado em dois segmentos do sulco. Primeiro se determina graficamente a posição Xd. Em seguida define-se as áreas irrigadas adequadamente e inadequadamente. Então, utilizando-se a equação 3.34, integra-se volume infiltrado sobre a área adequadamente irrigada (V_{za}) e depois o volume infiltrado sobre a área com déficit (V_{zi}), de tal modo que o volume infiltrado total é:

$$V_Z = V_{Za} + V_{Zi} \qquad (3.35)$$

Após os cálculos dos volumes infiltrados obtidos por meio da metodologia descrita até aqui, compara-se com os volumes infiltrados médios obtidos pela diferença entre os volumes aplicados e os volumes escoados, de acordo com a equação 3.1. Este procedimento é recomendado por Walker (1989) para se ter uma maior precisão dos resultados.

CAPÍTULO 4

Processos Evaporativos

4.1 Introdução

Processos evaporativos são aqueles em que, sob condições naturais, a água passa de seu estado líquido ao estado gasoso, retornando à atmosfera. O processo que ocorre em superfícies líquidas livres, como cursos d'água, lagos e oceanos, assim como na superfície úmida do solo é denominado *evaporação*. O processo que ocorre por meio da vegetação intitula-se *transpiração*. Ao processo pelo qual a superfície úmida das plantas (folhas, galhos e troncos) evapora, denomina-se *interceptação vegetal*. Costuma-se chamar *evapotranspiração* ao conjunto de evaporação da superfície úmida do solo, transpiração e interceptação vegetal. Na Hidrologia, portanto, dividimos os processos evaporativos fundamentalmente em dois: *evaporação* (superfícies hídricas livres) e *evapotranspiração* (áreas com presença de vegetação). A Figura 4.1 situa os processos evaporativos no âmbito do ciclo hidrológico. Para uma visão mais aprofundada sobre o tema, recomendamos a leitura de Righetto (1998) e de Pereira *et al.* (2007).

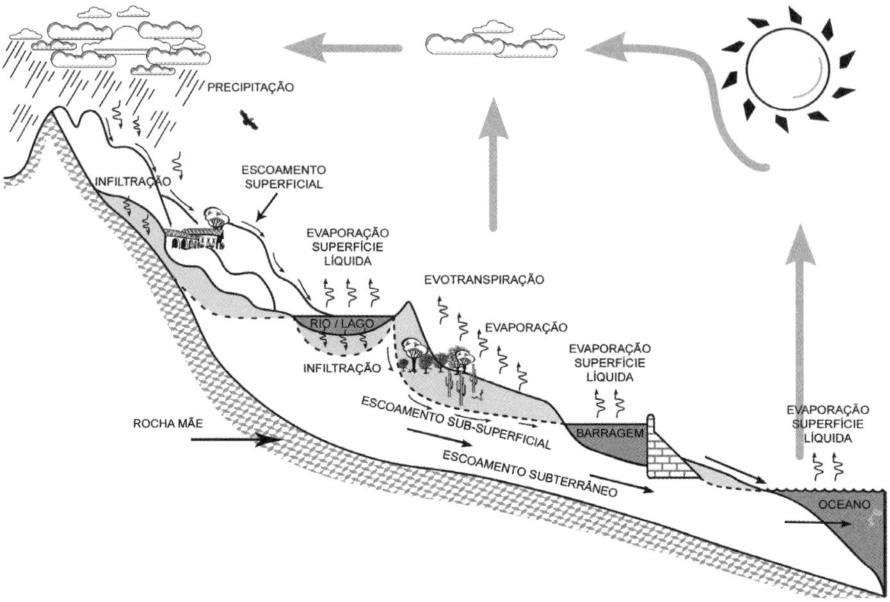

Figura 4.1 *– Ciclo hidrológico, com ênfase nos processos evaporativos em rios, lagos, oceanos, na superfície úmida do solo e por meio da vegetação.*
Fonte: *Elaborada pelos autores.*

A taxa de evaporação (e de evapotranspiração) é mensurada em termos de volume por unidade de área por unidade de tempo, ou seja, trata-se de uma lâmina (volume/área = altura) por unidade de tempo. Normalmente, a unidade de altura é o milímetro e a unidade de tempo pode ser hora, dia, mês ou ano, a depender do espectro temporal de análise. Observe que um milímetro equivale a um litro por metro quadrado (1 mm = 1 L m^{-2}). A título de exemplo, a evaporação média na hidrelétrica de Itaipu (29.000 hm^3), Paraná, é de 1104 mm ano^{-1} (ITAIPU, 2023); a evapotranspiração média da Caatinga preservada em um mês da estação úmida é de 165 mm $mês^{-1}$ (VELLAME *et al.*, 2024); e a evaporação medida no reservatório de Pacoti (380 hm^3), Ceará, no dia 14 de julho de 2006 foi de 4,0 mm dia^{-1} (RODRIGUES *et al.*, 2021).

Os processos evaporativos podem ser diferenciados entre *potencial* e *real*. Chama-se potencial à taxa evaporativa que acontece quando não falta água para evaporar. Entretanto, há circunstâncias em que, embora haja energia para evaporar (ou evapotranspirar), não há água disponível, de modo que a evaporação (ou evapotranspiração) real é menor que a potencial.

VELLAME *et al.*, (2024) mediram a evapotranspiração real e potencial na Caatinga durante um ano. Os autores observaram que, em agosto de 2021, por exemplo, a evapotranspiração real foi inferior a 1% da evapotranspiração potencial. Isso se explica porque o solo se encontrava muito seco, com umidade próxima à residual, o que concorda com medidas anteriores na mesma área experimental (COSTA *et al.*, 2013). No Vale do Rio Jequitinhonha, Minas Gerais, também se identificaram taxas de processos evaporativos reais inferiores aos respectivos valores potenciais (BERNAL, 2007).

Em bacias tropicais, como as que prevalecem no Brasil, as taxas evaporativas reais são relevantes, sendo o segundo maior termo do balanço hídrico, inferiores apenas às taxas de precipitação. De fato, somente em 2019, a evaporação consumiu 28.000 hm^3 (1 hm^3 = 1 milhão de m^3) de água dos reservatórios brasileiros, o que corresponde a uma vazão de 885 $m^3\ s^{-1}$ e a uma taxa média de quase 800 mm. ano^{-1} (MARTINS, 2021). Os exemplos a seguir indicam a importância dos processos evaporativos para as bacias hidrográficas de diversas regiões brasileiras.

Na Amazônia, a evaporação real medida é de aproximadamente 1.320 mm ano^{-1} (SHUTTLEWORTH *et al.*, 1987), enquanto sua interceptação vegetal varia de 10% (SHUTTLEWORTH, 1988) a 21% da precipitação total incidente acima do dossel (OLIVEIRA *et al.*, 2008). Esse valor tem grande relevância, considerando-se as características da vegetação, cuja altura média supera 35 m, a densidade de árvores é elevada e o índice de área foliar é permanente e alto (entre 4,4 e 5,6 $m^2\ m^{-2}$: MARIN *et al.*, 2000). Sobre o clima da Amazônia, os processos evaporativos e as modificações microclimáticas decorrentes do elevado grau de desmatamento, recomendamos a leitura de Fisch *et al.* (1998).

Na região semiárida do Brasil, a evaporação potencial varia de 2.000 a 2.600 mm ano^{-1}, (ARAÚJO; PIEDRA, 2009), enquanto a evapotranspiração real consome entre 350 e 600 mm anuais, que representa 70% a 80% da precipitação (PINHEIRO *et al.*, 2016; VELLAME *et al.*, 2024). A interceptação no bioma Caatinga corresponde a 13% da precipitação (MEDEIROS *et al.*, 2009). A evaporação nos grandes reservatórios é responsável pelo consumo de, pelo menos, 30% de seu aporte hídrico, podendo chegar a 50%, quando a morfologia do reservatório é mito aberta (CAMPOS, 1996; 2010). A evaporação em pequenos reservatórios do Nordeste semiárido é tão severa que muitos secam integralmente todos os anos. Recomenda-se inclusive que a água acumulada durante a estação de chuvas em açudes muito pequenos seja usada o mais prontamente possível, antes que o açude seque, pois é mais rentável reservar os produtos agrícolas que a água, que está sujeita à elevada evaporação (BRASIL; MEDEIROS, 2020). Durante secas prolongadas, o efeito da evaporação na região semiárida pode ser devastador. Estudo em uma área de 10 mil km², na qual se encontram 2140 açudes, demonstra que, durante a seca de 2012 a 2017, a evaporação consumiu, em média, 10 hm³ por ano de cada grande reservatório, reduzindo significativamente o estoque de água no período (ZHANG *et al.*, 2021).

No Cerrado, a evapotranspiração potencial pode chegar a 1.800 mm ano^{-1} (SIMPLÍCIO *et al.*, 2020), enquanto a evapotranspiração real é de aproximadamente 1250 mm ano^{-1} (CABRAL *et al.*, 2015), sendo que cerca de 75% correspondem à taxa da estação úmida (HUNKE *et al.*, 2015). A evaporação em superfícies hídricas livres, também elevada, gera preocupação com a sustentabilidade hídrica de seus pequenos reservatórios (ALTHOFF *et al.*, 2019). Dados de campo indicam que sua evapotranspiração afeta severamente a vazão dos rios. Medidas realizadas em Sinop, Mato Grosso, indicam que a relação entre a evaporação nos lagos e aquela medida em Tanque Classe A varia tipicamente de 0,7 (SOUZA *et al.*, 2015) a 0,9 (ALTHOFF *et al.*, 2019). Além disso, verifica-se que a taxa de evapotranspiração no bioma está aumentado com o tempo (SOUSA; MOURA, 2022). Estima-se que, até o final do século XXI, as taxas evaporativas aumentem de 7% a 18%, o que deve reduzir a disponibilidade hídrica na região em até 10% (ALTHOFF *et al.*, 2020).

Embora cerca de 30% inferior à taxa da região semiárida, a evaporação potencial nas regiões sudeste e sul do país também tem valor elevado, contribuindo para a ocorrência secas agrícolas em casos extremos (ANDERSON *et al.*, 2016). No Lago de Taquaruçu, São Paulo, medidas de evaporação apontam média de 1550 mm anuais (ROQUE; SANSIGOLO, 2001), valor intermediário entre aqueles observados em Maricá, Rio de Janeiro (1,700 mm ano^{-1}: FRANCO *et al.*, 1984), na hidrelétrica de Camargo, Minas Gerais (1.330 mm ano^{-1}: BUENO *et al.*, 2016) e na hidrelétrica de Itaipu, Paraná (1.104 mm ano^{-1}: ITAIPU, 2023). A evapotranspiração de referência na região é da ordem de 1.600 mm ano^{-1}, enquanto sua evaporação no Tanque Classe A é de 2,200 mm ano^{-1}, o que corresponde a uma razão média de 0,73 (CONCEIÇÃO, 2002).

4.2 Cálculo de evaporação por Penman

Recomenda-se usar o método de Penman (1948) para avaliar a evaporação de uma superfície hídrica livre. O método, que combina informações de balanço de energia e aerodinâmicas; serve também de base para a estimativa da evapotranspiração.

4.2.1 O método do balanço de energia

A taxa de evaporação pelo método do balanço de energia (E_E, mm dia^{-1}) pode ser calculada com a equação 4.1 (PENMAN, 1948; CHOW *et al.*, 1988), em que R_n é a radiação líquida média das 24 horas do dia (W m^{-2}: observe que 1 W = 1 J s^{-1}), ι_v é o calor latente de vaporização (J kg^{-1}) e ρ_a é a massa específica da água (kg m^{-3}). O fator numérico (8,64.10^7) transforma a taxa evaporativa de m s^{-1} para mm dia^{-1}. O calor latente de vaporização (J kg^{-1}) pode ser estimado por meio da equação 4.2, em que T_a é a temperatura da água (°C). Admitindo-se T_a = 25°C, a massa específica da água ρ_a é de 997 kg m^{-2}. Portanto, a equação 4.3 pode substituir as equações 4.1 e 4.2 no cálculo da taxa de evaporação pelo método de energia.

$$E_E = \frac{8{,}64\,.10^7.Rn}{(iv.\rho a)} \tag{4.1}$$

$$lv = 2{,}501\,.\,10^6 - 2370\,.\,Ta \tag{4.2}$$

$$E_E \approx 0{,}0355.\,Rn \tag{4.3}$$

4.2.2 O método aerodinâmico

A taxa de evaporação também pode ser calculada usando-se o método aerodinâmico (E_A, mm dia^{-1}) pelas equações 4.4 e 4.5 (PENMAN, 1948; CHOW *et al.*, 1988), em que F(U) é o fator cinético, e_s é a pressão de saturação de vapor (Pa: observe que 1 Pa = 1 N m^{-2}), e_a é a pressão parcial de vapor (Pa), ρ_{ar} é a massa específica do ar (que normalmente varia de 1,05 a 1,25 kg m^{-3}), U é a velocidade do vento média diária (m s^{-1}), p_{atm} é a pressão atmosférica local (a pressão média no nível do mar é 1,013.10^5 Pa e diminui com a altitude), ρ_a é a massa específica da água (kg m^{-3}), Z_2 é a altura da medida de velocidade do vento (normalmente mede-se a velocidade a 2 m do chão, ou seja, Z_2 = 2 m) e Z_0 é a altura para a qual a velocidade do vento é nula. A distância Z_0 mede (BRUTSAERT, 1982): (a) entre 1.10^{-4} e 6.10^{-4} m em superfícies líquidas; (b) entre 1.10^{-3} e 5.10^{-2} m em gramíneas; e (c) entre 2.10^{-1} e 7.10^{-1} m em superfícies arborizadas. Observe que o termo '$e_s - e_a$' corresponde ao défice de vapor, ou seja, a equação 4.4 está em concordância com a equação de Dalton, proposta no ano de 1802. Para valores comumente observados de ρ_{ar}, p_{atm} e ρ_a, a equação 4.6 pode substituir as equações 4.4 e 4.5.

$$E_A = 8{,}64.10^7.F(U).(e_s - e_a) \quad (4.4)$$

$$F(U) = \frac{0{,}09952.\rho_{ar}.U(Z_2)}{p_{atm}.\rho_{ar}\left[Ln\left(\frac{Z_2}{Z_0}\right)\right]^2} \quad (4.5)$$

$$E_A \approx 0{,}1.(e_s - e_a).\frac{U(Z_2)}{\left[Ln\left(\frac{Z_2}{Z_0}\right)\right]^2} \quad (4.6)$$

Para o cálculo das pressões de vapor de saturação e parcial, usam-se as equações 4.7 e 4.8, respectivamente, em que T_{ar} é a temperatura do ar (°C) e T_{orv} é a temperatura do ponto de orvalho (°C). A temperatura do ponto de orvalho (T_{orv}) pode ser medida usando-se um termômetro regular cujo bulbo esteja permanentemente umedecido (ver Seção 4.3 abaixo). A umidade relativa do ar (R_H, adimensional) é a razão entre as pressões de vapor parcial e de saturação (equação 4.9).

$$e_s = 611.exp\left(\frac{17{,}27.T_{ar}}{237{,}3 + T_{ar}}\right) \quad (4.7)$$

$$e_a = 611.exp\left(\frac{17{,}27.T_{orv}}{237{,}3 + T_{orv}}\right) \quad (4.8)$$

$$R_H = \frac{e_a}{e_s} \quad (4.9)$$

4.2.3 O método combinado

As taxas calculadas por meio dos processos aerodinâmico e de balanço de energia não deveriam divergir, posto que há, no mesmo local e no mesmo momento, somente um valor de evaporação. Segundo Penman (1948), a evaporação corretamente calculada deve ser uma média ponderada entre ambos valores (equação 4.10). Por esse motivo, o método de Penman é também denominado *método combinado*. Na equação 4.10, E representa a evaporação combinada (mm dia^{-1}), ∇ representa a declividade da curva de saturação (Pa C^{-1}) na temperatura do ar (ou seja, $\nabla = d(e_s)/dT$ para $T = T_{ar}$, equação 4.11), γ_p é o parâmetro psicrométrico (equação 4.12, seu valor varia normalmente de 63 a 67 Pa °C^{-1}), p_{atm} é a pressão atmosférica (Pa), E_E pode ser calculada pela equação 4.1 (mm dia^{-1}) e E_A pela equação 4.4 (mm dia^{-1}).

$$E = \left(\frac{\nabla}{\nabla+\gamma_p}\right)E_E + \left(\frac{\gamma_p}{\nabla+\gamma_p}\right)E_A \quad (4.10)$$

$$\nabla = 4098\frac{e_s}{(237{,}3+T_{ar})^2} \quad (4.11)$$

$$\gamma_p = \frac{1005.p_{atm}}{0.622.lv} \quad (4.12)$$

4.3 Métodos de medição de evaporação

A seguir apresentam-se três métodos para estimar evaporação em superfícies hídricas livres: o tanque evaporimétrico, o evaporímetro de Piché e o monitoramento por meio de estação meteorológica. Atualmente, um dos métodos mais confiáveis para o cálculo de processos evaporativos é o da covariância turbulenta (*eddy covariance*, em inglês). Devido à complexidade matemática do método de *eddy covariance*, uma explicação compreensível está fora do escopo do presente livro; porém, para quem deseja se aprofundar no tema, recomenda-se a leitura de Liu *et al.* (2009); Scott (2010); Maes *et al.* (2019); Baldocchi (2020); e Spank *et al.* (2020).

4.3.1 Tanque evaporimétrico

Tanques evaporimétricos são estruturas destinadas à medição direta de evaporação potencial. Há diversos modelos, entretanto, o padrão mais comum é o Tanque Classe A (TCA, ver Figura 4.2). Por se tratar de um tanque impermeável, a taxa evaporativa do Tanque Classe A (E_{TCA}, mm dia^{-1}) pode ser avaliada usando-se a equação 4.13, derivada do balanço hídrico. Na equação 4.13, Y é a distância (mm) de uma borda de referência ao nível d'água; '*t*' e '*t-1*' são índices referentes, respectivamente, aos dias posterior e anterior em que as medidas são realizadas; *H* é a precipitação (mm dia^{-1}) eventualmente ocorrida entre as medidas de Y_t e Y_{t-1}; *I* é a lâmina d'água eventualmente introduzida ou retirada (mm dia^{-1}) no tanque; e VOL é o volume introduzido ou retirado em um dia (L dia^{-1}). O fator 1,1436 corresponde à área do tanque evaporimétrico (m^2).

$$E_{TCA} = (Y_t - Y_{t-1}) + H + I \quad (4.13)$$

$$I = \frac{VOL}{1{,}1436} \quad (4.14)$$

(A) (B) (C)

***Figura 4.2** – Tanque evaporimétrico Classe A. (A) Esquema com dimensões. (B) Tanque instalado adequadamente sobre superfície plana, gramada e sem obstáculos. (C) Micrômetro.*
***Fonte:** Elaborada pelos autores.*

O Tanque Classe A deve ser feito em chapa de aço inoxidável, com diâmetro interno 1,207 m e profundidade de 25,4 cm (WMO, 2023). Deve ser instalado sobre uma plataforma de madeira vazada (Figuras 4.2A e 4.2B) de 15 cm de altura que, por sua vez, deve estar assente sobre uma superfície plana e gramada (Figura 4.2B). A função da plataforma de madeira sobre grama é reduzir a troca de calor com o solo, pois o tanque deve reproduzir, tanto quanto possível, as condições de evaporação em reservatórios hídricos, em que a porção superior da água (onde ocorre a evaporação) está normalmente assente sobre outra porção de água, não em contato com o solo. Recomenda-se que não haja árvores, muros ou quaisquer outros obstáculos que eventualmente façam sombra e/ou reduzam a velocidade do vento sobre o tanque. Em geral, isso pode ser obtido verificando-se a distância mínima de 3 m entre o tanque e os obstáculos. Recomenda-se também a instalação de um pluviômetro próximo ao tanque.

As medições devem ser diárias, se possível à mesma hora (o padrão recomendado é que as medidas sejam realizadas sempre às 07:00 horas, horário local). As medidas de distância da água até a borda de referência (Y) devem ser feitas por meio de um *micrômetro* em gancho (Figura 4.2C), assente sobre um tanque tranquilizador (diâmetro de 10 cm e altura de 30 cm: WMO, 2023) localizado dentro do Tanque Classe A (Figuras 4.2A e 4.2B). O tanque tranquilizador deve ser instalado de modo que sua borda seja a mais horizontal possível, mesmo que o Tanque Classe A não esteja bem nivelado. Para isso, há três parafusos, que permitem o ajuste da horizontalidade da borda do tanque tranquilizador. Observando esses critérios, conseguem-se medidas de elevada precisão. É recomendável também que as medidas de nível do tanque sejam realizadas tão simultaneamente quanto possível às medidas de precipitação, de modo que os valores de Y e de H (Equação 4.13) correspondam ao mesmo intervalo de tempo.

Outro cuidado importante é com a distância entre o nível d'água e a borda do Tanque Classe A, que deve permanecer entre 5,0 cm e 7,5 cm (Figura 4.2A). Distâncias inferiores a 5,0 cm podem gerar problemas caso ocorram precipitações superiores a 50 mm no dia de medição, causando transbordamento e invalidando os dados daquele dia. Se, por outro lado, a distância for excessiva (muito superior a 7,5 cm), o *efeito de borda* será muito alto: quanto maior a altura entre o nível superior do TCA e a água, maiores as trocas de calor com a atmosfera e menor o efeito do vento sobre a evaporação do tanque. Ambos processos aumentam a incerteza das medidas, o que é indesejável. Para corrigir valores muito baixos de borda (< 5,0 cm), é necessário retirar água. O volume de água retirado deve ser registrado e usado para calcular o termo 'I' (Equação 4.14) que, nesse caso deve ser negativo na equação 4.13. Caso a borda esteja muito alta (> 7,5 cm), deve-se adicionar água, cujo volume também deve ser registrado. Nesse caso, o termo 'I' (equação 4.14) será positivo na equação 4.13. Outra abordagem possível é, ao invés de controlar o volume retirado ou inserido e aplicar a equação 4.14, controlar diretamente o valor de 'I', ou seja, a lâmina retirada ($I < 0$) ou inserida ($I > 0$) de água no Tanque Classe A, usando para isso o próprio micrômetro de gancho.

Apesar de todos os cuidados, a taxa evaporativa medida no Tanque Classe A geralmente difere daquela observada nos reservatórios. Para corrigir os efeitos de escala espacial e das condições de troca de calor, usa-se a equação 4.15, na qual E é a taxa evaporativa nos reservatórios, E_{TCA} é a taxa medida no Tanque Classe A e K_{TCA} é o coeficiente de correção, cujo valor global é de 0,77 (LINACRE, 1994). Entretanto, o coeficiente varia com o clima e as condições da água: para a região amazônica recomenda-se K_{TCA} = 0,80 (TOBON MARIN, 1999); para a região semiárida, recomenda-se K_{TCA} = 0,70 durante a estação seca (LINACRE, 1994; MAMEDE *et al.*, 2012), 0,90 durante a estação úmida (OLIVEIRA *et al.*, 2005) e 0,67 para águas eutrofizadas (MESQUITA *et al.*, 2020); no Cerrado, o coeficiente varia de 0,70 (SOUZA *et al.*, 2015) a 0,90 (ALTHOFF *et al.*, 2019). A região temperada do Brasil apresenta valor médio de 0,74 (CONCEIÇÃO, 2002).

$$\mathrm{E = E_{TCA}.K_{TCA}} \qquad (4.15)$$

4.3.2 Evaporímetro de Piché

O evaporímetro de Piché é um equipamento bastante simples, prático e barato que mede diretamente a evaporação pelo método aerodinâmico (equações 4.4 - 4.8). Consiste em um tubo de vidro cilíndrico, aberto em uma ponta e fechado na outra, de 0,30 m de comprimento e de 1,0 a 1,5 cm de diâmetro (Figura 4.3A). O tubo deve ser preenchido com água destilada sempre que seu nível esteja inferior à metade da altura do tubo. Deve ser instalado verticalmente de modo que a ponta fechada fique na parte superior e a ponta aberta fique na porção inferior, que estará em contato com um papel poroso de diâmetro maior que o do cilindro (recomenda-se diâmetro de 3 cm). O papel poroso, que deve ficar livre em contato com a atmosfera, tem uma superfície de evaporação de aproximadamente 11 cm^2 (observe que ele permite evaporação pelos dois lados). Essa configuração faz com que se desenvolva pressão negativa na parte superior do cilindro (acima do nível d'água), o que garante que a água não escoe por ação da gravidade.

O evaporímetro deve ser instalado dentro de um abrigo de madeira vazado (Figura 4.3B) que garanta, no seu interior, temperatura, umidade relativa e velocidade do vento semelhantes àquelas do ambiente, porém evitando a incidência de raios solares. Com isso, o papel poroso umedecido deve estar sujeito somente aos fatores aerodinâmicos. À medida que ocorre a evaporação, o papel seca, a água do cilindro volta a umedecê-lo e o nível d'água no cilindro decai, o que dá a medida da evaporação.

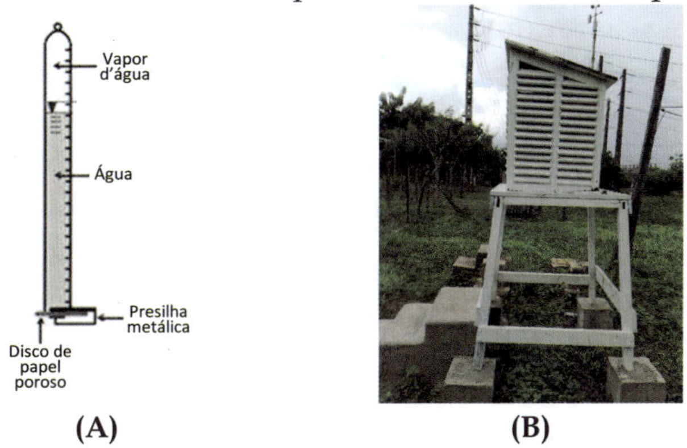

Figura 4.3 *- Evaporímetro de Piché. (A) Esquema com dimensões. (B) Abrigo de madeira para o evaporímetro de Piché.*
Fonte: *Elaborada pelos autores.*

Experimentos de campo, de regiões montanhosas a áreas desérticas, indicaram que o evaporímetro de Piché apresenta elevada correlação com o termo aerodinâmico de Penman (E_A), embora não estime seu valor exato (de fato, Piché tende a superestimar o valor de E_A: STANHILL, 1962). Para reduzir esse efeito deletério, recomenda-se a utilização de um fator de correção (K_{EP}) segundo a equação 4.16, em que E_{EP} é o valor medido pelo evaporímetro de Piché (JACOBS; ARRIËNS-BEKKER, 1983).

$$E_A = E_{EP}.K_{EP} \tag{4.16}$$

Estudos com base em sessenta anos de dados na Grécia comprovaram a boa correlação entre as medidas de evaporação pelo método de Piché (E_{EP}) e os valores calculados pelo método aerodinâmico (E_A, equação 4.4). Além disso, observou-se que o fator de correção (K_{EP}) apresenta um valor diferente para cada mês (PAPAIOANNOU *et al.*, 1996). Devido à sua simplicidade e aos baixos custos de investimento e de manutenção, o evaporímetro de Piché tem sido também utilizado para estimar a evapotranspiração (PAPAIOANNOU *et al.*, 1998).

4.3.3 Monitoramento com estação meteorológica

Para se avaliar a evaporação potencial de uma superfície hídrica livre, pode-se aplicar diretamente a equação 4.10 de Penman. Para isso, uma boa solução consiste em utilizar uma estação meteorológica que meça as variáveis fundamentais. Se possível, deve-se usar uma estação automática que armazene os dados com elevada frequência (entre 5 min e 1 h) em uma memória (*data-logger*, em inglês) e/ou que transmita os dados remotamente para um computador no qual esteja o banco de dados.

Para se estimar a declividade da curva de saturação (∇, equação 4.11), é suficiente medir a temperatura do ar. Observe que, para aplicar a equação 4.11, é necessário estimar a pressão de saturação de vapor (e_s) que depende unicamente da temperatura do ar (equação 4.7). Para o cálculo do parâmetro psicrométrico (γ_p, equação 4.12), é necessário estimar a pressão atmosférica (p_{atm}, que pode ser feita por meio de um *barômetro*) e o calor latente de vaporização (ι_v) que, por sua vez, depende da temperatura da água (T_a, equação 4.2). O parâmetro γ_p varia pouco (normalmente de 63 a 67 Pa $^oC^{-1}$), por isso, é muitas vezes denominado *constante* psicrométrica. Uma prática comum consiste em estimar um valor representativo de γ_p para sua estação e usá-lo como se fosse constante.

Para o cálculo da evaporação pelo método de balanço de energia (E_E) usa-se a equação 4.1, que depende da radiação líquida (R_n) e da temperatura da água (T_a). A radiação pode ser medida com a ajuda de um *radiômetro.* A temperatura da água, medida por meio de um termômetro, permite o cálculo tanto do calor latente de vaporização (ι_v, equação 4.2) quanto da massa específica da água (ρ_a).

O cálculo da evaporação pelo método aerodinâmico (E_A, equação 4.4) depende do fator cinético (F(U), equação 4.5) e, portanto, da velocidade do vento (U), medida a uma altura conhecida (Z_2, geralmente 2 m). Essa medida é feita por meio de um *anemômetro*. As pressões de vapor de saturação (e_s) e parcial (e_a) (equações 4.7 e 4.8) dependem, respectivamente, da temperatura do ar (T_{ar}), medida com um termômetro de *bulbo seco;* e da temperatura de orvalho (T_{orv}), medida com um termômetro de *bulbo úmido.*

Em síntese, uma configuração de estação meteorológica capaz de calcular a evaporação potencial por meio da equação 4.10 de Penman deve ter os seguintes equipamentos: termômetro de bulbo seco, para medir a temperatura do ar; termômetro de bulbo úmido, para medir a temperatura de orvalho; termômetro, para medir temperatura da água; barômetro, para estimar a pressão atmosférica; radiômetro, para medir a radiação líquida; e anemômetro, para estimar a velocidade do vento. A configuração da estação, porém, pode ser outra. Por exemplo, pode-se avaliar a pressão parcial de saturação mediante um sensor de umidade relativa (*termo-higrômetro*) aplicando-se a equação 4.9, ao invés de se medir a temperatura de orvalho. Outra possibilidade consiste em admitir um valor para o parâmetro (constante) psicrométrico, o que dispensaria a medida da pressão atmosférica. Frequentemente adiciona-se um pluviômetro de báscula à estação, de modo que medidas de chuva ocorram simultaneamente àquelas de evaporação.

Se o objetivo for avaliar a evaporação em um reservatório, recomenda-se que a estação seja *embarcada*, ou seja, que fique no interior do próprio lago, sobre uma estrutura flutuante (Figura 4.4). Isso porque os dados coletados em terra diferem daqueles medidos sobre a água, gerando valores de evaporação potencial distintos daqueles que efetivamente ocorrem no reservatório. Estudos mostram que a taxa de evaporação em reservatórios tropicais, quando a estação meteorológica se localiza na *margem* do lago e não embarcada, supera em 6% a taxa avaliada dentro do lago (mais confiável). Quando a taxa é calculada com base em medidas realizadas em terra e distante alguns quilômetros do lago, uma prática comum, a taxa de evaporação pode exceder em mais de 50% as medidas no lago (FEITOSA *et al.*, 2021).

***Figura 4.4** – Estação meteorológica embarcada no Reservatório Gavião, Ceará (2019), para medida de evaporação.*
***Fonte:** Os autores.*

4.4 Cálculo de evapotranspiração por Penman-Monteith

Para se quantificar a evapotranspiração potencial (ET_P), pode-se utilizar a equação 4.17, denominada *equação de Penman-Monteith*, uma síntese dos trabalhos de Penman (1948), de Monteith (1973, 1981) e de Allen *et al.* (1998). Esse é atualmente o método-padrão recomendado pela FAO para calcular a evapotranspiração potencial.

$$ET_p = \frac{\frac{[0{,}408.\nabla.(R_n - G_S)] + [900.\gamma_p.U_2.(e_S - e_a)]}{(T_{ar}+275)}}{\nabla + \gamma_p.(1+0{,}34.U_2)} \quad (4.17)$$

Na equação 4.17, R_n é a radiação líquida total diária (aqui dada em MJ m^{-2} dia^{-1}); G_S é o fluxo de calor no solo (MJ m^{-2} dia^{-1}); γ_p é o parâmetro psicrométrico (pode-se adotar γ_p = 0,063 kPa°C^{-1}); T_{ar} é a temperatura do ar (°C); U_2 é a velocidade do vento medida a 2 m de altura (m s^{-1}); e_s e e_a são, respectivamente, as pressões de saturação e parcial de vapor (kPa, ver equações 4.7 e 4,8); e ∇ é a declividade da curva de pressão de vapor (kPa C^{-1}, ver equação 4.11).

4.5 Métodos de medição de evapotranspiração

A seguir apresentamos e discutimos métodos para a medição da evapotranspiração. Além dos métodos detalhados, a avaliação indireta de evapotranspiração por meio de tanques evaporimétricos é comum, bastando para isso estimar, empiricamente, um coeficiente que a relacione com a evapotranspiração (WMO, 2023). O método da covariância turbulenta (*eddy covariance*) também tem sido amplamente usado para estimativas precisas de evapotranspiração real, tanto em áreas agrícolas, quanto em áreas florestadas (SCOTT, 2010; SPANK *et al.*, 2016; BALDOCCHI, 2020).

4.5.1 Estações meteorológicas

Estações meteorológicas como aquelas reportadas na Seção 4.3 acima prestam-se adequadamente ao cálculo da evapotranspiração potencial. Observe que a única variável da equação 4.17 que não é devidamente avaliada pela configuração da estação meteorológica da Seção 3.3 é o fluxo de calor no solo (G_S). Uma das formas de avaliar o termo é mediante a equação 4.18 (KUSTAS *et al.*, 2000), usando para isso placas de fluxo de calor no solo (PENG *et al.*, 2015; COUTO, 2016).

$$G_S = G_8 + \left(\frac{\Delta T}{\Delta t}\right).C_S.Y_S \tag{4.18}$$

Na equação 4.18, G_8 é o fluxo de calor no solo a 8 cm de profundidade (W m^{-2}); ΔT/Δt é a variação temporal de temperatura ($K\ s^{-1}$); C_S é a capacidade calorífica do solo úmido (pode-se admitir C_S = 4,17.10^6 J m^{-3} K^{-1}: OCHSNER *et al.*, 2001); e Y_S é a profundidade da placa (m). A equação 4.19 indica uma relação empírica simplificada para a estimativa de G_S (W m^{-2}), em que R_n é a radiação líquida (W m^{-2}), COB é o grau de cobertura do solo (%) e Θ_S é a umidade volumétrica (cm^3 cm^{-3}) do solo (COUTO 2016).

$$G_S = 0{,}10.R_n - 0{,}12.COB - 0{,}92.\theta_S \quad (4.19)$$

Experimentos em clima tropical úmido (Ami, segundo classificação de Köppen) com cobertura vegetal de capim *Brachiaria* sp. indicam médias diárias de fluxo de calor (G_S) oscilando entre 3 e 11 W m^{-2} (COUTO, 2016). Considerando-se a relativa complexidade em se avaliar o fluxo de calor no solo, seu valor é muitas vezes desprezado (CHOW *et al.*, 1988).

4.5.2 Lisímetros

Lisímetros são recipientes impermeáveis localizados sob a superfície e preenchidos com material terroso que represente, tanto quanto possível, o solo original (Figuras 4.5 a 4.7). Sobre os lisímetros cultiva-se a vegetação que se deseja analisar (WMO, 2023). A cobertura vegetal, entretanto, não deve se restringir à área do lisímetro, mas deve se estender por vários metros em todas as direções, de modo que o efeito de borda lateral seja minimizado (Figura 4.7B). Há dois tipos principais de lisímetros: os de *percolação* (ou de *drenagem*) e os de *pesagem*.

Lisímetros de percolação são baratos e simples de construir e operar, entretanto, só permitem a avaliação da evapotranspiração potencial, pois a umidade do solo dentro do aparelho é mantida próxima à capacidade de campo. São caixas impermeáveis equipadas, em sua parcela inferior, por um filtro e um dreno, que transfere a água percolada para um reservatório submerso. É necessário um abrigo subterrâneo, onde o reservatório de drenagem possa ser operado (Figura 4.5). Diariamente, o lisímetro recebe água por irrigação até que ocorra a drenagem para o reservatório submerso. A evapotranspiração potencial (ET_P) pode ser estimada por meio do balanço hídrico (equação 4.20).

$$\frac{\Delta h_a}{\Delta t} = H + I - ET_P - \frac{V_P}{A_L} \quad (4.20)$$

Na equação 4.20, h_a é a lâmina d'água armazenada no lisímetro (mm); t é o tempo (dias); H é a chuva ocorrida no período Δt (mm dia^{-1}); I é a lâmina irrigada no mesmo período (mm dia^{-1}); V_P é o volume de água percolado em Δt (L dia^{-1}); e A_L é a área do lisímetro aberta para a atmosfera (m^2). Admitindo-se que, após a irrigação e a percolação, o solo esteja na mesma condição de umidade do dia anterior, a umidade interna do lisímetro não varia significativamente ($\Delta h_d/\Delta t \approx 0$) e a equação 4.21 é válida. Recomenda-se que haja uma estação meteorológica nas imediações do lisímetro (Figura 7C), o que permite associar as variáveis meteorológicas à evapotranspiração. Não sendo possível, recomenda-se a instalação de, pelo menos, um pluviômetro (ou pluviógrafo), pois a medida de ET_p depende diretamente da medida de chuva (H).

$$ET_P \approx H + I - \frac{V_P}{A_L} \tag{4.21}$$

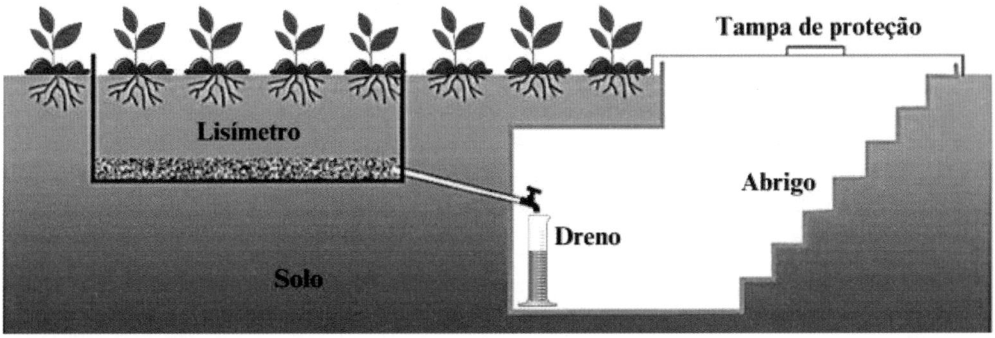

Figura 4.5 *- Esquema de um lisímetro de percolação (ou de drenagem).*
Fonte: *Elaborada pelos autores.*

Em um lisímetro de pesagem (Figuras 4.6 e 4.7) controla-se a variação temporal de umidade ($\Delta h_d/\Delta t$). Por isso, esse tipo de lisímetro demanda estrutura mais complexa e dispendiosa que o de drenagem. A principal vantagem do lisímetro de pesagem, portanto, é que, com ele, consegue-se estimar a evapotranspiração real (ET_R) e não somente a potencial (ET_P). Para isso, é frequentemente necessário construir um abrigo para o lisímetro (Figura 7A), além daquele para a coleta da água drenada (Figura 4.5). Sob cada lisímetro é necessária uma balança de precisão (Figura 4.6), capaz de estimar a massa completa do equipamento: lisímetro, material terroso, plantas e água. Como, desses, a água é o único elemento cuja massa varia sensivelmente com o tempo, a balança permite avaliar o termo transiente ($\Delta h_d/\Delta t$, equação 4.22) do balanço hídrico (equação 4.23).

$$\frac{\Delta h_a}{\Delta t} = \frac{1000.\Delta M}{\Delta t.\rho_a.A_L} \tag{4.22}$$

$$ET_R = H + I - \frac{V_P}{A_L} - \frac{\Delta h_a}{\Delta_t} \tag{4.23}$$

Nas equações 4.22 e 4.23, $\Delta h_a/\Delta t$ é a variação da lâmina d'água armazenada no lisímetro por unidade de tempo (mm dia^{-1}); ΔM é a variação da massa de água (kg, admitida igual à variação do lisímetro completo) no mesmo período (Δt, em dias); ET_R é a evapotranspiração real (mm dia^{-1}); e I é a lâmina eventualmente irrigada sobre o lisímetro (mm dia^{-1}; equação 4.14). O termo numérico (1000) transforma a lâmina de metros para milímetros. Observe que, do ponto de vista operacional, não há a necessidade de irrigar o lisímetro de pesagem. Esta pode ocorrer, porém, por outro motivo, como por necessidade hídrica da vegetação em estudo.

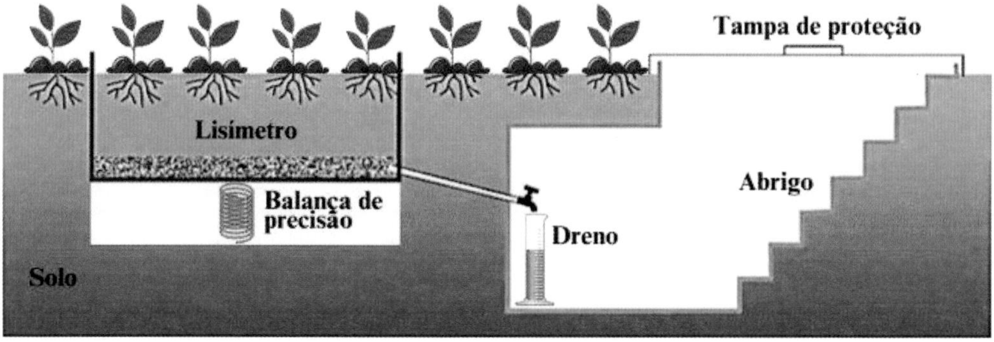

***Figura 4.6** – Esquema das instalações de um lisímetro de pesagem.*
***Fonte:** Elaborada pelos autores.*

Em Brandis, Alemanha, há uma estação de lisímetros que é referência no monitoramento da evapotranspiração (KEESE; KNAPPE, 1995; RAMSBECK *et al.*, 1997). A estação, que vem sendo operada ininterruptamente desde a década de 1970, é um conjunto de 24 lisímetros de pesagem, todos cilíndricos com área de 1 m² e profundidade de 3 m (Figura 4.7). Os lisímetros, que contêm três amostras representativas de oito solos do estado da Saxônia (*Sachsen*), foram cravados criteriosamente (preservando as propriedades dos solos originais) e depois transportados até a estação. Além do monitoramento da evapotranspiração, monitora-se a qualidade da água ao longo do trajeto de percolação (WERISCH; BURGHARDT, 2021). Ao lado da estação de lisímetros há uma estação meteorológica completa (Figura 4.7C).

(A) **(B)** **(C)**

Figura 4.7 *– Estação de lisímetros de pesagem de Brandis, Alemanha. (A) Abrigo dos lisímetros equipados com balanças de precisão. (B) Cultivo nos lisímetros e nas bordas laterais. (C) Estação meteorológica completa instalada contígua aos lisímetros.*
Fonte: *Os autores.*

4.5.3 Balanço de energia na copa

Um dos desafios para pesquisadores tem sido a avaliação da evapotranspiração em florestas, onde os lisímetros têm pouca aplicabilidade. Nesse sentido, uma das soluções tem sido a aplicação da equação de balanço de energia na copa das árvores (KNOERR; GAY, 1965). Além de não demandar a perturbação do ambiente natural, como a derrubada de árvores nem a reconstituição de parcelas do solo, o método permite avaliar a evapotranspiração real em intervalos de tempo subdiários. VELLAME *et al.*, (2024) descrevem detalhadamente os fundamentos do método, que pode ser sintetizado pelas equações 4.24 e 4.25.

$$\lambda_{ET} = \frac{(\eta_v - \alpha_v)R_G - 2\varepsilon_L.\sigma_{SB}\left(T_C^4 - \varepsilon_L.T_{ar}^4\right) - K_a\left(T_C - T_{ar}\right)}{K_f\left(\frac{W_v}{U}\right)^{\frac{1}{2}}} \quad (4.24)$$

$$ET_R = 0{,}0355.\lambda_{ET} \quad (4.25)$$

Nas equações 4.24 e 4.25, λ_{ET} é o calor latente de evapotranspiração (W m^{-2}); ET_R é a evapotranspiração real (mm dia^{-1}); η_V é a eficiência de interceptação da radiação (adimensional); α_V é o albedo da vegetação (adimensional); R_G é a radiação global ($W.m^{-2}$); ε_L é a emissividade de ondas longas do ambiente (admitida igual a 0,96); σ_{SB} é a constante de Stefan--Boltzmann (5,6704 10^{-8} W m^{-2} K^{-4}); T_C é a temperatura da copa (K, lembre--se que temperatura em Kelvin = temperatura em °C + 273); K_a é a condutividade convectiva-condutiva do ar (0,0259 W m K^{-1}, segundo CAMPBELL & NORMAN, 1998); K_f é o parâmetro de formato das folhas (0,0057 m s^{-1}, de acordo com KNOERR & GAY, 1965); W_V é a largura média das folhas (m); e U é a velocidade do vento sobre a copa ($m.s^{-1}$). Na equação 4.25, o fator de transformação de unidades (0,0355) admite temperatura média da água de 25°C.

Baseado nos estudos de Pilau & Angelocci (2015; 2016) e de Liakatas *et al.* (2002), VELLAME *et al.*, (2024) recomendam o uso da equação 4.26 para a estimativa da eficiência de interceptação da radiação (η_V) em função da razão entre o índice de área foliar da vegetação (IAF) e seu valor máximo (IAF_{max}). Em regiões em que as folhas sejam perenes ou no período de copa plena de vegetação *caducifólia* (vegetação cujas folhas caem em parte do ano ou por causa da baixa temperatura ou da baixa umidade do solo), pode-se admitir $IAF/IAF_{max} \approx 1$ e, portanto, $\eta_v = 0{,}90$. Durante período sem folhas de vegetação caducifólia, $IAF/IAF_{max} \approx 0$ e, portanto, $\eta_v = 0{,}42$. Nos períodos de transição de vegetação caducifólia, pode-se admitir $IAF/IAF_{max} \approx 0{,}5$ e, portanto, $\eta_v = 0{,}66$.

$$\eta_V = 0{,}42 + 0{,}48.\left(\frac{IAF}{IAF_{max}}\right) \tag{4.26}$$

O albedo (α_V) depende da cobertura vegetal questão. A Tabela 4.1 aponta alguns valores de albedo extraído da literatura. Considerando-se as diversas coberturas vegetais do Brasil, o valor médio do albedo no país (ponderado pela área de cada cobertura vegetal) é 0,18.

Tabela 4.1 – Valores de albedo (α_V) para diversos tipos de vegetação

Vegetação	Albedo	Fonte
Amazônia	0,12 - 0,20	Querino *et al.* (2016)
	0,13	Culf *et al.* (1995)
Caatinga	0,14	Alcântara Costa *et al.* (2021)
	0,14	Souza *et al.* (2021)
Cerrado	0,15	Oliveira *et al.* (2018)
	0,16 - 0,23	Angelini *et al.* (2021)
Zona temperada (Sul/Sudeste)	0,10 - 0,40	Veissid (2010)
Deserto	0,20 - 0,45	Ayode (1986)
Cana-de-açúcar	0,10	Oliveira *et al.* (2018)
	0,13	Cabral *et al.* (2002)
Soja	0,24 - 0,25	Souza *et al.* (2010)
Pasto	0,17	Souza *et al.* (2021)
	0,18	Culf *et al.* (1995)
Grama	0,16 - 0,26	Ayode, (1996)
Valor médio	**0,18**	

Fonte: *CEARÁ (2019).*

Admitindo-se valores representativos de alguns parâmetros e variáveis, a estimativa da evapotranspiração real pode ser simplificada, transformando as equações 4.24 a 4.26 na equação 4.27. Assumem-se os seguintes valores: temperatura da água (T_a) 25°C; eficiência de interceptação de radiação (η_v) 0,66; albedo (α_V) 0,18; constante de Stefan-Boltzmann (σ_{SB}) $5{,}6704.10^{-8}$ W m^{-2} K^{-4}; condutividade convectiva-condutiva do ar (K_a) 0,0259 W m K^{-1}; parâmetro de formato das folhas (K_f) 0,0057 m s^{-1}. Com base na equação 4.27, é possível avaliar a evapotranspiração real (ET_R, em mm dia^{-1}) de uma área vegetada medindo-se apenas um parâmetro (largura média das folhas, W_V, em metros) e quatro variáveis: radiação global (R_G, em W m^{-2}), velocidade do vento (U, em m s^{-1}) e temperaturas da copa (T_C, em K) e do ar (T_{ar}, em K).

$$ET_R \approx \frac{0{,}0170.R_G - 3{,}8646.10^{-9}.(T_C^4 - 0{,}96.T_{ar}^4) - 0{,}1613.(T_C - T_{ar})}{\left(\frac{W_V}{U}\right)^{\frac{1}{2}}} \tag{4.27}$$

4.6 Exercícios propostos

1. Calcule a taxa de evaporação pelos métodos de balanço de energia (E_E), aerodinâmico (E_A) e combinado (E) para duas situações: (a) verão: radiação líquida 270 W m^{-2}, temperatura do ar 30°C, temperatura da água 25°C, umidade relativa do ar 65% e velocidade do vento a 2 m de altura 2 m s^{-1}; e (b) inverno: radiação líquida 100 W m^{-2}, temperatura do ar 16°C, temperatura da água 15°C, umidade relativa do ar 50% e velocidade do vento a 2 m de altura 1 m s^{-1}. Em ambos os casos, admita p_{atm} = 1,013.10^5 Pa; Z_0 = 5.10^{-4} m; e ρ_{ar} = 1,1 kg m^{-3}.
2. Estime a taxa de evaporação potencial em um reservatório tendo como base medidas diárias realizadas em um Tanque Classe A. Os dados são mostrados na Tabela 4.2.

Tabela 4.2 – Dados de um Tanque Classe A para dois locais distintos

Data	Hora	Y (mm)	H (mm dia^{-1})	I (mm dia^{-1})
Região semiárida e reservatório eutrofizado				
01/02/21	07:00	115,6	(-)	(-)
02/02/21	07:00	117,2	3,1	0,0
Floresta Amazônica				
05/05/22	07:00	123,1	(-)	(-)
06/05/22	07:00	120,3	7,2	5,0

Fonte: *Elaborada pelos autores.*

3. Calcule o fluxo de calor no solo e a taxa de evapotranspiração potencial sabendo-se que a radiação líquida é de 235 W m^{-2}, a temperatura do ar é 28°C, a temperatura de orvalho é 24°C, a velocidade do vento a 2 m de altura é de 3 m s^{-1}. Sabe-se também que o fluxo de calor a 8 cm de profundidade do solo é 8 W m^{-2}, a profundidade de instalação da placa é de 2 cm e a variação temporal de temperatura é de 1,2.10^{-4} K s^{-1}.
4. Calcule a evapotranspiração potencial usando lisímetro de percolação, cuja área exposta à atmosfera é de 1,52 m^2, em um dia no qual a chuva foi 3,5 mm. Nesse dia, irrigou-se o equivalente a 7,6 L e o volume percolado (drenado) foi de 3,5 L.

5. Calcule a taxa de evapotranspiração real usando lisímetro de pesagem cilíndrico com diâmetro interno de 1,38 m. Num intervalo de 24 h, a massa do lisímetro diminuiu 685 g, choveu 8,7 mm, percolaram 6,1 L e não houve irrigação. A temperatura da água é de 25°C.
6. Usando balanço de energia na copa das árvores do Cerrado, calcule o calor latente de evapotranspiração e a evapotranspiração real para duas situações: (a) temperatura da copa (23°C) inferior à do ar (28°C); e (b) temperatura da copa (29°C) superior à do ar (28°C). Em ambos os casos, admita: IAF/IAF_{max} = 0,65; albedo 0,16; radiação global = 210 $W.m^{-2}$; emissividade de ondas longas = 0,96; condutividade convectiva-condutiva do ar = 0,0259 $W.m.K^{-1}$; parâmetro de formato das folhas = 0,0057 $m.s^{-1/2}$; largura média das folhas 0,08 m; e velocidade do vento = 1,20 $m.s^{-1}$.

1. Solução dos exercícios propostos

1. Solução para (a) verão: $\iota_v = 2{,}430.10^6$ J kg^{-1}; $\rho_a = 997$ kg m^{-3}; $E_E = 9{,}63$ mm dia^{-1}; $F(U) = 3{,}151.10^{-11}$ m s^{-1} Pa^{-1}; $e_s = 4244$ Pa; $e_a = 2759$ Pa (65% de 4244 Pa); $E_A = 4{,}05$ $mm.dia^{-1}$; $\nabla = 243{,}4$ $Pa.°C^{-1}$; $\gamma_p = 67{,}4$ $Pa.°C^{-1}$; $E = 8{,}42$ mm dia^{-1}. Solução para (b) inverno: $\iota_v = 2{,}465.10^6$ J kg^{-1}; $\rho_a = 999$ kg m^{-3}; $E_E = 3{,}51$ mm dia^{-1}; $F(U) = 1{,}573.10^{-11}$ m s^{-1} Pa^{-1}; $e_s = 1819$ Pa; $e_a = 909$ Pa; $E_A = 1{,}24$ mm dia^{-1}; $\nabla = 116{,}2$ Pa $°C^{-1}$; $\gamma_p = 66{,}4$ Pa $°C^{-1}$; $E = 2{,}69$ mm dia^{-1}.
2. Solução para (a) Região semiárida e reservatório eutrofizado: $E_{TCA} = 4{,}70$ mm dia^{-1}; $K_{TCA} = 0{,}67$; $E = 3{,}15$ mm dia^{-1}. Solução para (b) Floresta Amazônica: $E_{TCA} = 9{,}40$ mm dia^{-1}; $K_{TCA} = 0{,}80$; $E = 7{,}52$ mm dia^{-1}.
3. Solução para o fluxo de calor no solo: $G_8 = 8$ W m^{-2}; $\Delta T/\Delta t = 1{,}2.10^{-4}$ K s^{-1}; $C_S = 4{,}17.10^6$ J m^{-3} K^{-1}; $G_0 = 18{,}01$ W m^{-2} = 1,556 MJ $m^{-2}.dia^{-1}$. Solução para a taxa de evapotranspiração potencial: $e_S = 3{,}781$ kPa, $e_a = 2{,}985$ kPa; $\nabla = 0{,}220$ kPa $°C^{-1}$; R_n = 235 W m^{-2} = 20,304 $MJ.m^{-2}$ dia^{-1}; $\gamma_p = 0{,}063$ kPa $°C^{-1}$; $U_2 = 3$ m s^{-1}; $ET_P = 6{,}13$ mm dia^{-1}.

4. Solução: A_L = 1,52 m²; H = 3,50 mm dia^{-1}; I = 7,6 L / 1,52 m² = 5,00 mm dia^{-1}; V_P = 3,5 L; V_P /A_L = 3,5 L / 1,52 m² = 2,30 mm dia^{-1}; taxa de evapotranspiração potencial ET_P = 6,20 mm dia^{-1}.
5. Solução: A_L = 1,496 m²; ρ_a = 997 kg m^{-3}; $\Delta M/\Delta t$ = - 0,685 kg dia^{-1}; $\Delta h_a /\Delta t$ = - 0,46 mm dia^{-1}; H = 8,7 mm dia^{-1}; I = 0; V_P /A_L = 4,08 mm dia^{-1}; taxa de evapotranspiração real ET_R = 5,08 mm dia^{-1}.Solução da situação (a): η_V = 0,73; T_C = 296 K; T_{ar} = 301 K; λ_{ET} = 229,86 W m^{-2}; ET_R = 8,16 mm dia^{-1}. Solução da situação (b): η_V = 0,73; T_C = 302 K; T_{ar} = 301 K; λ_{ET} = 54,42 W m^{-2}; ET_R = 1,93 mm dia^{-1}.

CAPÍTULO 5

Escoamento Superficial

5.1 Introdução

As águas naturais dos rios são originadas por dois fenômenos principais: o escoamento subterrâneo e o escoamento superficial. Principalmente nos pequenos cursos d'água, quando ocorrem os picos de enxurrada, a maior parte da vazão escoada é de origem superficial, podendo o escoamento subterrâneo ser desprezado em casos de enchentes. Dessa forma, quando o escoamento superficial (também chamado de "quick flow", "surface run-off" ou simplesmente "run-off") é estimado por modelos chuva-vazão, várias estruturas simples de controle podem ser dimensionadas, como terraços agrícolas, canais escoadouros, bueiros, aduelas, vertedores de pequenas barragens, drenos coletores e principais de áreas úmidas, galerias de águas superficiais urbanas, sarjetas, bocas de lobo, entre outras (PRUSKI, 2009).

5.2 Destinos da precipitação intensa que atinge uma bacia

Com o objetivo de melhor caracterizar o escoamento superficial, serão descritos, brevemente, os destinos da água proveniente de uma chuva intensa e prolongada que atinge uma bacia vegetada.

a) *Interceptação vegetal* – O primeiro contato da água da chuva com a bacia se dá por meio da vegetação. A interceptação vegetal representa a fração da chuva que molha o dossel e que, terminada a chuva, evapora. Assim, do ponto de vista hidrológico, no caminhamento da água em direção do rio, a interceptação vegetal representa uma perda. Do ponto de vista da modelagem desse efeito, a interceptação é considerada um "reservatório", que pode estar cheio (dossel saturado) ou mais vazio (dossel seco). Dessa forma, se muitos dias sem chuva já transcorreram, a interceptação será maior do que após um dia chuvoso. Outra característica da interceptação vegetal está ligada à variação da quantidade interceptada em função da intensidade da chuva, pois, vários trabalhos mostram que em chuvas de intensidade baixa, pode-se ter todo o volume da chuva interceptado pela vegetação e, no outro extremo, em chuvas de intensidade alta, apenas uma pequena parte é interceptada. Assim, quando ocorre uma chuva intensa de dezenas de milímetros, a perda devida à interceptação tem um efeito pequeno sobre o total precipitado. Por outro lado, quando se contabiliza o total precipitado em um ano, a interceptação pode atingir valores entre 10 e 20%.
b) *Retenção na zona radicular* – A água que atravessou o dossel e atingiu o solo poderá se infiltrar e passar a fazer parte do armazenamento disponível às plantas; essa fração também representa uma perda, pois irá retornar à atmosfera por evapotranspiração. A magnitude do armazenamento na zona das raízes depende da profundidade do sistema radicular e do tipo de solo; ela é da ordem de alguns milímetros por centímetro de solo explorado pela planta (ALLEN *et al.*, 1998; ACOSTA *et al.*, 2009).
c) *Armazenamento superficial* – Se a precipitação persiste, a velocidade de infiltração da água no solo diminui e a água começa a se acumular na superfície do terreno, constituindo o armazenamento superficial. Chama-se de tempo de encharcamento o intervalo de tempo entre o início da chuva e o

momento em que a água começa a se armazenar na superfície do solo. A modelagem desse fenômeno costuma dividir esse armazenamento em microarmazenamento (rugosidade do terreno) e macroarmazenamento (depressões e poças d'água). A ordem de grandeza dessa fração da chuva depende bastante do tipo de superfície e varia de poucos milímetros para superfícies sistematizadas até algumas dezenas de milímetros para o caso de intensa ondulação do terreno. A água retida no armazenamento superficial irá infiltrar e ser transpirada pela vegetação ou evaporar diretamente; portanto, essa fração da chuva também representa uma perda, do ponto de vista hidrológico.

d) *Escoamento superficial* – Quando a água das poças transborda, dá-se o início do escoamento superficial. A água escorre inicialmente na forma de uma lâmina na superfície do terreno e depois se junta formando sulcos. Em seguida atinge as ravinas de drenagem (cursos d'água efêmeros) e, na sequência, o curso d'água principal, escoando neste. O escoamento superficial é tido como um escoamento rápido; a ordem de grandeza de sua velocidade se assemelha à de uma pessoa andando em passos rápidos (HERAS, 1976). Por isso, esse escoamento dará origem a uma resposta rápida em termos de aumento de vazão do curso d'água. A princípio, além das características físicas da bacia e da chuva intensa, o escoamento superficial seria influenciado também pela temperatura do ar e do solo, devido ao efeito desta sobre a viscosidade da água; entretanto, normalmente considera-se que esse efeito seja muito pequeno.

e) *Escoamento subsuperficial* – Esse escoamento é aquele que se dá quando a água infiltra no solo, atinge um horizonte de menor permeabilidade e passa a escoar sobre esse horizonte, paralelamente à superfície do terreno. Espera-se que esse tipo de escoamento seja importante no fundo da camada de solo arada ou em solos em que há um gradiente textural forte entre os horizontes A e B, como em alguns argissolos e planossolos. Em latossolos profundos não compactados, o escoamento subsuperficial tende a ser pequeno. Sua quantificação é difícil, com movimento quase tão rápido quanto o escoamento superficial. Assim, do ponto de vista prático, o escoamento subsuperficial é frequentemente modelado como sendo parte do superficial, pois este último pode ser modelado com maior facilidade. O escoamento subsuperficial é também importante no estudo do movimento da água em micro bacias florestadas (FERRAZ, 2021).

f) *Escoamento subterrâneo* – Representa o movimento da água que percolou profundamente e atingiu o lençol freático. Sua velocidade depende da condutividade hidráulica do solo saturado e do gradiente de potencial da água no solo. Esse escoamento costuma ser extremamente lento, de forma que a água pode levar semanas ou meses para atingir a seção de saída. Essa característica faz com que o escoamento subterrâneo garanta a perenidade do curso d'água quando a precipitação cessa.

g) *Precipitação direta na calha* – Representa a fração da precipitação que ocorre diretamente sobre a calha dos cursos d'água perenes. Quando se compara a superfície desses cursos d'água com a área da bacia, verifica-se que a primeira é muito pequena, na maioria das vezes, de forma que a precipitação direta na calha pode ser desprezada.

5.3 Representação do escoamento superficial

Na Figura 5.1 está representado um fluviograma (gráfico da vazão em função do tempo) de um rio. Se fosse possível separar a fração do escoamento de origem subterrânea daquela de origem superficial (englobando o subsuperficial), possivelmente a área hachurada representaria a vazão subterrânea (ou vazão de base), que sofre uma variação bem menor do que o escoamento total. Os picos de vazão se formam principalmente devido ao escoamento superficial; são originados pela ocorrência de precipitações intensas sobre a bacia, e estão associados à precipitação que os causaram (MARCELLINI, 1994).

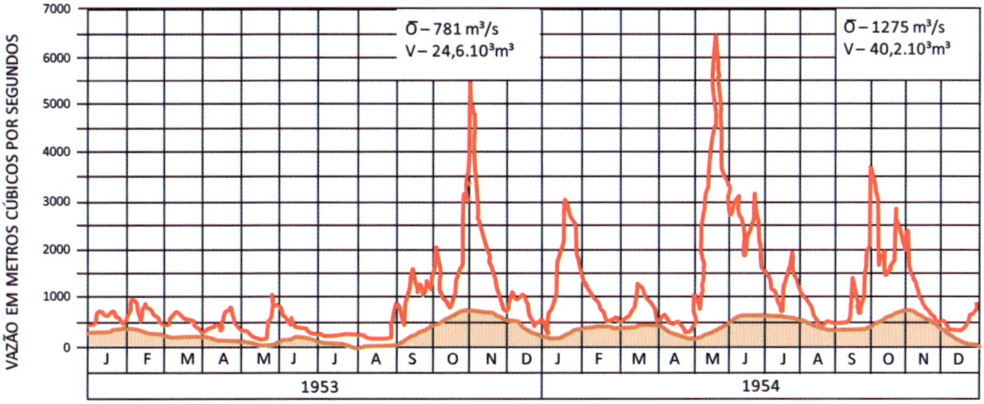

***Figura 5.1** – Fluviograma de um curso d'água, englobando um período de 2 anos (a área hachurada representa o escoamento subterrâneo ou de base). A vazão está no eixo dos Y e os meses no eixo dos X.*
***Fonte:** Elaborada pelos autores.*

A Figura 5.2 representa, esquematicamente, um dos picos observados na figura anterior, associado à respectiva chuva que o causou. A representação da chuva (intensidade i *versus* tempo t) é chamada de hietograma e a representação da respectiva variação de vazão na seção de controle (Q x t) é denominada hidrógrafa ou hidrograma. No hietograma, estão separados os destinos da precipitação, desprezando-se a fração da chuva que caiu sobre a calha. Os destinos 1, 2 e 3 se referem à fração da chuva que retorna à atmosfera (perdas); os destinos 4 e 5 representam o escoamento rápido em direção ao curso d'água, enquanto o 6 representa a contribuição subterrânea. A fração da chuva responsável pela resposta rápida do curso d'água (4 e 5) é denominada de precipitação efetiva do ponto de vista hidrológico; ela está intimamente relacionada ao pico do hidrograma. Já o escoamento subterrâneo (6), por ser muito lento, não tem resposta imediata, não se correlacionando na mesma escala de tempo com o escoamento de base.

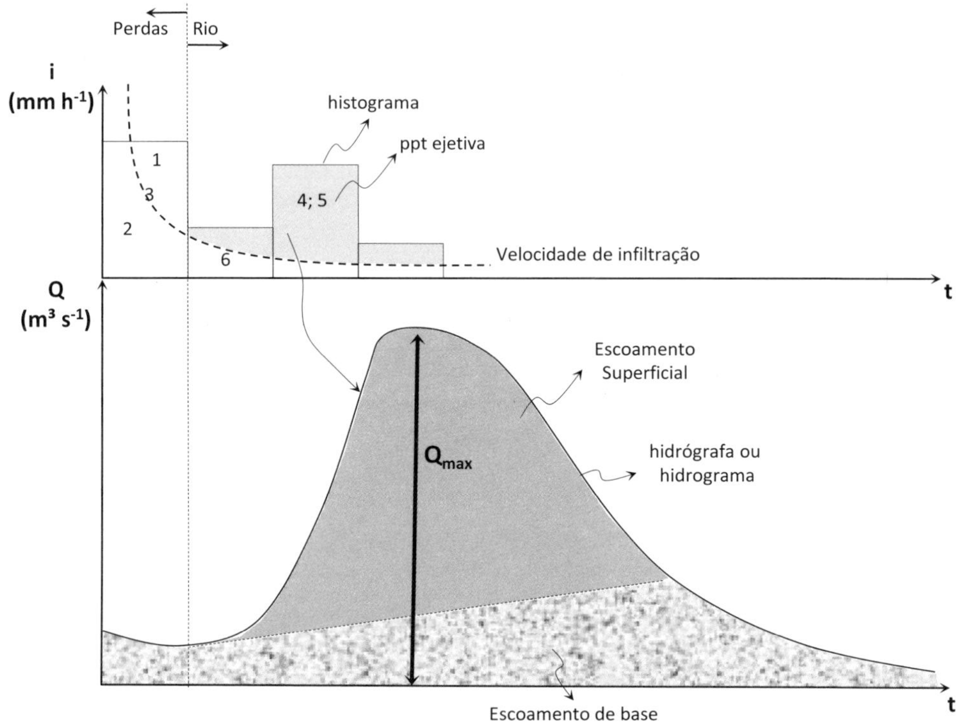

Figura 5.2 *– Hietograma e hidrograma correspondente. Frações da chuva que se transformam em 1- interceptação, 2- armazenamento na zona radicular, 3- armazenamento superficial, 4- escoamento superficial, 5- escoamento subsuperficial e 6- escoamento subterrâneo.*
Fonte: *Elaborada pelos autores.*

Tendo em vista que o escoamento superficial (englobando também o subsuperficial) é aquele que será o responsável pela maior parte do pico de descarga ($Qmax$), e que ele está intimamente relacionado à fração efetiva da precipitação intensa, pode-se determinar Qp (vazão de pico de escoamento superficial) por meio de um modelo chuva-vazão e assumir que Qp possa ser considerado uma boa aproximação de $Qmax$ (Figura 5.3).

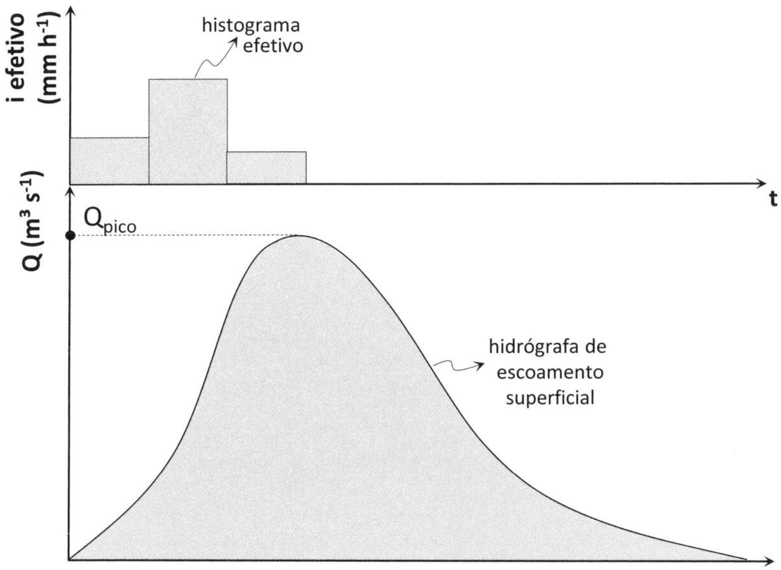

Figura 5.3 – *Hietograma efetivo e hidrograma apenas do escoamento superficial (já retirando a vazão de base), destacando sua vazão de pico (Qp).*
Fonte: *Elaborada pelos autores.*

Horton (1945) classificou as chuvas, e suas respectivas ondas de cheia, em quatro tipos:

- O tipo (0) diz respeito às chuvas que não alteram o escoamento superficial nem o subterrâneo;
- O tipo (1) engloba às pancadas rápidas, que alteram apenas o escoamento superficial;
- O tipo (2) diz respeito às chuvas longas e de baixa intensidade, que alteram apenas o escoamento subterrâneo; e
- O tipo (3) engloba chuvas de alta intensidade e suficientemente longas para alterar tanto o escoamento superficial quanto o subterrâneo.

Na Figura 5.4 estão esquematizados os quatro tipos de precipitação pluvial descritos. Todo o texto que se segue neste Capítulo supõe ocorrência de chuvas de projeto do tipo (3).

CLASSIFICAÇÃO DAS CHEIAS SEGUNDO HORTON				
FORMATO	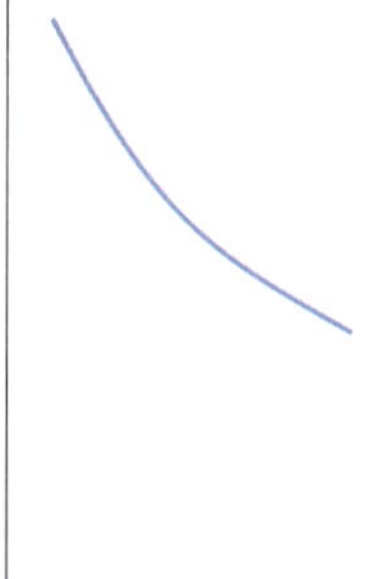	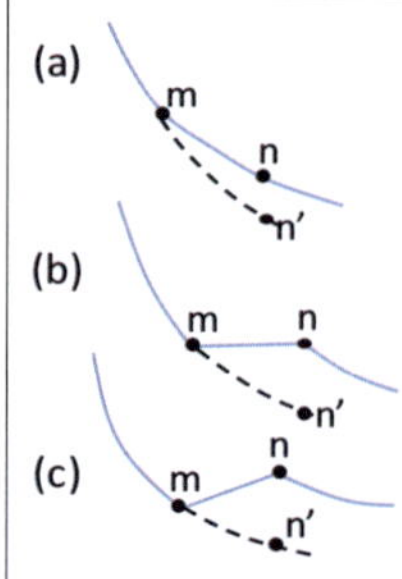	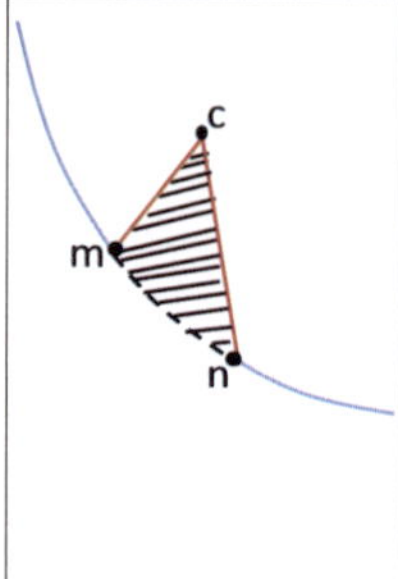	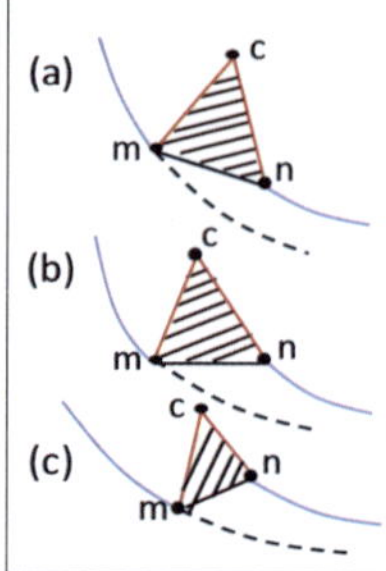
TIPO	**0**	**1**	**2**	**3**
INTENSIDADE DE CHUVA	< VELOCIDADE INFILTRAÇÃO	< VELOCIDADE INFILTRAÇÃO	> VELOCIDADE INFILTRAÇÃO	> VELOCIDADE INFILTRAÇÃO
DEFICIÊNCIA UMIDADE SOLO (D.U.S)	> PPT INFILTRAÇÃO	< PPT INFILTRAÇÃO	> PPT INFILTRAÇÃO	< PPT INFILTRAÇÃO
ESCOAMENTO SUPERFICIAL	NÃO	NÃO	SIM (Q.SUP. = PPT EF)	SIM (Q.SUP. = PPT EF)
RECARGA LF	NÃO	SIM (PPT INF. - DUS**)	NÃO	SIM (PPT INF. DUS)
AUMENTO VAZÃO	NÃO	SIM (SÓ SUB.)	SIM (SÓ SUPER.)	SIM (SUPER. E SUB)

Tipo de cheia	Tipo de chuva	
0	baixa intensidade e curta duração	
1	baixa intensidade e longa duração	
2	alta intensidade e curta duração	
3	alta intensidade e longa duração	

** Para as cheias (1) e (3)*
** DUS = Déficit de umidade do solo*
(a) Água que chega ao LF < água que sai para o rio
(b) Água que chega ao Lf = água que sai para o rio
(c) Água que chega ao LF > água que sai para o rio

Figura 5.4 – *Tipos de chuva segundo seu efeito no hidrograma da seção de controle da bacia.*
Fonte: *Horton (1945).*

5.4 Estimativa do escoamento superficial

5.4.1 A Fórmula Racional

Existe uma grande dificuldade de se condensar, em uma única fórmula, todos os fatores envolvidos no fenômeno do escoamento superficial. Até meados do século XIX, as expressões utilizadas para se prever os picos desse escoamento eram simples correlações empíricas entre vazões de cheia e áreas de bacias; a maior parte dessas fórmulas foi obtida por meio de poucas observações realizadas na Europa e nos Estados Unidos e, portanto, não podiam ser utilizadas em outras regiões; além disso, muitas delas não consideravam o período de retorno da enxurrada prevista. Dentre essas, destacam-se as fórmulas de Meyer, Cook, Cypress Creek, Iskowsky, entre outras.

Em 1851, um engenheiro irlandês denominado Mulvaney apresentou a proposta do método denominado Racional, que foi o primeiro a transcender a simples experimentação. Segundo esse método, a vazão de pico de escoamento superficial ocorreria para uma chuva de duração igual ao tempo de concentração da bacia (tc); esse tempo corresponde ao tempo de trajetória de uma gota hipotética de água, desde o ponto hidrologicamente mais distante até a seção de saída da bacia (exutório). Isso porque a chuva deve ser suficientemente longa para que toda a bacia contribua simultaneamente, mas também curta o suficiente para que a chuva seja muito intensa, já que a intensidade das chuvas intensas diminui com a duração (Capítulo 2).

Mulvaney, por simplicidade, imaginou uma chuva com distribuição temporal homogênea, de duração igual ao *tc*, que geraria uma hidrógrafa de escoamento superficial com a forma de um triângulo isósceles, conforme é ilustrado na Figura 5.5.

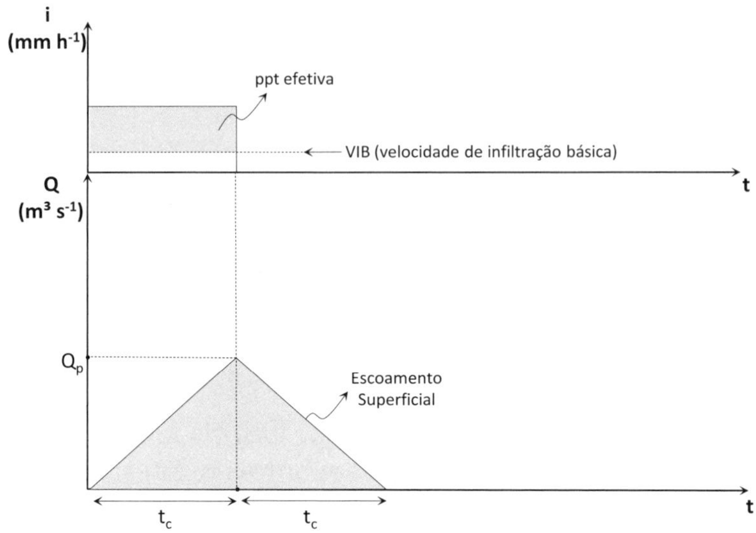

***Figura 5.5** – Hietograma uniforme e hidrograma triangular de escoamento superficial segundo Mulvaney (1851).*

Considerando que a área sob o hietograma efetivo e sob o hidrograma representam, respectivamente, lâmina e volume escoados, pode-se escrever:

Volume chuva efetiva = Volume escoamento superficial

$$\textit{Precipitação Efetiva} \times \textit{Área bacia} = \textit{Volume escoamento superficial} \quad (5.1)$$

Define-se o coeficiente de escoamento superficial (C), também chamado de coeficiente de deflúvio, como:

$$C = \frac{\text{Volume escoado superficialmente}}{\text{Volume total precipitado}} \simeq \frac{\text{ppt. efet.}}{\text{ppt. total}} \quad (5.2)$$

E substituindo-se 5.2 em 5.1, obtém-se:

$$C\,.\,\text{ppt. total}\,.\,\text{Área} = \frac{Qp\,.\,2tc}{2} \quad \therefore \quad Qp = \frac{C\,.\,\text{ppt total}\,.\,A}{tc}$$

$$Qp\ (m^3\ s^{-1}) = C\ (\text{adimensional})\ .\ i\ (m\ s^{-1})\ .\ A\ (m^2)$$

Alterando-se as unidades obtém-se:

$$Qp = \frac{C \, . \, i \, . \, A}{360} \qquad (5.3)$$

em que:

Qp - vazão de pico de escoamento superficial, $m^3 \, s^{-1}$;

C - coeficiente de escoamento superficial, adimensional, valor entre zero e um;

i - intensidade média da chuva de duração igual ao tempo de concentração, mm h^{-1}; e

A - área de contribuição, ha.

O coeficiente C pode ser obtido em tabelas; na literatura especializada são encontradas dezenas delas (TUCCI & MARQUES, 2000). Nesse texto, utilizar-se-á aquela que é a mais completa para áreas rurais (Soil Conservation Service - USA), apresentada na Tabela 5.1. Nela, o coeficiente C é função da textura do solo, do declive do terreno e do tipo de vegetação; quando a área de contribuição apresentar-se de forma heterogênea, deve ser usado um valor médio ponderado em função do tamanho de cada subárea. As ferramentas do site Mapbiomas facilitam bastante esse processo para o caso de superfícies com coberturas muito variadas.

Tabela 5.1 - Coeficientes de escoamento superficial para áreas rurais

Declive	**Tipo de Solo**		
%	**Barro arenoso**	**Barro argiloso-limoso**	**Argiloso**
Florestas			
0 - 5	0,10	0,30	0,40
5 - 10	0,25	0,35	0,50
10 - 30	0,30	0,50	0,60
Pastagens			
0 - 5	0,10	0,30	0,40
5 - 10	0,15	0,35	0,55
10 - 30	0,20	0,40	0,60
Terras cultivadas			
0 - 5	0,30	0,50	0,60
5 - 10	0,40	0,60	0,70
10 - 30	0,50	0,70	0,80

Fonte: *Cruciani (1987).*

O tempo de concentração é obtido calculando-se o tempo gasto em possíveis trajetórias da gota d'água sobre a área de contribuição; a trajetória com o tempo mais longo fornecerá o tc, ou seja:

$$tc = \left(\sum tp\right)_{MAX} \tag{5.4}$$

$$tp = \frac{L}{V} \tag{5.5}$$

$$V = K.\sqrt{I} \tag{5.6}$$

em que:
I - declividade do percurso, %;
tc - tempo de concentração, s;
tp - tempo de percurso parcial, seg.;
L - comprimento do percurso, m; e
V - velocidade do escoamento superficial, m s^{-1}.

O valor do coeficiente K pode ser encontrado na Tabela 5.2, e é função do tipo de superfície sobre a qual a água escoa.

Tabela 5.2 - Valores de K para o cálculo da velocidade do escoamento superficial em função da natureza da superfície, desprezando possível agrupamento do escoamento em sulcos

Tipo de superfície	K
1. Floresta ou mata natural com grande depósito vegetal na superfície do solo, forrageiras fechadas formando estolões, braquiárias e grama	0,08
2. Solo não cultivado, solo com cultivo mínimo ou plantio direto, cultivo em faixas e áreas reflorestadas	0,15
3. Pastagens de baixo porte em touceiras	0,21
4. Terreno cultivado	0,27
5. Solo nu, formações de aluviões em leque em direção ao vale	0,30
6. Canais com vegetação, canais de terraços ou depressões naturais com vegetação e talvegues	0,45
7. Áreas pavimentadas e sulcos de erosão	0,60

Fonte: *Cruciani (1987).*

Exemplo 5.1

Calcular o tempo de concentração tc de uma bacia sabendo-se que a trajetória que fornece o maior tempo é de 300 m em solo com cobertura de mata e declive 21%, mais 1,6 km no talvegue com declive 3 por mil.

Solução:

$$tc = tp_{mata} + tp_{talvegue}$$

$$tc = \frac{300\text{ m}}{0{,}08\sqrt{21}} + \frac{1.600\text{ m}}{0{,}45\sqrt{0{,}3}} = 7.309{,}8\text{ seg} = 2{,}03\text{ horas}$$

Exemplo 5.2

Estimar a vazão de pico de escoamento superficial para uma bacia de 50 ha e um período de retorno de 5 anos pelo Método Racional. Utilizar a Tabela de chuvas 2.2 (Capítulo 2), tc = 2,0 horas e C = 0,30.

Solução:

$$i = \frac{h}{t} = \frac{58\text{ mm}}{2{,}0\text{ horas}} = 29{,}0\text{ mm/h}$$

$$Qp = \frac{C\,.\,i\,.\,A}{360} = \frac{0{,}30\,.\,29{,}0\,.\,50}{360} = 1{,}208\text{ m}^3/s$$

Exemplo 5.3

Calcular a vazão de pico de escoamento superficial para o dreno de cintura que se localiza no percurso (2-3-4) da figura a seguir:

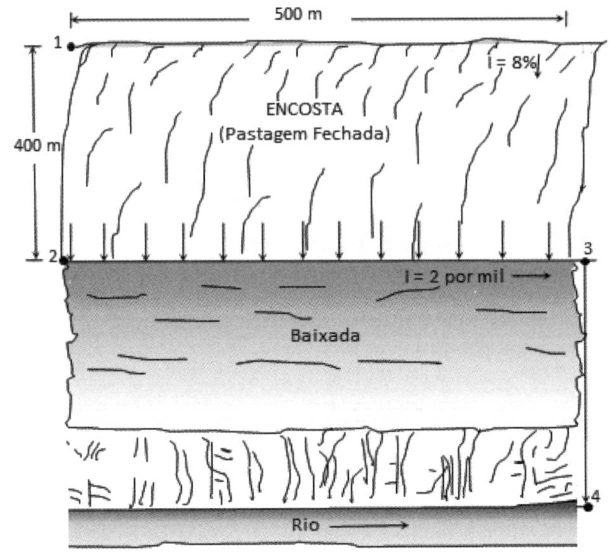

Fonte: Elaborada pelos autores.

Dados complementares:

- Considerar a equação de chuva de Umuarama - PR: i = 1752,27.T^0,148 / (t+17)^0,840
- Considerar solo argiloso e período de retorno de 10 anos.

Solução:

$$tc = tp_{encosta} + tp_{dreno} = \frac{400m}{0{,}08\sqrt{8}} + \frac{500m}{0{,}45\sqrt{0{,}2}} = 4.252\ seg = 70{,}9\ min$$

(**Observação**: de 3 para 4 não há aumento da área de contribuição).

$$i = \frac{1752{,}27.10^{0{,}148}}{(70{,}9 + 17)^{0{,}840}} = 57{,}37\ mm/h$$

$$Qp = \frac{C.i.A}{360} = \frac{0{,}55.57{,}37.20}{360} = 1{,}753\ m^3\ s^{-1}$$

Não sendo possível se identificar com precisão os tipos de solo e o declive das subáreas, visando à estimativa do coeficiente C, considera-se aceitável utilizar a Tabela 5.3, que permite uma estimativa preliminar do valor de C, muito usada quando se lança mão de imagens de satélite da área, como as do Google Earth, por exemplo.

Tabela 5.3 - Valores simplificados de coeficiente de escoamento superficial (C) para estimativas expeditas (rápidas) (DAEE, 2005)

Uso do solo ou grau de urbanização	Valores	
	Mínimos	Máximos
Área totalmente urbanizada Urbanização futura	0,50	0,70
Área parcialmente urbanizada Urbanização moderada	0,35	0,50
Área predominantemente de plantações, pastos, etc. Urbanização atual	0,20	0,35

Não sendo possível se testar diferentes trajetórias para se obter o valor de tc, e considerando que as expressões anteriores não contabilizam a união do escoamento em sulcos no terreno, pode-se lançar mão de fórmulas empíricas. A mais citada destas fórmulas é a de Kirpich. A Equação 5.7, que é uma modificação da fórmula de Kirpich, é conhecida como Fórmula do California Highway and Culverts Practice, e também é uma das mais usadas.

$$tc = 57\left(\frac{L^2}{Ieq}\right)^{0,385} \tag{5.7}$$

em que:
tc - tempo de concentração, minutos;
L - comprimento do talvegue, km;
Ieq - declividade equivalente harmônica do talvegue, m km^{-1}. (ver como calcula no Capítulo 1).

Muitas vezes, visando facilitar a escolha da duração da chuva de projeto, ao invés de se calcular o *tc*, órgãos públicos recorrem a uma padronização. A prefeitura da cidade de Piracicaba, por exemplo, estabelece que todas as obras de microdrenagem da cidade (sarjetas, bocas de lobo, poços de visitas, galerias de águas pluviais, etc.) devem ser calculadas com *tc* = 15 minutos.

Quando existirem áreas em paralelo confluindo para um ponto em comum (Figura 5.6), a vazão no ponto de confluência não deve ser obtida por meio da soma das vazões das áreas em paralelo. Deve-se utilizar a soma das duas áreas, o maior dos dois *tc* e o coeficiente C ponderado, aplicando-se a Fórmula Racional uma única vez.

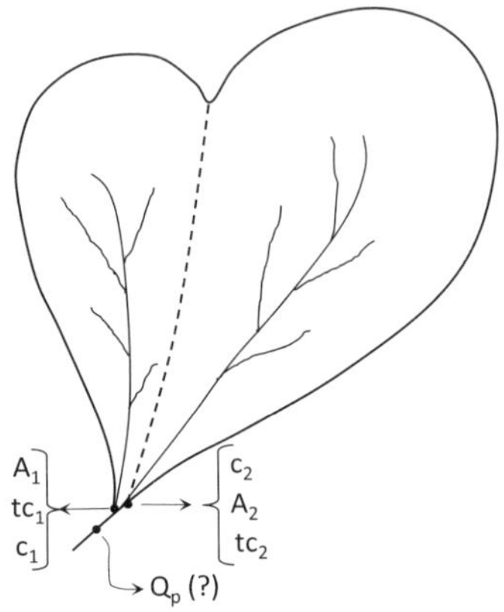

***Figura 5.6** – Áreas em paralelo confluindo para um mesmo ponto, onde se deseja realizar uma obra de controle.*
***Fonte:** Elaborada pelos autores.*

Na Figura 5.7 está esquematizado um sistema de terraços em desnível, que drena para um canal escoadouro. Nesse caso, cada terraço e cada trecho do canal escoadouro terá o seu tc, e, portanto, será dimensionado por uma chuva intensa diferente. Na Tabela 5.4 o procedimento para o cálculo de cada vazão de dimensionamento é apresentado.

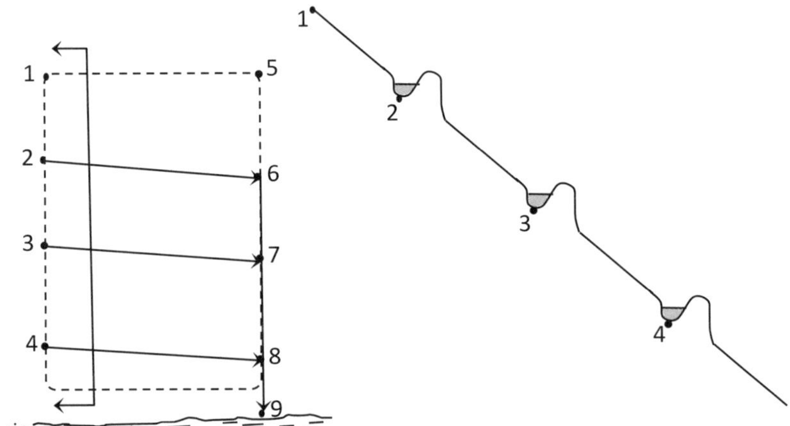

***Figura 5.7** – Sistema de terraços em desnível, drenando em série para um canal escoadouro.*
***Fonte:** Elaborada pelos autores.*

Tabela 5.4 - Procedimento para o cálculo das vazões de dimensionamento do sistema de terraços e canal escoadouro

Para se dimensionar	tc (trajetória)	Área (polígono)
Terraço 26	126	1265
Terraço 37	237	2376
Terraço 48	348	3487
Canal 67	126	1265
Canal 78	1267	1375
Canal 89	12678	1485

Fonte: *Elaborada pelos autores.*

5.4.2 Limitações da Fórmula Racional

Modelos simplificados, como o Método Racional, utilizam uma série de pressuposições simplificadoras (PRUSKI *et al.*, 2006). Dentre esses modelos, os mais bem sucedidos são aqueles em que algumas simplificações que tendem a favor da segurança são contrabalançadas por outras que agem em sentido inverso (TUCCI, 1998). As principais simplificações do Método Racional são as seguintes:

a) A chuva é considerada homogeneamente distribuída sobre a bacia, ou seja, a distribuição espacial da chuva não é considerada;
b) Não são consideradas diferentes distribuições temporais da chuva; esta é considerada uniforme ao longo do tempo;
c) A umidade do solo no momento em que ocorre a chuva intensa não é levada em consideração, assumindo-se que o solo esteja próximo à saturação;
d) O fato de o coeficiente C possivelmente diminuir para chuvas mais longas (menos intensas) não é considerado;
e) O intervalo de tempo que vai do início da chuva ao início do escoamento é desprezado;
f) O amortecimento da onda de cheia proporcionado pelo enchimento da calha do curso d'água ("routing") é desprezado;
g) A possibilidade de chuvas com duração menor que o tc causarem maior pico, apesar de a área ainda não estar contribuindo em sua totalidade, não é considerada; e

h) Assume-se que o período de retorno da chuva é igual ao período de retorno da vazão de pico, o que não é obrigatoriamente verdade.

O conjunto dessas simplificações tende a favor da segurança; entretanto, para áreas pequenas este fato é até considerado positivo, devido às pequenas vazões envolvidas. Por outro lado, para áreas maiores, as pressuposições (a), (d) e (f) tendem a acarretar uma superestimativa inaceitável da vazão. Assim sendo, a Fórmula Racional é recomendada apenas para áreas menores que 50 ha (DAEE, 2005).

5.4.3 A Fórmula Racional Modificada

Na literatura são encontradas diversas propostas de coeficientes de abatimento que visam corrigir, empiricamente, a tendência de superestimativa da vazão apresentada pela Fórmula Racional, quando aplicada a áreas maiores. A Equação 5.8 é uma proposta do DAEE (2005) para áreas maiores que 50 ha e menores que 200 ha.

$$\mathrm{Qp} = \frac{\mathrm{C.i.A}}{360}.\mathrm{D} \quad \text{em que} \quad D = 1 - 0{,}009.\frac{L}{2} \tag{5.8}$$

em que:
Qp - vazão de pico de escoamento superficial, $m^3\ s^{-1}$;
C - coeficiente de escoamento superficial, adimensional;
i - intensidade da chuva de duração igual ao tempo de concentração, mm h^{-1};
A - área de contribuição, ha;
D - coeficiente de abatimento da vazão; adimensional; e
L - comprimento do talvegue ou comprimento axial da bacia, km.

5.4.4 A Fórmula de I - Pai - Wu

Publicada em 1963 por autor americano, com contribuições de um revisor português, a fórmula de I - Pai - Wu (Equação 5.9) é, na verdade, uma modificação do Método Racional, feita por meio da utilização de coeficientes empíricos de abatimento. Esses coeficientes procuram corrigir as limitações (a), (d) e (f) citadas anteriormente. Seu uso é recomendado pelo DAEE (2005) para áreas maiores que 200 ha e menores que 20.000 ha. A experiência com o uso desta fórmula no Estado de São Paulo tem mostrado que ela tende a subestimar os valores de pico do escoamento superficial.

$$Qp = 0{,}278.\,C^*.\,i.\,A^{0{,}90}.\,k \qquad (5.9)$$

Sendo

$$C^* = C.\frac{\left(\frac{2}{(1+F)}\right)}{\left(\frac{4}{(2+F)}\right)} \qquad (5.10)$$

$$F = \frac{L}{2.\sqrt{\left(\frac{A}{\pi}\right)}} \qquad (5.11)$$

em que:

Qp - vazão de pico de escoamento superficial, $m^3\ s^{-1}$;

*C** - coeficiente de escoamento superficial corrigido, adimensional;

i - intensidade média da chuva de duração igual ao tempo de concentração, $mm\ h^{-1}$;

A - área de contribuição, km^2;

k - coeficiente de abatimento da chuva (Figura 5.8);

F - fator de forma de I - Pai - Wu, adimensional; e

L - comprimento do talvegue, km.

Como a fórmula de *I - Pai - Wu* é aplicada a áreas maiores, onde possivelmente o escoamento subterrâneo passa a ter importância para a estimativa da vazão máxima, o DAEE (2005) sugere dar-se uma folga de 10% sobre *Qp*, ou seja:

$$Qmax = 1.10.\,Qp \qquad (5.12)$$

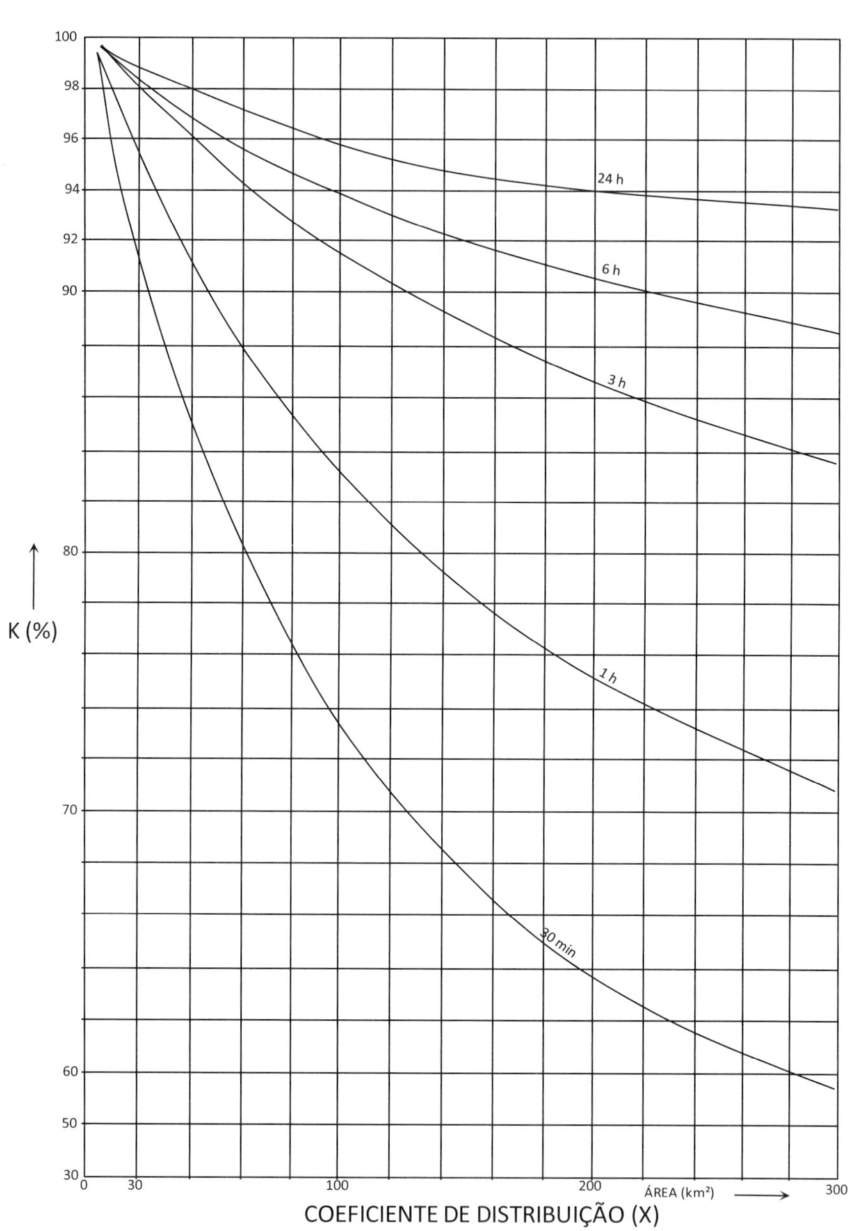

Figura 5.8 – *Gráfico para a estimativa do coeficiente de abatimento da chuva (k) em função da área da bacia (A) e da duração da chuva (t), a ser utilizado na equação 5.9.*
Fonte: *DAEE (2005).*

Exemplo 5.4

Calcular a vazão máxima de um curso d'água (Qmax) pelo Método de I - Pai - Wu, e comparar com o resultado que seria obtido caso tivesse sido aplicado, por engano, o Método Racional.

Dados:

A = 20.000 ha

C = 0,30

L = 35 km

I = 1,8 m km^{-1}

Usar a seguinte equação de chuva: $i = \dfrac{2017{,}05 \,.\, T^{0,16}}{(t + 21)^{0,91}}$

Usar T = 50 anos

Solução:

1º) Pelo Método de I – Pai – Wu

$$F = \frac{L}{2.\sqrt{(\frac{A}{\pi})}} = \frac{35}{2.\sqrt{(\frac{200}{\pi})}} = 2{,}19$$

$$C^* = C\,.\frac{\left(\frac{2}{(1+F)}\right)}{\left(\frac{4}{(2+F)}\right)} = 0{,}30\,.\frac{\left(\frac{2}{(1+2{,}19)}\right)}{\left(\frac{4}{(2+2{,}19)}\right)} = 0{,}30\,.\,0{,}657 = 0{,}197$$

$$tc = 57\,.\left(\frac{L^2}{I}\right)^{0{,}375} = 57\,.\left(\frac{35^2}{1{,}8}\right)^{0{,}385} = 702{,}3 \text{ minutos} = 11{,}7 \text{ horas}$$

$$i = \frac{2017{,}05\,.\,T^{0{,}16}}{(t+21)^{0{,}91}} = \frac{2.1017{,}05\,.\,50^{0{,}16}}{(702{,}3+21)^{0{,}91}} = 9{,}43 \text{ mm h}^{-1}$$

Figura 5.8) → 0,92

$$Qp = 0{,}278\,.\,C^*\,.\,i\,.\,A^{0{,}90}.\,k = 0{,}278\,.\,0{,}197\,.\,9{,}43\,.\,200^{0{,}90}.\,0{,}92 = 55{,}9 \text{ m}^3\text{ s}^{-1}$$

$$Qmax = 1{,}10\,.\,Qp = 1{,}10\,.\,55{,}9 = 61{,}5 \text{ m}^3\text{ s}^{-1}$$

2º) Pelo Método Racional

$$Qp = \frac{C\,.\,i\,.\,A}{360} = \frac{0{,}30\,.\,9{,}43\,.\,20.000}{360} = 157{,}2\ m^3\ s^{-1}$$

$$Qmax = Qp = 157{,}2\ m^3\ s^{-1}$$

5.4.5 Fórmula de MacMath

Robert Raynolds McMath (1891-1962) foi professor da Universidade de Michigan-EUA. Assim como a Fórmula de I - Pai - Wu, a de MacMath (Equação 5.13) também apresenta o mesmo fundamento da Fórmula Racional, e utiliza coeficientes de abatimento para evitar superestimativa da vazão, quando aplicada a áreas maiores. É bastante utilizada pelos técnicos da Ruralminas e da CODEVASF para a estimativa do escoamento superficial em áreas maiores que 500 ha, visando o dimensionamento de obras de macrodrenagem. Quando comparada com a fórmula de I - Pai - Wu, fornece valores de picos de enxurrada geralmente mais baixos.

$$Qp = 0{,}0091\,.\,C_{MM}.\,i\,.\,A^{4/5}.\,I^{1/5}\ ;\ Qmax = 1{,}10\,.\,Qp \qquad (5.13)$$

em que:
Qp - vazão de pico de escoamento superficial, $m^3\ s^{-1}$;
C_{MM} - coeficiente de escoamento superficial de MacMath (Tabela 5.5);
i - intensidade da chuva de duração igual ao tempo de concentração, mm h^{-1};
A - área de contribuição, ha;
I - declividade do talvegue, m m^{-1}; e
Qmax - vazão máxima de escoamento total do curso d'água, $m^3\ s^{-1}$.

Tabela 5.5 - Coeficientes de escoamento superficial de MacMath (C_{MM})

Condições de escoamento	Cobertura Vegetal	Textura	Topografia
Baixa	Gramínea (0.08)	Arenosa (0.12)	Plana (0.04)
Moderada	Intensa (0.12)	Leve (0.12)	Ligeiramente ondulada (0.06)
Média	Razoável à rala (0.16)	Média (0.16)	Ondulada à montanhosa (0.08)
Alta	Razoável à esparsa (0.22)	Pesada (0.16)	Montanhosa à escarpada (0.11)
Muito alta	Esparsa à descoberta (0.30)	Pesada ou rochosa (0.30)	Escarpada (0.15)

* valor de C_{MM} = soma dos três coeficientes selecionados para caracterizar a bacia

Fonte: *DER (2001).*

Exemplo 5.5

Refazer o exemplo 5.4 pela Fórmula de MacMath, considerando $C_{MM} = C$

Solução:

$$Qp = 0{,}0091 \,.\, C_{MM} .\, i \,.\, A^{4/5} .\, I^{1/5}$$

$$Qp = 0{,}0091 \,.\, 0{,}30 \,.\, 9{,}43 \,.\, 20.000^{0,8} .\, 0{,}0018^{0,2} = 20{,}1 \text{ m}^3 \text{ s}^{-1}$$

$$Qmax = 1{,}10\ Qp = 1{,}10 \,.\, 20{,}1 = 22{,}1 \text{ m}^3 \text{ s}^{-1}$$

O método de I-Pai-Wu (61,5) tem sido frequentemente usado em regiões úmidas e subúmidas, enquanto o método de MacMath (22,1) é mais recomendado para o semiárido.

5.5 O Método de Ven te Chow

O renomado autor (1919-1981) do mais famoso dos livros sobre Condutos Livres, foi professor do Departamento de Engenharia Civil da Universidade de Illinois - EUA. O método em questão foi apresentado em 1962 com o objetivo de determinar a vazão de pico de pequenas bacias rurais, para projeto de obras de travessias de talvegue de menor porte em rodovias, como bueiros, aduelas e pequenas pontes. Foi desenvolvido tendo como base análises teóricas do método do hidrograma unitário e de um grande conjunto de dados obtidos a partir de 60 eventos de cheias observados em 20 bacias de drenagem rurais nos EUA.

O método Ven Te Chow é recomendado para ser utilizado em bacias com área de drenagem entre 2 e 50 km^2 (DER, 2001). Utiliza a teoria do hidrograma unitário, considerando observações conceituadas e práticas decorrentes da aplicação dessa teoria, como as que são citadas por Fadiga Junior & Martins (2003) e listadas a seguir:

a) Para um mesmo período de retorno, à medida que a duração da chuva aumenta, sua intensidade média diminui. Por outro lado, à medida que a duração da chuva aumenta, a taxa de infiltração diminui, ou seja, uma parcela maior da chuva se transforma em escoamento superficial direto. Não se pode, assim, afirmar "a priori" qual a duração da chuva que irá fornecer a vazão de pico de uma dada bacia;
b) Uma chuva efetiva de intensidade constante, que perdure indefinidamente, irá acarretar uma vazão de equilíbrio igual ao valor dessa intensidade multiplicada pela área da bacia, após transcorrido o tempo necessário para que toda a bacia esteja contribuindo para o escoamento: esta hipótese é a base do "Método Racional". No entanto, caso a duração da chuva não alcance esse tempo, o pico do hidrograma resultante será inferior à referida vazão de equilíbrio, e o valor fornecido pela equação do Método Racional será superestimado;
c) A intensidade da chuva, regra geral, não permanece constante durante a ocorrência da tormenta, podendo variar de

forma qualquer, acarretando uma vazão de pico diferente daquela associada à chuva de intensidade uniforme.

Após analisar estes fatores, Ven Te Chow propôs o método (Equação 5.14) que leva o seu nome:

$$Qmax = \frac{A.X.Y.Z}{3,6} \tag{5.14}$$

em que:
Qmax - vazão máxima em $m^3\ s^{-1}$;
A - área da bacia, km^2;
X - fator de deflúvio, mm h^{-1};
Y - o fator climático, adimensional; e
Z - fator de redução do tempo de pico, adimensional.

O fator X é igual à razão da precipitação excedente pela duração (Equação 5.15); alguns autores recomendam, ainda, que se acrescente 6% a esse valor, por segurança.

$$X = \frac{\text{ppt efetiva}}{\text{tc}} \tag{5.15}$$

Em que ppt efetiva é dada em mm e o tc em horas.

Sendo que: A precipitação efetiva pode ser calculada pela fórmula do SCS (5.16);

$$\text{ppt efetiva} = \frac{(P\text{-}0,2.S)^2}{P+0,8.S}\ ;\ S = \left(\frac{1000}{CN} - 10\right).25,4 \tag{5.16}$$

em que:
P - precipitação total, mm;
CN - parâmetro número de curva (CN) do SCS que pode ser obtido em várias tabelas publicadas, como as de Tucci (2009), que estão reunidas nas Tabelas 5.6 e 5.7. Em caso de bacias heterogêneas, recomenda-se usar um valor de CN médio ponderado.

Os tipos de solos citados nas tabelas a seguir são os seguintes:

Solo Tipo A: Solos que produzem baixo escoamento superficial e alta infiltração. Solos arenosos profundos com pouco silte e argila.

Solo Tipo B: Solos menos permeáveis do que o anterior, solos arenosos menos profundos do que o tipo A e com permeabilidade superior à média.

Solo Tipo C: Solos que geram escoamento superficial acima da média e com capacidade de infiltração abaixo da média, contendo percentagem considerável de argila e pouco profundos.

Solo Tipo D: Solos contendo argilas expansivas e pouco profundos com muita baixa capacidade de infiltração, gerando a maior proporção de escoamento superficial.

Tabela 5.6 - Valores do parâmetro CN para bacias rurais

Uso do solo	Superfície	A	B	C	D
Solo Lavado	Com sulcos retilíneos	77	86	91	94
	Em fileiras retas	70	80	87	90
Plantações Regulares	Em curvas de nível	67	77	83	87
	Terraceado em nível	64	76	84	88
	Em fileiras retas	64	76	84	88
Plantações de Cereais	Em curvas de nível	62	74	82	85
	Terraceado em nível	60	71	79	82
	Em fileiras retas	62	75	83	87
Plantações de Legumes ou Cultivados	Em curvas de nível	60	72	81	84
	Terraceado em nível	57	70	78	89
	Pobres	68	79	86	89
	Normais	49	69	79	94
	Boas	30	61	74	90
	Pobres, em curvas de nível	47	67	81	88
Pastagens	Normais, em curvas de nível	25	59	75	83
	Boas, em curvas de nível	6	35	70	79
Campos Permanentes	Normais	30	58	71	78
	Esparsas, de baixa	45	66	77	83
	transpiração	36	60	73	79
	Normais	25	55	70	77
	Densa, de alta transpiração				
Chácaras Estradas de terra	Normais	56	75	86	91
	Más	72	82	87	89
	De superfície dura	74	84	90	92
	Muitos esparsas, baixa	56	75	86	91
Florestas	transpiração	46	68	78	84
	Esparsas	26	52	62	69
	Densas, alta transpiração	36	60	70	76
	Normais				

Fonte: *Tucci (2009).*

Tabela 5.7 - Valores do parâmetro CN para bacias rurais

Utilização ou cobertura do solo		A	B	C	D
Zonas cultivadas:	Sem conservação do solo	72	81	88	91
	Com conservação do solo	62	71	78	81
Pastagens ou terrenos em más condições		68	79	86	89
Baldios	Boas condições	39	61	74	80
Prado em boas condições		30	58	71	78
Bosques ou zonas florestais:	Cobertura ruim	45	66	77	83
	Cobertura boa	25	55	70	77
Espaços abertos, relvados, parques, campos de golfe, cemitérios, boas condições com relva em amis de 75% da área		39	61	74	80
Com relva de 50 a 75% da área		49	69	79	84
Zonas comerciais e de escritórios		89	92	94	95
Zonas industriais		81	88	91	93
Zonas residenciais					
Lotes (m²)	% média impermeável				
<500	65	77	85	90	92
1000	38	61	75	83	87
1300	30	57	72	81	86
2000	25	54	70	80	85
4000	20	51	68	70	94
Parques de estacionamentos, telhados, viadutos, etc.		98	98	98	98
Arruamentos e estradas asfaltadas e com drenagem de águas pluviais		98	98	98	98
Paralelepípedos		76	85	89	91
Terra		72	82	87	89

Fonte: *Tucci (2009).*

O fator climático (Y), citado na Equação 5.14, é a razão entre a chuva anual do local do projeto e a chuva anual do posto pluviométrico de onde foi obtida a equação de intensidade-duração-frequência (I-D-F) das chuvas. Se a equação I-D-F é obtida para o próprio local da obra, então Y=1.

O fator de redução do tempo de pico (Z), citado na Equação 5.14, deve ser igual a 1 para t/tl ≥ 2. Para t/tl <2, pode ser obtido pelas Equações 5.17 e 5.18.

$$Z = 0{,}0101 + 0{,}8507.\left(\frac{t}{\mathrm{tl}}\right) - 0{,}227.\left(\frac{t}{\mathrm{tl}}\right)^2 + 0{,}0247.\left(\frac{t}{\mathrm{tl}}\right)^3 \quad (5.17)$$

$$\mathrm{tl} = 0{,}005055.\left(\frac{\mathrm{L}}{\mathrm{I}\Delta}\right)^{0{,}64} \quad (5.18)$$

em que:
tl - tempo de retardamento do hidrograma, horas;
t - tempo de concentração, horas;
L - comprimento axial da bacia, medido em linha reta, metros; e
IΔ - declividade média do talvegue obtida pelo triângulo de área equivalente, porcentagem.

Como a duração da chuva para a qual a vazão será máxima é desconhecida, é necessário adotar-se um processo iterativo de cálculo, conforme descrito a seguir:

- arbitram-se valores para a duração da chuva; pode-se partir do tempo de concentração e adicionar-se e subtrair-se uma constante;
- calcular a intensidade da chuva (com tempo de retorno pré-estabelecido) para as durações arbitradas; pode-se, para isso, utilizar as equações de intensidade-duração-frequência disponíveis para diversas localidades próximas da obra;
- calcular a precipitação total;
- calcular a precipitação efetiva, utilizando valor de fator CN previamente estabelecido;
- calcular as variáveis X, Y e Z, e por fim, calcular a vazão máxima.

Exemplo 5.6:

Calcular Qmax supondo os seguintes dados:

$A = 20\ km^2$;

$L = 10$ km;

$tc = 4$ horas;

$I\Delta = 2\%$;

$CN = 70$;

$T = 100$ anos;

Equação IDF de Piracicaba $i = \frac{2.017,05\ .\ T^{0,16}}{(t+21)^{0,91}}$;

Ppt do posto pluviométrico = 1400 mm;

Ppt do local do projeto = 1300 mm.

Solução:

tc	I	P	PPT EFET	X	Y	t/tl	Z	Q
h	mm h^{-1}	mm	mm	mm h^{-1}	(-)	(-)	(-)	$m^3\ s^{-1}$
4,0	26,64	106,57	37,13	9,28	0,93	0,778	0,546	26,22
4,5	24,13	108,59	38,52	8,56	0,93	0,875	0,597	26,44
5,0	22,07	110,35	39,74	7,95	0,93	0,973	0,645	26,53
5,5	20,35	111,91	40,83	7,42	0,93	1,070	0,691	26,51

Conclui-se, portanto, que a vazão procurada está associada ao tempo de duração da chuva intensa de 5,0 horas (pois este é o tempo que forneceu a maior vazão) e que esta vale 26,53 $m^3\ s^{-1}$ (embora o tc seja de 4 horas).

5.6 O Método da Hidrógrafa Unitária

O Método do Hidrograma Unitário é o único método dito "calibrado" que será abordado neste Texto, ou seja, para a sua aplicação é necessário, além da equação de chuva intensa local, de algumas medidas de vazão realizadas no exutório da bacia, assim como das chuvas que as geraram.

Segundo Fadiga Junior & Martins (2003), a grande maioria dos métodos hidrológicos para determinação de hidrogramas de cheia obedece aos princípios da teoria do Hidrograma Unitário (HU), inclusive o Método Racional, que é um caso particular deste. A hipótese central desta teoria afirma que a relação entre a chuva excedente e as vazões do hidrograma de cheias é linear; pode-se afirmar que todo método baseado na linearidade desta relação recai na teoria do Hidrograma Unitário. Recomenda-se que o método tradicional do HU seja aplicado a áreas de, no máximo, 5.000 km^2. Esse método vem sendo utilizado com frequência no cálculo de vertedores de pequenas centrais hidrelétricas (PCH) no Brasil.

O Hidrograma Unitário é o hidrograma produzido por uma chuva unitária excedente, distribuída uniformemente sobre a bacia, com uma duração específica. A chuva unitária excedente é escolhida, por convenção, com a unidade de lâmina de 1 cm ou 10 mm, e a duração desta chuva poderá ser qualquer, desde que permita o traçado dos trechos de ascensão e decaimento do hidrograma, com precisão razoável.

A duração da chuva efetiva unitária, utilizada para se obter o HU, é conhecida como período unitário. O período unitário não pode ser muito grande nem muito pequeno. Se for muito grande, fica difícil se achar uma chuva de intensidade aproximadamente constante e uniformemente distribuída sobre a bacia. Se for muito pequeno, gera-se uma HU muito curta, exigindo muitas sobreposições para se obter o hidrograma de projeto; cada sobreposição implica em um erro. Existem fórmulas empíricas que sugerem o valor do período unitário; para bacias pequenas é comum se utilizar 30 minutos. Segundo Linsley (1975) é possível se alterar, por conveniência, o valor fornecido pelas fórmulas empíricas em cerca de 25%, para mais ou para menos, sem perda de precisão.

Os princípios da teoria deste método são:

a) *Constância do tempo de base*: em uma dada bacia hidrográfica, o tempo de duração do escoamento superficial é constante para chuvas de igual duração;
b) *Proporcionalidade das descargas*: duas chuvas de igual duração, produzindo volumes diferentes de escoamento superficial, dão origem a fluviogramas em que as ordenadas, em tempos correspondentes, são proporcionais aos volumes totais escoados;
c) *Aditividade dos eventos*: a distribuição, no tempo, do escoamento superficial de determinada precipitação, independe de precipitações anteriores, o que implica em se poder realizar sobreposição de soluções.

O hidrograma unitário de uma bacia pode ser determinado pela análise de dados de precipitação e vazão, ou por meio de fórmulas empíricas, quando são chamados de hidrogramas sintéticos (são "não calibrados"). Nos itens a seguir serão detalhados dois métodos de hidrógrafas unitárias sintéticas: a de Snyder e a do Soil Conservation Service (SCS).

A obtenção do hidrograma unitário por meio de dados de precipitação e vazão pode ainda ser dividida em dois casos: evento simples e evento complexo. O evento é simples quando apenas um intervalo de precipitação gera o escoamento superficial, e é complexo quando mais de um intervalo de precipitação gera escoamento. Para o segundo caso, pode-se consultar o trabalho de Tucci (2008).

Em eventos simples, a geração do hidrograma unitário pode ser obtida pela rotina a seguir, considerando que existam registros (precipitação e vazão) extremos com duração menor ou igual ao intervalo de tempo escolhido e com distribuição temporal uniforme da precipitação. A sequência pode ser realizada da seguinte forma:

a) Separam-se os escoamentos em superficial e subterrâneo por meio de um dos vários métodos existentes (por exemplo, Linsley *et al.*, 1981), obtendo assim a precipitação efetiva e as ordenadas do hidrograma de escoamento superficial. Na verdade, em geral, se utilizam várias chuvas de duração semelhante e acha-se a HU média. Para isso os hidrogramas são alinhados pelo ponto de pico.
b) Estima-se a lâmina escoada, em mm, a partir da conversão das vazões em volumes (área sob o hidrograma); os volumes são convertidos para lâminas(mm) e calcula-se o coeficiente de escoamento (C) pela divisão da lâmina escoada pela lâmina precipitada.
c) Distribui-se a lâmina efetiva pela unidade básica, 10 mm, e obtém-se o volume do hidrograma unitário e suas ordenadas.

A conversão do hidrograma unitário para diferentes durações de precipitação é feita realizando-se uma convolução (sobreposição defasada) dos valores das ordenadas do hidrograma unitário para os valores de lâminas dos blocos da distribuição temporal da chuva de interesse (Capítulo 2).

Exemplo 5.7

Calcular Qp para uma chuva de projeto de 210 mm e tempo de concentração de 8,0 horas, supondo os seguintes dados:

A = 5.000 ha;

tc = 8,0 horas;

duração da precipitação medida na bacia = 2 horas;

precipitação medida = 60 mm; e

hidrógrafa medida na seção do rio (na figura a seguir).

Solução:

a) Separação do escoamento em superficial e subterrâneo:

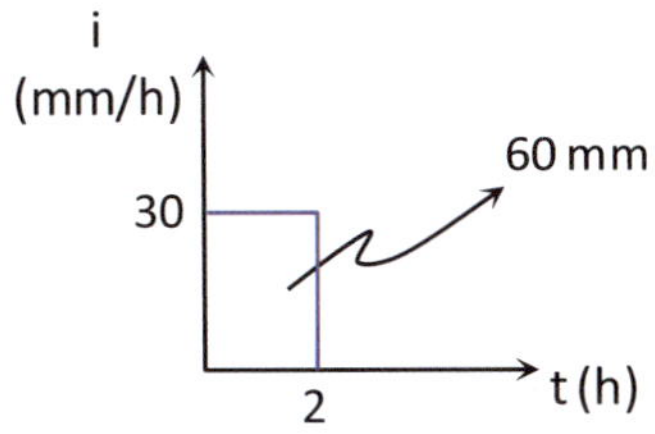

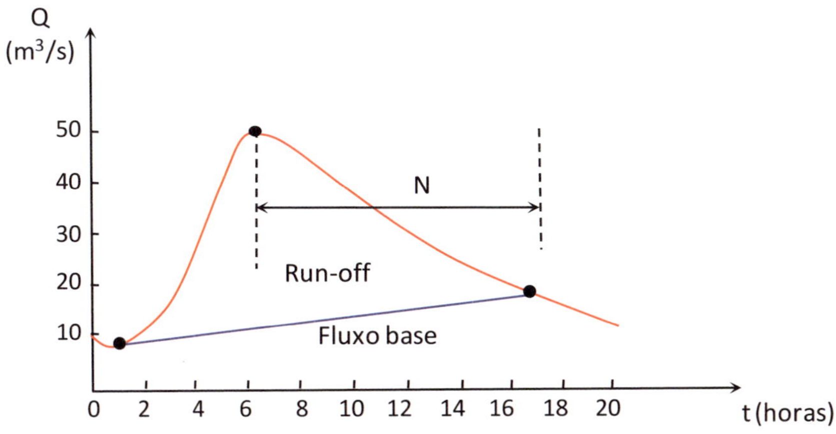

N= 0,827 . $A^{0,20}$; sendo **N** em dias e **A** em km².

b) Cálculo do volume escoado, da lâmina escoada e do coeficiente de escoamento (C):

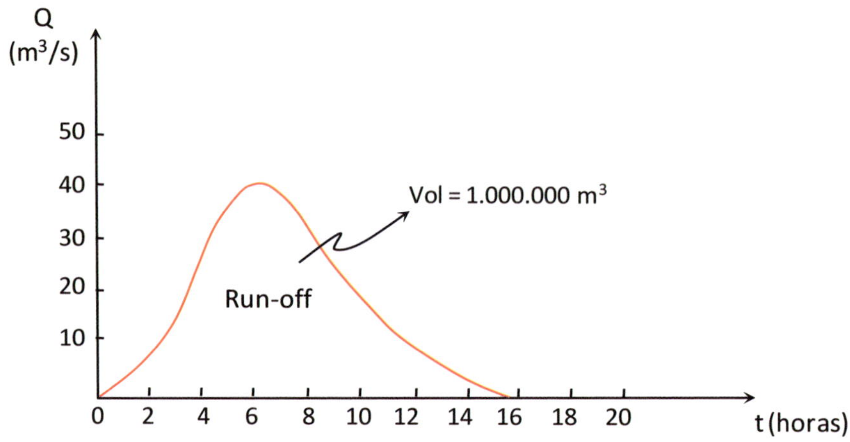

$$he = \frac{1.000.000{,}0m^3}{50.000.000{,}0m^2} = 0{,}02m = 2cm = 20mm$$

$$c = \frac{he}{h} = \frac{20mm}{60mm} = \frac{1}{3} = 0{,}33$$

c) Obtenção do hidrograma unitário e das suas ordenadas, dividindo as ordenadas do hidrograma do escoamento superficial pela lâmina escoada em cm (neste exemplo, 2 cm).

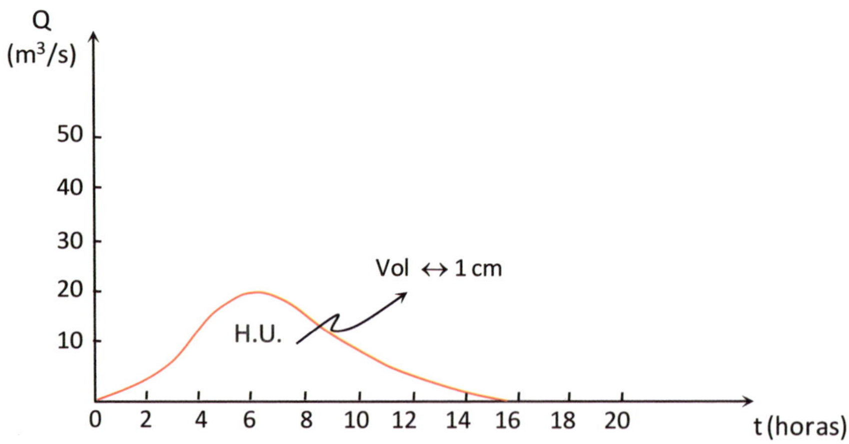

d) Obtenção dos blocos de distribuição temporal da precipitação total de projeto (210 mm) e da precipitação efetiva:

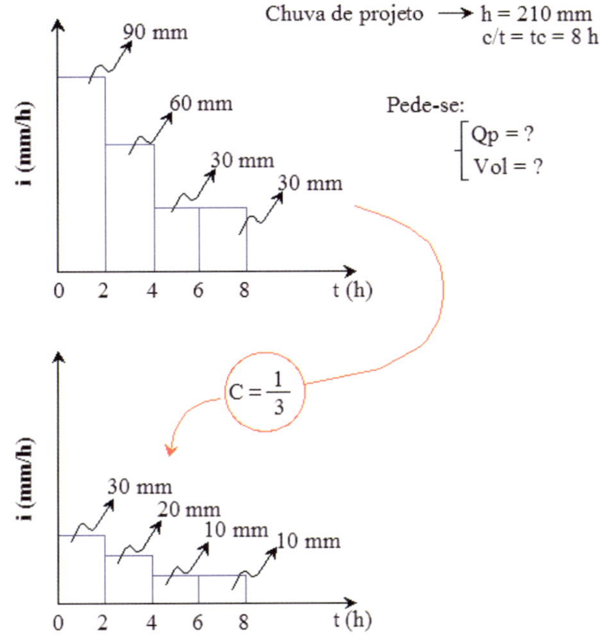

e) Multiplicação da lâmina de precipitação efetiva (cm) de cada bloco pelas ordenadas do hidrograma unitário e realização da convolução (somatória de hidrogramas defasados).

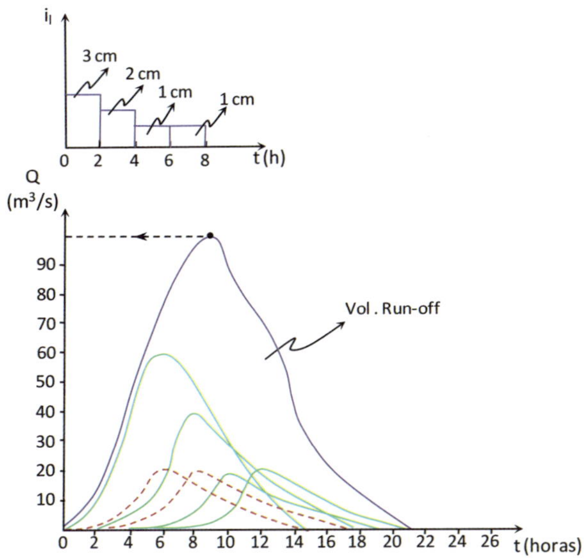

Conclusão: pela observação do gráfico, Qp é ligeiramente maior que 100 $m^3 s^{-1}$.

5.7 Métodos de Hidrógrafas Unitárias Sintéticas

Hidrógrafas Unitárias Sintéticas são métodos não calibrados que determinam a forma do hidrograma e, portanto, o volume e a vazão de pico, a partir de parâmetros relacionados apenas com as características físicas da bacia. O parâmetro mais importante neste caso é o tempo de retardamento tp (ou o seu assemelhado, o tempo de ascensão ta), que sintetiza os efeitos das características físicas da bacia sobre o hietograma de chuva excedente. Os efeitos de armazenamento afetam a duração do escoamento superficial direto (tempo de base, tb). O valor de tb é geralmente expresso em função de ta.

Assim como no exemplo anterior, as vazões estimadas pelos métodos sintéticos se referem a uma lâmina escoada de 1 cm. Desta forma, para serem aplicados a um evento de interesse, necessitam da convolução (sobreposição defasada) para estimar a vazão máxima.

O número de métodos desta natureza existentes é muito grande, podendo ser citados os estudos de Bernard, McCarthy, Snyder, Clark, Taylor e Schwarz, Commons, U.S. Soil Conservation Service, Mitchell, Getty e McHughs, Dooge, Warnock, entre vários outros. A seguir serão apresentados dois dos métodos mais utilizados.

5.7.1 Hidrógrafa Unitária Sintética de Snyder

Segundo Pinto *et al.* (1976), os estudos de Snyder são pioneiros; datam de 1938 e baseiam-se em observações realizadas em rios na região montanhosa dos Apalaches, nos EUA. O método, considerado semiempírico, é recomendado para bacias de 600 a 800 km^2, e consiste na determinação dos seguintes fatores apresentados e que atendem ao esquema da Figura 5.9:

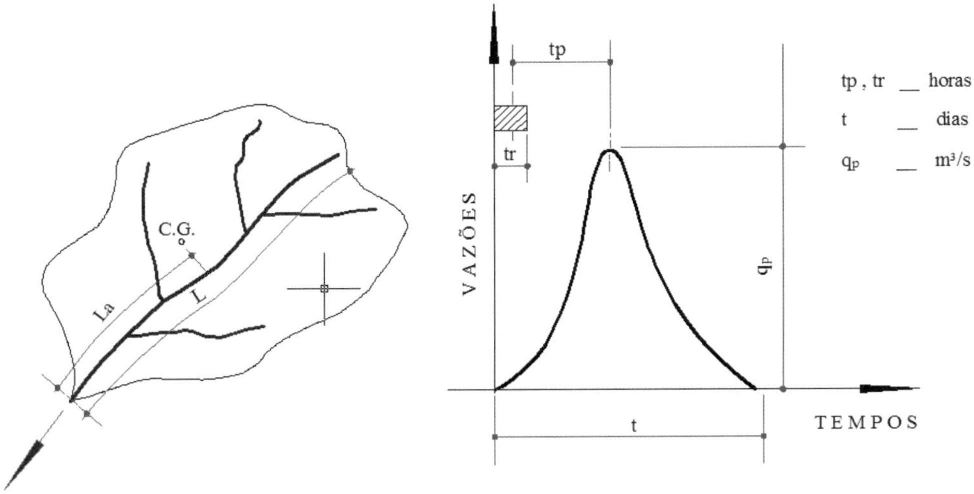

***Figura 5.9** - Representação gráfica dos fatores do método de Snyder.*
***Fonte:** PIO 1999).*

- tempo de pico:

$$t_p = \frac{C_t}{1,33}(L.L_a)^{0,3} \qquad (5.19)$$

em que:
tp - tempo de pico, que é definido como o tempo entre o centro de massa do hietograma da precipitação efetiva e o pico do hidrograma, horas;
L - comprimento do rio principal, medido ao longo do curso principal, km;
La - distância da seção principal ao ponto do rio mais próximo ao centro de gravidade da bacia, medida ao longo do curso principal, km;
Ct - coeficiente numérico, geralmente, variável entre 1,8 e 2,2. Para obtenção do valor a ser utilizado é necessária a validação com dados de precipitação e vazão registrados;

- tempo de duração da precipitação:

$$t_r = \frac{t_p}{5,5} \qquad (5.20)$$

em que:
tr - tempo de duração da precipitação, horas;

- vazão máxima (1cm):

$$Q_p = \frac{2{,}76.C_p.A}{t_p} \tag{5.21}$$

em que:
Qp - vazão estimada para uma lâmina de 1cm, $m^3\ s^{-1}$;
Cp - coeficiente numérico, geralmente variável entre 0,56 e 0,69. Para obtenção do valor a ser utilizado é necessária a validação com dados de precipitação e vazão registrados;
A - área da bacia, km^2.

- tempo de base:

$$tb = 3 + 3\left(\frac{t_p}{24}\right) \tag{5.22}$$

em que:
tb - tempo de base, dias.

Quando se consideram precipitações com duração t_R superior ao tempo calculado na fórmula 5.20, o valor de tp da Equação 5.21 deve ser substituído por t'p:

- tempo de pico corrigido:

$$t'_p = t_p + \frac{t_R - t_r}{4} \tag{5.23}$$

em que:
t'p - tempo de pico corrigido, horas;
tp - tempo de pico calculado na equação 5.19, horas;
tR - tempo de duração medido, horas; e
tr - tempo de duração calculado pela equação 5.20, horas.

Obtidos os valores tp, Qp e t, a hidrógrafa unitária pode ser desenhada a sentimento, com cuidado de se manter a unidade da lâmina escoada em 1 cm.

Este método requer uma grande experiência do engenheiro e também a validação com dados registrados (PIO, 1999); por isso, não está entre os mais utilizados atualmente no Brasil.

5.7.2 Hidrógrafas Unitárias Triangular Sintética e Adimensional Sintética do Soil Conservation Service (SCS)

O Hidrograma Sintético do SCS proposto no National Engineering Handbook (SCS, 1985) é um hidrograma adimensional resultante da análise de um grande número de bacias nos Estados Unidos. Os principais parâmetros deste hidrograma são obtidos de uma hidrógrafa triangular em que o tempo de base é definido em função do tempo de pico. Estes parâmetros e a vazão máxima (1cm) podem ser utilizados com a hidrógrafa neste formato (Método da Hidrografa Triangular Unitária Sintética do SCS) ou no formato adimensional (Método da Hidrógrafa Adimensional Unitária Sintética do SCS ou "método do SCS"). O método é recomendado para bacias de até 2.600 km^2 e tem sido bastante usado no Departamento de Estradas de Rodagem (DER) no Brasil; a prática do uso desse método no Estado de São Paulo tem indicado que acima de 100 km^2 o método superestima a vazão excessivamente.

A Figura 5.10 e a Tabela 5.8 ilustram as duas hidrógrafas sintéticas (adimensional e triangular), onde se verifica que o eixo dos tempos é expresso em frações de tp e o eixo das vazões em frações da vazão máxima Qp.

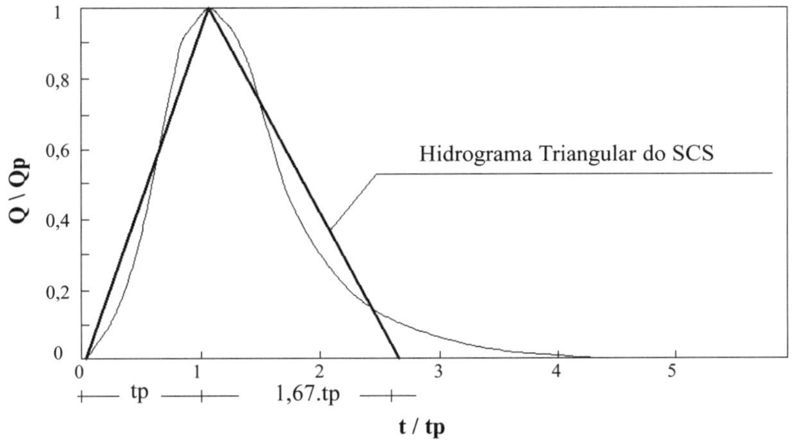

Figura 5.10 *– Representação gráfica dos hidrograma adimensional (curvilíneo) e do triangular do SCS.*
Fonte: *SCS (1985).*

Tabela 5.8 – Coordenadas do hidrograma adimensional do SCS

t/tp	Q/Qp	t/tp	Q/Qp	t/tp	Q/Qp	t/tp	Q/Qp	t/tp	Q/Qp
0,0	0,0000	1,0	1,0000	2,0	0,2800	3,0	0,0550	4,0	0,0110
0,1	0,0300	1,1	0,9900	2,1	0,2435	3,1	0,0475	4,1	0,0098
0,2	0,1000	1,2	0,9300	2,2	0,2070	3,2	0,0400	4,2	0,0086
0,3	0,1900	1,3	0,8600	2,3	0,1770	3,3	0,0345	4,3	0,0074
0,4	0,3100	1,4	0,7800	2,4	0,1470	3,4	0,0290	4,4	0,0062
0,5	0,4700	1,5	0,6800	2,5	0,1270	3,5	0,0250	4,5	0,0050
0,6	0,6600	1,6	0,5600	2,6	0,1070	3,6	0,0210	4,6	0,0040
0,7	0,8200	1,7	0,4600	2,7	0,0920	3,7	0,0180	4,7	0,0030
0,8	0,9300	1,8	0,3900	2,8	0,0770	3,8	0,0150		
0,9	0,9900	1,9	0,3300	2,9	0,0660	3,9	0,0130		

Fonte: *SCS (1985).*

Os parâmetros a serem calculados são:

– tempo de pico:

$$t_p = \frac{2}{3} t_c \tag{5.24}$$

em que:

tp – tempo de pico, horas;

tc = tempo de concentração, horas.

– tempo de base:

$$t_b = 2{,}67 t_p \tag{5.25}$$

em que:

tb = tempo de base, horas.

– vazão máxima (1cm):

$$Q_p = 3{,}125 \frac{A}{t_c} \tag{5.26}$$

em que:

Qp – vazão estimada para uma lâmina de 1 cm, $m^3\ s^{-1}$;

A – Área da bacia hidrográfica, km^2.

Exemplo 5.8

Discretizar uma chuva de 45 minutos e T= 5 anos em 9 blocos alternados, obtendo os valores efetivos (que geram escoamento superficial). A planilha apresentada na página a seguir já está parcialmente preenchida.

Dados:

- Duração = 45 minutos
- T = 5 anos
- Localidade = Goiânia

$$\Rightarrow i = \frac{56{,}7928\left(T^{\left(0{,}14710+\frac{0{,}22}{T^{0{,}09}}\right)}\right)^{0{,}62740}}{(t+24{,}8)^{0{,}974711}} \quad \text{em que} \quad i(\text{mm min}^{-1}); \quad T(\text{anos}); \quad t(\text{minutos})$$

-S = 28,22 mm (Método CN)

$$\text{-P EFET} = \frac{(P - 0{,}2 \,.\, S)^2}{(P + 0{,}8 \,.\, S)} \quad \text{para } P > 0{,}2 \,.\, S; \quad \text{Se } P \leq 0{,}2 \,.\, S \Rightarrow \text{P EFET} = 0$$

-Alternar os blocos na ordem 6 – 4 – 3 – 1 – 2 – 5 (TUCCI, 1993).

t (min)	i (mm min^{-1})	P (mm)	ΔP (mm)	alt.ΔP (mm)	P (mm)	P EFET (mm)	ΔP EFET (mm)	ΔP EFET (cm)
5								
10								
15								
20	1,96	39,24	6,21	14,60	32,86	13,37	9,46	0,95
25	1,77	44,25	5,00	10,50	43,37	21,58	8,21	0,82
30	1,61	48,37	4,12	5,00	48,37	25,73	4,15	0,42
35	1,48	51,83	3,46	3,46	51,83	28,67	2,94	0,29
40	1,37	54,77	2,94	2,94	54,77	31,20	2,54	0,25
45	1,27	57,31	2,54	2,54	57,31	33,42	2,21	0,22

Exemplo 5.9

Utilizando os dados a seguir, calcular Qp para uma chuva efetiva de projeto de 91,30 mm:

A = 5.000 ha;

tc = 8 horas;

A precipitação efetiva deve ser dividida em 6 blocos com defasagem de 80 min: 0,69 mm; 3,15 mm; 5,62 mm; 67,13 mm; 11,88 mm; e 2,84 mm (ver o Método dos Blocos Alternados no exemplo 5.8).

Solução:

1) Cálculo do tp:

2) Cálculo do tb:

3) Cálculo do Qp (1 cm) =

4) Gráfico da HU Triangular Sintética:

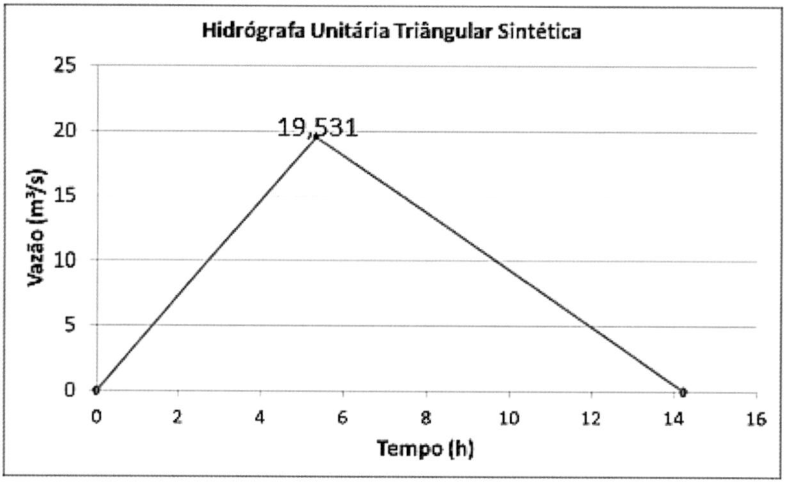

Fonte: *Elaborada pelos autores.*

5) Gráfico da HU Adimensional Sintética

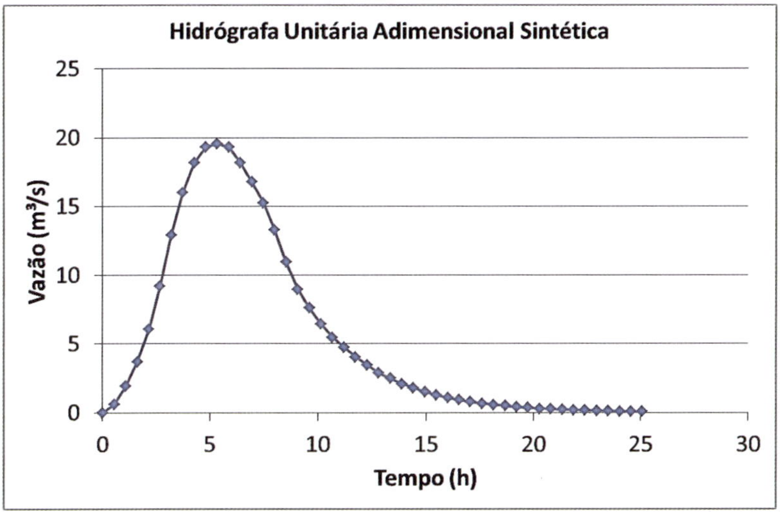

Fonte: *Elaborada pelos autores.*

6) Convolução dos hidrogramas curvilíneos e obtenção da Hidrógrafa Final (ou de projeto) e da Vazão Máxima:

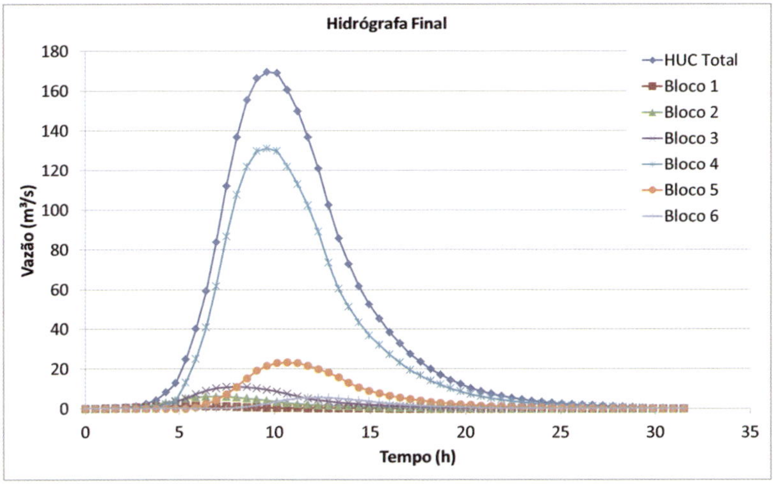

Fonte: *Elaborada pelos autores.*

Vazão Máxima = 169,45 $m^3\ s^{-1}$.

* *Atualmente no Brasil a maioria do escritórios e departamentos de Engenharia das universidades já dispõe de planilhas que alternam os blocos e sobrepõem os hidrogramas automaticamente, evitando o cansativo processo manual.*

5.8 Exercícios propostos

a) Uma chuva de 1 hora de duração precipitou-se em uma bacia hidrográfica que tinha capacidade de infiltração e interceptação vegetal atuais de 60 e 10 mm h^{-1}, respectivamente. Sabendo-se que a chuva teve intensidade média de 50 mm h^{-1}, estime o coeficiente de escoamento superficial para esse evento.

Resposta: zero (não houve escoamento superficial).

b) A Figura a seguir representa um hidrograma de cheia, na saída de uma bacia de 200 km^2 de área de drenagem. Por planimetria, calculou-se que a sua parcela de escoamento superficial direto (Área A da Figura) equivale a 6.000.000 m^3. Considerando que a precipitação total média medida na bacia, responsável por esse evento, foi de 50 mm, calcule o valor do coeficiente C de escoamento superficial para a bacia em questão.

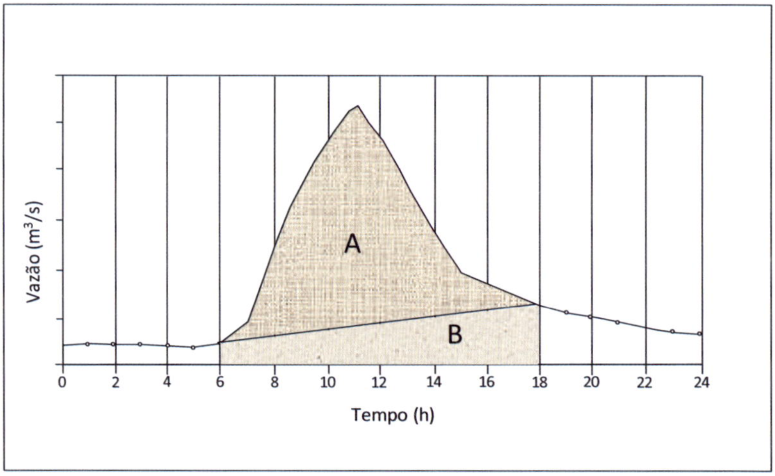

Fonte: *Elaborada pelos autores.*

Resposta: C = 0,60

c) Pretende-se dimensionar uma estrutura de controle no ponto N da figura a seguir. Calcular o tc até o ponto de saída N, sabendo-se que a área de contribuição é composta de duas parcelas (I) e (II) e uma canaleta MN.

Dados:

- (I) área verde com declive 4%; V = 0,15 $\sqrt{I}$
- (II) área pavimentada com declive 2%; V= 0,60 $\sqrt{I}$
- Canaleta com declive 1%; V= 0,45 $\sqrt{I}$
- Lembrar que I é dado em %, e que V em m s^{-1}.

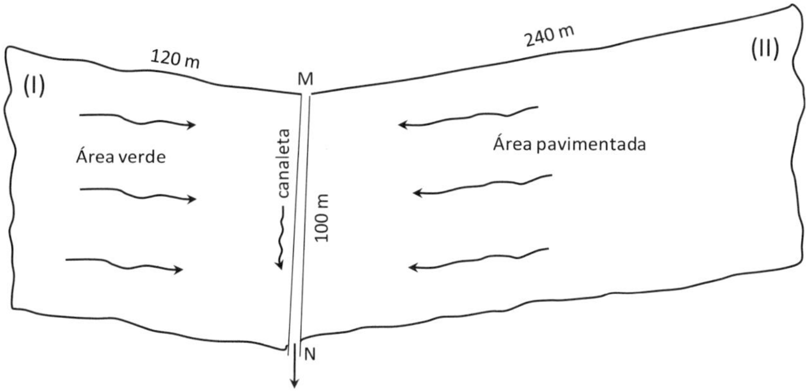

Fonte: *Cruciani (1987).*

Resposta: tc = 10,4 minutos

d) Duas áreas em paralelo têm as seguintes características:

Área A: A=20 ha; C=0,40; tc= 30 min

Área B: A=30 ha; C=0,30, tc=20 min

Pede-se: calcular a vazão de pico pela Fórmula Racional para a saída em comum das áreas, utilizando um período de retorno de 10 anos. Utilize a relação intensidade-duração-frequência de Campos – RJ, ou seja:

i = 1133,836.T^0,183 / (t+20,667)^0,807 (lembrar que t é dado em minutos, T em anos e i em mm h^{-1})

Resposta: Qp = 3,44 $m^3\ s^{-1}$

e) Calcule as vazões máximas para o dimensionamento dos terraços 3A, 5B, 7C, 9D e 11E e as vazões máximas para o dimensionamento dos trechos AB, BC, CD, DE e ES do canal escoadouro, esquematizados na Figura a seguir:

Dados:

- Usar a equação de chuvas intensas de Piracicaba:
- Considerar um período de retorno de 5 anos.
- Considerar as seguintes velocidades de deslocamento do escoamento superficial no cálculo do tempo de concentração:
  - V(mata) = $0{,}08\sqrt{I}$
  - V(pastagem) = $0{,}21\sqrt{I}$
  - V(cultura) = $0{,}27\sqrt{I}$
  - V(terraços) = $0{,}45\sqrt{I}$
- Visando simplificar o cálculo, ao invés de utilizar a equação de Manning, considere que a velocidade de deslocamento dentro do canal escoadouro também possa ser estimada pela expressão $V=0{,}45\sqrt{I}$.

Resposta:

Estrutura	*Vazão de dimensionamento ($m^3\ s^{-1}$)*
Terraço 3A	0,600
Terraço 5B	0,373
Terraço 7C	0,285
Terraço 9D	0,200
Terraço 11E	0,194
Canal Escoadouro AB	0,600
Canal Escoadouro BC	0,875
Canal Escoadouro CD	1,055
Canal Escoadouro DE	1,160
Canal Escoadouro ES	1,249

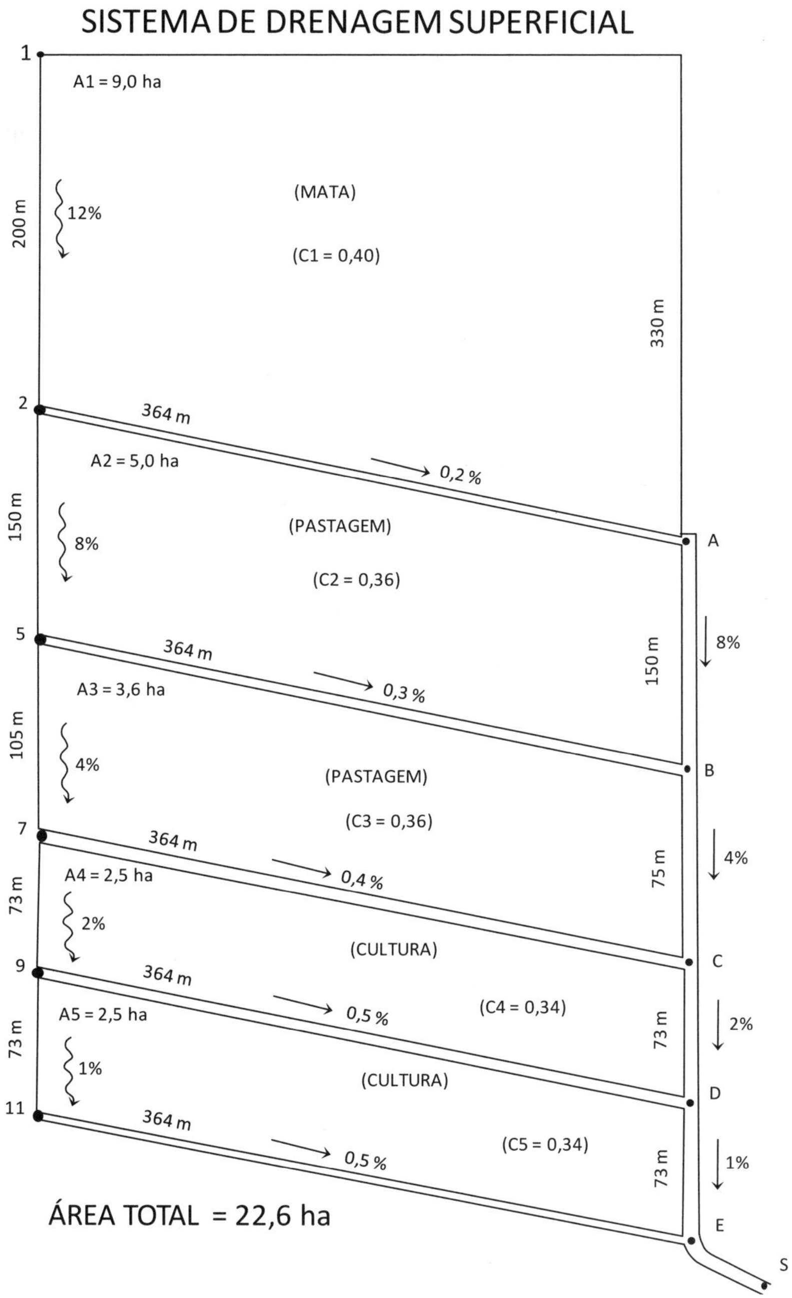

Fonte: *Cruciani (1987).*

f) Pretende-se dimensionar um sistema de terraços em desnível (figura a seguir) com as seguintes características:

* O terreno é uma rampa uniforme com um declive de 5%.
* Os terraços terão cerca de 300 m de comprimento, 40 metros de espaçamento horizontal, 2 por mil de declive e área de captação aproximadamente retangular.
* A área será totalmente cultivada com culturas anuais (C = 0,60).

Pede-se: calcular a vazão de pico pela Fórmula Racional para o dimensionamento de um dos terraços, utilizando um período de retorno de 5 anos. Utilize a relação intensidade-duração-frequência de Ponta Grossa – PR:

i = 1.902,39.T^0,152 / (t+21)^0,893 ; sendo i em mm/h; T em anos e t em minutos.

Velocidade do escoamento superficial no terreno: $v=0,27\sqrt{I}$ (percurso de 1 a 2)

Velocidade do escoamento superficial no terraço: $v=0,45\sqrt{I}$ (percurso de 2 a 3)

$$Qp = \frac{c.\,i.\,A}{360}$$

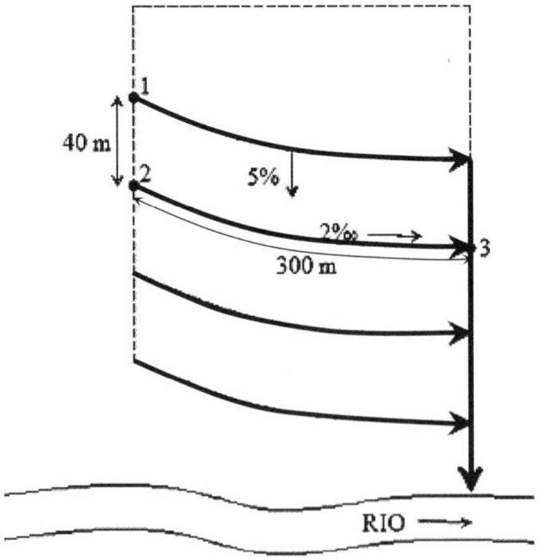

Fonte: *Elaborada pelos autores.*

Resposta: Qp = 0,156 $m^3\ s^{-1}$

g) Estime o tc pela fórmula do Califórnia Highway Culverts Practice and Public Works para a bacia esquematizada na Figura a baixo. **Dados:**

$$\text{Ieq} = \left(\frac{\sum L}{\frac{L1}{\sqrt{I1}}+\frac{L2}{\sqrt{I2}}+\frac{L3}{\sqrt{I3}}+\frac{L4}{\sqrt{I4}}}\right)^2$$; em que L é dado em km e I em m km^{-1}

$$\text{tc} = 57\left(\frac{L^2}{\text{Ieq}}\right)^{0,385}$$; em que tc é dado em minutos, L é dado em Km e

Ieq em m km^{-1}

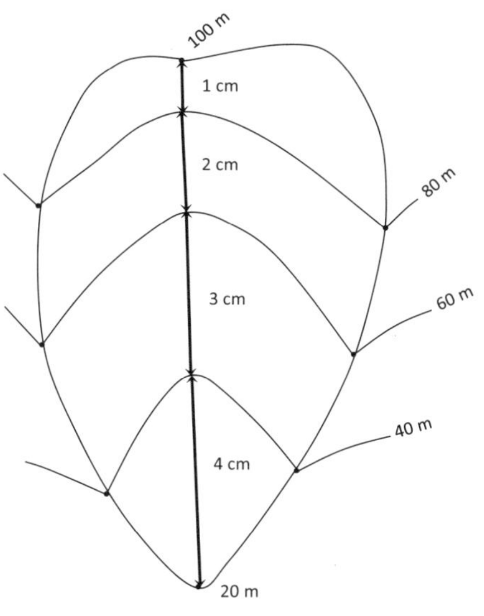

Fonte: *Elaborada pelos autores.*

Resposta: Ieq = 14,3 m km^{-1}; tc = 68,5 minutos

h) Dimensione uma travessia:

Na figura a seguir está representada, esquematicamente, a área de contribuição para o ponto (O), onde se deseja dimensionar uma travessia de talvegue, visando a construção da estrada vicinal AB. A área da referida microbacia, coberta com pastagem bem fechada sobre solo argiloso, é de

14, 3 ha. A travessia será feita por meio de um bueiro de concreto armado. Demonstre qual dos diâmetros nominais disponíveis no mercado seria o mais indicado para o bueiro.

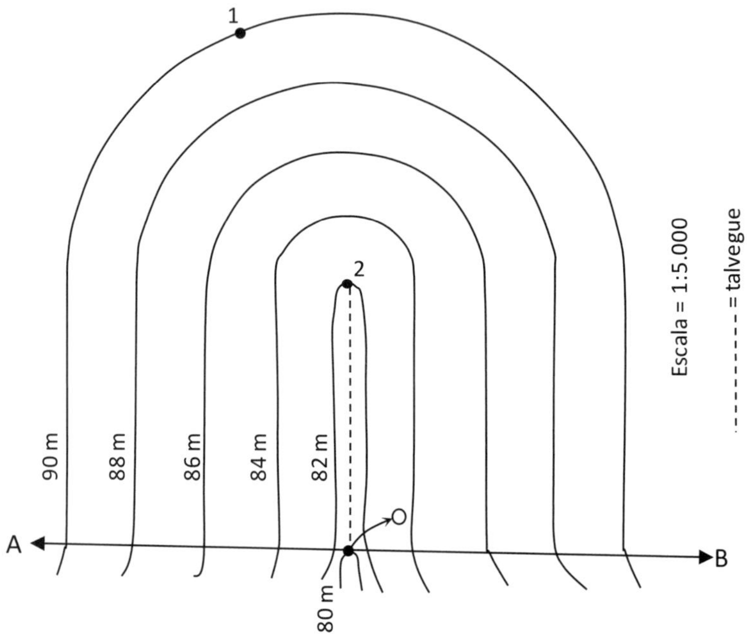

Figura 5.11 *– Área de contribuição para o ponto da travessia de talvegue (ponto O).*
Fonte: *Elaborada pelos autores.*

Solução:

(i) Calcule os declives (I) do percurso 1-2 (na pastagem fechada) e do percurso 2-0 (no talvegue), com o auxílio de uma régua, expressando-os em %.

(ii) Calcule o tempo de concentração da microbacia (tc), expressando-o em segundos:

$$tc = tp(1\text{-}2) + tp(2\text{-}0)$$

Sendo:

- Velocidade do escoamento na pastagem fechada $\rightarrow V = 0{,}08 \,.\sqrt{I}$; sendo V em m s^{-1}, e I em %
- Velocidade do escoamento no talvegue $\rightarrow V = 0{,}45 \,.\, \sqrt{I}$; sendo V em m s^{-1} e I em %.

(iii) Transforme o tc para minutos

(iv) Ache a altura (h) correspondente ao tc calculado, para um período de retorno de 100 anos, fazendo uma interpolação na Tabela de chuvas intensas de Goiânia (a seguir).

T (anos)						
t	**2**	**5**	**10**	**25**	**50**	**100**
Goiânia (GO)						
15 m	26	31	34	38	42	46
30 m	36	42	47	54	60	66
1 h	47	58	66	78	87	97
2 h	58	72	83	98	111	124
4 h	70	87	101	120	136	154
8 h	82	102	118	142	161	181
12 h	89	111	129	154	174	196
24 h	102	127	147	175	197	222

(v) Transforme o tc para horas

(vi) Calcule a intensidade média da chuva (i), em que:

$$\mathrm{i(mm\,h^{-1})} = \frac{\mathrm{h(mm)}}{\mathrm{tc(horas)}}$$

(vii) Ache o valor de C na tabela abaixo, tomando por base a ordem de grandeza da declividade média da bacia.

Valores de C para solo argiloso com cobertura de pastagem	
Declive (%)	**C**
0 - 5	0,40
5 - 10	0,55
10 - 30	0,60

(viii) Aplique a Fórmula Racional, ou seja:

$$\mathrm{Qp} = \frac{\mathrm{C.i.A}}{360}$$; em que Qp ($m^3\,s^{-1}$); C(adimensional); i($mm\,h^{-1}$); A(ha).

(ix) Calcule o diâmetro teórico do bueiro pela Equação dos Orifícios Modificada (ver a figura a seguir)

$$\left(D = \sqrt{\frac{4 \cdot Q}{Cd \cdot \pi \cdot \sqrt{2 \cdot g \cdot 0{,}5}}}\right); \text{ Usar } Cd = 0{,}73.$$

Em que:

Q = m^3/s
Cd = 0,73
g = 9,81 m/s^2
D = m

(x) Optar pelo diâmetro comercial imediatamente superior ao teórico calculado, havendo as seguintes opções:

DN = 300, 400, 500, 600, 750, 1000, 1250, 1500 e 2000 mm.

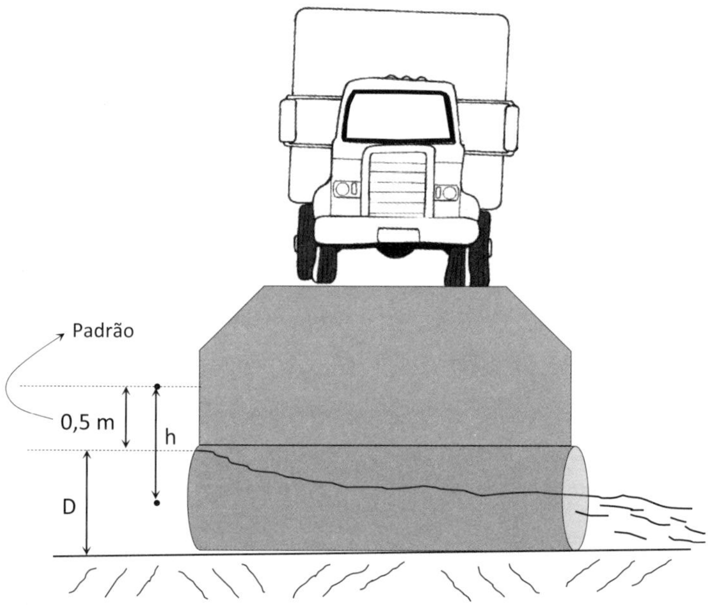

***Figura* 5.12 –** *Esquema da travessia de talvegue com bueiro circular* $\left(D = \sqrt{\frac{4 \cdot Q}{Cd \cdot \pi \cdot \sqrt{2 \cdot g \cdot 0{,}5}}}\right)$*; Usar Cd = 0,73.*
Fonte: *Elaborada pelos autores.*

Resposta: D = 1250 mm

* *Os tubos devem ser instalados sobre um berço de brita ou de concreto magro. A profundidade mínima de recobrimento com terra deve ser de 1 metro. Construir muros ala, de alvenaria, a montante e a jusante do bueiro, visando direcionar a água.*

i) Calcular Qmax pelo método de I-Pai-Wú e comparar o resultado com o que seria obtido caso tivesse sido aplicado por engano, o Método Racional.

Dados:

- A = 15.000 ha
- C = 0,30
- L = 20 km
- Ieq = 3,2 m km^{-1}
- T = 100 anos
- Usar a equação de chuva intensa de Piracicaba: $i = \frac{2.017{,}05 \, . \, T^{0{,}16}}{(t + 21)^{0{,}91}}$
- $Qp = \frac{C \, . \, i \, . \, A}{360}$ (lembrar que: Qp →m^3 s^{-1}; C → adimensional; i → mm

$^{-1}$; A → ha)

- Qp = 0,278 . C* . i . $A^{0,90}$. k (lembrar que: A = km^2; i = mm h^{-1}; Qp = m^3 s^{-1})
- $C * \frac{\left(\frac{2}{1+F}\right)}{\left(\frac{4}{2+F}\right)}$ x C ; $F = \frac{L}{2\sqrt{\frac{A}{\pi}}}$ (lembrar que A = km^2, L = km)
- $tc = 57 \left(\frac{L^2}{Ieq}\right)^{0{,}385}$ (lembrar-se que L = km; Ieq = m km^{-1}; tc = min)
- k = Adimensional : gráfico da Figura 3.5
- Para I-Pai-Wú fazer Qmax = 1,10 Qp; para Fórmula Racional considerar Qmax = Qp

Resposta:

I - Pai - Wu → Qmax = 100,6 m^3 s^{-1}
Racional → Qmax = 232,9 m^3 s^{-1}

j) Na tabela a seguir está apresentado o hidrograma unitário de uma bacia hidrográfica, para uma chuva de altura igual a 10 mm e duração de 1 hora. Calcule a vazão máxima, em m^3 s^{-1}, da onda de cheia causada por uma chuva de 30 mm, seguida por outra chuva de 20 mm, ambas com duração de 1 hora.

Tempo (hora)	0	1	2	3	4	5	6
Vazão (m^3 s^{-1})	0	45	70	50	25	10	0

Resposta: 300 m^3 s^{-1}

k) Obtenha a hidrógrafa unitária triangular sintética e demonstre que esta é unitária, supondo os seguintes dados:

A = 50 km^2;

tc = 8 horas.

l) O hietograma da figura a seguir foi obtido pelo método do Blocos Alternados (5º, 3º, 1º, 2º e 4º), para a equação IDF dada:

$$i = \frac{13 \, . \, T^{0,5}}{(t + 30)}$$

em que:

i - intensidade média da chuva intensa, mm min^{-1};

T - período de retorno, anos;

t - duração da chuva, min.

Pede-se: calcular a altura da chuva do quarto intervalo.

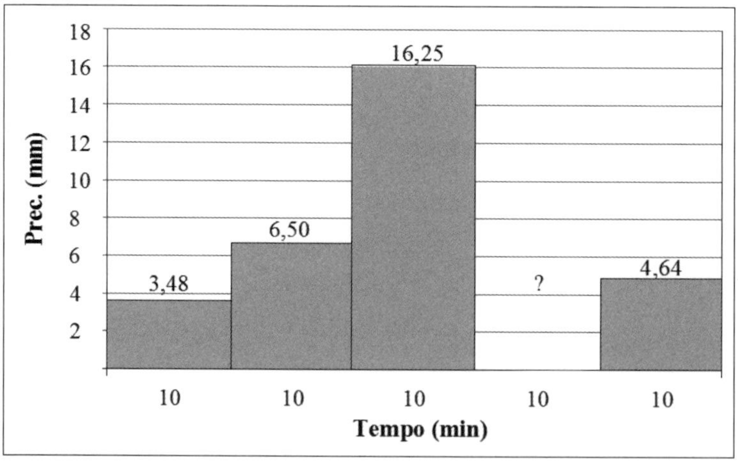

Fonte: *DER (2001).*

Resposta: h = 9,75 mm.

m) Uma bacia hidrográfica tem um hidrograma unitário triangular sintético com tempo de base de 360 minutos e vazão de pico de 8 m^3 s^{-1}, no instante de 120 minutos. A chuva unitária correspondente é de 1 mm em 30 minutos de duração unitária. Uma chuva excedente, uniformemente distribuída no tempo, com duração de 120 minutos e total de 16 mm gerará um hidrograma de escoamento superficial direto.

Pede-se:

1º-Calcular o tempo de base deste hidrograma.

2º-Responder se a vazão de pico desse hidrograma chegará a atingir 128 m^3 s^{-1}.

***Resposta*:** O tempo de base será de 450 minutos; a vazão de pico será menor que 128 m^3 s^1.

n) Utilizando os dados a seguir, obter a higrógrafa triangular sintética e calcular Qp para uma chuva de projeto de 110,30 mm:

A = 5.000 ha;

tc = 8 horas;

A precipitação efetiva deve ser dividida em 6 blocos com defasagem de 80 min: 1,19 mm; 4,52 mm; 7,77 mm; 76,98 mm; 16,04 mm; e 3,78 mm (Ver distribuição temporal da chuva pelo Método dos Blocos Alternados, apresentado no Exemplo 5.8).

Resposta: Qp = 270,55 m^3 s^{-1}.

o) Repita o Exemplo 5.7 (blocos de precipitação efetiva de 30, 20, 10 e 10 mm) pelo Método da Hidrógrafa Unitária Triangular Sintética.

Resposta: qp = 19,53 m^3 s^{-1}; tp = 5,33 horas; tb = 14,24 horas; Qp ≈ 106 m^3 s^{-1}.

p) Repita o Exercício (o) utilizando o Método da Hidrógrafa Unitária Curvilínea Adimensional do SCS.

Resposta: Qp = 101,36 m^3 s^{-1}.

CAPÍTULO 6

Vazões dos Cursos d'água

6.1 Introdução

Nesse Capítulo serão abordadas as diferentes formas de estimativa das vazões baixas, médias e altas dos cursos d'água, dando um enfoque maior para a primeira e a segunda, que são as mais importantes para o Manejo dos Recursos Hídricos, no que diz respeito ao uso da água.

A avaliação das *vazões dos cursos d'água* geralmente não é uma tarefa fácil de ser executada. A aplicação pura e simples da equação de Manning $\left(Q = S \frac{1}{n} R^{2/3} . I^{1/2}\right)$, visando à estimativa da vazão, esbarra no fato de o coeficiente de rugosidade (n) ser de estimativa visual difícil, mesmo para pessoas treinadas (CHOW, 1962). O popular método do flutuador também se mostra grosseiro, pois avalia a velocidade em apenas um ponto da seção, ponto esse sujeito ao efeito do vento e de correntes secundárias. Assim, o ideal é a avaliação das velocidades em vários pontos da seção (Figura 6.1), visando à obtenção de um valor médio.

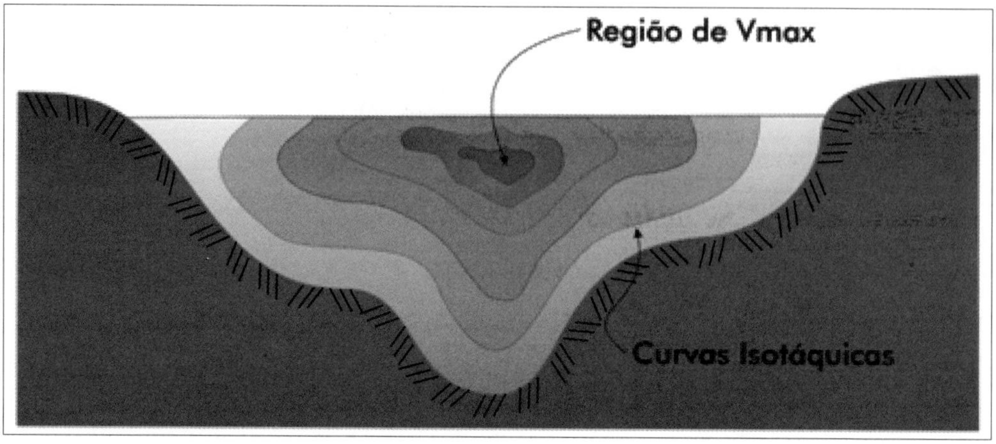

Figura 6.1 – Ilustração das curvas de igual velocidade da água (isotáquicas) na seção de um córrego.
Fonte: Elaborada pelos autores.

6.2 Medição da vazão com molinete hidrométrico

O *molinete* é uma hélice que é posicionada a certa profundidade do curso d'água (Figura 6.2) e que adquire uma rotação que é função da velocidade da água. Após um determinado número de giros (10 ou 20, geralmente), o aparelho transmite um pulso elétrico para um contador, que emite um sinal sonoro ou luminoso. Assim, cronometrando-se o tempo para 4 ou 5 sinais, é possível calcular a rotação da hélice.

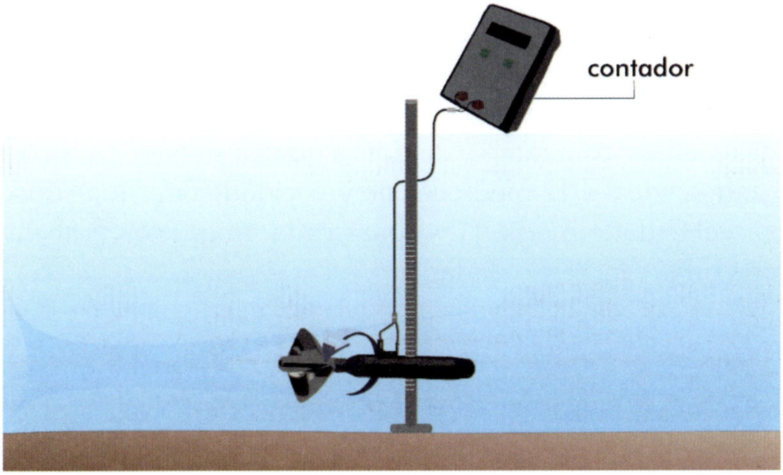

Figura 6.2 – Esquema de um molinete hidrométrico, girando proporcionalmente à velocidade da água.
Fonte: Elaborada pelos autores.

O fabricante do aparelho fornece ao usuário uma equação experimental, específica para o molinete em questão, que correlaciona a velocidade da água com a rotação da hélice; o IPT em São Paulo também calibra molinetes. Na maioria dos casos, essa equação é uma (ou mais) reta (s), de forma que é possível se obter a velocidade da água no ponto em que o aparelho foi instalado (Figura 6.3).

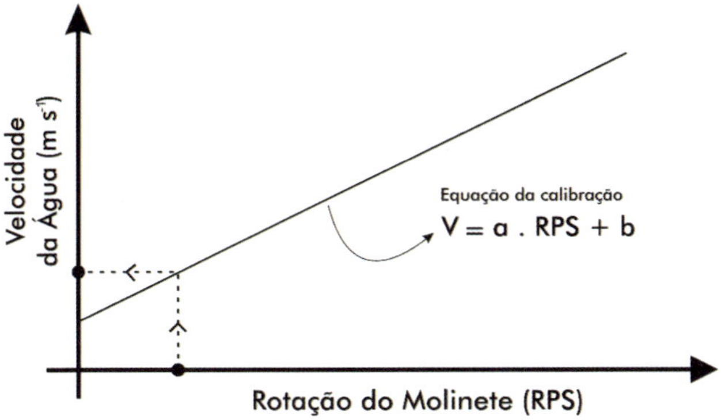

Figura 6.3 – Equação de calibração do molinete, usada para transformar a rotação medida com a hélice em velocidade pontual da água (RPS = rotações por segundo).
Fonte: Elaborada pelos autores.

Na Figura 6.4 estão ilustrados por um (x) os pontos de instalação do molinete em uma seção de um rio. A seção é dividida em uma série de subseções (no mínimo 5 para riachos, e maior que 10 para rios maiores). Para profundidades pequenas, utiliza-se apenas uma medida. Para profundidades médias, utilizam-se de dois a quatro pontos e, para rios grandes, realizam-se de 8 a 12 medições de velocidade em cada subseção, obtendo-se a velocidade média (*Vm*) para cada uma delas (Tabela 6.1). As vazões, por subseção, serão dadas por:

$$Q1 = \frac{(0 + h1)}{2} x\, \ell 1 \text{ x Vm1};$$

$$Q2 = \frac{(h1 + h2)}{2} x\, \ell 2 \text{ x Vm2}; \quad Q3 = \frac{(h2 + h3)}{2} x\, \ell 3 \text{ x Vm2}; \qquad (6.1)$$

Dessa forma, a vazão do curso d'água será dada pelo somatório das vazões parciais, ou seja: $Q = \sum Qi..$

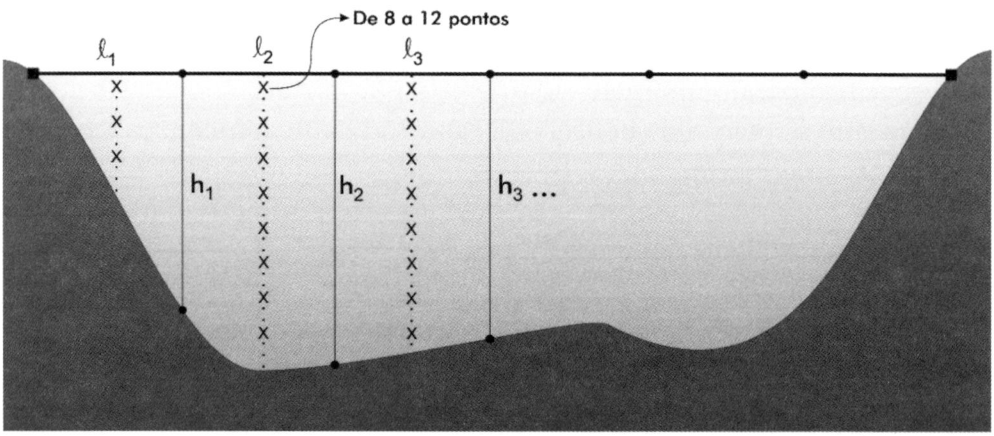

***Figura 6.4** – Pontos de medição da velocidade com um molinete hidrométrico, marcados com (x).*
***Fonte:** Elaborada pelos autores.*

As profundidades (*h*) podem ser medidas com uma mira ou com uma trena com lastro. Quando se deseja uma medição mais rápida, pode-se adotar as profundidades de medição sugeridas na Tabela 6.1, apresentada por Pruski *et al.* (2006).

Tabela 6.1 - Profundidades de medição sugeridas para o uso do molinete hidrométrico

Profundidade (m)	Posição do molinete na vertical em relação à profundidade (P) medida de cima para baixo
0,15 a 0,60	0,6P
0,60 a 1,20	0,2P e 0,8P
1,20 a 2,00	0,2P; 0,6P e 0,8P
2,00 a 4,00	S; 0,2P; 0,4P; 0,6P e 0,8P
Acima de 4,00	S; 0,2P; 0,4P; 0,6P; 0,8P e F

Fonte: *Pruski et al. (2006).*

S se refere à leitura feita a 0,10 m da superfície e F à leitura feita no fundo e condicionada ao comprimento da haste utilizada.

Quando se usam as profundidades de medição sugeridas na Tabela 6.1 em uma dada vertical, a velocidade média (V_m) pode ser obtida por uma das fórmulas apresentadas na Tabela 6.2.

Tabela 6.2 - Expressões para o cálculo da velocidade média em uma dada vertical

Condição	Fórmula
Ponto único	$V_m = V_{(0,6\ P)}$
Dois pontos	$V_m = \frac{V_{(0,2\ P)} + V_{(0,8\ P)}}{2}$
Três pontos	$V_m = \frac{V_{(0,2\ P)} + 2V_{(0,6P)}\ V_{(0,8\ P)}}{4}$

Fonte: *Pruski et al. (2006).*

Para situações que envolvam mais de três medições ao longo de uma vertical, a velocidade média nesta vertical pode ser obtida pela equação 6.2.

$$V_m = \frac{V_1 + 2\sum_1^{n-1} V_i + V_n}{2(n-1)} \quad (6.2)$$

6.3 Medidores de efeito Doppler (ADCP ou ADP)

O Perfilador Acústico de Correntes pelo Efeito Doppler (ADCP ou ADP) é um sonar que tenta produzir um registro das atuais velocidades da água (correntes) para uma faixa de profundidades. É mais usado para medir a vazão em rios de grande porte. É constituído de materiais cerâmicos e de vários componentes, entre eles: transdutores, um amplificador, um receptor e vários componentes de computador para processar e salvar as informações coletadas. Era um equipamento bastante caro, e vinha sendo usado pela ANA para a medição da vazão em rios amazônicos de grande porte; atualmente seu uso vem se popularizando para rios pequenos. Além de fornecer a velocidade da corrente, realiza a batimetria da seção e mede a quantidade de sedimentos na água.

O aparelho utiliza o princípio de alteração Doppler, o qual estabelece que, se uma fonte de som está se movendo em relação ao receptor, a frequência do som para o receptor é alterada, como está expresso pela equação 6.3.

$$Fd = 2.Fs.(V/c) \tag{6.3}$$

em que:
V é a velocidade relativa entre a origem e o receptor;
c é a velocidade do som;
Fd é a mudança na frequência recebida no receptor (efeito de alteração de Doppler); e
Fs é a frequência emitida.

Os transdutores geram um pulso de som no qual a energia se propaga em formato cônico (de, por exemplo, 25° de abertura). Com a passagem do som pela água, parte dele é refletido em todas as direções por partículas em suspensão; outra parte do som é refletida de volta ao transdutor onde o receptor e os processadores eletrônicos medem a frequência recebida e o efeito de alteração de Doppler. Posteriormente, os processadores eletrônicos quantificam a velocidade da água ao longo do eixo de propagação do som (DNAEE, 1984).

Para produzir o perfil de velocidades de um curso d'água, o ADCP faz leituras do retorno do sinal em diferentes intervalos de tempo. Para saber qual é a profundidade total do curso d'água é necessário apenas identificar o sinal de retorno de maior intensidade. Este perfil de velocidades pode ser configurado para qualquer intervalo, por exemplo 1 m ou 10 m, sendo que, geralmente, este tipo de sensor tem a capacidade de atingir até

100 m de profundidade, dependendo de sua configuração (de fábrica).

6.4 Medida do nível d’água

Como visto anteriormente, a medição direta da vazão é tarefa trabalhosa, cara e inviável de ser realizada todos os dias em uma rede de postos fluviométricos. Entretanto, como existe uma correlação entre o nível d'água de um rio e sua vazão, estabelece-se uma rotina de medição diária do nível d'água, que posteriormente será transformado em vazão.

6.4.1 Réguas linimétricas

Rios de porte de médio a grande geralmente drenam bacias de tempo de concentração longo. Dessa forma, para se caracterizar a variação do nível d'água nesses rios, bastam 2 medições diárias. No Brasil, essas medições são realizadas às 7:00 e às 17:00 horas, por meio da leitura de uma *régua linimétrica* instalada na margem (Figura 6.5).

Essas réguas, com escala em cm, têm 1 ou 2 metros de comprimento e são feitas de madeira laqueada ou aço inoxidável. Quando a variação do nível ultrapassa 1 ou 2 metros, utilizam-se várias réguas em série instaladas no barranco (Figura 6.5). É sempre conveniente que o zero da régua esteja relacionado a um RN local para que os valores de nível d'água possam ser utilizados em mapas planialtimétricos ou para que uma nova régua possa ser instalada a contento, em caso de perda devido à correnteza.

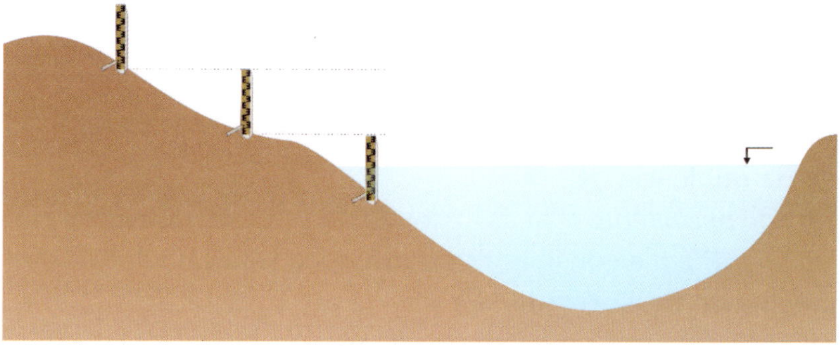

Figura 6.5 *– Réguas linimétricas instaladas em série.*
Fonte: *Elaborada pelos autores.*

6.4.2 Linígrafos

Bacias pequenas experimentais, principalmente as urbanizadas ou com declividade média forte, têm o tempo de concentração pequeno. Desta forma, duas medições diárias não são suficientes para caracterizar com precisão as ondas de cheia e de recessão do rio. Nesse caso, é indispensável o uso de um aparelho que grave as oscilações do nível d'água ao longo do tempo; esse aparelho é o *linígrafo*.

Existem, basicamente, três tipos de linígrafos: os de boia, os pneumáticos e os de célula de pressão; na Figura 6.6 está esquematizado um linígrafo de boia.

Figura 6.6 *– Esquema de um linígrafo de boia de eixo horizontal.*
Fonte: *Elaborada pelos autores.*

O *linígrafo de boia* é um aparelho antigo que transforma as oscilações verticais do nível da água em um movimento de rotação de uma haste ranhurada, por meio de uma polia. Esta haste, por sua vez, aciona o movimento de translação de uma pena que grafa o nível d'água no linigrama; este é colocado sobre um tambor, que se movimenta por meio de um instrumento de relojoaria (*R*).

O *linígrafo pneumático* é mais apropriado para barrancas de rio suaves, nas quais seja difícil a construção de um poço tranquilizador. Neste caso, uma mangueira pressurizada se estende até o meio do rio, e lá permanece, borbulhando ar ou nitrogênio. A pressão hidrostática proporcionada pela carga hidráulica do rio é lida por um manômetro e grafada em um linigrama.

O *linígrafo de célula de pressão* dispõe de um diafragma como elemento sensível, de forma que é capaz de medir a carga hidráulica (ou a pressão absoluta) sobre o ponto de instalação. Subtraindo-se a profundidade do diafragma do linígrafo da carga hidráulica sobre o diafragma, obtém-se a profundidade da água desejada.

Estes três tipos de aparelho têm autonomia variada, para diferentes números de dias, e podem armazenar os resultados em papel, data-logger ou transmiti-los via rádio. Em SP, os linígrafos instalados pelo DAEE geralmente tem autonomia de seis meses.

6.5 Curvas-chave

As *curvas-chave* relacionam a vazão medida diretamente no curso d'água com a altura do nível d'água. Elas são obtidas no início da operação do posto fluviométrico, realizando-se uma série de visitas ao posto, quando se mede a vazão diretamente com molinete e o respectivo nível da água. Geralmente se considera que são necessários um mínimo de 6 ou 7 pontos para se elaborar uma curva-chave. As curvas podem ser expressas na forma de gráficos, equações (Figura 6.7) ou tabelas.

Figura 6.7– *Curva-chave ajustada a uma equação do tipo potência.*
Fonte: *Elaborada pelos autores.*

Dentre as equações mais usadas para o ajuste (potencial, polinomial e logarítmica) a potencial é uma das mais utilizadas. Para realizar o ajuste, arbitra-se um valor para ho e obtém-se *K* e *N* por regressão do tipo potência. Em seguida arbitra-se outro valor para ho, e assim sucessivamente, até que se possa escolher aquele ajuste que forneceu o maior coeficiente de determinação (R^2).

Uma vez determinada a curva-chave de um posto, as medições realizadas pela equipe de hidrometria podem ser espaçadas ou mesmo suspensas e inicia-se a operação independente do posto: os valores de nível (h), lidos duas vezes ao dia, são transformados em vazão pela equação de ajuste, ou seja, a curva-chave.

Com o passar dos anos (em média de 5 a 6) pode ocorrer erosão ou sedimentação na calha, sendo necessário, portanto, a obtenção de uma nova curva que será utilizada por mais um período no futuro. Assim, os elementos fundamentais para o funcionamento de um *posto fluviométrico* são: seção de medição, régua linimétrica e curva-chave.

No Estado de São Paulo, existem redes de postos fluviométricos mantidas por diferentes entidades, como a ANA (Hidroweb), o DAEE/CTH, a ANEEL e por algumas empresas de saneamento como a SABESP, por exemplo.

6.6 Características desejáveis para a localização de um posto fluviométrico

a) *Evitar curvas:* nas curvas do rio, o nível da água na parte externa da curva aumenta ligeiramente em relação ao nível da parte interna, diminuindo o R^2 da curva-chave.

b) *Preferir seções estreitas e profundas:* para um certo erro de leitura vertical Δh, as seções largas e rasas acarretam um maior erro na respectiva vazão do que as estreitas e profundas.

c) *Preferir seções sem extravasamento*: é comum se extrapolar a parte superior da curva chave para a obtenção de vazões de cheia (utiliza-se um método baseado na equação de Chezy para tal); se o rio extravasa fora da calha, a extrapolação conterá um erro grande, pois há uma modificação do formato da calha que não foi prevista pela curva.

d) *Evitar corredeiras:* os molinetes comuns operam em uma faixa de velocidade de 0,30 a 1,20 m s^{-1}. A presença de corredeiras exige métodos mais complexos de medição.
e) *Evitar zonas de remanso:* posições sujeitas a remanso, como trechos à montante de barragens ou a montante de entrada de outros rios no rio principal, podem ter uma variação de nível mesmo com a vazão mantida constante, o que conduz a um erro.

6.7 Vazões de interesse hidrológico e seus métodos de determinação

As principais vazões de interesse hidrológico são *as altas, as baixas e as médias*. Conforme o tamanho da série de dados medidos de vazão, o DAEE-SP recomenda diferentes procedimentos de obtenção dessas vazões:

6.7.1 Vazão máxima

É fundamental para o dimensionamento de estruturas *de controle de águas* naturais como travessias (bueiros, aduelas e pontilhões), vertedores, galerias de águas pluviais, terraços agrícolas, entre outras. O estudo das vazões máximas na região SE do Brasil utiliza o ano hidrológico, que vai de 1 de outubro de um ano a 30 de setembro do ano posterior, de modo a englobar o período chuvoso em um único ano.

a) Se o número de dados da série > 25 anos → análise estatística dos dados medidos.
b) Se o número de dados da série > 10 e < 25 anos → método Gradex (método semiempírico idealizado na França).
c) Se o número de dados da série >3 e <10 anos → método baseado no Hidrograma Unitário.
d) Se o número de dados da série < 3 anos ou inexistente → método chuva-vazão não calibrado (Ex: Racional, I-Pai-Wu, Mac Math, Hidrógrafas Unitárias Sintéticas, etc.).
e) Evitar fórmulas antigas totalmente empíricas (Ex: Meyer, Cook, Creager, Iskowsky, etc.).

6.7.2 Vazão mínima

É importante para os *projetos de captação a fio d'água*, pois segundo a Lei Federal nº 9.433/1997, as captações só são legais após serem providenciadas as outorgas, que garantem ao usuário o uso de uma fração da vazão mínima de referência. O estudo das vazões baixas na região SE utiliza o ano civil normal, de modo a englobar a estação seca em um único ano.

As principais vazões mínimas de referência são a Q7,10, a Q95 e a Q90, que são conceituadas a seguir:

Q7,10 → é a vazão média, mínima de 7 dias consecutivos, com um período de retorno de 10 anos (é a vazão mínima de referência usada nos rios estaduais de SP, MG e ES, por exemplo).

Q95 → é a vazão que se espera que ocorra maior ou igual em 95% do tempo (é a vazão mínima de referência dos rios federais). É, também, muito usada pelo setor hidrelétrico para o dimensionamento de turbinas. No Estado de São Paulo, as Q95 representam, em média, 50% a mais de vazão que as Q7,10.

Q90 → é a vazão que se espera que ocorra maior ou igual em 90% do tempo (é a vazão mínima de referência utilizada nos rios de alguns Estados do NE).

Exemplo de determinação direta da Q95 e Q90

A tabela a seguir apresenta 10 anos da série histórica de vazões médias mensais do Rio Piracicaba, medidas no posto de Artemis - SP. Com o objetivo de desenhar a curva de permanência, e estimar Q90, Q95 e a vazão média específica, proceder da seguinte forma:

1) Elaborar uma coluna com os meses/anos em uma planilha eletrônica;
2) Digitar os 120 dados de vazão em uma segunda coluna;
3) Copiar os dados de vazão para uma terceira coluna explicá-los em ordem decrescente;
4) Elaborar uma quarta coluna com os números de ordem *m* (de 1 a 120);
5) Calcular as respectivas probabilidades de ocorrer maior ou igual em uma quinta coluna, em que n = 120;
6) Plotar as vazões da terceira coluna (eixo Y) em função das

probabilidades da quinta coluna (eixo X) em um gráfico de dispersão;

7) Achar o valor de Q90 e Q95 interpolando linearmente os valores na terceira e quinta colunas.
8) Dividir a média dos 120 dados pela área de drenagem do posto para achar a vazão média específica de longo período (expressá-la em L s^{-1} km-^{2}).

A curva de permanência das vazões é uma curva que indica as vazões medidas com o tempo de ocorrência ≥. Geralmente ela é feita com dados médios mensais, como no exemplo que se segue. Entretanto, pode também ser feita com dados diários de vazão, o que a torna mais precisa. A vazão diária nos postos do DAEE em SP é dada pela seguinte expressão:

$$Q_{\text{diária}} = \frac{Q7\text{horas} + Q17\text{horas}}{2} \tag{6.4}$$

em que:
$Q_{diária}$ - vazão diária, $m^3\ s^{-1}$;
Q_{7horas} - vazão medida às 7 horas da manhã, $m^3\ s^{-1}$; e
$Q_{17horas}$ - vazão medida às 17 horas, $m^3\ s^{-1}$.

Posto 4D-007

Rio Piracicaba. Descarga média mensal (valores em $m^3 s^{-1}$)

Nome do posto: Artemis

Código do Posto: 4D-007, Piracema: #9

Latitude 22°41′ Sul; Longitude 47°47′ Oeste

Área de Drenagem: 11040 km^2

	Jan	Fev	Mar	Abr	Mai	Jun	Jul	Ago	Set	Out	Nov	Dez
1944	136,40	141,41	247,27	113,94	79,52	63,89	56,79	42,12	36,76	93,40	107,54	121,81
1945	84,69	231,51	111,95	85,50	61,28	138,53	104,07	61,47	51,06	39,41	87,16	63,59
1946	372,06	298,61	233,39	159,16	103,42	98,28	101,04	66,02	50,73	47,75	140,50	160,42
1947	288,68	390,30	422,50	198,88	148,53	118,93	105,97	90,46	110,39	78,27	73,17	87,50
1948	282,83	361,66	326,74	203,06	145,00	116,12	94,47	84,43	63,09	114,61	100,77	252,31
1949	138,57	230,14	168,70	134,68	91,32	78,25	59,36	34,85	25,99	62,98	88,04	88,58
1950	260,02	556,77	412,26	229,90	152,97	123,19	103,97	75,24	66,28	34,32	56,33	220,65
1951	370,42	365,29	341,82	186,67	121,96	103,12	88,21	81,82	69,87	88,90	110,06	176,11
1952	156,30	305,36	292,44	153,50	99,76	121,51	85,69	70,34	67,84	68,45	108,44	130,57
1953	97,00	84,34	80,91	102,14	69,11	65,18	53,58	49,57	48,99	70,43	86,92	73,40

Fonte: *Elaborada pelos autores.*

Resposta:

- $Q_{média} = 135{,}2\ m^3\ s^{-1}$
- $Q_{média\ específica} = 12{,}2\ L\ s^{-1}\ km^{-2}$
- $Q90 = 51{,}0\ m^3\ s^{-1}$
- $Q95 = 42{,}1\ m^3\ s^{-1}$

Curva de Permanência

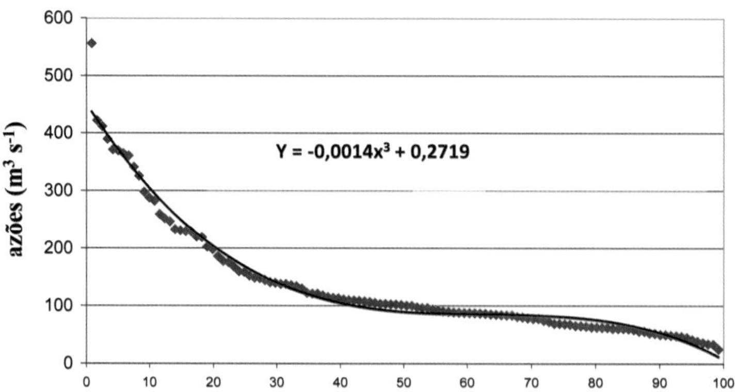

Fonte: *Elaborada pelos autores.*

Em vez de se ajustar à Curva de Permanência a um modelo cúbico, como mostra a figura anterior, para um maior rigor, recomenda-se o ajuste à distribuição de Weibull no ramo à direita (mínimas), e à distribuição de Log Pearson III ou Gumbel no ramo à esquerda (máximos). Esses ajustes serão apresentados no Capítulo 10 deste texto.

Segundo o DAEE-SP, a sugestão quanto ao método de determinação das vazões mínimas é a seguinte:

a) Se o número de anos da série histórica > 3 → análise estatística de evento extremo;
b) Se o número de anos da série histórica < 3 ou for inexistente → método de regionalização das vazões.

6.7.3 Vazão média

A *vazão média de longo período* é importante pois fornece o potencial hídrico superficial total da bacia.

Para a sua estimativa, as recomendações do DAEE-SP são as seguintes:

a) Se a série de dados medidos > 3 anos → tirar a média dos valores diários de vazão;
b) Se a série de dados medidos for < 3 anos ou inexistente → usar um método de regionalização das vazões.

A vazão média fornece uma segunda informação muito importante, que pode ser entendida visualizando-se o gráfico na Figura 6.8:

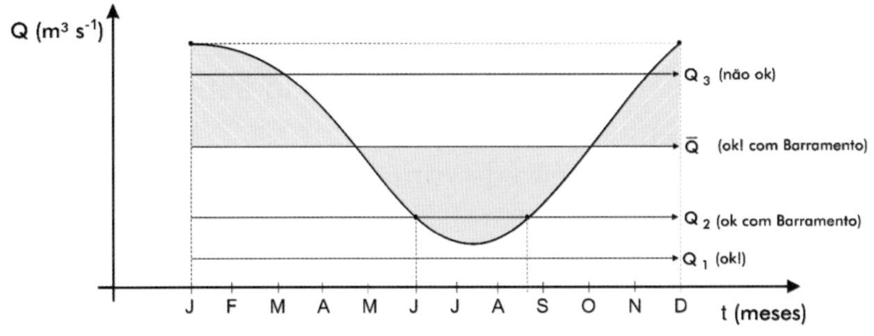

***Figura 6.8** – Contraste entre um fluviograma teórico de um rio e as vazões de demanda contínua, em que Q1 pode ser captada a fio d'água, Q2 e Qmédia só podem ser captadas com barramento, e Q3 não pode ser atendida nem com um barramento.*
***Fonte:** Elaborada pelos autores.*

A curva apresentada na Figura 6.8 está representando a variação das vazões de um rio ao longo de um ano, e as retas representam vazões de demanda constantes.

A vazão de demanda Q1 pode ser captada constantemente ao longo do ano, pois é menor do que a menor vazão do rio.

A vazão de demanda Q2 pode ser captada constantemente ao longo do ano, desde que se construa um reservatório, pois de junho a meados de agosto há um déficit de água. Esse reservatório pode ser enchido com a água que sobra do período chuvoso.

A vazão Q3 não pode ser captada continuamente, nem mesmo com a construção de um reservatório, pois não há sobras no período chuvoso suficientes para enchê-lo.

A vazão Qmédia de longo período representa, então, teoricamente, *a maior vazão possível de ser extraída com barramento* (volume correspondente a área acima de Qmédia igual ao volume correspondente a área a baixo de Qmédia). Na prática, como será visto posteriormente, para o barramento não ficar excessivamente grande e caro, esse valor varia de 50% a 70% da Qmédia.

6.8 Regionalização das variáveis hidrológicas

O termo "regionalizar" em Hidrologia tem o significado de "transferir dados"; ou seja, visando um melhor aproveitamento da malha hidrométrica, transferem-se dados de pontos onde há um posto fluviométrico instalado para pontos onde não há (RAO; SRINIVAS, 2006; SADRI; BURN, 2011). A *regionalização*, portanto, consiste de uma série de técnicas e ferramentas que permitem explorar/extrapolar ao máximo as informações existentes nos postos monitorados.

Esse processo pode ser feito de várias formas. Nesse texto serão abordados dois desses métodos.

6.8.1 Método baseado na vazão específica

É o mais simples dos métodos; geralmente é aplicado pelo próprio engenheiro que está realizando o estudo hidrológico da obra. Recomenda-se que as bacias envolvidas não sejam três vezes maior, uma do que a outra. Em sua aplicação, podem-se estabelecer quatro casos:

CASO 1: a seção de interesse está localizada a montante de um posto com vazão conhecida (Figura 6.9).

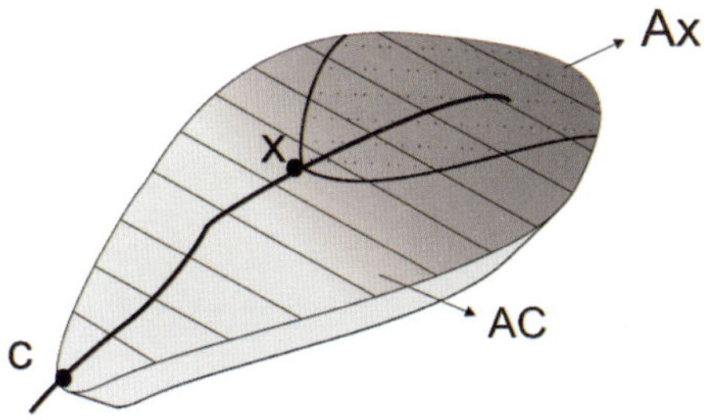

Figura 6.9 *- Transferência da vazão medida em C para o ponto x.*
Fonte: *Elaborada pelos autores.*

A *vazão específica* (qc) será calculada por:

$$qc\ (L\ s^{-1}\ km^{-2}) = \frac{Qc(L\ s^{-1})}{Ac\ (km^2)}$$

A vazão desejada (Qx) será dada por:

$$Qx\ (L\ s^{-1}) = qc\ (L\ s^{-1}\ km^{-2})\ x\ Ax\ (Km^2) \quad \therefore \quad Qx = \frac{Qc}{Ac}\ .\ Ax \quad (6.5)$$

CASO 2: a seção de interesse está localizada entre 2 pontos de vazão conhecida (Figura 6.10).

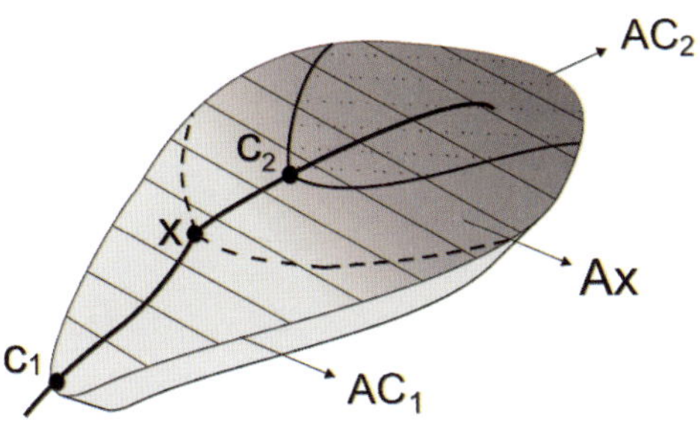

Figura 6.10 *- Estimativa da vazão em x em função das vazões conhecidas em 1 e em 2.*
Fonte: *Elaborada pelos autores.*

Utilizando raciocínio semelhante ao usado no primeiro caso, obtém-se:

$$Qx = Qc2 + \frac{(Qc1 - Qc2)}{(Ac1 - Ac2)} (Ax - Ac2) \tag{6.6}$$

CASO 3: seção de interesse localizada a jusante de um posto de vazão conhecida (Figura 6.11).

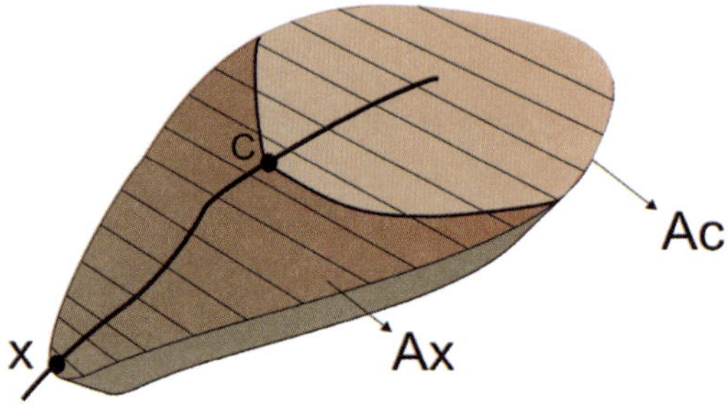

Figura 6.11 *– Transferência da vazão conhecida do ponto C para o ponto desconhecido x.*
Fonte: *Elaborada pelos autores.*

Nesse caso utiliza-se a mesma expressão apresentada no CASO 1, ou seja:

$$Qx = Ax \, . \, \frac{Qc}{Ac} \tag{6.7}$$

CASO 4: a seção de interesse está situada em um canal afluente, cuja foz está entre dois postos fluviométricos de um canal de ordem superior (Figura 6.12).

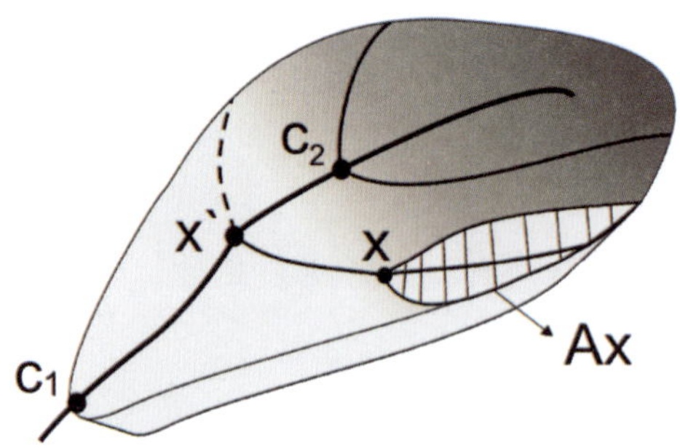

Figura 6.12 *– Transferência das vazões dos pontos em que ela é conhecida (1 e 2) para o ponto x', e em seguida, de x' para o ponto de interesse x.*
Fonte: *Elaborada pelos autores.*

Aplica-se, inicialmente a expressão do CASO 2 para obter-se a vazão em x′ e, na sequência, a expressão do CASO 1 para obter-se a vazão em x.

$$Qx' = Qc2 + \frac{(Ax' - Ac2)}{(Ac1 - Ac2)}(Qc1 - Qc2) \qquad (6.8)$$

$$Qx = Qx' . \frac{Ax}{Ax'} \qquad (6.9)$$

6.8.2 Método baseado na regressão múltipla

Esse método geralmente é desenvolvido por instituições de pesquisa e por universidades, devido ao fato de ser bem mais trabalhoso que o anterior, tendo em vista que é aplicado para grandes regiões (TUCCI, 2002). Como exemplo desse método será apresentada, nesse material, a *Regionalização das Variáveis Hidrológicas para o Estado de São Paulo* (LIAZI *et al.*, 1988). Para executar esse trabalho foram utilizados dados de 444 postos pluviométricos e 307 postos fluviométricos do Estado de São Paulo. A experiência do DAEE com o cálculo de vazões específicas em diferentes localidades do Estado entre as décadas de 1940 a 1980 permitiu que este fosse dividido em 21 regiões hidrologicamente semelhantes, como é apresentado na Figura 6.14. Hoje em dia esse procedimento é muito facilitado com *Análise de Agrupamento (Cluster)*.

Explicando de uma forma bastante resumida, na Figura 6.13 está esquematizada uma dessas regiões, com 4 postos fluviométricos e vários postos pluviométricos. Inicialmente calcula-se a vazão média de longo período para cada um dos 4 postos e divide-se pela área de contribuição de cada posto, obtendo-se 4 vazões médias específicas ($Qm\ específica = \frac{Qm}{A}$).

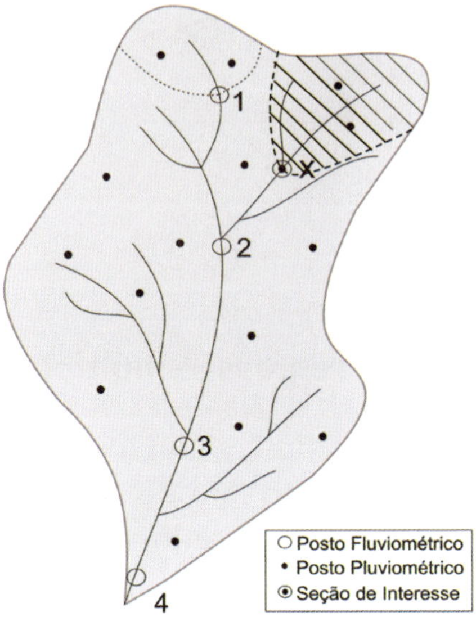

Figura 6.13 *– Região hidrologicamente homogênea com 4 postos fluviométricos e vários postos pluviométricos.*
Fonte: *Elaborada pelos autores.*

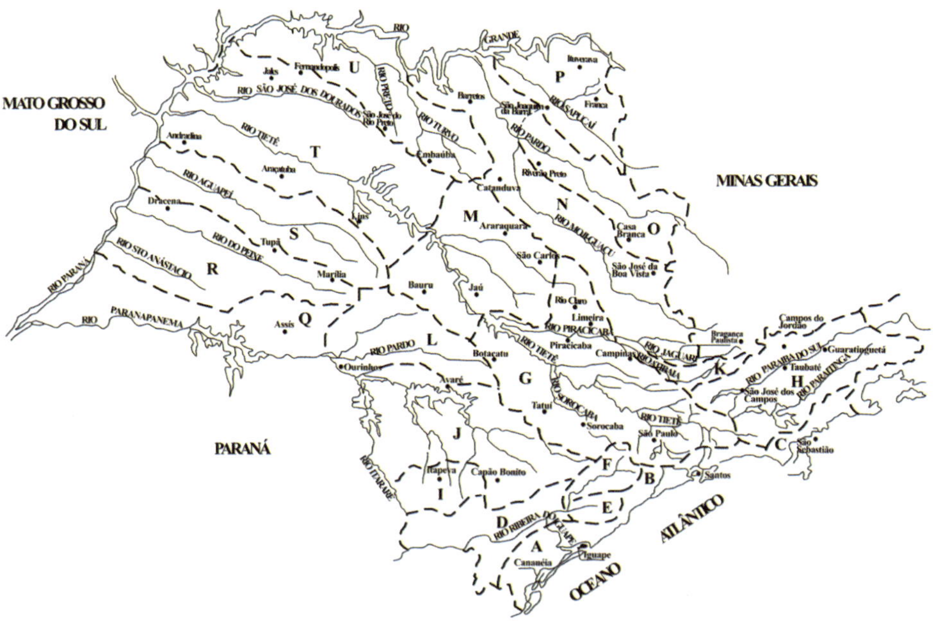

Figura 6.14 *– Vinte e uma regiões hidrologicamente homogêneas utilizadas na Regionalização do Estado de São Paulo.*
Fonte: *LIAZI et al (1988).*

Em seguida, procura-se correlacionar essas vazões médias específicas com variáveis fisiográficas que possam explicá-las, ou seja:

Qm específica 1 : P1, Dd1, L1, Ieq1, Kc1, ...
Qm específica 2 : P2, Dd2, L2, Ieq2, Kc2, ...

em que:
Q m específica - vazão média específica, L s^{-1} km^{-2};
P - precipitação total anual, mm ano^{-1};
Dd - densidade de drenagem, km km^{-2};
L - comprimento do talvegue, km;
Ieq - declividade média equivalente do talvegue, m km^{-1}; e
Kc - coeficiente de compacidade, adimensional.

Na sequência, faz-se uma *regressão multivariada,* por meio da qual se procura correlacionar a vazão média específica (variável dependente) com as variáveis citadas a cima (variáveis independentes), ou seja:

$$\text{Q média específica} = f\,(P, Dd, L, Ieq, Kc, ...) \tag{6.10}$$

Existem vários tipos de modelo de equações que podem ser utilizados nessa etapa. A seguir são citados alguns:
Modelos de regressão múltipla mais usados para regionalização

1) Modelo Linear

$$Qmesp = a + b.P + c.Dd + d.L + e.Ieq + f.Kc + ... \tag{6.11}$$

2) Modelo Potencial

$$Qmesp = a.P^{b}.Dd^{c}.L^{d}.Ieq^{e}.Kc^{f} ... \tag{6.12}$$

3) Modelo Exponencial

$$Qmesp = e^{(a+b.P+c.Dd+d.L+e.Ieq+f.Kc...)} \tag{6.13}$$

4) Modelo Logarítmico

$$Qmesp = a + b.LnP + c.LnDd + d.LnL + e.LnIeq + f.LnKc + ... \quad (6.14)$$

5) Modelo Recíproco

$$Qmesp = (a + b.P + c.Dd + d.L + e.Ieq + f.Kc + ...)^{-1} \quad (6.15)$$

Em que *P* é a precipitação total anual, *Dd* é a densidade de drenagem, *L* é o comprimento axial da bacia, *Ieq* é a declividade média harmônica da bacia e *Kc* é o coeficiente de compacidade da bacia. As letras a, b, c, d, e, f, etc., são os parâmetros da regressão.

No caso da Regionalização de SP, optou-se pelo modelo linear (6.11) e realizou-se uma *análise estatística* para se verificar qual dos coeficientes utilizados no modelo era, realmente, importante (significativo), obtendo-se:

$$Qmesp = a^* + b^*.P + c^{ns}.Dd + d^{ns}.L + e^{ns}.Ieq + f^{ns}.Kc + ... \quad (6.16)$$

Em que * = significativo; ns = não significativo.

Assim, a expressão que fornece a vazão média específica pela regionalização paulista, ficou reduzida a:

$$Qmesp = a + b.P \quad (6.17)$$

a) Vazão média

Quando se deseja uma estimativa da vazão média de longo período para um ponto X qualquer na bacia (Figura 6.13), basta multiplicar a vazão média específica obtida em (6.17) pela área de contribuição em X, ou seja:

$$Qmédia(L\ s^{-1}) = Qmesp(L\ s^{-1}\ km^{-2}).A\ (km^2) \quad (6.18)$$

A vazão média específica das bacias brasileiras é bastante variável, indo de 2,0 L s^1 km^{-2} no Sertão Nordestino à 30 L s^{-1} km^{-2} na Amazônia. Nas regiões Sul e Sudeste varia, geralmente, de 8 a 25 L s^{-1} km^{-2}, sendo este último valor relativo a rios localizados na Serra do Mar.

Uma vez localizado o ponto X, dentro de uma das 21 regiões paulistas, os parâmetros *a* e *b* podem ser obtidos na Tabela 6.3, apresentada a seguir. Na Figura 6.16 são apresentados valores aproximados de precipitação total anual de longo período (P) para o Estado de São Paulo.

Tabela 6.3 – Parâmetros regionais da Regionalização das Variáveis Hidrológicas do Estado de São Paulo

RG	Média plu (Q)		Valores de XT						Val de A e B		Curvas de Permanência qp															
			Período de Retorno T								Freqüência Acumulada (P [X > x]) em porcentagem															
	a	b	10	15	20	25	50	100	A	B	5	10	15	20	25	30	40	50	60	70	75	80	85	90	95	100
A	-22,14	0,0292	0,708	0,674	0,655	0,641	0,607	0,581	0,3532	0,0398	2,608	2,045	1,618	1,325	1,165	1,093	0,950	0,810	0,693	0,590	0,535	0,498	0,443	0,393	0,348	0,260
B	-29,47	0,0315	0,708	0,674	0,655	0,641	0,607	0,581	0,4174	0,0426	2,150	1,734	1,505	1,366	1,250	1,153	0,994	0,846	0,745	0,640	0,588	0,545	0,498	0,430	0,371	0,165
C	-29,47	0,0315	0,748	0,723	0,708	0,698	0,673	0,656	0,4174	0,0426	2,150	1,734	1,505	1,366	1,250	1,153	0,994	0,846	0,745	0,640	0,588	0,545	0,498	0,430	0,371	0,165
D	-22,14	0,0292	0,708	0,674	0,655	0,641	0,607	0,581	0,5734	0,0329	1,947	1,597	1,394	1,271	1,193	1,111	0,996	0,897	0,820	0,727	0,687	0,646	0,607	0,560	0,510	0,423
E	-22,14	0,0292	0,708	0,674	0,655	0,641	0,607	0,581	0,4775	0,0330	2,142	1,676	1,496	1,372	1,278	1,160	0,960	0,834	0,744	0,664	0,626	0,580	0,546	0,504	0,440	0,358
F	-22,14	0,0292	0,708	0,674	0,655	0,641	0,607	0,581	0,6434	0,0252	1,797	1,533	1,400	1,297	1,232	1,165	1,003	0,905	0,822	0,743	0,715	0,672	0,643	0,598	0,558	0,465
G	-26,23	0,0278	0,632	0,588	0,561	0,543	0,496	0,461	0,4089	0,0332	2,396	1,983	1,664	1,442	1,255	1,121	0,923	0,789	0,679	0,592	0,547	0,506	0,469	0,420	0,363	0,223
H	-29,47	0,0315	0,748	0,723	0,708	0,698	0,673	0,656	0,4951	0,0279	2,089	1,788	1,579	1,389	1,239	1,118	0,957	0,845	0,750	0,664	0,627	0,590	0,538	0,490	0,434	0,324
I	-29,47	0,0315	0,708	0,674	0,655	0,641	0,607	0,581	0,6276	0,0283	1,913	1,538	1,365	1,270	1,173	1,103	0,980	0,895	0,808	0,740	0,705	0,673	0,635	0,585	0,540	0,413
J	-29,47	0,0315	0,708	0,674	0,655	0,641	0,607	0,581	0,4741	0,0342	2,272	1,792	1,526	1,366	1,231	1,125	0,948	0,807	0,715	0,628	0,596	0,566	0,523	0,462	0,414	0,288
K	-26,23	0,0278	0,689	0,658	0,639	0,626	0,595	0,572	0,4951	0,0279	2,089	1,788	1,579	1,389	1,239	1,118	0,957	0,845	0,750	0,664	0,627	0,590	0,538	0,490	0,434	0,324
L	-26,23	0,0278	0,759	0,733	0,717	0,706	0,677	0,654	0,6537	0,0267	1,770	1,517	1,390	1,310	1,225	1,158	1,012	0,915	0,827	0,748	0,717	0,667	0,628	0,583	0,527	0,420
M	-4,62	0,0098	0,759	0,733	0,717	0,706	0,677	0,654	0,6141	0,0257	1,970	1,666	1,468	1,294	1,181	1,096	0,961	0,874	0,790	0,714	0,679	0,646	0,604	0,570	0,516	0,429
N	-26,23	0,0278	0,689	0,658	0,639	0,626	0,595	0,572	0,4119	0,0295	2,396	1,983	1,664	1,442	1,255	1,121	0,923	0,789	0,679	0,592	0,547	0,506	0,469	0,420	0,363	0,223
O	-26,23	0,0278	0,689	0,658	0,639	0,626	0,595	0,572	0,3599	0,0312	2,408	2,010	1,750	1,538	1,346	1,179	0,935	0,775	0,645	0,547	0,505	0,462	0,418	0,374	0,316	0,170
P	-26,23	0,0278	0,619	0,577	0,552	0,535	0,492	0,459	0,3599	0,0312	2,408	2,010	1,750	1,538	1,346	1,179	0,935	0,775	0,645	0,547	0,505	0,462	0,418	0,374	0,316	0,170
Q	-4,62	0,0098	0,633	0,572	0,533	0,504	0,426	0,358	0,6537	0,0267	1,770	1,517	1,390	1,310	1,225	1,158	1,012	0,915	0,827	0,748	0,717	0,667	0,628	0,583	0,527	0,420
R	-4,62	0,0098	0,661	0,629	0,610	0,598	0,568	0,546	0,6141	0,0257	1,940	1,640	1,453	1,320	1,203	1,113	0,967	0,873	0,803	0,713	0,670	0,627	0,577	0,527	0,463	0,340
S	-4,62	0,0098	0,661	0,629	0,610	0,598	0,568	0,546	0,5218	0,0284	2,325	1,823	1,588	1,352	1,188	1,097	0,925	0,810	0,708	0,633	0,598	0,563	0,525	0,488	0,420	0,293
T	-4,62	0,0098	0,661	0,629	0,610	0,598	0,568	0,546	0,4119	0,0295	2,471	2,156	1,751	1,468	1,324	1,109	0,880	0,781	0,674	0,581	0,517	0,481	0,429	0,380	0,316	0,241
U	-4,62	0,0098	0,594	0,518	0,469	0,433	0,330	0,240	0,4119	0,0295	2,471	2,156	1,751	1,468	1,324	1,109	0,880	0,781	0,674	0,581	0,517	0,481	0,429	0,380	0,316	0,241

Fonte: *LIAZI et al. (1988).*

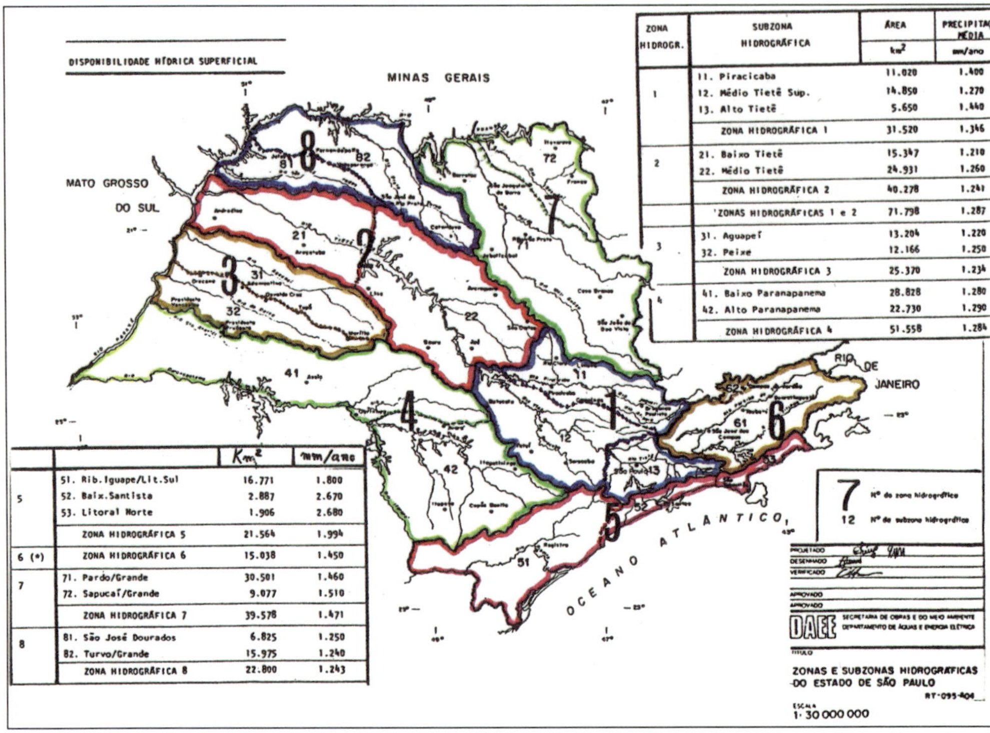

Figura 6.15 – Valores aproximados de precipitação anual em diferentes zonas do Estado de São Paulo.
***Fonte:** CRUCIANI (1987).*

Exemplo 1: Estimar a vazão média de longo período de um ribeirão localizado no município de Araraquara - SP, com uma área de contribuição de 200 km^2.

Resposta:

- Araraquara → Região M (Figura 6.16) → a = - 4,62; b = 0,0098 (Tabela 6.3)

- Araraquara → subzona 2.2 (Figura 6.15) → P = 1.260 mm ano^{-1}

Qmédia específica = a + b.P = - 4,62 + 0,0098 . 1.260 = 7,73 L s^{-1} km^{-2}

Qmédia = 7,73 L s^{-1} km^{-2} x 200 km^2 = 1.546 L s^{-1}

b) Vazões baixas

Procedimentos semelhantes ao utilizados para se regionalizar a vazão média foram usados para as mínimas, fornecendo as expressões:

$$Q95 = q95 \,.\, Qmédia \tag{6.19}$$

$$Q90 = q90 \,.\, Qmédia \tag{6.20}$$

$$Q7{,}10 = C7{,}m \,.\, XT10 \,.\, (A+B) \,.\, Qmédia \tag{6.21}$$

Os parâmetros q95, q90, XT10, A e B também podem ser obtidos na Tabela 6.3. O parâmetro C7, m é obtido no mapa esquematizado na Figura 6.16.

Exemplo 2: Calcular Q95, Q90 e Q7,10 para o ribeirão do exemplo anterior.

Resposta:

- Araraquara → Região M (Tabela 6.3) → q95 = 0,516; q90 = 0,570; XT10 = 0,759; A = 0,6141; B = 0,0257
- Araraquara → Região Z (Figura 6.16) → C7,m = 0,85

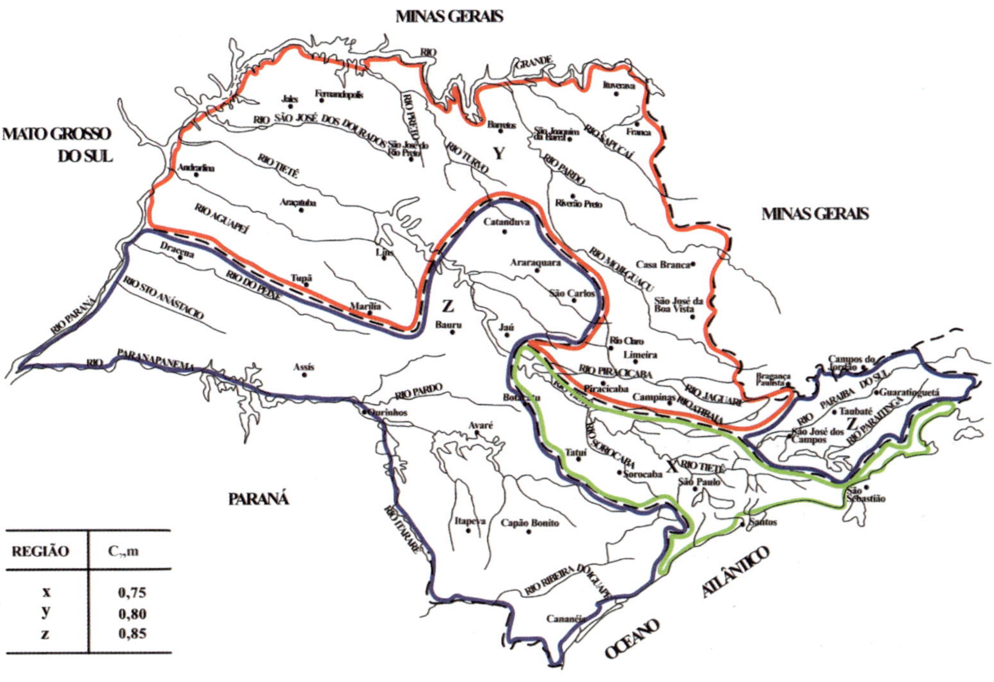

REGIÃO	C7,m
x	0,75
y	0,80
z	0,85

Figura 6.16 - *Distribuição geográfica do parâmetro C7,m usado para a estimativa da Q7,10 pela regionalização paulista.*
Fonte: *LIAZI et al. (1988).*

- Q95 = 0,516 x 1.546 = 797,7 L s^{-1}
- Q90 = 0,570 x 1.546 = 881,2 L s^{-1}
- Q7,10 = 0,85 x 0,759 x (0,6141 + 0,0257)x 1.546 = 638,1 L s^{-1}

Deve ser destacado que Q90 > Q95 > Q7,10.

c) Volume de reservatório

O *volume de água necessário a um barramento de regularização* também pode ser estimado nesse trabalho de regionalização; essa abordagem servirá de introdução ao Capítulo 7. O volume útil de um reservatório para um período de retorno de 10 anos (VR10) é dado pela equação 6.22:

$$VR10 = \frac{[QF - XT10 \,.\, A \,.\, Qmédia]^2}{4 \,.\, XT10 \,.\, B \,.\, Qmédia} \,.\, K \quad (6.22)$$

em que:
VR10 - volume útil do reservatório para um período de retorno de 10 anos, m^3;
QF - vazão firme de regularização (representa a soma da vazão de jusante com a vazão de demanda, mais as perdas por evaporação no lago e por infiltração no maciço), $m^3\ s^{-1}$;
XT10, A, B - coeficientes locais (Tabela 6.3);
Qmédia - vazão média de longo período, $m^3\ s^{-1}$; e
K - número médio de segundos em 1 mês = $\frac{3600 \times 24 \times 365}{12}$

Exemplo 3: Considera-se que o ribeirão do exemplo anterior (Q7,10 = 638 L s^{-1}) está sendo cogitado para uma possível captação para irrigação. Consultado o órgão gestor (DAEE), este libera uma vazão de apenas 10 L s^{-1} para captação a fio d'água, ou seja, supondo não haver usuários a montante, a vazão de jusante deverá ser de 638 - 10 = 628 L s^{-1}.

Imaginando que a vazão de demanda do futuro irrigante seja bem maior (120 L s^{-1}), o DAEE sugere que este construa um barramento para regularizar uma vazão firme QF ≈ 628 + 120 = 748 L s^{-1} (desprezando as perdas). Qual deverá ser o volume útil do barramento?

$$VR10 = \frac{[QF - XT10 \,.\, A \,.\, Qmédia]^2}{4 \,.\, XT10 \,.\, B \,.\, Qmédia} \times K = \frac{[0{,}748 - 0{,}759 \times 0{,}6141 \times 1{,}546\,]^2}{4 \times 0{,}759 \times 0{,}00257 \times 1{,}456} \times \frac{3600 \times 24 \times 365}{12} \therefore$$

$$VR10 = 16.363{,}9\ m^3$$

Tendo em vista que haverá perdas por evaporação no reservatório, é comum se utilizar no Estado de São Paulo um acréscimo de 20%, ou seja:

$$VR10 \text{ prático com folga} = 16.363{,}9 \times 1{,}20 = 19.636{,}7\ m^3$$

Apenas para dar um valor de ordem de grandeza do volume calculado anteriormente, considerando a hipótese de o reservatório ter paredes relativamente verticais e uma profundidade média de 3,5 metros, a área do seu espelho hidráulico será $\frac{19.636{,}7\ m^3}{3{,}5\ m} = 5.610{,}5\ m^2 \approx 0{,}56$ ha.

Exemplo 4: Repetir o exemplo 3, considerando P = 1374 mm ano^{-1} e todas as outras variáveis iguais.

Resposta:
Qmédia = 1,769 $m^3\ s^{-1}$
Q90 = 1,008 $m^3\ s^{-1}$
Q95 = 0,913 $m^3\ s^{-1}$
Q7,10 = 0,730 $m^3\ s^{-1}$
QF = 0,840 $m^3\ s^{-1}$
VR10 = 4.554,1 m^3 (sem considerar o acréscimo de 20%)

Exemplo 5: Acessar o software *Regionalização Hidrológica* no seguinte site:

→ www.daee.sp.gov.br
→ Regionalização Hidrológica → Download de SIGRH2001.zip → _ISDEL.EXE → Meu computador → unidade C: → Pasta DAEE → Pasta BCDAEE → rodar BcDAEE2000.exe

Repetir o **exemplo 4**, considerando as seguintes coordenadas geográficas:
Latitude: 21° 45′
Longitude: 48° 15′

Resposta: O software espacializa as precipitações totais anuais do Estado de São Paulo. As coordenadas dadas a cima fornecem uma precipitação de 1.374 mm ano^{-1}, de modo que o resultado do exemplo 5 será exatamente o mesmo daquele calculado manualmente no exemplo 4.

Ao se utilizar o software é necessário se corrigir o valor de QF e clicar em recalcular, pois o valor inicial que o programa fornece refere-se a QF = 0,50 x Qmédia.

Se forem calculados os valores de volume do reservatório para valores de vazão firme de regularização (QF) maiores, pode-se construir o gráfico apresentado na Figura 6.17. Esse gráfico é chamado de *curva de regularização*, e indica que aumentando-se VR, o aumento em QF não é linear, tendendo mais a uma equação de segundo grau ou do tipo potência. Isto indica que, para se conseguir aumentar sucessivamente a QF, os valores de VR crescem muito. Daí recomendar-se que QF deva ser no máximo igual a de 50 a 70% da Qmédia, o que visa prevenir que VR se torne excessivamente grande e o barramento muito caro. A Figura 6.17 foi construída para um período de retorno de 10 anos (90% de garantia de atendimento). Caso fossem calculados os VR para períodos de retorno de 20 e 100 anos (95 e 99% de garantia), ter-se-ia uma família de curvas de regularização, para diferentes *níveis de segurança* (ver Capítulo 7).

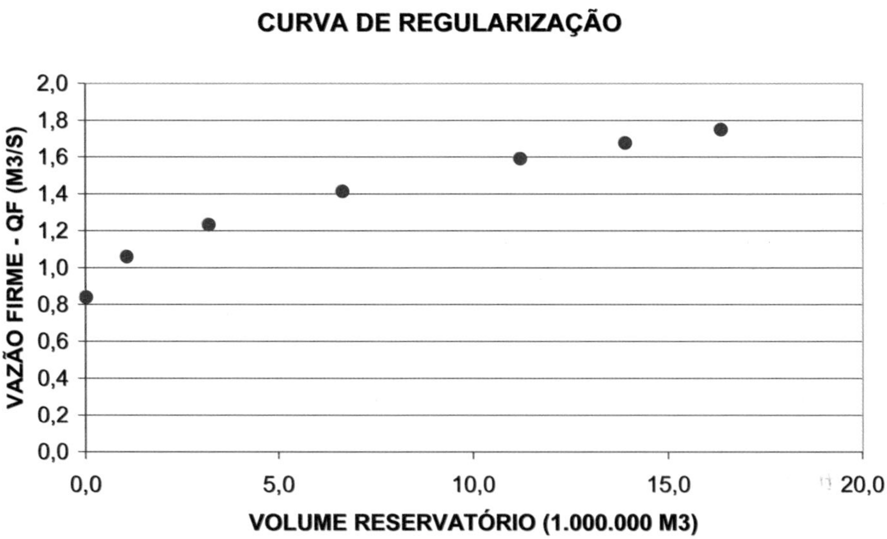

***Figura 6.17** – Aumento do volume do reservatório necessário para regularizar vazões firmes sucessivamente crescentes.*
***Fonte:** Elaborada pelos autores.*

Wolff (2012) reavaliou a Regionalização Hidrológica do Estado de São Paulo e obteve uma concordância muito boa desta com seus resultados. A experiência do DAEE tem revelado que se erra mais quando a regionalização é aplicada a pequenas bacias (< 50 km^2), pois estas tendem a apresentar uma heterogeneidade maior.

Exemplo 6: Um barramento de 2,26 ha de espelho d'água e cerca de 3,5 m de profundidade média tem uma área de contribuição de 141,5 ha e está localizado perto da cidade de Angatuba, ao sul do Estado de São Paulo; as coordenadas geográficas medidas próximas ao centro da bacia são 23° 31′ 22,41″ S e 48° 33′ 58,34″ W.

Sabendo-se que:

* A vazão firme de regularização máxima será considerada igual a 60% da Qmédia (critério prático do DAEE);
* Considerar as perdas (evaporação e percolação do maciço) como 5% de Qmédia;
* A vazão a ser mantida a jusante será de 75% da Q7,10;
* Pretende-se atender a 2 pivôs rebocáveis com área total de 60 ha;
* A vazão específica real da bomba será considerada igual a 1,0 L s^{-1} ha^{-1};
* Pretende-se irrigar 20 horas por dia, 15 dias por mês e 6 meses por ano com a água deste barramento.

Pede-se:

1) Calcular a vazão contínua de demanda máxima que pode ser atendida pela microbacia.
2) Verificar se os 2 pivôs poderão ser atendidos.
3) Discutir se o aumento da altura da barragem será uma prática recomendada.

Solução:

1) A equação de regularização do barramento será dada por:

$QF = Qdemanda + Qjusante + Perdas$

$QF = Qdemanda + Qjusante + 0{,}05 \, . \, Qmédia$

Considerando que QF = 0,60 . Qmédia e que Qjusante = 0,75 . Q7,10, vem que:

$$0{,}60\ \text{Qmédia} = \text{Qdemanda} + 0{,}75\ .\ \text{Q7,10} + 0{,}05\ \text{Qmédia} \qquad (6.23)$$

Entrando-se no software do DAEE-SP com as coordenadas geográficas da bacia e com a área da bacia, obtém-se Qmédia= 11 L s^{-1}e Q7,10 = 3 L s^{-1}. Substituindo-se esses valores em 4.23, tem-se que:

$$\text{Qdemanda Max} = 0{,}60\ .\ 11 - 0{,}05\ .\ 11 - 0{,}75\ .\ 3 = 3{,}8\ \text{L s}^{-1}$$

Entenda-se que 3,8 L s^{-1} é a maior vazão possível de ser captada na bacia de forma contínua (24 horas dia^{-1} e 365 dias ano^{-1}).

2) No Capítulo 7 será visto que a vazão contínua pode ser dada pela expressão 6.24, ou seja:

$$\text{Qcontínua (L s}^{-1}) = \text{Qbomba x } \frac{n^o\text{horas por dia}}{24\text{ horas}} \text{ x } \frac{n^o\text{dias por mês}}{30\text{ dias}} \text{ x } \frac{n^o\text{meses por ano}}{12\text{ meses}} \qquad (6.24)$$

Assim:

$$3{,}8 = \text{Qbomba x } \frac{20}{24} \text{ x } \frac{15}{30{,}417} \text{ x } \frac{6}{12} \quad \therefore \quad \text{Qbomba} = 18{,}49\ \text{L s}^{-1}$$

Como a vazão específica necessária a bomba é de 1,0 L s^{-1} ha^{-1}, conclui-se que só poderão ser irrigados 18,49 ha, ou seja, não poderá ser irrigado nem 1 pivô completo, ao longo dos anos, sustentavelmente.

3) O volume real do açude é de 2,26 ha x 10.000 m^2 ha^{-1} x 3,5 m **=79.100 m^3.**

A vazão firme de regularização foi apresentada como:

$$\text{QF} = 0{,}60\ .\ \text{Qmédia} = 0{,}60\ .\ 11 = 6{,}6\ \text{L s}^{-1}$$

Entrando com QF = 6,6 L s^{-1} no software do DAEE e clicando em recalcular, obtém-se:

$$VR10 = \mathbf{19.000\ m^3}$$

Daí verifica-se que, para satisfazer a máxima demanda possível (Qd = 3,8 L s^{-1}) é necessário um reservatório de 19.000 m^3 apenas, ou seja, o açude real (79.100 m^3) tem volume mais do que o suficiente. Assim, conclui-se que não haverá nenhum benefício em aumentar o tamanho do açude, pois a limitação real está na pequena área de contribuição para o açude (área da microbacia hidrográfica).

6.9 Exercícios propostos

a) Em uma medição de vazão realizada com molinete em uma estação hidrométrica foram determinadas as medidas apresentadas na tabela a seguir. Determinar a vazão e a velocidade média na seção.

Distância (m)		0	2	4	6	8	10	12	14	16	18	20	22
Profundidade (m)		0	1,0	4,3	7,2	8,5	7,4	5,6	4,7	3,5	2,1	1,0	0
Velocidade ($m\ s^{-1}$)	0,2p	0	1,4	1,9	2,6	2,9	2,7	2,5	2,3	2,1	1,8	1,5	0
	0,8p	0	0,7	1,2	1,8	2,0	1,9	1,7	1,5	1,3	1,1	1,0	o

Fonte: *PRUSKI et al. (2006).*

Resposta: Q = 180,65 $m^3\ s^{-1}$; Vmédia = Q / A = 180,65 / 89,6 = 2,02 m s^{-1}

b) Um ribeirão localizado na região de Ituverava drena uma bacia **crítica** de 150 Km^2, ou seja, bacia onde já foi outorgado aos usuários mais do que 50% da Q7,10; assim, não são concedidas outorgas para captação a fio d'água. Deseja-se captar uma vazão contínua de 100 L s^{-1} em um ponto onde não há usuários a montante. Pede-se: Qmédia específica, Qmédia, Q90, Q95, Q7,10 e VR10. Calcular manualmente.

Respostas:
Qmédia específica = 15,748 L s^{-1} km^{-2}
Qmédia = 2.362,2 L s^{-1}
Q90 = 883,46 L s^{-1}
Q95 = 746,46 L s^{-1}

$Q7,10 = 457,49\ L\ s^{-1}$

$QF = 557,49\ L\ s^{-1}$

$VR = 16.869,6\ m^3$ (Já com os 20% incluído).

c) Sendo dados:

Área próxima a cidade de Araçatuba (Região Hidrológica T, subzona hidrográfica 2.1);

Área de contribuição = 200 km^2;

Demanda de água total média contínua (para 3 pivôs centrais)= 90 $L\ s^{-1}$;

Vazão outorgada para captação a fio d'água = zero $L\ s^{-1}$ (Bacia crítica);

Profundidade média da bacia hidráulica do barramento = 3,5 m;

Considerar que não há usuários outorgados a montante.

Pede-se: estimar a área do espelho hidráulico do barramento em ha.

Fórmulas:

Qmédia esp ($L\ s^{-1}\ km^{-2}$) = a + b.P

Qmédia($L\ s^{-1}$)= Qmédia específica x Área

$Q_{7,10}(L\ s^{-1})=C_{7,m}\ .\ XT_{10}\ .\ (A+B)\ .\ Qmédia$

$Qjusante = Q_{7,10} - Q$ outorg. capt. fio d'água

QF ≈ Qjusante + Qdemanda

$VR_{10} = \frac{[QF-XT_{10}.A.Qmédia]^2}{4.XT_{10}.B.Qmédia} x \frac{365.24.3600}{12}$ (lembre-se que nesta equação as vazões entram em $m^3\ s^{-1}$ e que VR sai em m^3)

Obs.: multiplicar VR_{10} por 1,20 para considerar as perdas por evaporação.

Resposta: $VR_{10} = 26.540\ m^3$; $VR = 31.848\ m^3$; Área espelho barragem = 0,9 ha.

d) Deseja-se captar 200 $L\ s^{-1}$ em um córrego, cuja área de contribuição é de 350 km^2. Obteve-se, com o DAEE, uma vazão para captação a fio d'água de apenas 20 $L\ s^{-1}$, havendo uma recomendação de barramento, para que os 200 $L\ s^{-1}$ fosse outorgado. Estime a área da superfície do futuro lago da barragem, sabendo-se que:

- Coordenadas obtidas próximas ao centro da bacia → LAT = 21°00'00"; LONG = 49°00'00"
- Considere QF ≈ Qjusante + Qdemanda

- Após o cálculo de VR, dê uma folga de 20% para contabilizar as perdas
- Calcule a área do espelho hidráulico dividindo VR por uma profundidade média do lago de 3,5 m.
- Considere que não há outorgas concedidas a montante.
- Utilize o programa do sítio do DAEE.

Resposta: Área do espelho hidráulico do lago da barragem = 3,02 ha.

e) A Usina São Manoel, localizada no município de São Manoel - SP, está estudando a possibilidade de implementar uma captação alternativa para as suas necessidades, em um ponto de um ribeirão localizado a cerca de 3,5 km da Usina.

Sendo dados:

* Área de captação do ponto escolhido (área da microbacia hidrográfica) = 5.000 ha;
* Coordenadas próximas ao centro da área de captação: LAT = 22^0 40′; LONG = 48^0 40′ (REGIÃO G)
* Demanda da Usina = 600 m^3 h^{-1}, 24 horas dia^{-1}, durante safra estimada em 250 dias ano^{-1}
* Precipitação média anual de longo período para as coordenadas acima = 1.298,3 mm
* Não há outorgas a montante do ponto considerado.
* Como o ribeirão deságua no lago da barragem de Barra Bonita, localizado a poucos quilômetros a jusante do ponto estudado, e sendo este percurso realizado integralmente dentro da propriedade da Usina, pode-se adotar o critério do valor mínimo ($Q_{jusante}$ = 50% . Q7,10).

Pede-se:

1) Verificar se uma captação a fio d'água satisfaz a demanda da Usina.
2) Caso não seja possível, verificar se uma captação com barramento satisfaz a demanda (utilize o critério prático do DAEE que propõe que a máxima vazão de demanda média contínua a ser captada com barramento seja aquela em que QF = 60% Qmédia).

3) Caso seja possível a captação com barramento, estimar o volume útil e a área alagada normal do reservatório (com profundidade média de 3,5 m), fazendo:

QF = Qdemanda média + Qjusante + 0,05 . Qmédia

Observação: como as perdas já estão sendo consideradas na fórmula acima, não há necessidade de se adicionar 20% sobre VR_{10}.

Equações da Regionalização de SP:

Qmédia esp ($L\ s^{-1}\ km^{-2}$) = a + b.P

Qmédia($L\ s^{-1}$)= Qmédia específica x Área

$Q_{7,10}(L\ s^{-1})=C_{7,m} \cdot XT_{10} \cdot (A+B) \cdot$ Qmédia

(lembre-se que nesta equação as vazões entram em $m^3\ s^{-1}$e que VR sai em m^3)

Respostas:

1) Como Qbomba = 0,167 $m^3\ s^{-1}$ > 50%Q7,10 = 0,084 $m^3\ s^{-1}$ a captação a fio d'água não pode ser outorgada.
2) Como QF = 0,218 $m^3\ s^{-1}$< 60%Qmédia = 0,243 $m^3\ s^{-1}$ a captação com barramento é possível.
3) VR = 71.000 m^3.

f) Deseja-se calcular a máxima vazão que pode ser outorgada a fio d'água no ponto X, esquematizado na figura a seguir, segundo o critério paulista (outorgar no máximo 50% da Q7,10, investigando-se a montante e a jusante). As vazões que já têm outorga estão localizadas nos pontos A, B, C, e D, quais sejam:

QA = 10 $L\ s^{-1}$

QB = 20 $L\ s^{-1}$

Qc = 10 $L\ s^{-1}$

QD = 20 $L\ s^{-1}$

Os valores de Q7,10 estimados para o ponto X e para o ponto D são, respectivamente, Q7,10(X)=100 $L\ s^{-1}$ e Q7,10(D)=130 $L\ s^{-1}$.

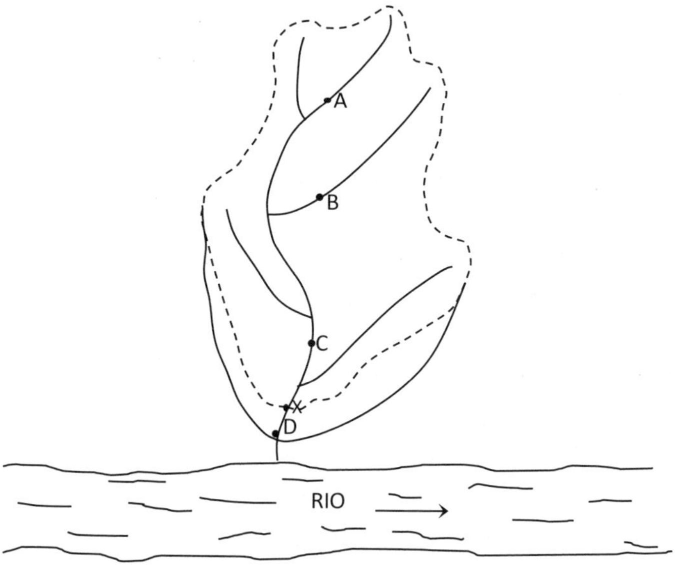

Fonte: *Elaborada pelos autores.*

Resposta: Qout (X) Max = 5,0 L s^{-1}.

g) O Instituto Mineiro de Gestão das Águas (IGAM) estabelecia que, para captações a fio d'água, o máximo permitido era de 30% da Q7,10 (dever-se-ia sempre manter no mínimo 70% da Q7,10 a jusante). Considerando que foram levantados os seguintes valores:

- Q7,10(x) = 300 L s^{-1}
- Q7,10(4) = 400 L s^{-1}
- Qoutorg (1) = 10 L s^{-1}
- Qoutorg. (2) = 30 L s^{-1}
- Qoutorg (3) = 20 L s^{-1}
- Qoutorg (4) = 10 L s^{-1}

Determine a máxima vazão que poderia ser outorgada em X, a fio d'água, por esse critério.

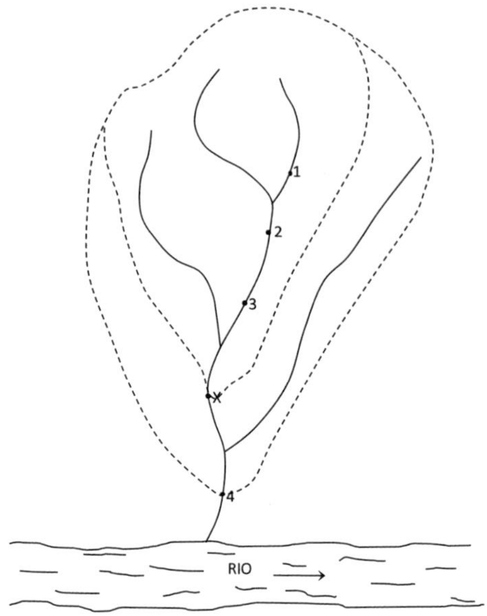

Fonte: Elaborada pelos autores.

Resposta: Qout (X) Max = 30 L s^{-1}

h) Na figura a seguir, está representado um ribeirão federal com seis usuários que têm outorga para captação a fio d'água. A tabela apresenta a Q95 e a vazão que foi outorgada (Qout.) para cada ponto, em L s^{-1}. Sabendo-se que a lei que regulava a outorga para os rios da União estabelecia que a máxima vazão outorgável a fio d'água deveria ser de 70% da Q95 (ou seja, dever-se-ia sempre manter no mínimo 30% da Q95 em cada trecho do ribeirão), verifique se poderia ser concedida outorga para o futuro usuário X e, em caso afirmativo, qual a máxima vazão a ser outorgada, prevendo-se uma captação a fio d'água em X (na atualidade as outorgas dos rios federais são concedidas mês a mês).

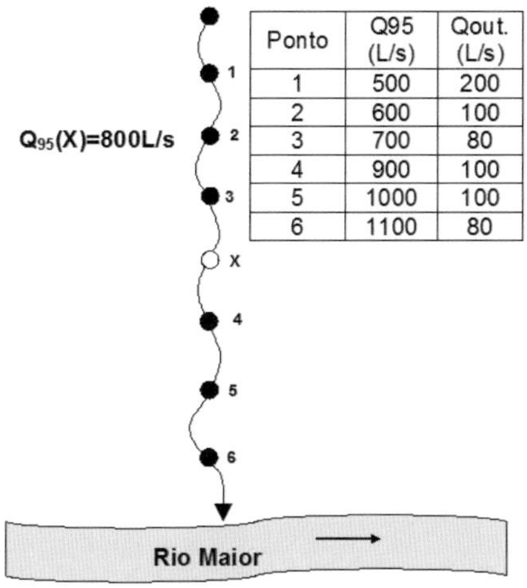

Ponto	Q95 (L/s)	Qout. (L/s)
1	500	200
2	600	100
3	700	80
4	900	100
5	1000	100
6	1100	80

Fonte: *Elaborada pelos autores.*

Resposta: Qout (X) Max = 110 L s^{-1}

i) Um critério prático utilizado pelos técnicos do DAEE para estabelecer a máxima vazão possível capaz de ser captada **com barramento** é considerar que, nessa situação, a vazão firme poderá assumir o valor de cerca de 60% da vazão média de longo período. Tendo em vista essa suposição, e considerando que:

1 - A vazão firme de regularização é a soma da vazão de demanda, mais a de jusante, mais as perdas (assumidas como 5% da vazão média);
2 - A vazão de jusante deverá ser de 50% da Q7,10;
3 - A vazão média, da área em questão, é cerca de 3 vezes a Q7,10.

**Calcule que percentagem da Q7,10 poderá ser captada nessa situação.*

Resposta: 115% da Q7,10

j) Deseja-se fazer um cálculo expedito para uma outorga de captação a fio d'água para um pivô central. Considere os seguintes dados:

Dados:

* Demanda líquida de irrigação máxima = 6 mm dia^{-1}
* Eficiência de irrigação = 80%
* Área irrigada = 70 ha
* Número de horas de operação = 19 horas dia^{-1}
* Número de dias de operação = 15 dias $mês^{-1}$
* Número de meses de operação = 7 meses ano^{-1}

Considere que o mês médio tem 30,417 dias

Pede-se:

j.1- Calcular a vazão real necessária à motobomba (Qbomba) em L s^{-1}.

j.2- Calcular a vazão demandada média contínua (Qdemanda) em L s^{-1}, necessária a um eventual cálculo de volume de reservatório.

Respostas: Qbomba = 76,7 L s^{-1}; Qdemanda média contínua = 17,5 L s^{-1}

k) Determinar a área que deveria ter uma bacia hidrográfica hipotética, capaz de fornecer água para se irrigar 1 ha por aspersão no Campus da ESALQ/USP (LAT: 22° 42'; LONG: 47° 38'). Considere duas situações:

a) A captação será feita a fio d'água;

b) A captação será feita com barramento.

Outros dados

1 - Lâmina bruta máxima de irrigação = 7 mm dia^{-1}; bombeamento de 20 horas dia^{-1}.

2 - Na captação a fio d'água usar 50% da Q7,10 (ou seja, não há outras outorgas concedidas na bacia).

3 - Na captação com barramento considerar Qdemanda = 60% da Qmédia - 50%Q7,10 - 0,05Qmédia (perdas)

4 - Pretende-se irrigar 200 dias ano^{-1}

5 - Usar o software do site do DAEE

Resposta: (a) A_{bacia} = 83,08 km^2 (b) A_{bacia} = 9,41 km^2

l) Um pivô central, localizado próximo a um rio federal no Estado de Tocantins, operava com uma bomba de 65 L s^{-1}. A contar o período desligado e ligado ao longo do ano, a vazão de demanda média contínua era de 30 L s^{-1}. Considere que na época era possível captar no máximo 70% da Q95. Calcular a área de bacia necessária para suprir água para esse pivô nas seguintes situações: (a) Captação a fio d'água; e (b) Captação com barramento.

Outros dados:
Qdem = 65 L s^{-1}
Qdem média contínua = 30 L s^{-1}
Qespecífica média da bacia = 12 L s^{-1} km^{-2}
Q95 específica = 4 L s^{-1} km^{-2}

Equações:
QF = Qdem média contínua + 30%.Q95 + 0,05.Qdem média contínua
QF = 60%. A . Q média específica da bacia

Resposta: (a)1.625 ha (b)525 ha

CAPÍTULO 7

Reservatórios

7.1 Introdução

Grande parte dos reservatórios de água é construída por meio da realização de *barramentos em cursos d'água*. Segundo o DAEE-SP (2005), os barramentos são planejados com os seguintes objetivos principais:

1 - *Elevação do nível da água*: nesse caso, o volume armazenado é secundário, priorizando-se a altura do nível d'água. Ocorre quando se deseja realizar uma captação com bomba em um ribeirão raso, uma captação de água por meio de uma tomada por gravidade (canal), adução para roda d'água, carneiro hidráulico, entre outros;

2 - *Amortecimento de cheias*: incluem-se, nesse caso, as bacias de detenção urbanas ("piscinões") que trabalham a maior parte do tempo vazias, aguardando uma onda de cheia que deve ser amortecida enquanto o reservatório enche;

3 - *Geração de energia elétrica:* bastante conhecidas no Brasil devido ao fato de a maior parte da energia elétrica consumida no país ser dessa natureza (PPGCEA, 2002);

4 - *Piscicultura, carcinocultura e ranicultura:* atividades bastante dependentes da qualidade da água;

5 - *Lazer e paisagismo*: nesse caso, o volume armazenado não é fator limitante, priorizando-se a estética do local; é atividade intimamente ligada ao turismo rural; e

6 - *Regularização das vazões*: consiste em reservar água do período chuvoso para ser utilizado no período seco do ano. Devido à importância que esse objetivo tem para a Agricultura (CAMPOS, 2005; GENOVEZ, 2006; CARVALHO 2008), o presente texto tratará principalmente de pequenas e médias barragens para esse fim, cujas áreas de contribuição não ultrapassem a cerca de 100 km^2. Projeto de barragens com áreas maiores fogem do escopo do presente livro.

7.2 Tipos de reservatórios de regularização

Quanto ao regime de escoamento das vazões que entram e saem dos reservatórios, estes podem ser classificados em dois tipos:

7.2.1 Vazão de entrada constante e vazão de saída variável

São os reservatórios que armazenam água no período de menor demanda de saída para suprir os períodos de maiores demandas de saída, como é ilustrado na Figura 7.1.

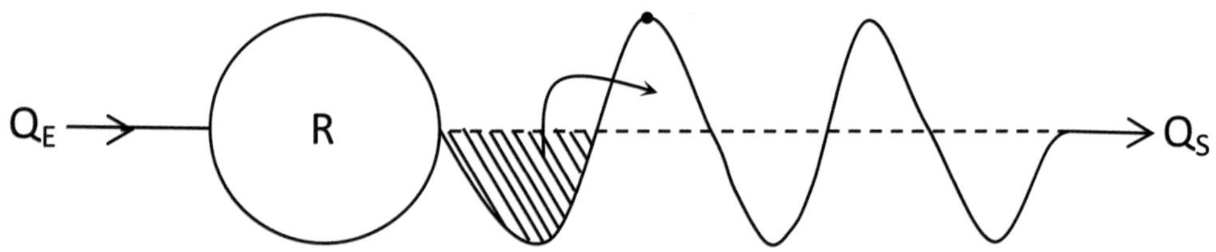

***Figura 7.1** – Reservatório que opera com vazão de entrada constante e vazão de saída variável.*
***Fonte:** Elaborada pelos autores.*

Como exemplo, podem-se citar as caixas d'água municipais urbanas, que interligam as estações de tratamento de água aos bairros da cidade. A caixa armazena água na hora de menor demanda (madrugada) para suprir os picos de demanda que ocorrem no meio da manhã e no início da noite; dessa forma, a estação de tratamento de água pode operar com uma vazão aproximadamente constante.

7.2.2 Vazão de entrada variável e vazão de saída constante

Nesse caso o reservatório recebe uma vazão que varia ao longo do ano, armazenando água para suprir uma demanda constante (Figura 7.2).

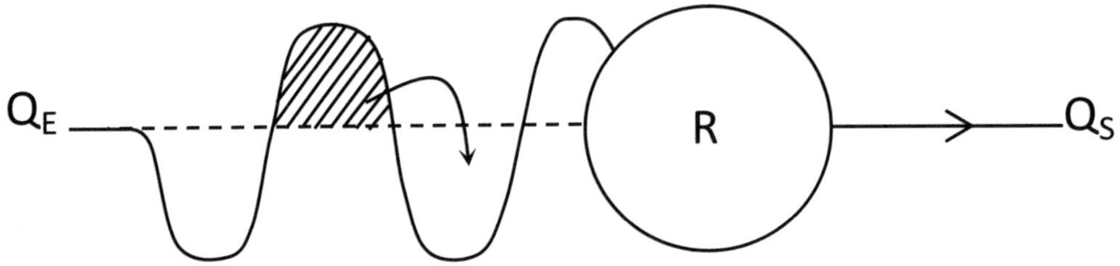

***Figura 7.2** - Reservatório operando com vazão de entrada variável, de modo a suprir uma vazão de demanda constante.*
***Fonte:** Elaborada pelos autores.*

Como exemplo desse caso, podem-se citar os reservatórios (açudes) desenhados para regiões de rios intermitentes, como os que se observam no Semiárido do Brasil: ao longo do ano, o regime do rio é extremamente variável, com vazões afluentes variando desde valores muito elevados no pico da estação chuvosa a zero, na estação seca. Entretanto, a demanda (saída de água do reservatório) é aproximadamente constante (MAMEDE *et al.*, 2012; MEDEIROS; SIVAPALAN, 2020). Pode-se citar como exemplo também um barramento que tenha sido construído em um rio para abastecer a uma indústria. As vazões do rio irão variar segundo os meses do ano, e o reservatório terá a função de armazenar água dos meses chuvosos para ser utilizada no período de estiagem (CARVALHO; SILVA, 2003).

No caso das captações para os sistemas de irrigação, tanto a vazão de entrada quanto a vazão de saída (demanda) são variáveis. Entretanto, para simplificar o problema, muitas vezes dimensiona-se o reservatório para uma vazão de saída considerada constante, tal como esquematizado na Figura 7.2.

Como foi visto no Capítulo 6, a vazão de demanda é uma variável fundamental para o cálculo da vazão firme, que por sua vez é dado de entrada para o dimensionamento do reservatório de regularização, de forma que sua estimativa para o meio rural será abordada a seguir.

7.3 Demandas de água

7.3.1 Os usos da água

Os usos múltiplos da água são divididos em dois grupos: uso consuntivo e uso não consuntivo.

O uso é dito *consuntivo* quando não há retorno para o manancial da água que foi captada, no mesmo estado de quantidade ou de qualidade. Como exemplos desse tipo de uso podem ser citados a irrigação, o abastecimento doméstico, o abastecimento de animais, a maior parte do abastecimento industrial e a piscicultura. A título de informação, a Agência Nacional de Águas (ANA) considera que as irrigações praticadas no Semiárido Brasileiro propiciam um retorno de 20% para os rios. Já o DAEE, no Estado de São Paulo, considera que não há nenhum retorno ao rio da água que é captada para irrigação.

O uso é dito *não consuntivo* quando praticamente toda a água captada retorna ao curso d'água, no mesmo estado de quantidade e qualidade. Incluem-se nesse grupo o aproveitamento hidrelétrico, a navegação fluvial, a pesca, o lazer e o paisagismo, assim como outros usos difíceis de serem quantificados, como a função ecológica, a beleza cênica e o significado religioso do manancial. Nesse texto dar-se-á maior enfoque aos usos consuntivos do meio rural.

7.3.2 Demandas médias de água

A *demanda média* é a variável que é utilizada para a estimativa do volume do lago da barragem ou volume do reservatório (VR). É também utilizada quando se deseja obter uma outorga para uma captação a ser feita dentro do lago da barragem. Ela inclui demandas doméstica, animal e de irrigação.

a) Demanda doméstica

A *demanda doméstica* depende de uma série de fatores tais como: poder aquisitivo da população, clima, preço da tarifa de água, percentagem de hidrômetros instalados, entre outros. O poder aquisitivo é talvez o fator mais relevante; assim é que no Canadá, por exemplo, o consumo médio é de cerca de 350 L hab^{-1} dia^{-1}, enquanto em alguns países da África esse valor é menor que 50 L hab^{-1} dia^{-1}. No Brasil, o consumo gira em torno de 200 a 300 L hab^{-1} dia^{-1}, conforme a cidade (em Piracicaba - SP, por exemplo, esse valor é de 216 L hab^{-1} dia^{-1}).

b) Demanda animal

O consumo de água dos animais depende bastante da temperatura ambiente e da idade destes. Para fins de anteprojetos, podem ser utilizados os valores da Tabela 7.1 extraídos de Daker (1986) modificado por dados mais recentes.

Tabela 7.1 - Alguns valores médios de *consumo de água de animais*

Animal	Consumo (l dia^{-1})
1 boi de corte	50
1 vaca leiteira	100L + 6L por litro de leite ordenhado
1 suíno + higiene	25
10 frangos*	3 a 5

* *No caso específico dos frangos, outra maneira de se calcular a demanda de água de bebida é considerar 2 litros de água consumida para cada quilo de ração ingerido.*

Fonte: *Daker (1986).*

c) Demanda para irrigação

A demanda de água para a irrigação vai depender do clima da região, da cultura a ser implantada e do método de irrigação. Para se fazer um cálculo com boa precisão é mais fácil se dispor da vazão da bomba escolhida pelo projetista, tal como é apresentado na equação 7.1:

$$\text{Qcontínua} = \frac{\text{Qbomba}}{\text{A}} \cdot \frac{\text{n}^{\text{o}}\text{horas/dia}}{\text{24 horas}} \cdot \frac{\text{n}^{\text{o}}\text{dias/mês}}{\text{30 dias}} \cdot \frac{\text{n}^{\text{o}}\text{meses/ano}}{\text{12 meses}} \qquad (7.1)$$

em que:

Qcontínua - vazão média de demanda contínua, por unidade de área, L s^{-1} ha^{-1};

Qbomba - vazão da bomba instalada para suprir o sistema de irrigação, em seu ponto de trabalho, L s^{-1}; e
A - área irrigada abrangida pelo projeto de irrigação, ha.

A indicação de *Qcontínua* típica do Brasil varia para diversos climas e/ou métodos de irrigação. No Nordeste, esse valor varia tipicamente de 0,5 a 1,5 L s^{-1} ha^{-1}.

Experiências realizadas com irrigação de cana-de-açúcar no Estado de SP preveem um período de irrigação de 210 dias por ano. Captações de água para o abastecimento de usinas de álcool/açúcar, neste mesmo Estado, utilizam um período de bombeamento de 250 dias ano^{-1}, 24 horas dia^{-1}.

Exemplo: deseja-se saber se um barramento feito em uma microbacia é suficiente para abastecer dois pivôs centrais rebocáveis. Caso não seja suficiente, responder se, aumentando-se a altura da barragem, é possível se resolver o problema (ver o mesmo exercício no Capítulo 6).

Dados:

- Latitude local: 23°31′22,41′′S
- Longitude local: 48°33′58,34′′W
- Área da microbacia = 141,5 ha
- Área de cada um dos pivôs = 30 ha
- Demanda de água bruta específica = 1,0 L s^{-1} ha^{-1}
- Vazão necessária a se manter a jusante = 75% da Q7,10
- Vazão máxima regularizável pelo reservatório = QF = 0,60 . Qmédia
- Considerar QF = Qdemanda + Qjusante + 0,05 Qmédia (perdas)
- Considerar que a irrigação será feita 20 horas dia^{-1}, 15 dias $mês^{-1}$ e 6 meses ano^{-1}
- Barragem com lago de 2,26 ha e profundidade média de 3,5 m.

Solução:

- Entrando no software do site do DAEE (Capítulo 6) com as coordenadas geográficas e a área da microbacia, obtém-se Qmédia = 11,0 L s^{-1} e Q7,10 = 3,0 L s^{-1}. Assim:

Qdemanda + Qjusante + 0,05.Qmédia = QFirme máxima

Qdemanda + Qjusante + 0,05 Qmédia = 0,60 Qmédia

Qdemanda + 0,75 . 3 + 0,05 . 11 = 0,60 . 11

Qdemanda contínua máxima capaz de ser atendida pela microbacia = 3,8 L s^{-1}

Utilizando eq. 5.1 → $\text{Qcontínua} = \frac{\text{Qbomba}}{\text{A}} \text{x} \frac{\text{n}^{\text{o}}\text{horas/dia}}{24} \text{x} \frac{\text{n}^{\text{o}}\text{dias/mês}}{30\ \text{dias}} \text{x} \frac{\text{n}^{\text{o}}\text{meses/ano}}{12\ \text{meses}}$

$$\text{Qcontínua} = \frac{60}{60} \text{x} \frac{20}{24\ \text{horas}} \text{x} \frac{15}{30{,}417\ \text{dias}} \text{x} \frac{6}{12\ \text{meses}} = 0{,}2055\ \text{L}\ \text{s}^{-1}\,\text{ha}^{-1} \therefore$$

$$\text{Qdemanda contínua necessária} = 0{,}2055\ \text{L}\ \text{s}^{-1}\,\text{ha}^{-1}\ \text{x}\ 60\ \text{ha} = 12{,}3\ \text{L}\ \text{s}^{-1}$$

Desta forma, verifica-se que a microbacia barrada não é capaz de satisfazer a demanda, pois **3,8** L s^{-1}< **12,3** L s^{-1}.

Tendo em vista que o lago do barramento tem uma superfície de 2,26 ha com uma profundidade média de 3,5 m → Volume do Reservatório = **79.100** m^3.

Entrando com QF = 0,60 x Qmédia = 6,6 L s^{-1} no programa do DAEE e calculando-se o volume do reservatório, obtém-se VR = **19.000** m^3.

Como o volume máximo de lago necessário para atender a demanda de 3,8 L s^{-1}seria 19.000 m^3, verifica-se que o lago atual é mais do que o necessário, ou seja, aumentar a altura da crista da barragem não irá resolver o problema, pois a microbacia não será capaz de enchê-lo (o fator limitante é o tamanho da microbacia hidrográfica e não o tamanho do reservatório).

Comparada com os outros usos, a irrigação é considerada a grande "vilã" do sistema de usos múltiplos da água, devido à grande quantidade de água consumida (em média, a irrigação demanda 70% da água consumida no globo) e devido ao fato de que esse uso é consuntivo do tipo quantitativo.

O DAEE considera que, em média, necessita-se no Estado de São Paulo, de 30 a 40 ha de bacia hidrográfica para gerar água suficiente capaz de irrigar 1 ha por aspersão.

Exemplo: calcular o número de pessoas que podem ser abastecidas em uma cidade (300 L hab^{-1} dia^{-1}), com a água correspondente à irrigação de 1 ha (4 mm dia^{-1} de lâmina bruta, em média).

Solução:

→ 4 mm dia^{-1}= 4 $L.m^{-2}$ dia^{-1} x 10.000 m^2 = 40.000 L dia^{-1}

$$\rightarrow \frac{40.000 \text{ L/dia}}{300 \text{ L/hab/dia}} = 133 \text{ habitantes / ha irrigado}$$

7.3.3 Demandas máximas de água

A vazão de *demanda máxima* é utilizada quando se deseja obter uma outorga de captação a ser feita fora do lago da barragem (captação a fio d'água). Ela também é utilizada para se escolher a bomba hidráulica a ser utilizada na captação (vazão que consta da placa da bomba).

A seguir serão apresentados alguns exemplos em que é necessário se definir a vazão de demanda máxima.

a) Vazão de demanda máxima para projetos de irrigação

Quando não existe grande tradição de irrigação na região, o melhor é definir a vazão da bomba baseando-se em dados de evapotranspiração local e de valores de Kc (CAMARGO & SENTELHAS, 1997), da seguinte forma:

1 - Obter séries de ETo semanais, de preferência maiores do que 15 anos e dividir os valores por 7, para passar para mm dia^{-1};

2 - Distribuir os valores de Kc em todas as semanas, de todos os anos;

3 - Achar $(ETo \times Kc)_{Max}$ para cada ano da série;

4 - Colocar os valores em ordem decrescente;

5 - Ajustar a uma distribuição de valores extremos;

6 - Achar $(ETo \times Kc)_{Max}$ para um período de retorno, geralmente, de 4 anos.; e

7 - Utilizar a seguinte expressão para o cálculo da vazão da bomba:

$$Qbomba = \frac{[(\text{ETo x Kc})_{max} \text{ para T=4 anos}] \text{ x } 0{,}11574 \text{ x A x } 24}{\text{Ef x n}^o \text{ horas de irrigação por dia}} \quad (7.2)$$

em que:
Qbomba - vazão da bomba em seu ponto de trabalho, L s^{-1};
$[(ETo \times Kc)_{Max}$ *para T= 4 anos*$]$ - evapotranspiração diária máxima da cultura para um período de retorno de 4 anos, mm dia^{-1};
A - área irrigada, ha; e
Ef - eficiência de irrigação, decimal.

Em regiões úmidas ou subúmidas, pode-se melhorar a estimativa apresentada anteriormente fazendo-se um balanço hídrico climatológico sequencial que considera também o aporte vindo da chuva. Nesse caso, a maioria dos autores trabalham com período de retorno de 5 a 10 anos.

Para se providenciar a outorga de captação em rios federias, pode-se utilizar a Planilha da ANA ou o software CROPWAT 8.0. Ambos os procedimentos têm a vantagem de também considerar a contribuição da chuva.

Quando a região tem tradição em irrigação, valores práticos podem ser obtidos com projetistas que nela trabalham, conforme se exemplifica na Tabela 7.2

Tabela 7.2 - Lâminas brutas máximas de irrigação (vazões específicas)

Lâminas brutas máximas reais ($L.s^{-1}.ha^{-1}$) sugeridas por Olitta (1978) para SP	
Gotejamento	0,5
Microaspersão	0,7
Aspersão convencional	1,0
Sulcos	1,5
Inundação	4,0

Lâminas brutas máximas reais ($L.s^{-1}.ha^{-1}$) sugeridas por Carvalho (2011)	
Pivô em SP	0,75 a 0,80
Pivô em GO	0,90 a 1,05
Pivô em MS	1,15
Localizada em SP	0,40 a 0,50

Multiplicando-se esses valores pela área a ser irrigada já obtém-se a vazão da bomba (Qdemanda Max).

b) Captação para abastecimento de uma cidade

Na Figura 7.3 estão esquematizados, simplificadamente, os diferentes trechos que compõem uma captação urbana. Nesse esquema, as vazões envolvidas serão as seguintes:

$$Q(1) = Q(2) = Q(3) = Q(\text{demanda média}) \text{ x } \frac{24 \text{ horas}}{20 \text{ horas}} \text{ x K1} \quad (7.3)$$

$$Q(4) = Q(\text{demanda média}) \text{ x K1 x K2} \quad (7.4)$$

em que:
K1 - coeficiente do dia de maior demanda (≈ 1,2);
K2 - coeficiente da hora de maior demanda (≈ 1,3).

Na Figura 7.3, para aplicar a Equação 7.3, admite-se que K2 = 1, pois os trechos (1), (2) e (3) estão a montante do reservatório, que realizará a regularização horária. Já o trecho (4) deverá ser dimensionado considerando, também, a hora de maior consumo, pois está a jusante do reservatório.

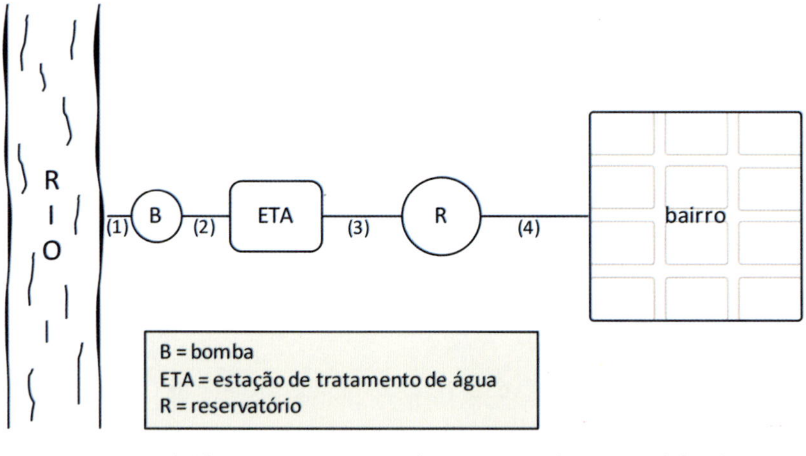

Figura 7.3 *– Vazões envolvidas em um esquema de captação urbana simplificada.*
Fonte: *Elaborada pelos autores.*

Uma maneira expedita de se estimar o volume do reservatório para o caso anterior é considerá-lo com uma capacidade de 1/6 a 1/3 do volume correspondente a um dia médio de consumo.

c) Captação para bebedouros de bovinos

Na Figura 7.4 está esquematizado um sistema de bebedouros para bovinos. A vazão de dimensionamento do conjunto moto-bomba e do trecho (1) será dada por:

$$Q(1) = Q(\text{demanda média}) \text{ x } \frac{24 \text{ horas}}{20 \text{ horas}} \qquad (7.5)$$

A vazão de dimensionamento para o trecho (2), considerando que os bois só bebem água durante 10 horas/dia, será dada por:

$$Q(2) = Q(\text{demanda média}) \text{ x } \frac{24}{10} \qquad (7.6)$$

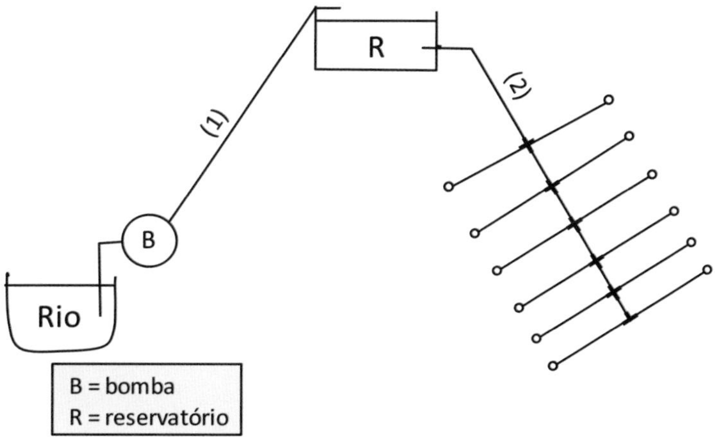

***Figura 7.4** – Desenho esquemático de um conjunto de bebedouros para bovinos.*
***Fonte:** Elaborada pelos autores.*

O critério prático corrente para o dimensionamento do reservatório para esse caso de bebedouros de bovinos consiste em considerar que este deverá ter um volume correspondente a dois dias de consumo, no mínimo.

7.4 Dimensionamento de um pequeno barramento de terra

Na Figura 7.5 está representada uma pequena barragem de terra e na Figura 7.6 os principais elementos da barragem, vistos em corte durante uma cheia, quais sejam: o maciço de terra, o lago da barragem, o vertedor e o descarregador de fundo, também chamado de desarenador.

A *altura total do maciço* (HT), vista na Figura 7.6, é a soma das alturas correspondentes ao volume morto, ao volume útil (VR), ao volume de enchente (também chamado de volume amortecido – correspondente a uma lâmina de 80 cm a 1,50 m), mais uma folga ("free-board" – que gira em torno de 0,50 a 1,00 metro, para pequenas barragens). O nível da soleira do vertedor é chamado de *NA normal* enquanto o nível da água, quando o vertedor está descarregando Qmax* é chamado de *NA máximo*. Já o nível correspondente ao maciço total é chamado de nível da crista da barragem.

Figura 7.5 – *Esquema de uma pequena barragem de terra.*
Fonte: *DAEE (2005).*

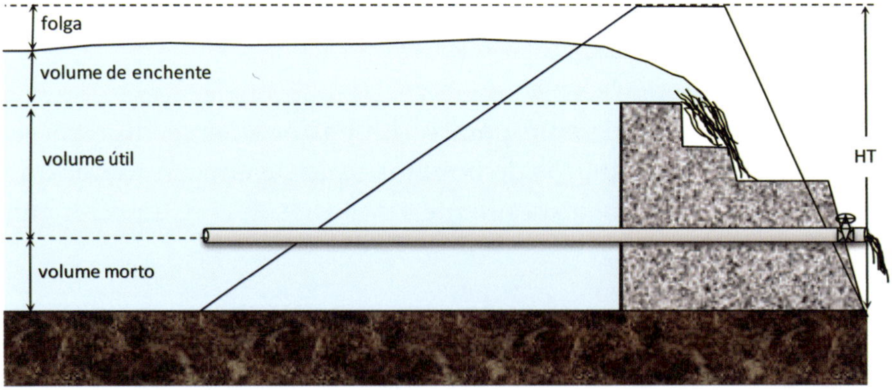

Figura 7.6 – *Corte esquemático de uma pequena barragem de terra no qual se apresenta seus principais elementos geométricos.*
Fonte: *GENOVEZ (2006).*

7.4.1 Garantia associada ao Volume Útil (VR)

Como visto no Capítulo 6, no estudo da Regionalização Hidrológica para o Estado de São Paulo, para o cálculo de VR_{10} foi necessário se utilizar um valor tabelado denominado XT_{10}. Isto significa que o volume do reservatório foi calculado para um período de retorno de 10 anos. Conforme a utilidade do barramento, o período de retorno a ser adotado pode variar, conforme ilustra a Tabela 7.3:

Tabela 7.3 - Valores sugeridos para o período de retorno relativo ao volume útil do barramento (VR)

Finalidade do barramento	Período de retorno (T - anos)
Irrigação	3 a 10
Indústria	10 a 40
Animais	40 a 100
Humano	≥ 100

Fonte: *Elaborada pelos autores.*

No caso da captação para irrigação, por exemplo, é comum se utilizar T = 4 anos. Isto significa que $P = \frac{1}{T} = \frac{1}{4} = 0{,}25 = 25\%$, ou seja, espera-se que, em média, uma vez a cada 4 anos não se consiga atender a (Qdemanda + Qjusante + Perdas).

Nesse caso, 25% é o risco que se corre, a cada ano, de (Qdemanda + Qjusante + Perdas) não ser atendida.

75% é a garantia ou certeza que se tem, a cada ano, de (Qdemanda +Qjusante + Perdas) ser atendida.

(Qdemanda + Qjusante + Perdas), conforme visto no Capítulo 4, é a *vazão firme de regularização (QF)*, também chamada de vazão potencialmente regularizável ou vazão regularizada.

Assim, é possível, por exemplo, se dimensionar uma barragem para irrigação com vazão regularizável de 500 L/s e com segurança de 75%, e uma barragem para abastecimento urbano com vazão regularizável de 10 L/s e com uma garantia de 99%.

A título de exemplo, no Estado de São Paulo, o Sistema Cantareira regulariza uma vazão de 33 m^3/s para a Região Metropolitana de São Paulo e 4,0 m^3/s em direção à bacia do Rio Piracicaba, com uma garantia de

99,1%, ou seja, com um risco de não atendimento de 0,9% ou um período de retorno de 111,11 anos.

Se forem calculadas as vazões firmes de regularização em função dos volumes de reservatório para diferentes garantias de atendimento (90, 95 e 99%, por exemplo) será obtida uma família de curvas, tal como apresentado na Figura 7.7.

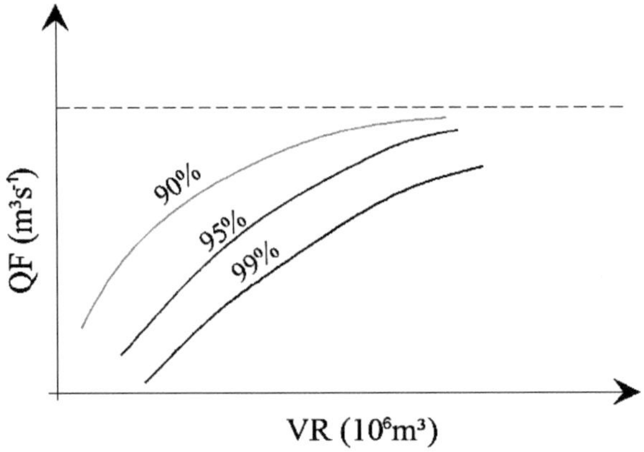

***Figura 7.7** – Curvas de regularização para diferentes níveis de garantia.*
***Fonte:** Elaborada pelos autores.*

7.4.2 Determinação da altura total do maciço (HT)

Uma vez determinado o *volume útil do barramento* (VR – que será visto em seguida), é possível se estimar a altura total do maciço (HT). O valor de HT vai definir o tipo de profissional que terá a habilitação técnica para fazer o projeto estrutural da obra.

Para se transformar o volume de água armazenado em altura do maciço é necessário se realizar o levantamento planialtimétrico da área que futuramente será inundada. O mapa correspondente a esse trabalho deve ser apresentado quando impresso em escala 1:2000, com curvas de 0,5 em 0,5 m ou de 1 em 1 m, conforme é ilustrado na Figura 7.8.

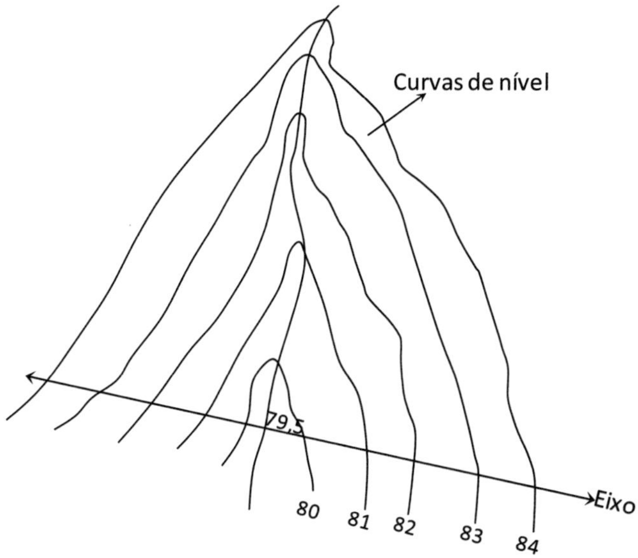

Figura 7.8 *– Mapa topográfico da área que formará o lago da barragem.*
Fonte: *OLITTA (1978).*

O passo seguinte consiste em traçar a curva *cota x área*. Para tal se planimetra a área que cada curva de nível faz com o eixo do barramento, de forma acumulada, plotando-se à esquerda do gráfico apresentado na Figura 7.9.

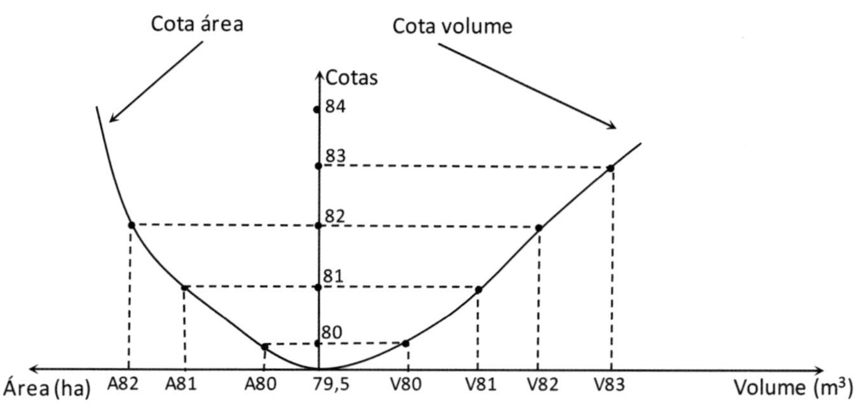

Figura 7.9 *– Curvas cota x área (A), e cota x volume (B.)*
Fonte: *OLITTA (1978).*

Em seguida, é necessário gerar a curva *cota x volume*. Para tal, considerando-se que as áreas para cada cota foram determinadas, estima-se o volume relativo a cada cota, aproximadamente, usando a expressão do tronco de um cone, conforme é exemplificado a seguir:

As equações abaixo referem-se a um exemplo cuja cota mínima é 79,50 m e que está retratada na Figura 7.9.

$$V80 = \frac{(0 + A80)}{2} \text{ x } 0{,}5 \text{ m}$$

$$V81 = V80 + \frac{(A80+A81)}{2} \text{ x } 1{,}0 \text{ m}$$

$$V82 = V81 + \frac{(A81+A82)}{2} \text{ x } 1{,}0 \text{ m}; \quad \text{E assim sucessivamente.}$$

Atualmente a maioria dos softwares de topografia tem um CAD que permite que se estime esses volumes rapidamente, sem haver a necessidade do cálculo via troncos de cone.

Na maioria das vezes a curva cota X volume se ajusta bem a uma função do tipo potência. No caso de cálculos para a estimativa do amortecimento de ondas de cheia proporcionado pelo reservatório, muitas vezes usam-se curvas cota X volume que englobam apenas a parte acima do vertedor, ou seja, considera-se a contagem dos volumes a partir da cota da soleira (base) do vertedor.

De posse dessas duas curvas, procede-se da seguinte forma: conhecendo-se a altura morta, entra-se na curva cota x volume e determina-se o volume morto. Um critério ou para a 'altura morta' ou para o 'volume morto': nas pequenas barragens do semiárido mais comum é volume morto = 0,10.volume útil.

A esse volume soma-se o volume útil (VR). Entrando-se com essa soma na curva cota x volume, obtém-se a cota do fundo do vertedor (nível normal). Somando-se esse valor à lâmina de enchente (he) e à folga (f), obtém-se a altura total do maciço. Esses passos são mostrados graficamente na Figura 7.10.

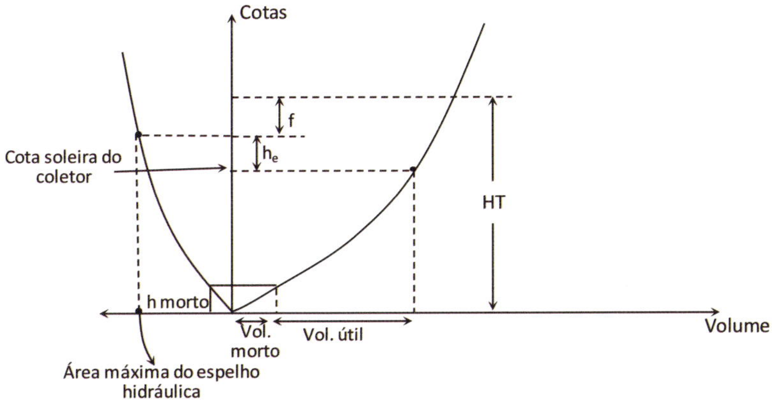

Figura 7.10 *– Determinação da altura do maciço (HT), necessária à atender um certo volume útil (VR) de água armazenada no lago do barramento.*
Fonte: *Elaborada pelos autores.*

7.4.3 Volume de terra movimentado e estimativa do custo do barramento

Na Figura 7.11 está esquematizado um corte de um maciço de uma pequena barragem de terra com talude de montante igual a 3:1 e talude de jusante igual a 2:1. Supondo que a crista tenha uma largura a = 5 m e HT = 4,5 m, então a base maior **b** será igual a 3 . 4,5 + 5 + 2 . 4,5 = 27,5 m. A base média (bm) do maciço será (5 + 27,5) / 2 = 16,25 m.

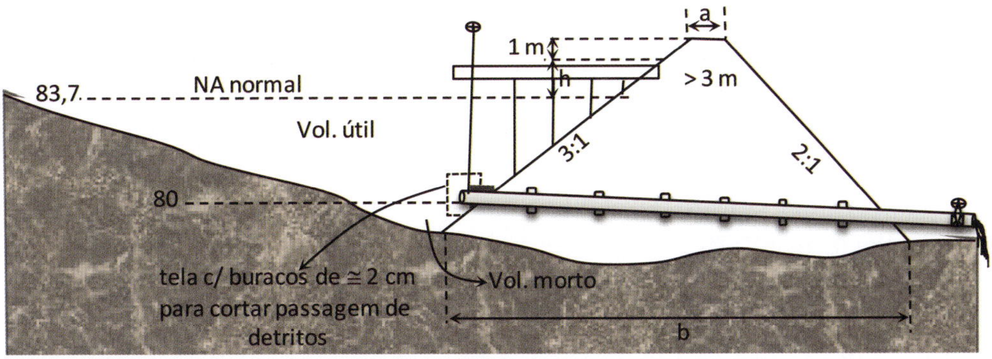

Figura 7.11 *– Esquema de corte de um maciço ilustrando o coroamento (a) e a base maior (b).*
Fonte: *GENOVEZ (2006).*

Na Figura 7.12 está representada a batimetria da seção onde se pretende erguer o eixo do maciço, destacando-se a seção S. Supondo que S seja igual a 800 m², uma estimativa do volume do barramento, será dada por:

$$\text{Vol} = \frac{(a+b)}{2} \text{ x S} = \text{bm x S} = 16{,}25 \text{ m x } 800 \text{ m}^2 = 13.000 \text{ m}^3$$

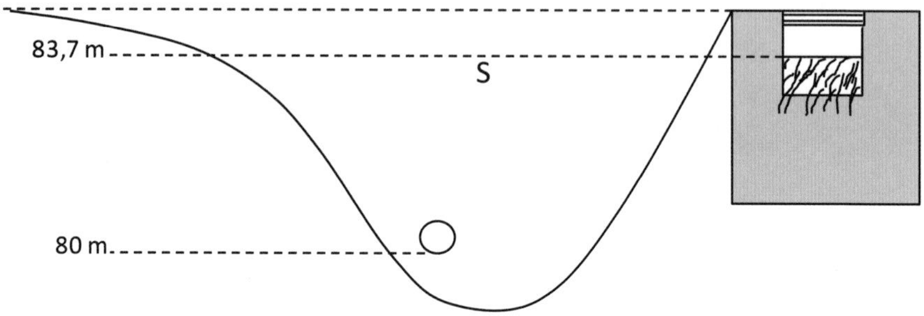

Figura 7.12 – Corte transversal à calha do rio, no ponto do barramento evidenciando a seção transversal S.
Fonte: Elaborada pelos autores.

Dentre alguns métodos práticos de se estimar o custo de uma futura barragem, um dos mais utilizados é o que se baseia no volume do maciço. Valores do ano de 2023 sugerem custos de R$ 20,00 a R$ 70,00 por m³ de terra movimentada; o volume de terra movimentada pode ser calculado multiplicando-se o volume do maciço por 1,4 (fator multiplicativo devido ao empolamento da terra). A esse valor deve-se somar cerca de R$ 400,00 por m³ de concreto utilizado, volume este que pode ser obtido com base no projeto das estruturas feitas com este material.

7.4.4 Cálculo do volume do reservatório quando se dispõe de séries de dados de vazão medidas, supondo regularização intra-anual (Método da Planilha)

No Capítulo 6 foi descrito um procedimento de cálculo aproximado para determinação de volume útil de reservatório (VR), quando não se dispõe de séries de dados de vazão medidas, utilizando apenas a Regionalização Hidrológica Paulista.

Nesse item será visto um método, ainda aproximado, mas que opera com dados medidos de vazão. O método supõe que o ciclo de enchimento e esvaziamento do reservatório se dê dentro de um período de 1 ano, e que o processo que ocorre durante um dado ano não influencia no ano seguinte. Essas pressuposições simplificadoras permitem que o método seja aplicado a cada ano da série, e que na sequência se realize uma análise de eventos extremos (Capítulo 1) para se associar VR a um período de retorno desejado.

Na Figura 7.13 está esquematizada uma bacia hidrográfica que contribui para um reservatório de regularização.

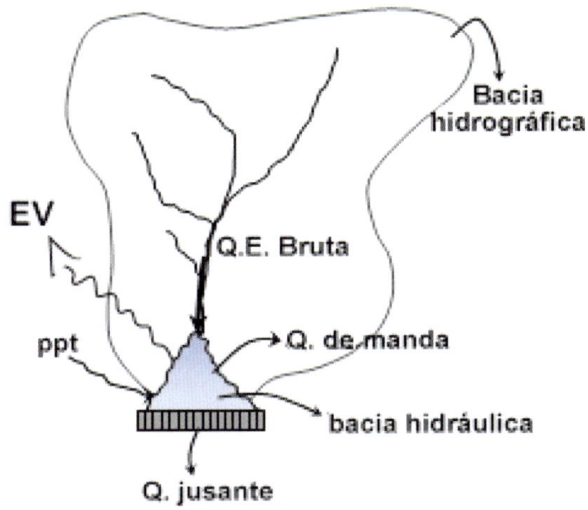

Figura 7.13 *– Variáveis envolvidas no balanço de água de um reservatório de regularização.*
Fonte: *Elaborada pelos autores.*

em que:
Q.E.Bruta – vazão de entrada bruta, L s^{-1};
Q. Jusante – vazão que se exige manter a jusante do barramento, L s^{-1};
Ev – vazão que se perde por evaporação no lago do barramento, L s^{-1};
ppt – vazão adicionada ao lago devido à chuva, L s^{-1}; e
Q.demanda – vazão de demanda captada no lago do barramento, L s^{-1}.

Tendo em vista essas variáveis, define-se a vazão de entrada efetiva (Q.E.Efetiva) que é dada por:

$$\text{Q.E.efetiva} = \text{Q.E.Bruta} + \text{Q.ppt} - \text{Q.Jusante} - \text{Q.Ev} \qquad (7.7)$$

A determinação do volume útil do reservatório (VR), para cada ano, consiste em se realizar um balanço, na maioria das vezes mensal, entre a vazão de entrada efetiva (Q.E.efetiva) e a vazão de demanda captada no lago do barramento (Q.demanda). Esse balanço é apresentado esquematicamente na Figura 7.14.

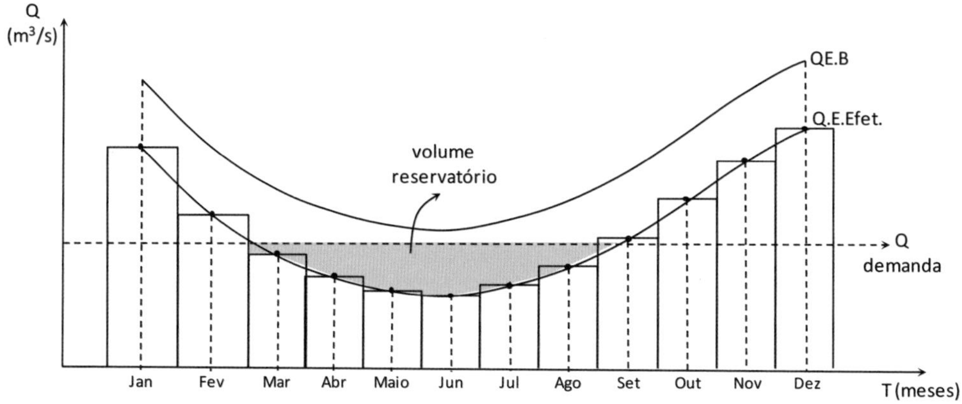

Figura 7.14 *– Determinação do volume do reservatório (área achurada) por meio do contraste entre a vazão de demanda e a vazão de entrada efetiva.*
Fonte: *Elaborada pelos autores.*

Verifica-se, portanto, que VR é dado pelo somatório dos valores positivos mensais de (Q.demanda – Q. E. Efetiva) Δt. Na sequência é apresentado um exemplo para 1 ano de uma série de dados. Este cálculo deve ser repetido para os outros anos da série, a fim de obter-se VR para um dado período de retorno.

Exemplo: Calcular o volume do reservatório com uma planilha, já semipreenchida, que dispõe dos seguintes dados de entrada:

- Coluna 1 – Q.Ent.Bruta, L s^{-1};
- Coluna 2 – Q.Jusante, L s^{-1};
- Coluna 3 – Q. Demanda, L s^{-1};
- Coluna 4 – Evaporação do Tanque Classe "A" – ECA, mm $mês^{-1}$;
- Coluna 5 – Ppt – Precipitação pluvial, mm $mês^{-1}$;
- Área estimada do espelho hidráulico do lago do barramento do exemplo ≈ 5,0 ha; e
- Razão $\frac{\text{Vazão}}{\text{Precipitação}}$ da bacia hidrográfica = $\alpha \simeq 0{,}25$.

Solução:

As colunas de 1 a 5 representam dados de entrada; as colunas de 6 a 10 permitem a transformação de unidades para volumes mensais; as colunas de 11 a 13 representam as saídas.

$$\text{Coluna 6} \Rightarrow \frac{\text{C1 x 3600 x 24 x 30,417}}{1000x1000} = \text{C1 x 2,628}$$

O valor 30,417 = 365 / 12 = número médio de dias em um mês.

$$\text{Coluna 7} \Rightarrow \text{C2 x 2,628}$$

$$\text{Coluna 8} \Rightarrow \text{C3 x 2,628}$$

$$\text{Coluna 9} \Rightarrow \frac{\text{C4 x 50.000 x 0,70}}{1000x1000} = \text{C4 x 0,035}$$

O valor 0,70 é um coeficiente aproximado utilizado para transformar a evaporação de um tanque classe "A" na evaporação ocorrida em uma grande superfície líquida, como o lago da barragem, por exemplo.

$$\text{Coluna 10} \Rightarrow \frac{\text{C5 x 50.000 x (1-0,25)}}{1000x1000} = \text{C5 x 0,0375}$$

O multiplicador (1 – 0,25) é utilizado para considerar que 25% da chuva que cai na área que vai ser ocupada pelo futuro lago, já faz parte da vazão de entrada bruta.

$$\text{Coluna 11} \Rightarrow \text{C6 - C7- C9} + \text{C10}$$

$$\text{Coluna 12} \Rightarrow (+)\{\text{C8 - C11}\}\text{(somente os positivos)}$$

A coluna 12 é preenchida com os valores positivos da subtração entre C8 e C11. Quando a subtração der um valor negativo, deve-se colocar Zero na célula da Tabela 7.3.

$$\text{Volume do reservatório} = \sum \text{C12} = 518{,}84\ (\text{m}^3\text{x 1000})$$

Observações finais:

* A Coluna 13 é igual à Coluna 11 acumulada.
* O Volume de Entrada Efetivo Anual é igual à última célula da Coluna 13.
* A Vazão de Entrada Efetiva Média é dada pela seguinte expressão:

$$\text{Q.Ent.Efet.Média} = \frac{\text{Vol. Ent. Efet. Anual x 1000 x 1000}}{\text{365 x 24 x 3600}} = 104{,}34\ \text{L s}^{-1}$$

Esta vazão representa a máxima vazão capaz de ser captada continuamente com um reservatório maior (teoricamente; na prática esse valor varia de cerca de 50 à 70% da vazão média de entrada efetiva).

Tabela 7.3 – Resultado do exemplo do método da planilha

				PLANILHA PARA O CÁLCULO DO VOLUME DO RESERVATÓRIO									
			DADOS DE ENTRADA			CORREÇÕES E TRANSFORMAÇÕES DE UNIDADES						BALANÇO E SAÍDAS	
0	1	2	3	4	5	6	7	8	9	10	11	12	13
MÊS	Q. Ent. Bruta (litros/s)	Q. Jusante (litros/s)	Q. Demanda (litros/s)	E.C.A (mm/mês)	PPT (mm/mês)	Vol.Ent.Brut. (m3 x 1000)	Vol. Jusante (m3 x 1000)	Vol.Demanda (m3 x 1000)	Vol.Evapor. (m3 x 1000)	Vol.PPT (m3 x 1000)	Vol.Ent.Efet. (m3 x 1000)	Vol.Armaz. (m3 x 1000)	Vol.Ent.Ef.Ac (m3 x 1000)
JAN.	400	15	60	150	300	1051,21	39,42	157,68	5,25	11,25	1017,79	0,00	1017,79
FEV.	200	15	60	170	200	525,61	39,42	157,68	5,95	7,50	487,74	0,00	1505,53
MAR.	100	15	60	140	150	262,80	39,42	157,68	4,90	5,63	224,11	0,00	1729,63
ABR.	60	15	60	120	120	157,68	39,42	157,68	4,20	4,50	118,56	39,12	1848,20
MAI.	55	15	60	100	80	144,54	39,42	157,68	3,50	3,00	104,62	53,06	1952,82
JUN.	50	15	60	90	50	131,40	39,42	157,68	3,15	1,88	90,71	66,98	2043,52
JUL.	45	15	60	70	20	118,26	39,42	157,68	2,45	0,75	77,14	80,54	2120,66
AGO.	40	15	60	60	0	105,12	39,42	157,68	2,10	0,00	63,60	94,08	2184,26
SET.	30	15	60	70	50								
OUT.	50	15	60	90	70								
NOV.	100	15	60	100	100								
DEZ.	300	15	60	120	200								
											Vol. Resert. (m3 x 1000)		
											Vol.En.Ef.An. (m3 x 1000)		
											Q.Ent.Ef.Med. (litros/s)		

Fonte: *CRUCIANI (1987).*

7.4.5 Cálculo do volume do reservatório quando se dispõe de séries de dados de vazão medidas, supondo regularização intra-anual (Método Gráfico de Rippl)

Esse método é semelhante ao visto anteriormente, com a diferença de operar de forma gráfica e só poder ser aplicado a vazões de demanda constantes ao longo do ano.

O método de Rippl só se aplica quando a razão entre a evaporação potencial e a precipitação (valores anuais) for baixa, se possível, quando for inferior a 1. Para regiões em que a razão for superior a um, o método gera erros sistemáticos que o tornam insatisfatório.

Para implementá-lo, o primeiro passo consiste em desenhar a Coluna 13 (Volumes de Entrada Efetivos Acumulados da tabela anterior) em função dos meses, como pode ser visualizado na Figura 7.15. Esta figura é, na realidade, a integral numérica do histograma da Figura 7.14.

Na Figura 7.16 está representada uma parte do início da curva da Figura 7.15. Nesta, em um tempo t1, entrou efetivamente no reservatório um volume V1, e no tempo t2, entrou um volume V2. Assim, pode-se afirmar que:

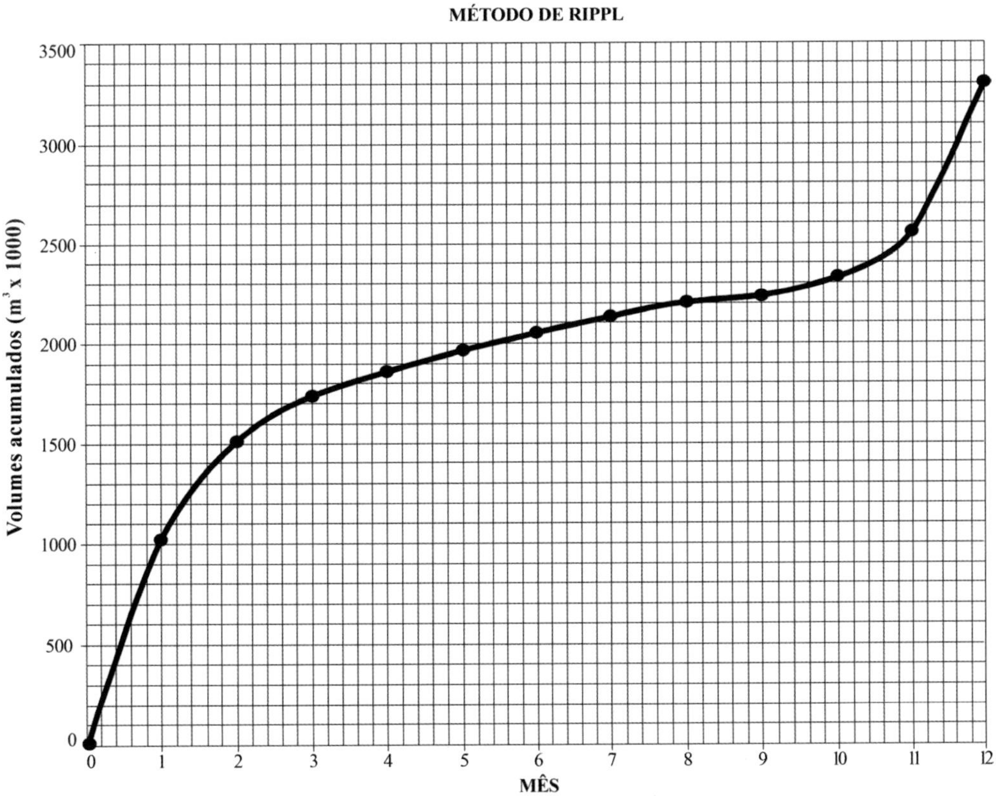

Figura 7.15 - Volume de entrada efetivo acumulado (Coluna 13) em função dos meses.
Fonte: Elaborada pelos autores.

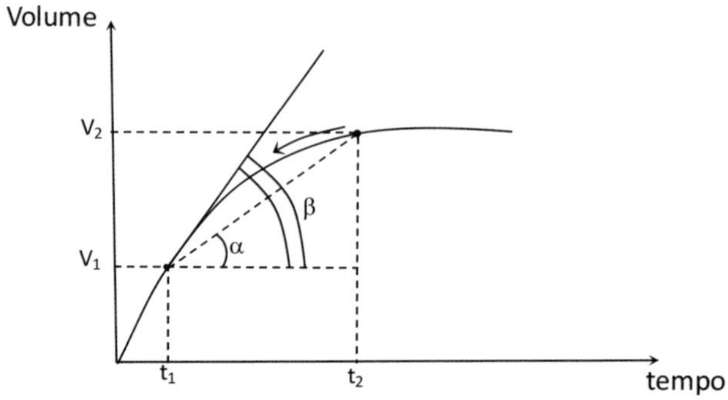

***Figura 7.16** – Secante e tangente à curva dos volumes de entrada efetivos acumulados.*
***Fonte:** Elaborada pelos autores.*

$$\text{tg}\,\alpha = \frac{\text{V2 - V1}}{\text{t2 - t1}} = \frac{\Delta\text{Volume}}{\Delta t} = \text{Vazão de entrada efetiva média entre t1 e t2}$$

Imaginando-se que o ponto (2) caminha em direção ao ponto (1) (conceito de derivada), tem-se, no limite, que:

$$\text{tg}\,\beta = \text{Vazão de entrada efetiva instantânea em t1}$$

Isto significa que o coeficiente angular da reta tangente (derivada) da curva dos volumes de entrada efetivos acumulados têm a dimensão de vazão.

O *Gráfico de Rippl* pode ser usado para responder a três perguntas básicas:

1ª) Qual o volume do reservatório necessário para satisfazer uma dada vazão de demanda ?

Para responder essa pergunta, inicialmente, é necessário calcular o Volume de Demanda Anual:

$$\text{Volume de Demanda Anual (1000 m}^3) = \frac{\text{Q.Demanda (L/s) x 3.600 x 24 x 365}}{10^6} \quad (7.8)$$

O valor obtido em (7.8) deve ser marcado na Figura 7.15, de modo que, ao ligar esse ponto à origem, obtém-se a hipotenusa de um triângulo (Figura 7.17). Em seguida, traçam-se duas retas paralelas à hipotenusa e que sejam tangentes às concavidades inferior e superior da curva. A distância entre essas duas retas, *medida na vertical*, fornecerá o volume do reservatório.

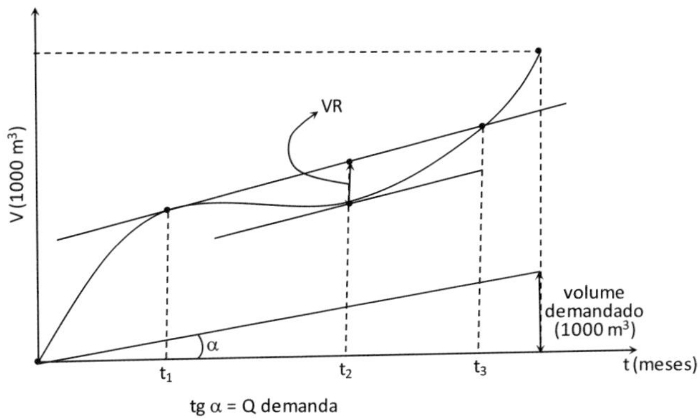

Figura 7.17 - Procedimento gráfico para a obtenção do volume de um reservatório necessário para satisfazer certa vazão de demanda (Q.demanda).
Fonte: *Elaborada pelos autores.*

Ainda em relação à Figura 7.17, o tempo t1 representa o início do esvaziamento do reservatório; o tempo t2 é aquele em que o reservatório encontra-se em seu nível mais baixo; no tempo t3 o reservatório volta a ficar cheio, sendo que, em seguida, a vazão de entrada verterá para jusante.

2ª) Qual o volume do reservatório necessário para satisfazer a maior vazão de demanda possível ?

A maior vazão de demanda teórica capaz de ser satisfeita é a Vazão Efetiva Média de Entrada. Portanto, para resolver este problema, basta fazer o Volume de Demanda Anual igual ao Volume Efetivo Total de Entrada Anual (Figura 7.18) e proceder tal como visto no primeiro problema.

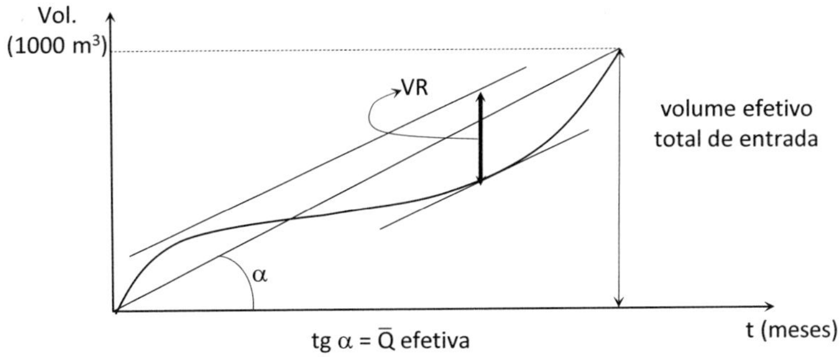

Figura 7.18 - Procedimento gráfico para se determinar o volume do reservatório (VR) capaz de satisfazer a maior vazão de demanda possível.
Fonte: *Elaborada pelos autores.*

3ª) Qual a vazão de demanda capaz de ser satisfeita por um dado volume de reservatório ?

Para se resolver esse problema é necessário, inicialmente, traçar uma segunda curva, que diste de um valor VR acima da primeira (Figura 7.19). Em seguida, traça-se uma reta que tangencia as duas curvas simultaneamente. Essa reta é rebatida para a origem, determinando um seguimento no final do gráfico. Esse seguimento representa o Volume de Demanda Anual capaz de ser satisfeito por esse reservatório. A vazão de demanda, portanto, será dada pela equação 7.9:

$$\text{Q.demanda (L/s)} = \frac{\text{Vol. Demanda Anual } (1000\ \text{m}^3) \times 10^6}{365 \times 24 \times 3.600} \qquad (7.9)$$

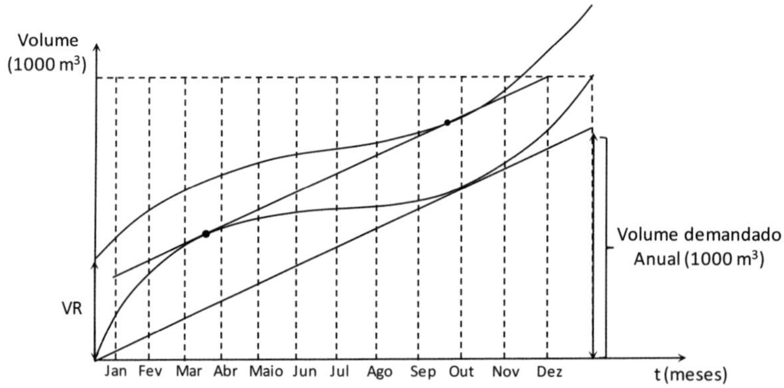

Figura 7.19 – *Método gráfico para se estimar a vazão de demanda capaz de ser suprida por um dado volume de reservatório (VR).*
Fonte: *Elaborada pelos autores.*

Exercício: dada a curva dos Volumes de Entrada Efetivos Acumulados (Figura 7.15), pergunta-se:

1º) Qual o Volume Útil do Reservatório (VR) para suprir uma Vazão de Demanda Contínua de 60 L s^{-1}?

2º) Qual o Volume Útil do Reservatório (VR) para suprir a maior Vazão de Demanda Contínua capaz de ser satisfeita?

3º) Qual a Vazão de Demanda Contínua capaz de ser satisfeita com um reservatório de Volume Útil (VR) igual a 250 x 10^3 m^3?

Respostas:

1º) VR = 548 x 10^3 m^3

2º) VR = 1.493 x 10^3 m^3

3º) Q.demanda = 46 L s^{-1}

7.4.6 Método de Rippl para regularização plurianual

Os métodos que consideram a *regularização plurianual* proporcionada por um reservatório representam melhor a realidade, pois na prática, o volume armazenado em um ano pode influenciar o volume dos anos seguintes. Isso significa que volumes calculados ano a ano, individualmente, não devem ser considerados eventos independentes. Normalmente não se aplica Rippl no semiárido, pois a relação entre evaporação potencial e precipitação pode exceder 4 (ou mesmo 5). O método mais usado para essa região é o de Campos (1996; 2010).

Nesse contexto, o Método de Rippl consiste em utilizar os mesmos fundamentos vistos no item 7.4.4, mas aplicados para uma série de vários anos de dados de vazão de entrada efetiva, ao invés de um ano por vez. Pode ser aplicado, também, ao conjunto dos 4 a 5 anos mais secos da série. Se a série tiver 30 anos de dados, por exemplo, o período de retorno relativo ao VR encontrado será T = 30 anos.

Outro aspecto importante quanto ao uso desse método é que a vazão de demanda necessita ser constante ao longo dos anos. Ao se aplicar o método, parte-se do princípio de que no início do processo o reservatório está cheio.

Exemplo:

Na Tabela 4 a seguir são dadas as vazões mensais de um rio intermitente, para os 4 anos mais secos da série, assim como as chuvas e a evaporação na região. Considera-se que a área média do lago do barramento seja de 400 acres e que o rendimento hidrológico da bacia seja de 20%.

A coluna (VII) foi plotada na Figura 20; considerou-se que não há necessidade de se manter vazão a jusante. Pergunta-se:

a) Qual é a máxima vazão capaz de ser regularizada?
b) Para essa vazão máxima, qual o volume útil do reservatório (VR)?

c) Qual o valor de VR para uma vazão de demanda de 700 acre-pé ano^{-1}?

d) Se o VR for igual a 500 acre-pé, qual a vazão demandada que poderá ser suprida?

Respostas:

a) Qdemanda = 3.500 acre- pé ano^{-1}

b) VR = 9.500 acre-pé

c) VR = 1.900 acre-pé

d) Qdemanda=1.950acre- pé ano^{-1}

Tabela 4 - Tabela de entrada de exemplo de regularização plurianual com o Método Gráfico de Rippl

		(I)	(II)	(III)	(IV)	(V)	(VI)	(VII)
ANO	MÊS	VOL. ENTRADA	PPT.	E.C.A	VOL. EVAP.=(III)*0,7*400	PPT=(II)*0,8*400*0,08333	ARM. MENSAL=(I)-(IV)+(V)	ARM. ACUM.
		(acre-pé)	(polegada)	(pé)	(acre-pé)	(acre-pé)	(acre-pé)	(acre-pé)
1932	**JAN**	2030	4,5	0,20	56,0	150,0	2124,0	2124,0
1932	**FEV**	4460	4,7	**0,29**	81,2	156,7	4535,5	6659,5
1932	**MAR**	0	0,5	0,42	117,6	16,7	-100,9	6558,5
1932	**ABR**	0	0,7	0,48	134,4	23,3	-111,1	6447,5
1932	**MAI**	8	0,2	0,51	142,8	6,7	-128,1	6319,3
1932	**JUN**	0	0,0	0,45	126,0	0,0	-126,0	6193,3
1932	**JUL**	0	0,0	0,38	106,4	0,0	-106,4	6086,9
1932	**AGO**	0	0,0	0,25	70,0	0,0	-70,0	6016,9
1932	**SET**	0	0,0	0,14	39,2	0,0	-39,2	5977,7
1932	**OUT**	0	0,4	0,07	19,6	13,3	-6,3	5971,5
1932	**NOV**	0	0,8	0,08	22,4	26,7	4,3	5975,7
1932	**DEZ**	3	4,6	0,11	30,8	153,3	125,5	6101,2
1933	**JAN**	1045	9,1	0,20	56,0	303,3	1292,3	7393,6
1933	**FEV**	26	1,2	0,29	81,2	40,0	-15,2	7378,4
1933	**MAR**	340	3,4	0,42	117,6	113,3	335,7	7714,1
1933	**ABR**	6	0,2	0,48	134,4	6,7	-121,7	7592,4
1933	**MAI**	4	1,9	0,51	142,8	63,3	-75,5	7516,9
1933	**JUN**	1	0,0	0,45	126,0	0,0	-125,0	7391,9
1933	**JUL**	0	0,0	0,38	106,4	0,0	-106,4	7285,5
1933	**AGO**	0	0,0	0,25	70,0	0,0	-70,0	7215,5
1933	**SET**	0	0,0	0,14	39,2	0,0	-39,2	7176,3
1933	**OUT**	0	1,9	0,07	19,6	63,3	43,7	7220,0
1933	**NOV**	0	0,0	0,08	22,4	0,0	-22,4	7197,6
1933	**DEZ**	0	6,9	0,11	30,8	230,0	199,2	7396,8
1934	**JAN**	62	1,3	0,20	56,0	43,3	49,3	7446,1
1934	**FEV**	300	5,5	0,29	81,2	183,3	402,1	7848,3
1934	**MAR**	13	0,0	0,42	117,6	0,0	-104,6	7743,7
1934	**ABR**	8	0,7	0,48	134,4	23,3	-103,1	7640,6
1934	**MAI**	6	0,6	0,51	142,8	20,0	-116,8	7523,8
1934	**JUN**	0	0,6	0,45	126,0	20,0	-106,0	7417,8
1934	**JUL**	0	0,0	0,38	106,4	0,0	-106,4	7311,4
1934	**AGO**	0	0,0	0,25	70,0	0,0	-70,0	7241,4
1934	**SET**	0	1,0	0,14	39,2	33,3	-5,9	7235,5
1934	**OUT**	0	1,0	0,07	19,6	33,3	13,7	7249,3
1934	**NOV**	0	5,1	0,08	22,4	170,0	147,6	7396,9
1934	**DEZ**	1	3,7	0,11	30,8	123,3	93,5	7490,4
1935	**JAN**	1820	9,1	0,20	56,0	303,3	2067,3	9557,7
1935	**FEV**	18	1,3	0,29	81,2	43,3	-19,9	9537,8
1935	**MAR**	1630	5,9	0,42	117,6	196,7	1709,1	11246,9
1935	**ABR**	3680	5,8	0,48	134,4	193,3	3738,9	14985,8
1935	**MAI**	23	0,0	0,51	142,8	0,0	-119,8	14866,0
1935	**JUN**	8	0,0	0,45	126,0	0,0	-118,0	14748,0
1935	**JUL**	1	0	0,38	106,4	0,0	-105,4	14642,6
1935	**AGO**	0	0	0,25	70,0	0,0	-70,0	14572,6
1935	**SET**	0	0,2	0,14	39,2	6,7	-32,5	14540,1
1935	**OUT**	0	0,8	0,07	19,6	26,7	7,1	14547,2
1935	**NOV**	0	0,5	0,08	22,4	16,7	-5,7	14541,4
1935	**DEZ**	8	3,5	0,11	30,8	116,7	93,9	14635,3

Fonte: *GENOVEZ (2006).*

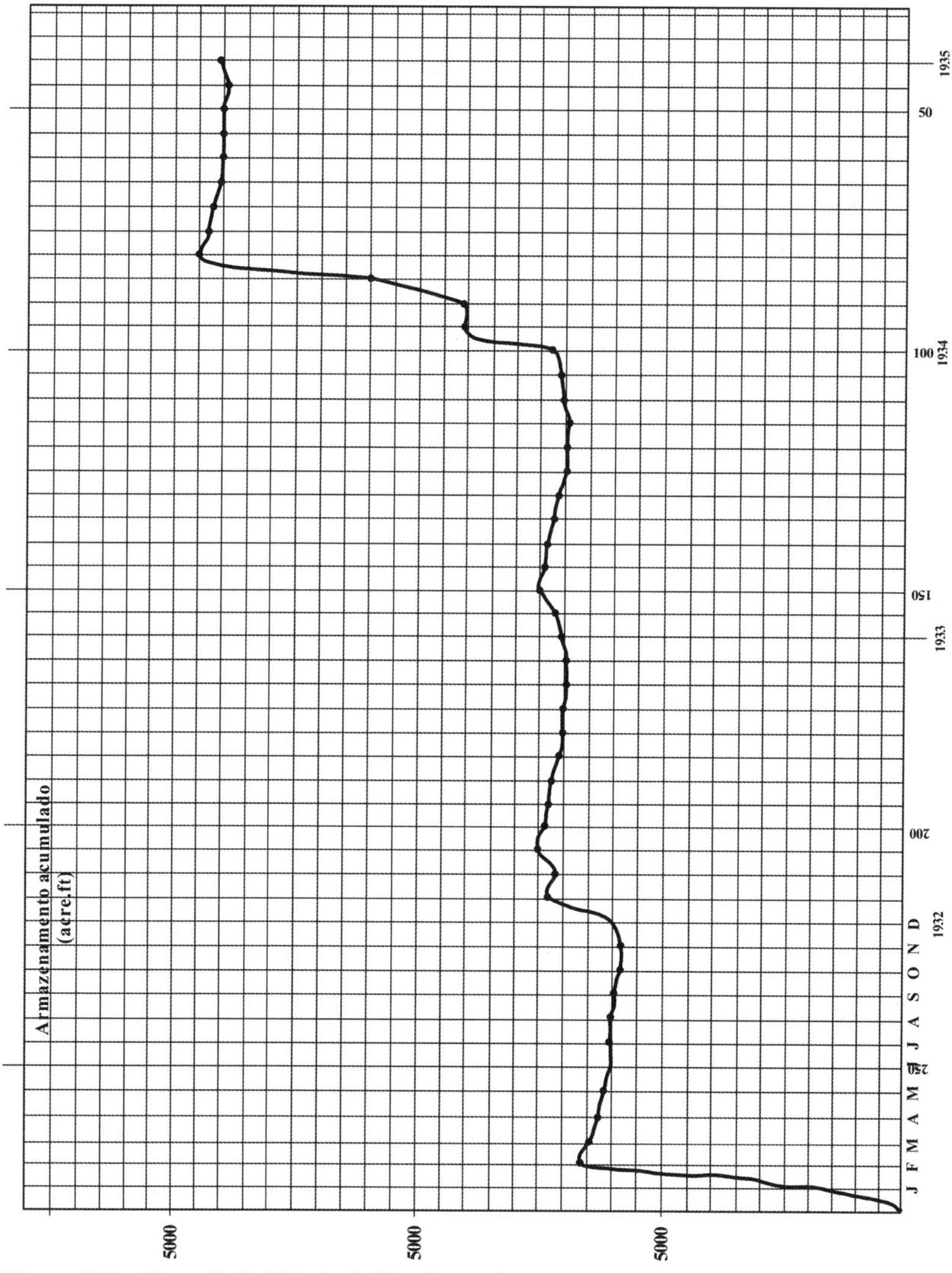

***Figura 7.20 –** Exemplo do Método Gráfico de Rippl para regularização plurianual.*
***Fonte:** GENOVEZ (2006).*

7.4.7 Método da curva das diferenças totalizadas ou método da curva de massa residual (regularização plurianual)

Tem vantagem sobre o Método de Rippl pelo fato do gráfico se desenvolver na horizontal, o que facilita seu traçado. Entretanto, tal como o Método de Rippl, só pode ser aplicado para uma vazão de demanda constante em regiões úmidas.

O método consiste em considerar no eixo das ordenadas, ao invés do volume de entrada efetivo acumulado, $\sum (Q - Qmédia).\Delta t$. Após a elaboração da curva, plota-se a reta relativa à vazão de demanda e suas tangentes, acima e abaixo da curva, conforme ilustra a Figura 7.21. A maior diferença relativa às duas retas tangentes, *medida na vertical*, corresponderá ao volume do reservatório.

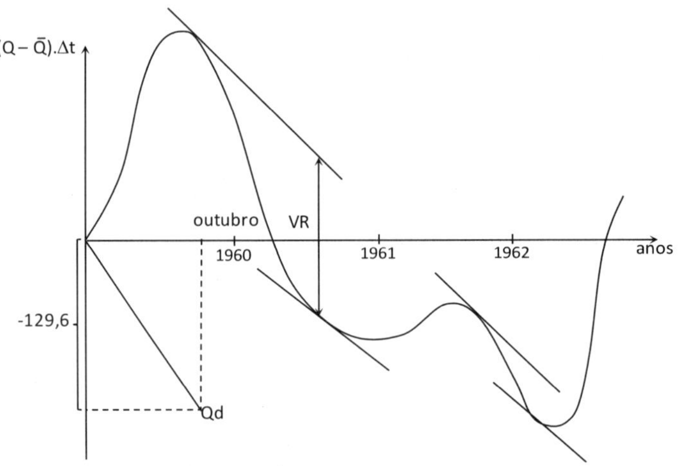

***Figura 7.21** – Esquema da Curva das Diferenças Totalizadas relativo ao exemplo que se segue.*
***Fonte:** GENOVEZ (2006).*

Exemplo:

Considerando as vazões médias mensais do pior período de estiagem do Rio Tietê, estação fluviométrica de Itaquaquecetuba, e utilizando a Curva das Diferenças Totalizadas (Figura 7.21 e 7.22), determine:

a) O volume do reservatório (VR) para Qdemanda = 80%.Qmédia.
b) O volume do reservatório (VR) para Qdemanda = 50%.Qmédia

c) Qual Qdemanda pode ser suprida se VR = 120 x 10^6 m^3 ?

d) Qual o volume do reservatório para Qdemanda = 30 m^3 s^{-1}?

Dado: Qmédia = 25 m^3 s^{-1}

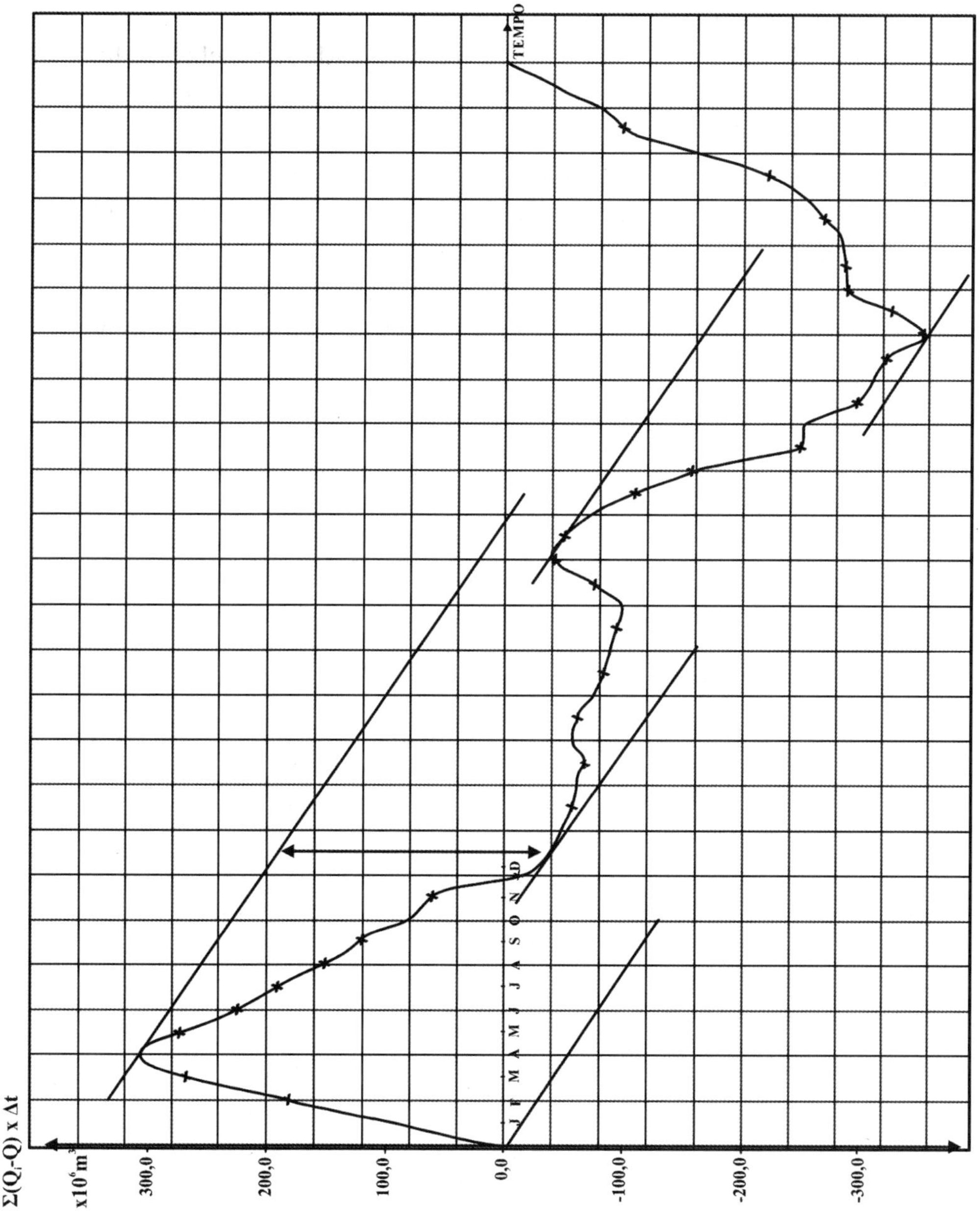

Figura 7.22 – *Curva das Diferenças Totalizadas para a pior estiagem do Rio Tietê – SP.*
Fonte: *GENOVEZ (2006).*

Solução:

a) Qdemanda = 80% . Qmédia → Qdemanda = 0,80 x 25 = 20 $m^3\ s^{-1}$

$\sum$(Qi - Qmédia).Δt = $\sum$(20 - 25).30.86400 . Nº meses = $\sum$(-5).2,592.N.10^6

Para N=10 (mês de outubro) → $\sum$(Qi - Qmédia) x Δt = -129,6 x 10^6 (Ver Figura 7.21)

Assim,
a)VR = 250 x 10^6 m^3
b) VR = 75 x 10^6 m^3
c) Qdemanda ≈ 15 $m^3\ s^{-1}$
d)Não é possível pois Qdemanda > Qmédia

7.4.8 Método dos Picos Sequenciais (regularização plurianual)

Este método tem, em relação aos dois métodos vistos anteriormente, as vantagens de permitir trabalhar com vazões de demanda variáveis ao longo do tempo, e também de ser facilmente programado para computadores. Consiste em seguir as seguintes etapas:

1) Calcular $\sum$(Qi - Di).Δt ; sendo Qi = vazão de entrada efetiva e Di = vazão de demanda
2) Aplicar em dois períodos de série, ou seja, em 2.N, sendo N o número de meses da série.
3) Localizar o primeiro pico → P1
4) O pico seguinte Pi+1 deve ser maior do que Pi.
5) Achar os picos P2, P3, etc.
6) Achar o menor valor T1 entre PI e P2 e calcular o valor P1 – T1, calculando VR1.
7) Achar T2 entre P2 e P3, calculando VR2 = P2 – T2, e assim por diante.
8) O último valor de T é obtido entre o último pico PI e o valor final de $\sum$(Qi - Qdemanda i).Δt
9) A capacidade de projeto do reservatório será o valor de VR i máximo.

10) O reservatório pode ter sua capacidade zerada uma ou duas vezes no período 2.N
11) Antes de aplicar o método, checar se a vazão de demanda média é menor que a Qmédia de entrada efetiva. Na prática, Qdemanda média deve ser menor que de 50 a 70% da Qmédia.

Exemplo:

Na Tabela 7.5 estão apresentadas as vazões de entrada efetivas (coluna 4) e as vazões variáveis de demanda (coluna 5). Preencher as colunas 8, 9 e 10, calculando assim o VR. Em seguida preencher as colunas de 11 a 13, que ilustram a operação do reservatório.

Resposta:

VR = 14,784 m^3 s^{-1}. mês = 14,784 . 3600 . 24 . 30,417 = 38,85 . 10^6 m^3 = 38,85 hm^3 = 38,85 hectômetros cúbicos.

Tabela 7.5 – Cálculo do volume do reservatório pelo método dos picos sequenciais

(1) ANO	(2) MÊS	(3) PERÍODO	(4) Q_i (m^3 s^{-1})	(5) R_i (m^3 s^{-1})	(6) $d_i = Q_i - R_i$ (m^3 s^{-1})	(7) $DAC_i = 100 + \Sigma d_i$	(8) Pico P_j	(9) Depressão M_j	(10) $VAU_j = P_j - M_j$ (m^3 s^{-1} mês)	(11) V_i= Volume de armazenamento de Res. (m^3 s^{-1} mês)	(12) W_i Descargas Vertidas (m^3 s^{-1})	(13) Estado do Reservatório
	1	1	10	5.976	4.024	104.024						
	2	2	12	5.976	6.024	110.048						
	3	3	21	7.470	13.53	123.578						
	4	4	8	8.964	-0.964	122.614						
	5	5	6	13.446	-7.446	115.168						
	6	6	19	14.940	4.06	119.228						
	7	7	22	22.410	-0.41	118.818						
	8	8	29	16.434	12.566	131.384						
	9	9	11	13.446	-2.446	128.938						
	10	10	3	11.952	-8.952	119.986						
	11	11	14	10.458	3.542	123.528						
	12	12	11	17.928	-6.928	116.600						
	1	13	10	5.976	4.024	120.624						
	2	14	12	5.976	6.024	126.648						
	3	15	21	7.470	13.53	140.178						
	4	16	8	8.964	-0.964	139.214						
	5	17	6	13.446	-7.446	131.768						
	6	18	19	14.940	4.06	135.828						
	7	19	22	22.410	-0.41	135.418						
	8	20	29	16.434	12.566	147.984						
	9	21	11	13.446	-2.446	145.538						
	10	22	3	11.952	-8.952	136.586						
	11	23	14	10.458	3.542	140.128						
	12	24	11	17.928	-6.928	133.200						

Fonte: *Elaborada pelos autores.*

7.5 Amortecimento do pico de cheia e dimensionamento do vertedor do barramento

Quando a onda de cheia entra no reservatório da barragem, há um enchimento do lago, simultaneamente ao descarregamento da enxurrada pelo vertedor. Esse enchimento *amortece a vazão* de pico da cheia (Qmax - Capítulo 5), que precisa ser recalculada para que o vertedor não fique superdimensionado.

Serão apresentados neste texto vários métodos de cálculo: o primeiro é um método simplificado, que é usado quando não se dispõe da forma da hidrógrafa de cheia, e sim de sua vazão de pico, apenas; recomenda-se que este seja aplicado apenas a pequenas bacias.

Os demais métodos são mais robustos, mas exigem que se conheça a hidrógrafa da cheia, o que se obtém quando se usa o método da Hidrógrafa Unitária ou os métodos da Hidrógrafa Unitária Triangular ou Adimensional do Soil Conservation Service para o cálculo da enxurrada, por exemplo (ver Capítulo 5).

Quando se utiliza o primeiro método é mais fácil se fixar a lâmina de enchente e calcular a largura do vertedor (como será visto em seguida); já quando se utilizam os demais métodos, geralmente se fixa a largura do vertedor e se calcula a lâmina de enchente (serão abordados no Capítulo 8).

7.5.1 Método dos hidrogramas triangulares

Esse método consiste em assumir que o hidrograma total de entrada no lago da barragem terá forma semelhante à de um hidrograma unitário triangular sintético, ou seja, uma base igual a 2,67 tc, que por simplificação é adotada igual a 3tc, em que tc é o tempo de concentração da bacia que contribui para o barramento (Figura 7.22). A base se refere à duração de escoamento superficial advinda de um dado evento de precipitação (Capítulo 5). Nesta figura o hidrograma de entrada é o triângulo *abc* e o de saída do reservatório o triângulo *ade*. A vazão de pico do hidrograma de entrada é *Qmax* e a vazão de pico do hidrograma de saída é *Qmax**.

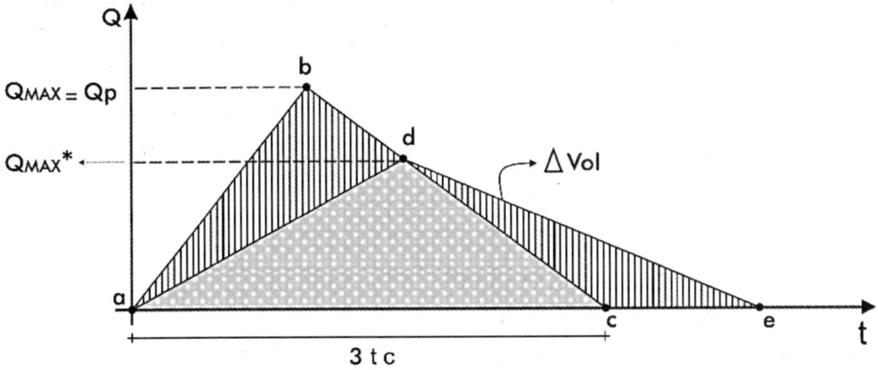

Figura 7.22 *– Simplificação dos hidrogramas de entrada (abc) e saída (ade) de um reservatório, sendo Qmax a vazão de pico e Qmax* a vazão de pico amortecida.*
Fonte: *Elaborada pelos autores.*

Como em um gráfico Q x t a área sob o gráfico representa um volume, pela observação do hidrograma de entrada pode-se escrever:

$$\text{Volume enxurrada} = \text{Área sob o triângulo abc} = \frac{\text{Qmax . 3 . tc}}{2}$$

Como o volume que entra deve ser igual ao que sai após a passagem da cheia (nível d'água de volta a soleira do vertedor), tem-se que:

$$\text{Área sob o triângulo ade} = \text{Área sob o triângulo abc} = \frac{\text{Qmax . 3 . tc}}{2}$$

$$\Delta\text{adc} + \Delta\text{cde} = \frac{\text{Qmax . 3 . tc}}{2}$$

A área sob o triângulo *cde* representa o volume descarregado pelo barramento após a entrada da onda de cheia. Esse volume é aquele que corresponde à quantidade de água que encheu o lago (área do triângulo *adb*), indo do nível da soleira do vertedor até a sua altura máxima de enchente, como é ilustrado na curva cota X volume do reservatório (Figura 7.23)

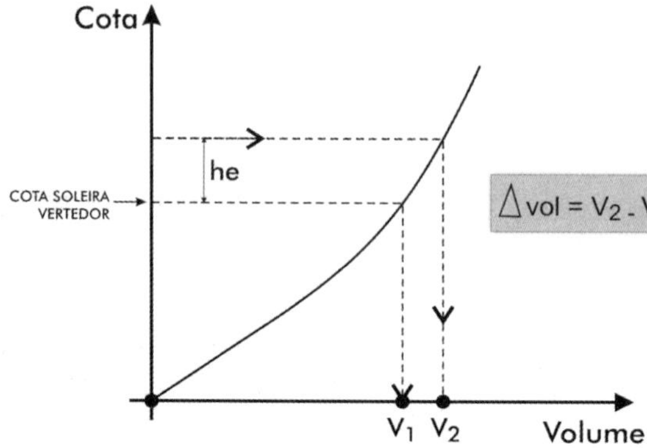

***Figura 7.23** – Volume de amortecimento do lago da barragem ou volume de enchente (ΔVol).*
***Fonte:** Elaborada pelos autores.*

Desta forma, dando sequência ao raciocínio tem-se:

$$\Delta \text{adc} + \Delta \text{Vol} = \frac{\text{Qmax . 3 . tc}}{2}$$

$$\frac{\text{Qmax* . 3 . tc}}{2} + \Delta \text{Vol} = \frac{\text{Qmax . 3 . tc}}{2} \quad \therefore \quad \text{Qmax* . 3 . tc} + 2 . \Delta \text{Vol} = \text{Qmax . 3 . tc}$$

$$\text{Qmax*} = \frac{\text{3 . tc . Qmax - 2 .}\Delta\text{Vol}}{\text{3. tc}} \qquad (7.10)$$

em que:
*Qmax** – vazão de pico amortecida, $m^3\ s^{-1}$;
Qmax – vazão de pico de entrada no lago da barragem, $m^3\ s^{-1}$;
tc – tempo de concentração, s; e
Δ*Vol* – volume que vai da soleira do vertedor à máxima altura de enchente na barragem, m^3.

Observando-se a equação 7.10, pode-se constatar que, quando o volume do lago da barragem é grande o amortecimento também é grande, de forma que o vertedor fica relativamente pequeno. Já os lagos pequenos, em igualdade de condições de tamanho da bacia de contribuição, tendem a ter vertedores mais largos devido ao menor amortecimento.

Obtida a vazão de pico amortecida (Qmax*), é possível se dimensionar o vertedor da barragem, o que significa se fixar uma carga he, e calcular sua largura L, como ilustra a Figura 7.24.

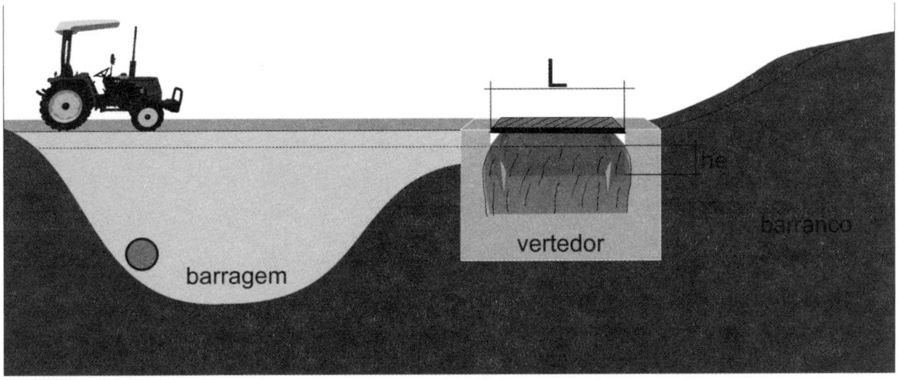

Figura 7.24 - Vertedor de largura L, descarregando a vazão máxima amortecida com uma lâmina he.
Fonte: Elaborada pelos autores.

Quando a barragem for muito pequena (Qmax* < 200 L s^{-1}), podem-se utilizar vertedores tubulares (um ou dois) cuja equação é dada pela equação 5.11.

$$Q = 1{,}518 \, . \, D^{0{,}693} . \, h^{1{,}807} \quad (5.11)$$

Em que *Q* é a vazão amortecida (m^3 s^{-1}), *D* é o diâmetro do tubo de concreto (m) e *h* é a lâmina d'água dentro do tubo.

Já a expressão geral dos vertedores retangulares usados na maioria dos barramentos segue à forma da equação 5.12.

$$Q = C \, . \, L \, . \, h^{3/2} \quad (5.12)$$

Em que *Q* é a vazão máxima amortecida (m^3 s^{-1}), *C* é o coeficiente de descarga do vertedor, *L* é a largura do vertedor (m) e h é a lâmina de enchente (m).

A maioria das barragens pequenas costuma utilizar os vertedores de parede espessa, que têm valor de *C* de 1,55. Para vertedores de parede delgada (tábuas) *C* vale 1,71; esse mesmo valor é usado para vertedores em arco de concreto. Já nas barragens grandes, são usados mais comumente os vertedores do tipo Creager; estes são mais eficientes hidraulicamente e dispõem de valor de C variando de 1,90 a 2,20.

Exemplo:

Determinar a largura da soleira do vertedor retangular, considerando os seguintes dados:

- $Qmax$ (T = 100 anos) = 21 $m^3\ s^{-1}$;
- tc = 33 minutos;
- he = 80 cm;
- $\Delta volume$ = 35.000 m^3; e
- C = 1,55.

Solução:

$$\text{Qmax*} = \frac{3\,.\,\text{tc}\,.\,\text{Qmax} - 2\,.\Delta\text{Vol}}{3.\,\text{tc}} = \frac{3\,.\,33\,.\,60\,.\,21 - 2\,.\,35.000}{3.33.60} = 9{,}215\ \text{m}^3\ \text{s}^{-1}$$

$$Q = 1{,}55\ .\ L\ .\ h^{3/2} \rightarrow 9{,}215 = 1{,}55\ .\ L\ .\ 0{,}80^{3/2} \rightarrow L = 8{,}31\ \text{m}$$

Para se ter uma noção de ordem de grandeza, no Estado de São Paulo, bacias de 10 a 20 km^2 de área de contribuição costumam exigir vertedores variando de 10 a 15 metros de largura.

7.5.2 Dimensionamento da tomada de fundo

As *tomadas de fundo* dos pequenos barramentos de terra são dimensionadas para descarregar a vazão de jusante como um conduto livre (seção parcialmente cheia), pois essa é a condição mais crítica (barragem vazia). Geralmente utiliza-se cerca de 70% da seção e um declive tal que não exceda a velocidade máxima erosiva do material do qual será feita a tomada (5 $m^3\ s^{-1}$ no caso tubos de concreto).

7.6 Exercícios propostos

a) Deseja-se fazer um cálculo expedito para uma outorga de captação a fio d'água para um pivô central. Considere os seguintes dados:

Dados:

* Lâmina líquida de irrigação máxima = 6 mm dia^{-1};

* Eficiência de irrigação = 80%;

* Área irrigada = 70 ha;

* Número de horas de operação = 19 horas dia^{-1};

* Número de dias de operação = 15 dias $mês^{-1}$; e

* Número de meses de operação = 7 meses ano^{-1}.

→ Considere que o mês médio tem 30,417 dias.

Pede-se:

1) Calcular a vazão real necessária à motobomba (Qbomba) em L s^{-1}.

2) Calcular a vazão demandada contínua (Qdemanda média) em L s^{-1}, necessária ao cálculo de um possível reservatório.

Resposta: Qbomba = 76,7 L s^{-1} QdemandaMédiaContínua=17,5 L s^{-1}

b) Um grupo de agricultores tem o total direito do uso da água de um ribeirão, localizado no norte do Estado de Minas Gerais. A *vazão média mensal* do ribeirão, já descontando a percentagem de jusante, é apresentada abaixo (Tabela 7.6), assim como a *lâmina líquida* requerida de irrigação, obtida por meio de um balanço hídrico climatológico. Considerando uma eficiência de irrigação de 75% e desprezando-se as perdas por evaporação e os acréscimos devido à precipitação pluvial no espelho hidráulico do reservatório, responda às questões a seguir.

b.1- Qual a área máxima que poderia ser irrigada sem reservatório, supondo um bombeamento de 20 horas por dia e 30,417 dias/mês?

b.2- Qual a área máxima que poderia ser irrigada, construindo-se um reservatório de regularização?

Tabela 7.6 – Vazão média mensal efetiva do ribeirão e lâmina líquida requeria para irrigação

Mês	Vazão efetiva ($m^3\ s^{-1}$)	Lâmina líquida (mm $mês^{-1}$)
JAN	2,3	180
FEV	6,0	100
MAR	8,9	130
ABR	4,9	80
MAI	3,8	26
JUN	1,0	10
JUL	0,8	0
AGO	0,6	0
SET	4,9	0
OUT	4,9	26
NOV	0,7	40
DEZ	0,7	90

Fonte: *Elaborada pelos autores.*

Resposta: b1)1.279 ha; b2)11.424 ha.

c) Uma grande pocilga, de 80 m X 40 m de telhado, abriga 300 suínos. A quantidade de água gasta para a limpeza é estimada em 20 L $cabeça^{-1}$ dia^{-1}. Admitir que cada mês tenha 30,417 dias. Considerando os dados médios da precipitação mensal apresentados na Tabela 7.7, e supondo que haja uma perda de 15% por evaporação nos telhados, responda:

c1 - Canalizando-se a água precipitada nos telhados para uma cisterna, será possível suprir a demanda anual de higiene dos boxes?

c2 - Qual o volume recomendado para a cisterna?

Tabela 7.7 – Precipitação média mensal para o cálculo de cisterna para água de chuva

Meses	Ppt mensal (mm)	Volume de entrada (l)	Volume de demanda (l)	(+) demanda menos entrada
Jan	300			
Fev	250			
Mar	200			
Abr	100			
Maio	45			
Jun	25			
Jul	20			
Ago	10			
Set	20			
Out	30			
Nov	100			
Dez	200			
				Σ=

Fonte: *Elaborada pelos autores.*

Resposta: SIM (Qdemanda = 6.000 L dia^{-1} < Qmédia entrada = 9.687,7 L dia^{-1}); VR = 687 m^3.

Observação: Esse exercício poderia ter uma maior precisão caso se trabalhasse com chuvas diárias ou semanais.

d) Dada a planilha abaixo (Tabela 7.8), com as *vazões horárias efetivas* de entrada em um reservatório hipotético, responda:

d1 – Qual a vazão horária máxima capaz de ser regularizada sem o uso de reservatório?

d2 – Qual a vazão horária máxima capaz de ser regularizada com o uso do reservatório (lembre-se que a vazão máxima capaz de ser regularizada é a vazão média de entrada efetiva)?

d3 – Qual o volume do reservatório para regularizar uma vazão de 3,0 m^3 h^{-1}?

Tabela 7.8 – Vazões horárias médias para cálculo de reservatório de regularização horária

(1) HORAS	(2) Q. Ent. Efet. ($m^3 h^{-1}$)	(3) Vol. Ent. Efet. (m^3)	(4) Vol. Demanda (m^3)	(5) Σ Vol (m^3) (+) [4-3]
0 - 3	6,0			
3 - 6	4,0			
6 - 9	2,0			
9 - 12	1,0			
12 - 15	1,0			
15 - 18	2,0			
18 - 21	4,0			
21 - 24	6,0			
				Σ=

Fonte: *Elaborada pelos autores.*

Resposta: Qdemanda = 1,0 m^3 h^{-1}; Qdemanda Max = 3,25 m^3 h^{-1}; VR =18 m^3.

e) Na Tabela 7.9 a seguir encontram-se esquematizadas as curvas cota X área/volume da bacia hidráulica apresentada. **Sabendo-se que:**

* O descarregador de fundo será localizado na cota 883 m;
* A lâmina de enchente está prevista em 1,0 m;
* Pretende-se utilizar uma folga de 1,0 m; e
* O volume útil necessário será de cerca de 31.000 m^3.

Pede-se:

e1 – Estimar a altura total do barramento.

e2 – Estimar a área máxima alagada.

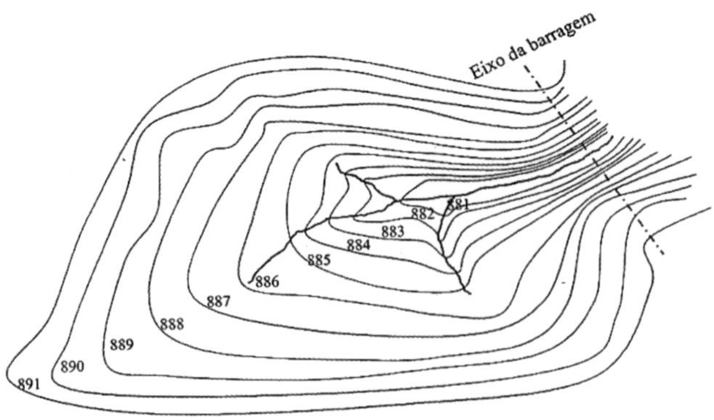

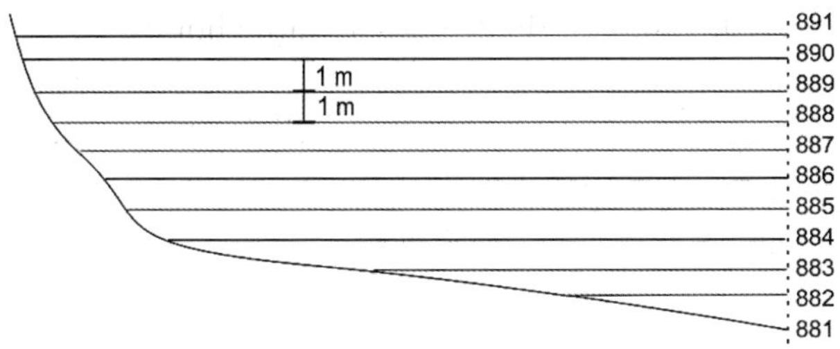

Fonte: *CARVALHO (2008).*

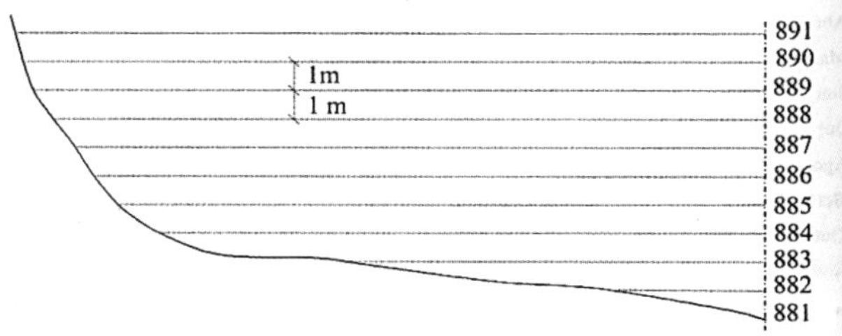

Tabela 7.9 – Curvas cota x área e cota x volume para a resolução do exercício (e)

Cota (m)	Área (m^2)	Volume (m^3)	Volume Acumulado (m^3)
881	43	0	0
882	324	184	184
883	765	545	728
884	1.129	947	1.675
885	3.455	2.292	3.967
886	6.509	4.982	8.949
887	11.002	8.756	17.705
888	17.087	14.045	31.749
889	24.543	20.815	52.564
890	32.111	28.327	80.891
891	46.589	39.350	115.792
892	58.765	52.677	172.918
893	83.409	71.087	244.005
894	108.871	96.140	340.145

Fonte: *CARVALHO (2008).*

Resposta: Ht = 9 m; VR = 24.543 m^2

f) Determinar a largura do extravasor de parede espessa de uma barragem, sabendo-se que seu fundo deverá estar localizado na cota 6,0 m, e que este deverá operar com uma carga hidráulica de 1,0 m. A vazão máxima para a bacia em estudo foi considerada de 20,0 m^3 s^{-1}, para um tempo de concentração de 2,0 horas.

Tabela 7.10 – Curva cota x volume para a resolução do exercício (f)

h (m)	Vol (m^3)	h (m)	Vol (m^3)	h (m)	Vol (m^3)
0	0	3	16200	6	129600
1	600	4	38400	7	205800
2	4800	5	75000	8	307200

$$Qmax^* = \frac{(3\,.\,tc\,.\,Qmax\ -\ 2\,.\Delta Vol)}{3.\,tc}$$; em que Qmax (m^3 s^{-1}), ΔVol (m^3), tc (segundos)

$Q = C\,.\,L\,.\,h^{3/2}$, C = 1,55; em que Q(m^3 s^{-1}), L(m), h(m).

Resposta: L = 8,35 m.

g) Na Figura a seguir estão representadas as curvas cota X área e cota X volume da bacia hidráulica de um futuro barramento. Sabendo-se que se pretende instalar um vertedor de parede espessa com fundo na cota 82,50 m, e que a lâmina de enchente (he) está prevista ser de 50 cm, responda:

1 - Qual a área inundada máxima prevista?

2 - Qual a largura recomendada para o vertedor?

Dados:

Qmax(T=100 anos) = 30,0 m^3 s^{-1}

tc = 2,8 horas

$Qmax * \frac{(3\,.\,tc\,.\,Qmax - 2.\Delta Vol)}{3\,.\,tc}$; em que Qmax ($m^3$ s^{-1}), tc (segundos), ΔVol (m^3)

$Q = C\,.\,L\,.\,he^{3/2}$; C = 1,55; em que Q(m^3 s^{-1}), L(m), he(m)

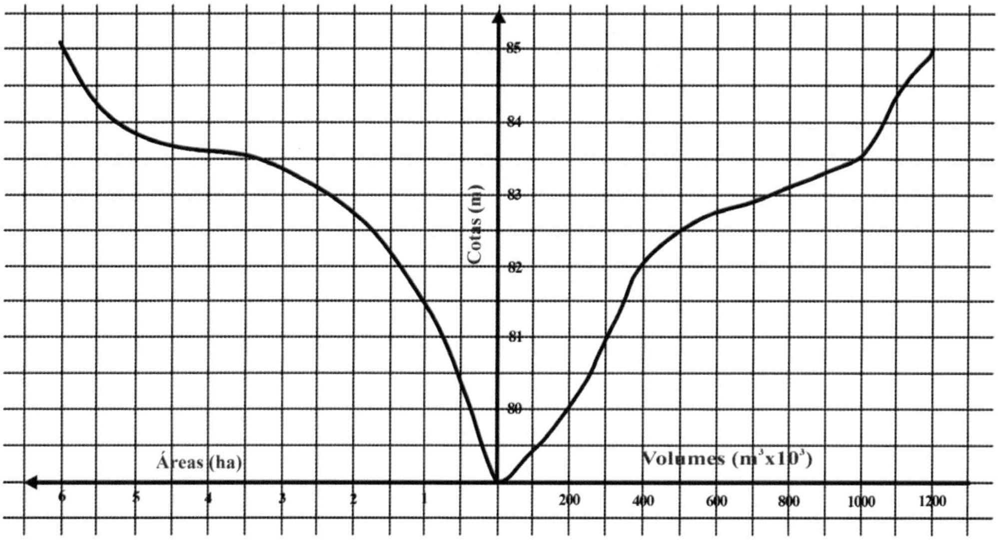

Fonte: *CRUCIANI (1987).*

Resposta: A.max = 2,25ha; L = 25,8 m.

h) Estimar, de forma expedita, o custo de um barramento, com as características abaixo:

Dados:

* altura da barragem = 5,0 m
* largura da crista = 6,0 m
* talude de montante = 3:1
* talude de jusante = 2:1
* área da seção batimétrica no eixo do barramento = 600 m^2
* volume de concreto armado esperado = 100 m^3
* fator de empolamento da terra = 1,4
* custo da terra = R$ 8,00 / m^3
* custo do concreto armado = R$ 300,00 / m^3

Observação: lembre-se de que: Vol terra = base média x seção batimétrica x fator; $bm = \left(\frac{B+b}{2}\right)$

Resposta: R$ 154.320,00

i) Pretende-se verificar se a implantação de 2 vertedores tubulares, um em cada ombreira de uma pequena barragem de terra, é capaz de descarregar a vazão máxima amortecida a contento. Os tubulões têm 1,5 metro de diâmetro e devem trabalhar com uma lâmina d'água máxima de 1,0 m (he). Calcule Qmax* da barragem, sabendo-se que Qmax foi estimada em 15,0 m^3 s^{-1}, com um tempo de concentração de 2,0 horas. O ΔVol pode ser obtido na tabela abaixo, considerando-se que as geratrizes inferiores dos tubulões estão localizadas na cota 6 metros (NA normal).

h (m)	Vol (m^3)	h (m)	Vol (m^3)	h (m)	Vol (m^3)
0	0	3	16.200	6	129.600
1	600	4	38.400	7	205.800
2	4.800	5	75.000	8	307.200

$\text{Qmax}^* = \frac{(3 \,.\, \text{tc} \,.\, \text{Qmax} \,-\, 2 \,.\Delta\text{Vol})}{3 .\, \text{tc}}$; em que Qmax ($m^3$ s^{-1}), ΔVol (m^3), tc (segundos) **[equação de amortecimento da barragem]**

$Q = 1{,}518 \,.\, D^{0{,}693} \,.\, he^{1{,}807}$; em que Q($m^3$ s^{-1}), D(m), he(m). **[equação de 1 vertedor tubular]**

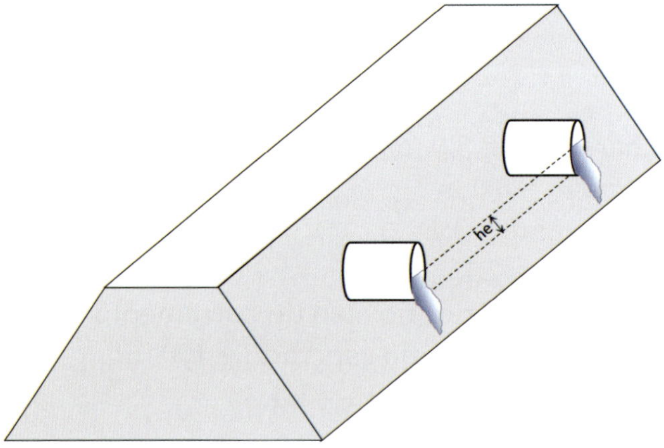

Fonte: *Elaborada pelos autores.*

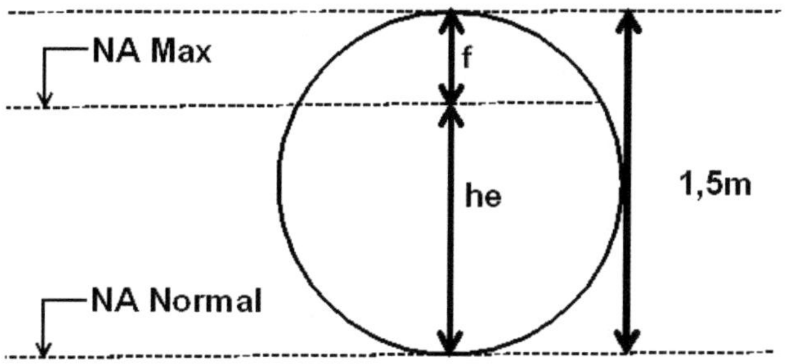

Fonte: Elaborada pelos autores.

Resposta: Não. Qmax*=7,94 $m^3\ s^{-1}$ > Qdois Tub = 4,02 $m^3\ s^{-1}$.

j) O Instituto Mineiro de Gestão de Águas vinha adotando uma série de simplificações para facilitar o encaminhamento de pedidos de outorga para barramentos que visassem acumular água para irrigação:

1) Ao invés de se fazer o balanço para cada ano da série histórica, sugere-se que se faça o balanço apenas para a vazão de entrada bruta média mensal.
2) Exige-se que se garanta sempre uma vazão de jusante de 70% da Q7,10.
3) Exige-se que se considere, como vazão de demanda, a vazão de demanda máxima (bombeando-se 24 horas dia^{-1}), e que esta fosse considerada constante para todos os meses do ano.
4) Permite-se que se desprezem as perdas por evaporação do espelho hidráulico do reservatório e os aportes devido à precipitação.

Tendo em vista essas simplificações, calcule o volume do reservatório de um barramento para o abastecimento de dois pivôs centrais, com uma área irrigada total conjunta de 160 ha.

O barramento será feito em um córrego, com uma área de captação de 1.561 ha, que fica próximo à cidade de São João Del Rei, pertencente à grande bacia mineira do Rio das Mortes.

A regionalização dos dados do posto fluviométrico do Rio das Mortes forneceu os seguintes valores da vazão específica:

Q7,10 específica = 5,0 L s^{-1} km^2.

Vazões mensais específicas médias (L s^{-1} km^{-2})

Jan	Fev	Mar	Abr	Mai	Jun	Jul	Ago	Set	Out	Nov	Dez
35,3	29,7	25,4	19,8	13,2	11,1	10,5	9,8	10,7	13,4	21,4	31,6

Fonte: *CARVALHO (2008).*

Para o cálculo da vazão de demanda, considerar:
* ETo MAX= 4,0 mm dia^{-1}
* Kc MAX = 1,3
* Eficiência de irrigação = 80%

Assim, a lâmina bruta será dada por:

$$LB = \frac{\text{EToMAX . KcMAX}}{\text{Eficiência}}$$

Lembre-se de que, ao se considerar um bombeamento de 24 horas por dia, 1 mm dia^{-1} = 0,11574 L s^{-1} ha^{-1}. Termine de preencher a planilha da página seguinte para obter o volume útil do reservatório do barramento. Considere que cada mês tem 30,417 dias.

Meses	Q.Ent.Bruta.Esp. (L s^{-1} km^{-2})	Q.Ent.Bruta (L s^{-1})	70%Q7,10 (L s^{-1})	Q.Irrigação (L s^{-1})	Vol.Ent.Efet (1000 m^3)	Vol.Demanda (1000 m^3)	Balanço (1000 m^3)
Jan	35,3	551,03	54,64	120,37	1304,5	316,3	0,0
Fev							
Mar							
Abr							
Mai							
Jun							
Jul							
Ago							
Set							
Out							
Nov							
Dez	31,6	493,27	54,64	120,37	1.152,7	316,3	0,0
						VR = (1000 m^3)	

Fonte: *Elaborada pelos autores.*

Resposta: VR = 112,4 x 10^3 m^3

k) Na Figura a seguir são apresentados os volumes de entrada efetivos acumulados, visando o dimensionamento de um reservatório pelo método de Rippl e, em uma outra escala, as curvas cota X área e cota X volume, obtidas por meio de um levantamento planialtimétrico da área do reservatório. **Pede-se**:

1 - O volume do reservatório para uma vazão de demanda de 30 L s^{-1};

2 - A cota da crista da barragem correspondente ao volume calculado no item (1). Considere a cota da superfície do volume morto como sendo de 80 m, a altura da lâmina no vertedor para escoar Qmax* como sendo de 0,5 m e uma folga de 1,0 m.

3 - A área do espelho hidráulico da bacia quando o vertedor estiver descarregando Qmax*.

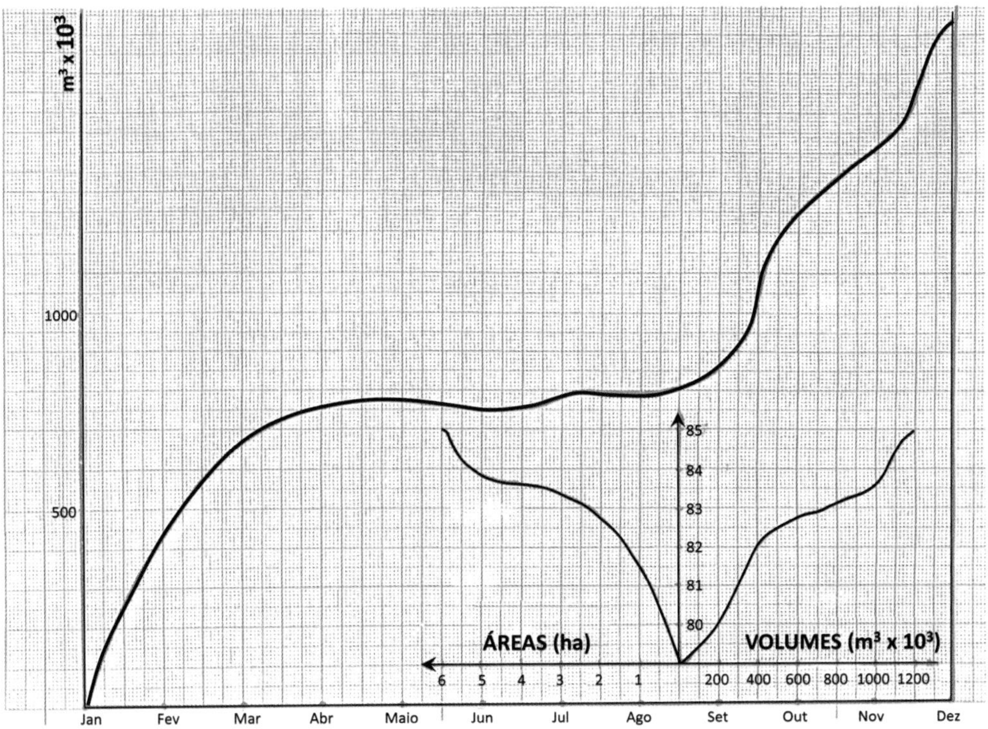

Fonte: CRUACIANI (1987).

Resposta: VR ≈ 400 x 10^3 m^3; Cota crista ≈ 84,2 m; Área máxima do espelho do lago ≈ 2,9 ha

l) Dada a curva das diferenças totalizadas abaixo, determine os volumes necessários para regularizar as seguintes vazões: Q = 28,0 m^3 s^{-1}, Q = 25,0 m^3 s^{-1}e Q = 32,0 m^3 s^{-1}. Dado: a vazão média é de 30 m^3 s^{-1}; considere que cada mês tem 30 dias.

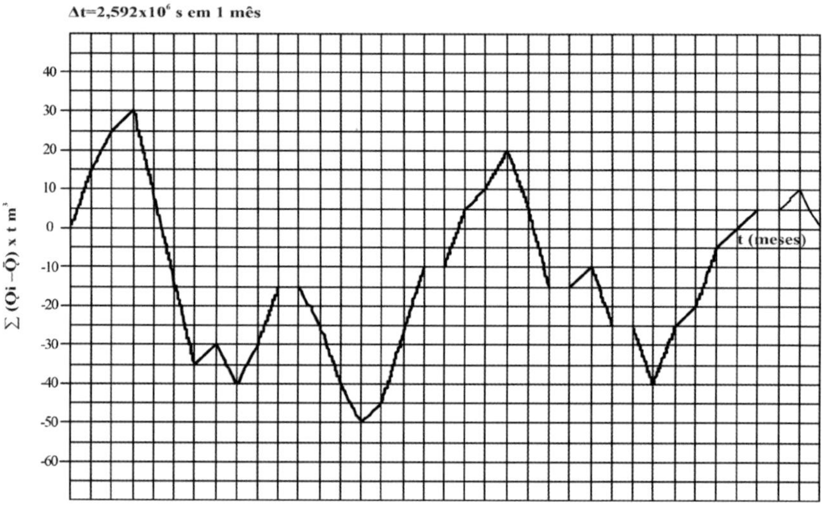

Fonte: *GENOVEZ (2006).*

Resposta: VR ≈ 67 x $10^6$$m^3$; VR ≈ 30 x $10^6$$m^3$; VR → Impossível (demanda > vazão média)

m) Dadas as vazões médias mensais do Rio Tietê no posto fluviométrico de Cumbica (tabela a seguir), considerando que este seja o pior período de vazões baixas deste rio e utilizando uma Curva das Diferenças Totalizadas, termine de preencher a tabela e determine:

1 - Qual a máxima vazão constante possível de ser regularizada?
2 - Qual o volume do reservatório necessário ao item (1)?
3 - Qual o volume do reservatório necessário para regularizar 60% da vazão do item (1)?

Observação: considere que cada mês tem 30 dias.

ANO	MESES	Vazões($m^3 s^{-1}$)	(Qi - Qmédia)	∑ (Qi - Qmédia)
1956	J	18,90		
	F	23,30		
	M	48,00		
	A	31,00		
	M	32,00		
	J	40,00		
	J	18,10		
	A	26,40		
	S	14,80		
	O	18,60		
	N	13,70		
	D	26,80		
1957	J	34,50		
	F	14,30		
	M	17,20		
	A	10,40		
	M	9,80		
	J	10,60		
	J	9,20		
	A	9,30		
	S	13,50		
	O	8,90		
	N	21,60		
	D	18,20		
1958	J	15,50		
	F	31,40		
	M	20,90		
	A	19,70		
	M	21,50		
	J	14,90		
	J	8,20		
	A	6,10		
	S	5,90		
	O	11,40		
	N	8,50		
	D	13,70		

1959	J	19,90		
	F	40,70		
	M	23,70		
	A	31,60		
	M	20,60		
	J	15,50		
	J	12,40		
	A	18,90		
	S	16,40		
	O	14,00		
	N	23,90		
	D	21,30		

Fonte: *GENOVEZ (2006).*

***Resposta*:** (1)Qmédia = 19,3 m^3 s^{-1}; (2)VR= 320 x 10^6 m^3; (3)VR= 52 x 10^6 m^3

n) Calcular o volume do reservatório para uma vazão de demanda igual a 70% da vazão média, usar o método dos picos sequenciais. Considere que cada mês tem 30 dias.

ANO	MESES	Vazão (m^3 s^{-1})	Di=Qi-Ri	DACi=100-∑di	Picos Pi	Depressões Mi	VAUi = Pi - Mi
1993	J	9,13					
	F	5,76					
	M	5,43					
	A	3,74					
	M	3,45					
	J	2,94					
	J	2,61					
	A	3,65					
	S	2,21					
	O	2,79					
	N	4,45					
	D	5,96					

1994	J	5,12						
	F	7,97						
	M	8,42						
	A	5,25						
	M	7,12						
	J	8,83						
	J	4,55						
	A	5,68						
	S	4,16						
	O	5,02						
	N	4,23						
	D	5,41						
1993	J	9,13						
	F	5,76						
	M	5,43						
	A	3,74						
	M	3,45						
	J	2,94						
	J	2,61						
	A	3,65						
	S	2,21						
	O	2,79						
	N	4,45						
	D	5,96						
1994	J	5,12						
	F	7,97						
	M	8,42						
	A	5,25						
	M	7,12						
	J	8,83						
	J	4,55						
	A	5,68						
	S	4,16						
	O	5,02						
	N	4,23						
	D	5,41						

Fonte: *GENOVEZ (2006).*

Resposta: VR = 10,4 x 10^6 m^3.

o) Durante o mês de junho de 1981, a afluência média ao reservatório de Três Marias foi de 430 m^3 s^{-1}. No mesmo período, a CEMIG operou o reservatório liberando para jusante uma vazão média de 250 m^3 s^{-1} para atendimento à navegação, sendo que a geração de energia elétrica consumiu uma vazão média adicional de 500 m^3 s^{-1}. A precipitação mensal na região foi de apenas 8 mm, enquanto a média histórica de evaporação da superfície do lago, para esse mês, vale 100 mm. Sabendo que no início do mês o NA (nível de água) do reservatório estava na cota 567,03 m, calcular o NA no final do período, sendo conhecida a relação cota-área-volume. Desprezar as perdas por infiltração e computar a precipitação efetiva para o NA = 567,03 m.

1) Considere a precipitação efetiva = (P-E) e b) Fazer interpolação linear na relação cota-área-volume.
2) Lembrar que:

RELAÇÃO COTA X ÁREA e COTA X VOLUME

NA (m)	VOLUME (x 10^9 m^3)	ÁREA (km^2)
565,00	12,729	912
565,50	13,126	933
566,00	13,527	953
566,50	13,929	974
567,00	14,331	995
567,50	14,733	1018
568,00	15,135	1040

Fonte: *GENOVEZ (2006).*

Resposta: NA final no período = 565,88 m

CAPÍTULO 8

Amortecimento de ondas de cheia em reservatórios e canais

8.1 Introdução

Em muitas ocasiões, é de interesse do hidrólogo saber como se comporta uma onda de cheia ao passar por um reservatório ou por um trecho de um rio. Esse deslocamento é conhecido na literatura inglesa como *"routing"*.

O *deslocamento de uma onda de cheia* em um rio ou em um reservatório sofre o efeito de diversos processos, como aqueles relacionados ao armazenamento e à resistência da água em relação às paredes. Esses efeitos podem ser representados pelas equações da continuidade, que considera o amortecimento devido à variação da capacidade de armazenamento dos sistemas, e da quantidade de movimento, que representa os efeitos da gravidade, do atrito, da pressão e da inércia, associadas ao escoamento (PRUSKI *et al.*, 2006).

Chow (1988) classificou os modelos de escoamento em *hidrológicos e hidráulicos*. No primeiro grupo estão os modelos que consideram somente o efeito do armazenamento, desprezando os efeitos associados à equação da quantidade de movimento. Já os *modelos hidráulicos* utilizam as equações diferenciais de Saint-Vénant (equações da continuidade e da quantidade de movimento), sendo por isso mais completos; nesse texto serão abordados apenas os *modelos hidrológicos*, que são mais simples.

Os modelos hidrológicos utilizam apenas a equação da continuidade e uma relação entre o armazenamento evidenciado no trecho considerado, e as vazões de saída e de entrada neste trecho, para simular o escoamento em um rio ou em um reservatório. Estes tipos de modelos têm sido muito utilizados em Hidrologia devido, principalmente, à sua simplicidade de formulação e à pequena quantidade de dados utilizados.

Nos métodos que se seguem, serão desprezados os acréscimos provenientes de afluxos de águas subterrâneas e as perdas por percolação profunda ou por evaporação. Também não será considerada a ocorrência de chuvas sobre o reservatório durante a passagem da onda de cheia.

8.2 Amortecimento em reservatórios

Uma onda de cheia ao entrar em um reservatório sofre um espraiamento (amortecimento, laminação), modificando o nível da água, o volume acumulado e a área alagada do reservatório, o que se reflete na vazão de saída (Figura 8.1).

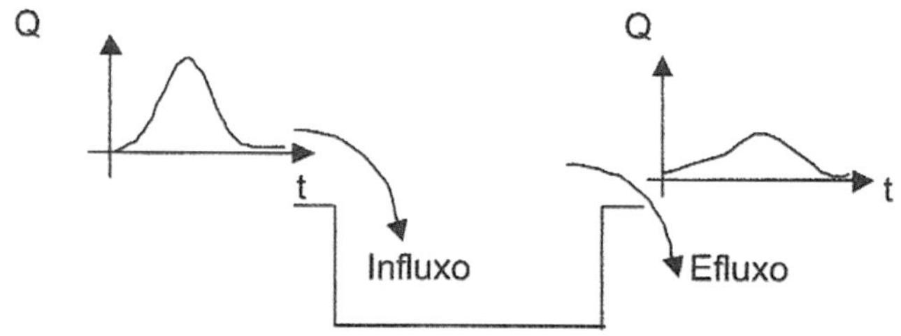

***Figura 8.1** – Hidrograma de entrada no reservatório (influxo) e hidrograma de saída amortecido (efluxo).*
***Fonte:** PRUSKI et al. (2006a).*

O reservatório recebe a água de influxo, armazena e a libera pelo vertedor. No caso que será estudado nesse texto (caso mais simples), a água é recebida de um lado do reservatório e descarregada do outro; supõe-se que não haja armazenamento em cunha, ou seja, assume-se que a superfície do lago permaneça na horizontal.

A fim de determinar a hidrógrafa de saída e a altura máxima com que a onda de cheia vai passar no vertedor (permitindo, assim, seu dimensionamento), deve-se conhecer:

1) A hidrógrafa de entrada;
2) A curva cota x volume do reservatório;
3) A largura fixada para o vertedor; e
4) A equação do vertedor.

8.2.1 Método da discretização da equação da continuidade

É o método mais citado na literatura para reservatórios com vertedores sem comportas; com pequenas variações de cálculo em relação ao procedimento aqui adotado, é também conhecido como *Método Pulz* (ou Pulse) (PRUSKI *et al.*, 2006; PULS, 1928). Este método permite calcular, não só a vazão máxima amortecida (Q saída máxima = Qmax*), mas construir toda a hidrógrafa de saída do reservatório, uma vez conhecida a hidrógrafa de entrada, como é ilustrado na Figura 8.2.

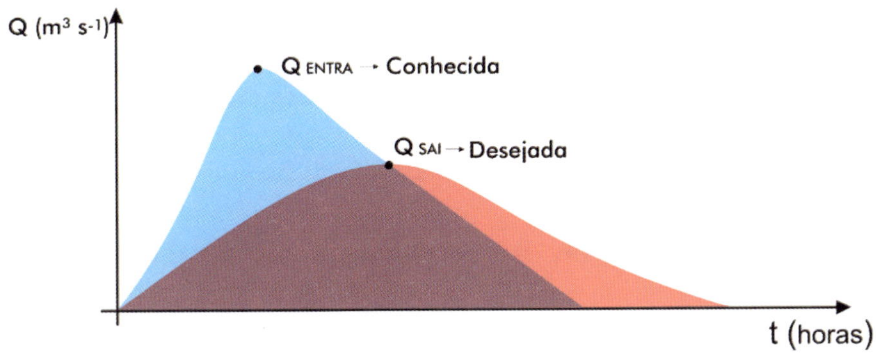

***Figura 8.2** - Hidrogramas de entrada e de saída em um reservatório.*
***Fonte:** Elaborada pelos autores.*

A equação da continuidade (equação da conservação do volume) pode ser escrita como se segue:

$$\text{QmédiaENTRA - Qmédia SAI} = \frac{\text{Variação Armazenamento}}{\Delta t} \quad (8.1)$$

Escrevendo a equação 8.1 numericamente (por diferenças finitas):

$$\frac{\text{QEi + QEi+1}}{2} - \frac{\text{QSi + QSi+1}}{2} = \frac{\text{Vol i+1}}{\Delta t} - \frac{\text{Vol i}}{\Delta t} \qquad (8.2)$$

Em que *QE* é a vazão que entra no reservatório, *QS* é a vazão que sai do reservatório e Vol é o volume armazenado no reservatório acima do nível normal.

Considerando que a saída da água do reservatório se dá por meio de um vertedor, que tem por equação geral: $QS = C \,.\, L \,.\, h^{3/2}$, em que *C* é o coeficiente de descarga do vertedor, *L* é a largura do vertedor e h é a carga hidráulica sobre a soleira do vertedor, tem-se:

$$\frac{\text{QEi + QEi+1}}{2} - \frac{C.L.\text{hi}^{3/2} - C.L.\text{hi+1}^{3/2}}{2} = \frac{\text{Vol i+1}}{\Delta t} - \frac{\text{Vol i}}{\Delta t} \qquad (8.3)$$

A vazão de entrada (*QE*) é conhecida, assim como os termos de ordem (i). Separando-os no lado esquerdo da equação, tem-se:

$$\frac{\text{QEi + QEi+1}}{2} + \frac{\text{Vol i}}{\Delta t} - \frac{C.L.\text{hi}^{3/2}}{2} = \frac{\text{Vol i+1}}{\Delta t} + \frac{C.L.\text{hi+1}^{3/2}}{2} \qquad (8.4)$$

Definindo:

$$\text{y1(hi)} = \frac{\text{Vol i}}{\Delta t} - \frac{C.L.\text{hi}^{3/2}}{2} \qquad (8.5)$$

$$\text{y2(hi + 1)} = \frac{\text{Vol i+1}}{\Delta t} + \frac{C.L.\text{hi+1}^{3/2}}{2} \qquad (8.6)$$

Substituindo as equações 8.5 e 8.6 na equação geral 8.4, obtém-se a equação final:

$$\text{Qmédia ENTRA} + \text{y1(hi)} = \text{y2(hi + 1)} \qquad (8.7)$$

Procedimento para a solução das equações:

Para cada intervalo de tempo Δt (geralmente o mesmo usado nos Blocos Alternados):

1º) Calcula-se y1(hi) pela equação 8.5;

2º) Calcula-se $\text{Qmédia ENTRA} = \frac{\text{QEi + QEi+1}}{2}$;

3º) Calcula-se y2(hi+1) pela equação 8.7; e

4º) Obtém-se hi+1, iterativamente, pela equação 8.6.

Exemplo: conhecido o hidrograma de entrada em um reservatório, achar o hidrograma de saída e a carga máxima sobre a soleira do vertedor:

Dados:

a) Curva cota x volume do reservatório, com origem na soleira do vertedor:

Vol = 2,5 x h; sendo Vol em 10^6 m^3 e h em metros.

b) Curva característica do vertedor tipo Creager:

$Q = C \times L \times h^{3/2}$; sendo C = 2,0 e L = 10 metros

c) Hidrograma de entrada:

i	**0**	**1**	**2**	**3**	**4**	**5**	**6**	**7**	**8**	**9**	**10**	**11**	**12**	**13**
i (hora)	0	6	12	18	24	30	36	42	48	54	60	66	72	78
Q ($m^3 s^{-1}$)	10	21	69	100	90	73	64	55	46	34	32	27	24	22

Solução:

1) Usando a equação 8.5 → $y1(hi) = \frac{\text{Vol i}}{\Delta t} - \frac{C.L.hi^{3/2}}{2}$; e considerando Δt = 6 h = 21.600 seg

$$y1(hi) = \frac{2{,}5 \,.\, 10^6 \,.\, hi}{21.600} - \frac{2 \,.\, 10 \,.hi^{3/2}}{2} \rightarrow y1(hi) = 115{,}74 \,.\, hi - 10 \,.\, hi3/2 \qquad (8.8)$$

2) Analogamente, usando a equação 8.6

$$y2(hi+1) = 115{,}74 \,.\, hi+1 + 10 \,.\, hi+1^{3/2} \qquad (8.9)$$

A sequência dos cálculos fica facilitada quando é organizada em uma tabela:

(1)	(2)	(3)	(4)	(5)	(6)	(7)	(8)
t(horas)	**hi(m)**	**y1(hi)**	**QmedENT ($m^3 s^{-1}$)**	**y2(hi+1)**	**h(i+1)**	**QSaída i ($m^3 s^{-1}$)**	**QSaída i+1 ($m^3 s^{-1}$)**
0 - 6	0,000	0,000	15,50	15,500	0,130	0,00	0,94
6 - 12	0,130	14,578	45,00	59,578	0,486	0,94	6,77
12 - 18	0,486	52,862	84,50	137,362	1,089	6,77	22,73
. . .							
42 - 48	**2,045**	207,44	50,50	257,944	1,987	**58,49**	56,02
. . .							
72 - 78	1,500	155,239	23,00	178,239	1,397	36,74	33,02

3)→ Equação 8.8 → y1(hi) = 115,74 . hi - 10 . $hi^{3/2}$
4)→ Equação 8.9 → y2(hi+1) = 115,74 . hi+1 + 10 . $hi{+}1^{3/2}$
5)→ Solução iterativa.
6)→Q saída i = C . L . $hi^{3/2}$
7)→QSaída i+1 = 2,0 . 10 . $hi{+}1^{3/2}$

2,045 m = he (altura máxima da lâmina de enchente sobre a soleira do vertedor)

58,49 $m^3 s^{-1}$ = Q saída i máxima = Qmax* = vazão máxima amortecida de projeto (Ver Capítulo 5).

Plotando-se a vazão média de entrada (Coluna 4) e a vazão de saída (Coluna 8) em função do tempo, obtém-se a Figura 8.3, a seguir:

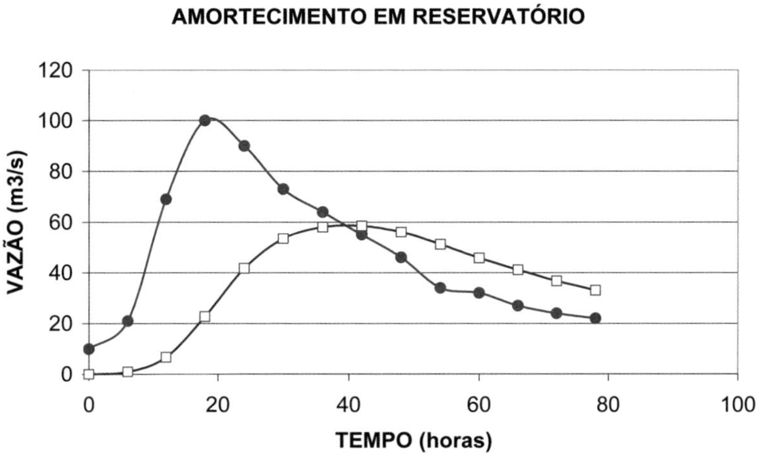

Figura 8.3 *– Hidrógrafas de entrada (pontos cheios) e de saída (pontos vazios) do reservatório.*
Fonte: *Elaborada pelos autores.*

Observando-se a Figura 8.3 é possível notar que o tempo de pico do hidrograma efluente (de saída) se apresenta defasado relativamente ao do hidrograma afluente (de entrada). Além disso, a vazão de pico efluente (Qmax*) é menor que a vazão de pico afluente, indicando a ocorrência do amortecimento. A diferença entre os tempos de pico é conhecida como "reservoir lag" (retardo ocasionado pelo reservatório) e a redução do pico entre os fluxos extremos (de Qmax para Qmax*) é referida como "atenuação". Esta atenuação está associada ao tamanho do lago da barragem e do seu dispositivo de saída (vertedor).

À esquerda da Figura 8.3, a área compreendida entre as duas hidrógrafas representa o volume de água que se eleva no reservatório. Pode-se observar que esse volume é máximo quando a hidrógrafa de entrada cruza a de saída; nesse ponto a carga hidráulica sobre o vertedor é máxima. Devido a esse fato, o ponto de máximo (Qmax*) do hidrograma de saída ocorre exatamente sobre a cauda recessiva do hidrograma de entrada.

Na Figura 8.4 pode ser observado o que aconteceria com Qmax* quando se variasse a largura do vertedor (L) ou o volume do reservatório (VR). Aumentando-se L, Qmax* é descarregada com uma menor carga sobre a soleira do vertedor, ou seja, a variação de volume no reservatório diminui, acarretando um menor amortecimento, o que causa o aumento de Qmax*. Aumentando-se VR, o amortecimento aumenta, implicando em uma diminuição de Qmax*.

Existem situações em que Qmax* pode sofrer restrições, como por exemplo a existência de uma vila de casas a jusante que exige que a cheia seja limitada para não causar inundações. Nesse caso, entra-se com o Qmax* máximo exigido no gráfico da Figura 8.4 e calcula-se a maior largura permitida ao vertedor para que o amortecimento não seja inibido.

De forma semelhante, existem situações em que há limitação no tamanho de VR para que, após o enchimento da barragem, nenhum local importante seja alagado a montante. Nesse caso, determina-se a cota máxima de enchimento e calcula-se VR máximo. Em seguida, entra-se na curva da Figura 8.4 com o VR calculado e determina-se Qmax* e o correspondente valor de L mínimo do vertedor, para que a água do lago não atinja o ponto estabelecido durante o pico de cheia.

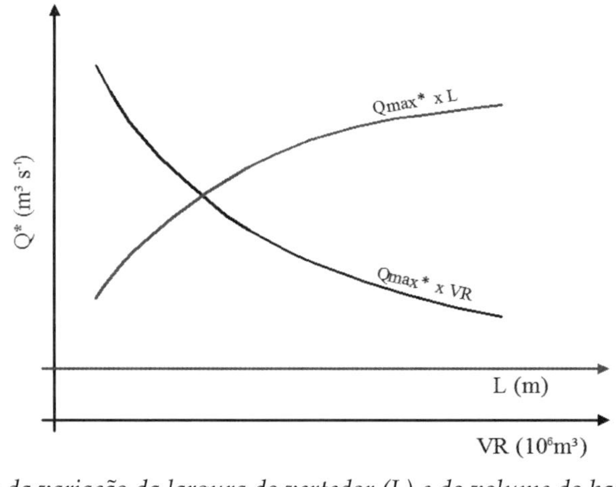

***Figura 8.4** – Efeito da variação da largura do vertedor (L) e do volume do barramento (VR) sobre a vazão de saída amortecida (Qmax*).*
***Fonte:** PRUSKI et al. (2006b).*

8.3 Amortecimento de cheias em rios e em canais – Método de Muskingum

Descrição do método

O DAEE paulista, para bacias menores que 20 km^2, sugere que, para a estimativa da vazão máxima de projeto, se aplique o método do Soil Conservation Service (ver Capítulo 5) para a área completa de uma só vez.

Esse procedimento tem revelado que as vazões assim estimadas sofrem uma superestimativa excessiva. Uma alternativa mais interessante para esse problema seria dividir a bacia em sub-bacias, calcular as hidrógrafas de cheia para cada uma delas e propagá-las até o exutório da bacia, considerando as sobreposições e amortecimentos.

O armazenamento ao longo de rios e canais não é função apenas da descarga, visto que este se dá não somente na forma de prisma d'água; sobre este se manifesta uma formação em cunha (Vc na Figura 8.5); o efeito dessa acumulação deve ser levado em conta.

Inexistindo uma relação biunívoca entre a descarga na extremidade de jusante e o volume retido no vale do rio (como ocorre no caso do reservatório), há necessidade de se introduzir a vazão efluente como uma variável dependente adicional na definição do volume de acumulação. É importante se notar que o regime não é permanente; assim, a superfície livre da água pode assumir formas distintas para idênticas condições-limite na seção de jusante, em função da posição em que se encontra a onda de cheia no trecho considerado.

Um dos métodos mais utilizados para a simulação desse tipo de escoamento é o Método de Muskingum (MONTEIRO & COLLISCHOM, 2015). Este método foi desenvolvido em estudos realizados no Rio Muskingum, afluente do Rio Ohio. O Método de Muskingum para o chamado "flood routing" foi desenvolvido em 1938 por McCarthy do US Army Corps of Engineers e é também chamado de "Muskingum routing". O método adota conceitos dos armazenamentos em prisma e em cunha, e é descrito neste texto, na sequência (PRUSKI; SILVA; KOETZ, 2006).

O método se baseia na equação da continuidade e em uma equação de armazenamento que pondera o efeito da vazão de entrada e de saída no trecho. Uma onda de cheia pode ser representada pela Figura 8.5. Durante um intervalo de tempo (Δt) a vazão de entrada ou afluente (Q_e) supera a vazão de saída ou efluente (Q_s) fazendo com que um volume (Vc) se acumule no trecho considerado; esse volume é denominado cunha de acumulação.

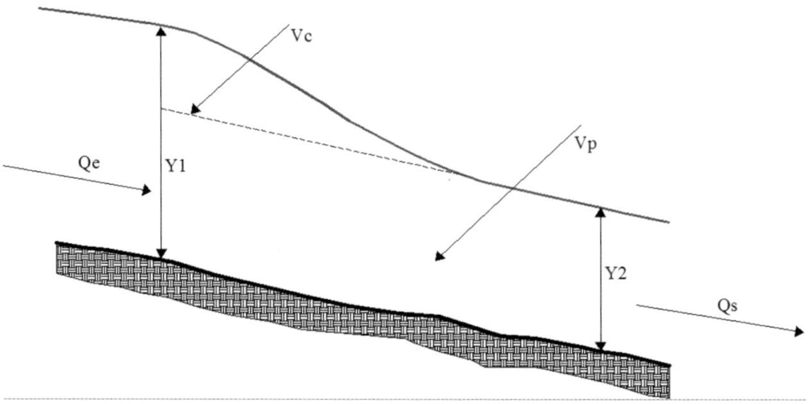

Figura 8.5 *– Esquema representativo da propagação de uma onda de cheia em um trecho de um rio, destacando o volume na cunha (Vc) e o volume prismático (Vp).*
Fonte: *PRUSKI et al. (2006b).*

Chamando de y1 a profundidade do canal na seção 1 e de y2 a profundidade do canal na seção 2, podem-se ajustar as equações do tipo potência 8.10 e 8.11, ou seja:

$$Q_e = a \,.\, y1^n \qquad (8.10)$$

$$Q_s = a \,.\, y2^n \qquad (8.11)$$

em que *"n"* depende da equação de resistência utilizada (Manning, Chezy, etc.); e *"a"* é função da declividade do canal e do coeficiente de rugosidade das paredes.

O volume total de água presente no trecho considerado pode ser dividido em duas partes: uma proporcional a y1 (profundidade do canal a montante) e outra proporcional a y2 (profundidade a jusante). Sendo X um fator de ponderação entre essas partes, pode-se escrever que:

$$V = X.(b\,.y1^m) + (1\text{-}X).(b\,.y2^m) \qquad (8.12)$$

Em que *"b"* e *"m"* são parâmetros relacionados com a geometria do canal.

Isolando os valores de y1 e y2 nas equações 8.10 e 8.11 e substituindo--os na equação 8.12, obtém-se a equação geral do método de Muskingum, qual seja:

$$V = \frac{b}{a^{mn}} [Q_S{}^{mn} + X.(Q_e{}^{mn} - Q_S{}^{mn})] \quad (8.13)$$

Considerando a equação de Manning e o canal retangular, então n = 5/3 e m = 1. Para canais naturais *m* pode ser bem maior do que 1. Assim, adota-se m/n = 1 e usa-se a notação:

$$K = \frac{b}{a^{mn}} \quad (8.14)$$

Desta forma, a equação 8.13 torna-se:

$$V = K\,.\,[Qs + X\,.(Qe - Qs)] \quad (8.15)$$

ou

$$V = K\,.\,[X\,.Qe - (1 - X).Qs)] \quad (8.16)$$

O parâmetro *X*, na verdade, é um adimensional que varia de 0 a 0,5 para canais ou rios. Valores de X>0,5 amplificam a hidrógrafa a jusante, trazendo informações fora da realidade. Para rios, o mais comum é variar de 0,1 a 0,3, encontrando-se em média o valor 0,2 (valor usado em caso de ausência de dados); essa constante exprime o grau de participação da vazão afluente (ou de entrada) na caracterização do volume acumulado. Se X=0 a calha se comporta como um reservatório; se X=0,5, significa que não houve amortecimento na calha, ou seja, o hidrograma "passa direto" pela calha só pelo efeito de translação.

O parâmetro *K* (acumulação) relaciona-se ao volume armazenado (V), e dispõe de dimensão de tempo. Está relacionado à distância entre os centros de massa dos hidrogramas de entrada e de saída; aproxima-se, em geral, do tempo de deslocamento da onda de cheia no trecho de rio analisado.

A equação da continuidade pode ser expressa pela equação 8.17, para um intervalo de tempo Δt:

$$Qe_{\text{média}} - Qs_{\text{média}} = \frac{\Delta V}{\Delta t} \quad (8.17)$$

Discretizando-se a equação 8.17 em diferenças finitas, obtém-se:

$$\frac{Qe_i + Qe_{i+1}}{2} - \frac{Qs_i + Qs_{i+1}}{2} = \frac{V_{i+1} - V_i}{\Delta t} \quad (8.18)$$

Pela equação 8.15, verifica-se que:

$$V_{i+1} = K.[Qs_{i+1} + X.(Qe_{i+1} - Qs_{i+1})] \quad (8.19)$$

e

$$V_i = K.[Qs_i + X.(Qe_i - Qs_i)] \quad (8.20)$$

Substituindo-se 8.19 e 8.20 no segundo termo da equação 8.18, obtém-se a equação 8.21, que depende apenas das vazões de entrada e saída no volume de controle, de Δt e dos parâmetros K e X.

$$Qs_{i+1} = Co \,.\, Qe_{i+1} + C1 \,.\, Qe_1 + C2 \,.\, Qs_i \quad (8.21)$$

Sendo que:

$$Co = -\frac{K.X\text{-}0{,}5.\Delta t}{K\text{-}K.X+0{,}5.\Delta t} \quad (8.22)$$

$$C1 = \frac{K.X+0{,}5.\Delta t}{K\text{-}K.X+0{,}5.\Delta t} \quad (8.23)$$

$$C2 = \frac{K\text{-}K.X\text{-}0{,}5.\Delta t}{K\text{-}K.X+0{,}5.\Delta t} \quad (8.24)$$

A equação 8.21 deve valer, também, para o movimento permanente no qual $Qs_{i+1} = Qs_i = Qe_{i+1} = Qe_i$. Nesse caso a equação 8.21 ficaria:

$$Qs_{i+1} = Co \,.Qs_{i+1} + C1 \,.Qs_{1+1} + C2 \,.\, Qs_{i+1}$$

o que significa que:

$$Co + C1 + C2 = 1 \quad (8.25)$$

8.3.1 Cálculo da hidrógrafa de saída amortecida quando se dispõe de K e X

Nesse caso, deve-se dividir o tempo em intervalos (Δt), tal que $K/3 < \Delta t < K$. Em seguida, calculam-se Co, C1 e C2. Finalmente, conhecendo-se Qe_i, Qe_{i+1} e também Qs_i, obtém-se Qs_{i+1} e, portanto, o hidrograma de saída.

Para que não ocorra uma vazão Qs_{i+1} negativa, recomenda-se respeitar a relação:

$$X \leq \frac{\Delta t}{2.K} \leq (1 - X) \qquad \text{e} \qquad X \leq 0{,}5$$

Exemplo 1:

O hidrograma de entrada de um dado trecho de rio é dado na tabela a seguir. Considerando X =0,2, K = 2 dias e Δt = 1 dia, determinar o hidrograma de saída.

Solução:

Com os valores de X, K e Δt calculam-se os valores de Co, C1 e C2 pelas equações 8.22, 8.23 e 8.24, quais sejam:

Co = 0,0476

C1 = 0,4286

C2 = 0,5238

Em seguida, calculam-se, para cada data, os termos à direita da equação 8.21, ou seja, $Co.Qe_{i+1,}$ $C1.Qe_i$ e $C2.Qs_i$, que estão na terceira, quarta e quinta colunas. Finalmente, resolvendo-se a equação 8.21, calcula-se a sexta coluna, que representa o hidrograma de saída do trecho de rio considerado.

Tempo (dias)	Qe(m^3 s^{-1})	$Co.Qe_{i+1}$	$C1.Qe_i$	$C2.Qs_i$	Qs_{i+1}
16	4,3	---	---	---	4,3
17	7,6	0,0476 x 7,6 = 0,36	0,4286 x 4,3 = 1,84	0,5238 x 4,3 = 2,25	0,36+1,84+2,25 = 4,46
18	11,2	0,0476 x 11,2 = 0,53	0,4286 x 7,6 = 3,26	0,5238 x 4,46 = 2,33	0,53+3,26+2,34 = 6,13
19	16,7	0,79	4,08	3,21	8,80
20	21,6	1,03	7,16	4,61	12,80
21	21	1,00	9,26	6,70	16,96

22	26,6	1,27	9,00	8,88	19,15
23	46,0	2,19	11,40	10,03	23,62
24	60,0	2,86	19,72	12,37	34,94
25	57,7	2,75	25,72	18,30	46,77
26	47,9	2,28	24,73	24,50	51,51
27	34,5	1,64	20,53	26,98	49,15
28	21,7	1,03	14,79	25,75	41,57
29	34,7	1,65	9,30	21,77	32,72
30	45,2	2,15	14,87	17,14	34,16
31	49,1	2,34	19,37	17,90	39,61
1	41,3	1,97	21,04	20,75	43,76
2	33,8	1,61	17,70	22,92	42,23
3	20,5	0,98	14,49	22,12	37,58
4	14,7	0,70	8,79	19,69	29,17
5	11,4	0,54	6,30	15,28	22,12
6	9,3	0,44	4,89	11,59	16,92
7	7,8	0,37	3,99	8,86	13,22
8	6,2	0,30	3,34	6,92	10,56
9	6,1	0,29	2,66	5,53	8,48

Na Figura 8.6 estão representadas a segunda e a sexta coluna da tabela anterior, ou seja, o hidrograma de entrada e o de saída do trecho de rio.

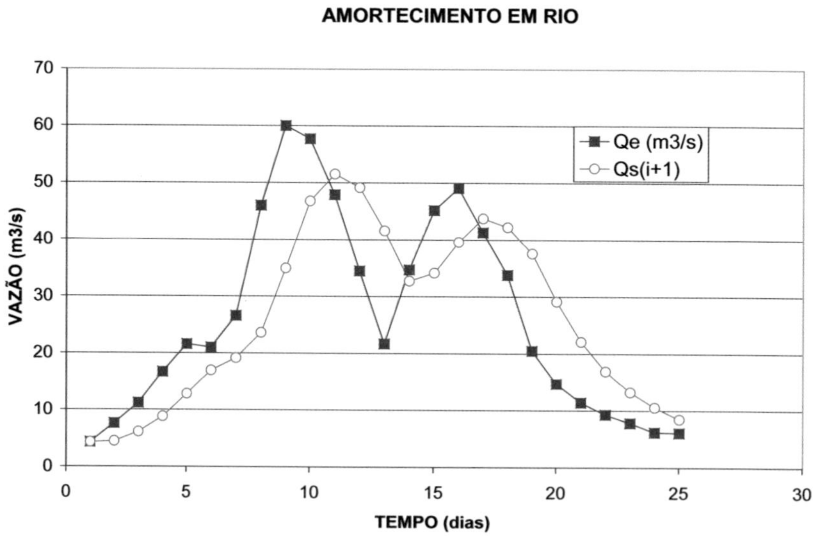

Figura 8.6 – *Vazão de entrada (Qe) e vazão de saída amortecida (Qs) do trecho de um rio.*
Fonte: *THOMAZ (2008).*

Exemplo 2 (Thomaz, 2008):

Dado o hidrograma de entrada medido em um ponto A de um rio com meandro (Figura 8.7), calcular o hidrograma de saída em B para duas situações: (a) considerando o trajeto do rio natural; (b) considerando que o meandro seja retificado em trajetória retilínea por um canal trapezoidal.

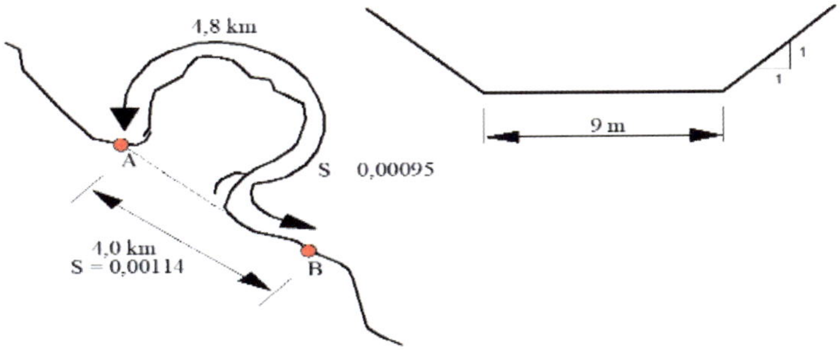

Figura 8.7 – Retificação de um meandro entre A e B por meio de um canal trapezoidal.
Fonte: Elaborada pelos autores.

Dados:

O comprimento da trajetória natural é de 4,8 km e o da trajetória retilínea é de 4,0 km. A velocidade média do rio para a vazão média do hidrograma de entrada em A é de 1,4 m s^{-1}. Considerando-se, por simplificação, que essa velocidade se mantenha, tanto na trajetória natural quanto na retilínea, obtêm-se os tempos de percurso de 0,95 horas e 0,79 horas, respectivamente. Esses dois valores serão usados como estimativa do parâmetro K. Serão adotados, também, valor de X = 0,2 e Δt = 0,5 horas, para ambos os casos.

a) Trajetória natural

Utilizando-se as equações 8.22, 8.23 e 8.24 para K=0,95 h; X = 0,2 e Δt = 0,5 h, obtêm-se:

Co = 0,059

C1 = 0,436

C2 = 0,505

Dessa forma, a equação 8.21 pode ser completada e o resultado da aplicação dessa equação, assim como a hidrógrafa de entrada, pode ser observado na tabela a seguir:

	Seção A	Seção B		Seção A	Seção B
	Com L = 4,8 Km			**Com L = 4,0 Km**	
Tempo (h)	**Qe ($m^3 s^{-1}$)**	**Qs_{i+1} ($m^3 s^{-1}$)**	**Tempo (h)**	**Qe ($m^3 s^{-1}$)**	**Qs_{i+1} ($m^3 s^{-1}$)**
0,0	0	0	0,0	0	0
0,5	7	0,4	0,5	7	0,7
1,0	13	4,0	1,0	13	4,9
1,5	23	9,1	1,5	23	10,5
2,0	32	16,5	2,0	32	18,5
2,5	49	25,2	2,5	49	27,9
3,0	68	38,1	3,0	68	41,9
3,5	76	53,4	3,5	76	57,5
4,0	84	65,0	4,0	84	68,8
4,5	78	74,1	4,5	78	76,8
5,0	71	75,6	5,0	71	76,8
5,5	60	72,7	5,5	60	72,3
6,0	52	65,9	6,0	52	64,5
6,5	46	58,7	6,5	46	56,8
7,0	40	52,0	7,0	40	50,0
7,5	36	45,8	7,5	36	43,9
8,0	32	40,7	8,0	32	39,0
8,5	28	36,2	8,5	28	34,6
9,0	24	31,9	9,0	24	30,5
9,5	20	27,8	9,5	20	26,4
10,0	16	23,7	10,0	16	22,3
10,5	13	19,7	10,5	13	18,4
11,0	11	16,3	11,0	11	15,1
11,5	7	13,4	11,5	7	12,4
12,0	6	10,2	12,0	6	9,2
12,5	3	7,9	12,5	3	7,1
13,0	0	5,3	13,0	0	4,5
13,5	0	2,7	13,5	0	1,9
14,0	0	1,4	14,0	0	0,8
14,5	0	0,7	14,5	0	0,4
15,0	0	0,3	15,0	0	0,2
15,5	0	0,2	15,5	0	0,1
16,0	0	0,1	16,0	0	0,0
16,5	0	0,0	16,5	0	0,0
17,0	0	0,0	17,0	0	0,0

b) Trajetória no canal

Utilizando-se as equações 8.22, 8.23 e 8.24 para K=0,79 h; X = 0,2 e Δt = 0,5 h, obtêm-se:

Co = 0,104308

C1 = 0,462585

C2 = 0,433107

Dessa forma, a equação 8.21 pode ser completada e o resultado da aplicação dessa equação, assim como a hidrógrafa de entrada, pode ser observado na tabela anterior.

Conclusão:

Observando-se a tabela anterior, verifica-se que Qmax = 84,0 m^3/s; Qmax* para a trajetória natural vale 75,6 m^3/s e Qmax* para a trajetória retificada é 76,8 m^3/s.

8.3.2 Cálculo da hidrógrafa de saída amortecida (Qs) quando não se dispõe de K nem de X

O problema se resume em determinar K e X, procedendo-se depois tal como visto no item 8.3.1. Para se determinar K e X, de modo a poder usá-los para amortecer qualquer outra onda de cheia, é necessário primeiro se realizar, por avaliação direta e simultânea, uma medição experimental de um par de hidrógrafas de entrada e de saída do trecho de rio considerado.

a) Método analítico direto

Com a sequência dos valores de Qe(i) e Qs(i) medidos, aplica-se a equação 8.18 para se calcular $\Delta V/\Delta t$ e V(i).

Rearranjando-se a equação 8.15 obtém-se V = K.X.Qe + (1-X).K.Qs = a.Qe + b.Qs, ou seja, existe uma relação linear entre V e (Qe;Qs), o que permite calcular *"a"* e *"b"* pelo método dos mínimos quadrados e, consequentemente, os parâmetros K e X (equações 8.26 e 8.27).

$$K = \frac{\sum Qs(i).Qe(i)[\sum Qs(i).V(i)+\sum V(i).Qe(i)]+\sum[Qs(i)]^2.\sum Qe(i).V(i)+\sum[Qe(i)]^2.\sum Qs(i).V(i)}{\sum[Qe(i)]^2.\sum[Qs(i)]^2+[\sum Qe(i).\sum Qs(i)]^2} \quad (8.26)$$

$$X = \frac{\{\sum[Qs(i)]^2.\sum Qe(i).V(i)+\sum Qs(i).V(i).\sum Qe(i).Qs(i)\}}{\{\sum[Qe(i)]^2.\sum[Qs(i)]^2+(\sum Qe(i).Qs(i))^2\}} \quad (8.27)$$

Com as estimativas de K e X obtidas pela onda de cheia monitorada, é possível obter os parâmetros Co, C1 e C2, e calcular amortecimento do trecho de rio em questão, para um hidrograma de entrada qualquer, tal como visto no item 8.3.2.

Exemplo:

Avaliar os coeficientes Co, C1 e C2 considerando os hidrogramas de entrada e de saída apresentados na Tabela a seguir.

1	2	3	4	5	6	7	8
t (dia)	**Qe ($m^3 s^{-1}$)**	**$Qe_{média}$ ($m^3 s^{-1}$)**	**Qs ($m^3 s^{-1}$)**	**$Qs_{média}$ ($m^3 s^{-1}$)**	**$\Delta V/\Delta t$ ($m^3 s^{-1}$)**	**V / t ($m^3 s^{-1}$)**	**V (10^6 x m^3)**
1	7,0	6,5	8,0	7,7			
2	6,0	15,0	7,5	9,3	5,7		
3	24,0	37,0	11,0	17,0	20,0	5,7	1,48
4	50,0	60,0	23,0	31,5	28,5	25,7	8,88
5	70,0	61,5	40,0	48,3	13,2	54,2	23,41
6	53,0	43,2	56,5	55,0	-11,8	67,4	34,94
7	33,5	27,8	53,5	46,7	-18,9	55,6	33,63
8	22,0	18,7	40,0	34,5	-15,8	36,7	25,37
9	15,5	13,8	29,0	24,5	-10,7	20,9	16,25
10	12,0	11,0	20,0	17,5	-6,5	10,2	8,81
11	10,0		15,0			3,7	3,52

Solução:

Na tabela anterior, os valores das vazões afluentes (de entrada) e efluentes (de saída), medidas simultaneamente são apresentados nas colunas 2 e 4. Obtidos os valores médios para cada intervalo de tempo (colunas 3 e 5), a variação do volume acumulado nesse intervalo é calculada pela equação 8.18. O somatório dos valores da coluna 6 fornece as vazões totais acumuladas (coluna 7). A coluna 8 é obtida colocando-se V em evidência e considerando-se os valores reais de t (coluna 1) em segundos.

Pelo método dos mínimos quadrados, ou seja, pelas equações 8.26 e 8.27, obtêm-se os valores de X = 0,2 e K = 1,46. Uma vez obtidos esses resultados pode-se calcular os coeficientes Co, C1 e C2 pelas equações 8.22, 8.23 e 8.24, qual sejam: Co = 0,125; C1 = 0,475 e C2 = 0,400. Dessa forma, a equação preditiva do amortecimento fica: $Qs_{(i+1)} = 0{,}125Qe_{(i+1)} + 0{,}475Qe_{(i)} + 0{,}400Qs_{(i)}$.

b) Método das tentativas ou Método da Laçada

Nesse método também é necessário se conhecer os hidrogramas de entrada e de saída do trecho a ser analisado, por medição direta e simultânea, para uma ou mais enchentes. Na Figura 8.7 está representado, esquematicamente, o trecho de rio em estudo.

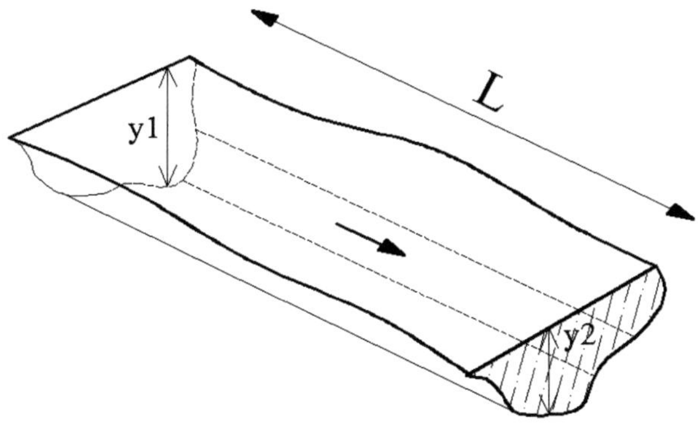

Figura 8.8 *– Esquema de um trecho do rio responsável pelo amortecimento da onda de cheia, sendo A(y1) a seção de montante (entrada) e A(y2) a seção de jusante (saída).*
Fonte: *PRUSKI et al. (2006a).*

Inicialmente, calculam-se os volumes armazenados para cada tempo (Vi), achando-se a média das seções de entrada e saída, tal como é expresso na equação 8.28.

$$\text{Vi} = \frac{[A(\text{y1i}) + A(\text{y2i})]}{2}\,\text{L} \qquad (8.28)$$

em que:
Vi – volume armazenado na calha, em cada tempo, m^3;
A(y1i) – seção transversal do rio a montante, em cada tempo, m^2;
A(y2i) – seção transversal do rio a jusante, em cada tempo, m^2; e
L – comprimento do trecho de rio, m.

Observando-se a equação 8.16, verifica-se que, se for feito um gráfico com Vi nas abscissas e nas ordenadas $[X \,.\, Qe_{média} + (1 - X).\, Qs_{média}]$ o coeficiente angular da reta que melhor se adéqua aos pontos representará tg α=1K. Tal gráfico configurará uma curva em laço; a reta que representa a tendência do mais estreito dos laços será a desejada. Assim, tendo-se obtido valores de Qe, Qs e V, para cada tempo, assumem-se vários valores de X e verifica-se para qual valor de X o laço de pontos mais se assemelha a uma reta (Figura 8.8); esse valor de X deve ser o escolhido. Escolhida a reta, o seu coeficiente angular permitirá a estimativa de K. Obtendo-se K e X, e conhecendo-se o Δt, calculam-se os valores de Co, C1 e C2 pelas equações 8.22, 8.23 e 8.24, o que permite determinar o hidrograma de saída, tal como visto no item 8.3.1.

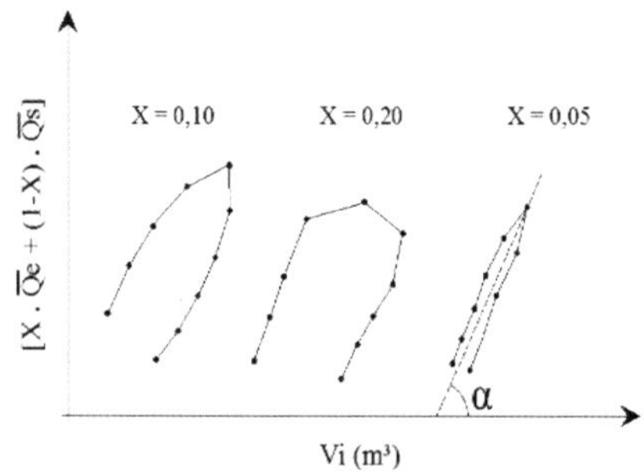

Figura 8.9 – Obtenção do valor de K, fazendo tentativas com o valor de X, escolhendo o laço que proporciona melhor ajuste linear (o terceiro à direita).
***Fonte:** PRUSKI et al. (2006a).*

8.4 Exercícios propostos

a) Preencha a planilha a seguir e obtenha o hidrograma de saída do reservatório.

Dados:

1) Equação do vertedor:

$$QS = C \cdot L \cdot h^{3/2} \text{; em que } C = 2{,}0\text{; } L = 6{,}05 \text{ m}$$

2) Curva Cota -volume

$$V = 1.138{,}1 \cdot h + 1271{,}7$$

em que V ($10^3 m^3$) e h (m); com origem na base da soleira do vertedor.

3) Vazões médias do hidrograma de entrada

*Já digitadas na planilha

Observação: considere que a vazão de base do ribeirão é de 8 m^3 s^{-1}, ou seja, para t=0, QE=QS=8 m^3 s^{-1}. A primeira linha já está preenchida para facilitar o entendimento.

t (h)	hi (m)	y1 (hi)	QEmédia (m^3 s^{-1})	y2 (hi+1)	h(i+1)(m)	QSi (m^3 s^{-1})	QSi+1 (m^3 s^{-1})	QSmédia (m^3 s^{-1})
0-1	0,760	589,5	**18,00**	607,5	0,791	**8,00**	8,51	8,26
1-2			**42,00**					
2-3			**84,00**					
3-4			**146,00**					
4-5			**158,00**					
5-6			**115,00**					
6-7			**79,00**					
7-8			**53,00**					
8-9			**36,00**					
9-10			**26,00**					
10-11			**19,00**					
11-12			**14,00**					
12-13			**11,50**					
13-14			**10,50**					

Resposta: Q saída i máxima = Qmax* = 43,8 m^3 s^{-1}; he = 2,36 m.

c) A partir do hidrograma de vazões afluentes observadas em um curso d'água, da equação cota x volume do reservatório e da equação do vertedor de soleira espessa, determinar o hidrograma de vazões efluentes e a altura máxima da onda de cheia sobre o vertedor.

Dados:

1) Equação do vertedor:

$$Q = C \, . \, L \, . \, h^{3/2}; \text{ em que } C = 1{,}55 \text{ e } L = 5 \text{ m}$$

2) Curva cota x volume

$$V = 18.000 + 1.074{,}5 \; . \; h^{2{,}84}$$

em que $V(m^3)$ e $h(m)$; com origem na base da soleira do vertedor.

3) Hidrograma de entrada

Δt acumulado (minutos)	Qentra ($m^3\ s^{-1}$)
30	10
60	10
90	10
120	16
150	31
180	54
210	88
240	122
270	137
300	131
330	112
360	89
390	68
420	51
450	39
480	30
510	24
540	20
570	17
600	15,5
630	

Resposta:

Δt acumulado (minutos)	**h(i) (metros)**	**h(i+1) (metros)**	**Qsai (i)(m^3 s^{-1})**
30	1,19	1,19	10,0
60	1,19	1,19	10,0
90	1,19	1,19	10,0
120	1,19	1,76	10,0
150	1,76	2,58	18,0
180	2,58	3,52	32,2
210	3,52	4,60	51,1
240	4,60	5,57	76,4
270	5,57	6,17	101,8
300	6,17	6,36	118,9
330	**6,36**	6,17	**124,4**
360	6,17	5,66	118,8
390	5,67	4,93	104,5
420	4,93	4,07	84,9
450	4,07	3,24	63,7
480	3,24	2,55	45,1
510	2,55	2,10	31,5
540	2,10	1,85	23,6
570	1,85	1,65	19,4
600	1,65	1,57	16,4
630			

* *Observando-se a tabela anterior, verifica-se que a maior carga sobre a soleira do vertedor foi de 6,36 m, o que implica em Qmax* = 124,4 m^3 s^{-1}. Considerando que Qmax = 137 m^3 s^{-1}, o amortecimento foi de 137 m^3 s^{-1}– 124,4 m^3 s^{-1} = 12,6 m^3 s^{-1}.*

d) Resolver novamente o problema (b) considerando uma largura da soleira do vertedor de 3,5 m.

Resposta:

Δt acumulado (minutos)	h(i) (metros)	h(i+1) (metros)	Qsai (i)(m^3 s^{-1})
30	1,50	1,50	10,0
60	1,50	1,50	10,0
90	1,50	1,50	10,0
120	1,50	2,08	10,0
150	2,08	3,00	16,3
180	3,00	4,04	28,2
210	4,04	5,22	44,0
240	5,22	6,31	64,6
270	6,31	7,08	86,0
300	7,08	7,46	102,1
330	7,46	7,48	110,4
360	**7,48**	7,20	**110,8**
390	7,20	6,68	104,6
420	6,68	5,98	93,5
450	5,98	5,17	79,2
480	5,17	4,29	63,7
510	4,29	3,44	48,2
540	3,44	2,74	34,6
570	2,74	2,25	24,5
600	2,25	2,03	15,3
630			

* *Observando-se a Tabela anterior verifica-se que a maior carga sobre a soleira do vertedor foi de 7,48 m, o que implica em Qmax* = 110,8 m^3 s^{-1}. Considerando que Qmax = 137 m^3 s^{-1}, o amortecimento foi de 137 m^3 s^{-1}– 110,8 m^3 s^{-1}= 26,2 m^3 s^{-1}. Comparando-se com o exercício (b), nota-se que diminuindo a largura da soleira, aumenta-se a lâmina d'água no reservatório durante a enchente, o que acarreta em um maior amortecimento da onda de cheia.*

e) Sendo dados:

* Equação do vertedor: Q = 1,8 . L . $h^{3/2}$
* Largura do vertedor: L = 150,0 m
* Cota da crista do vertedor: 426,0 m
* Tabela cota x volume

Cota (m)	Volume armazenado ($m^3 \times 10^6$)
426,00	395,0
426,50	400,5
427,00	406,0
427,50	411,0
428,00	416,0
428,50	423,0
429,00	430,0
429,50	434,5
429,97	439,0

Pede-se:

Construir uma tabela que expresse altura d'água sobre a crista X volume armazenado, achar a hidrógrafa de saída preenchendo a tabela a seguir e determinar a vazão máxima amortecida pelo reservatório.

Tempo (horas)	Qentrada ($m^3\ s^{-1}$)	Qsaída ($m^3\ s^{-1}$)
0	0,00	
4	60,00	
8	170,00	
12	320,00	
16	495,00	
20	660,00	
24	800,00	
28	835,00	
32	790,00	
36	650,00	
40	465,00	
44	300,00	
48	170,00	
52	75,00	
55,6	32,40	

Resposta: para t = 32 horas, Qsaída = Qmax* = 760 $m^3\ s^{-1}$

e) Sendo dados:

* $K = 1{,}43$ horas
* $X = 0{,}19$
* $\Delta t = 2$ horas

Calcular os parâmetros Co, C1 e C2, completar a tabela a seguir e determinar Qmax* para o trecho de rio.

Tempo (horas)	Qentrada ($m^3\ s^{-1}$)	Qsaída ($m^3\ s^{-1}$)
1	3,0	
3	10,2	
5	30,0	
7	14,5	
9	6,8	
11	4,3	

Resposta: Co = 0,337; C1 = 0,589; C2 = 0,0074; para t = 7 horas → Qsaída = Qmax* = 23,0 $m^3\ s^{-1}$.

f) Repetir o Exemplo 2 (Thomaz, 2008) para velocidade da água no canal artificial de 4,0 km de 0,9 $m^3\ s^{-1}$.

Resposta: **K** = 1,235 horas; Co = 0,0024; C1 = 0,4015; C2 = 0,5961; para t = 5,0 h→Qmax*=72,52 $m^3\ s^{-1}$

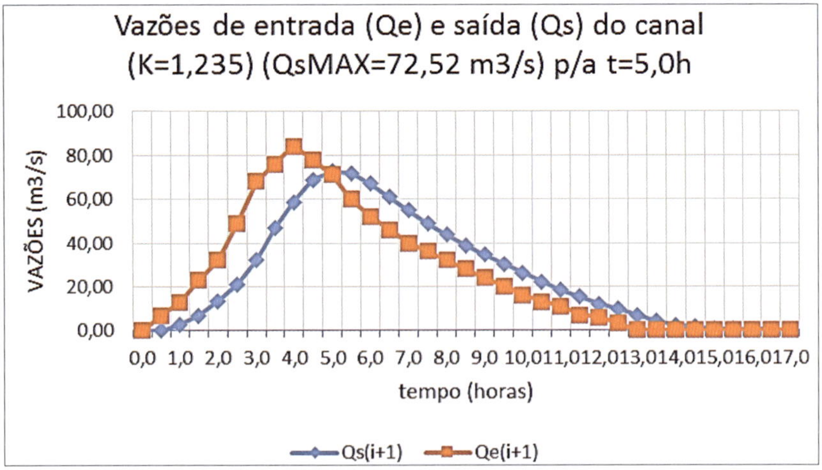

Tempo (horas)	Qe(i+1) ($m^3 s^{-1}$)	Qs(i+1) ($m^3 s^{-1}$)
0,0	0	0,00
0,5	7	0,02
1,0	13	2,85
1,5	23	6,97
2,0	32	13,47
2,5	49	20,99
3,0	68	32,35
3,5	76	46,77
4,0	84	58,59
4,5	78	68,84
5,0	71	72,52
5,5	60	71,88
6,0	52	67,06
6,5	46	60,96
7,0	40	54,91
7,5	36	48,88
8,0	32	43,67
8,5	28	38,94
9,0	24	34,51
9,5	20	30,26
10,0	16	26,11
10,5	13	22,02
11,0	11	18,37
11,5	7	15,38
12,0	6	12,00
12,5	3	9,57
13,0	0	6,91
13,5	0	4,12
14,0	0	2,45
14,5	0	1,46
15,0	0	0,87
15,5	0	0,52
16,0	0	0,31
16,5	0	0,18
17,0	0	0,11

g) Repetir o Exemplo 2 (Thomaz, 2008) para velocidade da água no canal artificial de 4,0 km de 1,8 m s^{-1}.

Resposta: K = 0,617 horas; Co = 0,1703; C1 = 0,5022; C2 = 0,3276; para t = 4,5 h→Qmax*=79,33 m^3 s^{-1}

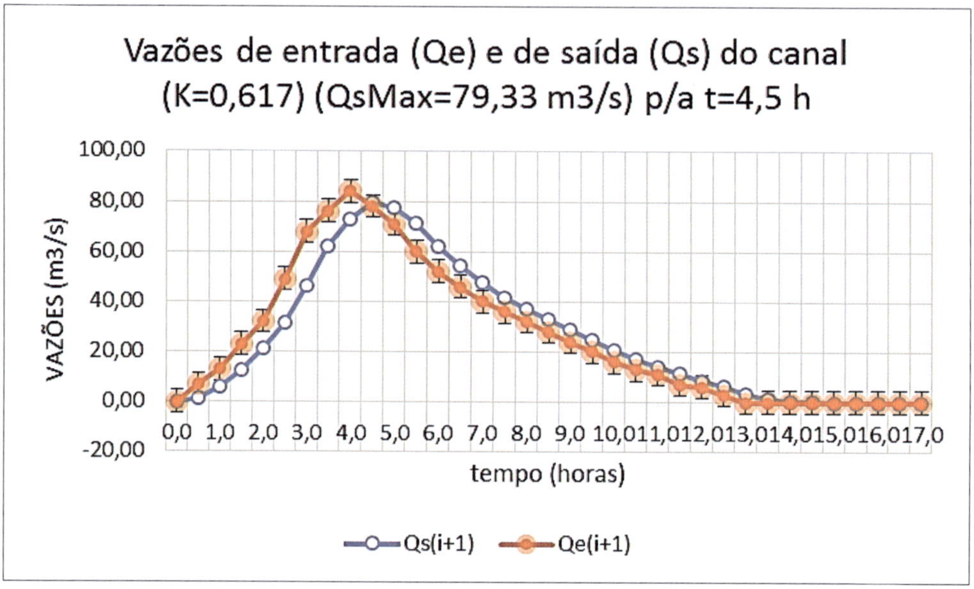

Tempo (horas)	Qe(i+1) (m^3 s^{-1})	Qs(i+1) (m^3 s^{-1})
0,0	0	0,00
0,5	7	1,19
1,0	13	6,12
1,5	23	12,45
2,0	32	21,08
2,5	49	31,32
3,0	68	46,44
3,5	76	62,30
4,0	84	72,87
4,5	78	79,33
5,0	71	77,25
5,5	60	71,17
6,0	52	62,30
6,5	46	54,35

7,0	40	47,71
7,5	36	41,85
8,0	32	37,23
8,5	28	33,03
9,0	24	28,97
9,5	20	24,95
10,0	16	20,94
10,5	13	17,11
11,0	11	14,01
11,5	7	11,30
12,0	6	8,24
12,5	3	6,22
13,0	0	3,55
13,5	0	1,16
14,0	0	0,38
14,5	0	0,12
15,0	0	0,04
15,5	0	0,01
16,0	0	0,00
16,5	0	0,00
17,0	0	0,00

CAPÍTULO 9

Hidrossedimentologia de bacias hidrográficas

9.1 Introdução

Solos são recursos naturais de grande relevância, por isso, processos que alterem sua composição ou sua disposição natural precisam ser bem compreendidos e disso se ocupa, entre outros ramos da Ciência, a *Hidrossedimentologia* que, por sua vez, se abriga na Hidrologia (GARCIA, 2008). As partículas de solo podem ser encontradas em quatro estados: repouso, destacamento, transporte ou deposição. A esse conjunto de estados e suas inter-relações denominamos *ciclo sedimentológico* (HAAN; BARFIELD; HAYES, 1994). Esse ciclo, que pode afetar a qualidade e a disponibilidade da água e a produção agrícola, decorre de ações antrópicas (isto é, humanas), do vento, da força gravitacional e/ou da água. No presente capítulo focaremos nos processos causados pela água.

O *destacamento* é a fase em que o sedimento, antes em repouso, é colocado em movimento. O termo genérico para essa fase é *erosão* que, quando acentuada, pode reduzir significativamente a produtividade agrícola e, portanto, a produção de alimentos. Além disso, pode afetar negativamente a qualidade da água, tornando-a mais turva e aportando constituintes não desejáveis aos recursos hídricos, como fertilizantes e agrotóxicos. Em casos extremos, a erosão pode causar a desertificação de grandes extensões de terra. No Brasil, esse processo é mais comum no Nordeste semiárido (VIEIRA *et al.*, 2015), como se observa, por exemplo, nos casos de Gilbués, no Piauí (SIMPLICIO *et al.*, 2020) e Salitre, na Bahia (JESUS *et al.*, 2022; ALENCAR; ARAÚJO; TEIXEIRA, 2019).

Quando falamos da erosão em pequenas áreas de encostas, como em lotes agrícolas (cujas áreas são da ordem de 10^1 a 10^3 m^2) podemos usar a terminologia *erosão bruta*. Quando nos referimos à massa de sedimento mobilizada em bacias hidrográficas (cujas áreas são normalmente muito superiores a 10^3 m^2), falamos de *produção de sedimentos*. Em ambos os casos, a unidade mais comum, quer para erosão bruta, quer para produção de sedimentos, é Mg ha^{-1} ano^{-1}, ou seja, informamos quantas toneladas de sedimento são deslocadas em cada hectare a cada ano.

A erosão pode ser caracterizada como *erosão laminar* (ou *distribuída*) ou *erosão linear* . A erosão laminar ocorre de modo relativamente homogêneo em uma área de encosta, não sendo possível observar cicatrizes profundas no terreno (HAIRSINE; ROSE, 1992; HAAN; BARFIELD; HAYES, 1994). Entretanto, a erosão linear consiste na remoção de solo em que uma dimensão da cicatriz (comprimento) é muito superior às demais e sua profundidade é maior que a do terreno circunvizinho. A causa da erosão linear é a ocorrência de fluxo concentrado ao longo de um comprimento de, pelo menos, 5 metros, o que gera um aprofundamento perceptível no terreno. Identificam-se três tipos de erosão linear: sulcos, ravinas e voçorocas. Os sulcos têm profundidade e largura de pequena monta, normalmente inferiores a 30 cm e 50 cm, respectivamente. As ravinas, cujas largura e profundidade são limitadas a cerca de 2 metros (ALENCAR; ARAÚJO; TEIXEIRA, 2020), correspondem ao aprofundamento dos sulcos, causado pela ocorrência de escoamentos superficiais intensos com elevada potência de corrente (BAGNOLD, 1977; SIEPEL *et al.*, 2002). Se o processo erosivo em uma ravina continua a ocorrer sem intervenção corretiva, as dimensões da cicatriz podem se ampliar, gerando as voçorocas (GARCIA, 2008; ALENCAR; ARAÚJO; TEIXEIRA, 2020). As voçorocas são caracterizadas não somente por suas grandes dimensões, mas também pelo fato de sua profundidade atingir o lençol freático, o que causa um processo de retroalimentação erosivo mesmo na ausência de precipitações intensas. Na área desertificada de Gilbués (PI), por exemplo, foi identificada uma voçoroca com cerca de 6 km de comprimento, 50 m de largura e quase 30 m de profundidade, que ainda continua em evolução (SIMPLÍCIO *et al.*, 2020).

Uma vez destacadas, as partículas põem-se em movimento, processo denominado *transporte de sedimento*. O impacto das gotas de água sobre o solo tende a deslocar partículas. No entanto, caso a precipitação não gere escoamento superficial, o deslocamento do sedimento é limitado a poucos centímetros, pois faltaria o principal elemento para transportá-lo, o fluxo de água. Quando há escoamento superficial, o sedimento pode ser transportado alguns metros e, eventualmente, ser depositado. Isso ocorre sempre que a concentração de sedimentos na corrente de água supere sua *capacidade de transporte*. O sedimento que continue em movimento na água pode chegar aos rios, ocorrendo aí o *transporte fluvial*, que pode se estender por diversos quilômetros.

Ao longo das encostas, em cursos d'água ou em reservatórios, o sedimento em movimento pode ser depositado, isto é, pode retornar ao estado de repouso. Ao processo de deposição do sedimento denominamos *assoreamento* (MORRIS; FAN, 1997). A unidade comumente usada para caracterizar o assoreamento é Mg ha^{-1} ano^{-1}, ou seja, informamos que massa (Mg) se deposita por unidade de área de captação (ha^{-1}) a cada ano (ano^{-1}). O sedimento colocado em repouso será, eventualmente, posto novamente em movimento, reiniciando o ciclo. Sobre o tema da *conectividade sedimentológica*, recomendamos a leitura de Medeiros *et al.* (2014) e de Cavalli, Vericat e Pereira (2019).

Em um sistema em equilíbrio, a taxa de assoreamento, somada à taxa de gênese do solo tende a ser compensada pela taxa de erosão, de modo que a morfologia local sofre poucas alterações na escala temporal de décadas. Embora seja um processo natural, ações antrópicas podem acelerar o assoreamento, assim como ocorre com a erosão, tornando perceptivas as alterações no terreno em apenas poucos anos. Quando ocorre assoreamento acelerado em rios, por exemplo, seu leito torna-se notadamente mais raso, reduzindo sua navegabilidade e aumentando o impacto de cheias recorrentes sobre a população circunvizinha. Em reservatórios hídricos superficiais (barragens, represas, açudes, embalses), a taxa de assoreamento tende a ser extremamente elevada. Ao entrar no reservatório, a velocidade da água decai rapidamente: no rio seu valor frequentemente supera 1 m s^{-1}, enquanto no reservatório a velocidade média longitudinal é normalmente inferior a 0,01 m s^{-1} (PEREIRA *et al.*, 2022). A redução da velocidade da água implica diretamente na tendência à deposição do sedimento, pois ocorre a redução na capacidade de transporte de sedimentos pela água, que é função da potência de corrente (BAGNOLD, 1977; SIEPEL *et al.*, 2002). Observações de campo indicam que, em média, 90% do sedimento que entra nos reservatórios, aí se deposita (BRUNE, 1953; MORRIS; FAN, 1997; ARAÚJO, 2003; MAMEDE, 2008). Ao longo do tempo, o assoreamento em reservatórios pode trazer sérias consequências, aumentando o volume evaporado anualmente (mesmo que não haja mudanças na taxa de evaporação), piorando a qualidade da água e reduzindo a disponibilidade hídrica (ARAÚJO; GÜNTNER; BRONSTERT, 2006).

9.2 Transporte fluvial de sedimentos

O transporte de sedimentos em cursos d'água ocorre sob a influência direta das tensões hídricas advindas da distribuição espacial de velocidades e de sua turbulência. Costuma-se dividir o sedimento nos rios em dois grupos: o transportado na região do leito (normalmente admitida como aquela distante até 10 cm do leito) e o transportado na região de mais alta velocidade (distante mais de 10 cm do leito). A equação 9.1 indica que a carga de sedimentos transportada pelo rio (Q_S) é a soma da carga de sedimentos suspensos (Q_{SS}) e da carga de sedimentos *de leito* (Q_{SL}). As cargas referenciadas são geralmente expressas em Mg ha^{-1} ano^{-1}.

$$Q_S = Q_{SS} + Q_{SL} \tag{9.1}$$

A carga de sedimentos suspensos (Q_{SS}) transportada por meio de uma seção de observação é dada pela equação 9.2, em que C_{SS} é a concentração média de sedimentos suspensos na água (expressa em mg L^{-1}; observe que 1 mg L^{-1} = 1 g m^{-3}) e Q é a vazão líquida total escoada pela seção (expressa em m^3 s^{-1}). A multiplicação ($C_{SS}.Q$) corresponde à carga de sedimentos suspensos (dada em g s^{-1}; observe que 1 g s^{-1} = 31,536 Mg ano^{-1}). Dividindo-se a carga (Mg ano^{-1}) pela área da bacia hidrográfica da seção de observação (A_B, expressa em ha), obtém-se Q_{SS}, cuja unidade é a mesma daquela usada para erosão (Mg ha^{-1} ano^{-1}).

$$Q_{SS} = \frac{31{,}536.C_{SS}.Q}{A_B} \tag{9.2}$$

Para medir a carga em suspensão (Q_{SS}) podemos usar o método de igual incremento de largura (Figura 9.1A). Primeiro deve-se realizar um levantamento topográfico e/ou batimétrico da seção, de modo a conhecer sua geometria. Designa-se levantamento *topográfico* àquele realizado no nível acima e levantamento *batimétrico* àquele realizado abaixo do nível d'água (ZHANG *et al.*, 2016). Em seguida, divide-se a seção do rio em verticais igualmente espaçadas. Recomenda-se usar, no mínimo, cinco verticais. Para cada vertical deve-se avaliar a velocidade média da água. Na mesma vertical deve-se coletar uma amostra de água representativa de toda sua altura usando-se, por exemplo, um coletor DH48 (Figura 9.1B). A concentração de sedimentos em cada amostra deve ser avaliada em laboratório. Por fim, aplica-se a equação 9.3 para o cálculo da carga Q_{SS}. Na equação 9.3, 'U_V' representa a velocidade média de uma vertical (m s^{-1}); A_V representa a área de influência da mesma vertical (dada em m^2: ver Figura 9.1A) e '*i*' é o índice referente à vertical em questão. As unidades de Q_{SS}, C_{SS} e A_B na equação 9.3 são as mesmas adotadas na equação 9.2. Para maiores detalhes sobre esse método, recomendamos a leitura de Carvalho (2008).

$$Q_{SS} = 31{,}536.\Sigma[C_{SS}(i).U_v(i).A_v(i)]/A_B \tag{9.3}$$

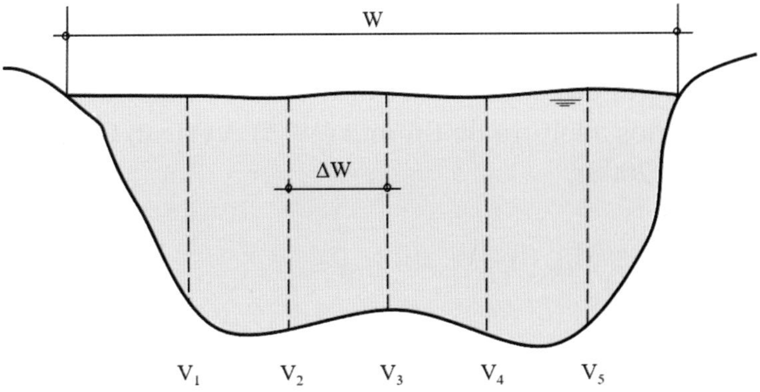

(A)

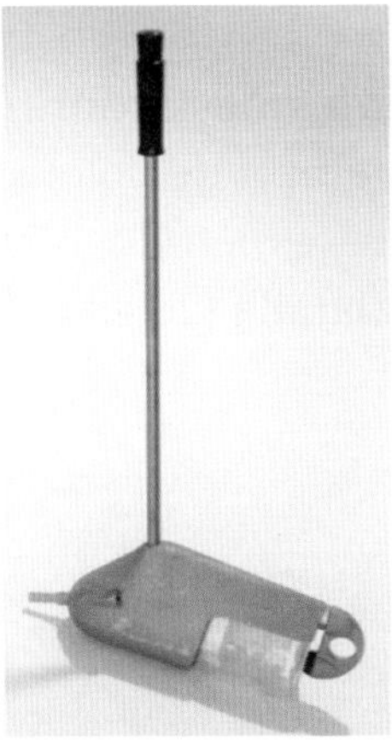

(B)

Figura 9.1 *– (A) Método de medição de carga de sedimentos em suspensão (Q_{SS}) pelo método de igual incremento de largura; (B) Imagem de um coletor de sedimentos DH48.*
Fonte: *Elaborada pelos autores.*

A carga de sedimentos transportada pelo leito (Q_{SL}, dada em Mg ha^{-1} ano^{-1}) é calculada pela equação 9.4, em que q_{SL} é, para cada vertical, a carga específica pelo leito, isto é, a carga por unidade de largura (expressa em g s^{-1} m^{-1}), 'W' é a largura (m) de influência da mesma vertical (ver Figura 9.1A), A_B (ha) é a área da bacia hidrográfica da seção de observação e 'i' é o índice referente à vertical em questão.

$$Q_{SL} = 31{,}536.\Sigma\,[q_{SL}(i).W(i)]/A_B \qquad (9.4)$$

Para medir a carga de sedimentos pelo leito (Q_{SL}) pode-se usar o amostrador de Helley-Smith (Figura 9.2A). Conhecendo-se a largura do rio, divide-se sua seção em verticais igualmente espaçadas, recomendando-se usar, no mínimo, cinco verticais. Em cada vertical, deve-se avaliar a carga específica pelo leito (q_{SL}). Para isso, deve-se dispor o amostrador na posição correta, qual seja, de frente para o sentido do fluxo principal do rio (Figura 9.2B) ao longo de um tempo preestabelecido, geralmente entre 60 e 120 segundos (BUNTE e ABT, 2003). Em seguida, retira-se o amostrador da água e coleta-se todo o sedimento retido pela malha (padrão 0,2 mm) do amostrador. Em laboratório, deve-se secar e pesar o sedimento coletado. A carga específica (q_{SL}, dada em g s^{-1} m^{-1}) pode ser então estimada pela equação 9.5, na qual M_{HS} é a massa de sedimentos capturada pela malha do amostrador Helley-Smith (dada em g), W_{HS} é a largura da boca do amostrador (um dos padrões é 0,076 m: BUNTE e ABT, 2003) e t_{HS} é o tempo de coleta da amostra, em segundos. Para maiores detalhes sobre esse método, recomendamos a leitura de Emmet (1979), Vericat, Church e Batalla (2006) e Carvalho (2008).

$$q_{SL}(i) = M_{HS}(i)/[W_{HS}(i).t_{HS}(i)] \qquad (9.5)$$

(A) **(B)**

Figura 9.2 - *(A) Amostrador Helley Smith; (B) Posição correta do amostrador em relação ao curso d'água.*
Fonte: *Elaborada pelos autores.*

Shields (1936) desenhou um dos primeiros e mais consistentes modelos para avaliar sob que condições uma partícula de sedimento situada sobre o leito de um curso d'água entraria em movimento (ver também HAAN; BARFIELD; HAYES, 1994; YANG, 1996; GARCIA, 2008). O modelo pode ser sintetizado pelo ábaco da Figura 9.4, no qual a linha traçada mostra o limiar do movimento das partículas: caso o ponto que representa as condições hidrodinâmicas da partícula esteja acima da curva, o movimento ocorrerá; em caso contrário, a partícula permanecerá em repouso. No eixo das abscissas está o número de Reynolds da partícula (Rey_P), dado pela equação 9.6, na qual U_{*C} representa a velocidade de cisalhamento crítica (m s^{-1}: Equação 9.7), 'd' representa o diâmetro da partícula (m), 'g' representa a aceleração da gravidade (admita g = 9,81 m s^{-2}) e υ representa a viscosidade cinemática da água. Em temperatura ambiente, a água apresenta viscosidade (υ) próxima a 10^{-6} m^2 s^{-1}. No eixo das ordenadas está a tensão crítica adimensional τ_c, conforme equação 9.8, na qual 'h' é a altura da lâmina d'água (em metros), S_0 é a declividade longitudinal (adimensional) do curso d'água e δ é a densidade (adimensional) da partícula em questão. A Tabela 9.1 apresenta o valor de densidade para diversos materiais. É importante observar que, para elevados números de Reynolds da partícula ($Rey_P > 500$), a tensão adimensional (τ_c) tende a um valor constante (0,06).

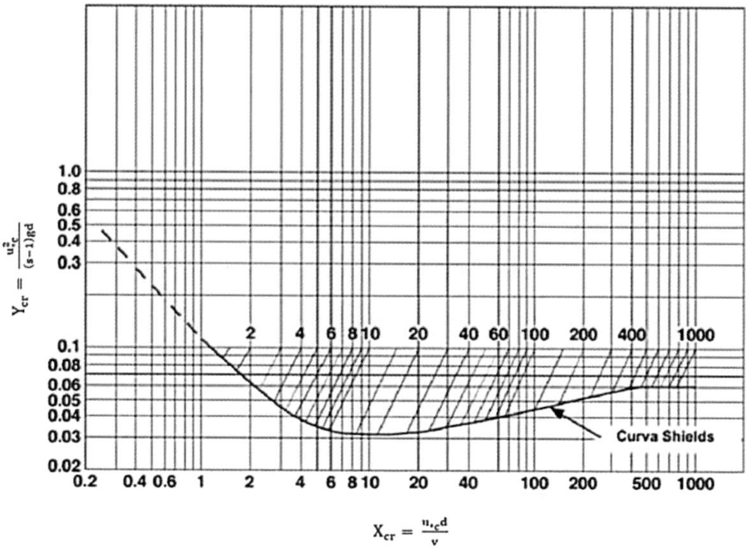

Figura 9.3 – *Diagrama de Shields (1936).*

$$Rey_P = U_{*C}.d/\upsilon \quad (9.6)$$

$$U_{*C} = [g.h.S_0]^{1/2} \quad (9.7)$$

$$\tau_c = (U_{*C})^2/[(\delta\text{-}1).g.d] \quad (9.8)$$

Tabela 9.1 – Densidade (adimensional) de diversos materiais

Mineral	Densidade
Ardósia	2,60 a 2,70
Arenito	2,10 a 2,30
Basalto	1,70
Calcário	1,60 a 2,60
Gnaisse	2,60
Granito	2,60 a 3,00
Mármore	2,50 a 2,80

Fonte: *Elaborada pelos autores.*

9.3 Erosão em lotes e a Equação Universal de Perda de Solo

Para se quantificar a erosão bruta em encostas ou em lotes agrícolas, o modelo mais usado tem sido a Equação Universal de Perda de Solo (ou USLE, sigla proveniente do inglês), que corresponde à equação 9.9 (WISCHMEIER & SMITH, 1978).

$$\varepsilon_{WS} = R_{WS}.K_{WS}.LS_{WS}.C_{WS}.P_{WS} \tag{9.9}$$

Na equação 9.9, ε_{WS} representa a erosão bruta (Mg ha^{-1} ano^{-1}); R_{WS} representa a erodibilidade da chuva (MJ ha^{-1} mm h^{-1} ano^{-1}); K_{WS} representa a erosividade do solo (Mg MJ^{-1} mm^{-1} h); LS_{WS} é o fator (adimensional) que reflete o efeito da topografia sobre a erosão; C_{WS} é o fator (adimensional) que reflete o efeito da cobertura do solo sobre a erosão; e P_{WS} é o fator (adimensional) que reflete o efeito de práticas conservacionistas sobre a erosão.

9.3.1 Erosividade da chuva

A erosividade da chuva indica o potencial erosivo advindo das precipitações sobre o solo, portanto, quanto maior a erosividade, maior deve ser a erosão em um lote agrícola. Caso haja dados de chuva medidos em intervalos frequentes (não superiores a meia hora), a erosividade da chuva (R_{WS}) pode ser estimada pelas equações 9.10 e 9.11 (WISCHMEIER & SMITH, 1978; ver também HAAN; BARFIELD; HAYES, 1994), nas quais E_P significa a energia total pluviométrica (MJ ha^{-1}); I_{30} a intensidade máxima da chuva em 30 minutos (ou *intensidade crítica*, dada em mm h^{-1}); I_P a intensidade média da chuva (mm h^{-1}) e H_P a lâmina total precipitada no evento (mm). O índice 'i' refere-se a cada evento de chuva e o fator numérico (25,4) representa a razão entre uma polegada (usada no trabalho original de Wischmeier & Smith, 1978) e um milímetro (usado comumente no Brasil).

$$R_{WS} = 0{,}1702.\Sigma\{E_P(i).[I_{30}(i)/25{,}4]\} \tag{9.10}$$

$$\text{Se } I_P < 75 \text{ mm.h}^{-1} \Rightarrow E_P = [916+331.\text{Log}_{10}(I_P/25{,}4)].(H_P/25{,}4) \quad (9.11a)$$

$$\text{Se } I_P > 75 \text{ mm.h}^{-1} \Rightarrow E_P = 1074.(H_P/25{,}4) \quad (9.11b)$$

Embora a USLE (equação 9.9) tenha sido desenvolvida para escala temporal anual, ela pode ser usada também para outras unidades de tempo. Para isso, basta que a erodibilidade da chuva seja calculada para esse intervalo de tempo. Por exemplo, se calcularmos a erodibilidade das chuvas de um mês específico, a unidade de R_{WS} fica MJ ha^{-1} mm h^{-1} $mês^{-1}$. Ao se realizar o produtório, isto é, ao se multiplicar R_{WS} (MJ ha^{-1} mm h^{-1} $mês^{-1}$) por K_{WS} (Mg MJ^{-1} mm^{-1} h) e pelos fatores adimensionais LS_{WS}, C_{WS} e P_{WS}, chegamos ao valor de erosão bruta (ε_{WS}) na unidade Mg ha^{-1} $mês^{-1}$.

Ocorre frequentemente, entretanto, não haver monitoramento de precipitação, nas bacias, em intervalos subdiários. Quando isso acontece, não é possível calcular a intensidade média de cada evento (I_P), necessária ao cálculo da energia (E_P), nem tampouco calcular a intensidade crítica (I_{30}), o que impossibilita estimar a erosividade das chuvas com base nas equações 9.10 e 9.11. Para sanar esse problema, foram desenvolvidas equações empíricas que estimam a erosividade mensal. Assim, a erosividade anual (R_{WS}) corresponde à soma dos doze valores mensais $R_{WS}(j)$, em que 'j' é o índice referente ao mês em questão (equação 9.12). A erosividade mensal pode ser estimada, por exemplo, pela equação 9.13 (LOMBARDI NETO & MOLDENHAUER, 1992), sendo função somente do total precipitado mensalmente (H_M, dado em mm) e da média precipitada anualmente (H_A, dada em mm). Recomenda-se que a precipitação média anual seja calculada com base em uma série de, pelo menos, 25 anos consecutivos. É importante registrar que, embora desenvolvida para a região de Campinas (SP), a equação 9.13 mostrou-se válida para sete bacias da região semiárida (ARAÚJO, 2003).

$$R_{WS} = \Sigma_{j=1..12} R_{WS}(j) \quad (9.12)$$

$$R_{WS}(j) = 67{,}355.(H_M(j)^2/H_A)^{0{,}85} \quad (9.13)$$

9.3.2 Erodibilidade do solo

A erodibilidade do solo (K_{WS}) indica sua vulnerabilidade à erosão, ou seja, quanto maior seu valor, maior é a erosão, se mantidas as demais condicionantes (erosividade, topografia, cobertura do solo e práticas conservacionistas). Wischmeier & Smith (1978) apresentaram um nomograma (Figura 9.4) segundo o qual é possível estimar com precisão a erodibilidade de um solo (ver também HAAN; BARFIELD; HAYES, 1994 e RIGHETTO, 1998).

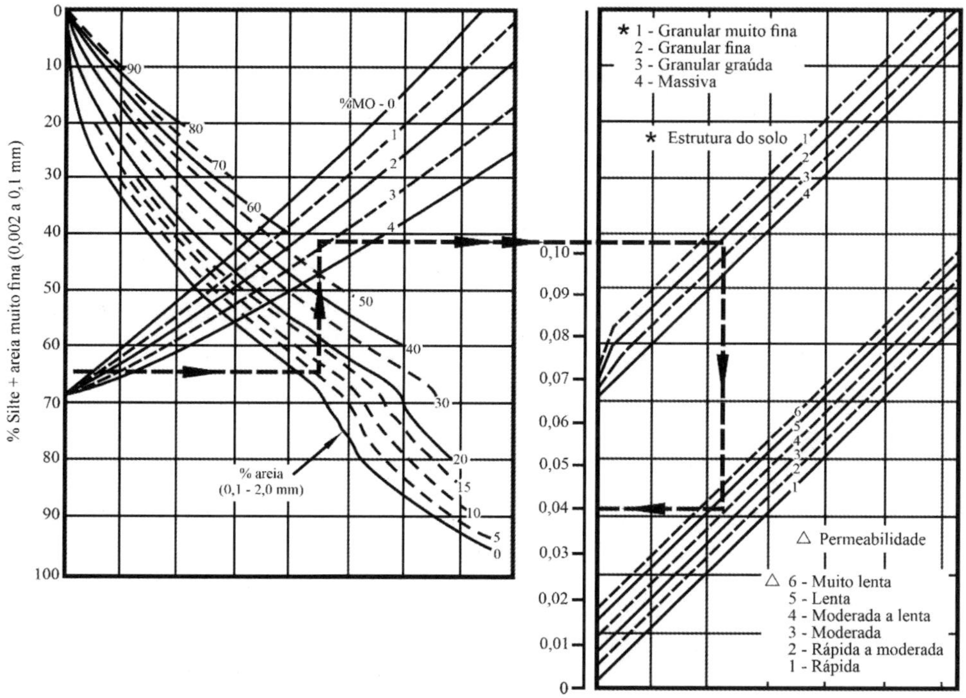

Figura 9.4 – Nomograma de Wischmeier e Smith (1978) para o cálculo da erodibilidade do solo (K_{WS}).

Para calcular a erodibilidade de um solo (K_{WS}) usando o nomograma da Figura 9.4, é necessário informar (WISCHMEIER; JOHNSON; CROSS, 1971; ver também HAAN; BARFIELD; HAYES, 1994; RIGHETTO, 1998):

(i) A soma da fração (dada em %) de silte e de areia muito fina, isto é, o material cujos diâmetros estão entre 0,002 e 0,1 mm;

(ii) A fração (dada em %) de matéria orgânica;

(iii) A fração (dada em %) de areia, isto é, o material cujos diâmetros estão entre 0,1 e 2 mm;

(iv) O índice de estrutura do solo, que vale 1 se a textura do solo for granular muito fina, 2 se for granular fina, 3 se for granular mediana ou grossa e 4 se a estrutura for massiva (em bloco).

(v) O índice de permeabilidade que, segundo Rawls, Brakensiek e Saxton (1982), vale 1 se a condutividade hidráulica saturada do solo (K_S) for maior que 60 mm.h^{-1}; 2 se K_S estiver entre 20 e 60 mm h^{-1}; 3 se K_S estiver entre 5 e 20 mm h^{-1}; 4 se K_S estiver entre 2 e 5 mm h^{-1}; 5 se K_S estiver entre 1 e 2 mm h^{-1}; e 6 se K_S for inferior a 1 mm h^{-1}.

9.3.3 Fatores adimensionais

O fator topográfico (LS_{WS}) representa, conjuntamente, os efeitos de comprimento de rampa e de declividade do terreno sobre a erosão. Segundo Carvalho (2008), a equação 9.14 sintetiza esse efeito, na qual L_R é o comprimento de rampa (m) e S_E é a mais íngreme declividade da encosta (%).

$$LS_{WS} = 0{,}00984.L_R^{0{,}63}.S_E^{1{,}18} \tag{9.14}$$

Em uma encosta, o valor de L_R corresponde simplesmente a seu comprimento, dado no sentido da maior declividade do terreno. Em áreas com várias encostas (como uma bacia hidrográfica ou uma sub-bacia), o valor de L_R pode ser calculado com base no conceito de retângulo equivalente, sendo representado pela equação 9.15 (ARAÚJO, 2003).

$$L_R = A_B/(4.L_{DREN}) \tag{9.15}$$

$$L_{DREN} = L_{RIO} + L_{RES} + L_{DD} + 2.L_{ESTR} \tag{9.16}$$

Na equação 9.15, A_B é a área da bacia (ou da sub-bacia) em questão, dada em m^2 e L_{DREN} é o comprimento total de drenagem da área, dado em metros. Observe que o comprimento de drenagem (Equação 9.16) é a soma dos comprimentos: de todos os cursos d'água (L_{RIO}), do perímetro total de lagos e reservatórios (L_{RES}); de eventuais estruturas de drenagem difusas (L_{DD}, nem sempre presentes) e duas vezes o comprimento de estradas (L_{ESTR}). O número dois aparece no último termo porque as estradas drenam mediante suas duas margens. É importante frisar também que, para o cálculo de L_{ESTR}, devem ser consideradas tanto estradas pavimentadas quanto não pavimentadas, posto que estas também influenciam fortemente o processo erosivo (CERDÁ, 2007; NAVARRO-HEVIA *et al.*, 2016).

O fator adimensional de cobertura do solo (C_{WS}) indica a razão entre a erosão bruta de uma encosta com determinada cobertura e a erosão com o solo exposto. Por esse motivo, o fator C_{WS} para solo exposto é a unidade. Observe na Tabela 9.2, em grande parte desenvolvida a partir de estudos realizados na América do Sul (REINING, 1992), que os valores de C_{WS} são mais baixos à medida que se lida com sistemas mais preservados: uma floresta com boa cobertura do solo retém 99,9% do solo que seria erodido em solo exposto sob as mesmas condições de chuva (C_{WS} = 0,001), solo e de relevo; enquanto uma encosta cultivada com milho pode reter somente 10% do solo exposto (C_{WS} = 0,9), o mesmo valor observado por Simplício *et al.* (2020) para uma área em desertificação com cobertura esparsa. Caso a área de estudo tenha mais de uma forma de uso e ocupação do solo, calcula-se o fator LS_{WS} por meio da média ponderada na área de cada ocupação. Haan, Barfield e Hayes (1994) apresentam diversas tabelas com valores detalhados de C_{WS}.

Tabela 9.2 – Fator adimensional de cobertura do solo (C_{WS}) para aplicação na equação 9.9 (USLE)

Forma de uso e ocupação do solo	Fator C_{WS}	Fonte
Solo exposto	1,0	Wischmeier & Smith (1978)
Floresta com boa cobertura do solo	0,001	Reining (1992)
Savana ou áreas de pastagem não usadas	0,01	Reining (1992)
Caatinga preservada	0,01	de Araújo (2003)
Culturas de crescimento demorado		
1 ano	0,3 - 0,8	Reining (1992)
2 anos	0,1	Reining (1992)
Culturas de crescimento rápido	0,1	Reining (1992)
Milho	0,3 - 0,9	Reining (1992)
Arroz (cultivo intenso, 2° período de cultivo)	0,1 - 0,2	Reining (1992)
Algodão, tabaco (2° período de cultivo)	0,5	Reining (1992)
Mandioca (1° período de cultivo)	0,2 - 0,8	Reining (1992)
Café, cacau	0,1 - 0,3	Reining (1992)
Solo em área degradada	0,9	Simplício *et al.* (2020)

O fator adimensional P_{WS} corresponde à razão entre a erosão bruta de uma encosta com determinada cobertura sujeita a uma prática conservacionista e a erosão com a mesma cobertura sem nenhuma prática conservacionista. A Tabela 9.3 indica alguns valores do fator para práticas como curvas de nível, faixas de controle e terraceamento, dados por Wischmeier & Smith (1978), transcritos também por Haan, Barfield e Hayes (1994). Observe-se que, em ambiente natural, como florestas e áreas preservadas, o fator P_{WS} assume o valor unitário.

Tabela 9.3 – Fator adimensional de práticas conservacionistas (P_{WS}) para aplicação na equação 9.9 (USLE)

Prática conservacionista	**Fator P_{ws}**
Florestas e áreas preservadas	1,0
Áreas antropisadas sem práticas conservacionistas	1,0
Curvas de nível	
Declividade de 1% a 12%	0,50 - 0,60
Declividade de 13% a 16%	0,70
Declividade de 17% a 25%	0,80 - 0,90
Faixas de controle	
Declividade de 1% a 12%	0,25 - 0,60
Declividade de 13% a 16%	0,35 - 0,70
Declividade de 17% a 25%	0,40 - 0,90
Terraceamento	
Declividade de 1% a 12%	0,25 - 0,60
Declividade de 13% a 16%	0,35 - 0,80
Declividade de 17% a 25%	0,40 - 0,90

Fonte: *Wischmeier & Smith (1978); Haan, Barfield e Hayes (1994).*

9.4 Produção de sedimentos em bacias hidrográficas

Na Hidrologia, à medida que mudamos a escala espacial de trabalho, frequentemente precisamos alterar o sistema de análise. Isso se explica porque, em cada escala, há processos que prevalecem, enquanto outros reduzem sua relevância. Esse preceito também se aplica à Hidrossedimentologia. Conforme se aumenta a escala de observação da erosão (ou seja, a área de contribuição), processos de deposição do sedimento tornam-se mais relevantes. Simultaneamente, há uma tendência à redução da declividade média do terreno, o que reduz a potência de corrente e, consequentemente, a capacidade de transporte do fluxo hídrico. Isso também facilita a deposição de sedimento. Esses processos tendem a explicar por que, em bacias hidrográficas, observa-se comumente *alometria negativa*, ou seja, a redução na mobilização de sedimentos por unidade de área de contribuição (dada em Mg ha^{-1} ano^{-1}) ao passo que se move para jusante. Registre-se, entretanto, que há algumas bacias no globo em que a alometria negativa é precedida por *alometria positiva*, como no Canadá (CHURCH; SLAYMAKER, 1989), na China (JIONGXIN; YUNXIA, 2005) e no Brasil (RABELO; CAVALCANTE; ARAÚJO, 2023).

Uma abordagem empírica para solucionar a questão de escala tem sido calcular a produção de sedimento por meio da equação 9.17 (ver KHANBILVARDI; ROGOWSKI, 1984), segundo a qual a produção de sedimentos (PS) de uma bacia corresponde à multiplicação da massa total deslocada (ou erodida, dada por $\Sigma\varepsilon_{WS}$) pela razão de aporte de sedimentos, comumente referenciada pela sigla em inglês SDR (*sediment delivery ratio*).

$$PS = \Sigma\varepsilon_{WS}.SDR \tag{9.17}$$

A massa total erodida ($\Sigma\varepsilon_{WS}$) pode ser calculada pelo seguinte método (ARAÚJO, 2003): [1] divide-se a bacia em áreas hidrologicamente homogêneas (GÜNTNER; BRONSTERT, 2004; BRONSTERT *et al.*, 2014); [2] define-se o período de análise (isto é, os anos para os quais se deseja estimar a produção de sedimentos); [3] calcula-se, em cada área, a erosão bruta (ε_{WS}) a partir da USLE (equação 9.9) para o período de análise; e [4] soma-se a massa de solo erodida em todas as áreas que compõem a bacia para o mesmo período.

O fator SDR pode ser interpretado como a probabilidade média de uma partícula deslocada ser transportada até o exutório da bacia (ALENCAR.; PATON; ARAÚJO, 2021). Observe-se que o valor de SDR, nos modelos empíricos (por exemplo, equação 9.18) representa uma média espacial (da bacia hidrográfica em questão) e temporal (ou seja, trata-se de um valor médio para vários anos, não um valor para um evento específico). Para se ter uma ideia de ordem de grandeza, o valor mais comum de SDR no globo situa-se entre 20% e 30%.

O cálculo de SDR (%) pode ser realizado por meio da equação 9.18 (MANER, 1958). Outros modelos de SDR podem ser encontrados na literatura (ROEHL, 1962; WILLIAMS; BERNDT, 1972; FERRO; PORTO, 2000; HAAN; BARFIELD; HAYES, 1994; GARCIA, 2008; SANTOS *et al.*, 2017). Na equação 9.18, ΔH representa a diferença, dada em metros, entre a altitude média do divisor de águas da bacia e a altitude de seu exutório. O termo L_C representa o maior comprimento em linha reta, dado em metros, do exutório da bacia a seu divisor, deslocando-se o mais paralelamente possível em relação ao rio principal.

$$Log_{10}(SDR) = 2,943 + 0,824.Log_{10}(\Delta H/L_C) \quad (9.18)$$

Em síntese, a razão de aporte de sedimentos (SDR), segundo Maner (1958), é uma função direta da declividade do terreno, aproximada por $\Delta H/L_C$. Comparando-se diversos modelos de SDR, Araújo (2003) verificou, na região semiárida, que o modelo de Maner (equação 9.18) foi aquele que mais se aproximou dos valores medidos para sete bacias na mesoescala (10^1 - 10^3 km^2). Simplício *et al.* (2020) mediram tanto a erosão bruta nas encostas, quanto a produção de sedimentos em cinco microbacias (10^{-4} - 10^{-3} km^2), concluindo também que a equação 9.18 (MANER, 1958) foi a que melhor representou as observações de campo.

9.5 Assoreamento de reservatórios

Uma das mais relevantes aplicações da Hidrossedimentologia consiste na estimativa do assoreamento de reservatórios hídricos superficiais e suas consequências. Essa questão é particularmente sensível para a Hidrologia porque o assoreamento altera o balanço de fluxos hídricos nos reservatórios, reduzindo sua disponibilidade hídrica ao longo do tempo, enquanto simultaneamente deve acontecer o aumento da demanda por água. O balanço hídrico de um reservatório pode ser representado pela equação 9.19 (CAMPOS, 1996; 2010), em que V é o volume armazenado no tempo t; Q_R é a vazão aportada pelos rios; Q_H é a vazão aportada pela precipitação diretamente no lago; Q_G é a vazão que entra no reservatório a partir do lençol freático; Q_E é a vazão evaporada; Q_I é a vazão infiltrada; Q_V é a vazão vertida; Q_U é a vazão utilizada (observe que este termo corresponde à disponibilidade hídrica); e Q_T é a vazão transportada por eventual sistema de transposição (use sinal positivo se a transposição for para o reservatório e negativo se for saindo do reservatório). Na aplicação da equação 9.19, é comum adotar dia como unidade de tempo; m^3 como unidade de volume e m^3 dia^{-1} como unidade de todas as vazões.

$$\Delta V/\Delta t = (Q_R + Q_H + Q_G) - (Q_E + Q_I + Q_V + Q_U) + Q_T \quad (9.19)$$

$$Q_E = E.A_I/1000 \quad (9.20)$$

Com o assoreamento, os reservatórios tendem a tornar sua morfologia mais plana, aumentando a área exposta à evaporação. Como resultado (equação 9.20), ainda que não haja alteração na taxa evaporativa (E, dada em mm dia^{-1}), a vazão evaporada (Q_E, dada em m^3 dia^{-1}) aumenta à medida que ocorre o assoreamento, pois a área inundada (A_I, em m^2) é maior para um dado volume hídrico estocado. Outro efeito deletério causado pelo assoreamento é a redução da capacidade de armazenamento dos reservatórios. Com isso, o volume de espera do reservatório (isto é, o volume disponível para acumular água no início da estação chuvosa) é menor, aumentando a probabilidade de vertimento da água. A superposição dos dois efeitos (aumento de vazão evaporada e aumento da frequência de vertimento) faz com que haja uma redução de água disponível (Q_U, equação 9.19: ARAÚJO; GÜNTNER; BRONSTERT, 2006).

Tomemos o exemplo do reservatório Várzea do Boi, em Tauá, Ceará (ARAÚJO; GÜNTNER; BRONSTERT, 2006). Quando foi construído, em 1954, tinha uma capacidade de acumulação (V_{max}) pouco inferior a 52 hm^3 (observe que 1 hm^3 = 1 milhão de m^3). Menos de cinco décadas depois, no ano de 2000, o assoreamento tinha sido de quase 6 hm^3, havendo apenas 46 hm^3 de capacidade de armazenamento. Seja um dia no qual o reservatório tenha 20 hm^3 acumulados. Em 1954, a área inundada seria de 810 ha. Porém, ao acumular os mesmos 20 hm^3, no ano 2000, o reservatório inundaria uma área de 850 ha. Admitindo-se taxa de evaporação de 6 mm dia^{-1}, como medido por Rodrigues *et al.* (2021) em diversos reservatórios cearenses, a vazão evaporada seria de 48600 m^3 dia^{-1} em 1954 e 51000 m^3 dia^{-1} em 2000. A diferença corresponde a água suficiente para abastecer 9 mil pessoas.

Para calcular o assoreamento de um reservatório, pode-se usar a equação 9.21, em que V_{max} é o maior volume de armazenamento do reservatório (ou capacidade de acumulação, dada em hm^3); ΔV_{max} é o assoreamento volumétrico (hm^3); PS é a produção de sedimentos (equação 9.17, dada em Mg ha^{-1} ano^{-1}); A_B é a área de contribuição (ha); Δt é o intervalo de tempo de análise (anos); η é a eficiência de retenção do reservatório (adimensional); e ρ é a massa específica aparente seca do material assoreado (Mg m^{-3}).

$$\Delta V_{max} = PS.A_B.\Delta t.\eta/\rho \qquad (9.21)$$

Para calcular a eficiência de retenção do reservatório (η), costuma-se usar o ábaco de Brune (1953), conforme Figura 9.6. No eixo das abscissas representa-se o tempo de residência da água (T_{RES}, dado em anos), que pode ser calculado usando-se a equação 9.22, em que V_{max} é a capacidade de armazenamento do reservatório (hm^3) e Q_R é a média das vazões afluentes anuais (hm^3 ano^{-1}). A Figura 9.5 apresenta três curvas: a inferior deve ser aplicada quando o sedimento prevalente for fino, a curva superior quando o sedimento prevalente for grosseiro e a curva central quando a granulometria do sedimento for mediana (ou uma mistura de grãos finos, médios e grosseiros). Caso não haja evidência que justifique o uso das curvas externas (isto é, caso não se saiba com elevada confiança que os sedimentos sejam finos ou grosseiros), recomenda-se o uso da curva intermediária.

$$T_{RES} = V_{max}/Q_R \qquad (9.22)$$

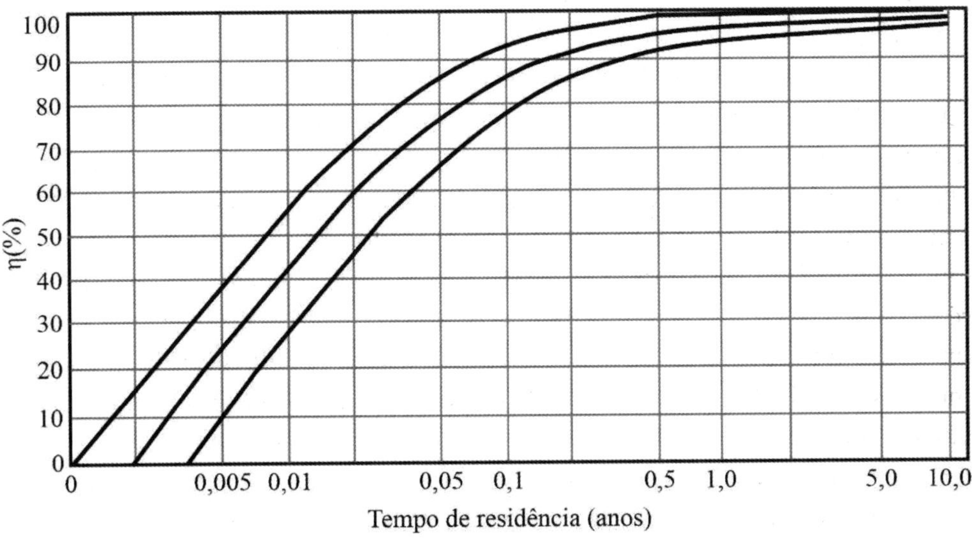

***Figura 9.5** – Curva de Brune (1953) para o cálculo da eficiência de retenção (η) de sedimentos em reservatórios em função do tempo de residência médio da água (T_{RES}, em anos).*

Em relação à massa específica aparente seca do sedimento (ρ), autores brasileiros mediram valores tipicamente variando de 1,25 a 1,45 Mg m^{-3}

(ARAÚJO, 2003; GIL *et al.*, 2020; SIMPLÍCIO *et al.*, 2020; JESUS *et al.*, 2022). Mais subsídios sobre o cálculo da massa específica de material assoreado podem ser encontrados em Haan, Barfield e Hayes (1994) e Verstraeten & Poesen (2001). Para uma visão mais aprofundada sobre o tema de assoreamento, recomendamos a leitura de Haan, Barfield e Hayes (1994), Morris & Fan (1997) e Mamede (2008).

9.6 Exercícios propostos

1. Uma seção de rio, que controla uma bacia de 6300 ha, tem formato aproximadamente retangular, largura de 8 m e altura média de lâmina de 1,50 m. Para se mensurar a carga de sedimentos suspensos, a seção do rio foi dividida em cinco verticais: a primeira dista 0,80 m da margem esquerda e as demais distam igualmente 1,60 m da vertical adjacente. A vertical mais próxima da margem direita dista dela 0,80 m. A Tabela 4 indica as medidas de campo. Calcule a carga de sedimentos suspensos por unidade de área (Mg ha^{-1} ano^{-1}), a vazão no rio (Q) e a concentração média de sedimentos (mg L^{-1}) na seção.

Tabela 9.4 – Medidas de campo referentes aos Exercícios 1 e 2

Vertical	Distância da margem esquerda (m)	Velocidade média U_V (m s^{-1})	Concentração C_{SS} (mg L^{-1})	Massa seca M_{HS} (g)
1	0,80	0,56	110	28
2	2,40	1,24	159	131
3	4,00	1,65	213	158
4	5,60	1,02	123	104
5	7,20	0,42	98	21

Fonte: *Elaborada pelos autores.*

2. Seja a mesma seção do rio do Exercício 1. Para estimar a carga pelo leito, foi utilizado um coletor Halley-Smith (largura W_{HS} = 0,076 m) durante 2 minutos em cada vertical. A massa seca de sedimentos pelo leito coletada pelo amostrador (M_{HS}) pode ser vista na Tabela 4. Calcule a carga específica pelo leito (q_{SL}, dada em g s^{-1} m^{-1}) para cada vertical, a carga de sedimentos transportada pelo leito (Q_{SL}, em Mg ha^{-1} ano^{-1}) e a carga de sedimentos transportada pelo rio (Q_S, em Mg ha^{-1} ano^{-1}), considerando-se o resultado do Exercício 1. Verifique a fração da carga total devida ao sedimento pelo leito (Q_{SL}/Q_S).

3. Um canal retangular (profundidade = 0,56 m; declividade 0,3%; largura = 3 m) tem leito composto por areia com diâmetro característico 1 mm, cujo mineral prevalente é o Gnaisse. Haverá erosão do leito?

4. Verifique se haverá erosão do leito de um rio escoando 63 L s^{-1}, cujas características sejam: coeficiente de Manning 0,105; declividade longitudinal 1,5 m km^{-1}; largura 6 m; densidade da partícula no leito 2,67; diâmetro característico da partícula 3 mm.

5. Uma chuva foi monitorada em campo (Tabela 9.5). Calcule sua precipitação total ($\mathbf{H_P}$, mm), sua intensidade média (I_P, mm h^{-1}), sua intensidade crítica (I_{30}, mm h^{-1}) e sua erosividade (R_{WS}, MJ ha^{-1} mm h^{-1}).

Tabela 9.5 – Chuva de um evento (Exercício 5)

Tempo (min)	0	15	30	45	60	75	90	105	120
Chuva no intervalo (mm)	0	5	8	22	14	7	11	7	5

Fonte: *Elaborada pelos autores.*

6. Um posto pluviométrico registra, em média (1971 – 2022) 1050 mm ano^{-1}. Em 2019, as curvas mensais ocorreram como mostrado na Tabela 9.6. Calcule suas erosividades mensal e anual em 2019.

Tabela 9.6 – Chuvas mensais no ano de 2019 (Exercício 6)

Mês	Jan	Fev	Mar	Abr	**Maio**	**Jun**	**Jul**	**Ago**	**Set**	**Out**	**Nov**	**Dez**
Chuva (mm)	100	265	371	96	12	0	25	12	0	0	20	56

Fonte: *Elaborada pelos autores.*

7. Seja um solo cuja granulometria é expressa pela Figura 9.7, que contém 2% de matéria **orgânica** e condutividade hidráulica saturada (K_S) igual a 50 mm h^{-1}. Calcule a erodibilidade do solo (K_{WS}, Mg MJ^{-1} mm^{-1} h).

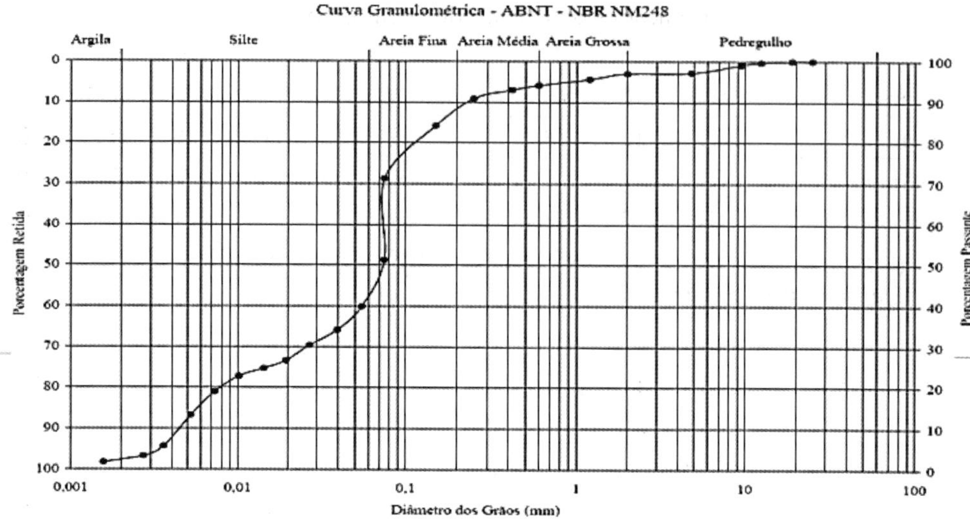

***Figura 9.6** – Curva granulométrica do solo referenciado no Exercício 7.*
***Fonte:** Elaborada pelos autores.*

8. Seja uma bacia hidrográfica com 12 km² de área, declividade média de 19%, na qual foram identificados 35 km de cursos d'água, 11,3 km de estradas vicinais e na qual há um reservatório cujo perímetro seja de 1,06 km. Sabe-se que as principais formas de ocupação da bacia são: 6 km² de floresta bem preservada, 3,5 km² de Savana e 2,5 km² de agricultura, com ampla prevalência de algodão. Calcule seus fatores adimensionais topográfico (LS_{WS}) e de cobertura do solo (C_{WS}).

9. O divisor de águas da bacia do Exercício 8 tem 30 km de extensão. Foram medidas as cotas de 30 pontos no divisor, igualmente espaçadas de 1 km (Tabela 9.7). Sabe-se que a cota de seu exutório é 598 m e que o comprimento em linha reta da bacia, paralelo ao rio principal, é de 8 km. Calcule sua razão de aporte de sedimentos (SDR).

Tabela 9.7 – Cotas (m) de 30 pontos igualmente espaçados do divisor de águas da bacia

Ponto	1	2	3	4	5	6	7	8	9	10
Cota (m)	610	643	689	708	682	670	701	725	733	684
Ponto	11	12	13	14	15	16	17	18	19	20
Cota (m)	634	630	699	707	732	750	751	763	705	688
Ponto	21	22	23	24	25	26	27	28	29	30
Cota (m)	702	690	672	651	643	640	637	711	627	602

Fonte: *Elaborada pelos autores.*

10. Admita que a bacia dos Exercícios 8 e 9 tenha o solo do Exercício 7 e, no ano de 2019, tenha tido precipitações como no Exercício 6 e que na bacia não haja práticas conservacionistas. Sabe-se que, no exutório da bacia há um reservatório cuja capacidade de acumulação é de 2 hm^3, que a massa específica aparente seca (ρ) do material assoreado é de 1,30 $Mgmm^{-3}$ e que, em 2019, o coeficiente de escoamento (*runoff*) foi de 6%. Pede-se:

a) A erosão bruta média na bacia ($Mg.ha^{-1}.ano^{-1}$).
b) A produção de sedimentos da bacia ($Mg.ha^{-1}.ano^{-1}$).
c) A taxa de retenção de sedimentos (%) no reservatório.
d) A taxa de assoreamento do reservatório em termos de massa ($Mg.ano^{-1}$).
e) A taxa de assoreamento do reservatório em termos volumétricos ($m^3.ano^{-1}$).
f) A taxa relativa de assoreamento (%) em 2019.

Solução dos exercícios propostos

1. As áreas de influência de todas as verticais (A_V) são iguais entre si e valem 2,40 m^2. A carga de sedimentos suspensos Q_{SS} = 9,33 Mg ha^{-1} ano^{-1} (equação 9.3). A vazão líquida Q = 11,74 m^3 s^{-1}. A concentração média de sedimentos em suspensão C_{SS} = 159 mg L^{-1} (Equação 9.2).
2. Na Tabela 9.8 apresentam-se os valores de q_{SL}. Soma-se a última coluna da Tabela (na qual W representa a largura de influência de cada vertical, no caso, 1,60 m) e aplica-se a equação 9.4, daí, Q_{SL} = 0,39 Mg ha^{-1} ano^{-1}. A carga de sedimentos

transportada pelo rio Q_S = 9,72 Mg ha^{-1} ano^{-1}. A fração da carga total devida ao sedimento pelo leito (Q_{SL}/Q_S) é de 4%.

Tabela 9.8 – Resultados referentes ao Exercício 2 (Equação 9.5)

Vertical	Largura do amostrador (m)	Tempo de coleta (s)	Carga específica pelo leito q_{SL} (g s^{-1} m^{-1})	q_{SL}.W (g s^{-1})
1	0,076	120	3,07	4,91
2	0,076	120	14,36	22,98
3	0,076	120	17,32	27,72
4	0,076	120	11,40	18,25
5	0,076	120	2,30	3,68
Soma				**77,54**

Fonte: *Elaborada pelos autores.*

3. Da equação 9.7, U_{*C} = 0,128 m s^{-1}. Da equação 9.6, o número de Reynolds Rey_P = 128. Da equação 9.8, a tensão crítica adimensional τ_c = 1,05. De acordo com o diagrama de Shields (Figura 9.4), o ponto encontra-se acima da linha crítica e, portanto, deverá haver erosão no leito.
4. Com base na equação de Manning, a lâmina de escoamento h = 10,45 cm = 0,1045 m. Da equação 9.7, U_{*C} = 3,92.10^{-2} m s^{-1}. Da equação 9.6, o número de Reynolds Rey_P = 118. Da equação 9.8, a tensão crítica adimensional τ_c = 0,031. De acordo com o diagrama de Shields (Figura 9.4), o ponto encontra-se abaixo da linha crítica e, portanto, não deverá haver erosão no leito do rio.
5. Precipitação total do evento $\mathbf{H_P}$ = 79 mm. Intensidade média $\mathbf{I_P}$ = 39,5 mm h^{-1}. Intensidade crítica I_{30} = 72 mm h^{-1}. Erosividade do evento R_{WS} = 1470 MJ ha^{-1} mm h^{-1}.
6. A erosividade mensal do posto em 2019 é apresentada na Tabela 9.9. A erosividade anual em 2019 é R_{WS} = 7629 MJ ha^{-1} mm h^{-1} ano^{-1}.

Tabela 9.9 - Erosividade mensal (R_{WS}, MJ ha^{-1} mm h^{-1} mês^{-1}) em 2019 no posto (Equações 12 e 13)

Mês	Jan	Fev	Mar	Abr	Maio	Jun	Jul	Ago	Set	Out	Nov	Dez
R_{WS}	457	2398	4249	427	12	0	43	12	0	0	30	201

Fonte: *Elaborada pelos autores.*

7. A fração conjunta de silte e de areia muito fina (cujos diâmetros estão entre 0,002 e 0,1 mm) é 76%. A fração de material entre 0,1 mm e 2 mm é 19%. O teor de matéria orgânica é de 2%. A textura do solo é granular fina, ou seja, o índice de estrutura do solo é 2. O índice de permeabilidade é 2, pois K_S está entre 20 e 60 mm.h^{-1}. Usando o ábaco da Figura 9.5, conclui-se que a erodibilidade do solo K_{WS} = 0,057 Mg MJ^{-1}.mm^{-1}.h.

8. Segundo a equação 9.16, o comprimento total de drenagem é de 58,7 km, o que confere à bacia um comprimento de rampa de 51 metros (Equação 9.15). Como S_E = 19%, o fator LS_{WS} = 3,78. As formas de uso e ocupação da bacia são florestas, savana e agricultura (algodão), cujos fatores (Tabela 2) são 0,001, 0,01 e 0,5; e as proporções de área para cada forma são de 0,50, 0,29 e 0,21, respectivamente. A média ponderada na área indica C_{WS} = 0,108.

9. A cota média do divisor de águas é 683 m e ΔH = 85 m. Como L_C = 8000 m, de acordo com a equação 9.18, SDR = 21%.

10. Seguem os resultados.

a) Considerando-se a equação 9.9 e P_{WS} = 1 (não há práticas conservacionistas), a erosão bruta média na bacia ε_{WS} = 177,52 Mg ha^{-1} ano^{-1}.

b) Como SDR = 0,21, a produção de sedimentos da bacia em 2019 é de 37,28 Mg ha^{-1} ano^{-1}.

c) A chuva total em 2019 = 957 mm e, portanto, a vazão afluente ao reservatório (usando-se o método racional) é de 3,62 hm^3 ano^{-1}. O tempo de residência (T_{RES}), segundo equação 9.22, é de 0,55 anos, admitindo-se que 2019 representa a média. Utilizando-se a curva de Brune (Figura 9.6), observa-se que a taxa de retenção de sedimentos no reservatório é de 96%.

d) A taxa de assoreamento do reservatório em 2019, em termos de massa, pode ser obtida multiplicando-se a produção de sedimentos daquele ano (37,28 Mg ha^{-1}) pela área da bacia (6300 ha) pela eficiência de retenção (0,96), resultando em 225 449 Mg.

e) Aplicando-se a equação 9.21, calcula-se a taxa volumétrica de assoreamento em 2019 igual a 0,173 hm^3.

f) A taxa relativa de assoreamento em 2019 foi de 8,7%.

CAPITULO 10

Análise de eventos extremos

10.1 Introdução

Como foi apresentado nos Capítulos 2, 5 e 6, a grandeza das chuvas ou das vazões utilizadas nos projetos de manejo dos recursos hídricos depende do período de retorno (T) exigido pelo projeto (obra). Uma vez que se disponha de uma série de dados, a análise dos extremos consistirá em associar a magnitude do evento a um período de retorno, facilitando a escolha da grandeza do evento que será utilizado no dimensionamento da obra (DALRYMPLE, 1960).

Os eventos podem ser classificados em máximos e mínimos. Como exemplos de eventos máximos têm-se as vazões, as precipitações, as cotas de enchentes, os volumes intra-anuais de reservatórios, as durações de veranicos, entre outros. Precipitações e vazões de estiagem exemplificam os eventos mínimos (ASSIS; ARRUDA; PEREIRA, 1996).

No Capítulo 2 foi realizada uma análise preliminar de extremos envolvendo chuvas máximas anuais de 24 horas de duração. Dispunha-se de dez valores que foram colocados em ordem decrescente e, em seguida, foi aplicada a expressão , que associava a magnitude da chuva (X) ao período de retorno(T), como é recordado na Figura 10.1.

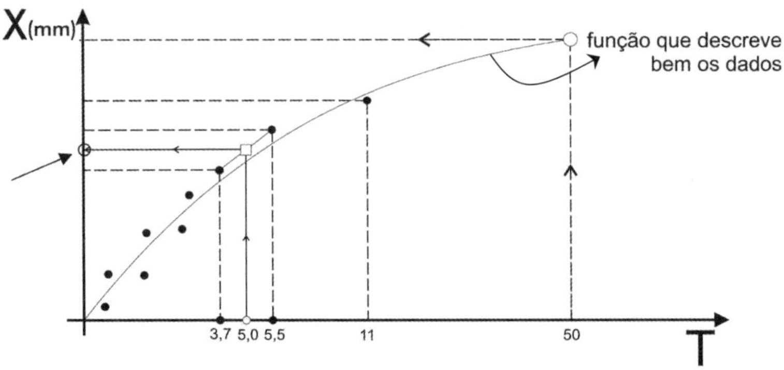

Figura 10.1 – Interpolação linear da chuva de período de retorno T = 5 anos, e extrapolação da chuva de T = 50 anos, por meio do uso de uma função estatística.
Fonte: Elaborada pelos autores.

Para a obtenção da chuva de T = 5 anos, realizou-se uma interpolação linear entre os valores de T = 3,7 anos e T = 5,5 anos. Considerando-se que a correlação entre X e T não é linear, essa solução poderia ser melhorada, caso se conhecesse a função de correlação.

Para a obtenção da chuva de T = 50 anos há necessidade de se fazer uma extrapolação, pois o último dado está relacionado a T = 11 anos. Essa extrapolação exige, também, uma função estatística que correlacione X com T.

O que será visto neste capítulo será, justamente, a obtenção dessas funções, para o caso de eventos máximos e de eventos mínimos. Para isso, entretanto, é necessário discutir-se previamente alguns conceitos iniciais.

10.2 Conceitos iniciais

10.2.1 Série de dados

Existem, basicamente, três tipos de séries de dados passíveis de ser trabalhados: séries total, parcial e anual.

a) **Série total**: é aquela que utiliza todos os dados medidos. É usada por alguns autores para se definir critérios de drenagem subterrânea para fins agrícolas, por exemplo. Tem a desvantagem de exigir que se opere com um número grande de dados e de não garantir que um dado seja completamente independente do outro, o que é uma exigência da análise estatística.

b) **Série parcial**: é obtida selecionando-se todos os valores a partir de um determinado limite. É usada quando o número de anos da série não é suficientemente grande para a análise; nesse caso, a série parcial aumenta a massa de dados a ser analisada. Tem o inconveniente de, ainda, não garantir a independência dos dados.

c) **Série anual:** é obtida selecionando-se o valor mais extremo de cada ano. É o tipo de série mais usada, pois garante que todos os eventos sejam independentes. Nesse texto, dar-se-á preferência a esse tipo de série.

10.2.2 Probabilidade de excedência (P) e período de retorno (T)

Quando se trabalha com eventos máximos (enxurradas, por exemplo), a probabilidade de excedência será a probabilidade de ocorrer maior ou igual, o que será representado por P ($\geq$). Como já visto no Capítulo 2, o período de retorno (T) será dado por $T = \frac{1}{P(\geq)}$. Assim, quanto *maior* for a magnitude do evento, mais raro ele se torna, ou seja, menor a probabilidade e, consequentemente, maior T.

Quando se trabalha com eventos mínimos (estiagens, por exemplo), a probabilidade de excedência será a probabilidade de ocorrer menor ou igual, o que será representado por P ($\leq$). De forma análoga, o período de retorno (T) será dado por $T = \frac{1}{P(\leq)}$. Assim, quanto *menor* for a magnitude do evento, mais raro ele se torna, ou seja, quanto menor , maior T.

10.2.3 Risco de falha (J)

É a probabilidade de ocorrer ao longo da vida útil de uma obra (N anos), pelo menos uma vez.

A expressão que fornece o valor de J pode ser obtida da seguinte forma:

P $\rightarrow$ é a probabilidade de ocorrer em um determinado ano;

(1 - P) $\rightarrow$ é a probabilidade de não ocorrer em um determinado ano;

$(1 - P)^N \rightarrow$ é a probabilidade de não ocorrer em N anos;

$1 - (1 - P)^N \rightarrow$ é a probabilidade de ocorrer, pelo menos 1 vez, em N anos = J

Assim:

$$J = 1 - (1-P)^N \text{ ou } J = 1 - \left(1 - \frac{1}{T}\right)^N \qquad (10.1)$$

***Exemplo*:** para uma obra calculada com T = 10 anos, qual o risco de falha (J) para uma vida útil de 1, 5, 10 e 100 anos?

Solução:

Para N = 1 ano $\rightarrow J = 1 - \left(1 - \frac{1}{10}\right)^1 = 0{,}10 = 10\%$

Para N = 5 anos $\rightarrow J = 1 - \left(1 - \frac{1}{10}\right)^5 = 0{,}40951 = 40{,}951\%$

Para N = 10 anos $\rightarrow$ J = 65,13 %

Para N = 100 anos $\rightarrow$ J = 99,997 %

Exemplo: Para uma barragem com uma vida útil estimada em 50 anos, qual deve ser o período de retorno usado para o dimensionamento de seu vertedor, caso se deseje um risco de falha de apenas 1 por cento?

Solução:

Colocando-se T em evidência a partir da equação 10.1, obtém-se a equação 10.2:

$$T = \frac{1}{[1 - (1 - J)^{1/N}]} \qquad (10.2)$$

Assim, aplicando-se a equação 10.2 $\rightarrow T = \frac{1}{[1 - (1 - 0{,}01)^{1/50}]}$ = 4.975,5 anos.

10.2.4 Probabilidade obtida por fórmulas empíricas e por modelos de distribuição de frequência.

Quando se utiliza uma fórmula empírica para a obtenção da probabilidade de excedência, tem-se como resultado uma relação apenas pontual entre X versus (P ou T). Como exemplo dessas expressões pode-se citar:

$$P = \frac{m}{n} \quad \text{(Califórnia)}$$

$$P = \frac{m - \frac{1}{2}}{n} \quad \text{(Hazen)}$$

$$P = \frac{m}{n+1} \quad \text{(Kimball)}$$

$$P = \frac{m - 0{,}44}{n + 0{,}12} \quad \text{(Tucci)}$$

Nessas fórmulas "*m*" representa o número da ordem *decrescente* dos dados para máximos, e o número da ordem *crescente* dos dados para mínimos; "*n*" representa o número de dados.

Já os modelos de distribuição de frequência descrevem toda a curva que relaciona X versus (P ou T), ou seja, são equações que mostram como X varia em função de (P ou T) (HOSKING; WALLIS, 1997; NAGHETTINI; PINTO, 2007). Conforme o fenômeno hidrológico existe um modelo que pode ser mais adequado para a sua descrição, conforme se exemplifica na Tabela 10.1.

Tabela 10.1 – Fenômenos hidrológicos e suas funções de densidade de probabilidade

Fenômenos	Distribuições
1- Precipitação total anual	- Normal
2- Precipitação mensal	- Log-normal e Gama
3- Períodos estiagem	- Harmônica
4- Evapotranspiração	- Beta

5- Eventos extremos máximos	- Gumbel
6- Eventos extremos mínimos	- Weibull

Fonte: *Elaborada pelos autores.*

10.3 Modelo de distribuição de Gumbel

10.3.1 As equações

Conhecido na Matemática como distribuição de Fisher e Tippet tipo I, foi aplicado pela primeira vez na Hidrologia pelo hidrólogo Gumbel. Trata-se de uma distribuição bastante usada na Europa para descrever eventos máximos, podendo, também ser aplicada para mínimos, mas com desempenho pior do que para máximos. As equações 10.3 e 10.4 representam esta distribuição:

$$\text{Gumbel para máximos} \rightarrow X = Mo + \frac{1}{\alpha}\left[-Ln\left(-Ln\left(1 - {}^{1}/_{T}\right)\right)\right] \quad (10.3)$$

$$\text{Gumbel para mínimos} \rightarrow X = Mo + \frac{1}{\alpha}\left[+Ln\left(-Ln\left(1 - {}^{1}/_{T}\right)\right)\right] \quad (10.4)$$

em que:
X - magnitude do evento hidrológico;
Mo - moda da distribuição;
a - parâmetro que faz as vezes do desvio-padrão; e
T - período de retorno, anos.

As equações 10.3 e 10.4 também podem ser apresentadas nas formas das equações 10.5 e 10.6, simplesmente colocando-se o período de retorno (T) em evidência:

$$\text{Gumbel para máximos} \rightarrow T = \frac{1}{\left(1 - e^{-e^{(Mo-X).\alpha}}\right)} \quad (10.5)$$

$$\text{Gumbel para mínimos} \rightarrow T = \frac{1}{\left(1 - e^{-e^{(X-Mo).\alpha}}\right)} \quad (10.6)$$

Para eventos máximos, *a* e *Mo* podem ser calculados pelas equações 10.7 e 10.8:

$$\alpha = \frac{\sigma\, n}{\sigma\, x} \tag{10.7}$$

$$Mo = Xmédio - \frac{Yn}{\sigma n}.\sigma x \tag{10.8}$$

Para eventos mínimos, *a* e *Mo* podem ser calculados pelas equações 10.9 e 10.10:

$$\alpha = \frac{\sigma\, n}{\sigma\, x} \tag{10.9}$$

$$Mo = Xmédio + \frac{Yn}{\sigma n}.\sigma x \tag{10.10}$$

σx é o desvio-padrão da série = $\sqrt{\frac{\sum(x-Xmédio)^2}{n-1}}$; Xmédio representa a média da série de dados. Os valores de Yn (média reduzida) e σn (desvio-padrão reduzido) podem ser obtidos nas Tabelas 10.2 e 10.3, respectivamente.

Tabela 10.2 - Média reduzida (*Yn*) em função do número de dados (n)

n	0	1	2	3	4	5	6	7	8	9
10	0,4952	0,4996	0,5035	0,5070	0,5100	0,5128	0,5157	0,5181	0,5202	0,5220
20	0,5236	0,5252	0,5268	0,5283	0,5296	0,5309	0,5320	0,5332	0,5343	0,5353
30	0,5336	0,5371	0,5380	0,5388	0,5396	0,5402	0,5410	0,5418	0,5424	0,5481
40	0,5436	0,5442	0,5448	0,5453	0,5458	0,5463	0,5468	0,5473	0,5477	0,5481
50	0,5485	0,5489	0,5493	0,5497	0,5501	0,5504	0,5508	0,5511	0,5515	0,5518
60	0,5521	0,5524	0,5527	0,5530	0,5533	0,5535	0,5538	0,5540	0,5543	0,5545
70	0,5548	0,5550	0,5552	0,5555	0,5557	0,5559	0,5561	0,5563	0,5565	0,5567
80	0,5569	0,5570	0,5572	0,5574	0,5576	0,5578	0,5580	0,5581	0,5583	0,5585
90	0,5586	0,5587	0,5589	0,5591	0,5592	0,5593	0,5595	0,5596	0,5598	0,5599
100	0,5600									
150	0,5635									
200	0,5672									

Fonte: *CRUCIANI (1987).*

Tabela 10.3 - Desvio-padrão reduzido (σn) em função do número de dados (n)

n	0	1	2	3	4	5	6	7	8	9
10	0,9496	0,9676	0,9833	0,9971	1,0095	1,0206	1,0316	1,0411	1,0493	1,0565
20	1,0628	1,0696	1,0754	1,0811	1,0811	1,0864	1,0915	1,0961	1,1004	1,1086
30	1,1124	1,1159	1,1193	1,1226	1,1255	1,1285	1,1313	1,1339	1,1363	1,1388

40	1,1413	1,1436	1,1458	1,1480	1,1499	1,1519	1,1538	1,1557	1,1574	1,1590
50	1,1607	1,1623	1,1638	1,1658	1,1667	1,1681	1,1696	1,1708	1,1721	1,1734
60	1,1747	1,1759	1,1770	1,1782	1,1793	1,1803	1,1814	1,1824	1,1834	1,1844
70	1,1854	1,1863	1,1873	1,1881	1,1890	1,1898	1,1906	1,1915	1,1923	1,1930
80	1,1938	1,1945	1,1953	1,1959	1,1967	1,1973	1,1980	1,1987	1,1994	1,2001
90	1,2007	1,2013	1,2020	1,2026	1,2032	1,2038	1,2044	1,2049	1,2055	1,2066
100	1,2065									
150	1,230									
200	1,236									

Fonte: *CRUCIANI (1987).*

Exemplo: Uma série de dados de vazões máximas anuais registradas em um posto fluviométrico se adapta bem ao modelo de Gumbel e apresenta 30 anos de dados, apresentando as seguintes características:

*média = 297,85 m^3 s^{-1}
*desvio-padrão = 89,65 m^3 s^{-1}

Caso se utilize uma vazão máxima de 1.000 m^3 s^{-1} como base para o dimensionamento de uma dada estrutura, qual o risco de falha para uma vida útil de 25 anos?

Fórmulas:

$$\alpha = \frac{\sigma\, n}{\sigma\, x}$$

$$T = \frac{1}{(1-e^{-e^{(Mo-X)\alpha}})}$$

$$Mo = Xmédio - \frac{Yn}{\sigma\, n}\sigma\, x$$

$$J = 1 - (1 - \tfrac{1}{T})^{N}$$

Solução:

$\sigma n = 1{,}1124$; $Yn = 0{,}5336$; $\alpha = 0{,}01241$; $Mo = 254{,}637$;
$T = 10.404{,}6$ anos; $J = 0{,}0024 = 0{,}24\%$

Exemplo: Uma série anual de vazões mínimas médias de 7 dias consecutivos se adapta bem à distribuição de Gumbel e apresenta 30 anos de dados, tendo as seguintes características:

*média = 60,49 $m^3 s^{-1}$
*desvio-padrão = 15,43 $m^3 s^{-1}$
Calcule a $Q_{7,10}$

Fórmulas:

$$\alpha = \frac{\sigma\, n}{\sigma\, x}$$

$$Mo = Xmédio + \frac{Yn}{\sigma\, n}\sigma\, x$$

$$X = Mo + \frac{1}{\alpha}(+Ln(-Ln(1 - \frac{1}{T})))$$

Solução:
Yn = 0,5336; σn = 1,1124; α = 0,0721; Mo = 69,93; X = Q7,10 = 38,72 $m^3 s^{-1}$

10.3.2 O uso do papel de Gumbel

O grau de ajuste dos dados ao modelo de Gumbel pode ser avaliado, visualmente, por meio do uso de um papel, que tem no eixo das abscissas uma escala correspondente ao modelo, e no eixo das ordenadas uma escala decimal comum (Figura 10.2).

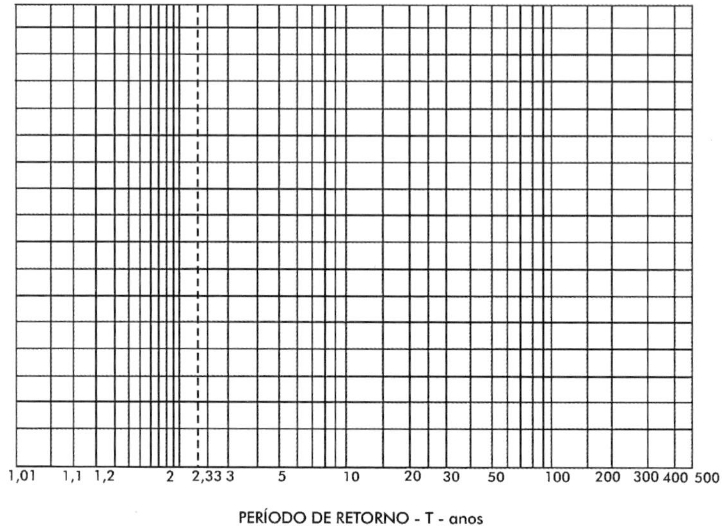

***Figura 10.2** – Papel de Gumbel usado para se visualizar o ajuste dos dados ao modelo.*
***Fonte:** CRUCIANI (1987).*

Para se utilizar o papel, plotam-se 3 pontos calculados pelo modelo de Gumbel e traça-se uma reta que, obrigatoriamente, passará pelos 3 pontos. Em seguida, plotam-se os pontos calculados por uma fórmula empírica, como Kimball, por exemplo; os desvios destes pontos em relação à reta darão uma ideia da qualidade do ajuste. O exemplo a seguir explica melhor o procedimento.

Um ponto teórico da distribuição de Gumbel corresponde ao valor da média da série analisada, o qual corresponde ao período de retorno T = 2,33. Esse ponto é importante e serve de referência para o traçado da reta de distribuição (ajuste).

Exemplo: O Quadro a seguir apresenta as vazões máximas anuais registradas em um posto fluviométrico durante um período de 15 anos, bem como as vazões médias mínimas de 7 dias consecutivos. Os dados estão nas colunas (2) e (3) respectivamente.

Pede-se:

1) Completar o Quadro, colocando as vazões máximas em ordem decrescente, as vazões mínimas em ordem crescente, e calculando os valores do período de retorno (T) pela expressão de Kimball.

2) Plotar os pares de valores (Q x T) relativos às vazões máximas e mínimas nos papéis de Gumbel.

3) Obter as expressões analíticas para máximos e mínimos e traçar retas, com três pontos relativos a essas expressões, nos papéis de Gumbel.

4) Por intermédio da expressão analítica para máximos, estimar as vazões máximas para períodos de retorno de 10, 25 e 100 anos.

5) Por intermédio da expressão analítica para mínimos, estimar a Q7,10.

6) Caso se utilize uma vazão máxima de 800 m^3/s como base para o dimensionamento de uma dada estrutura de controle, qual o risco de falha para uma vida útil de 30 anos?

7) Qual a vazão mínima de 7 dias consecutivos esperada nos próximos 20 anos com 20% de risco de falha de não abastecimento?

(1)	(2)	(3)	(4)	(5)	(6)	(7)
Ano	**Qmax ($m^3 s^{-1}$)**	**Q7min ($m^3 s^{-1}$)**	**Qmax [decresc]**	**Qmin [cresc]**	**m**	**T = (n+1)/m**
1950	556,8	66,3				
1951	370,4	68,5				
1952	305,4	70,3				
1953	102,1	49,6				
1954	219,5	45,9				
1955	174,5	45,5				
1956	122,4	64,0				
1957	295,6	81,3				
1958	335,4	95,3				
1959	258,8	67,7				
1960	376,8	61,4				
1961	337,4	45,2				
1962	292,2	60,9				
1963	457,8	44,6				
1964	262,6	40,8				

Fonte: *CRUCIANI (1987).*

Solução:

1)

(1)	(2)	(3)	(4)	(5)	(6)	(7)
Ano	Qmax ($m^3 s^{-1}$)	Q7min ($m^3 s^{-1}$)	Qmax [decresc]	Qmin [cresc]	m	T = (n+1)/m
1950	556,8	66,3	556,8	40,8	1	16,0
1951	370,4	68,5	457,8	44,6	2	8,0
1952	305,4	70,3	376,8	45,2	3	5,3
1953	102,1	49,6	370,4	45,5	4	4,0
1954	219,5	45,9	337,4	45,9	5	3,2
1955	174,5	45,5	335,4	49,6	6	2,7
1956	122,4	64,0	305,4	60,9	7	2,3
1957	295,6	81,3	295,6	61,4	8	2,0
1958	335,4	95,3	292,2	64,0	9	1,8
1959	258,8	67,7	262,6	66,3	10	1,6
1960	376,8	61,4	258,8	67,7	11	1,5
1961	337,4	45,2	219,5	68,5	12	1,3
1962	292,2	60,9	174,5	70,3	13	1,2
1963	457,8	44,6	122,4	81,3	14	1,1
1964	262,6	40,8	102,1	95,3	15	1,07

2)

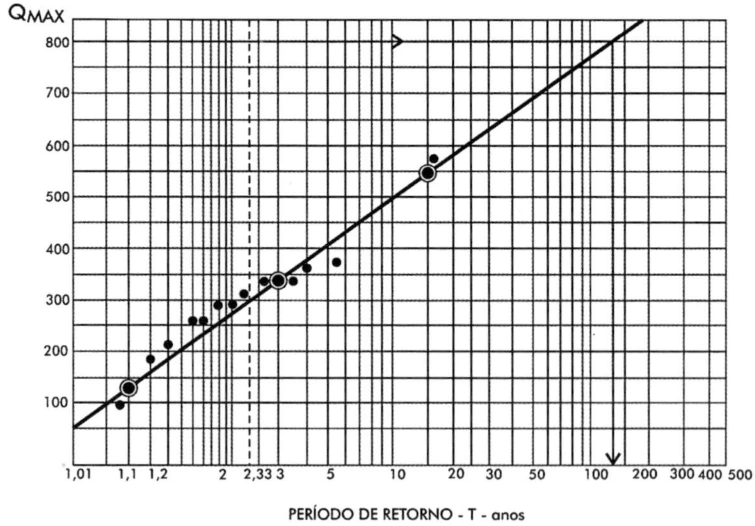

2) (Continuação)

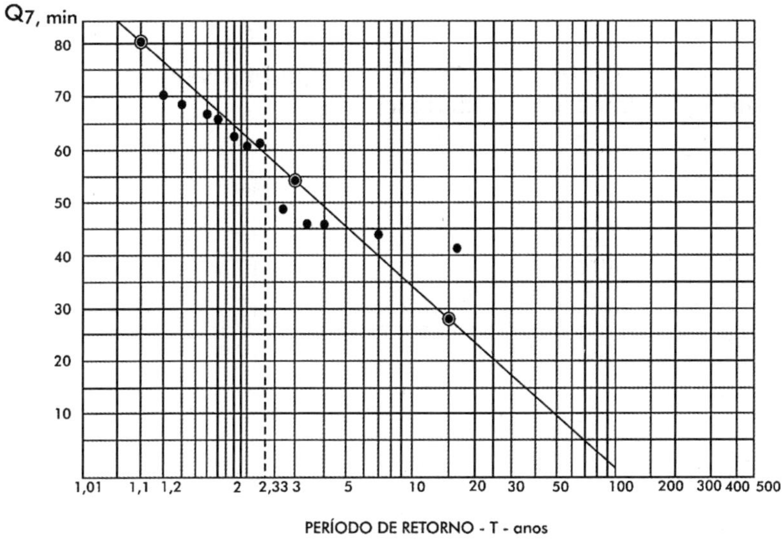

Fonte: *Elaborada pelos autores.*

3) (Máximos) → σ n = 1,0206; Yn = 0,5128; Xmédio = 297,85 $m^3 s^{-1}$; σ x = 119,65 $m^3 s^{-1}$;

α = 0,00853; Mo = 237,72 $m^3 s^{-1}$.

Para T=1,1 anos → X = 135,2 $m^3 s^{-1}$;

Para T=3,0 anos → X = 343,6 $m^3 s^{-1}$;

Para T=15,0 anos → X = 551,2 $m^3 s^{-1}$.

(Mínimos)→ σ n = 1,0206; Yn = 0,5128; Xmédio = 60,49 $m^3 s^{-1}$; σ x = 15,43 $m^3 s^{-1}$;

α = 0,0661; Mo = 68,243 $m^3 s^{-1}$.

Para T=1,1 → X = 81,5 $m^3 s^{-1}$;

Para T=3,0 → X = 54,6 $m^3 s^{-1}$

Para T=15,0 → X = 27,8 $m^3 s^{-1}$.

4)

Para T=10 anos → X = 501,54 $m^3 s^{-1}$;

Para T=25 anos → X = 612,69 $m^3 s^{-1}$;

Para T=100 anos → X = 777,01 $m^3 s^{-1}$.

5)

Para T=10 anos → X = Q7,10 = 34,20 $m^3 s^{-1}$

6)

$$T = \frac{1}{(1 - e^{-e^{(Mo-X)\alpha}})} = 121{,}556 \text{ anos}$$

$$J = 1 - \left(1 - \frac{1}{T}\right)^N = 0{,}2195 = 21{,}95\%$$

7)

$$T = \frac{1}{[1 - (1 - J)^{1/N}]} = 90{,}13 \text{ anos}$$

Para T=90,13 anos → X = 0,23 $m^3 s^{-1}$

10.4 Distribuição de Log-Pearson Tipo III

É uma das distribuições mais usadas nos Estados Unidos para o ajuste de vazões máximas (GENOVEZ, 1991). Não tem papel especial para verificação visual da qualidade do ajuste como a distribuição de Gumbel. Assim, caso se deseje testar a qualidade do ajuste, deve-se utilizar um teste estatístico de aderência (Kolmogorov-Smirnov), que será abordado no final deste Capítulo.

Procedimento:

1) Calculam-se os logaritmos das vazões;

2) Calculam-se Média[Log Q] e Desvio-Padrão [Log Q] = σ [Log Q];

3) Calcula-se o coeficiente de assimetria "g" pela equação 10.11:

$$g = \frac{N \,.\, \sum(\text{Log Q - Média [Log Q]})^3}{(N-1).(N-2)(\sigma[\text{Log Q}])^3} \qquad (10.11)$$

4) Finalmente, aplica-se a equação 10.12, ou seja :

$\text{Log } Q_{(T)} = \text{Média (Log Q)} + K.\sigma \text{ (Log Q)}$; em que K é uma função de (g,T) → Tabela 10.4

Ou

$$Q = 10^{(\text{Média (Log Q)} + K.\sigma \text{ (Log Q)})} \tag{10.12}$$

Tabela 10.4 - Parâmetro K da distribuição de Log-Pearson Tipo III

Coeficiente de assimetria (g)	Período de retorno (ano): T					
	2	10	25	50	100	200
	Probabilidade (%)					
	50	**10**	**4**	**2**	**1**	**0,5**
3,0	-0,396	1,180	2,278	3,152	4,051	4,970
2,5	-0,360	1,250	2,262	3,048	3,845	4,652
2,0	-0,307	1,302	2,219	2,912	3,605	4,298
1,8	-0,282	1,318	2,193	2,848	3,499	4,147
1,6	0,254	1,329	2,163	2,780	3,388	3,990
1,4	-0,225	1,337	2,128	2,076	3,271	3,828
1,2	-0,195	1,340	2,087	2,626	3,149	3,661
1,0	-0,164	1,340	2,043	2,542	3,022	3,489
1,0	-0,164	1,340	2,043	2,542	3,022	3,489
0,9	-0,148	1,339	2,018	2,498	2,957	3,401
0,8	-0,132	1,336	1,993	2,453	2,891	3,312
0,7	-0,116	1,333	1,967	2,407	2,824	3,223
0,6	-0,099	1,328	1,939	2,359	2,755	3,132
0,5	-0,083	1,323	1,910	2,311	2,686	3,041
0,4	0,066	1,317	1,880	2,261	2,615	2,949
0,3	0,050	1,309	1,849	2,211	2,544	2,856
0,2	-0,033	1,301	1,818	2,159	2,472	2,763
0,1	-0,017	1,292	1,785	2,107	2,400	2,670
0	0	1,282	1,751	2,054	2,326	2,576
-0,1	0,019	1,270	1,716	2,000	2,252	2,482
-0,2	0,033	1,285	1,680	1,945	2,178	2,388
-0,3	0,050	1,245	1,643	1,890	2,104	2,294
-0,4	0,066	1,231	1,606	1,834	2,029	2,201
-0,5	0,083	1,216	1,567	1,777	1,955	2,108
-0,6	0,099	1,200	1,528	1,720	1,880	2,016
-0,7	0,116	1,183	1,488	1,663	1,806	1,926
-0,8	0,132	1,166	1,448	1,06	1,733	1,837

-0,9	0,148	1,147	1,407	1,549	1,660	1,749
-1,0	0,164	1,128	1,366	1,492	1,588	1,664
-1,2	0,195	1,086	1,282	1,379	1,449	1,507
-1,4	0,225	1,041	1,198	1,270	1,318	1,351
-1,6	0,254	0,994	1,116	1,166	1,197	1,216
-1,8	0,282	0,945	1,035	1,069	1,087	1,097
-2,0	0,307	0,895	0,959	0,980	0,990	0,995
-2,5	0,360	0,771	0,793	0,798	0,799	0,800
-3,0	0,396	0,660	0,666	0,666	0,667	0,667

Fonte: *HAAN (1994).*

Exemplo:

Sendo dada uma série de 15 anos de vazões máximas anuais de um rio, calcular a vazão para um período de retorno de 100 anos pelo método de Log-Pearson Tipo III.

Dados:

Média (Log Q) = 2,4359

σ (Log Q) = 0,1992

$$\sum (\text{Log Q - Média (Log Q)})^3 = -0{,}08026$$

Solução:

$$g = \frac{N \cdot \sum(\text{Log Q - Média [Log Q]})^3}{(N-1).(N-2)(\sigma[\text{Log Q}])^3} = \frac{15 \cdot (-0{,}08026)}{14 \cdot 13 \cdot (0{,}1992)^3} = -0{,}837$$

Interpolando-se linearmente na Tabela 10.4 (g = – 0,837; T = 100 anos) → K = 1,706

Usando a equação 10.12 :

$$Q = 10^{(\text{Média (Log Q)} + K.\sigma\ (\text{Log Q}))} = 10^{(2{,}4359 + 1{,}706 \times 0{,}1992)} = 597 \text{ m}^3 \text{ s}^{-1}$$

10.5 Distribuição de Gumbel-Chow

É um método simplificado para eventos máximos, indicado para quando se deseja fazer uma estimativa rápida (equação 10.13).

$$X = Xmédio\ .\ K.\sigma\ x \qquad (10.13)$$

O parâmetro K é um fator de frequência, que pode ser obtido na Tabela 10.5, em função do número de dados da série (N) e do período de retorno (T).

Tabela 10.5 - Fator de frequência K = f (N, T)

	Período de Recorrência (T, anos)						
N/T	**5,00**	**10,00**	**15,0**	**20,0**	**25,0**	**50,0**	**100,0**
10	1,058	1,848	2,289	2,606	2,817	3,538	4,323
11	1,028	1,809	2,242	2,553	2,789	3,516	4,238
12	1,013	1,777	2,202	2,509	2,741	3,436	4,166
13	0,996	1,748	2,168	2,470	2,699	3,045	4,015
14	0,981	1,728	2,138	2,437	2,663	3,260	4,032
15	0,957	1,703	2,112	2,410	2,632	3,321	4,005
16	0,955	1,632	2,037	2,379	2,691	3,283	3,959
17	0,913	1,661	2,066	2,355	2,575	3,250	3,921
18	0,934	1,619	2,017	2,335	2,552	3,223	3,883
19	0,926	1,626	2,032	2,317	2,533	3,190	3,860
20	0,919	1,623	2,018	2,302	2,517	3,179	3,836
21	0,911	1,613	2,001	2,236	2,500	3,157	3,810
22	0,905	1,603	1,992	2,272	2,484	3,138	3,787
23	0,833	1,533	1,980	2,259	2,470	3,121	3,765
24	0,893	1,534	1,960	2,247	2,457	3,101	3,747
25	0,983	1,575	1,958	2,235	2,44	3,033	3,729
26	0,833	1,563	1,910	2,224	2,422	3,074	3,711
27	0,879	1,560	1,911	2,215	2,422	3,061	3,605
29	0,570	1,347	1,924	2,195	2,402	3,037	3,667
30	0,866	1,541	1,917	2,168	2,293	3,026	3,653
31	0,863	1,535	1,910	2,180	2,385	3,015	3,641
32	0,890	1,530	1,904	2,173	2,377	3,005	3,629
33	0,856	1,525	1,897	2,163	2,269	2,906	3,618
34	0,853	1,520	1,892	2,160	2,362	2,937	3,608
35	0,851	1,516	1,886	2,152	2,354	2,979	3,598
36	0,812	1,511	1,831	2,147	2,349	2,971	3,508
37	0,915	1,507	1,876	2,142	2,314	2,063	3,579
38	0,813	1,503	1,871	2,137	2,33	2,957	3,571
39	0,810	1,499	1,867	2,131	2,331	2,950	3,563

40	0,829	1,495	1,862	2,126	2,326	2,913	3,554
41	0,834	1,492	1,858	2,121	2,321	2,936	3,517
42	0,834	1,450	1,854	2,117	2,316	2,930	3,539
43	0,832	1,483	1,850	2,112	2,311	2,924	3,522
44	0,830	1,482	1,846	2,103	2,307	2,919	3,526
45	0,828	1,478	1,812	2,104	2,303	2,913	3,519
46	0,826	1,476	1,899	2,100	2,208	2,933	3,513
47	0,824	1,474	1,826	2,095	2,291	3,903	2,507
48	0,821	1,471	1,832	2,093	2,200	2,893	3,501
49	0,821	1,469	1,830	2,090	2,297	2,891	3,403
50	0,820	1,463	1,827	2,096	2,283	2,859	3,490
51	0,818	1,464	1,824	2,063	2,280	2,885	3,486
52	0,817	1,462	1,821	2,030	2,276	2,281	3,541
53	0,815	1,459	1,818	2,077	2,273	2,875	3,474
54	0,814	1,457	1,816	2,074	2,270	2,873	3,741
55	0,813	1,453	1,813	2,071	2,267	2,869	3,467
56	0,812	1,453	1,811	2,069	2,264	2,863	3,462
57	0,819	1,451	1,898	2,063	2,261	2,802	3,459
58	0,809	1,419	1,895	2,054	2,258	2,833	3,454
59	0,808	1,428	1,894	2,061	2,256	2,055	3,450
60	0,194	1,446	1,892	2,059	2,263	2,852	3,456

Fonte: *GENOVEZ (1991).*

Exemplo:

Sendo dada uma série de 15 anos de vazão máxima com Xmédio = 297,85 $m^3\ s^{-1}$ e σ x = 119,65 $m^3\ s^{-1}$, estime a vazão máxima para um período de retorno T = 100 anos, pelo método de Gumbel-Chow.

Solução:

Utilizando a Tabela 10.5 → K(15, 100) = 4,005

Utilizando a equação 10.13

$$X = Xmédio + K.\sigma\ x = 297,85 + 4,005 \times 119,65 = 777\ m^3\ s^{-1}$$

10.6 Distribuição de Weibull

É a distribuição que, geralmente, fornece o melhor ajuste para vazões mínimas (HAAN, 1994).

10.6.1 O coeficiente de assimetria (γ) da distribuição de Weibull

O valor de γ é dado pelas equações 10.14 e 10.15:

$$\gamma = \frac{n^2 . \mathrm{M3}}{(n-1)(n-2).\sigma\, \mathrm{x}^3} \qquad (10.14)$$

Sendo:

$$\mathrm{M3} = \sum_{i=1}^{i=n} \frac{(\mathrm{xi - Xmédio})^3}{n} \qquad (10.15)$$

O coeficiente de assimetria γ pode assumir valores positivos ou negativos, conforme é ilustrado na Figura 10.3.

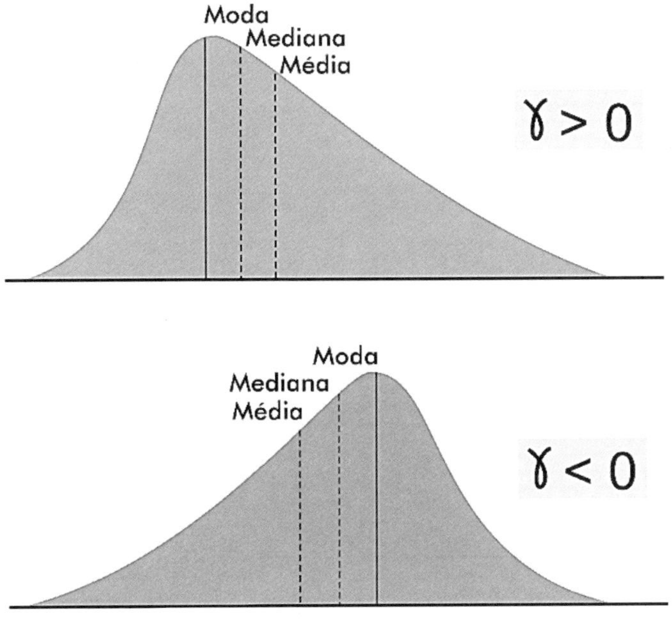

Figura 10.3 – *Coeficiente de assimetria (γ) da distribuição de Weibull, positivo e negativo.*
Fonte: *Elaborada pelos autores.*

10.6.2 Parâmetros da distribuição de Weibull

$$\text{Prob}\,(x \leq X) = 1 - e^{-Y(x)} \qquad (10.16)$$

$$Y(x) = \left\{\frac{(x - \varepsilon)}{(\beta - \varepsilon)}\right\}^{\alpha} \qquad (10.17)$$

$$\varepsilon = \beta - \sigma\, x\, .\, B(\alpha) \qquad (10.18)$$

$$\beta = \text{Xmédio} + \sigma\, x\, .\, A(\alpha)$$

Sendo:
$A(\alpha) \Rightarrow$ Tabelado $f(\gamma)$
$B(\alpha) \Rightarrow$ Tabelado $f(\gamma)$
$1/\alpha \Rightarrow$ Tabelado $f(\gamma)$

Tabela 10.6 – Parâmetros da distribuição de Weibull como função do coeficiente de assimetria (γ)

γ	1/α	A(α)	B(α)
-1,000	0,02	0,446	40,005
-0,971	0,03	0,44	26,987
-0,971	0,04	0,442	20,481
-0,867	0,05	0,439	16,576
-0,638	0,10	0,425	8,737
-0,254	0,20	0,389	4,755
0,069	0,30	0,346	3,370
0,359	0,40	0,297	2,364
0,631	0,50	0,246	2,159
0,896	0,60	0.193	1.815
1.160	0.70	0.142	1.549
1.430	0.80	0.092	1.334
1.708	0.90	0.044	1.154
2.000	1.00	0.000	1.000
2.309	1.10	-0.040	0.867
2.640	1.20	-0.077	0.752
2,996	1,30	-0,109	0,652
3,382	1,40	-0,136	0,563
3,802	1,50	-0,160	0,486
4,262	1,60	-0,180	0,418

4,767	1,70	-0,196	0,359
5,323	1,80	-0,280	0,308
5,938	1,90	-0,217	0,263
6,619	2,00	-0,224	0,224
7,374	2,10	-0,227	0,190
8,214	2,20	-0,229	0,161

Fonte: *HAAN (1994).*

Exemplo:

As descargas mínimas anuais de um rio apresentam média de 125 m^3 s^{-1}, desvio-padrão de 50 m^3 s^{-1} e coeficiente de assimetria $\gamma = 1,4$. Usando a distribuição de Weibull, avalie a probabilidade da vazão mínima anual ser menor que 100 m^3 s^{-1}.

Solução:

$$\gamma = 1,4 \Rightarrow \text{Interpolando Tabela 7.6} \Rightarrow 1/\alpha = 0,79$$

$$\gamma = 1,4 \Rightarrow \text{Interpolando Tabela 7.6} \Rightarrow A(\alpha) = 0,098$$

$$\gamma = 1,4 \Rightarrow \text{Interpolando Tabela 7.6} \Rightarrow B(\alpha) = 1,36$$

$$\alpha = \frac{1}{0,79} = 1,266$$

$$\beta = \text{Xmédio} + \sigma x \,.\, A(\alpha) = 125 + 50 \,.\, 0,098 = 129,9$$

$$\varepsilon = \beta - \sigma x \,.\, B(\alpha) = 129,9 - 50 \,.\, 1,36 = 61,9$$

$$Y(x) = \left\{\frac{(\text{x - } \varepsilon)}{(\beta - \varepsilon)}\right\}^{\alpha} = \left\{\frac{(100 - 61{,}9)}{(129{,}9 - 61{,}9)}\right\}^{1{,}266} = 0{,}480$$

$$\text{Prob } (\text{x} \leq 100) = 1 - e^{-Y(x)} = 1 - e^{-0{,}480} = 0{,}381 = 38{,}1\%$$

Exemplo:

Achar o coeficiente de assimetria (γ) para a série de 15 anos de vazões mínimas anuais fornecidas a seguir:

Ano	Qmin ($m^3\ s^{-1}$)
1950	66,3
1951	68,5
1952	70,3
1953	49,6
1954	45,9
1955	45,5
1956	64,0
1957	81,3

Ano	Qmin ($m^3\ s^{-1}$)
1958	95,3
1959	67,7
1960	61,4
1961	45,2
1962	60,9
1963	44,6
1964	40,8

Solução:

Xmédio = 60,49

σ x = 15,43

M3 = 2.020,86

γ = 0,6797

10.7 Distribuição Log-normal

Tal como a distribuição de Gumbel, pode ser usada para máximos ou para mínimos. É bastante usada, também, para o cálculo da precipitação efetiva quinzenal esperada, durante o período de estiagem de uma região, visando o cálculo de irrigação complementar (BERNARDO, 1982).

10.7.1 Log-normal para máximos

Procedimento

1) Calcular os logaritmos de Qi;

2) Calcular Média (Log Qi) e σ (Log Qi);

3) Arbitrar três valores de Q e calcular $\frac{\text{Log Q - Média(Log Qi)}}{\sigma \text{ (Log Qi)}}$;

4) Por meio da Tabela da Lei Normal, achar e, em seguida, achar P (x ≤ X).

5) Plotar os 3 pontos no papel Log-normal e traçar uma reta para verificar, visualmente, a qualidade do ajuste (Figura 9.4).

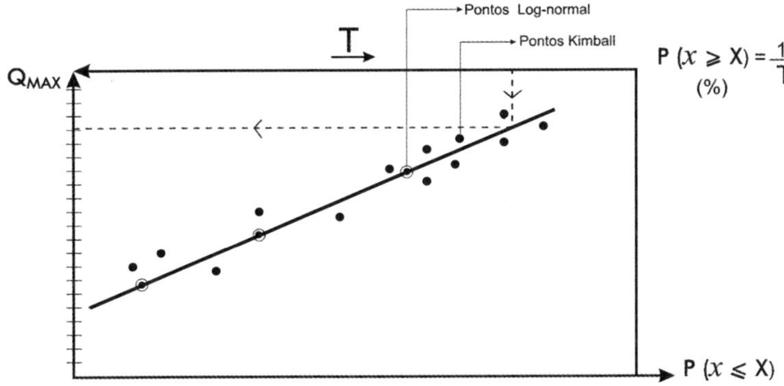

Figura 10.4 *– Distribuição de pontos no papel Log-normal.*
Fonte: *Elaborada pelos autores.*

Exemplo:

Sendo dados:

Q = 5.000 L s^{-1}

Média (Log Qi) = 3,183;

σ (Log Qi) = 0,149

Calcular a probabilidade de excedência para a vazão 5.000 L s^{-1}.

Solução:

$$u = \frac{\text{Log Q - Média(Log Qi)}}{\sigma \text{ (Log Qi)}} = \frac{\text{Log(5.000) - 3,183}}{0{,}149} = \frac{3{,}699 - 3{,}183}{0{,}149} \quad \therefore \quad u = 3{,}46$$

Consultando-se a Tabela 9.7 a seguir, obtém-se Φ (3,46) = 0,9997 = 99,97%

ÁREAS DELIMITADAS PELA CURVA NORMAL STANDARD

de $-\infty$ até x

$$\mathrm{erf}(x) = \frac{1}{\sqrt{2\pi}} \int_{-\infty}^{x} e^{-t^2/2}\, dt$$

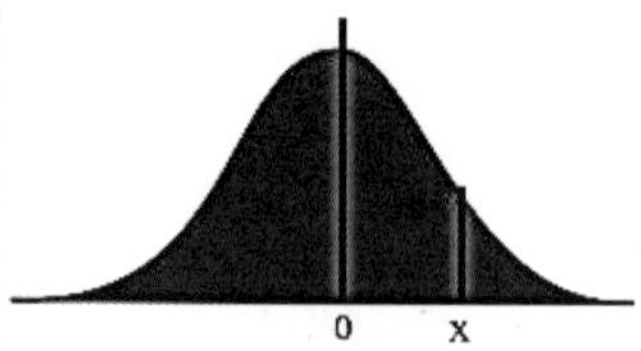

X	0	1	2	3	4	5	6	7	8	9
0,0	0,5000	0,5040	0,5080	0,5120	0,5160	0,5199	0,5239	0,5279	0,5319	0,5359
0,1	0,5398	0,5438	0,5478	0,5517	0,5557	0,5596	0,5636	0,5675	0,5714	0,5754
0,2	0,5793	0,5832	0,5871	0,5910	0,5948	0,5987	0,6026	0,6064	0,6103	0,6141
0,3	0,6179	0,6217	0,6255	0,6293	0,6331	0,6368	0,6406	0,6443	0,6480	0,6517
0,4	0,6554	0,6591	0,6628	0,6664	0,6700	0,6736	0,6772	0,6808	0,6844	0,6879
0,5	0,6915	0,6950	0,6985	0,7019	0,7054	0,7088	0,7123	0,7157	0,7190	0,7224
0,6	0,7258	0,7291	0,7324	0,7357	0,7389	0,7422	0,7454	0,7486	0,7518	0,7549
0,7	0,7580	0,7612	0,7642	0,7673	0,7704	0,7734	0,7764	0,7794	0,7823	0,7852
0,8	0,7881	0,7910	0,7939	0,7967	0,7996	0,8023	0,8051	0,8078	0,8106	0,8133
0,9	0,8159	0,8186	0,8212	0,8238	0,8264	0,8289	0,8315	0,8340	0,8365	0,8389
1,0	0,8413	0,8438	0,8461	0,8485	0,8508	0,8531	0,8554	0,8577	0,8599	0,8621
1,1	0,8643	0,8665	0,8686	0,8708	0,8729	0,8749	0,8770	0,8790	0,8810	0,8830
1,2	0,8849	0,8869	0,8888	0,8907	0,8925	0,8944	0,8962	0,8980	0,8997	0,9015
1,3	0,9032	0,9049	0,9066	0,9082	0,9099	0,9115	0,9131	0,9147	0,9162	0,9177
1,4	0,9192	0,9207	0,9222	0,9236	0,9251	0,9265	0,9279	0,9292	0,9306	0,9319
1,5	0,9332	0,9345	0,9357	0,9370	0,9382	0,9394	0,9406	0,9418	0,9429	0,9441
1,6	0,9452	0,9463	0,9474	0,9484	0,9495	0,9505	0,9515	0,9525	0,9535	0,9545
1,7	0,9554	0,9564	0,9573	0,9582	0,9591	0,9599	0,9608	0,9616	0,9625	0,9633
1,8	0,9641	0,9649	0,9656	0,9664	0,9671	0,9678	0,9686	0,9693	0,9699	0,9706
1,9	0,9713	0,9719	0,9726	0,9732	0,9738	0,9744	0,9750	0,9756	0,9761	0,9767
2,0	0,9772	0,9778	0,9783	0,9788	0,9793	0,9798	0,9803	0,9808	0,9812	0,9817
2,1	0,9821	0,9826	0,9830	0,9834	0,9838	0,9842	0,9846	0,9850	0,9854	0,9857
2,2	0,9861	0,9864	0,9868	0,9871	0,9875	0,9878	0,9881	0,9884	0,9887	0,9890
2,3	0,9893	0,9896	0,9898	0,9901	0,9904	0,9906	0,9909	0,9911	0,9913	0,9916
2,4	0,9918	0,9920	0,9922	0,9925	0,9927	0,9929	0,9931	0,9932	0,9934	0,9936
2,5	0,9938	0,9940	0,9941	0,9943	0,9945	0,9946	0,9948	0,9949	0,9951	0,9952
2,6	0,9953	0,9955	0,9956	0,9957	0,9959	0,9960	0,9961	0,9962	0,9963	0,9964
2,7	0,9965	0,9966	0,9967	0,9968	0,9969	0,9970	0,9971	0,9972	0,9973	0,9974
2,8	0,9974	0,9975	0,9976	0,9977	0,9977	0,9978	0,9979	0,9979	0,9980	0,9981
2,9	0,9981	0,9982	0,9982	0,9983	0,9984	0,9984	0,9985	0,9985	0,9986	0,9986
3,0	0,9987	0,9987	0,9987	0,9988	0,9988	0,9989	0,9989	0,9989	0,9990	0,9990
3,1	0,9990	0,9991	0,9991	0,9991	0,9992	0,9992	0,9992	0,9992	0,9993	0,9993
3,2	0,9993	0,9993	0,9994	0,9994	0,9994	0,9994	0,9994	0,9995	0,9995	0,9995
3,3	0,9995	0,9995	0,9995	0,9996	0,9996	0,9996	0,9996	0,9996	0,9996	0,9997
3,4	0,9997	0,9997	0,9997	0,9997	0,9997	0,9997	0,9997	0,9997	0,9997	0,9998
3,5	0,9998	0,9998	0,9998	0,9998	0,9998	0,9998	0,9998	0,9998	0,9998	0,9998
3,6	0,9998	0,9998	0,9999	0,9999	0,9999	0,9999	0,9999	0,9999	0,9999	0,9999
3,7	0,9999	0,9999	0,9999	0,9999	0,9999	0,9999	0,9999	0,9999	0,9999	0,9999
3,8	0,9999	0,9999	0,9999	0,9999	0,9999	0,9999	0,9999	0,9999	0,9999	0,9999
3,9	1,0000	1,0000	1,0000	1,0000	1,0000	1,0000	1,0000	1,0000	1,0000	1,0000

Fonte: *HAAN (1994).*

Assim, $P(x \leq X) = 99{,}997\% \therefore P(x \geq X) = 1 - 0{,}9997 = 0{,}03\%$

Exemplo:

Sendo dados:

$Q = 1.000\ L\ s^{-1}$

Média (Log Qi) = 3,183

σ (Log Qi) = 0,149

Calcular a probabilidade de excedência associada a vazão de $1.000\ L\ s^{-1}$

Solução:

$$u = \frac{\text{Log } 1000 - 3{,}183}{0{,}149} = \frac{3 - 3{,}183}{0{,}149} = -1{,}23$$

$$\Phi\ (+\ 1{,}23) = 0{,}8907 \therefore P(x \geq X) = 0{,}8907 = 89{,}07\%$$

Exemplo:

Complete o quadro a seguir, calculando a probabilidade $P(x \geq X)$ para as três vazões indicadas. Plote esses pontos no papel Log-normal, trace uma reta e, graficamente, ache as vazões máximas para períodos de retorno de 10, 25 e 100 anos.

Ano	Qmax ($m^3\ s^{-1}$)	Qmax decresc ($m^3\ s^{-1}$)	Log (Qmax)	u	$P(x \geq X)$ (%)
1950	556,8				
1951	370,4				
1952	305,4				
1953	102,1				
1954	219,5				
1955	174,5				
1956	122,4				
1957	295,6				
1958	335,4				
1959	258,8				
1960	376,8				
1961	337,4				
1962	292,2				
1963	457,8				
1964	262,6				
		Média →			
		Desvio-Padrão →			

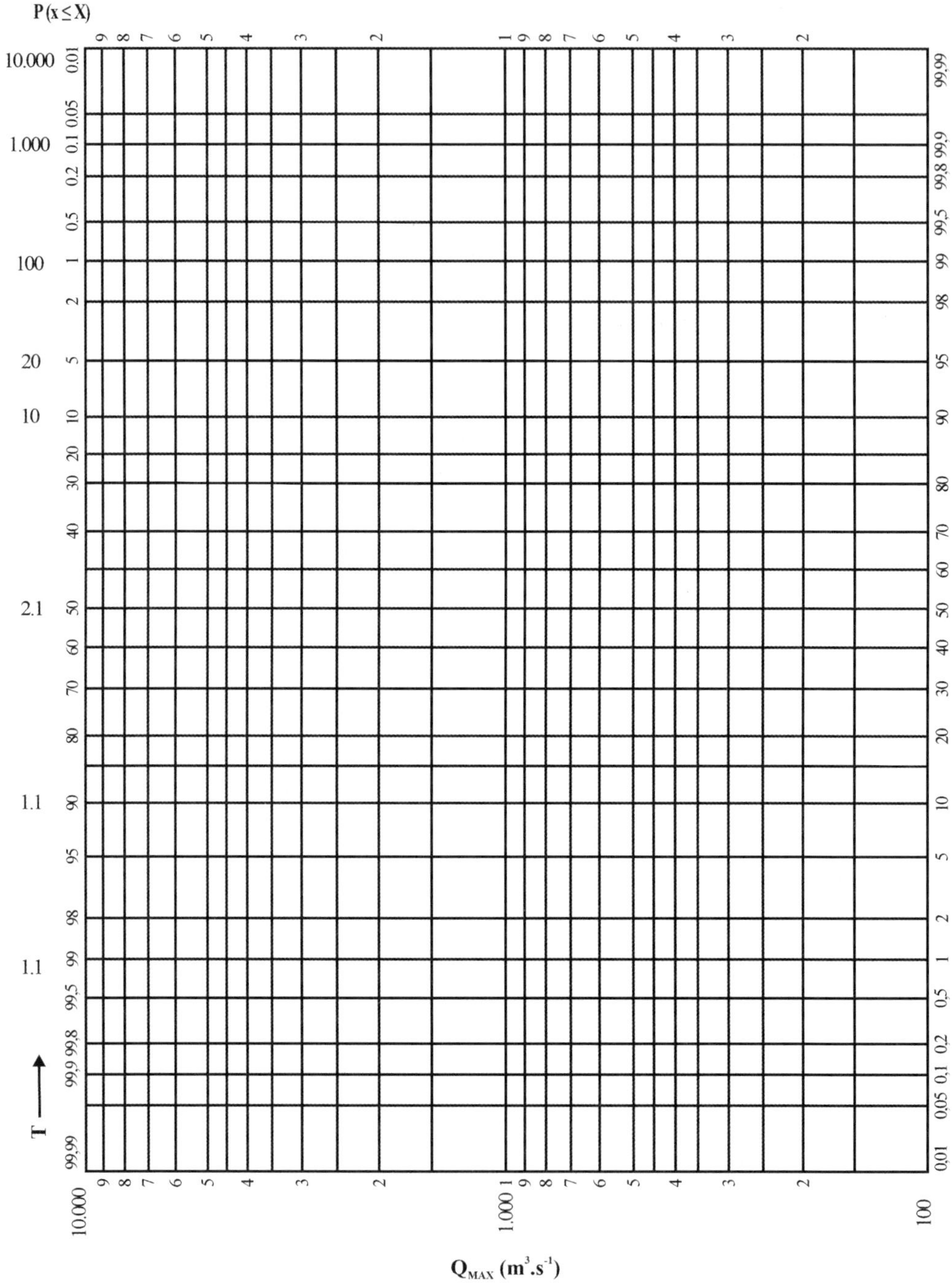

Fonte: GENOVEZ (1991).

Resposta:

Q10 = 475 $m^3 s^{-1}$
Q25 = 600 $m^3 s^{-1}$
Q100 = 775 $m^3 s^{-1}$
10.7.2- Log-Normal para mínimos

Procedimento

1) Calcular os logaritmos de Qi;
2) Calcular Média(Log Qi) e σ (Log Qi);
3) Arbitrar 3 valores de Qi e calcular u = $\frac{\text{Log Qi - Média(Log Qi)}}{\sigma \text{ (Log Qi)}}$;
4) Por meio da Tabela da Lei Normal achar $P(x \leq X)$; e
5) Plotar os 3 pontos no papel Log-normal e traçar uma reta. Plotando-se todos os pontos calculados por Kimball, pode-se fazer uma avaliação visual da dispersão (Figura 10.5).

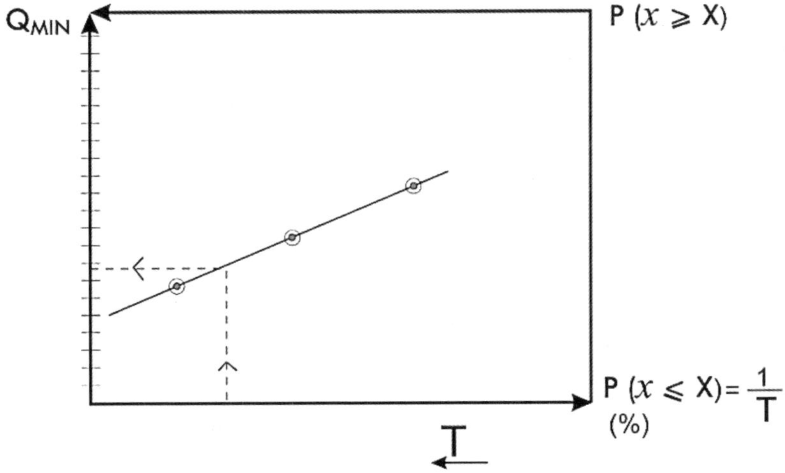

***Figura 10.5 –** Representação de dados de mínimos no papel Log-normal.*
***Fonte:** Elaborada pelos autores.*

Exemplo:

Completar o quadro a seguir, calculando a probabilidade $P(x \leq X)$ para as três vazões indicadas. Em seguida, plotar esses pontos no papel Log-normal, traçar uma reta e, graficamente, achar a Q 7, 10.

Ano	Q 7 min (m^3 s^{-1})	Q 7 min cresc (m^3 s^{-1})	Log(Q 7 min)	u	P(x ≤ X) (%)
1950	66,3				
1951	68,5				
1952	70,3				
1953	49,6				
1954	45,9				
1955	45,5				
1956	64,0				
1957	81,3				
1958	95,3				
1959	67,7				
1960	61,4				
1961	45,2				
1962	60,9				
1963	44,6				
1964	40,8				
		Média →			
		Desvio-Padrão →			

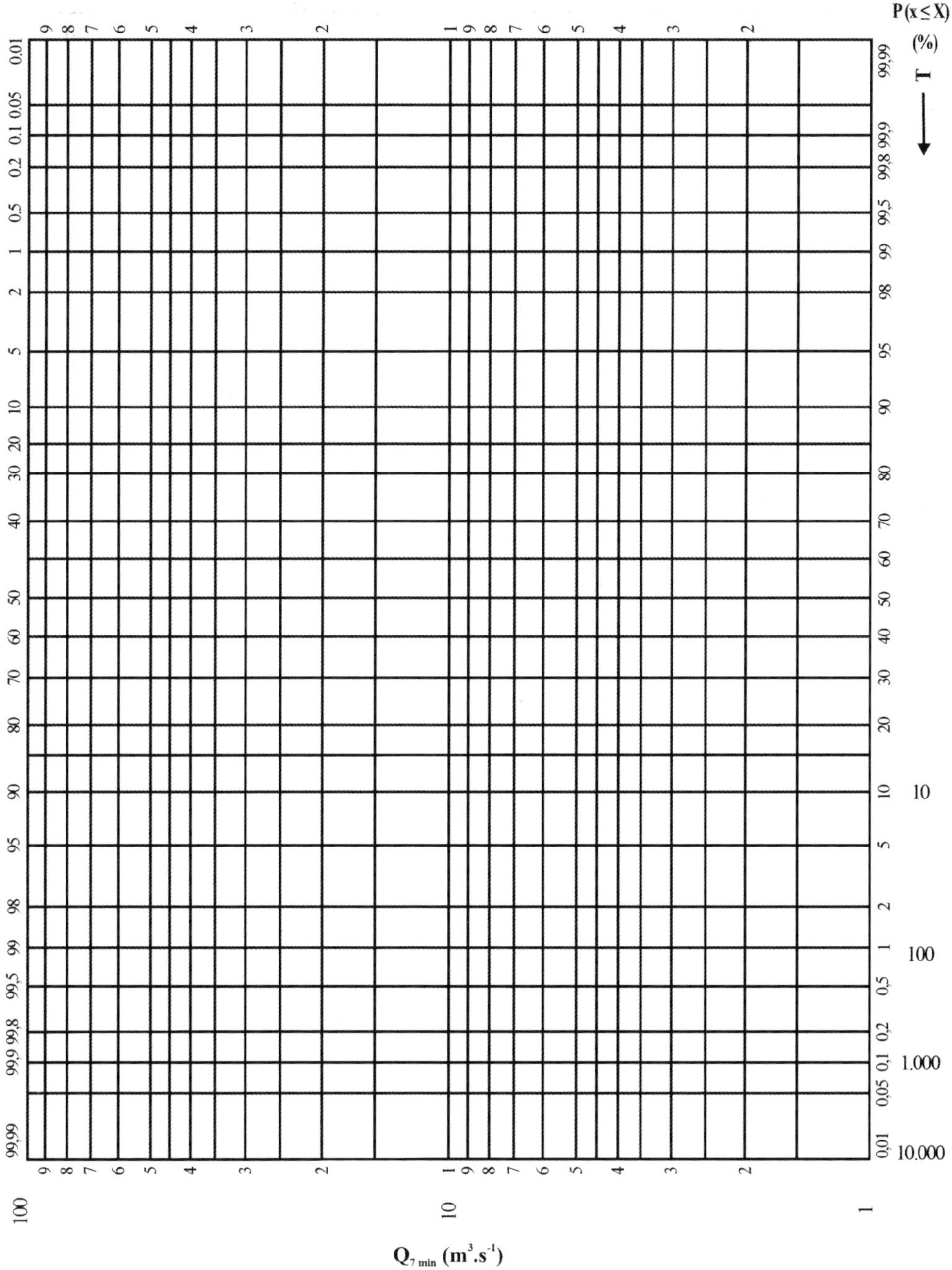

Resposta: Q7-10 ≈ 42 m^3 s^{-1}

10.8 Teste de aderência de Kolmogorov-Smirnov

Esse teste serve para avaliar se uma dada função de distribuição de probabilidade se ajustou bem às frequências pontuais de uma série histórica de dados máximos ou mínimos. O teste de Kolmogorov-Smirnov pressupõe que, se duas subamostras são de uma mesma população, as distribuições de probabilidades acumuladas das duas subamostragens devem estar muito próximas. Se duas distribuições acumuladas são "muito discrepantes" em determinado ponto, então as subamostras podem ser de populações diferentes. Assim, um grande desvio entre a probabilidade calculada por Kimball e a probabilidade calculada pela função escolhida é uma indicação para se rejeitar a hipótese Ho (de serem da mesma população), ou seja, um grande desvio caracteriza que o ajuste da distribuição escolhida para explicar os dados não foi bom (PRUSKI *et al.*, 2006; PRUSKI; SILVA; KOETZ, 2006).

O teste é baseado nos desvios da distribuição da amostra de eventos calculados pontualmente P(x) [Kimball, por exemplo] em relação à função de distribuição contínua escolhida $P_o(x)$[Gumbel, por exemplo]. Assim:

$$Dn = Max \left| P(x) - P_o(x) \right| \qquad (10.20)$$

em que:
Dn - máximo módulo dos desvios entre as probabilidades, decimal;
P(x) - probabilidade acumulada calculada por fórmula pontual [Kimball, por exemplo], decimal; e
$P_o(x)$ - probabilidade acumulada calculada por função de distribuição de frequência [Weibull, por exemplo].

O teste requer que o valor de Dn calculado pela fórmula 10.20 seja ***menor*** que Dn tabelado (Tabela 10.8). Se isto acontecer, aceita-se Ho (probabilidades são da mesma população), significando que houve um bom ajuste da função escolhida às probabilidades calculadas pontualmente. Caso contrário, rejeita-se Ho, indicando que se deve procurar outra função de distribuição de frequência para se ajustar os dados.

Ao se analisar os dados da Tabela 10.8 verifica-se que os valores críticos de Dn para o nível de significância de 20%, são menores do que para 5 ou 1% e, em função disso, existe uma maior probabilidade das subamostras serem diferentes. Isto significa que, ao tomar-se o nível de 20% o teste se torna mais rigoroso.

Tabela 10.8 – Valores críticos de Dn para o teste de Kolmogorov-Smirnov

Tamanho da amostra (n)	Nível de significância para Dn = max $\lvert P(x) - P_0(x) \rvert$				
	α=20%	α=15%	α=10%	α=5%	α=1%
1	0,900	0,925	0,950	0,975	0,995
2	0,684	0,726	0,776	0,842	0,929
3	0,565	0,597	0,642	0,708	0,828
4	0,494	0,525	0,564	0,624	0,733
5	0,446	0,474	0,510	0,565	0,669
6	0,410	0,436	0,470	0,521	0,618
7	0,381	0,405	0,438	0,486	0,577
8	0,358	0,381	0,411	0,457	0,543
9	0,339	0,360	0,388	0,432	0,514
10	0,322	0,342	0,368	0,410	0,490
11	0,307	0,326	0,352	0,391	0,468
12	0,295	0,313	0,338	0,375	0,450
13	0,284	0,302	0,325	0,361	0,433
14	0,274	0,292	0,314	0,349	0,418
15	0,266	0,283	0,304	0,338	0,404
16	0,258	0,274	0,295	0,328	0,392
17	0,250	0,266	0,286	0,318	0,381
18	0,244	0,259	0,278	0,309	0,371
19	0,237	0,252	0,272	0,301	0,363
20	0,231	0,246	0,264	0,294	0,356
25	0,210	0,220	0,240	0,270	0,320
30	0,190	0,200	0,220	0,240	0,290
35	0,180	0,190	0,210	0,230	0,270
>35					

Fonte: *PRUSKI et al. (2006a).*

Exemplo:

Utilizando os dados do exemplo do item 10.7.2, termine de preencher a Tabela abaixo e verifique se o ajuste das Q7,min ao modelo Log-Normal obteve aderência pelo teste de Kolmogorov-Smirnov, para um nível de significância de 20%.

Ano	Q7,min ($m^3 s^{-1}$)	Q7,min (cresc.)	$P_0(x)$ [≤] (decimal)	P(x) = (m / n+1)	Dn = Max $\|P_0(x) - P(x)\|$
1950	66,3	40,8	0,007215	0,0625	0,0097
1951	68,5	44,6	0,1357	0,1250	0,0107
1952	70,3	45,2	0,1469	0,1875	0,0406
1953	49,6	45,5	0,1539	0,250	0,0961
1954	45,9	45,9	0,1611	0,3125	0,1541
1955	45,5				
1956	64,0				
1957	81,3				
1958	95,3				
1959	67,7				
1960	61,4				
1961	45,2				
1962	60,9				
1963	44,6				
1964	40,8				

Resposta:

D15(calculado) = 0,2139; D15(tabelado - 20%) = 0,266

Como D15(calc) < D15(tab) → aceita-se Ho → O ajuste à distribuição Log-Normal foi satisfatório.

10.9 Exercícios propostos

a) Uma precipitação intensa tem um tempo de recorrência de 5 anos.

- Qual a probabilidade de ocorrência (em intensidade igual ou superior) no próximo ano?
- Qual a probabilidade de ocorrência (em intensidade igual ou superior) durante os próximos 3 anos ?

Resposta: 20%; 48%

b) Em uma seção transversal de um rio, a probabilidade anual de ocorrência de uma cheia catastrófica é de 10%. Qual a probabilidade de que tal cheia não venha a ocorrer nos próximos 5 anos ? ***Resposta*:** 59,05%

c) Entre os registros de enchentes de um rio, existe um que apresenta um período de retorno de 10 anos. Qual é a probabilidade de que uma enchente igual ou superior não se repita em qualquer período de 10 anos ?
Resposta: 35%.

d) Qual o risco assumido ao se esperar que, dentro de um período qualquer de 10 anos, não ocorrerá nenhuma chuva igual ou maior que aquela correspondente a um período de retorno de 10 anos?
Resposta: 35%

e) Sabe-se, que em uma área a ser drenada, se pode esperar uma chuva intensa de 100 mm, em 24 horas. Qual o risco, de falha de um canal (dreno) interceptor nesta área, projetado para 20 anos de uso, causado por uma chuva igual ou mais intensa? Usar relação I-D-F de Piracicaba (ver Capítulo 2).
***Resposta*:** 27%.

f) Em uma certa região onde as chuvas são uniformemente distribuídas, existe uma chance de 60% de que choverá em qualquer dia.

- Qual a probabilidade de não chover dois dias sucessivos?
- Qual a probabilidade de chover 3 dias seguidos?
- Qual a probabilidade de chover uma vez por semana?

Resposta: 16%; 21,6%; 99,84%.

g) Tem-se à disposição uma série anual das enchentes de um rio, com 20 anos de registro, contendo valores de Q($m^3 s^{-1}$) e os respectivos tempos de retorno T(anos), calculados pela expressão de Kimball.

Nº de ordem (m)	**Q($m^3 s^{-1}$)**	**Período de retorno – T (anos)**
1	680	21
2	620	10,5
3	570	7,1
20	190	1,05

Estime qual será o valor da enchente esperado pelo menos uma vez, dentro de 10 anos, com um risco de falha de 78%.

Resposta: Q ≈ 570 $m^3 s^{-1}$

h) São dadas as vazões médias diárias máximas anuais ($m^3 s^{-1}$) do Rio Jaguari, bacia do Rio Piracicaba, medidas em um posto em Jaguariúna - SP, com área de captação de 2.220 km^2. Calcular as vazões prováveis de enchentes para os períodos de retorno de 50 e 100 anos, pelos métodos de Gumbel, Gumbel-Chow, Log-Pearson Tipo III e Log-normal.

m	Q	m	Q	m	Q	m	Q
1	490,0	10	225,0	19	163,0	28	109,0
2	425,0	11	212,0	20	162,0	29	102,0
3	314,6	12	212,0	21	153,0	30	96,4
4	302,0	13	206,0	22	139,0	31	95,0
5	289,0	14	205,0	23	135,0	32	93,1
6	250,0	15	182,0	24	123,0	33	75,7
7	244,0	16	171,0	25	121,0	34	51,9
8	240,0	17	169,0	26	116,0		
9	237,0	18	167,0	27	113,0		

Fonte: *GENOVEZ (1991).*

Respostas:

Gumbel-Chow → Q50 = 449 $m^3 s^{-1}$; Q100 = 513 $m^3 s^{-1}$
Gumbel→ Q50 = 453 $m^3 s^{-1}$; Q100 = 512 $m^3 s^{-1}$
Log-Pearson Tipo III→ Q50 = 456 $m^3 s^{-1}$; Q100 = 516 $m^3 s^{-1}$
Log-Normal→ Q50 = 458 $m^3 s^{-1}$; Q100 = 524 $m^3 s^{-1}$

i) Pretende-se calcular a Q7,10 para o posto fluviométrico de Artemis, no Rio Piracicaba, partindo-se da simplificação de que a *média mínima de 7 dias consecutivos (Q7, min)* ocorre sempre durante a segunda quinzena do mês de setembro, para qualquer que seja o ano. Calcule Q7,min para cada um dos cinco anos fornecidos (m^3/s) e ajuste ao modelo de Gumbel para mínimos, para obter a Q7,10.

Dia / Ano	1999	2000	2001	2002	2003
16	104,0	139,5	109,3	44,3	29,8
17	101,3	137,4	94,9	42,3	31,2
18	100,2	130,8	77,7	43,3	34,1
19	97,6	112,5	72,0	42,3	30,7
20	96,0	88,1	71,5	44,3	29,8
21	93,9	68,9	72,5	60,8	28,8
22	92,3	66,9	74,6	68,4	25,5
23	93,9	58,8	72,5	65,9	23,2
24	95,0	54,2	62,3	63,3	22,3
25	95,0	53,2	45,8	61,3	21,4
26	93,4	51,2	42,3	57,3	22,3
27	91,3	50,2	41,4	52,7	22,3
28	88,1	50,7	41,4	49,2	23,2
29	84,5	49,2	39,4	46,3	22,3
30	78,2	59,0	39,5	46,8	22,7
Q 7, min					

Fonte: *PRUSKI et al. (2006b).*

Dados:

σn = 0,942

Yn = 0,491

média = ?

desvio-padrão = $\sqrt{\frac{\sum_{i=1}^{i=5}(X - Xmédio)^2}{4}} = ? = ?$

Fórmulas:

$$\alpha = \frac{\sigma\, n}{\sigma\, x}$$

$$Mo = Xmédio + \frac{Yn}{\sigma\, n}\sigma\, x$$

$$X = Mo + \frac{1}{\alpha}(+Ln(-Ln(1 - \frac{1}{T})))$$

Resposta: Q7,10 = 6,6 $m^3 s^{-1}$

j) Dada uma série de 15 anos de Q7min, com:
Média(Q7,min) = 60,49 $m^3 s^{-1}$
σ (Q7,min) = 15,43 $m^3 s^{-1}$
Coeficiente de assimetria = γ = 0,631
Achar o valor da Q7,10, usando a distribuição de Weibull

Resposta: Q7,10 = 41,79 $m^3 s^{-1}$

k) A tabela a seguir se refere ao exemplo do item 9.3.2 do texto. Termine de preenchê-la calculando P(x) por Kimball e Po(x) por Gumbel. Em seguida calcule o módulo da diferença entre essas probabilidades e responda se o ajuste do modelo de Gumbel aos dados de vazão máxima foi satisfatório, baseado no teste de Kolmogorov-Smirnov, com uma significância de 20%.

Ano	**Qmax ($m^3 s^{-1}$)**	**Qmax Decresc.**	**m**	**P(x)= m / (n+1)**	**Po(x)= Gumbel**	**Dn = | P(x)-Po(x) |**
1950	556,8	556,8	1	0,0625	0,063643891	0,001143891
1951	370,4	457,8	2	0,125	0,141874868	0,016874868
1952	305,4	376,8	3	0,1875	0,263122023	0,075622023
1953	102,1	370,4	4	0,25	0,27563878	0,02563878
1954	219,5	337,4	5	0,3125	0,34773175	0,03523175
1955	174,5	335,4	6	0,375	0,352509811	0,022490189
1956	122,4	305,4	7	0,4375	0,429593661	0,007906339
1957	295,6					
1958	335,4					
1959	258,8					
1960	376,8					
1961	337,4					
1962	292,2					
1963	457,8					
1964	262,6					

Fonte: *CRUCIANI (1987).*

Resposta: D15(calculado) = 0,1212; D15(tabelado-20%) = 0,266

Assim, como D15(calculado) < D15(tabelado-20%) → Aceita-se Ho, ou seja, o ajuste do modelo de Gumbel foi satisfatório.

l) A tabela a seguir se refere ao exemplo do item 9.3.2 do texto. Termine de preenchê-la calculando P(x) por Kimball e Po(x) por Gumbel. Em seguida calcule o módulo da diferença entre essas probabilidades e responda se o ajuste do modelo de Gumbel aos dados de vazão mínima média de 7 dias consecutivos foi satisfatório, baseado no teste de Kolmogorov-Smirnov, com uma significância de 20%.

Ano	Q7,min ($m^3 s^{-1}$)	Q7,min Cresc.	m	P(x)= m / (n+1)	Po(x)= Gumbel	Dn = | P(x)-Po(x) |
1950	66,3	40,8	1	0,0625	0,150411966	0,087911966
1951	68,5	44,6	2	0,125	0,189049312	0,064049312
1952	70,3	45,2	3	0,1875	0,19589523	0,00839523
1953	49,6	45,5	4	0,25	0,19939878	0,05060122
1954	45,9	45,9	5	0,3125	0,20415496	0,10834504
1955	45,5	49,6	6	0,375	0,252947942	0,122052058
1956	64	60,9	7	0,4375	0,459612074	0,022112074
1957	81,3	61,4	8	0,5	0,470673114	0,029326886
1958	95,3	64	9	0,5625	0,530193525	0,032306475
1959	67,7					
1960	61,4					
1961	45,2					
1962	60,9					
1963	44,6					
1964	40,8					

Resposta: D15(calculado) = 0,1310; D15(tabelado-20%) = 0,266

Assim, como D15(calculado) < D15(tabelado-20%) → Aceita-se Ho, ou seja, o ajuste do modelo de Gumbel foi satisfatório.

CAPÍTULO 11

Modelagem Hidrológica

11.1 Introdução

Este capítulo tem por objetivo apresentar alguns conceitos iniciais sobre *modelagem hidrológica* e mostrar alguns dos modelos mais utilizados no Brasil. Para informações mais detalhadas, sugere-se a leitura de Tucci (2005).

Primeiramente, é preciso definir (ou lembrar) que um *modelo* é a representação de algum objeto ou sistema, que tem por objetivo de entendê-lo e buscar respostas para diferentes entradas. O desenvolvimento de um grande número de modelos hidrológicos com diferentes prioridades de representação dos processos e dos objetivos a serem alcançados foi (ou é) motivado pela heterogeneidade física da bacia hidrográfica e dos processos envolvidos. A quantidade e a qualidade dos dados hidrológicos, a dificuldade de formular matematicamente alguns processos, e a simplificação do comportamento espacial de variáveis e fenômenos são as limitações básicas dos modelos hidrológicos (TUCCI, 2005).

11.2 Tipos de modelos hidrológicos

Existem diversas propostas de classificação dos modelos hidrológicos, que as vezes se sobrepõem. A seguir estão apresentadas as classificações de Righetto (1998), Tucci (1998) e Linsley *et al.* (1988):

- *Modelo Determinístico*: as equações utilizadas para descrever as fases do ciclo hidrológico não contêm componentes aleatórias; assim, para uma determinada situação inicial, o modelo sempre produzirá a mesma resposta final.
- *Modelo Estocástico ou Probabilístico*: as formulações utilizadas na descrição do fenômeno contêm incertezas, que seguem alguma distribuição probabilística.
- *Modelo com embasamento físico*: reproduz os principais processos físicos por meio de equações matemáticas. A característica marcante deste tipo de modelo é que os parâmetros das equações podem ser medidos ou calculados a priori, não necessitando de calibração. Sua utilização é restrita em função da dificuldade na obtenção de todos os parâmetros necessários para "alimentar" o modelo.
- *Modelo Conceitual e Semiconceitual*: está baseado no entendimento conceitual do ciclo hidrológico, com a utilização de funções empíricas para explicar alguns dos subprocessos envolvidos. Procura representar, de maneira simplificada, todos os processos físicos conhecidos do ciclo hidrológico.
- *Modelo Empírico ou "Caixa Preta" (Black Box):* os resultados são obtidos por intermédio de ajustes de funções matemáticas, feitas apenas por regressões. Estas funções não têm a finalidade de explicar os processos envolvidos, são apenas representações de um ajuste estatístico (regressões).
- *Modelo Contínuo*: desenvolvido para simular longos períodos de tempo. Este tipo de modelo deve considerar algum tipo de acumulação de umidade no solo, por exemplo.
- *Modelo de Evento*: é aquele que simula um evento individual, dadas as condições iniciais.
- *Modelo Concentrado (lumped):* considera os dados de entrada e os parâmetros representativos da bacia como valores médios, válidos para toda área de estudo.
- *Modelo Distribuído*: os dados de entrada e as características da bacia variam no espaço. Estas informações podem ser distribuídas em sub-bacias ou em malhas.

- *Modelo Simplificado*: utiliza algoritmos deliberadamente simplificados, ou usa grandes incrementos de tempo para minimizar o esforço computacional.

A escolha do melhor modelo deve ser baseada no objetivo do estudo, na disponibilidade de dados de entrada e nas dimensões da bacia.

As vantagens relacionadas à utilização de modelos hidrológicos são: baixo custo; velocidade; informação completa; criação de cenários diversificados; e proposição de cenários ideais (PESSOA, 1993). A possibilidade de criação de cenários, isto é, a simulação de condições diversas, é uma vantagem bastante utilizada. Por meio dela, é possível investigar cenários alternativos, muitos deles ainda não explorados em experimentos reais.

11.3 Exemplos de modelos hidrológicos

Avanços importantes vêm sendo obtidos nas últimas décadas no desenvolvimento de modelos hidrológicos em escala da bacia hidrográfica (BH), para aplicações práticas e suporte a decisões (BRUTSAERT, 2005). Entre as características dos modelos mais avançados está a de incorporar a distribuição espacial de várias informações e condições de contorno, como topografia, vegetação, uso da terra, características do solo, chuva e evapotranspiração; produz resultados detalhados como umidade do solo, fluxos subterrâneos e de superfície, distribuição vertical da água no solo, dentre outras (TROCH; PANICONI; McLAUGHLIN, 2003). Entretanto, mesmo com estes avanços, o uso destes modelos depende da qualidade dos parâmetros do modelo e de sua calibração (BROOKS; BOLL; McDANIEL, 2007).

Um dos tipos de modelos hidrológicos mais usados é o baseado em processos físicos, ou seja, baseia-se na solução de equações que representam os processos hidrológicos com condições limites apropriadas (ABBOTT & REFSGAARD, 1996). Uma de suas vantagens é a de poder ser usado para reduzir a quantidade de parâmetros do modelo (LOAGUE & VAN DER KWAAK, 2004), o que é muito útil no caso de modelos que são distribuídos (BEVEN, 1993).

Os modelos baseados em *processos físicos* podem ser divididos em três categorias (BITTELLI *et al.*, 2010): com simplificação do espaço; com simplificação do domínio; e os que substituem equações físicas por modelos semiempíricos.

Na primeira categoria estão os modelos hidrológicos distribuídos que, por considerarem a variação espacial das características da bacia, são adequados para a simulação das relações físicas complexas da bacia hidrográfica (BH) (JAYAKRISHNAN *et al.*, 2005). Alguns exemplos de modelos hidrológicos distribuídos, baseados em processos físicos são: Variable Infiltration Capacity (VIC-2L) (LIANG *et al.*, 1994); Large Area Runoff Simulation Model (LARSIM) (BREMICKER, 1998 *apud* COLLISCHONN, 2001); Modelo de Grandes Bacias (MGB) (COLLISCHONN, 2001); European Hydrological System (SHE) (BATHURST; WICKS; O'CONNEL, 1995); e CRITERIA3D (BITTELLI *et al.*, 2010).

Na segunda categoria estão os modelos que descrevem uma parte específica do ciclo hidrológico, como, por exemplo: (i) o escoamento subterrâneo (com ou sem zona não saturada): CODESA3D (GAMBOLATI; PUTTI; PANICONI *apud* BEAR, 1999); SUTRA (VOSS & PROVOST, 2002); MODFLOW (HARBAUGH *et al.*, 2000); (ii) escoamento na superfície do solo e na calha do curso d'água: Gottardi & Venutelli (1993); e DiGiammarco, Todini e Lamberti (1996); e (iii) Hidrologia de encosta: Hillslope-storage Boussinesq (HSB) (TROCH; PANICONI; VAN LOON, 2003).

Na terceira categoria estão os modelos que incluem muitos processos atualmente considerados relevantes para o balanço hídrico, erosão do solo e transporte de sedimentos e contaminantes; entretanto, as equações físicas utilizadas algumas vezes são simplificadas e foram desenvolvidas e validadas para limites específicos. Desta categoria são exemplos: TOPMODEL (BEVEN *et al.*, 1995); Generalized Loading Function (GWLF) (HAITH & SHOEMAKER, 1987); THALES (GRAYSON; MOORE; McMAHON, 1992), Soil and Water Assessment Tool (SWAT) (ARNOLD *et al.*, 1998); Water Erosion Prediction Project (WEPP) (FLANAGAN *et al.*, 1995); e Soil Moisture Distribution Routing (SMDR) (GERARD-MARCHANT; HIVELY; STEENHUIS, 2006).

A escolha do modelo está muitas vezes associada à disponibilidade de dados; mas, ao mesmo tempo, o planejamento para aquisição de dados está cada vez mais relacionado à estrutura do modelo escolhido. Com isso, deve-se fazer uma análise crítica entre os modelos mais simplificados e mais complexos, em relação aos dados necessários e aos resultados obtidos. Simulações mais detalhadas tenderão a utilizar os modelos distribuídos e os baseados em processos físicos (CHEN; GOVINDARAJU; KAVVAS, 1994; VAN DER KWAAK & LOAGUE, 2001; LOAGUE & VAN DER KWAAK, 2004).

Com o surgimento de computadores pessoais com alta capacidade de processamento e baratos, vem ocorrendo a implantação (DOWNER & OGDEN, 2004b) em modelos hidrológicos distribuídos, de algoritmos da Equação de Richards (ER) (RICHARDS, 1931), permitindo, com isso, a simulação e o entendimento de funções físicas do solo complexas (JAYAKRISHNAN *et al.*, 2005): umidade no perfil do solo; infiltração; excesso de infiltração; evapotranspiração e a recarga do LF. Alguns exemplos de modelos com estas características são: Abbott & Refsgaard (1996); Dawes & Hatton, (1993); Refsgaard & Storm, (1995); Van Dam & Feddes, (2000); Downer & Ogden, (2004b).

Modelos hidrológicos distribuídos com a equação de Richards (ER) foram utilizados com sucesso para a modelagem do nível do LF (ALBERTO & KIANG, 2003; RANZINI, *et al.*, 2004) e, também, para a modelagem hidrológica do escoamento subterrâneo (DOWNER & OGDEN, 2004a).

O modelo *Gridded Surface Subsurface Hydrologic Analysis Model* (GSSHA) (DOWNER, 2002), além de conter características da primeira e da terceira categorias, ou seja, além de ser baseado em processos físicos e ser distribuídos, pode simular diversos processos com equações semiempíricas; conta ainda com a utilização da ER em seu processo de cálculo, embora seja resolvida para apenas uma dimensão, ao contrário do modelo CRITERIA3D.

11.4 Sistemas de Informações Geográficas e modelagem hidrológica

Uma das definições de *Geoprocessamento* é o conjunto de tecnologias de coleta e tratamento de informações espaciais e de desenvolvimento e uso de sistemas que as utilizam (RODRIGUES, 1990).

A utilização de técnicas de Geoprocessamento constitui-se em um instrumento de grande potencial para o estabelecimento de planos integrados de conservação do solo e da água. Neste contexto, os Sistemas de Informações Geográficas (SIG) se inserem como uma ferramenta que tem a capacidade de manipular as funções que representam os processos ambientais em diversas regiões, de uma forma simples e eficiente, permitindo uma economia de recursos e tempo. Estas manipulações permitem agregar dados de diferentes fontes (imagens de satélite, mapas topográficos, mapas de solos, hidrografia, etc.) e em diferentes escalas. O resultado destas manipulações, geralmente é apresentado sob a forma de mapas temáticos, com as informações desejadas (MENDES, 1998). Como exemplos de aplicações de SIG estão: o monitoramento e a análise ambiental; o planejamento de uso da terra; o manejo de recursos naturais; os projetos de engenharia (transportes, irrigação, mineração etc.); e o manejo florestal (VETORAZZI, 1992).

Desde que o uso de modelos seja limitado pela necessidade de dados espaciais, e considerando que o SIG tem uma grande facilidade em manipular esses dados, a união dessas duas tecnologias representa também um importante passo para o manejo da poluição não pontual (WILSON; WANG, 1998).

A integração de modelos ambientais e os SIGs se constituem em um vasto campo para a ciência ligada ao Geoprocessamento, ao Meio Ambiente e à Agricultura. Após a expansão de pesquisas baseadas em SIG, no final da década de 1980, é evidente o desenvolvimento de uma nova onda de interesse em SIG pelas ciências do Meio Ambiente (ex: Ecologia, Biologia e Hidrologia) e Agricultura (Agricultura de Precisão e Planejamento do Uso da Terra), dado o número de pesquisadores envolvidos na integração de modelos ligados à Agricultura e ao Meio Ambiente à tecnologia SIG (BACELLAR, 1994; CARVER *et al.*, 1995; SHIRMOHAMMADI; MAGETTE; BEKDASH, 1994; HARTKAMP; WHITE; HOOGENBOOM, 1999).

A integração do SIG com os modelos hidrológicos e a sua aplicação em bacias hidrográficas permite a realização de um grande número de operações, como o projeto, a calibração, a simulação e a comparação entre os modelos. O uso do SIG permite, portanto, subdividir a bacia hidrográfica em subáreas homogêneas (CALIJURI; MEIRA; PRUSK, 1998).

O desenvolvimento de interfaces entre SIGs e modelos é uma área ativa de pesquisa, particularmente em questões de proteção da qualidade de água, planejamento de uso da terra e manejo de recursos naturais (TIM & JOLLY, 1994). Há, basicamente, três formas de interface; união, combinação e integração.

No primeiro nível de interface (*união*), o SIG e o modelo são desenvolvidos separadamente. Os dados de entrada do modelo são extraídos a partir do SIG. Uma simples transferência de arquivos no formato ASCII ou em arquivo binário é usualmente suficiente (HARTKAMP; WHITE; HOOGENBOOM, 1999). O modelo é rodado independente do SIG e as saídas podem ser analisadas como desejado pelo usuário (TIM & JOLLY, 1994). Comparada com as outras técnicas, essa interface é fácil de desenvolver, mas tem algumas limitações: (1) a dependência do sistema ao formato de saída do SIG ou do modelo; (2) possibilidade de falha para tirar total vantagem das capacidades funcionais dos SIGs (HARTKAMP; WHITE; HOOGENBOOM, 1999); (3) a incompatibilidade do ambiente operacional e do hardware. Tim (1996) e Fedra (*apud* GOODCHILD; PARKS; STEYART, 1993) enfatizam que os usuários não podem aproveitar o potencial total do sistema por meio desse tipo de interface. Exemplos dessa união são GLEAMS para ArcInfo (STALLINGS *et al.*, 1992) e USLE para MAP GIS (HESSION & SHANHOLTZ, 1988).

O segundo nível de interface (*combinação*), também envolve o processamento dos dados via SIG e exibição dos resultados do modelo. Entretanto, o modelo é configurado com as ferramentas interativas do SIG e os dados são trocados automaticamente. Há um uso intensivo de mecanismos que são oferecidos pelos pacotes SIG: macrolinguagens, programas de interface escritos na linguagem de programação-padrão e comandos de rotinas (TIM, 1996). Esse tipo de interface usualmente requer programação mais complexa e maior manuseio dos dados do que a simples união. Exemplos de combinação são: GLEAMS com ArcInfo (FRAISSE *et al.*, 1994), WEPP com ArcView (COCHRANE *et al.*, 1997), SWAT com GRASS (SRINIVASAN & ARNOLD, 1994) e SWAT com ArcView (DI LUZIO; SRINIVASAN; ARNOLD, 2001).

Integração é o terceiro nível de interface, e implica na incorporação de um sistema ao outro. Ou o modelo é embutido no SIG, ou um SIG simples é incluído no sistema de modelagem, evitando, desse modo, transferir dados entre os softwares ou o uso de programas de interface (TIM & JOLLY, 1994). Um considerável esforço de programação entre os especialistas de SIG e os modeladores é necessário para desenvolver esse sistema (HARTKAMP; WHITE; HOOGENBOOM, 1999). Esse tipo de interface é mais usual em modelos simplificados (TIM, 1996). Exemplos de combinação podem ser encontrados em Lam *et al.* (1996) e na interface descrita por Stuart & Stocks (1993).

11.5 Modelos concentrados

11.5.1 HEC-1

O *modelo HEC-1* foi desenvolvido em 1967 por Leo R. Beard e outros membros do Centro de Engenharia Hidrológica (HEC) do Exército dos Estados Unidos. A primeira versão do modelo data de Outubro de 1968. Ele foi expandido e revisado até 1998. A primeira versão contava com uma combinação de vários pequenos programas os quais eram operados independentemente. Estes programas ainda estão disponíveis para utilização no site do Corpo de Engenheiros do Exército dos EUA (USACE-HEC, 2008a).

Uma versão para PC foi desenvolvida no final de 1984. Continha os recursos de cálculos hidrológicos e hidráulicos das versões anteriores, exceto o cálculo de superfícies de inundação e amortecimento em barragens.

Em 1990 foram incluídos os cálculos de: infiltração por Green-Ampt; amortecimento na calha por Muskingum-Cunge; operação de vertedouros; e alteração da solução numérica das equações de onda cinemática.

A última versão foi lançada em 1998, quando foram feitas correções de erros e melhoramentos no programa, mas nenhuma grande modificação dos cálculos hidrológicos foi feita. Após esta data, todas as alterações passaram a ser feitas em outro programa denominado de HEC-HMS.

11.5.2 HEC-HMS

O modelo hidrológico *HEC-HMS – Hydrologic Modeling System* é um programa que também foi desenvolvido pelo Centro de Engenharia Hidrológica do Corpo de Engenheiros do Exército dos Estados Unidos (USACE – *U.S. Army Corps of Engineers*), e é utilizado para modelar processos de chuva-vazão em bacias hidrográficas (USACE-HEC, 2008a). Por intermédio da simulação do comportamento hidrológico da bacia, o modelo gera hidrogramas e informações quanto ao volume de deflúvio, à vazão de pico e ao tempo de escoamento, que podem ser usados para diversos fins: drenagem urbana, disponibilidade hídrica, impacto de urbanização, dimensionamento de vertedores em barragens, etc. (USACE-HEC, 2008b).

O HEC-HMS é um modelo matemático discreto, concentrado, empírico/conceitual e determinístico.

O funcionamento e as características do modelo estão descritas em várias publicações disponibilizadas pelos seus idealizadores (USACE-HEC, 2008a); porém, o modelo ainda apresenta algumas vezes deficiências quanto à facilidade de manipulação pelo usuário (MILDE *et al.*, 2002). Segundo Tavares & Castro (2005), apesar de o HEC-HMS se apresentar como uma ferramenta computacional simplificadora para o processo de cálculo do hidrograma, não deixa de exigir, do profissional operador, experiência e sensibilidade quanto aos métodos a serem adotados.

Na Figura 11.1 observam-se os principais dados e etapas do processo de modelagem do HEC-HMS.

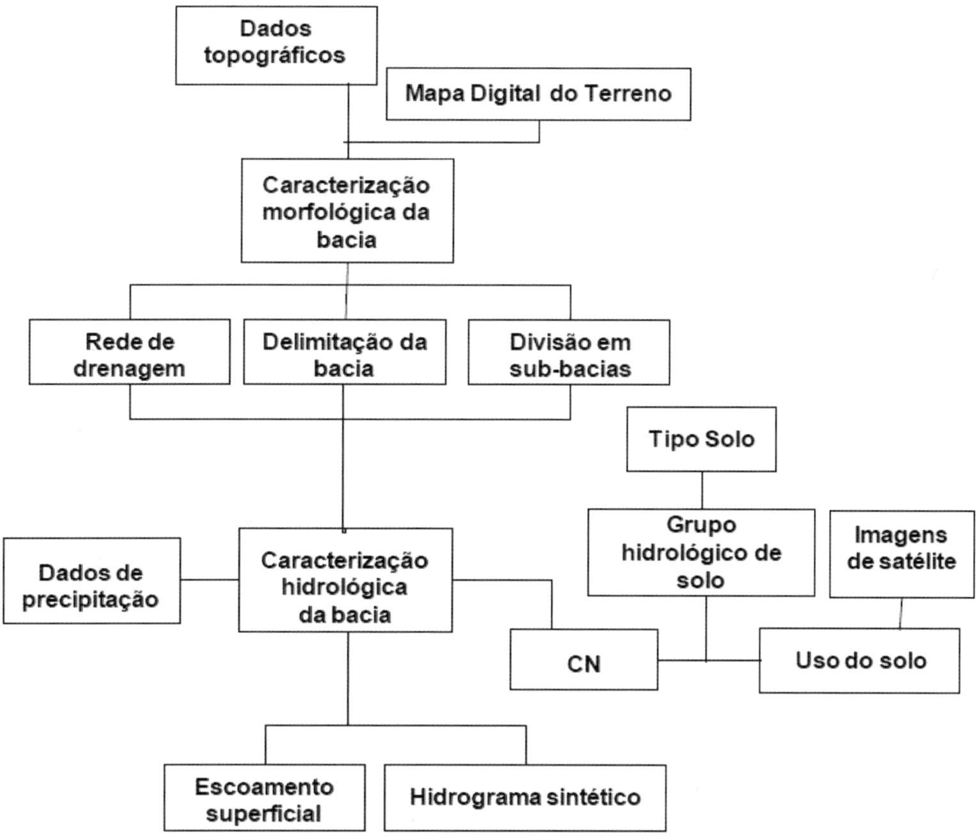

***Figura 11.1** – Fluxograma do processo de modelagem hidrológica utilizado pelo HEC-HMS.*
Fonte: Adaptado de Hammouri & El-Naqa (2007).

Resumidamente, o modelo HEC-HMS é constituído por três componentes: o Modelo de Bacia, o Modelo Meteorológico e as Especificações de Controle (USACE-HEC, 2008a).

Segundo Tavares & Castro (2005), o processamento do modelo hidrológico do HEC-HMS requer, inicialmente, a entrada de dados da bacia hidrográfica, bem como dados meteorológicos. Posteriormente, são escolhidos os métodos para o cálculo das perdas por infiltração, de transformação chuva-vazão, de composição do escoamento de base e de propagação em rios. Consideram-se também parâmetros relacionados a tais métodos, como o domínio (área) subdividido em sub-bacias, tempo de concentração, fatores de perda por infiltração, evapotranspiração e perdas em sumidouros. A composição de um projeto no HEC-HMS é realizada de maneira modular, em que conjuntos de dados podem ser independentemente manipulados, mas que respeitam uma sequência de acionamento para a realização de simulações. As informações são, então, agrupadas nos três componentes supracitados:

a) **Modelagem da bacia hidrográfica**: nesta categoria são inseridos e manipulados os dados referentes à geometria da bacia hidrográfica, sendo representado o esquema hidrológico da área, com as sub-bacias, os trechos de rios, possíveis reservatórios, junções e divisões dos canais. Inclui, neste componente, a definição dos métodos e respectivos parâmetros referentes à perda por infiltração, à evaporação, à interceptação, aos métodos de transformação chuva-vazão, de cálculo do escoamento de base e de propagação em rios;
b) **Modelagem meteorológica:** constitui a entrada dos dados de precipitação e evapotranspiração, sendo selecionados os métodos de distribuição temporal destes; e
c) **Especificações de controle:** refere-se aos períodos de tempo para os quais serão realizados os cálculos, incluindo data e horário de início e fim do determinado período, bem como o intervalo ou "passo" de computação dos dados.

Conforme Milde *et al.* (2002), o modelo assume que uma bacia hidrográfica é reproduzida como um grupo interligado de áreas, e os processos hidrológicos podem ser representados pelos parâmetros que refletem as condições médias dentro da área. Se essas médias não forem apropriadas para uma subárea, será necessário considerar subáreas menores, nas quais os dados médios possam ser aplicados. Os autores apontam, ainda, algumas limitações do modelo como: a) as simulações devem, preferencialmente, referir-se a eventos isolados de chuva, devido ao fato de não ser feita nenhuma provisão para recuperação da umidade do solo durante períodos sem precipitação; b) os resultados do modelo são valores de descarga; c) o direcionamento da onda de cheia é calculado por métodos de direcionamento hidrológico e não refletem as equações de St. Venant.

11.5.3 ABC6

O *SSD ABC* - Sistema de Suporte a Decisões para Análise de Ondas de Cheia em Bacias Complexas originou-se com finalidades didáticas, para atender a alunos de Graduação e Pós-Graduação de Engenharia da USP (LABSID, 2013).

O programa ABC6 é fundamentado em métodos sintéticos para o dimensionamento de vazões máximas em pequenas bacias sem dados, perfil este tipicamente urbano ou de pequenas bacias rurais. Por este motivo, facilita o planejamento quando há escassez de informações ou quando não se tem dados específicos da região; pode ainda ser utilizado para subsidiar estudos de pré-dimensionamento (OLIVEIRA *et al.*, 1999). Outra peculiaridade do ABC6 é permitir a combinação de alguns algoritmos existentes na literatura para estimativa de variáveis hidrológicas, possibilitando, assim, que o usuário crie sua própria configuração do modelo, entendendo o sistema representado. O uso do modelo se dá por meio de módulos, quais sejam:

a) **Módulo Topologia:** este módulo permite a entrada de dados relativos à estrutura do sistema em análise, possibilitando a inserção e a ligação dos diversos elementos do sistema. A rede simulada pode ser definida como uma rede de fluxo composta de nós e arcos. Sendo que: os nós representam pontos de início, final, confluência de bacias ou reservatórios, contendo todos os dados que caracterizam esse reservatório, como a cota da crista do vertedor, cota de fundo do reservatório, largura do vertedor, curvas cota X vazão e cota X volume, dentre outros; os arcos representam bacias hidrográficas e trechos de canais naturais e artificiais; por exemplo: para bacias hidrográficas, cada arco contém os dados que a caracteriza e uma função de transformação responsável pela produção de uma saída (vazão) a partir de uma entrada (chuva);

b) **Módulo Intervalo:** este módulo permite a entrada do intervalo de tempo de discretização dos cálculos. Destaque-se que esse intervalo é obrigatoriamente o mesmo para todos os trechos da bacia hidrográfica.

c) **Módulo Modelos:** nesse módulo é possível escolher entre quatro modelos de uso consagrado para o cálculo da chuva excedente, quais sejam: fórmula de Horton, fórmula de Green e Ampt, método do *Soil Conservation Service* e método do Índice φ. Também é possível decidir qual o modelo de traçado de hidrograma de escoamento superficial direto que será utilizado, de acordo com a preferência do usuário, e as peculiaridades do problema em análise (método de Clark e hidrograma triangular do SCS).

d) **Módulo Dados:** esse módulo recebe informações do usuário a respeito da bacia hidrográfica, tais como a área de drenagem, a forma, a declividade, o uso do solo, as características de infiltração e outras necessárias para gerar o hidrograma de cheias a partir de uma tormenta de projeto. Permite, ainda, estimar o caminhamento das ondas de cheia pela bacia hidrográfica ao longo de trechos de canais e determinar o caminhamento das ondas de cheia em reservatórios de amortecimento, com vertedores em soleira livre sem comporta e vertedores afogados (orifícios).

e) **Módulo Saídas:** nesse módulo basta ao usuário clicar em um ponto qualquer do esquema representativo da bacia hidrográfica para obter os resultados do respectivo ponto. Como resultados, são apresentados, em forma de tabelas e gráficos, a precipitação total, a precipitação excedente e os hidrogramas de escoamento superficial direto.

11.5.4 Modelos IPH

No Brasil, além dos modelos desenvolvidos pelo LABSID/POLI/USP, existem os modelos desenvolvidos no *Instituto de Pesquisas Hidráulicas* (IPH). São módulos independentes que fazem o balanço hídrico e a propagação do escoamento utilizando diferentes equações.

Segundo TUCCI (1998), o Modelo IPH II foi desenvolvido utilizando metodologias conhecidas, visando ser usado em bacias rurais e urbanas, sem considerar a fase de escoamento em calhas de drenagem. O IPH III utiliza a mesma estrutura e faz a propagação por intermédio das seguintes formulações: onda cinemática e método de Muskingun-Cunge, e Método Pulz se houver reservatórios. O IPH IV utiliza a mesma estrutura do II e faz a propagação por meio de um modelo hidrodinâmico.

Maiores informações sobre estes e outros modelos desenvolvidos pelo IPH são encontradas em Tucci (2005).

Um dos últimos modelos desenvolvidos pelo IPH foi o Modelo de Grandes Bacias MGB-IPH (COLLISCHONN, 2001; COLLISCHONN & TUCCI, 2001; COLLISCHONN *et al.*, 2007). Trata-se de um modelo hidrológico chuva-vazão, distribuído, acoplado a um Sistema de Informações Georreferenciadas (SIG), para aplicação em bacias hidrográficas de grande porte. Neste trabalho, aborda-se a versão com interface, acoplada ao software gratuito MapWindow GIS.

A determinação dos parâmetros e os cálculos do modelo se dão com base em Unidades de Resposta Hidrológica - URHs (COLLISCHONN *et al.*, 2007), a serem pré-definidas pelo usuário. Tais unidades são entidades heterogeneamente distribuídas, expostas a condições similares de clima e uso da terra, cuja dinâmica hidrológica é regulada por associações entre a pedologia, a topografia e a geologia da bacia (KOUWEN *et al.*, 1993; FLÜGEL, 1995).

Segundo Collischonn *et al.* (2007), o MGB-IPH foi concebido segundo adaptações dos modelos LARSIM (LUDWIG & BREMICKER, 2006) e VIC (LIANG *et al.*, 1994; NIJSSEM *et al.*, 1997). O modelo considera algoritmos para o balanço de água no solo, evapotranspiração, escoamento em cada célula (superficial, subsuperficial e subterrâneo) e o escoamento na rede de drenagem. O cálculo da evapotranspiração é feito pela equação de Penman-Monteith (SHUTTLEWORTH *apud* MAIDMENT, 1993; WIGMOS-

TA; VAIL; LETTENMAIER, 1994). A propagação na rede de drenagem utiliza o método de Muskingum-Cunge.

11.6 Modelos semiconcentrados

11.6.1 TOPMODEL

O *TOPMODEL* (*Topography-based hydrological model*) (BEVEN & KIRKBY, 1979) é um modelo hidrológico baseado na área variável de contribuição. Converteu-se em seu acrônimo TOPMODEL em 1984 (BEVEN *et al.*, 1984). Tem como característica principal a disponibilização de seu código.

Este modelo é considerado semidistribuído, pois somente o parâmetro relacionado à topografia é distribuído; os demais parâmetros como precipitação e transmissividade são constantes para toda a bacia (SILVA & KOBIYAMA, 2007).

O TOPMODEL utiliza o conceito de área variável (TSUKAMOTO, 1961; BETSON, 1964; HEWLETT & HIBBERT *apud* SOPPER & LULL, 1967) aplicado ao mecanismo de geração do escoamento superficial tipo Dunne (DUNNE & BLACK, 1970). Desta forma, o escoamento superficial é dependente da quantidade de área saturada na bacia, podendo esta variar a cada intervalo da simulação. Esta característica dinâmica e distribuída da bacia é simulada por intermédio dos dois principais parâmetros do modelo: o índice topográfico, que é função da área de contribuição e da declividade de cada célula, e o déficit de armazenamento, que representa a quantidade de água disponível no solo para cada célula (SILVA & KOBIYAMA, 2007).

O modelo usa o princípio de conservação de massa (equação da continuidade), isto é, a taxa de fluxo de entrada menos a taxa de fluxo de saída é igual à variação do armazenamento, para vários "reservatórios" em uma bacia hidrográfica (COELHO, 2003) (Figura 11.2).

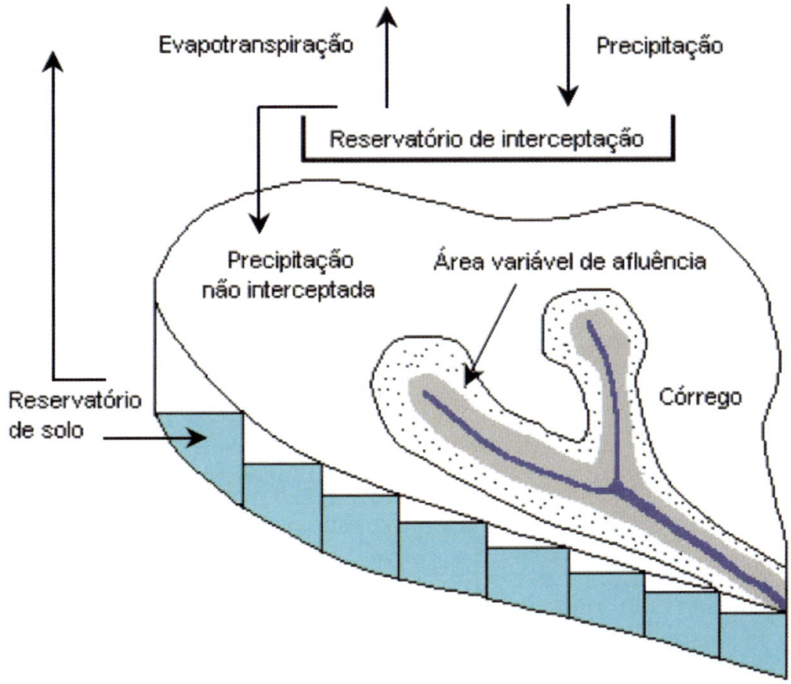

Figura 11.2 – Diagrama esquemático do conceito utilizado no software TOPMODEL. Fonte: Adaptado de Coelho (2003).

De acordo com Beven & Kirkby (1979), a chuva abastece o reservatório de interceptação, cuja capacidade, da ordem de alguns milímetros, depende do tipo de cobertura vegetal. As saídas do reservatório de interceptação são a evaporação e a precipitação não interceptada, sendo que esta última se transforma em entrada para o reservatório do solo. A equação da conservação da massa é utilizada no cálculo do balanço hídrico no reservatório do solo. Unindo as equações de balanço hídrico para todos os reservatórios hipotéticos na bacia, o cálculo do balanço hídrico e da propagação da água pode ser completado.

O TOPMODEL simula o escoamento superficial, o subsuperficial e o subterrâneo globalmente, por intermédio de uma lei exponencial em função do déficit médio de saturação. A dinâmica das superfícies saturadas depende, portanto, da topografia e da variabilidade espacial da transmissividade, caso se disponha de dados para levá-la em conta (COELHO, 2003).

Dois componentes podem ser identificados na formulação do TOPMODEL (FRANCHINI *et al.*, 1996): o primeiro representa o balanço hídrico no solo e o segundo a propagação do escoamento até o exutório da bacia. O modelo é baseado no armazenamento e é constituído em reservatórios interligados com diferentes tempos de armazenamento. Esta série de reservatórios de armazenamento representa a resposta média da saturação do solo em uma sub-bacia homogênea. A fonte dominante na geração do escoamento superficial é a chuva que cai sobre uma área variável saturada, que é função do nível médio de saturação do solo (SILVA & KOBIYAMA, 2007).

Na Figura 11.3 é criada uma representação dos reservatórios do TOPMODEL. Existem três reservatórios: reservatório da zona de raízes expresso em déficit (*SRZ*); o reservatório da zona não saturada (*SUZ*); e o reservatório da zona saturada (*SSZ*) expresso em déficit (*Si*) ou profundidade (*zi'*). São apresentados os três processos de escoamento: escoamento subsuperficial na zona saturada (*qb*); escoamento subsuperficial vertical na zona não saturada (*qv*); escoamento superficial na saturação (*qofj*) (SILVA & KOBIYAMA, 2007).

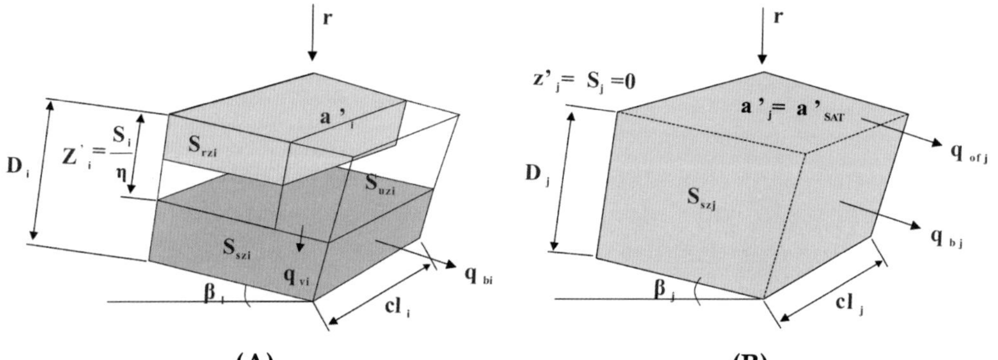

(A) **(B)**

Figura 11.3 – *Reservatórios e processos do TOPMODEL: (A) Condição não saturada e (B) Condição saturada. Fonte: Adaptado de Coelho (2003).*

Em sua fundamentação teórica, O TOPMODEL envolve uma sequência de simplificações, assumindo quatro premissas básicas, sendo as duas primeiras descritas a seguir de acordo com Zakia (1998).

a) A dinâmica da zona saturada pode ser obtida por sucessivas representações de estados uniformes;

b) O gradiente hidráulico do escoamento superficial na zona saturada pode ser estimado pela declividade da topografia no local, a qual representa o ângulo formado entre o plano da superfície do solo e o plano horizontal;

Essas suposições levam a relações simples entre o armazenamento na bacia (ou déficit de armazenagem) e os níveis locais da lâmina d'água (ou déficit de armazenamento devido à drenagem) local. O fator principal dessas relações é o índice topográfico, primeiramente proposto por Kirkby (*apud* PEEL; CHISHOLM; HAGGET, 1975) e posteriormente desenvolvido como um modelo hidrológico completo por Beven & Kirkby (1979). Nesse índice, "a" representa a área do declive por unidade de comprimento de contorno e "b" o gradiente da declividade. O índice de Kirkby representa a propensão que tem qualquer ponto em uma bacia de desenvolver condições saturadas. O modelo TOPMODEL tem a vantagem de simplificações matemáticas devida a uma terceira suposição:

c) A distribuição de transmissividade da água no solo varia com a profundidade. Esta distribuição é expressa por meio de uma função exponencial do déficit de armazenagem de água ao longo do solo até alcançar à superfície freática, na qual existe a condição de saturação; e

d) A vazão subsuperficial [i.q] é proporcional ao produto da recarga à zona saturada, $r^{\#}$, com a área de contribuição i "a" relativa ao escoamento no ponto *i*.

O TOPMODEL realiza uma contabilidade para computar o balanço hídrico em um conjunto de células definidas topograficamente, e utiliza a lei de Darcy para calcular as taxas de fluxo por meio do solo. Na Figura 11.4 é apresentado um segmento de bacia hidrográfica, (lembrando-se da premissa de que o fluxo é dirigido pela topografia) em que a precipitação, não interceptada, cai em uma taxa *p* sobre o segmento de área *A* e profundidade *h* (distância da superfície até o lençol freático). Uma fração *R* infiltra gerando o escoamento subsuperficial (*q* subsuperficial). O fluxo de superfície, ou escoamento superficial (*q* superficial), decorre das áreas saturadas (escoamento superficial por saturação ou escoamento de retorno). A declividade local ao ponto de saída, b, é considerado igual à declividade da superfície freática (COELHO, 2003).

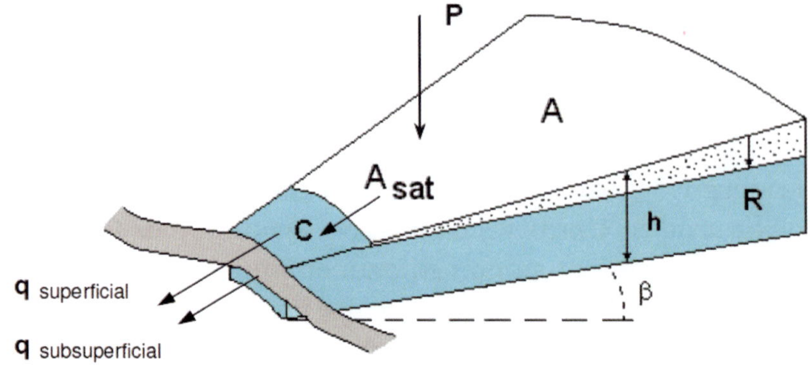

Figura 11.4 – Representação do balanço hídrico para um segmento de uma encosta de uma bacia hidrográfica, pelo TOPMODEL. Fonte: Adaptado de Hornberger et al. (1998).

Para propagar os escoamentos ao longo da rede de drenagem, o modelo estabelece um histograma tempo-área derivado a partir de uma função distância-área. Segundo Rodrígues-Iturbe & Rinaldo (1997), a função distância-área organiza a área de drenagem em função de sua distância ao exutório da bacia. Esta função representa as características da estrutura da bacia e pode ser interpretada para mostrar o comportamento da bacia sob eventos de chuva. Esta relação é baseada no modelo da onda cinemática, que considera o escoamento uniforme. Segundo Beven & Kirkby (1979), esta relação linear é satisfatória para bacias menores que 1.000 km^2.

11.6.2 SWAT

O *SWAT* (*Soil and Water Assessment Tool*) é um modelo matemático que permite que diferentes processos físicos sejam simulados em uma bacia hidrográfica, com o objetivo de analisar os impactos das alterações no uso do solo sobre o escoamento superficial e subterrâneo, sobre a produção de sedimentos e sobre a qualidade da água; é indicado para bacias hidrográficas agrícolas não instrumentadas. Para atender a estes objetivos o modelo: (i) é baseado em características físicas da bacia; (ii) usa dados de entrada normalmente disponíveis; (iii) é computacionalmente eficiente para operar sobre médias e grandes bacias (>1.000 km^2); e (iv) é contínuo no tempo, sendo capaz de simular longos períodos (>100 anos) de forma a computar os efeitos das alterações no uso do solo. Embora o modelo opere em intervalos de tempo diários, ele é eficiente o bastante para simulações realizadas por muitos anos, sendo que seu objetivo não é simular eventos isolados (MACHADO, 2002).

Para o propósito da modelagem, a bacia pode ser dividida em sub-bacias (Figura 11.5). Cada sub-bacia pode ser parametrizada pelo SWAT usando uma série de Unidades de Resposta Hidrológica (*Hydrologic Response Units* - HRU), as quais correspondem a uma única combinação de uso da terra e solos dentro da sub-bacia. Uma ou mais combinações de uso da terra/solo podem ser criadas para cada sub-bacia. Subdividir a bacia em áreas contendo combinações únicas possibilita ao modelo refletir diferenças na evapotranspiração e outras condições hidrológicas, para diferentes usos e solos (MACHADO, 2002).

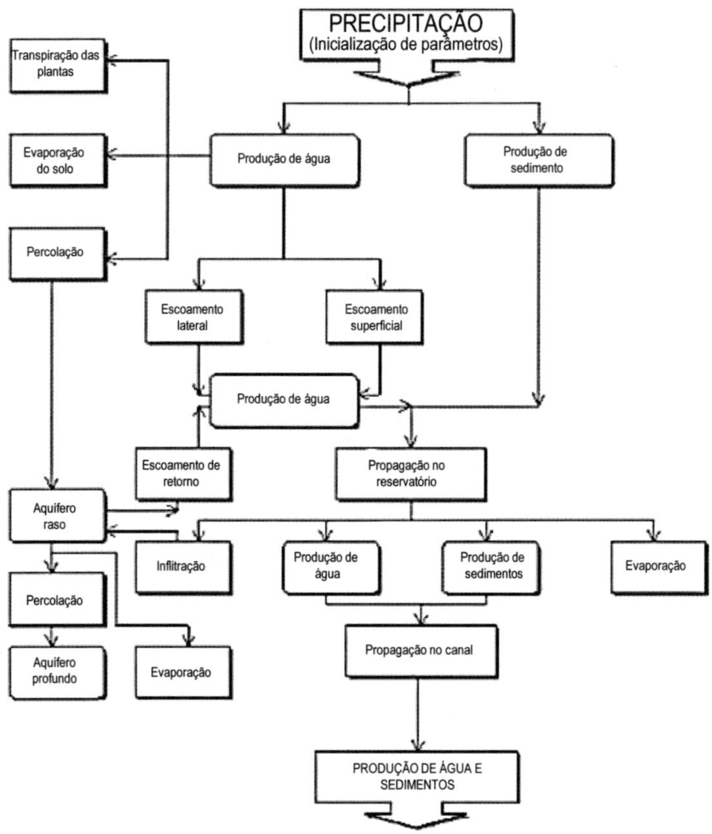

***Figura 11.5** – Fluxograma de processamento do SWAT. Fonte: Adaptado de King et al. (1996).*

O escoamento é calculado para cada HRU e propagado para se obter o escoamento total para a sub-bacia. Isso pode aumentar a precisão das predições e fornecer uma melhor descrição física do balanço de água na bacia (ARNOLD *et al.*, 1998).

Para gerar as HRU em cada sub-bacia, um nível de sensibilidade é adotado, eliminando as classes de uso da terra com área menor do que um certo valor arbitrado. O segundo passo controla a criação das HRU com base na distribuição dos diferentes tipos de solo sobre os usos da terra selecionados. O solo com área menor do que o nível de sensibilidade adotado (para solo) também é eliminado (MACHADO, 2002).

A estrutura do modelo hidrológico SWAT foi dividida em sete componentes: (i) hidrologia; (ii) clima; (iii) sedimentos; (iv) crescimento vegetal; (v) manejo agrícola; (vi) nutrientes; e (vii) pesticidas. A simulação hidrológica na bacia é separada em duas divisões. A *primeira divisão* é a fase terrestre do ciclo hidrológico. Essa fase controla a quantidade de água, sedimentos, nutrientes e pesticidas para o canal principal em cada sub-bacia. (Nos itens subsequentes são descritos apenas os componentes de maior interesse deste texto. Assim, foi suprimido o módulo de produção de nutrientes e pesticidas). A *segunda divisão* é a fase de propagação (*routing*) da água no ciclo hidrológico, a qual pode ser definida como o movimento de água, sedimentos, etc., por meio da rede de canais da bacia hidrográfica para a sua saída.

O sistema hidrológico simulado pelo SWAT é composto de quatro volumes de controle: (i) reservatório superficial; (ii) reservatório subsuperficial; (iii) reservatório subterrâneo - aquífero raso; e (iv) reservatório subterrâneo - aquífero profundo. A contribuição destes reservatórios para o escoamento superficial provém do escoamento lateral a partir do perfil do solo e do escoamento de retorno do aquífero raso. O volume que percola do reservatório subsuperficial, a partir do perfil do solo, representa a recarga do aquífero raso.

A água que percola para o aquífero profundo não retorna ao sistema. A determinação do balanço hídrico é fundamental para a estimativa da infiltração, do escoamento superficial e da força de desprendimento causada pelo fluxo da água. Esse componente utiliza-se das informações dos componentes do clima, do crescimento vegetal e da infiltração para a estimativa da evapotranspiração potencial, da evaporação do solo e da transpiração das plantas. A partir dessas informações, o componente do balanço hídrico determina a quantidade e o estado da água no solo diariamente para cada camada, e calcula a percolação no perfil do solo.

O escoamento superficial é o fluxo que ocorre ao longo da inclinação da superfície. Usando chuvas diárias, o SWAT simula o volume do escoamento superficial para cada sub-bacia utilizando o Método da Curva Número, do *Soil Conservation Service*-SCS (USDA-SCS, 1972).

A componente de percolação do SWAT usa uma técnica de propagação do armazenamento, combinado com um modelo de fluxo em fendas no solo, para simular o escoamento vertical por meio de cada camada de solo. Uma vez que a água percolou abaixo da zona das raízes, este volume é armazenado como água subterrânea ou surge como escoamento de retorno à jusante do ponto considerado.

O modelo requer dados diários de precipitação, temperaturas máxima e mínima do ar, radiação solar, velocidade do vento e umidade relativa. Os valores para esses parâmetros podem ser lidos a partir de registros de dados observados ou podem ser gerados pelo modelo. No SWAT está incluído o modelo gerador climático WXGEN (SHARPLEY & WILLIAMS, 1990). O arquivo de entrada do gerador climático deve conter dados mensais necessários para gerar dados climáticos diários representativos, para simular o clima da região. Esses dados climáticos diários são gerados pelo modelo em duas situações: quando é especificado que os dados irão ser gerados ou quando algum dado está faltando.

Na modelagem hidrológica, o conceito de ajustar um modelo a uma determinada bacia hidrográfica, remete aos valores dos parâmetros que se adéquam e representam melhor o comportamento físico dessa área de estudo. Segundo Arnold *et al.* (2012), o primeiro passo no processo de ajuste de um modelo a uma determinada bacia hidrográfica consiste na seleção dos parâmetros a ser calibrados. Esta seleção pode ser realizada estimando-se os parâmetros mais sensíveis do modelo adotado, processo esse conhecido como análise de sensibilidade, a qual pode ser entendida como o processo de determinação da variação da mudança na saída do modelo em relação às mudanças na entrada do modelo (parâmetros) (MORIASI *et al.*, 2007).

A segunda etapa da modelagem em bacias hidrográficas é a calibração. Este processo consiste basicamente no ajuste dos parâmetros, no qual os dados simulados sejam estatisticamente similares aos dados observados. Com relação à representatividade dos dados utilizados na calibração, é necessário verificar a presença de erros na medição dos dados e o período de dados, o qual deve representar a variabilidade do comportamento hidrológico da bacia, de modo que os diferentes processos sejam corretamente simulados pelo modelo hidrológico. A calibração pode ser feita manualmente, que envolve uma metodologia de tentativa e erro, ou automaticamente, cujos métodos empregados são matemáticos de otimização.

Na calibração manual, o usuário do modelo testa diferentes conjuntos de parâmetros, a fim de obter uma relação que melhor represente o fenômeno natural. A cada tentativa o usuário analisa se o hidrograma simulado reproduz o hidrograma observado com boa precisão, por meio de funções objetivo e de análise visual. A partir dessa análise, o usuário verifica se as vazões simuladas e observadas apresentam valores próximos nos períodos de cheia e estiagem. E por meio das funções objetivo, quantifica a qualidade do ajuste desses hidrogramas. Já no processo de calibração automática são empregados métodos matemáticos de otimização, sendo o mais frequente a minimização de uma função objetivo que mede o desvio entre as séries de vazões observadas e simuladas. Este método consiste em algoritmo que calcula diversas combinações de parâmetros, comparando os valores calculados até que o valor ótimo da função seja atingido (KENNEDY & EBERHART, 1995).

Vários são os algoritmos de otimização utilizados na calibração automática de modelos hidrológicos, entre eles destacam-se: o *Sequential Uncertainty Fitting* - SUFI-2 (ABBASPOUR; JOHNSON; VAN GENUCHTEN, 2004; ABBASPOUR *et al.*, 2007); *Generalized Likelihood Uncertainty Estimation* - GLUE (BEVEN & BINLEY, 2014); *Parameter Solution* - ParaSol (VAN GRIENSVEN *et al.*, 2006); *Markov Chain Monte Carlo* - MCMC (KUCZERA &PARENT, 1998); e *Particle swarm optimization* - PSO (KENNEDY & EBERHART, 1995).

A validação é a terceira e última etapa na simulação hidrológica, a qual consiste em executar o modelo utilizando os parâmetros que foram determinados durante o processo de calibração, e comparar as previsões geradas pelo modelo aos dados observados, não considerados na calibração. Os processos de calibração e validação geralmente são realizados separando os dados observados disponíveis em duas partes: uma para calibração e outra para validação (LEGATES & McCABE JR., 1999; ARNOLD *et. al.*, 2012). Entre os métodos de validação de modelos hidrológicos destacam-se as técnicas de avaliações gráficas, de desempenho e a validação científica. A qualidade do ajuste pode ser analisada por meio de critérios qualitativos e quantitativos. O critério qualitativo baseia-se na comparação gráfica entre os dados observados e simulados, enquanto o critério quantitativo baseia-se em coeficientes estatísticos. A validação científica baseia-se na quantificação de fontes de incertezas associadas à simulação hidrológica, além dos critérios qualitativos e quantitativos. Os principais coeficientes utilizados para avaliação de desempenho de modelos hidrológicos são o coeficiente de Nash-Sutcliffe (NS) (NASH & SUTCLIFFE, 1970), o coeficiente de determinação (R^2) e o percentual de tendência (Pbias).

11.7 Modelos Distribuídos

11.7.1 MIKE-SHE

De acordo com Thompson *et al.* (2004), o *modelo MIKE-SHE* (REFSGAARD *et al.*, 1992) é um modelo determinístico e distribuído de base física. O módulo de movimento de água tem uma estrutura modular que compreende seis componentes, os quais descrevem os principais processos físicos do ciclo hidrológico fase terrestre: interceptação, evapotranspiração, escoamento superficial, deflúvio dos rios, percolação na zona insaturada, na zona saturada e troca entre aquíferos e rios. Ainda, segundo os mesmos autores, o modelo usa o método das diferenças finitas para resolver as equações diferenciais parciais que descrevem os processos de escoamento superficial (equação bidimensional de Saint Venant), canal (equações unidimensionais de Saint Venant), escoamento na zona insaturada (equação de unidimensional de Richard), e fluxo saturado subsuperficial (equação tridimensional de Boussineq). Soluções analíticas são usadas para descrever a interceptação, a evapotranspiração e o degelo.

A representação das características da bacia e os dados de entrada são fornecidos por meio da discretização horizontal e vertical da bacia dentro de uma rede ortogonal de grades. Desta maneira, a variabilidade espacial dos parâmetros como elevação, tipo de solo (parâmetros hidráulicos do solo), cobertura do solo, precipitação e evapotranspiração potencial podem ser representados. Dentro de cada célula da grade, a variação vertical no solo e das características hidrológicas são descritas em um número de camadas horizontais com variação da profundidade. O fluxo lateral entre as células ocorre como escoamento superficial ou fluxo da zona saturada subsuperficial. A equação unidimensinal de Richard é empregada para a zona insaturada, e assume-se que o fluxo horizontal é muito pequeno quando comparado com o fluxo vertical (THOMPSON *et al.*, 2004).

11.7.2 Modelo hidrológico Distribuído GSSHA

O modelo *Gridded Surface Subsurface Hydrologic Analysis Model* (*GSSHA*) (DOWNER, 2002) é o resultado de uma grande reformulação do modelo *Two-dimention physically-based rainfall-runoff model* (CASC2D) que, por sua vez, foi desenvolvido pelo Professor P.Y. Julien na Universidade do Estado do Colorado (JULIEN; SAGHAFIAN; OGDEN, 1995).

O modelo GSSHA foi desenvolvido a partir da necessidade de simular, em bacias hidrográficas, outros processos de escoamento além do Hortoniano. Em sua primeira versão, o modelo GSSHA apresentava um acoplamento completo do escoamento superficial e subterrâneo, além do processo de capacidade de transporte de sedimentos. Desde esta versão, o modelo foi constantemente aprimorado e atualmente incorpora os seguintes processos: acoplamento do modelo de infiltração de Green-Ampt com redistribuição (GAR) para o escoamento subterrâneo (DOWNER *et al.*, 2002); melhorias no escoamento e amortecimento na calha, incluindo cursos d'água não ortogonais, barragens, bacias de detenção e estruturas hidráulicas (DOWNER *et al.*, 2000); transporte de contaminantes (JOHNSON & GERALD, 2006); e acoplamento do transporte de contaminantes com o modelo de simulação de nutrientes (NSM) (JOHNSON & GERALD, 2006; DOWNER; OGDEN; BYRD, 2008b).

GSSHA é um modelo hidrológico que pode ser classificado segundo os seguintes aspectos: empírico; determinístico; contínuo; com base física;

com parâmetros distribuídos; estruturado em grid; que pode simular a resposta hidrológica de uma bacia hidrográfica a partir de informações hidrometeorológicas. A bacia hidrográfica é dividida em células que são arranjadas em um grid uniforme. Os processos que ocorrem antes, durante e depois da chuva são calculados para cada célula do grid e depois a resposta de cada célula é integrada para produzir a resposta hidrológica da bacia (DOWNER; OGDEN; BYRD, 2008a).

A sequência geral de eventos chuva-vazão que é simulada segue a seguinte descrição: durante um evento, a chuva é espacial e temporalmente distribuída sobre a bacia hidrográfica; a chuva pode ser interceptada pela vegetação antes de atingir a superfície do terreno; após atingir a superfície do terreno parte da chuva pode infiltrar devido às forças da gravidade e de capilaridade; a parcela da água remanescente irá escoar superficialmente após ocorrer a retenção pela rugosidade do terreno; esta água, geralmente, entra em um curso d'água e é conduzida para a saída (exutório) da bacia hidrográfica; entre eventos de chuva pode ocorrer: variação na umidade do solo, evapotranspiração e escoamento subterrâneo. Na Tabela 11.1 estão apresentados os processos simulados por esse modelo e na Tabela 11.2 estão apresentados os dados de entrada necessários para simular estes processos.

Tabela 11.1 – Processos e técnicas de aproximação do modelo hidrológico GSSHA

Processos	**Técnicas de aproximação**
Distribuição da chuva	Ponderação pelo inverso da distância ao quadrado
Interceptação da chuva	Equação empírica com dois parâmetros e variação sazonal
Retenção da água na superfície	Especificação da lâmina retida
Infiltração	Equação de Richards (ER)
Escoamento na superfície	Onda difusa em duas direções, com o algoritmo explícito alternando as direções (ADE)
Escoamento e amortecimento na calha	Onda difusa em uma direção, com gradiente de declividade explícito
Evapotranspiração	Penman-Monteith
Umidade do solo na zona vadosa	Equação de Richards (ER)
Escoamento subterrâneo	Trescott-Larson

Processos	Técnicas de aproximação
Interação entre escoamento subterrâneo e escoamento na calha	Lei de Darcy
Exfiltração	Lei de Darcy

Fonte: *DOWNER et al. (2002).*

Tabela 11.2 – Dados de entrada para os processos simulados no modelo GSSHA.

Processo	Nome	Unidade
Escoamento Superficial	Índice de rugosidade de Manning	s $m^{-1/3}$
Escoamento na calha	Índice de rugosidade de Manning por trecho	s $m^{-1/3}$
	Formato e dimensões da calha por trecho	-
	Declividade da calha por trecho	m m^{-1}
	Condutividade hidráulica saturada do sedimento no fundo da calha do curso d'água	cm h^{-1}
	Espessura do sedimento no fundo da calha do curso d'água	cm
Interceptação	Capacidade de armazenamento	mm
	Coeficiente de interceptação	-
Retenção	Lâmina retida	mm
Infiltração de água no solo pelo método de Richards (observação: todos os dados são informados para três horizontes (camadas) do perfil de solo)	Condutividade hidráulica saturada	cm h^{-1}
	Umidade no ponto de saturação ou porosidade	m^3 m^{-3}
	Umidade residual	m^3 m^{-3}
	Umidade inicial do solo	m^3 m^{-3}
	Umidade no ponto de murcha permanente	m^3 m^{-3}
	Umidade no ponto de capacidade de campo	m^3 m^{-3}
	Espessura da camada (horizonte)	cm
	Índice de distribuição de tamanho de poros	-
	Pressão de borbulhamento	cm
	Espessura do solo utilizada na solução numérica da ER	cm
Evapotranspiração	Albedo	-
	Altura da vegetação	m
	Coeficiente de transmissão	-
	Resistência do dossel	s m^{-1}

Processo	Nome	Unidade
Movimento na zona saturada	Condutividade hidráulica saturada da zona saturada	cm h^{-1}
	Umidade no ponto de saturação ou porosidade total da zona saturada	m^3 m^{-3}
	Altitude do topo rochoso	m
	Altitude do LF	m

Fonte: *Adaptado de Downer et al. (2006).*

A chuva pode ser inserida no modelo por meio de dados de postos pluviométricos e, para as etapas de calibração e validação, a distribuição espacial da chuva é feita pela interpolação pelo inverso da distância ao quadrado.

A interceptação da chuva pela vegetação é simulada no GSSHA usando um modelo empírico de duas variáveis.

A parte da água que está empoçada na superfície irá infiltrar no solo, dependendo das propriedades hidráulicas do solo e da umidade antecedente do solo, a qual pode ser afetada a qualquer momento por eventos de chuva, pela evapotranspiração real (ETA) e pela localização do lençol freático (LF). A zona vadosa que controla a infiltração é simulada com a Equação de Richards (ER) em uma dimensão (Richards, 1931), que, por sua vez, simula a infiltração, a ETA e a variação da umidade do solo de forma integrada. A direção vertical, segundo Refsgard & Storm (1995) é aquela em que ocorrem os processos na zona vadosa.

A Equação de Richards é resolvida no GSSHA usando técnicas de diferenças finitas, em cada uma das células do grid. Para resolver numericamente a ER, e obter resultados precisos, as camadas (horizontes) do perfil do solo são subdivididas (discretizadas) em faixas de 10 cm.

No GSSHA a evapotranspiração potencial (ETP) é calculada pela equação de Penman-Monteith (Equação 11.1) (MONTEITH, 1975):

$$ETP = \frac{1}{\beta}\left[\frac{\Delta.Rn + \frac{\rho_a c_p}{r_a}(e_i - e)}{\Delta + \gamma\left(1 + \frac{r_c}{r_a}\right)}\right] \quad (11.1)$$

Em que: *ETP* é a evapotranspiração potencial (mm s^{-1}); β é o calor latente de evaporação da água (2,50036 MJ kg^{-1}); *Δ* é a declividade da curva de pressão de vapor (kPa $°C^{-1}$) dada pela Equação 11.2; *Rn* é a radiação líquida (w.m^{-2}) dada pela Equação 11.3; ρ_a é a densidade do ar seco (kg.m^{-3}); c_p é o calor específico do ar (1,013 kJ.kg^{-1}.°C^{-1}); r_a é a resistência aerodinâmica para o transporte do vapor d'água da superfície do nível de referência (s.m^{-1}) dada pela Equação 11.4; e_i é a pressão de saturação de vapor (kPa); e é a pressão parcial de vapor (kPa); γ é a constante psicrométrica (kPa °C^{-1}) dada pela Equação 11.5; e r_c é a resistência do dossel ao transporte da água de alguma região dentro ou abaixo da superfície evaporante para a superfície propriamente dita, também considerada como uma função da resistência estomatal das folhas da vegetação (s.m^{-1}).

$$\Delta = \frac{4098.e_i}{237{,}3+T} \quad (11.2)$$

Em que: T é a temperatura média do dia (°C).

$$Rn = (R_1 + R_s) - G \quad (11.3)$$

Em que: R_1 é a radiação líquida de ondas longas ao nível de referência (w m^{-2}); R_s é a radiação líquida de ondas curtas na superfície do solo (w m^{-2}); e G é o fluxo de calor no solo (w m^{-2}).

$$r_a = \frac{\ln\left[\frac{(z_u-m)}{z_{om}}\right].\ln\left[\frac{(z_e-m)}{z_{ov}}\right]}{(0{,}41)^2 U_z} \quad (11.4)$$

Em que: z_u e z_e são as alturas de medição de velocidade e umidade do vento, respectivamente (m); m é, segundo Monteith (1981), 0,67.h_c e h_c é a altura média do dossel (m); z_{om} é assumido como 0,123h_c e z_{ov} é assumido como 0,0123h_c (m); e U_z é a velocidade do vento (m s^{-1}).

$$\gamma = \frac{c_p P_a}{\varepsilon\lambda} 10^{-3} \quad (11.5)$$

Em que: P_a é a pressão atmosférica (kPa); ε é razão molecular de proporção vapor d'água/ar seco, que, segundo Allen *et al.* (1998), é igual a 0,622.

A *ETA* (evapotranspiração atual) é distribuída nas células do grid do modelo GSSHA de forma independente, ou seja, em função da cobertura vegetal e de suas características de sistema radicular e resistência do dossel (r_c). O cálculo da ETA é feito por meio de um ajuste da ETP em função da umidade do solo, das propriedades hidráulicas do solo e das características da planta, em cada uma das faixas da camada de solo na célula, com a Equação 11.6.

$$ETA = ETP\left(\frac{\theta_A - \theta_{PMP}}{\theta_{CC} - \theta_{PMP}}\right) \quad (11.6)$$

Em que: *ETA* é a evapotranspiração atual (*mm* s^{-1}); θ_A é a umidade atual do solo (m^3 m^{-3}); θ_{PMP} é a umidade no ponto de murcha permanente (m^3 m^{-3}); e θ_{CC} é a umidade na capacidade de campo (m^3 m^{-3}).

O cálculo do escoamento e amortecimento na calha pelo modelo GS-SHA segue a metodologia de Ogden & Julien (2002). A vazão é calculada com base na equação de Manning, com a declividade de fricção (*friction slope*) substituindo a declividade do canal. O cálculo é feito na direção montante - jusante, sendo executado em cada segmento de reta, definida por dois vértices (ou nós).

A vazão entre duas células ao longo do curso d'água, $Q_{i-1/2}$ e $Q_{i+1/2}$ (m^3 s^{-1}), é calculada em função da profundidade d (m), no tempo t (s) usando a equação de Manning (Equação 11.7).

$$Q^t_{i+\frac{1}{2}} = \frac{1}{n} A^t_i \left(R^t_i\right)^{\frac{2}{3}} \left(S^t_{fi+\frac{1}{2}}\right)^{\frac{1}{2}} \quad (11.7)$$

Em que: *n* é o coeficiente de rugosidade de Manning (s.m$^{-1/3}$); *A* é a área molhada (m^2); *R* é o raio hidráulico (m) e S_f é a declividade da fricção (m.m^{-1}), calculado na direção x pela Equação 11.8.

$$S^t_{fi+\frac{1}{2}} = S_{0i+\frac{1}{2}} - \frac{d^t_{i+1} - d^t_i}{\Delta x} \quad (11.8)$$

Em que: S_o é a declividade da superfície na direção x (m m^{-1}).

O volume total escoado, em cada nó, é calculado pela Equação 11.9.

$$V^{t+1}_i = V^t_i + \Delta t\left(q^{t+1}_{lat}\Delta x + q^{t+1}_{rech\,arg\,e}\Delta x + Q^t_{i-\frac{1}{2}} - Q^t_{i+\frac{1}{2}}\right) \quad (11.9)$$

Em que: V_i é o volume total escoado no i-ésimo nó (m^3); q_{lat} é o montante de entrada do escoamento na superfície pelas células vizinhas ao segmento de reta (m^2.s^{-1}); $q_{recharge}$ é o montante de troca (entrada ou saída) entre o escoamento subterrâneo (LF) e o curso d'água (m^2 s^{-1}); Δx é a extensão do segmento de reta (curso d'água) (m); $Q_{i-1/2}$ é a vazão do vértice anterior (m^3

s^{-1}); e $Q_{i-1/2}$ é a vazão do próximo vértice (m^3 s^{-1}).

No GSSHA há três métodos de cálculo de escoamento na superfície: Explícito, ADE e *Alternating Direction Explicit scheme with an additional predictor-corrector step* (ADEPC). No método Explícito (JULIEN & BAHRAM, 1991) as vazões nas direções x e y: *p* e *q* (m^3 s^{-1}), respectivamente, são calculadas em cada célula *ij* a partir da lâmina, d_{ij} (m) em um intervalo de tempo específico, usando a Equação de Manning (Equações 11.10 e 11.11).

$$p_{ij}^{t} = \frac{1}{n}(d_{ij}^{t})^{\frac{5}{3}}(S_{fij}^{t})^{\frac{1}{2}} \qquad (11.10)$$

$$q_{ij}^{t} = \frac{1}{n}(d_{ij}^{t})^{\frac{5}{3}}(S_{fij}^{t})^{\frac{1}{2}} \qquad (11.11)$$

As lâminas em cada célula são calculadas no intervalo de tempo t+1 em função do escoamento pela Equação 11.12.

$$d_{ij}^{t+1} = d_{ij}^{t} + \frac{\Delta t}{\Delta x}\left(p_{i-1,j}^{t} + q_{i,j-1}^{t} - p_{ij}^{t} - q_{ij}^{t}\right) \qquad (11.12)$$

O modelo GSSHA resolve o escoamento subterrâneo em duas dimensões por meio do método de Trescott-Larson (TRESCOTT & LARSON, 1977) que, por sua vez, foi desenvolvido à partir da equação de controle de Pinder & Bredehoeft (1968); entretanto, para o aquífero freático, é assumido (DOWNER; OGDEN; BYRD, 2008a) que o termo diagonal não é importante e que a transmissividade pode ser expressa pela condutividade hidráulica saturada média da zona saturada, representada por K_{gw} (cm h^{-1}), e a porosidade média da zona saturada, representada por θ_{sgw} (m^3 m^{-3}). Para o aquífero freático, a altitude da superfície da água é representada por E_{ws} (m) e a equação diferencial de controle passa a ser a Equação 11.13.

$$\frac{\partial}{\partial x}\left(K_{gw}\theta_{sgw}\frac{\partial E_{ws}}{\partial x}\right) + \frac{\partial}{\partial y}\left(K_{gw}\theta_{sgw}\frac{\partial E_{ws}}{\partial y}\right) = S\frac{\partial E_{ws}}{\partial t} + F(x,y,t) \qquad (11.13)$$

Em que: *S* é o termo de armazenamento (adimensional); e *F* é o termo de fluxos de entradas / saídas (m s^{-1})

11.8 Modelos de simulação do transporte de sedimentos e poluentes

O grande número de modelos de poluição de origem não pontual existente atualmente reflete o avanço dessa tecnologia. Existem muitos modelos de poluição de origem não pontual, cada um com certa vantagem e deficiência, as quais devem ser consideradas na escolha, de acordo com a necessidade do usuário e as características da área de estudo. O *GLEAMS (Groundwater Loading Effects of Agricultural Management Systems,* LEONARD *et al.*, 1987) é um modelo de simulação desenvolvido para áreas experimentais, para avaliar o movimento de pesticidas agrícolas dentro e a partir da zona radicular das plantas. O *ANSWERS (Area Non-point Source Watershed Environmental Response Simulation,* BEASLEY & HUGGINS, 1982), baseado em eventos de parâmetros distribuídos, foi desenvolvido para simular a ação da Agricultura como uso principal em bacias hidrográficas. O modelo *AGNPS (Agricultural Non-Point Source,* YOUNG *et al.*, 1987), é baseado em eventos, e simula runoff, sedimentos e nutrientes transportados em bacias hidrográficas agrícolas. Esses modelos foram desenvolvidos para predizer o impacto da Agricultura na qualidade das águas superficiais e subterrâneas.

Como já visto, outro modelo é o *Soil and Water Assessment Tool (SWAT)*, que permite uma grande flexibilidade na configuração de bacias hidrográficas (PETERSON & HAMLETT, 1998). O modelo foi desenvolvido para predizer o efeito de diferentes cenários de manejo na qualidade da água, na produção de sedimentos e nas cargas de poluentes em bacias hidrográficas agrícolas (SRINIVASAN & ARNOLD, 1994). O SWAT considera a bacia dividida em sub-bacias com base no relevo, solos e uso do solo e, desse modo, preserva os parâmetros espacialmente distribuídos da bacia inteira, assim como as características homogêneas dentro da bacia. Várias aplicações do SWAT têm mostrado resultados promissores (SRINIVASAN & ARNOLD, 1994; ROSENTHAL; SRINIVASAN; ARNOLD, 1995; CHO *et al.*, 1995).

Segundo Magalhães (1989), o uso de modelos globais tem sido uma prática muito importante para os projetos na área de recursos hídricos. Enquanto os processos convencionais fazem análises hidrológicas com base em alguns eventos de precipitação isolados, os modelos que englobam todo, ou quase todo, o ciclo hidrológico, podem analisar uma longa série temporal, procurando interpretar melhor as não linearidades contidas nos processos hidrológicos ligados à bacia hidrográfica propriamente dita, e à calha fluvial de forma conjugada. Esses modelos constituem-se em ferramentas mais confiáveis para a simulação hidrológica do comportamento de uma bacia hidrográfica, permitindo melhores interpolações e extrapolações.

Embora em outros países seja comum o uso de modelos matemáticos e simuladores na pesquisa ambiental e na agropecuária, no Brasil essa prática ainda é tímida. Soma-se aos impedimentos do uso de modelos matemáticos e simuladores a ausência de informações qualitativas e quantitativas necessárias, geralmente em decorrência da falta de publicação de dados que possibilitem a elaboração, manutenção e atualização de um banco de dados detalhados relativos às questões mais variadas relacionadas ao ambiente estudado (PESSOA *et al.*, 1997).

11.8.1 Modelo sedimentológico HIDROSED

O modelo original HIDROSED - determinista, semidistribuído e de base empírica - tem como objetivo estimar os processos de erosão bruta em encostas, produção de sedimentos em bacias e assoreamento de reservatórios. Para aplicá-lo, a bacia deve ser subdividida em forma de gride, sendo cada subárea - denominada quadrícula ou célula - admitida homogênea. A seguir é explicado como cada processo é estimado (DE ARAÚJO, 2003; GAISER *et al.*, 2003).

a) **Erosão bruta em encostas**. Em cada célula admite-se uma encosta representativa. A erosão bruta é, então, calculada por meio da Equação Universal de Perda de Solos Revisada (RUSLE *et al.*, 1978; HAAN; BARFIELD; HAYES, 1994) para a encosta representativa. Observe que a RUSLE quantifica unicamente a erosão laminar, isto é, não inclui a erosão linear, como as voçorocas. Caso não haja dados para o cálculo da erosividade com base na intensidade sub-horária de precipitação, há a opção do uso de equação empírica que correlaciona erosividade mensal com chuva mensal.

b) **Produção de sedimentos na bacia.** A produção de sedimentos na bacia é a soma da produção de cada célula, que é obtida multiplicando-se a erosão bruta da célula pela Razão de Aporte de Sedimentos (*Sediment Delivery Ratio* - SDR). Observe que o SDR é único para toda a bacia e o modelo permite seu cálculo por três equações empíricas: Maner; Roehl; ou Williams & Berndt (KHANBILVARDI & ROGOWSKI, 1984). A validação das diversas equações de SDR indicou que a mais válida para bacias de diversos tamanhos (10^{-2} - 10^{+3} km^2) na Caatinga e no Cerrado é a de Maner (ARAÚJO, 2003; GAISER *et al.*, 2003; GIL *et al.*, 2020; SIMPLÍCIO *et al.*, 2020).

c) **Assoreamento de reservatórios.** O assoreamento de um reservatório considera a produção de sedimentos em sua bacia hidrográfica. A massa de sedimentos assoreada em um determinado intervalo de tempo corresponde a multiplicação da produção de sedimentos pela eficiência de retenção de sedimentos do reservatório, estimado pelo método de Brune (1953). O referido método calcula a massa assoreada em função do tempo de residência do reservatório, dado pela razão entre sua capacidade de acumulação (hm^3) e sua vazão de aporte anual média (hm^3 ano^{-1}). Para se avaliar o volume assoreado no período, divide-se a respectiva massa pela massa específica aparente seca do material depositado, cujo valor varia tipicamente de 1,1 a 1,4 Mg m^{-3}.

As versões revisadas do modelo consideram novas equações de base física e estatística. Em 2007 foi gerada uma rotina que permite o cálculo da Razão de Aporte de Sedimentos (SDR) para cada encosta e para cada evento, ao invés de um valor médio no espaço e no tempo (como acontece com a equação de Maner, por exemplo). Para isso, o autor mesclou equações de base física e estatística, usando o princípio da entropia máxima (ARAÚJO, 2007). Mais recentemente, foram desenvolvidas rotinas que calculam a erosão em voçorocas usando a combinação de equações de forte base física com análise probabilística, também por meio do princípio da entropia máxima (ALENCAR; ARAÚJO; SANTOS TEIXEIRA, 2020;

ALENCAR; SIMPLÍCIO; ARAÚJO, 2022). Por fim, agregou-se ao modelo uma rotina que estima o assoreamento em pequenos reservatórios usando-se a mesma abordagem: equações físicas associadas ao princípio da entropia máxima (PEREIRA *et al.*, 2022).

11.9 Modelo hidráulico HEC-RAS

Assim como o HEC-HMS, o *HEC-RAS* também foi desenvolvido pelo Corpo de Engenheiros do Exército dos EUA. Tem como objetivo realizar a modelação hidráulica unidimensional para uma rede de rios ou canais, podendo ser utilizado para escoamento permanente, escoamento não permanente, modelação de transporte de sedimentos e análises de qualidade da água (USACE, 2010b).

A modelação do escoamento permanente tem a função de calcular a lâmina d'água nos canais, considerando fluxo uniforme, gradualmente variado ou bruscamente variado, para regimes de escoamento supercrítico e subcrítico. As perdas de energia são calculadas pela equação de Manning e pela utilização de coeficientes de contração e expansão. Contudo, em situações onde a variação do nível d'água ocorre rapidamente, o modelo utiliza a equação da quantidade de movimento. O programa também considera o efeito de pontes, bueiros e barragens no escoamento (USACE, 2010b).

Já a modelação do escoamento não permanente é realizada por intermédio de um método hidrodinâmico, com a resolução das equações completas de Saint Venant, por meio de um método numérico de discretização por diferenças finitas em um esquema implícito. O modelo pode considerar os regimes subcrítico, supercrítico ou ambos, e também incorpora os cálculos hidráulicos de pontes, bueiros e outras estruturas, desenvolvidos para o componente de escoamento permanente (USACE, 2010b). Entretanto, sua convergência muitas vezes não é tarefa simples.

Os principais dados de entrada para esse software são a geometria de cada seção considerada no canal, a vazão utilizada para a modelação (valores fixos para o escoamento permanente e hidrogramas para o não permanente), condições de contorno e valores do coeficiente n de Manning para o canal e para a planície de inundação.

A fim de se acoplar o HEC-RAS a um SIG, e, consequentemente, facilitar a edição da geometria de canais, foi desenvolvida a plataforma HE-

C-GeoRAS. Este programa consiste em uma série de ferramentas para o software ArcGIS, usadas com o objetivo de processar dados geográficos a serem utilizados no HEC-RAS. Cria-se um arquivo com dados geométricos extraídos de um modelo digital de terreno (MDT) que é importado pelo o HEC-RAS. Dessa forma, a modelação hidráulica é realizada, e um novo arquivo gerado pode ser exportado de volta para o ArcGIS, possibilitando uma análise espacial da planície de inundação simulada.

11.10 Modelo de contaminação de recursos hídricos por agrotóxicos

O *software ARAquá,* desenvolvido pela parceria Embrapa Gestão Territorial, Unesp Botucatu e Fatec, tem o objetivo de auxiliar as avaliações de riscos ambientais de contaminação por defensivos agrícolas em solos brasileiros, considerando as possíveis contaminações de corpos d'água superficiais e subterrâneos, por meio da comparação de suas concentrações estimadas, em cenário de uso agrícola, com parâmetros de qualidade de água (EMBRAPA, 2013).

O cadastramento pelo usuário das condições do clima e das propriedades do solo e do agrotóxico permite previsões para situações específicas, além daquelas pré-cadastradas que seguem com o software. Dessa forma, o ARAquá mostra-se bastante adaptado às condições brasileiras de clima e solo, e de pouca disponibilidade de dados de entrada (EMBRAPA, 2013).

Atualmente está sendo desenvolvida pela Embrapa Gestão Territorial e pela Unesp Botucatu o *ARAquáGeo*, que terá o objetivo de estimar a concentração de agrotóxicos em águas superficiais e subterrâneas, e também calcular o Quociente de Risco (QR), ambos de forma espacializada, auxiliando na Avaliação de Risco Ambiental.

11.11 Modelo hidrológico WASA (Water Availability in Semi-Arid Environments)

Wasa (water availability in semi-arid environments) é um modelo hidrológico de base física, semidistribuído, gerado para ser aplicado em bacias de ambientes secos (semiáridos) de meso e grande escalas (GÜNTNER

& BRONSTERT, 2004; GÜNTNER *et al.*, 2004). O modelo, que não tem parâmetros calibráveis, tem como concepção cinco níveis hierárquicos de análise de uma bacia hidrográfica (GÜNTNER & BRONSTERT, 2004).

a) **Sub-bacias hidrográficas**. O modelo emite relatório com dados de escoamento, entre outros, no exutório de cada sub-bacia hidrográfica. Por isso, o principal critério para a delimitação das sub-bacias é a existência de um reservatório e/ou de uma seção de interesse particular, por exemplo, uma seção monitorada. Isso permite se beneficiar de informações geradas pelo modelo não somente no exutório da bacia, mas em diversas seções dos rios. Além disso, ao usar esse critério de delimitação das sub-bacias, é possível validar o modelo em diversas escalas e em diversas regiões da bacia.
b) Cada sub-bacia é dividida em regiões hidrologicamente homogêneas, ou **unidades de paisagem** (LU - *Landscape Units*). É importante enfatizar que cada unidade de paisagem, que é parametrizada de uma única forma, pode aparecer em diversas sub-bacias. Essa característica permite que o modelo tenha uma detalhada subdivisão espacial sem a necessidade de um número excessivo de parâmetros. Para que duas regiões sejam identificadas como a mesma unidade de paisagem, ela deve ter semelhança em: formato geral do terreno (topografia), litologia, associações de solo e toposequências.
c) Cada unidade de paisagem é composta por **componentes de terreno**, caracterizados por ter similaridade no que se refere a topografia das encostas, posição de toposequência e associação de solos. Em cada componente de terreno o algoritmo estima a variação espacial da umidade do solo, assim como processos tais quais reinfiltração e exfiltração.
d) Cada componente de terreno é, por sua vez, dividido em **componentes solo-vegetação**, caracterizados pela semelhança entre tipos de solo e pela vegetação e/ou uso e ocupação do terreno. Nesse nível, o algoritmo estima a redistribuição lateral do escoamento, sendo importante para o processo de geração de escoamento por saturação do solo.

e) Por fim, cada componente solo-vegetação é caracterizado pelos **perfis do solo**. Nos perfis processa-se o balanço hídrico em cada horizonte, tanto na direção vertical quanto horizontal.

Além dessas características, o modelo tem um esquema único para lidar com os milhares de pequenos e médios açudes presentes no semiárido brasileiro e em outras regiões secas (PETER *et al.*, 2014). Aqueles reservatórios, cujos dados os operadores desejem processar com detalhes, devem estar no exutório de suas respectivas sub-bacias. Os demais devem ser agrupados em diversas categorias, geralmente cinco. Güntner *et al.* (2004) usaram o seguinte agrupamento: classe 1 (volume inferior a 0,1 hm^3); classe 2 (volume entre 0,1 e 1 hm^3); classe 3 (volume entre 1 e 3 hm^3); classe 4 (volume entre 3 e 10 hm^3); e classe 5 (volume entre 10 e 50 hm^3). Todos os açudes com mais de 50 hm^3 devem ser representados explicitamente. Para cada classe e em cada sub-bacia, devem ser fornecidos o número de açudes daquele porte, assim como alguns parâmetros morfométricos. O modelo trata, então, todos os reservatórios de uma determinada classe como iguais àquele tomado como referência da classe. É fundamental, também, registrar que o modelo admite que todos os açudes das classes menores situam-se a montante daqueles maiores.

Mais recentemente (MUELLER *et al.*, 2010), um grupo de pesquisadores inseriu rotinas referentes ao fluxo de sedimentos, redefinindo então o modelo como WASA-SED. O modelo considera os processos de erosão, transporte na encosta e nos rios, assim como deposição (incluindo conectividade e desconectividade). Mamede *et al.* (2018) aplicaram o modelo WASA-SED a uma bacia de mesoescala no semiárido brasileiro, tendo obtido resultados de grande valia para a gestão das águas e, em uma visão mais ampla, ambientais.

O modelo WASA, assim como sua versão atualizada WASA-SED, têm sido aplicados com êxito em diversas regiões secas do globo, particularmente na Espanha e no Brasil (GÜNTNER; BRONSTERT, 2004; GÜNTNER *et al.*, 2004; MUELLER *et al.*, 2009; MEDEIROS *et al.*, 2010; KROL *et al.*, 2011; MALVEIRA; ARAÚJO; GÜNTNER, 2012; BRONSTERT *et al.*, 2014; MEDEIROS *et al.*, 2014; FRANCKE *et al.*, 2018; MAMEDE *et al.*, 2018).

11.12 Considerações Finais

Borah (2011) faz uma revisão conceitual de 14 modelos hidrológicos difundidos e extensivamente utilizados no meio técnico e científico e discute que se deve utilizar como critério para adoção de determinado modelo a sua fundamentação matemática, avaliando: (i) simulação das chuvas; (ii) geração do escoamento superficial e subterrâneo; (iii) processos de routing na bacia e canais.

O autor compara os modelos avaliando: (i) a complexidade por meio dos parâmetros físicos exigidos; (ii) acurácia e precisão dos resultados gerados devido aos métodos numéricos ou algébricos utilizados para solução das formulações matemáticas e (iii) a conceituação física ou empírica desses modelos.

Segundo o autor, modelos conceituais distribuídos como GSSHA (*Gridded Suface/Subsurface Hydrologic Analysis*) e SWMM (*Storm Water Management Model*), apresentam vantagens na modelação hidrológica por serem de base física, empregando na formulação teórica: modelação da chuva excedente pela equação de Richard´s, geração do escoamento pelo método de onda difusa e processos de routing por modelos hidrodinâmicos. Por outro lado, a complexidade desses modelos ocasiona grande esforço por parte do modelista para ajuste das condições iniciais de contorno a fim de remover a instabilidade do método numérico empregado.

Khakbaz *et al.* (2012), avaliando esquemas de otimização dos parâmetros dos modelos hidrológicos semidistribuídos, visando melhor calibração e validação dos hidrogramas na bacia do Rio Illinois, no Estado de Arkansas, compararam esses esquemas com os modelos concentrados. Os autores discutem que, embora ambos tenham apresentado boa performance nas simulações dos hidrogramas, os semidistribuídos tiveram melhor desempenho, especialmente, para eventos com variação espacial das chuvas.

Modelos semidistribuídos possibilitam variar no tempo e espaço os parâmetros hidrológicos dos solos e da chuva. Paudel *et al.* (2011) compararam os hidrogramas resultantes para duas bacias hidrográficas utilizando o modelo ModClark implementado na forma concentrada e semidistribuída.

Para aplicação concentrada do modelo, os autores, adotaram a média ponderada do CN; já para o semidistribuído, o valor desse índice variou em função da sub-bacia e do grid adotado. Na modelação concentrada, as vazões de pico e o volume dos hidrogramas finais foram maiores em, pelo menos, 21% e 18%, respectivamente, demonstrando que há significativa diferença nas duas abordagens de modelação hidrológica (PAUDEL *et al.*, 2011).

Milde *et al.* (2002) definem o HEC-HMS como um "multimodelo", pois, opera como um gerenciador de modelos hidrológicos, visando simulação de enchentes na bacia como um todo. Esse software foi desenvolvido com a filosofia de "família hidrologicamente unida", ou seja, integra diferentes modelos desde a formação dos hidrogramas, modelagem dos eventos meteorológicos e "trânsito" do hidrograma ao longo dos cursos d'água.

A concepção geral desses modelos hidrológicos tem os seguintes elementos, como apresentado por Campos (2005):

a) **Entrada:** Dados de precipitação, dados físicos da bacia hidrográfica, perfil batimétrico da calha e suas interferências;
b) **Algoritmo de perdas:** Simulação da precipitação efetiva, evaporação, interceptação, retenção em depressões;
c) **Algoritmo de separação:** Determinação das parcelas da precipitação que contribuem ao escoamento superficial, subsuperficial e subterrâneo;
d) **Algoritmo de escoamento:** São os métodos de transformam das chuvas em hidrogramas;
e) **Algoritmo de propagação:** Translação e amortecimento do escoamento superficial diretos até a seção de estudo;
f) **Composição do hidrograma resultante**: Sobreposição dos hidrogramas finais e resultantes.

Além de uma conceituação básica sobre modelagem hidrológica, com objetivos e graus de complexidade diferentes, vários modelos foram apresentados neste capítulo, evidenciando o tamanho do campo desta pesquisa, tanto em desenvolvimento de modelos quanto na sua aplicação. No Brasil, já existem centros de excelência voltados ao desenvolvimento destes modelos.

Quanto à utilização dos modelos, observa-se uma concentração na utilização dos modelos SWAT, HEC-HMS, HEC-RAS e mais recentemente no MGB-IPH.

Entretanto, todos têm em comum:

- A dificuldade na obtenção de parâmetros de entrada apropriados para as condições brasileiras de solo, vegetação e clima;
- A dificuldade na calibração / utilização de otimizadores (programas que auxiliam a calibração).

Estas são áreas de pesquisa que demandam muita atenção de alunos de pós-graduação e professores e/ou pesquisadores da área. Ainda há muito o que ser testado para condições brasileiras.

CAPÍTULO 12

Água Subterrânea

12.1 Introdução

O volume de água subterrânea doce existente na Terra é muitas vezes maior (cerca de 100 vezes) do que o das águas dos rios e dos lagos. Não se sabe ao certo quando o Homem começou a usufruir desse recurso - o poço mais antigo que foi descoberto localiza-se na cidade de Jericó, no Oriente Médio, e data de 8.000 a.C. (MACHADO, 2008).

Atualmente, estima-se que 60% da população do mundo seja abastecida com água subterrânea e que um terço das áreas irrigadas consumam desta água. No Estado de São Paulo, cerca de 75% das cidades são abastecidas total ou parcialmente por água subterrânea, como por exemplo Ribeirão Preto, São José do Rio Preto, Fernandópolis, Sertãozinho e Jales. No meio urbano, para consumos elevados, de vários metros cúbicos por hora, é mais vantajoso economicamente utilizar a água de um poço tubular profundo do que da rede municipal. Assim é que, na Grande São Paulo, estima-se que o número de poços tubulares profundos, que são usados para abastecimento de indústrias, clubes, hospitais, condomínios, entre outros, passe dos 10.000. No meio rural, a água subterrânea muitas vezes é a única fonte de água potável disponível (CETESB, 2004).

As águas subterrâneas têm garantido água para atender as demandas durante os períodos de seca prolongadas, exercendo papel fundamental para as populações humanas, tanto para atender as necessidades básicas, quanto como insumo no sistema de produção em regiões de climas áridos e semiáridos (MARTÍNEZ *et al.*, 2017).

12.2 Propriedades importantes dos estratos subterrâneos

12.2.1 Porosidade total (ε)

A porosidade total é a razão entre o volume de vazios de certa porção do estrato geológico e o seu volume total, ou seja:

$$\varepsilon = \frac{\text{Vol. vazios}}{\text{Vol. total}} \text{ x } 100 \qquad (12.1)$$

A porosidade total geralmente é dividida em primária e secundária. A porosidade primária ou granular é aquela que pode ser observada em amostras pequenas, segundo o tamanho das partículas que formam o estrato. Na Tabela 12.1 é apresentada a ordem de grandeza da porosidade total de diferentes materiais granulares, e sua relação com a permeabilidade. As principais bacias hidrogeológicas de natureza sedimentar (granular) no Brasil são a do Amazonas, do Paraná e do Maranhão/Piauí. Essas geralmente produzem mais água do que o material fraturado rochoso.

Tabela 12.1 – Porosidade total de materiais granulares

MATERIAL	ε (%)	Permeabilidade
Cascalho	35	Muito alta
Areia grossa	37,5	Alta
Areia fina	42	Média a alta
Silte e argila	De 50 a 80	Baixa a muito baixa

Fonte: *TEIXEIRA et al. (2000).*

A porosidade secundária é observada em campo. Ela é formada por fraturas ativas (não preenchidas por cimentantes) ou pela dissolução do

$Ca\ CO_3$ (calcário) que forma galerias ou dutos, constituindo as chamadas formações cársticas (TEIXEIRA *et al.*, 2000).

12.2.2 Coeficiente de armazenamento (S)

É definido como o volume de água que pode ser liberado ou armazenado por unidade de área do aquífero, quando a linha potenciométrica abaixa 1,0 m. No caso de aquíferos livres, corresponde à porosidade efetiva ou porosidade drenável, ou seja, corresponde ao volume de água drenada de uma camada do aquífero em relação ao volume de solo drenado.

O valor correspondente ao coeficiente de armazenamento (S) é muito pequeno em aquíferos livres, sendo assim desprezível. Portanto, o valor do coeficiente de armazenamento efetivo é a própria porosidade efetiva (FEITOSA & MANOEL FILHO, 2000).

12.2.3 Permeabilidade (Ko)

A permeabilidade (facilidade de transmissão de um líquido pelo meio sólido), também chamada de condutividade hidráulica do meio saturado (Ko), é o coeficiente de proporcionalidade da Equação de Darcy. Darcy foi um engenheiro francês que, trabalhando com filtros de areia, mostrou que o fluxo de água era diretamente proporcional ao gradiente de potencial hidráulico (REICHARDT, 1996), como ilustra a Figura 12.1.

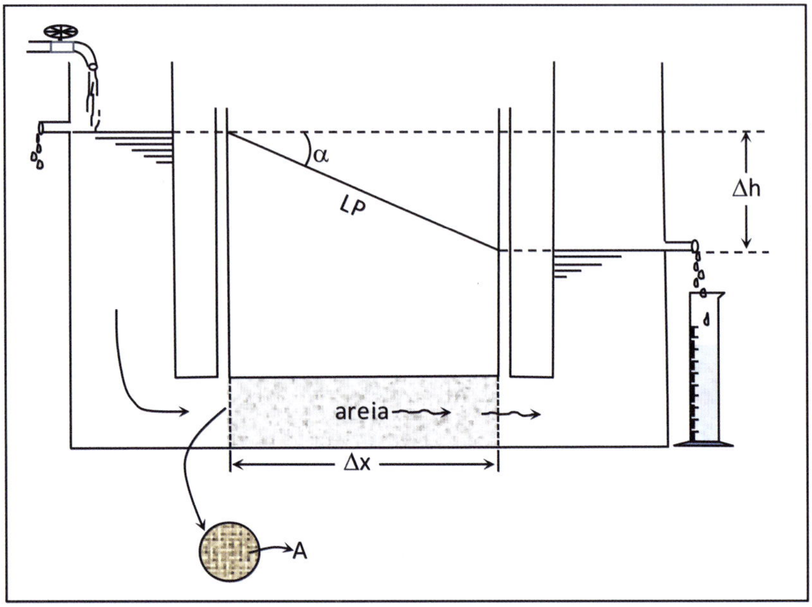

Figura 12.1 *– Experiência de Darcy com colunas de areia.*
Fonte: *REICHARDT (1996).*

O volume de água que atravessa a coluna de areia é proporcional a:

$$Vol \propto - \frac{\Delta t \,.\, A \,.\, \Delta h}{\Delta x}$$

em que:
Vol - volume de água, m^3;
Δt - intervalo de tempo, dia;
A - secção transversal, m^2;
Δh - diferença de potencial hidráulico, m.c.a; e
Δx - distância, m.

Rearranjando a equação, vem que:

$$\frac{Vol}{\Delta t \,.\, A} \propto - \frac{\Delta h}{\Delta x}$$

$\frac{Q}{A} \propto - \frac{\Delta h}{\Delta x}$; em que Q representa a vazão ($m^3\ s^{-1}$). Daí, obtém-se:

$$q \propto -\frac{\Delta h}{\Delta x} \quad \text{ou}$$

$$q = -Ko \cdot \frac{\Delta h}{\Delta x} \tag{12.2}$$

em que:
q - densidade de fluxo, m.dia^{-1};
Ko - permeabilidade, m.dia^{-1};
Δh - diferença de potencial hidráulico, m.c.a; e
Δx - distância, m.

O gradiente de potencial hidráulico $\left(\frac{\Delta h}{\Delta x}\right)$, para fluxos horizontais, representa a inclinação da linha piezométrica ($tg\ \alpha$) e pode ser entendido como a "força" que faz com que a água se movimente horizontalmente no estrato.

A condutividade hidráulica depende do tipo de arranjo poroso, do tipo de fluído e do grau de saturação do meio. Considerando que o fluído de interesse é a água e que o meio está completamente saturado, a permeabilidade dependerá apenas da granulometria e do arranjo dos vazios do estrato. Quanto mais homogêneos quanto ao tamanho e distribuição dos poros, maior sua interconecção e maior a sua permeabilidade. A grosso modo, pode-se dizer que ela varia em uma faixa bem ampla, que vai de 1,0 m dia^{-1} a 1,0 m ano^{-1}.

12.3 Estratos

A potencialidade de um estrato, do ponto de vista da exploração da água subterrânea, depende da porosidade total (€) e da permeabilidade (Ko) - é desejável que o estrato tenha boa porosidade para acumular bastante água e boa permeabilidade para que a água escoe em direção ao poço, a contento.

Os aquíferos representam os estratos com maior aptidão para exploração da água subterrânea. São considerados aquíferos, as camadas de cascalho com areia, as camadas arenosas, as rochas granulares como os arenitos, e as rochas fraturadas como o granito e o basalto. Do ponto de vista da exploração das águas subterrâneas, interessa mais o estudo dos aquíferos, como se segue.

12.4 Tipos de aquíferos

Quanto ao confinamento, os aquíferos são classificados em livres ou freáticos, confinados ou artesianos, e semiconfinados, conforme é ilustrado nas Figuras 12.2 e 12.3.

Os aquíferos freáticos são aqueles em cujas superfícies (lençóis freáticos) atua a pressão atmosférica. Os poços perfurados nesses aquíferos, quando não estão sob bombeamento, têm o nível coincidente com o lençol freático (nível estático).

Os aquíferos confinados localizam-se entre duas camadas impermeáveis. Quando os poços perfurados nesses aquíferos não estão sob bombeamento, o nível da água no poço (nível estático) atinge o plano piezométrico ou plano das pressões. Quando esse plano está localizado abaixo da superfície do terreno, tem-se um poço artesiano simples; já quando o plano está localizado acima da superfície do solo, tem-se um poço artesiano jorrante ou surgente.

Os aquíferos semiconfinados comportam-se como os confinados, com a diferença de que permitem trocas verticais de água com o estrato superior que é semipermeável. Quando a linha piezométrica se situa acima do lençol freático (estação chuvosa - LP1), o fluxo é ascendente; à medida que a estação seca se estabelece, a linha piezométrica cai (LP2) e o fluxo passa a ser descendente (Figura 12.3).

As áreas de descarga dos aquíferos são locais onde a água sai destes e volta à superfície do terreno, em forma de nascente ou como escoamento básico, alimentando córregos, rios e lagos.

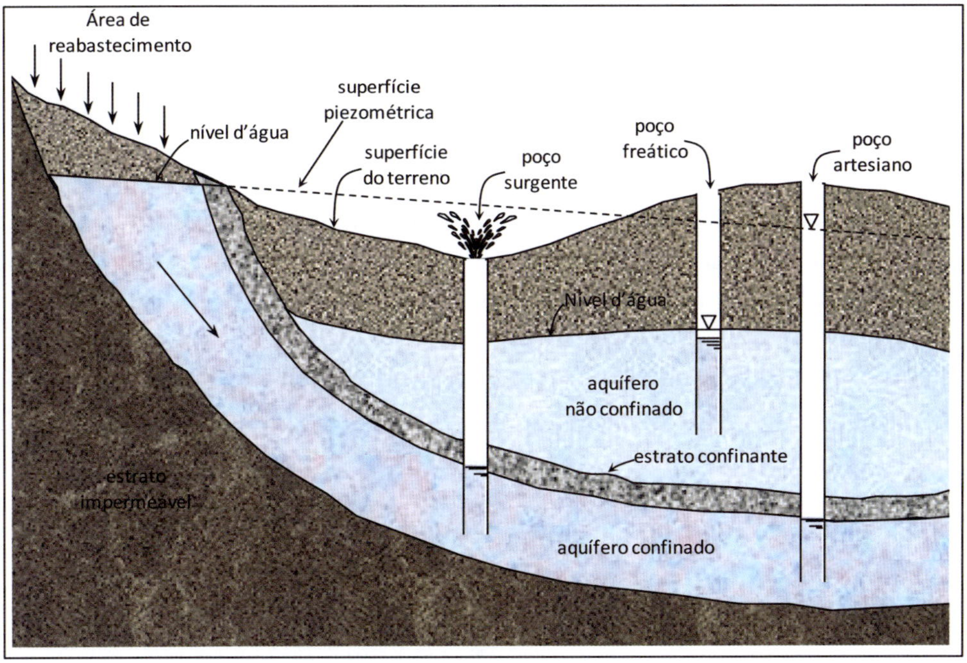

***Figura* 12.2** – *Aquíferos freáticos e aquíferos confinados.*
Fonte: *DAKER (1988).*

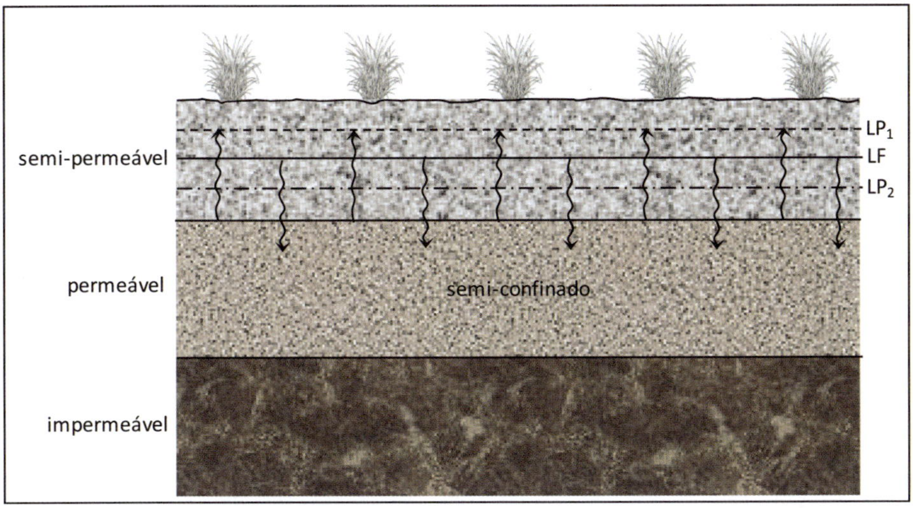

***Figura* 12.3** – *Aquífero semiconfinado.*
Fonte: *Elaborada pelos autores.*

12.5 Aquíferos de importância econômica

O Guarani se constitui em um dos maiores aquíferos no mundo (é o 3º do mundo em volume de água acumulada) sendo que 2/3 dele se encontra em território brasileiro. Além do Estado de São Paulo, ele se estende pelo sul do Mato Grosso, pelo sul de Goiás, pelo Mato Grosso do Sul, pela porção oeste dos Estados do Paraná, Santa Catarina e Rio Grande do Sul e também pelo norte da Argentina, oeste do Uruguai e leste do Paraguai. Outra bacia artesiana brasileira de grande volume é a do Parnaíba, localizada nos Estados do Maranhão e do Piauí. O Sistema Aquífero Urucuia está entre os mais expressivos do país, sendo responsável pela perenidade de vários rios que drenam para as bacias do São Francisco, do Tocantins e do Parnaíba.

12.6 Tipos de captações de água subterrânea

12.6.1 Nascentes

São chamadas de fontes, nascentes, minas d'água ou mananciais os pontos onde o lençol freático aflora na superfície, geralmente na encosta de um morro (CALHEIROS, 2010). Uma das maneiras mais simples de realizar a captação consiste em interceptar o lençol acima da fonte, utilizando um dreno tubular, e canalizar a água até um reservatório de acumulação, conforme é ilustrado na Figura 12.4.

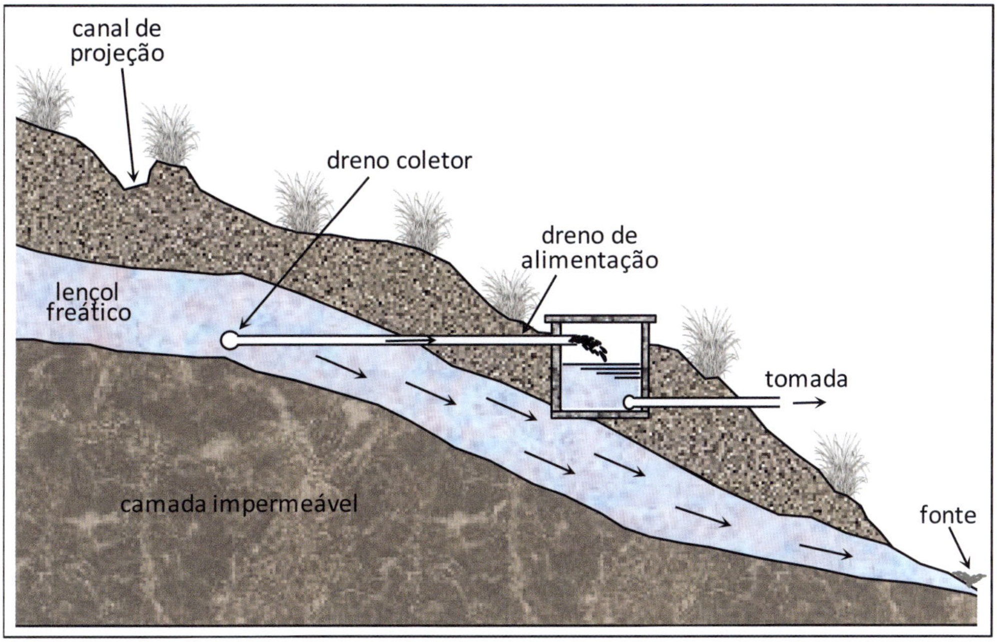

Figura 12.4 - Captação da água de uma nascente por meio da interceptação do lençol freático (DAKER, 1988).

Exercício 12.1

Estimar a vazão que pode ser captada com uso de um dreno interceptor, conforme a Figura 12.5.

Solução:

Assumindo-se, por simplificação, que o fluxo seja horizontal, a linha piezométrica coincidirá com o lençol, cujo declive é 15%; assim, pela equação 7.2 tem-se que:

$$q = Ko . \frac{\Delta h}{\Delta x} = 1{,}0 \text{ m/dia x } 0{,}15 \text{ m/m} = 0{,}15 \text{ m/dia}$$

$$Q = q . A = 0{,}15 \text{ m/dia} . (50 \text{ x } 0{,}50)\text{m}^2 = 3{,}75 \text{ m}^3\text{/dia}$$

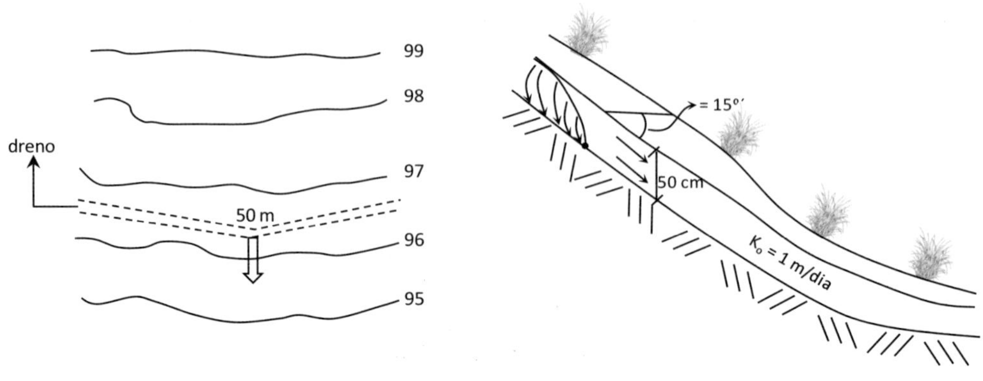

Figura 12.5 – *Interceptação da água à montante de uma nascente.*
Fonte: Elaborada pelos autores.

12.6.2 Poços tubulares profundos

a) Considerações iniciais

Conhecidos popularmente como poços "artesianos" (quando jorrantes) ou poços "semiartesianos" (quando não jorrantes), são poços de pequeno diâmetro (de 4 a 24 polegadas) e de grande profundidade (até cerca de 150 metros, quando freáticos, podendo ultrapassar a 1.000 metros, quando artesianos). O diâmetro usado no poço depende da vazão que se espera que o poço forneça, de forma que a perda de carga seja mínima. Dependendo do tipo de aquífero e da profundidade de escavação, podem fornecer de algumas dezenas a centenas de m^3/h.

Os poços cavados em material granular devem ser revestidos em toda sua extensão com tubos de PVC (linha geomecânica), de aço zincado ou aço inoxidável. Já os poços cavados em aquíferos formados por rocha fissurada só precisam ser revestidos em sua parte inicial. No primeiro caso, a água entra no poço por meio de ranhuras feitas no tubo, chamadas de filtro; entre o filtro e a parede do poço vai uma areia de granulometria especial chamada de pré-filtro, que visa garantir vazão adequada e evitar entrada de areia grossa no poço (Figura 12.6); estas, permanecendo sozinhas ao redor do poço, conferem uma permeabilidade maior que a formação original (cerca de no mínimo 20 vezes maior).

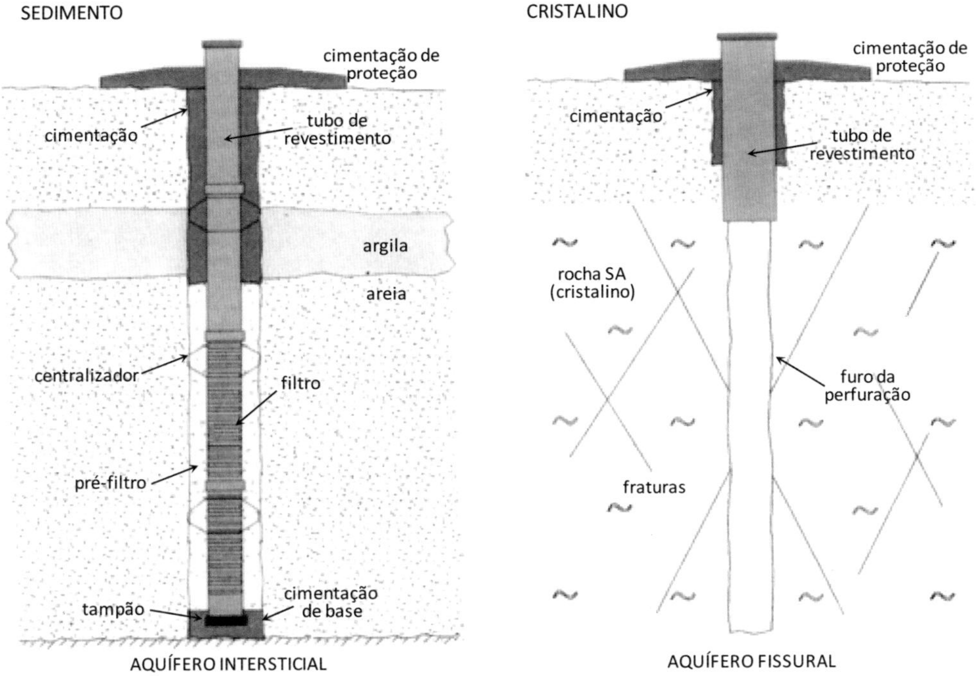

***Figura 12.6** – Poço tubular profundo escavado em aquífero granular (à esquerda) e em rocha fissurada (à direita).*
***Fonte:** DAKER (1988).*

b) Perfuração de poços tubulares profundos

1º) Perfuração por percussão

É um dos métodos mais antigos e mais simples de se realizar a escavação. Consiste em se proporcionar a ascensão e a queda de uma série de ferramentas pesadas, durante cerca de 5 a 30 minutos, transformando a rocha em uma espécie de lama, que é retirada (DAEE, 1983). É mais indicado para calcário e rochas duras do que para material solto.

2º) Perfuração por rotação

A perfuratriz rotativa, segundo a História, foi inventada por um engenheiro francês chamado Leschot em Meados do século XIX. Tem uma eficiência de perfuração muito maior que a percussiva e trabalha bem, tanto em rochas duras como o basalto quanto em rochas moles como o arenito; pode chegar a perfurar de 250 a 300 m por dia no Cristalino.

c) Desenvolvimento do poço

Terminada a escavação e o revestimento do poço, entra-se em outra etapa da obra chamada de desenvolvimento do poço. O desenvolvimento consiste de uma limpeza que se faz nas paredes do aquífero com os seguintes objetivos:

1 Corrigir eventual espelhamento e selamento das paredes do poço, ocorridas durante a escavação;
2 Aumentar a permeabilidade e a porosidade do aquífero nas vizinhanças do poço;
3 Estabilizar o material do aquífero e do pré-filtro ao redor do poço, de modo a minimizar a produção de areia.

d) Bombas utilizadas para explorar os poços tubulares profundos

1ª) Bomba de ar comprimido

Também conhecida como "air lift", foi idealizada pelo engenheiro americano J.C. Pohle, mas já se encontra em desuso no Brasil, embora seja achada em algumas propriedades dos Estados Unidos.

Seu princípio de funcionamento consiste no fato de que uma coluna de água com ar emulsionado torna-se mais leve que a água pura, sendo empurrada por esta para cima, conforme ilustra a Figura 12.7. Era recomendada para poços de até 150 m de profundidade com vazões não muito elevadas.

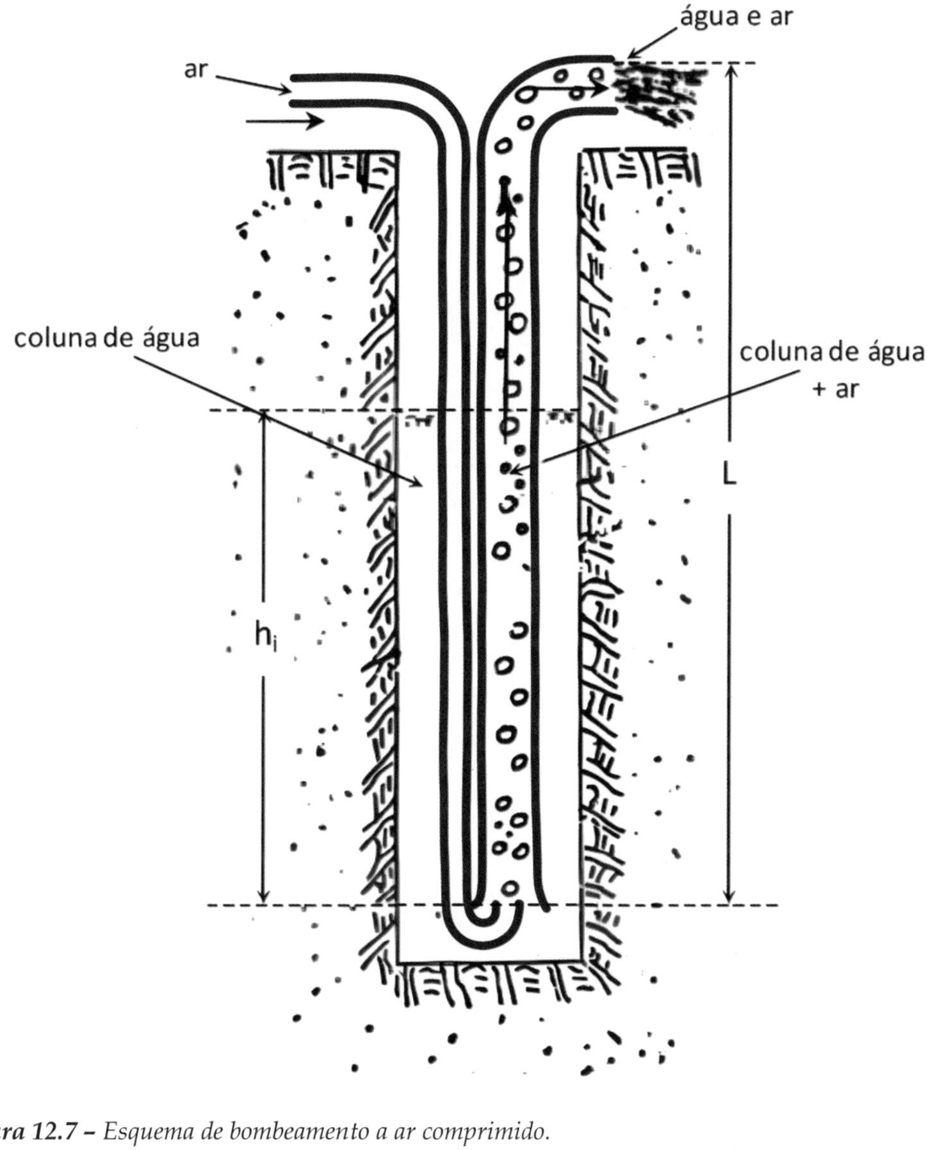

Figura 12.7 *– Esquema de bombeamento a ar comprimido.*
Fonte: *DAKER (1988).*

2ª) Bombas tipo turbina

São bombas de eixo vertical prolongado, com um ou mais rotores radiais ou mistos em série, com descarga pelo elemento de bombeamento, coaxial ao eixo (Figura 12.8). Nas bombas tipo turbina o motor fica na parte de cima do poço e os rotores afogados, conectados por um longo eixo vertical. Podem ser usados motores elétricos, a diesel, a gasolina ou mesmo a tomada de potência de um trator.

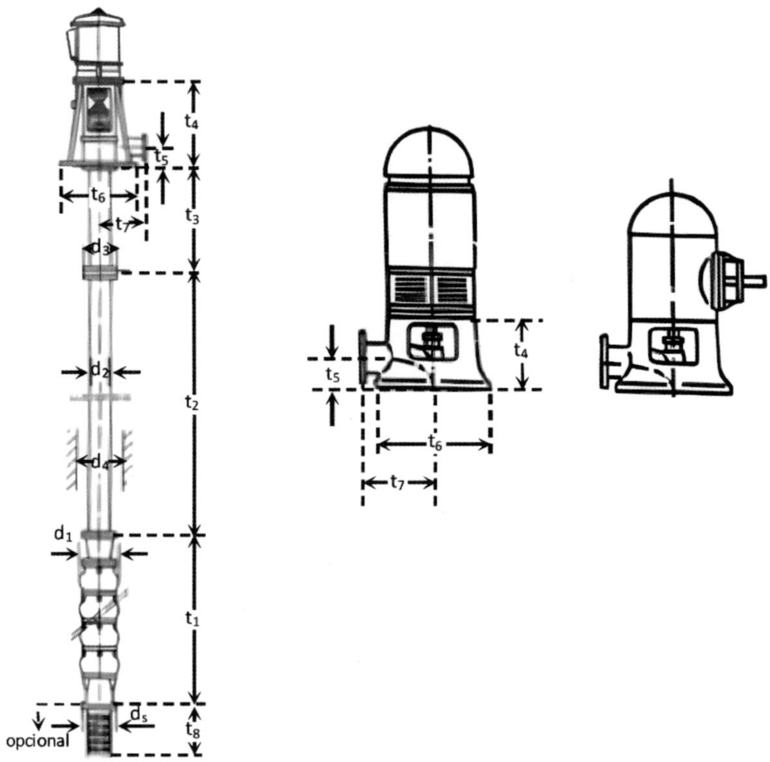

Figura 12.8 – Bomba tipo turbina acionada por motor diesel (A), elétrico (B) e por tomada de potência (C).
Fonte: JOHNSON DIVISION (1974).

3ª) Bombas submersíveis

São as bombas mais utilizadas atualmente para poços tubulares profundos. O motor elétrico localiza-se embaixo da bomba, acionando um ou mais rotores radiais ou mistos em série. A entrada de água situa-se entre o motor e a bomba e é protegida por um crivo (Figura 12.9). O rotor do motor elétrico fica protegido da água do poço por uma blindagem estanque, dentro da qual fica imerso dentro de água destilada ou de óleo para refrigeração. A refrigeração se dá devido à troca de calor entre a água ou o óleo interno e a água do poço via corpo da bomba.

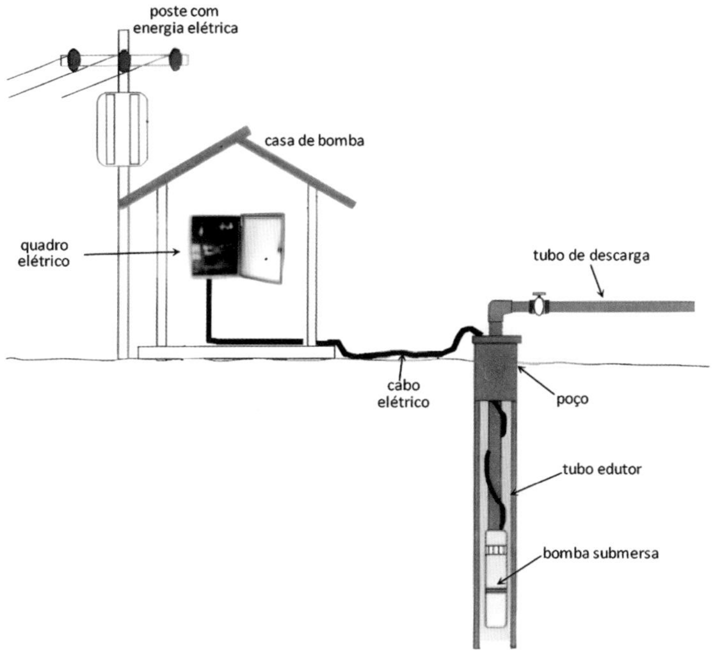

Figura 12.9 – Bomba submersa e quadro elétrico.
***Fonte:** FEITOSA & MANOEL FILHO (2000).*

12.6.3 Poços tubulares manuais

O material de perfuração é inteiramente manual, e compõe-se de várias peças permitindo a abertura de um furo de dez polegadas de diâmetro nos aluviões até chegar na rocha alcançando uma profundidade da ordem 12,0m. O equipamento é constituído por várias peças de perfuração, tais como trado holandês, trado de disco, trado combuco, trilho, sonda de perfuração e sonda de limpeza. O manejo das sondas e do trilho realiza-se com a ajuda de um tripé e de uma corda. Os demais trados são acoplados aos tubos de aço galvanizado de ¾" de diâmetro que permitem alcançar o fundo do poço. Para impedir o desmoronamento das paredes do furo, se usam duas camisas de aço de 10" de diâmetro e 5,0m de comprimento. É possível acoplar as duas camisas no caso de um poço de uma profundidade superior a sete metros (BURTE & SCHRADER, 1999).

12.7 Equação dos poços em regime permanente

12.7.1 Fórmula para poços confinados

De autoria de Thiem (1906), a dedução dessa fórmula assume uma série de hipóteses simplificadoras:

1. A camada aquífera é considerada homogênea, isotrópica e infinita, com superfície piezométrica horizontal;
2. O poço penetra o aquífero em toda a sua espessura;
3. A permeabilidade é considerada constante;
4. O fluxo é considerado laminar;
5. As linhas de corrente são consideradas radiais em relação ao poço; e
6. Considera-se que o nível dinâmico permaneça equilibrado com o bombeamento à vazão constante (Figura 12.10).

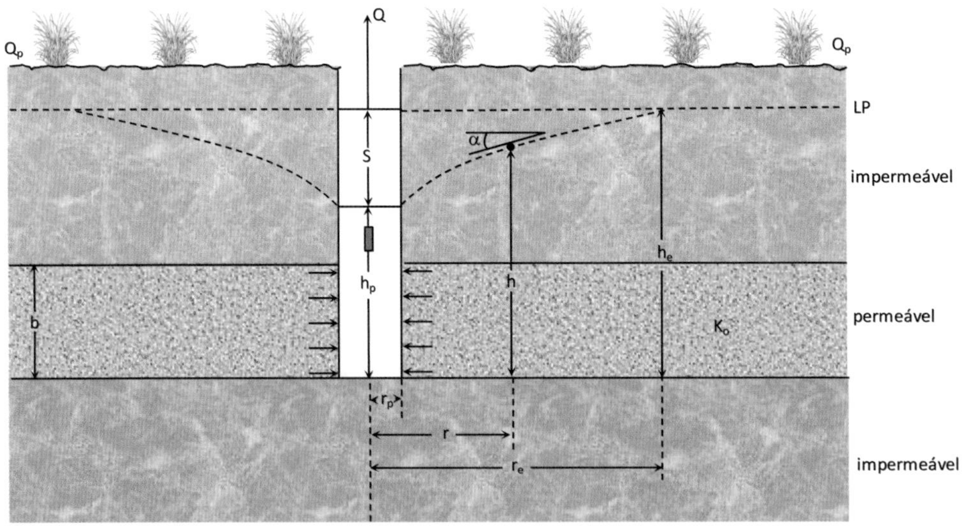

***Figura 12.10** – Geometria para dedução da equação do poço confinado.*
***Fonte:** Elaborada pelos autores.*

Se não há recargas na zona de influência do cone de depressão, este continuaria se expandindo continuamente, sem que houvesse a condição de equilíbrio dinâmico. Entretanto, a uma curta distância (por volta de cerca de 50 m), se alcança um regime de "quase-equilíbrio", de forma que o cone de depressão adquire uma forma geométrica que se mantém praticamente invariável com o tempo, originando o chamado "fluxo permanente fictício".

Na Figura 12.11 estão esquematizadas as circunferências relativas ao poço, a uma distância r qualquer, e a uma distância re, vistas de cima. A vazão do poço pode ser descrita como o produto da densidade de fluxo pela área, com o sinal negativo, pois o fluxo se dá em sinal contrário ao crescimento do raio r, ou seja:

$$Q = -A \cdot q \tag{12.3}$$

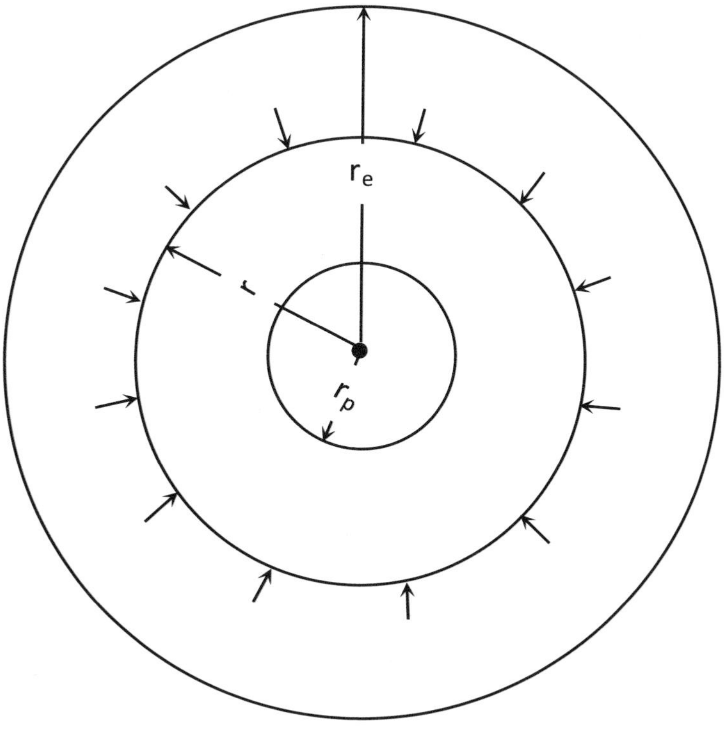

***Figura 12.10** – Raio do poço (rp), raio de influência(re) e um raio qualquer (r) de um poço confinado, visto de cima.*
***Fonte:** Elaborada pelos autores.*

A seção de passagem da água a uma distância r do poço é dada por:

$$A = 2.\pi.r.b \tag{12.4}$$

A densidade de fluxo pode ser dada pela Equação de Darcy, sendo o gradiente obtido pela tangente à linha piezométrica, ou seja:

$$q = -Ko.\frac{dh}{dr} \tag{12.5}$$

Substituindo-se as equações 12.4 e 12.5 em 12.3, obtém-se:

$$Q = -(2.\pi.r.b) \times \left(-Ko.\frac{dh}{dr}\right)$$

$$Q = 2.\pi.Ko.b.\frac{dh}{dr} \tag{12.6}$$

A equação 12.6 é a equação diferencial ordinária separável que descreve o movimento da água em direção ao poço. Separando as variáveis e integrando, obtém-se:

$$\int_{rp}^{re} \frac{dr}{r} = \int_{hp}^{he} \frac{2.\pi.Ko.b}{Q}.dh$$

$$[Ln\,r]_{rp}^{re} = \frac{2.\pi.Ko.b}{Q}[h]_{hp}^{he}$$

$$Ln(re) - Ln(rp) = \frac{2.\pi.Ko.b}{Q}.[he - hp]$$

$$Q = \frac{2.\pi.Ko.b.(he-hp)}{Ln\left(\frac{re}{rp}\right)} \tag{12.7}$$

Por meio da observação da equação 12.7 pode-se concluir que:

1. A vazão (Q) é diretamente proporcional à permeabilidade do aquífero (Ko);
2. A vazão (Q) é diretamente proporcional à espessura do aquífero (b) perfurada pelo poço;
3. A vazão (Q) é diretamente proporcional à diferença entre o nível estático e o nível dinâmico do poço (he - hp);
4. A vazão (Q) aumenta quando o raio do poço (rp - incluindo filtro e pré-filtro) aumenta, mas esse aumento não é linear, como se exemplifica a seguir:

Exemplo:

- Supondo rp = 15 cm e re = 1.500 m → $\frac{1}{\mathrm{Ln}\left(\frac{re}{rp}\right)} = \frac{1}{\mathrm{Ln}\left(\frac{1.500}{0,15}\right)} = 0{,}1086$

- Supondo rp = 30 cm e re = 1.500 m → $\frac{1}{\mathrm{Ln}\left(\frac{re}{rp}\right)} = \frac{1}{\mathrm{Ln}\left(\frac{1.500}{0,30}\right)} = 0{,}1174$

Portanto, 0,1174 / 0,1086 = 1,081 → 8,1%. Isso significa que um crescimento de 100% no raio do poço promoveu um aumento de apenas 8,1% na vazão.

Os raios de cone de depressão de poços confinados podem variar bastante. A ordem de grandeza desses raios é de cerca de 1.000 a 1.500 m; valores que chegam a atingir 10 km já foram registrados na literatura. Se dois poços estão localizados suficientemente próximos, ao ponto dos cones se interceptarem, a vazão dos poços diminui.

12.7.2 Fórmula para poços livres

Na Figura 12.12 está esquematizada a geometria para dedução da fórmula do poço livre em regime permanente. Visando fazer com que o potencial (h) dependa apenas de (r), assume-se que o movimento se dê apenas na horizontal (hipótese de Dupuit-Forcheimer). Dessa forma, a declividade do lençol freático passa a representar o gradiente de potencial.

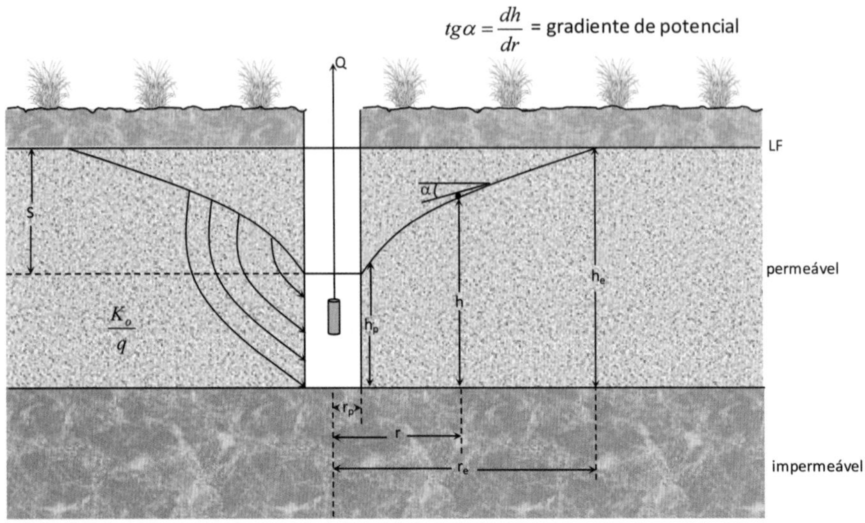

***Figura* 12.12** – *Modelo esquemático para obtenção da fórmula do poço livre.*
Fonte: *Elaborada pelos autores.*

Procedendo-se de forma semelhante àquela estabelecida para o poço confinado, obtém-se a equação 12.8:

$$Q = \frac{\pi.\mathrm{Ko}.(\mathrm{he}^2 - \mathrm{hp}^2)}{\mathrm{Ln}\left(\frac{\mathrm{re}}{\mathrm{rp}}\right)} \qquad (12.8)$$

Analisando-se a equação 12.8, pode-se concluir que:

1 A vazão (Q) é diretamente proporcional à permeabilidade do aquífero (Ko);
2 A vazão (Q) é função do rebaixamento, mas não linearmente, como mostra o exemplo a seguir:
   - Supondo he = 20m e hp = 10 m → (he^2 - hp^2) = (20^2 - 10^2) = 300
   - Aumentando o rebaixamento em 50%, he = 20 m e hp = 5 m → (he^2 - hp^2) = 375
   - 375 / 300 = 1,25 → 25%

Verifica-se, portanto, que quando o rebaixamento aumentou de 50%, a vazão aumentou apenas de 25%.

3 A vazão (Q) depende pouco do raio do poço (tal como no caso do poço confinado); e

4 Quando os cones de depressão de dois poços interceptam-se a vazão diminui. O raio efetivo de um poço freático é bastante variável; a ordem de grandeza desse valor é de 100 a 150m.

12.7.3 Capacidade específica dos poços

Na Figura 12.13 está esquematizado um gráfico onde se pode observar a variação da vazão (Q), em função do rebaixamento (S = he – hp) para um poço confinado e para um poço freático. Conforme foi destacado na equação 12.7, para os poços confinados, teoricamente, essa relação é uma reta. Na prática, devido à perda de carga ocorrida na entrada do poço, essa relação é apenas aproximadamente uma reta. Já para o caso dos poços freáticos a relação é uma curva. A experiência mostra que, quando o poço freático é muito profundo, a relação também se aproxima de uma reta.

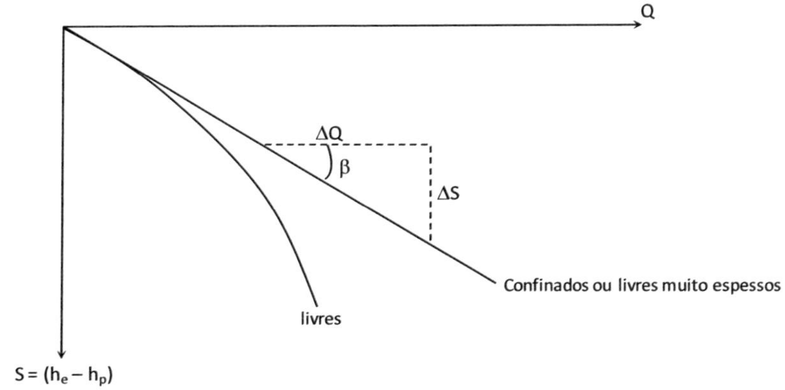

***Figura 12.13** – Vazão do poço em função do rebaixamento da água.*
***Fonte:** DAEE (1983).*

Quanto mais "horizontal" estiver a correlação entre vazão e rebaixamento, maior a vazão obtida para um determinado rebaixamento da água no poço. Esse efeito é medido por . A cotg β é denominada vazão específica do poço ou capacidade específica do poço; ela representa uma medida de eficiência do poço, pois mostra como a vazão pode ser disponibilizada em função da energia gasta no bombeamento.

Na Tabela 12.2 são apresentados valores indicativos de capacidade específica. Poços perfurados no aquífero Guarani geralmente dispõem de capacidade específica de elevada a muito elevada; já poços perfurados no aquífero Bauru, no oeste do Estado de SP, têm capacidade específica de fraca à média.

Tabela 12.2 - Ordem de grandeza de valores de capacidade específica

Classificação	Valores ($m^3\ h^{-1}\ m^{-1}$)
Muito elevada	> 10
Elevada	de 5 a 10
Média	de 1 a 5
Fraca	< 1

Fonte: DAEE (1983).

12.7.4 Determinação da permeabilidade (Ko) e da transmissividade (T) dos aquíferos

Esses dois atributos do solo, fundamentais para se avaliar o desempenho dos aquíferos, podem ser determinados por geólogos, usando vários tipos de testes de bombeamento. No exemplo esquematizado a seguir, perfuram-se dois poços auxiliares localizados na área de influência do poço principal e mede-se o nível d'água após haver uma estabilização do bombeamento da vazão Q (Figura 12.14). Em aquíferos livres, os poços de observação são instalados a distâncias de 30 e 90 metros. Já em aquíferos artesianos a distância é maior: 90 e 210 m.

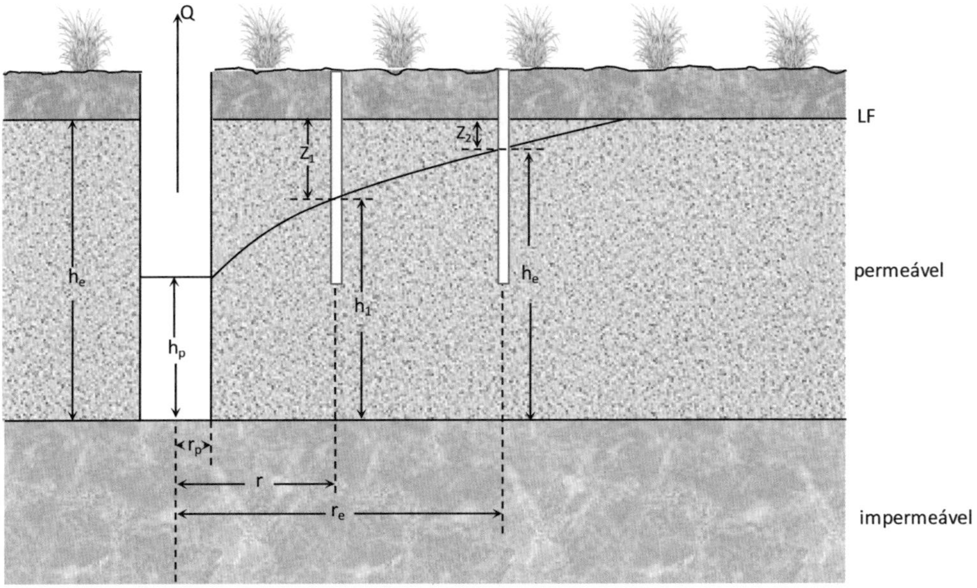

***Figura 12.14** – Teste de bombeamento com poços auxiliares para determinação de Ko.*
***Fonte:** Elaborada pelos autores.*

Utilizando o mesmo raciocínio usado para obter a equação 12.8, mas dessa vez integrando-se entre os limites (1) e (2), obtém-se:

$$Q = \frac{\pi \,.\, \text{Ko} \,.\, (\text{h2}^2 - \text{h1}^2)}{\text{Ln}\left(\frac{\text{r2}}{\text{r1}}\right)}$$

Colocando-se Ko em evidência na equação anterior, obtém-se a equação 12.9, que é uma das expressões utilizadas para se determinar Ko, visando manejo de poços.

$$\text{Ko} = \frac{\text{Q} \,.\, \text{Ln}\left(\frac{\text{r2}}{\text{r1}}\right)}{\pi \,.\, (\text{h2}^2 - \text{h1}^2)} \qquad (12.9)$$

A transmissividade é o produto da permeabilidade do aquífero por sua espessura, ou seja:

$$\text{T} = \text{Ko} \,.\, \text{he} \qquad (12.10)$$

em que:
T - transmissividade, m^2 dia^{-1};
Ko - permeabilidade, m dia^{-1}; e
he - espessura do aquífero, m.

Quanto maior a transmissividade do aquífero maior a sua potencialidade. As transmissividades dos aquíferos podem variar de 10 m^2 dia^{-1} até mais de 10.000 m^2 dia^{-1}. No primeiro caso, o aquífero só pode ser utilizado para abastecimentos domiciliares; quando ultrapassa a 100 m^2 dia^{-1} já pode ser utilizado para propósitos industriais, municipais ou para a irrigação. O aquífero livre Bauru, por exemplo, tem transmissividade menor que 100 m^2 dia^{-1}; já a transmissividade do aquífero Guarani varia de 300 a 700 m^2 dia^{-1}. Para uma mesma vazão bombeada, quando a transmissividade é elevada, o cone de depressão é raso e largo. Já para uma transmissividade baixa o cone é profundo e estreito.

12.8 Teste de produção dos poços

São testes de bombeamento que refletem o desempenho do poço. O tempo e os custos necessários a estes testes são relativamente pequenos quando comparados com o tempo e custo de construção do poço.

Existem vários testes que podem ser realizados; todos os testes envolvem a medição de vazão, de nível d'água e de intervalos de tempo.

12.8.1 Teste de um poço tubular profundo

Esse teste deve ser realizado após o desenvolvimento do poço e antes do poço entrar em operação. Além do Geólogo, o Engenheiro de Minas também pode se responsabilizar pelo teste. Ambos devem ter registro no CREA e na ABAS (Associação Brasileira de Água Subterrânea). O teste apresenta os seguintes objetivos:

1 Determinar a vazão máxima segura que o poço é capaz de fornecer, vazão esta utilizada para a escolha da bomba;
2 Determinar a posição da sucção da bomba;
3 Obter a outorga do poço.

O teste consiste em realizar bombeamento até o equilíbrio do nível d'água no poço, utilizando vazões constantes crescentes, em número mínimo de cinco, conforme ilustra a Figura 12.15. Os níveis d'água podem ser medidos com trenas equipadas com pontas elétricas ou tubos de cobre com bombas de ar; as vazões podem ser medidas com recipientes volumétricos, hidrômetros, orifícios com manômetros, tubo Collins, método das coordenadas do jato, entre outros.

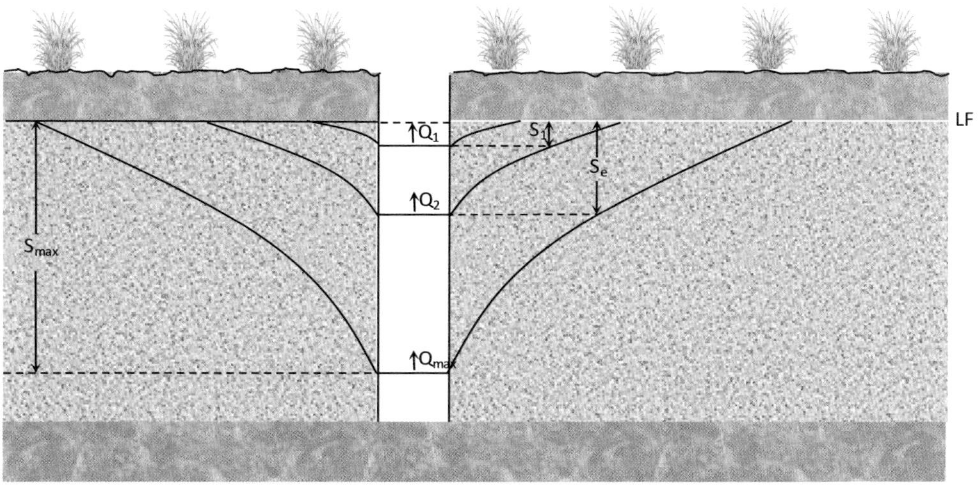

***Figura 12.15** – Teste de produção do poço com bombeamentos sucessivos até o equilíbrio.*
***Fonte:** Elaborada pelos autores.*

Ao final do teste, plotam-se as vazões bombeadas em função do rebaixamento medido. É comum os últimos pontos saírem da tendência da curva estabelecida pelos primeiros; esse fato caracteriza a ocorrência de regime turbulento nas proximidades do poço e deve ser evitado, não só pelo carreamento de areia, como também pela diminuição da capacidade específica do poço. O último ponto, ainda pertencente ao alinhamento, vai definir a vazão máxima segura e o rebaixamento máximo seguro (Figura 12.16). A soma da profundidade estática do LF (x) mais a profundidade máxima segura (Smax) mais uma folga de 3 a 10 metros, definirá a posição da sucção da bomba (Figura 12.17).

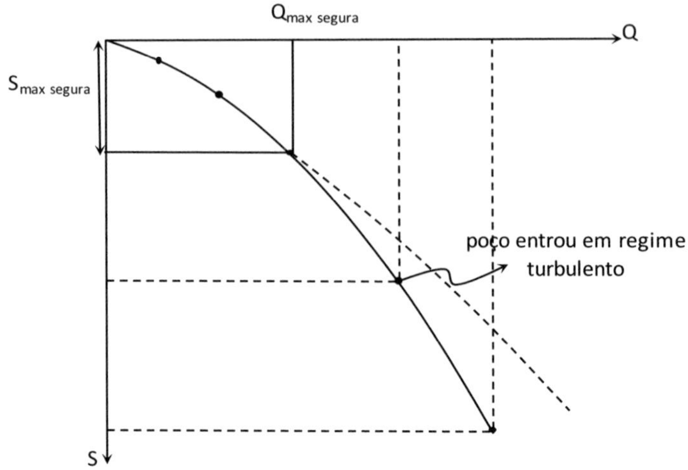

Figura 12.16 – *Resultado do teste de produção, caracterizando recalque excessivo.*
Fonte: *DAEE (1983).*

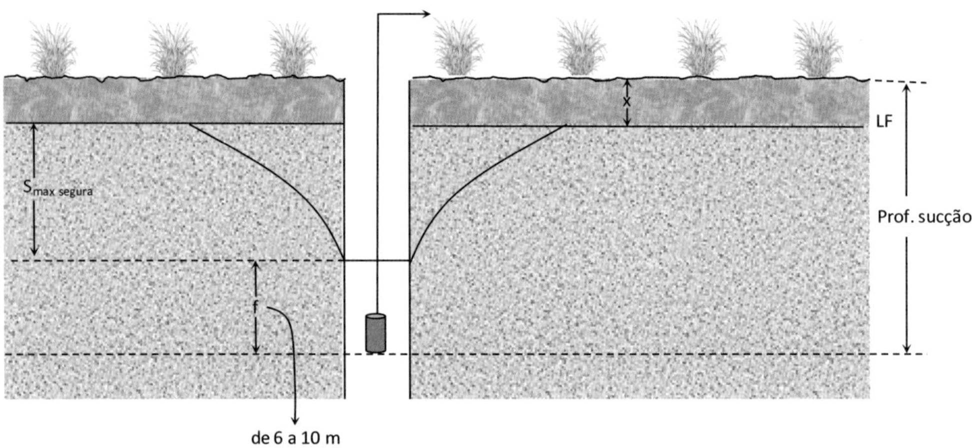

Figura 12.17 – *Localização da profundidade de instalação da bomba.*
Fonte: *Elaborada pelos autores.*

12.8.2 Teste de produção do tipo escalonado

O teste de produção do tipo escalonado tem sido utilizado com frequência em poços rasos (profundidade < 20,0 m) localizados em aquíferos aluviais. Nesses aquíferos, muitas vezes, o sistema de bombeamento instalado não consegue realizar um rebaixamento para estabilização de um nível dinâmico correspondente a 2/3 da sua carga hidráulica inicial, momento em que o poço responde por 92% da sua capacidade máxima de produção. De acordo com Johnson (1974), para se obter o percentual remanescente, 8% da produção, seria necessário aumentar em 30% o rebaixamento, cujo custo do bombeamento não compensaria com o pequeno aumento de produção.

De modo geral, o programa do teste consiste em uma sequência de rebaixamentos com vazão crescente, o que possibilita o conhecimento da vazão máxima. Para que o teste proporcione resultados confiáveis, deve ser realizada a avaliação das características construtivas do poço, da proximidade de outros poços em explotação e do lançamento da água bombeada, para que não ocorra influência na zona de avaliação do poço.

O rebaixamento observado em um poço por ocasião do bombeamento é resultante das perdas de carga associadas ao movimento da água, as quais são classificadas como perdas laminares e perdas turbulentas.

As perdas laminares (ΔS_L) ocorrem no aquífero e nas vizinhanças do poço em regime de fluxo laminar, sendo diretamente proporcionais à vazão de bombeamento (Q) e representadas pelo produto de um coeficiente de proporcionalidade (B), chamado de perda de carga laminar, pela vazão (Q):

$$\Delta S_L = BQ \tag{12.11}$$

As perdas turbulentas (ΔS_T) ocorrem no interior do próprio poço e em suas vizinhanças em regime de fluxo turbulento, as quais são expressas pelo produto de um coeficiente de perdas de carga turbulentas (C), pela vazão ao quadrado.

$$\Delta S_T = CQ^2 \tag{12.2}$$

A determinação do rebaixamento total nos poços bombeados é expressa como a soma do componente laminar de primeira ordem com o componente turbulento de segunda ordem, conforme equação característica de funcionamento do poço:

$$Sw = BQ + CQ^2 \tag{12.13}$$

em que: *Sw* é o rebaixamento médio no poço em bombeamento (m); BQ é o termo laminar e CQ^2, o termo turbulento.

Dividindo a equação 12.13 por Q, tem-se uma equação linear do tipo:

$$Sw/Q = B + CQ \quad (12.14)$$

em que: B e C, coeficientes linear e angular da reta, respectivamente, obtidos diretamente do gráfico construído com os valores de Sw/Q e Q.

A Tabela 12.3 contém os dados referentes a um teste de produção do tipo escalonado em um poço raso localizado no Projeto Público de Irrigação Curu Pentecoste, Ceará (SILVEIRA, 2014). O poço tem uma profundidade de 7,27 m e o nível estático por ocasião da data do teste era de 1,41 m, dispondo assim de uma carga hidráulica de 5,86 m no início do teste.

Os dados do teste de produção demonstram que o máximo rebaixamento (2,84 m) não atinge o valor de nível dinâmico que corresponderia a 2/3 da carga hidráulica inicial (3,90 m), e, portanto, a vazão de explotação. Assim, há a necessidade de que se estabeleça um ajuste estatístico entre Sw/Q em função de Q, com um coeficiente de determinação (r^2) de preferência superior a 0,90 para que se tenha maior segurança na extrapolação dos dados de rebaixamento e vazão. Durante a execução do teste em nível de campo, é recomendável o uso de uma planilha auxiliar que permita a entrada de dados e a verificação do valor do coeficiente de determinação do ajuste estatístico.

Tabela 12.3 – Teste de produção do tipo escalonado

Nível estático NE (m)	Vazão Q ($m^3 h^{-1}$)	Nível dinâmico ND (m)	Rebaixamento Sw (m)	Sw/Q	CE = Q/Sw $m^3 h^{-1} m$
1,41	2,4	2,03	0,62	0,15732	3,87
	5,71	3,03	1,62	0,18508	3,52
	9,23	4,25	2,84	0,19942	3,25

CE: Capacidade específica do poço.

A Figura 12.18 contém o ajuste linear entre Sw/Q em função da vazão Q: Sw/Q = 0,0072Q + 0,2415 e coeficiente de determinação (r^2 = 0,9988).

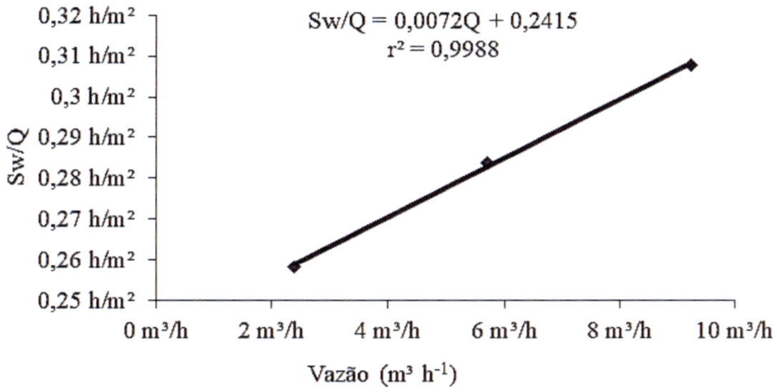

***Figura 12.18** – Ajuste linear entre Sw/Q em função da vazão Q.*
***Fonte:** SILVEIRA (2014).*

A função que expressa Sw = Sw(Q) é obtida por meio da multiplicação de ambos os termos da equação pela vazão (Q): $Sw = 0{,}0072Q^2 + 0{,}2415Q$. Essa equação permitirá a construção de uma tabela auxiliar da evolução simulada do rebaixamento Sw em função da vazão Q e a obtenção da vazão de explotação no rebaixamento correspondente a 2/3 da carga hidráulica, conforme a Figura 12.19, que ilustra os pares de valores de rebaixamento e vazão, até o ponto correspondente à vazão de explotação (11,90 $m^3 h^{-1}$) e rebaixamento de 3,90 m.

O poço tem capacidade específica média, de acordo com a média dos valores de capacidade específica do poço por ocasião do teste de produção (Tabela 12.4).

Q (m³ h-1)	Sw (m)	ND (m)
0,00	0,00	1,41
1,00	0,20	1,66
2,00	0,50	1,92
3,00	0,80	2,19
4,00	1,10	2,48
5,00	1,40	2,79
6,00	1,70	3,11
7,00	2,00	3,44
7,90	2,40	3,79
8,90	2,70	4,15
9,90	3,10	4,52
10,90	3,50	4,91
11,90	3,90	5,32

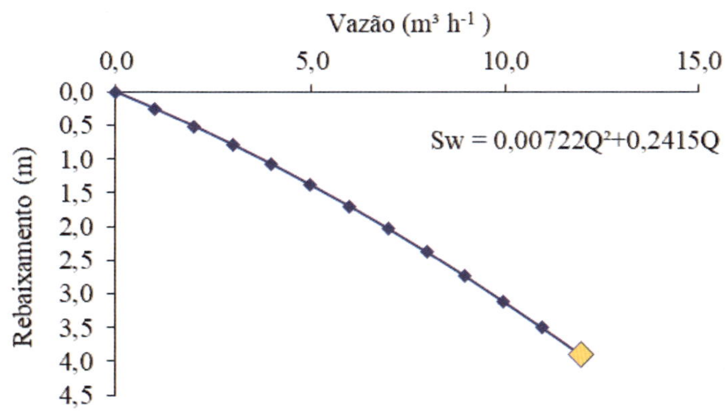

***Figura 12.19** – Evolução simulada do rebaixamento Sw em função da vazão Q.*
***Fonte:** SILVEIRA (2014).*

12.9 Problemas com poços

Durante a vida útil do poço, aconselha-se que sejam feitos testes regulares para se avaliar se a performance continua adequada.

Dentre os problemas que podem causar queda de rendimento citam-se:

1 Incrustação;
2 Corrosão;
3 Problemas mecânicos na bomba;
4 Interferência de poços vizinhos;
5 Declínio no nível da água do aquífero.

12.10 Poluição das águas subterrâneas

As principais causas de contaminação dos aquíferos sob as cidades são:

1 Percolação da água da chuva por meio de aterros sanitários (o ideal seria que esses aterros fossem construídos sobre manta impermeável e sobre solo de permeabilidade reduzida)
2 Vazamento da rede de esgoto e de fossas sépticas.
3 Vazamento de galerias de águas pluviais.
4 Vazamento de tanques de postos de combustíveis.

Esta contaminação pode comprometer o abastecimento urbano de água quando existe comunicação entre as diferentes camadas de aquífero, por meio da percolação ou por meio de perfuração inadequada de poços profundos.

Outras possíveis causas de contaminação das águas subterrâneas são:

- Uso de fertilizantes e defensivos na agricultura, que podem contaminar as águas subterrâneas após algumas colheitas.
- Despejo de resíduos de cargas industriais sobre áreas de recarga de aquíferos.

12.11 Reservas hídricas subterrâneas

Uma das questões recorrentes no processo de tomada de decisão sobre o uso de recursos hídricos é referente à quantidade de água que pode ser explotada sem causar riscos a um aquífero. A recarga natural de águas subterrâneas consiste no processo de entrada de água nos sistemas aquíferos, que tem como principal fonte a precipitação pluviométrica e é regulada por fatores físicos e climáticos, como a geologia, o tipo de solo, o relevo, a cobertura vegetal e a evapotranspiração. Diante disso, conhecer a taxa de recarga e compreender os seus mecanismos reguladores são aspectos fundamentais à gestão integrada dos recursos hídricos.

A observação das flutuações no lençol freático, que representam a recarga ou descarga do reservatório de água subterrânea é um dos principais métodos de determinação da recarga anual ou do potencial de explotação de águas subterrâneas.

A reserva renovável é associada ao balanço hídrico das águas subterrâneas e tem como característica a mudança de magnitude durante os anos, de acordo com o ciclo hidrológico. As variações potenciométricas sazonais, em aquíferos livres, são as variações que resultam de infiltrações de águas meteóricas nos períodos chuvosos e de descarga nos períodos secos, modificando o armazenamento, que oscila entre um valor máximo, ao final do período chuvoso, e um valor mínimo, ao final do período seco. Com isso, a reserva renovável pode ser determinada a partir de uma rede de pontos de observação dos níveis de água na área de ocorrência do aquífero.

A estimativa da recarga pode ser realizada por meio do método de flutuação da superfície livre (water table fluctuation – WTF), amplamente aplicado em aquíferos livres, e do balanço hídrico, pela metodologia de Thornthwaite e Mather, de 1955. As Equações 12.15 e 12.16 são utilizadas para estimar a recarga pelo método WTF e balanço hídrico, respectivamente:

$$R = \eta e \frac{dh}{dt} = \eta e \frac{\Delta h}{\Delta t} \tag{12.15}$$

em que, *R*: recarga; *h*: altura do nível freático; *t*: tempo; ηe: porosidade efetiva.

$$R = P + ESC - ETR - ARM \tag{12.16}$$

em que, *R*: recarga; *P*: precipitação; *ESC*: fluxos superficiais; *ETR*: evapotranspiração real; *ARM*: variação no armazenamento de água na zona não saturada.

A reserva renovável (Rr) representa o volume de água que participa anualmente do ciclo hidrológico, que tem forte correlação com as variações sazonais, e das recargas e explotações anuais do aquífero. Diante disso, para aquíferos livres, a Rr pode ser calculada a partir da área de ocorrência do aquífero, da variação do nível da água subterrânea ou espessura anual variável e da porosidade efetiva (COSTA, 1998).

$$Rr = A^{*}\Delta h^{*}\eta e \tag{12.17}$$

em que, *Rr*: reserva renovável (m^3 ano^{-1}); *A*: área de ocorrência superficial do aquífero (m^2); *Δh*: espessura saturada anual; variação sazonal do nível estático freático, NE (m); *ηe*: porosidade efetiva (adimensional).

A reserva permanente corresponde ao volume de água subterrânea, que participa do ciclo hidrológico em uma escala de tempo plurianual, centenária ou milenar, situada na porção saturada, inferior à posição mínima influenciada pela variação sazonal do aquífero. Em resumo, a reserva permanente (Rp) é o volume hídrico acumulado, em função da porosidade efetiva e do coeficiente de armazenamento, não variável em decorrência da flutuação sazonal da superfície potenciométrica (COSTA, 1998). Para aquíferos livres, o cálculo da Rp é dado pela reserva ou volume de saturação.

$$Rp = A^{*}h_o^{*}\eta e \tag{12.18}$$

em que, Rp - reserva permanente (m^3); A - área de ocorrência do aquífero (m^2); h_o - espessura média saturada (m); ηe - porosidade efetiva (adimensional).

Para exemplo de cálculo da Rr e da Rp (Figura 12.20A), tem-se dados do aquífero aluvial do Projeto de Irrigação Morada Nova, Ceará (NUNES, 2021). Área de ocorrência superficial do aquífero, A = 1087,75 ha; diferença das médias de NE dos períodos secos e chuvosos (variação sazonal do nível estático freático) que pode ser observada na Figura 12.20B) de poços em monitoramento, Δh = 1,52 m; porosidade efetiva média, ηe = 19,2%; espessura média da camada saturada, h_0 = 11,16 (com valores maiores obtidos por meio de testes de sondagem para a região). Totalizando, conforme as equações 12.17 e 12.18, respectivamente: Rr = $3{,}17 \times 10^6$ m^3 ano^{-1} e Rp = $23{,}35 \times 10^6$ m^3.

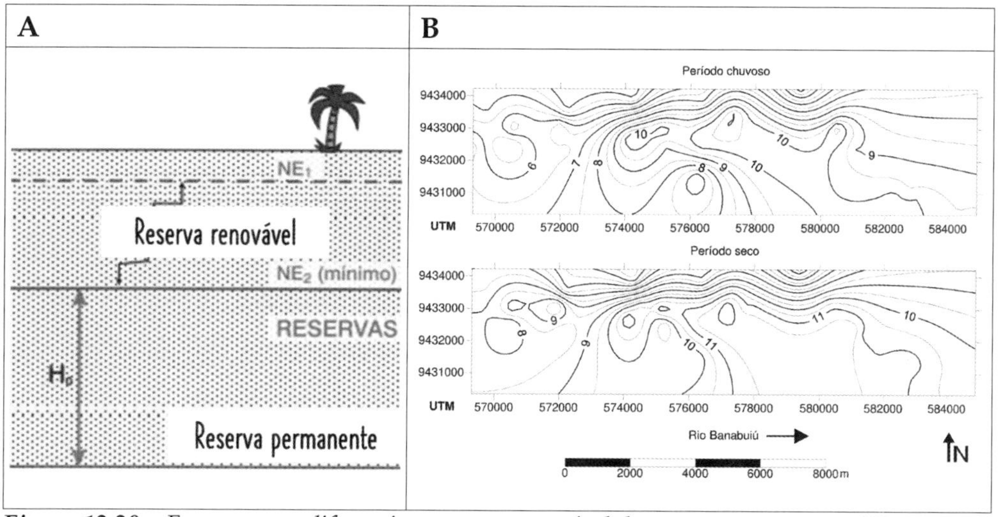

Figura 12.20 – Esquema que diferencia a reserva renovável da reserva permanente (A) e isolinhas de profundidade do nível estático (m) (B).
Fonte: Adaptado de Feitosa et al. (2008); Nunes (2021).

Os recursos explotáveis (ou reservas explotáveis) são definidos como a descarga segura ou descarga permissível e envolvem o conceito de safe yield, que pode ser entendido como a explotação de um recurso, mediante nível de segurança anteriormente determinado. Desse modo, o cálculo desses recursos dispõe de uma variável de decisão política, correspondente ao percentual a ser explotado da Rp ao longo do tempo, com vistas à sustentabilidade hídrica.

Portanto, para o cálculo dos recursos explotáveis (Re), designados também como potencialidade aquífera, o volume total que pode ser explotado com segurança é composto pela soma da Rr e uma parcela da Rp, que pode ser alterada em função dos diferentes aspectos hidrogeológicos e de uso/ocupação do solo, ou seja, da vulnerabilidade e risco do meio aquífero.

De acordo com Cavalcante (1998), a potencialidade aquífera pode ser calculada como 1/3 da reserva total, composta pela soma das Rr e Rp.

$$Re = \frac{Rr + Rp}{3} \qquad (12.19)$$

em que, Re - recursos explotáveis (m^3 ano^{-1}); Rr - reserva renovável (m^3 ano^{-1}); Rp - reserva permanente (m^3).

Para os dados citados anteriormente no cálculo da Rr ($3{,}17x10^6$ m^3 ano^{-1}) e da Rp ($23{,}35x10^6$ m^3), os Re totalizam $8{,}84x10^6$ m^3 ano^{-1}.

12.12 Sondagem Elétrica Vertical – SEV

A utilização de técnicas de geofísica integrada aos aspectos hidrogeológicos é essencial para avaliar as potencialidades dos recursos hídricos subterrâneos de uma região, visto que por meio das sondagens geofísicas é possível identificar a espessura das camadas saturadas em água de acordo com a resistividade elétrica apresentada pelo sedimento ou rocha.

A resistividade elétrica é a resistência que o material oferece à passagem da corrente elétrica. Em meios porosos, o fluxo de corrente elétrica faz-se essencialmente em nível do fluído intersticial e na camada limite entre a matriz sólida e o meio líquido; já em meio não poroso, tipo rochas fraturadas, a corrente elétrica é obrigada a atravessar o material constituinte da rocha antes de atingir as fraturas, sendo, portanto, sujeita à maior resistência.

Na Figura 12.21 tem-se a ilustração de uma SEV utilizando o arranjo Schlumberger, o qual *é bastante prático em nível de campo, sendo necessário o deslocamento de apenas dois eletrodos, e visando proporcionar um erro desprezível, adota*ndo-se a relação MN ≤ AB/5 (BRAGA, 2001). A e B são os eletrodos de injeção de corrente elétrica, M e N são os eletrodos de medida da direção de potencial. Nesse tipo de arranjo, enquanto os elétrons de corrente A e B apresentam uma separação crescente em relação ao centro do arranjo (V), os eletrodos de potencial M e N permanecem fixos durante o desenvolvimento do ensaio.

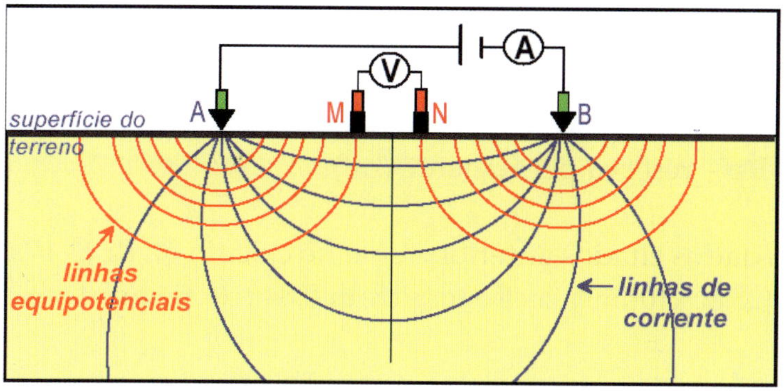

***Figura 12.21** – Ilustração do arranjo Schlumberger na eletrorresistividade.*
***Fonte:** Braga (2001).*

12.13 Exercício proposto

a) Um teste de bombeamento à vazão constante foi realizado em um poço freático até o equilíbrio, contando com leituras de dois poços auxiliares. Sendo dados:

* **Q** = 60 $m^3 h^{-1}$

* **he** = 18 m

* **z1** = 2,62 m ; r1 = 14 m

* **z2** = 1,50 m ; r2 = 40 m

a.1- Estime a permeabilidade do aquífero.

a.2- Estime o raio efetivo do poço.

a.3- Estime a transmissividade do aquífero

Fórmulas:

h1 = he - z1

h2 = he - z2

$$Q = \frac{\pi \, Ko \, (h2^2 - h1^2)}{Ln(\frac{r2}{r1})}$$

$$Q = \frac{\pi \, Ko \, (he^2 - h2^2)}{Ln(\frac{re}{r2})}$$

Resposta:

a1-Ko=13,46 m dia^{-1}

a2-re=182,8 m

a3-T=242,3m^2 dia^{-1}

CAPÍTULO 13

Qualidade da água

13.1 Introdução

A qualidade da água está intimamente relacionada ao uso que a ela se quer dar. Dessa forma, os principais padrões de qualidade da água são os seguintes:

- Para fim de consumo humano;
- Para fim de irrigação;
- Para fim industrial;
- Para fim de criação de animais; e
- Para fim de manejo ambiental.

Do ponto de vista do consumo humano, são realizadas análises e estabelecidos índices que procuram evitar doenças de origem e transmissão hídrica, assim como garantir que a água não seja repulsiva ao consumo.

No que diz respeito à irrigação, existem 2 problemas que se procura controlar: o problema da salinização do solo e o do entupimento de gotejadores. O segundo é tratado com detalhes nos textos sobre irrigação localizada, de forma que nesse material serão abordadas apenas as noções básicas do processo de entupimento.

Para a criação de animais, dependendo da salinidade e presença de elementos tóxicos, as águas podem afetar a qualidade de carne e do leite, a ponto de torná-los inadequados para o consumo humano. Assim, serão apresentados os padrões de limites para os diferentes animais.

Os padrões para fins industriais, dada à diversidade dessa atividade, são bastante variáveis. Nesse material, será feito apenas um apanhado de quão diversos podem ser esses padrões.

Já a caracterização dos cursos d'água quanto à qualidade ambiental de suas águas, visa avaliar o esforço que deve ser feito para que a água possa ser aproveitada para determinada função. Geralmente os rios são classificados, não pela sua situação atual, e sim pela qualidade que o Comitê de Bacia estabelece que este deva, estrategicamente, apresentar em médio prazo. Esta classificação baliza a ação do órgão estadual responsável pela gestão de qualidade dos recursos hídricos da bacia.

13.2 Qualidade da água para consumo humano

No caso do consumo humano, devem ser realizadas análises físicas, organolépticas, químicas e bacteriológicas da água, conforme é ilustrado na Tabela 13.1:

Tabela 13.1 - Análises da água para consumo humano e seus objetivos

Objetivo da análise	Tipo de análise
Evitar doenças de origem hídrica e garantir boa aceitação por parte do consumidor	→ Análises físicas e organolépticas
	→ Análises químicas
Evitar doenças de transmissão hídrica	→ Análise bacteriológica

Fonte: *Elaborada pelos autores.*

No Brasil, os limites das variáveis analisadas estão estabelecidos na Portaria 518 do Ministério da Saúde (2004), que pode ser encontrada no sítio https://bvsms.saude.gov.br/bvs/publicacoes/portaria_518_2004.pdf

Na Tabela 13.2 são apresentadas algumas das variáveis que compõem o chamado Padrão de Aceitação para o Consumo Humano. Trata-se de limites para variáveis físicas, organolépticas e químicas, e que visam evitar que a água não seja rejeitada pelo consumidor; não se trata de caso de prevenção de doenças.

Tabela 13.2 – Padrão de aceitação para consumo humano de água

Parâmetro	Unidade	Valor máximo permissível
Físicas e Organolépticas		
Cor	uH	15
Odor	--	Não objetável
Gosto	--	Não objetável
Turbidez	uT	5
Químicas		
Alumínio	mg L^{-1}	0,2
Zinco	mg L^{-1}	5
Dureza	mg L^{-1}	500
Ferro	mg L^{-1}	0,3
Manganês	mg L^{-1}	0,1
Sódio	$mmol_c$ L^{-1}	8,7
Cloreto	$mmol_c$ L^{-1}	7
Sólidos dissolvidos totais	mg L^{-1}	1.000

Fonte: *Portaria 518 do Ministério da Saúde (2004)*

A água pode ter cor avermelhada ou amarelada, quando contém excesso de ferro oxidado, enegrecida quando contém resíduos de matéria orgânica, azulada quando contém compostos a base de cobre, etc. A ingestão de água com alguma cor não implica necessariamente que esta causará distúrbios ou doenças; entretanto, a cor é limitada para não causar desconforto ao consumidor.

O odor está presente em águas que têm sulfetos (cheiro de "ovo podre"), em águas que contêm fenóis, entre outras. O odor pode causar alarme à população, assim como a cor, mas não obrigatoriamente caracteriza água que cause doença. Pelo mesmo motivo, a água não deve ter gosto; águas com gosto metálico ou salobro, por exemplo, devem ser previamente tratadas ou descartadas.

A turbidez é a característica oposta à transparência da água. Águas túrbidas contêm sólidos em suspensão, que dificultam a passagem da luz; a turbidez é medida em um aparelho denominado turbidímetro.

Existem análises químicas que estão englobadas no grupo da aceitação para o consumo humano. Águas contendo excesso de alumínio ou zinco podem conferir sabor metálico à água, e daí terem seus níveis limitados.

A dureza também não é um padrão que prejudique a saúde: águas duras contêm excesso de cálcio e ou de magnésio, que reagem com o sabão, originando uma mucilagem, ao invés de espuma. Dessa forma a dureza prejudica a higiene domiciliar e o serviço de lavanderias, devido ao maior gasto de água e sabão.

O excesso de ferro ou de manganês causa manchas vermelhas ou escuras, respectivamente, em peças sanitárias e em roupas. Sódio e cloreto conferem sabor salobro à água e também têm suas concentrações limitadas.

O teor de sólidos solúveis totais (SDT) não deve ultrapassar a 1.000 mg L^{-1}. ou 0,1% de sal para a água ser considerada potável para consumo humano. Para a dessedentação de bovinos, esse limite é 10 vezes maior, ou seja, é de 10.000 mg L^{-1} ou 1 % de sais.

Na Tabela 13.3 são apresentados alguns elementos que têm suas concentrações analisadas e limitadas devido à possibilidade de ocasionarem risco à saúde. Esses elementos podem ser inorgânicos ou orgânicos.

Tabela 13.3 – Valores máximos permissíveis (VMP) dos elementos que têm risco à saúde humana

Parâmetro	**Unidade**	**Valor máximo permissível**
Inorgânicas		
Arsênio	mg L^{-1}	0,01
Cianeto	mg L^{-1}	0,07
Chumbo	mg L^{-1}	0,01
Fluoreto	mg L^{-1}	1,5
Mercúrio	mg L^{-1}	0,001
Nitrato	mg L^{-1}	1
Orgânicas		
Benzeno	µg L^{-1}	5
Aldrin	µg L^{-1}	0,03
2,4 D	µg L^{-1}	30
DDT	µg L^{-1}	2
Cianotoxinas	µg L^{-1}	1,0

Fonte: *Portaria 518 do Ministério da Saúde (2024).*

No grupo dos inorgânicos, o arsênio e o cianeto são compostos venenosos. O chumbo, quando tem sua ingestão prolongada, pode causar uma doença chamada Saturnismo, que ataca o sistema nervoso humano. O fluoreto, em baixas dosagens, ajuda no controle da cárie dentária; já quando está presente na água em concentrações maiores que 1,5 mg L^{-1}, pode causar uma doença chamada fluorose, que deixa os dentes de jovens com manchas escuras e quebradiços. O mercúrio, ingerido em excesso, causa uma doença chamada Mal de Minamata, cujo nome advém de uma localidade no Japão onde o problema foi detectado pela primeira vez; essa doença ataca o sistema nervoso central de humanos e animais. Já o nitrato, quando ingerido em excesso por bebês, pode causar uma doença que prejudica as trocas gasosas na respiração da criança, chamada de Metahemoglobinemia ou Doença das Crianças Azuis (ou "Blue Baby" em inglês).

No que se refere aos compostos orgânicos, os limites de concentração são da ordem de grandeza de 10^{-3} mg L^{-1}. O benzeno, por exemplo, solvente muito usado na indústria, é cancerígeno, tendo seu limite fixado em 5,0 x 10^{-3} mg L^{-1}. Aldrin; 2,4D e DDT são compostos usados como defensivos agrícolas (uso atualmente proibido). As cianotoxinas, ou toxinas geradas pelas algas azuis, já provocaram um acidente sério na hemodiálise da cidade pernambucana de Caruaru na década de 1990, com mais de 40 mortes.

13.3 Qualidade de água para irrigação

13.3.1 O problema da salinização dos solos

A origem da salinidade

O problema da salinização dos solos agricultáveis acompanha a humanidade desde tempos remotos. Os livros de História citam o caso da civilização dos sumérios, que ocupavam a antiga Mesopotâmia (atual Iraque), e que salinizaram as terras ao longo do Rio Eufrates devido ao fato de não manejarem a irrigação de forma adequada. Esse tipo de problema perdura até hoje: estima-se que cerca de 20% da área irrigada no mundo esteja de alguma forma salinizada; no semiárido brasileiro também encontram-se problemas dessa ordem de grandeza.

A salinização pode ser um processo pedogenético natural do solo (salinização primária) ou um processo causado pela ação do homem (salinização secundária); na Figura 13.1 esses processos são apresentados esquematicamente.

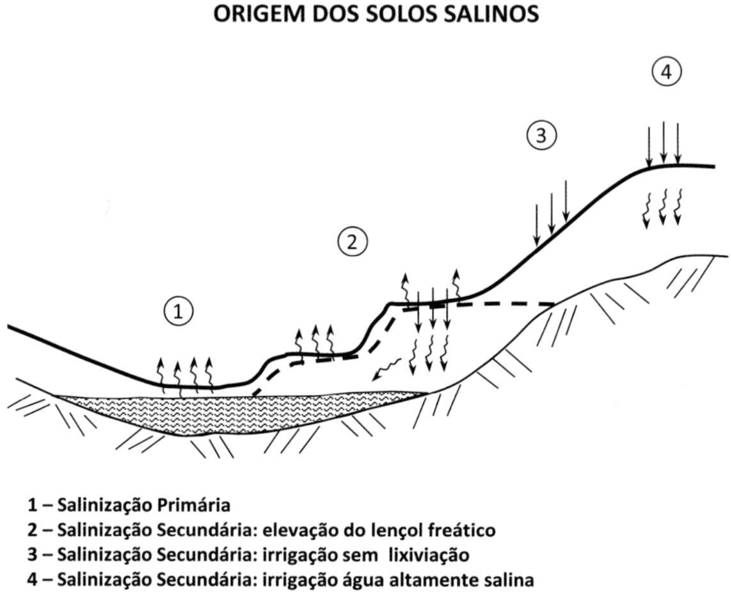

Figura 13.1 – *Processos de salinização primária e secundária.*
Fonte: Elaborada pelos autores.

A salinização primária pode ser originada da intrusão marinha, da ação de ventos ou da presença de lençol freático raso em zonas árida ou semiárida; esse último processo parece ser o mais frequente. Em zonas úmidas, à medida que o material rochoso vai sendo intemperizado durante a formação do solo, o perfil é intensamente lixiviado; os sais se deslocam para a zona saturada e de lá para os rios que afluem para o mar. Já em regiões semiáridas, como a lixiviação é menos intensa, os sais se acumulam na zona saturada que ocupa a parte mais baixa da toposequência. Quando o lençol freático está raso, ocorre fluxo ascendente (ou ascensão capilar) em direção à superfície; em seguida a água evapora e os sais salinizam as camadas mais rasas do perfil. Este fenômeno é possível porque, nessas regiões, a evapotranspiração potencial é maior que a precipitação pluvial.

O principal processo de salinização secundária se deve à irrigação realizada com perdas excessivas na ausência ou insuficiência de drenagem. Esse problema ocorre principalmente quando se irriga por sulcos ou por inundação, em solos com camada de impedimento à profundidade rasa. Nesse caso, com o passar dos tempos, o lençol freático vai subindo e, quando atinge cerca de 1 a 2 m de profundidade, inicia-se o fluxo ascendente em direção à superfície, salinizando-a.

A irrigação em regiões semiáridas deve ser realizada com a aplicação de certa fração de lixiviação para evitar que os sais presentes na água de irrigação se acumulem. Quando a irrigação é conduzida com uma eficiência de aplicação excessivamente alta (sem esta fração), existe o risco de salinização do solo, mesmo que a água de irrigação seja relativamente de baixa salinidade. Esse problema é comum em vertissolos, pois estes têm velocidade de infiltração e percolação de água muito baixas.

Outrossim, a salinização secundária pode ocorrer quando se usa água de alta salinidade, mesmo realizando-se o manejo correto (aplicação de uma fração de lixiviação - FL). Nesse caso a salinidade do solo, dependendo da salinidade de água, irá se estabilizar em um nível que não pode ser tolerado por determinadas culturas, e é o que acontece quando se irriga com água subterrânea salobra.

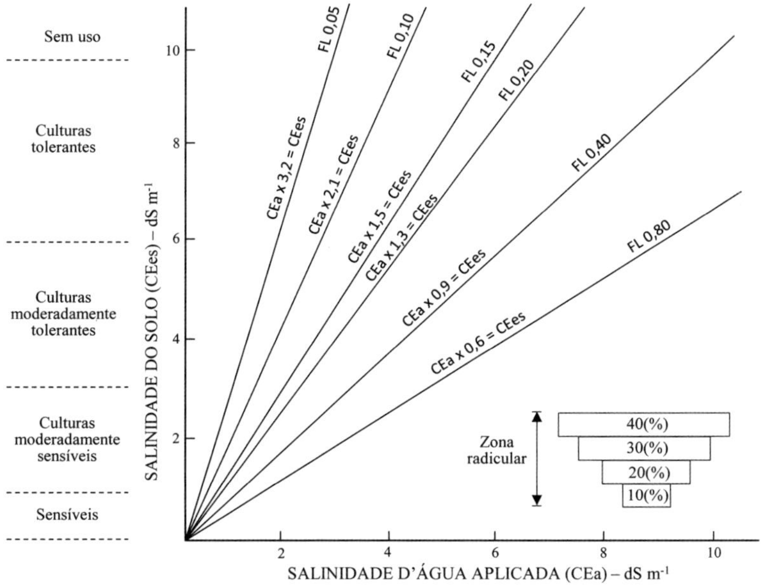

Figura 13.2 *– Salinidade média do solo (CEes) na zona radicular em função da salinidade da água de irrigação (CEa) para diferentes frações de lixiviação (FL).*
Fonte: *Ayers & Westcot (1999).*

A área salinizada no Mundo devido a processos primários (cerca de um bilhão de hectares) é bem maior do que aquela salinizada por processos secundários (cerca de 77 milhões de hectares) (https://wad.jrc.ec.europa.eu/soilsalinization). Entretanto, a salinização secundária é a que causa maiores prejuízos econômicos, pois nas áreas naturalmente salinas geralmente não há investimento de capital.

13.3.2 Caracterização do problema da salinidade

Os inconvenientes da salinização dos solos agrícolas podem ser divididos em três problemas básicos: excesso de sais na solução do solo, excesso de sódio trocável e excesso de íons tóxicos (Na^+, Cl^-, B) (Tabela 13.4).

Tabela 13.4 – Problemas associados à caracterização do problema da salinidade na agricultura

Problema	Efeito
Excesso de sais	Diminuição do potencial osmótico e dificuldade de absorção de água e nutrientes
Excesso de Na trocável	Desestruturação do solo e desequilíbrio nutricional
Excesso de Cl e B	Toxicidade desses íons para a cultura devido sua absorção
Excesso de Na	Toxicidade e desbalanço nutricional

Fonte: *Elaborada pelos autores.*

Quando a solução do solo apresenta excesso de sais, o potencial osmótico desta diminui e a planta tende a apresentar dificuldade na absorção de água e nutrientes pelas raízes. Quando esse problema é de pouca significância, sua constatação é difícil, exigindo que a produtividade da cultura seja comparada ano a ano, para caracterizar o decréscimo. Entretanto, quando o problema é severo, as plantas não se desenvolvem a contento, apresentam folhas coriáceas e verde azuladas e, muitas vezes, não produzem.

O problema do excesso de sódio trocável pode se expressar do ponto de vista físico ou químico. Do ponto de vista físico, o excesso de sódio trocável promove aumento da dupla camada iônica das micelas de argila, de forma que, quando o solo seca, apresenta-se com caráter maciço ou desestruturado, acarretando uma série de problemas de manejo (dificuldade de destorroamento, dificuldade de infiltração, aeração deficiente, entre outros). Do ponto de vista químico, o excesso de sódio trocável acarreta a elevação do pH, causando dificuldade de absorção de certos micronutrientes (como o Cu, Mn e Zn, por exemplo); por competição, a absorção de potássio e cálcio também pode ser comprometida.

O excesso de cloreto, sódio e boro na solução do solo ou na água de irrigação pode causar a absorção desses elementos em excesso, que tendem a se acumular nas bordas das folhas, dando o aspecto de queimadura. Embora esse problema ocorra mais frequentemente quando se irriga por aspersão, pode ocorrer, também, quando se utilizam métodos de irrigação que não molham as folhas, se a solução do solo apresentar níveis elevados.

13.3.3 Análise da água de irrigação

Para se verificar a possibilidade da água de irrigação vir a causar problema de excesso de sais na solução do solo, analisa-se sua condutividade elétrica (Tabela 13.5). Essa é uma forma rápida e barata de se medir, indiretamente, a quantidade de sais presentes na água; a unidade de medida, normalmente empregada, é o dS m^{-1}. A Tabela 13.6 apresenta alguns valores de condutividade elétrica, em diferentes tipos de água, com o objetivo de fornecer ao leitor noção de ordem de grandeza desses valores.

Tabela 13.5 – Análises de água necessárias para se avaliar o risco de salinização

Problema	Análise	Unidade
Excesso de sais	Condutividade elétrica da água de irrigação	dS m^{-1}
Dispersão do solo	Razão de adsorção de sódio corrigida	(mmol $L^{-1})^{0,5}$
Toxicidade específica	Concentração de Na, Cl, B	$mmol_c$ L^{-1}ou mg L^{-1}

Fonte: *Elaborada pelos autores.*

Tabela 13.6 – Ordem de grandeza dos valores de condutividade elétrica de diferentes tipos de água

Tipo de água	**Condutividade elétrica (dS m^{-1})**
Água destilada	0,00005
Água da chuva	0,01
Água da abastecimento municipal	0,2
Água do mar	45

Fonte: *CONAMA (2005)*

O problema da desestruturação ou dispersão do solo ocasionado pelo excesso de sódio é avaliado por um parâmetro denominado Razão de Adsorção de Sódio Corrigida (RAS^O), cuja fórmula é apresentada na Equação 13.1, sendo a variável cálcio corrigido (Ca^O) obtida na Tabela 13.7. O RAS^O tem como unidade (mmol $L^{-1})^{0,5}$.

$$RAS^{\circ} = \frac{Na}{\sqrt{\frac{Ca^{\circ}+Mg}{2}}} \quad (13.1)$$

O risco de toxicidade dos elementos Cl, Na e B é avaliado medindo-se a concentração destes na água de irrigação. O resultado pode ser expresso em $mmol_c$ L^{-1} ou ppm (mg L^{-1}).

Tabela 13.7 – Concentrações de cálcio corrigido (Ca^O – $mmol_c$ L^{-1}) na água, em função da condutividade elétrica da água de irrigação e do razão HCO_3^-/Ca^{2+} ($mmol_c$ L^1)

HCO_3/Ca da água	**Condutividade elétrica da água de irrigação (CE_a)**											
	0,1	**0,2**	**0,3**	**0,5**	**0,7**	**1,0**	**1,5**	**2,0**	**3,0**	**4,0**	**6,0**	**8,0**
0,05	13,20	13,61	13,92	14,40	14,79	15,26	15,91	16,43	17,28	17,97	19,07	19,94
0,10	8,31	8,57	8,77	9,07	9,31	9,62	10,02	10,35	10,89	11,32	12,01	12,56
0,15	6,34	6,54	6,69	6,92	7,11	7,34	7,65	7,90	8,31	8,64	9,17	9,58
0,20	5,24	5,40	5,52	5,71	5,87	6,06	6,31	6,52	6,86	7,13	7,57	7,91
0,25	4.51	4,65	4,76	4,92	5,06	5,22	5,44	5,62	5,91	6,15	6,52	6,82
0,30	4,0	4,12	4,21	4,36	4,48	4,62	4,82	4,98	5,24	5,44	5,77	6,04
0,35	3,61	3,72	3,80	3,94	4,04	4,17	4,35	4,49	4,72	4,91	5,21	5,45
0,40	3,30	3,40	3,48	3,60	3,70	3,82	3,98	4,11	4,32	4,49	4,77	4,98
0,45	3,05	3,14	3,22	3,33	3,42	3,53	3,68	3,80	4,00	4,15	4,41	4,61
0,50	2,84	2,93	3,00	3,10	3,19	3,29	3,43	3,54	3,72	3,87	4,11	4,30
0,75	2,17	2,94	2,29	2,37	2,43	2,51	2,62	2,70	2,84	2,95	3,14	3,28

1,00	1,79	1,85	1,89	1,96	2,01	2,09	2,16	2,23	2,35	2,44	2,59	2,71
1,25	1,54	1,59	1,63	1,68	1,73	1,78	1,86	1,92	2,02	2,10	2,23	2,33
1,50	1,37	1,41	1,44	1,49	1,53	1,58	1,65	1,70	1,79	1,86	1,97	2,07
1,75	1,23	1,27	1,30	1,35	1,38	1,43	1,49	1,54	1,62	1,68	1,78	1,86
2,00	1,13	1,16	1,19	1,23	1,26	1,31	1,36	1,40	1,48	1,54	1,63	1,70
2,25	1,04	1,06	1,10	1,14	1,17	1,21	1,26	1,30	1,37	1,42	1,51	1,58
2,50	0,97	1,00	1,02	1,06	1,09	1,12	1,17	1,21	1,27	1,32	1,40	1,47
3,00	0,85	0,89	0,91	0,94	0,96	1,00	0,04	1,07	1,13	1,17	1,24	1,30
3,50	0,78	0,80	0,82	0,85	0,87	0,90	0,94	0,97	1,02	1,06	1,12	1,17
4,00	0,71	0,73	0,75	0,78	0,80	0,82	0,86	0,88	0,93	0,97	1,03	1,07
4,50	0,66	0,68	0,69	0,72	0,74	0,76	0,79	0,82	0,86	0,90	0,95	0,99
5,00	0,61	0,63	0,65	0,67	0,69	0,71	0,74	0,76	0,80	0,83	0,88	0,93
7,00	0,49	0,50	0,52	0,53	0,55	0,57	0,59	0,61	0,64	0,67	0,71	0,74
10,00	0,39	0,40	0,41	0,42	0,43	0,45	0,47	0,48	0,51	0,53	0,56	0,58
20,00	0,24	0,25	0,26	0,26	0,27	0,28	0,29	0,30	0,32	0,33	0,35	0,37
30,00	0,18	0,19	0,20	0,20	0,21	0,21	0,22	0,23	0,24	0,25	0,27	0,28

Fonte: *Suarez (1981).*

Ca^0 e HCO_3 Ca^{-1} são expressos em $mmol_c$ L^{-1} e CE_a em dS m^{-1}

13.3.4 Classificação da água de irrigação

Dentre as diversas classificações de água para a irrigação disponíveis na literatura especializada, a mais utilizada atualmente é a classificação da *University of Califórnia Committee of Consultantes* (UCCC, 1974). Essa classificação procura analisar os três problemas vistos anteriormente, quais sejam: salinização, sodificação e toxicidade. Os dois primeiros são avaliados utilizando a Figura 13.3, e o último por meio da Tabela 13.8.

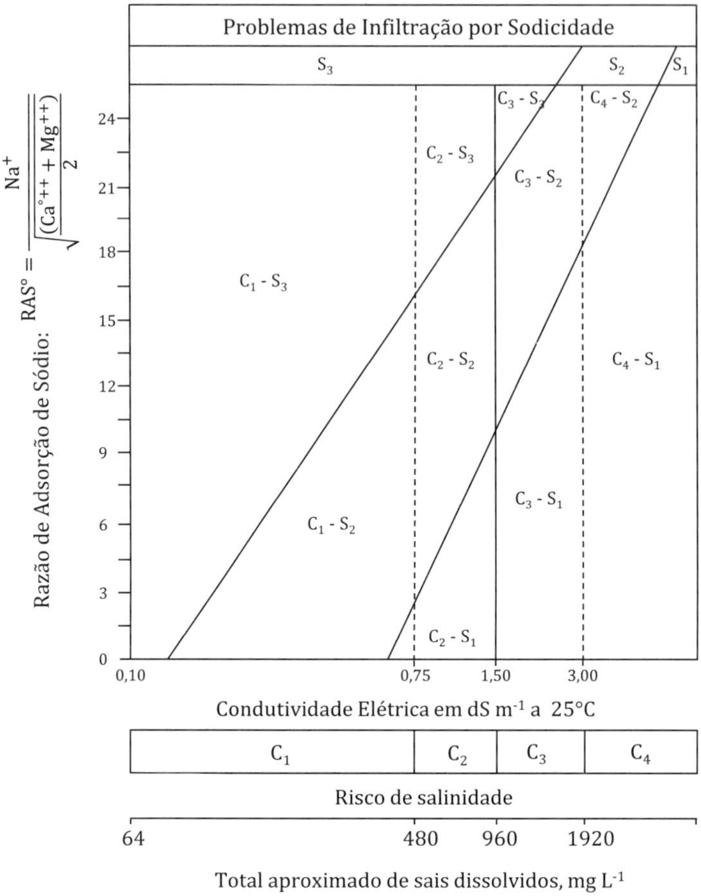

***Figura 13.3** – Diagrama aproximado para o diagnóstico dos problemas de salinização e sodificação.*
***Fonte:** UCCC (1974).*

Tabela 13.8 – Limites de classificação de toxicidade dos íons das águas de irrigação

Restrição	Elementos					
	Cloreto	Sódio	Boro	Cloreto	Sódio	Boro
	mmol$_c$ L^{-1}			mg L^{-1}		
Ausência	4	3	0,06	141	70	0,7
Moderada	4 - 10	3 - 9	0,06 - 0,27	141 - 354	70 - 207	0,7 - 3,0
Severa	>10	>9	>0,27	>354	>207	>3,0

***Fonte:** Ayers & Westcot (1999).*

As águas C1S2, C2S1 e C2S2 podem ser utilizadas normalmente, sem maiores problemas, desde que se aplique uma fração de lixiviação de manutenção (entre 5 e 10%), caso a região seja semiárida. As águas C3S1, C4S1, C3S2 e C4S2 exigem a aplicação periódica de uma lâmina de lixiviação, dependendo da CEa, e só são recomendadas para culturas tolerantes a salinidade. As águas C1S3 e C2S3 podem ser usadas em cultivos tolerantes ao sódio, mediante à aplicação periódica de corretivos químicos, como o gesso por exemplo, no plantio ou antes da lâmina de lavagem dos sais. Já as águas C3S3 e C4S4 são raras na natureza.

Para culturas específicas as laminas de lixiviação necessárias (NL) ou fração de lixiviação, podem ser calculadas utilizando-se equação 13.2.

$$NL = \frac{CEe}{5CEes - CEe} \tag{13.2}$$

onde:
CEa = salinidade da água de irrigação, em dS m^{-1}; e
CEes = salinidade do extrato de saturação do solo , em dS m^{-1}, correspondente a salinidade tolerável pela cultura.

Exemplo: Um poço tubular profundo foi perfurado próximo à cidade de Rio Claro - SP visando abastecer um sistema de irrigação por aspersão para a cultura da alface. Problemas, possivelmente causados pela irrigação, requereram análise da água utilizada, cujos resultados apresentados foram os seguintes:

CE = 2,25 dS m^{-1};
Ca^{2+} = 0,48 $mmol_c$ L^{-1};
HCO_3^-= 0,24 $mmol_c$ L^{-1};
Mg^{2+} = 0,13 $mmol_c$ L^{-1};
Na^+ = 26,10 $mmol_c$ L^{-1};
Cl^- = 25,50 $mmol_c$ L^{-1};
B = 0,50 mg L^{-1}.

Comparar os resultados da análise com a classificação do UCCC (1974) e sugerir qual a possível razão do problema.

Solução:

Como CE = 2,25 dS m^{-1}, HCO_3 = 0,24 $mmol_c$ L^{-1} e Ca = 0,48 $mmol_c$ L^{-1} → Ca^0 = 3,6 (conforme Tabela 13.7)

Tendo em vista que: $\frac{Na}{\sqrt{\frac{Ca^0+Mg}{2}}} \Rightarrow RAS^0 \frac{26{,}10}{\sqrt{\frac{3{,}6+0{,}13}{2}}} = 19{,}1(mmol_c \ L^{-1})^{0{,}5}$

Utilizando-se a Figura 13.3, com CE = 2,25 dS m^{-1} e RAS° = 19,1 (mmol $L^{-1})^{0,5}$, verifica-se que a água é classificada como C3S2. Entretanto, o produtor de alface não estava verificando sintomas típicos de salinização, possivelmente porque na região chove cerca de 1.300 mm ano^{-1}, fazendo uma lavagem natural do solo.

Comparando-se os valores de Cl-, Na+ e B com os limites estabelecidos na Tabela 13.8, verifica-se que as concentrações de Na+ e Cl- impõem restrição severa ao bom desenvolvimento das culturas, sobretudo a alface que é sensível a salinidade (Ayers & Westcot, 1999). Realmente, a maior queixa do produtor era os sintomas de queimadura nas folhas de alface, que inviabilizaram o cultivo irrigado por aspersão. Possivelmente no caso de sistema de irrigação localizado, por exemplo, gotejamento, o problema não seria tão severo.

13.3.5 Pressuposições da classificação de água para irrigação

Tal como a classificação do UCCC (1974), as outras classificações de água para irrigação partem de uma série de pressuposições que precisam ser observadas, com cautela, para que as previsões obtidas sejam confiáveis.

1. *O clima da região, em questão,* é de *semiárido* a árido: a maioria das classificações de água para irrigação foi elaborada baseadas em experiências obtidas em tais regiões. Assim, quando aplicadas a regiões úmidas e subúmidas os diagnósticos tendem a ser mais severos que a realidade.
2. *O solo é de textura média, com boa drenagem interna e aplica-se uma fração de lixiviação:* isto significa que se realiza o manejo correto da irrigação para regiões semiáridas. Quando não se prevê ou quando é difícil (na escassez de água) aplicar frações periódicas de lixiviação de manutenção, mesmo águas

de baixa salinidade podem acarretar salinização.

3. *Não existe salinização a partir do lençol freático:* o processo de salinização a partir da ascensão capilar de água da zona saturada é distinto daquele proveniente da água de irrigação; o primeiro processo não é contemplado pela classificação.
4. O método de irrigação adotado é por aspersão convencional ou por superfície: a maioria das classificações não preveem o uso da irrigação localizada, que permite o uso de águas de alta salinidade, devido à posição de acumulação dos sais no bulbo molhado e devido à alta frequência de irrigação.
5. *Os limites de salinidade podem variar com o tipo de cultura e ou cultivar, solo e manejo:* embora não seja abordado nesse texto, a tolerância das culturas à salinidade é bastante variável (AYERS & WESTCOT, 1999).
6. *As restrições de uso não inviabilizam a utilização da água:* o fato da água apresentar algum grau de restrição indica que práticas de manejo diferenciadas devem ser adotadas para superar o problema, não implicando, portanto, que a água deva ser descartada.

13.3.6 Mistura de águas de qualidades diferentes

Quando existem dois tipos de água de qualidade diferente, pode-se reservar a água de melhor qualidade (baixa salinidade) para os estádios mais sensíveis da planta, como o desenvolvimento inicial, por exemplo, deixando-se a água de alta salinidade para os estádios mais avançados de desenvolvimento da cultura que, geralmente, são mais tolerantes.

Outra alternativa para o uso da água de qualidade inferior seria misturá-la a uma certa porção de água de qualidade melhor, como mostra a seguir:

Aplicando a equação da conservação da massa tem-se:

$$\text{Qtde. Sal Mistura} = \text{Qtde. de sal na água de Baixa Sal.} + \text{Qtde. de sal na água de Alta Sal} \quad (13.3)$$

Como

$$\text{Concentração} = \frac{\text{Quantidade de Sal}}{\text{Volume}} \therefore \text{Quantidade Sal} = \text{Concentração x Volume} \quad (13.4)$$

Substituindo 13.4 em 13, tem-se:

Conc. Mist . Vol. Mist = Conc. de água de baixa salinidade ∴ Vol. de baixa salinidade +
Conc. de água de alta salinidade . Vol. de alta salinidade (13.5)

A concentração de uma solução salina, dentro de uma determinada faixa, pode ser considerada diretamente proporcional à condutividade elétrica (CE). Assim:

Concentração = K . CE (13.6)

Substituindo-se a equação 13.6 na equação 13.5, obtém-se:

K . CE Mistura x Vol. Mistura = K . CE Baixa Salinidade x Vol Baixa Salinidade +
K . CE água de Alta Salinidade x Vol de água Alta Salinidade (13.7)

Dividindo-se a equação 13.7 por K, tem-se:

CE Mistura x Vol Mistura = CE Baixa Salinidade x Volume Baixa Salinidade + CE alta Salinidade Volume Alta Salinidade

Considerando:

$$B = \frac{Vol\ \ Baixa\ \ Salinidade}{Vol\ \ Mistura} \quad \text{e} \quad R = \frac{Vol\ \ Alta\ \ Salinidade}{Vol\ \ Mistura}$$

E substituindo-se em 13.7:

CE Mistura = CE Baixa Salinidade x B + CE Alta Salinidade (13.8)

Pode-se verificar com facilidade que Vol. de água de Alta Salinidade R seria igual a 1 - Vol. de água de Baixa Salinidade, que substituindo-se em equação 13.8 leva a:

CE Mistura = CE Baixa Salinidade x B + CE Alta Salinidade x (1-B) (13.9)

Finalmente, colocando-se B em evidência na equação 13.9, obtém-se:

$$B = \frac{\text{CE Alta Salinidade} - \text{CE Mistura}}{\text{CE Alta Salinidade} - \text{CE Baixa Salinidade}} \quad (13.10)$$

em que:
B - fração da mistura que deve ser constituída pela água de baixa salinidade, decimal;
CE Alta Salinidade- condutividade elétrica da água de alta salinidade, dS m^{-1};
CE Mistura - condutividade elétrica desejada para a mistura, dS m^{-1}; e
CE Baixa Salinidade - condutividade elétrica da água de baixa salinidade, dS m^{-1}.

Exemplo:

Calcular a percentagem de água de baixa salinidade que deve ser utilizada na seguinte mistura:

CE Alta Salinidade = 2,00 dS m^{-1};
CE Mistura desejada = 0,70 dS m^{-1}; e
CE Baixa Salinidade = 0,15 dS m^{-1}.

Solução: (idem)

$$B = \frac{CE\ Alta\ Salinidade - CE\ Mistura}{CE\ Alta\ Salinidade - CE\ Baixa\ Salinidade} = \frac{(2{,}00-0{,}70)}{2{,}00-0{,}15} = 0{,}703 = 70{,}3\%$$

13.4 Exercícios propostos

a) Um irrigante da região de Mossoró - RN tem 2 opções de água para serem utilizadas, conforme análise química abaixo:

Água 1	Água 2
CEa = 2,00 dS m^{-1}	CEa = 0,50 dS m^{-1}
Ca^{2+} = 3,5 $mmol_c$ L^{-1}	Ca^{2+} = 0,25 $mmol_c$ L^{-1}
Mg^{2+} = 2,2 $mmol_c$ L^{-1}	Mg^{2+} = 0,42 $mmol_c$ L^{-1}
Na^{+} = 12,50 $mmol_c$ L^{-1}	Na^{+} = 5,00 $mmol_c$ L^{-1}
Cl^{-} = 13,00 $mmol_c$ L^{-1}	Cl^{-} = 2,00 $mmol_c$ L^{-1}
HCO_3^{-}= 5,50 $mmol_c$ L^{-1}	HCO_3^{-} = 3,5 $mmol_c$ L^{-1}
B = 0,30 mg L^{-1}	B = 0,40 mg L^{-1}

* *Classifique as águas de irrigação e responda qual das duas águas, em sua opinião, deve permitir um manejo menos complicado.*

$$RAS° = \frac{Na}{\sqrt{\frac{(Ca°+Mg)}{2}}}$$

Resposta: A Água 1 é classificada como C3S1, enquanto a Água 2 é classificada como C1S3. Ambas as águas são problemáticas, mas a primeira é mais fácil de manejar, pois exigirá cultivos de plantas tolerantes a salinidade sobretudo sódio e cloro e aplicação de lamina de lixiviação. A segunda exige, além do cultivo de plantas tolerantes a sódio, o uso de corretivos químicos e lâmina de lavagem, pois há o risco de dispersão ou desestruturação do solo.

b) Dispõe-se de 3 m^3 de água com CE = 2,5 dS m^{-1}. Deseja-se acrescentar água com CE = 0,2 dS m^{-1} até que a CE da mistura atinja a 0,7 dS m^{-1}. Qual a quantidade de água que deve ser acrescentada?

Dado:

Quant. Sal Mistura = Quant. Sal Água Baixa Sal. + Quant. Sal Água Alta Sal.

Quant. Sal = CE . Volume

Resposta: Volume de água Baixa Salinidade = 10,8 m^3.

13.5 O problema do entupimento dos gotejadores

13.5.1 Considerações iniciais

A procura por novos conceitos e estratégias para otimizar a eficiência de utilização da água tem sido objeto de estudo de vários pesquisadores. No entanto, para que a irrigação seja eficiente, é imperativo que os sistemas apresentem alta uniformidade de aplicação da água. Uma vez instalado um projeto de irrigação, é necessário verificar se as condições previstas inicialmente se confirmam ao longo do tempo em campo.

Em termos de agricultura irrigada, os recursos hídricos são fundamentais em função da vazão disponível para suprir determinadas necessidades, sendo muitas vezes analisado, em segundo plano, o fator qualidade da água. Todavia, em função do aumento da poluição e das fontes poluidoras, tal fator vem sendo tratado de maneira mais cuidadosa; assim, além dos aspectos quantitativos, a técnica de irrigação adequada deve também considerar os aspectos químicos, físicos e biológicos da água de irrigação.

Atualmente, um dos sistemas mais apropriados e em notável expansão é o sistema de irrigação por gotejamento, o qual apresenta vantagens como economia de água e energia, possibilidade de automação e fertirrigação. Por outro lado, tal sistema de irrigação tem como uma das principais limitações o fato de ser susceptível ao entupimento de seus emissores. A sensibilidade ao problema varia com as características do emissor e com a qualidade da água utilizada, principalmente se for água de origem residuária, apresentando uma série de componentes, como alto teor de constituintes orgânicos, que em algumas situações pode obstruir os emissores de forma acelerada, interferindo na eficiência de aplicação de água e no processo de limpeza dos filtros (RAVINA *et al.*, 1992). Além disso, Dematte, Cassiano Sobrinho e Mendonça (1981) consideram também que o custo unitário de produção, gerado pelo gotejamento, poderá ser elevado em relação à aspersão, devido ao custo inicial do equipamento, sua imobilidade e consequentes problemas em relação ao preparo do solo.

A precipitação química, a formação de filmes biológicos e depósitos de partículas inorgânicas no interior das canalizações e dos gotejadores são riscos presentes. Uma vez com o sistema entupido, as alternativas são a troca dos emissores ou a realização de processos de recuperação, que aumentam o custo de manutenção do sistema e, em algumas circunstâncias, pode ser ineficiente. Assim, a prevenção ao aparecimento da obstrução nos emissores e nas linhas de distribuição é melhor em relação à recuperação, conforme foi sugerido por Resende (1999). Normalmente, algumas medidas preventivas e corretivas contra o entupimento são empregadas com sucesso, incluindo a utilização de filtros, cloração da água e descargas periódicas para a lavagem das linhas laterais.

Nakayama, Bucks e French (1977) recuperaram emissores obstruídos por lodo biológico que apresentavam, antes do tratamento, vazão média inferior a 50% da vazão nominal, com aplicação de 100 mg L^{-1} de cloro livre por 24 h e adição de ácido sulfúrico para baixar o pH para 2. Após o tratamento, a vazão média ficou entre 90 e 95% da vazão nominal. Outro tratamento que tem apresentado bons resultados na recuperação da vazão nominal do gotejador é a aplicação, durante uma hora, de 100 a 150 mg L^{-1} de cloro livre associado ao ácido fosfórico, para manter o pH da solução entre 5 e 6. Para esse tratamento, entretanto, são necessárias, em geral, de três a cinco aplicações de uma hora cada (SOUZA; CORDEIRO; COSTA, 2006). Como medidas preventivas ao entupimento dos emissores, uma maneira bastante utilizada é o uso de hipoclorito de sódio (NaOCl), que ao reagir com a água eleva o pH da mesma e forma o ácido hipocloroso (HOCl). Segundo Clark & Smajstrla (1999), o ácido hipocloroso é o agente efetivo que controla o crescimento de bactérias.

13.5.2 Qualidade da água para irrigação por gotejamento

A qualidade da água é um aspecto fundamental para obtenção de bons resultados no manejo de sistemas irrigados; no entanto, sua avaliação é muitas vezes negligenciada no momento da elaboração de projetos. Como consequência, é possível o surgimento de efeitos indesejáveis na condução de uma cultura comercial, ou a ocorrência de contaminação de populações, no momento em que ocorre a ingestão dos alimentos que receberam a água contaminada.

No passado, o fator qualidade da água para irrigação não era visto como prioridade, pois as fontes d'água eram abundantes e de boa qualidade (AYERS & WESTCOT, 1999). Todavia, o uso intensivo das fontes de água de baixa salinidade resultou na redução desse recurso, provocando a utilização de águas de qualidade marginal para suprir as demandas da agricultura irrigada.

O termo qualidade da água define-se por uma ou mais características físicas, químicas e biológicas. Geralmente, para as águas de irrigação, a qualidade é definida pela concentração dos sais dissolvidos e pela composição iônica. Entretanto, de acordo com Araújo (2002), as águas de irrigação devem ser analisadas em relação aos parâmetros fundamentais como salinidade, sodicidade, toxidez, concentração de íons e aspectos sanitários.

Deve-se avaliar ainda a possibilidade de ocorrer contaminação do irrigante, da comunidade vizinha à área irrigada e dos consumidores dos produtos colhidos irrigados.

Amostragem:

- Coleta-se de 1 a 2 L da água utilizando-se recipientes limpos (para assegurar que não haja contaminação da água); alternativamente o recipiente deve ser lavado duas a três vezes com a mesma água a ser amostrada;
- Considerar a variabilidade espaço temporal da água no local de coleta e contemplar esta variabilidade na amostragem em épocas e lugares diferentes.

Altas concentrações de bicarbonatos promovem precipitação de cálcio e magnésio, na forma de carbonatos, reduzindo a concentração de cálcio e magnésio no solo. Isso pode elevar a proporção relativa de sódio, (RAS), uma vez que a solubilidade do carbonato de sódio é maior que a solubilidade dos carbonatos de cálcio e magnésio, provocando problemas de infiltração da água no solo. A precipitação de carbonatos de cálcio e magnésio pode ocorrer dentro das tubulações, ocasionando obstrução (parcial ou total) das tubulações e emissores.

Segundo Pizarro (1996), não se dispõe de um método para avaliar com segurança o risco de obstruções ocasionado pelo uso de uma determinada água de irrigação; isto porque alguns fatores que interferem são variáveis, como é o caso da temperatura, que afeta a formação de precipitados e o desenvolvimento de microrganismos, enquanto outros dependem de produtos adicionados, principalmente fertilizantes. No entanto, é interessante dispor de alguma orientação do tipo quantitativo.

Por melhor que seja a qualidade da água de irrigação, as obstruções sempre aparecem, criando a necessidade de seu tratamento, para que ao longo da vida útil o sistema possa distribuí-la com a maior uniformidade possível. Anteriormente ao tratamento, faz-se necessário uma avaliação do risco de obstrução que a água oferece, para que se tenha uma ideia do tipo de tratamento a ser realizado.

O monitoramento da qualidade da água é um fator de grande importância, incluindo análises da condutividade elétrica, dos sólidos em suspensão, dos conteúdos de ferro total, cálcio, magnésio e manganês, da demanda química e bioquímica de oxigênio, do teor de matéria orgânica, dos microrganismos presentes, do conteúdo de oxigênio dissolvido e de sólidos dissolvidos totais (AYERS & WESTCOT, 1999). Pode-se avaliar e classificar o potencial de risco ao entupimento com o uso de um ou mais desses critérios combinados, como apresentados na Tabela 13.9.

Tabela 13.9 - Critérios para classificação do potencial de risco de águas no entupimento de sistemas de irrigação localizada

Causa obstrutora potencial	Unidade	Grau de restrição do uso		
		Nenhum	Leve a moderado	Severo
Sólidos suspensos	mg L^{-1}	< 50	50 - 100	> 100
pH		< 7,0	7,0 - 8,0	> 8,0
Sólidos dissolvidos	mg L^{-1}	< 500	500 - 2000	> 2000
Manganês	mg L^{-1}	< 0,1	0,1 - 1,5	>1,5
Ferro	mg L^{-1}	< 0,1	0,1 - 1,5	> 1,5
Sulfeto de hidrogênio	mg L^{-1}	< 0,5	0,5 - 2,0	> 2,0
População bacteriana	Nº máximo de UFC* mL^{-1}	< 10.000	10.000 - 50.000	> 50.000

Fonte: *PESCOD (1992).*
**UFC - Unidades Formadoras de Colônias*

13.5.3 Entupimento em sistemas de irrigação por gotejamento

Segundo Nakayama & Bucks (1991), são diversas as causas que podem provocar o entupimento parcial ou a completa obstrução dos emissores e tubulações, prejudicando o fluxo de água e a sua distribuição ao longo da linha principal, das linhas de derivação e principalmente das linhas laterais, reduzindo, consequentemente, a eficiência do sistema.

Areia, silte, argila, fitoplâncton (incluindo algas), zooplâncton, larvas e ovos de lesmas, bactérias, plástico (oriundo do corte de tubulações durante instalação e manutenção do sistema), raízes (para gotejamento subsuperficial), resíduos lubrificantes (oriundos por falta de manutenção adequada no conjunto motobomba), ação de bactérias (oxidando ferro, manganês e enxofre), precipitados (carbonato, fosfato, hidróxidos, ferro), uso de fertilizantes que aumentam a alcalinidade da água de irrigação e precipitação direta de substâncias químicas devido à mistura incompatível de fertilizantes, podem causar o entupimento (NAKAYAMA & BUCKS, 1991), além de problemas de sucção de partículas sólidas.

As obstruções dos emissores podem ser causadas por agentes físicos, químicos e biológicos (Tabela 13.10). A determinação da causa dessas obstruções pode ser complexa pelo fato de os vários agentes na água interagirem entre si, agravando o problema, sobretudo se for considerada a natureza dinâmica dos parâmetros de qualidade de muitas águas (RAVINA *et al.*, 1992).

Tabela 13.10 - Principais elementos físicos, químicos e biológicos que provocam obstruções nos sistemas de irrigação localizada

Físicos	Químicos	Biológicos
(Sólidos em suspensão)	**(Precipitação)**	**(Bactérias e Algas)**
1. Partículas inorgânicas	1. Carbonato de Ca e Mg	1. Filamentos
a. areia	2. Sulfato de Ca	2. Lodo
b. silte	3. Metais pesados:	3. Depósitos microbiológicos
c. argila	a. óxidos	a. ferro
d. plásticos	b. hidróxidos	b. enxofre
2. Partículas orgânicas	c. carbonatos	c. manganês
	d. silicatos	4. Organismos aquáticos
	e. sulfetos	
	4. Óleos e lubrificantes	
	5. Fertilizantes	

Fonte: *Ayers & Westcot (1999).*

Smajstrla (1995) relata que, mesmo partículas muito pequenas como as de argila e organismos microscópicos como algas e algumas bactérias, podem causar o entupimento no sistema de irrigação, por floculação e formação de partículas maiores ou precipitando íons. O autor também relata que algumas bactérias, por oxidação de ferro dissolvido ou de sulfeto de hidrogênio, originam limos, que segundo Adin & Sacks (1991) agem como surfactantes adesivos e facilitam a acumulação de argila, algas e outras partículas relativamente pequenas, em um mecanismo de entupimento gradual.

Gilbert *et al.* (1982) quantificaram e identificaram bactérias em água, gotejadores e tubulação, encontrando predominância de *Pseudomonas stutzeri* e *Flavobacterium lutescens*, capazes de oxidar ferro solúvel e formar limo.

Os princípios da formação de limos (também chamados de biofilmes) são detalhados por Kay, Tyrrel e Howsam (*apud* RYDZEWSKI, 1989), os quais indicam que estes desenvolvem-se facilmente com alto conteúdo de bactérias (>10.000 mL^{-1}), alta quantidade de sólidos em suspensão (> 100 ppm), presença de ferro e magnésio (> 1,5 ppm) e sólidos dissolvidos totais (> 2.000 ppm).

O entupimento de emissores causado por bactérias que oxidam o ferro apresenta um difícil controle. Até mesmo concentrações férreas muito pequenas (menos de 0,5 mg L^{-1}) são suficientes para prover o crescimento bacteriano, que geralmente aparece avermelhado. Estas bactérias oxidam o ferro da água de irrigação como uma fonte de energia. A precipitação do ferro e o rápido crescimento das bactérias criam um material volumoso que pode entupir um sistema de irrigação por gotejamento completamente, em questão de algumas semanas.

O desenvolvimento de microrganismos no interior das instalações é um fenômeno complexo, resultante da interação dos próprios microrganismos com outros fatores, tais como a qualidade da água de irrigação que contém ferro e H_2S, além do pH, temperatura da água, transparência dos materiais da tubulação, dentre outros.

O início e o desenvolvimento do ataque corrosivo por aeração diferencial, que pode chegar a obstruir totalmente a tubulação ou a perfurar a parede, foram descritos graficamente (Figura 13.5) por Videla (2003).

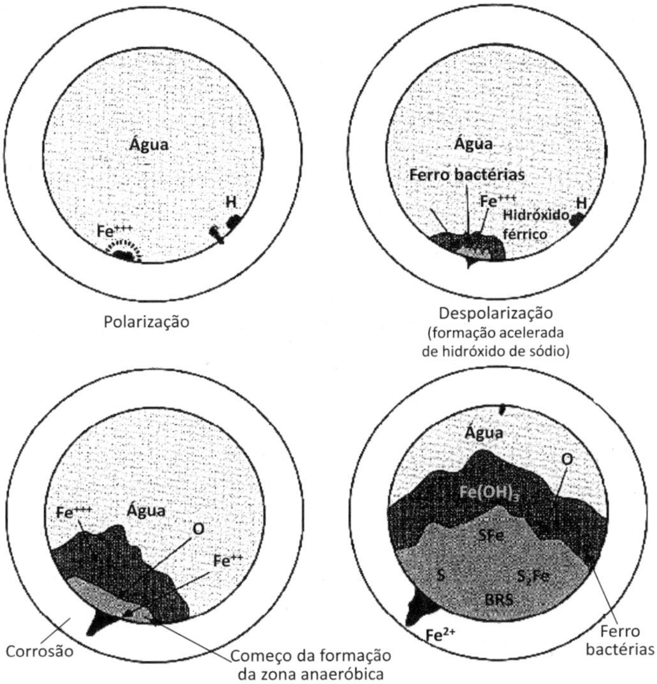

***Figura 13.5** – Sequência da corrosão por pites e obstrução de uma tubulação de ferro por efeito de ferrobactérias e bactérias redutoras de enxofre (BRS).*
***Fonte:** Videla (2003).*

As precipitações químicas ocorrem devido a mudanças no pH, na temperatura, na concentração de oxigênio dissolvido e na concentração relativa de outras substâncias na solução, causando obstruções que são formadas gradualmente e, portanto, são mais difíceis de detectar (PITTS; HAMAN; SMAJSTRLA, 1990).

De acordo com Pizarro (1996), os precipitados químicos podem ser produzidos quando as condições iniciais da água são modificadas, como o pH, a temperatura, os sólidos dissolvidos totais e, sobretudo, a evaporação da água nos emissores após cada irrigação, o que aumenta a concentração dos sais dissolvidos que se precipitam ao superar o limite de solubilidade.

Segundo Michalakos *et al.* (1997), nas águas superficiais que contêm ferro, este é geralmente encontrado na forma de precipitado (Fe_2O_3), enquanto nas camadas mais profundas de reservatórios, com carência de oxigênio, pode ser encontrado no estado ferroso (FeO), dissolvido. Nas águas provenientes de lençóis freáticos, com presença de ferro, este se encontra na forma ferrosa, e quando bombeado para a superfície, entra em contato com o oxigênio atmosférico, oxidando-se e produzindo um precipitado castanho-avermelhado (VERMEIREN & JOBLING, 1997).

O ferro precipitado pode ser arrastado pela água, saindo pelo emissor, ou pode ser retido por filamentos de bactérias, contribuindo para formar uma massa gelatinosa de cor avermelhada, que obstrui a passagem da água. As bactérias podem aderir ao plástico ou ao metal, o que impede seu arraste pela água. Outras bactérias não filamentosas, como *Enterobacter* e *Pseudomonas*, também podem precipitar o ferro e reter o precipitado na massa gelatinosa formada por elas, criando uma mucilagem que pode obstruir os emissores, atuando também como cimentante de pequenas partículas minerais (PIZARRO, 1996).

O entupimento por causa física está relacionado com a quantidade de sedimentos presentes na água dentro da tubulação que alimenta os emissores, bem como a presença de restos de materiais utilizados na montagem do sistema, como partículas de PVC e fita de polietileno, além de restos de corpos de pequenos insetos como formigas e aranhas. Partículas físicas foram identificadas por Gilbert *et al.* (1981) como a principal causa de entupimento dos emissores, com 55% das ocorrências. Alguns microaspersores são dotados de mecanismos anti-insetos, visando minimizar o entupimento por entrada de formigas e outros insetos quaisquer.

As causas físicas de entupimento, advindas da água de irrigação, podem ser evitadas utilizando um sistema de filtragem com elemento filtrante compatível com o orifício de saída dos emissores. No entanto, um sistema de irrigação localizada não deve permanecer por um tempo prolongado (mais de um mês) sem funcionamento; isto promove um conjunto de problemas que podem inviabilizar o funcionamento do sistema. Ao desligar a irrigação, seja durante o período das chuvas ou durante os períodos de estresse hídrico, no caso da cafeicultura e da citricultura, por exemplo, os microrganismos dentro do sistema encontram condições ideais para seu desenvolvimento, e formam grandes placas de colônias ou filamentos, que ao reiniciar o período de irrigação se desprendem da tubulação e entopem os emissores, emperram as válvulas e obstruem a malha de emissores. O decréscimo gradual da vazão dos emissores resulta no assentamento de partículas e sua acumulação no final da linha lateral. Dessa forma, as laterais devem ser lavadas periodicamente para remoção destes depósitos (SHANNON, 1982).

13.5.4 Seleção e susceptibilidade dos gotejadores ao entupimento

Para a seleção dos gotejadores, dever-se-ia optar por emissores que apresentassem baixo custo, pouca manutenção, boa durabilidade e boa uniformidade de distribuição. A susceptibilidade ao entupimento caracteriza-se como um dos fatores que interfere nestes critérios.

Atualmente existem diversos gotejadores em uso comercial. Cada tipo de emissor tem uma sensibilidade própria ao entupimento, fato que pode ser verificado em trabalhos realizados por Ravina *et al.* (1992) e na classificação proposta por Pizarro (1996). O pequeno diâmetro do orifício de gotejadores e a reduzida velocidade da água ($< 0,5$ m s^{-1}) na passagem interna dos emissores, favorecem o entupimento pelo crescimento biológico (RAVINA *et al.*, 1997). Todos os gotejadores apresentam vulnerabilidade ao problema citado, pois geralmente apresentam passagens estreitas e aberturas menores (de 0,5 a 1,5 mm).

São preferíveis os gotejadores com menos zonas mortas no conduto de passagem, os não autocompensantes (pois os autocompensantes reduzem a passagem à medida que se aumenta a pressão) e os de menor área exposta à evaporação. Adequações na arquitetura ou no processo de fabricação dos gotejadores, para minimizar obstruções ocasionadas por intrusão radicular, são sugeridos por Resende (2003). No entanto, esta sugestão pode ser expandida para outros tipos de entupimento.

O potencial de entupimento dos emissores é diferenciado em função de características, como qualidade da água, diâmetro de passagem, velocidade do fluxo e das características físicas construtivas. Emissores de baixa vazão apresentam diâmetro interno entre 0,3 e 1,0 mm, enquanto os de alta vazão têm diâmetro maior que 2,0 mm. De acordo com Pizarro (1996), os emissores podem ser agrupados em três categorias quanto à sensibilidade de entupimento, em função do diâmetro interno (Di).

Di < 0,7mm------------ Alta sensibilidade à obstrução
0,7 < Di < 1,5mm----- Média sensibilidade à obstrução
Di > 1,5mm------------ Baixa sensibilidade à obstrução

A obstrução dos emissores afeta a uniformidade de aplicação da água, a qual é avaliada por meio do coeficiente de uniformidade de distribuição e da uniformidade absoluta, que dependem completamente das vazões dos emissores do sistema. À medida que se prolonga o tempo de uso do equipamento no decorrer do ciclo da cultura, aumenta a possibilidade de obstrução dos orifícios, afetando o rendimento da cultura, necessitando, assim, de uma nova avaliação da uniformidade de distribuição da água.

Os emissores mais sensíveis são os constituídos por microtubos e os menos sensíveis são os autolimpantes. Porém, pode ocorrer crescimento microbiano e consequente entupimento gradual, mesmo em gotejadores autolimpantes, devido à deposição de impurezas orgânicas. No caso dos microtubos, a sensibilidade ao entupimento torna-se ainda maior quando estes estão operando em regime laminar, pois, em função da baixa velocidade de escoamento ao longo do emissor, a energia disponível pode não ser suficiente para empurrar impurezas, mesmo de pequenos diâmetros, o que vão se acumulando e obstruindo a passagem da água.

Emissores que trabalham subsuperficialmente são ainda mais susceptíveis a entupimento, tendo em vista que, além das causas já mencionadas, estão sujeitos à entrada de raízes no orifício de passagem da água, os quais poderão ficar obstruídos e com vazão reduzida. Em um trabalho conduzido por Santos (2003), após 13 meses de trabalho no campo, o sistema de irrigação por gotejamento subsuperfícial, instalado na cultura da pupunheira, apresentou uma ampla variação na uniformidade de distribuição de água, com o CUC reduzindo de 98,0 para 15,7% e o CUD, de 97,5 para 0,2%. Na Figura 13.6 apresenta-se o desenvolvimento de raízes internas em uma lateral, após atravessar todo o labirinto do gotejador e na Figura 13.7, o desenvolvimento de raízes no gotejador.

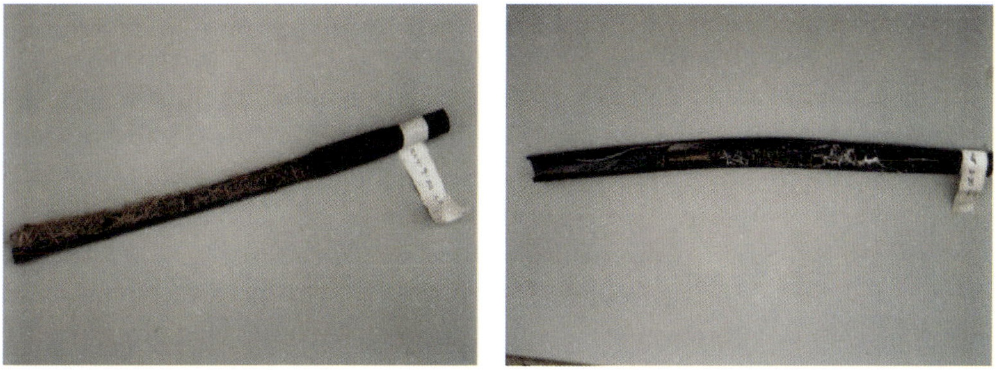

Figura 13.6 – Enovelamento de raízes no interior do gotejador.
Fonte: Santos (2003).

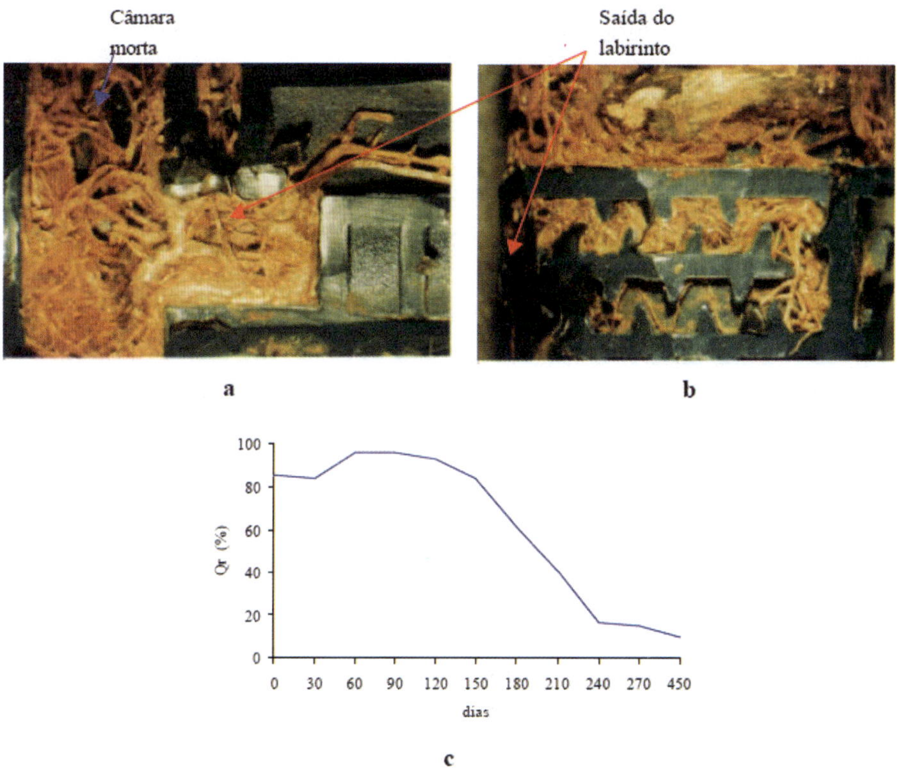

Figura 13.7 – Desenvolvimento de raízes na câmara de saída de água do gotejador (a), na saída do labirinto (b) e evolução da vazão (Qr) em função do tempo (c).
Fonte: Resende (2003).

13.5.5 Técnicas para minimizar o entupimento

Muitos estudos de campo mostraram que o entupimento de emissores pode ser a causa principal da variação da descarga do emissor dentro de um sistema de irrigação por gotejamento. Outras condições como construção do emissor, temperatura de água e envelhecimento do emissor também podem causar variações de vazão. A manutenção preventiva continua sendo a melhor solução para reduzir ou eliminar o aparecimento de problemas de entupimento de emissores.

Diversas medidas podem ser adotadas, isoladas ou em conjunto, para prevenir a ocorrência de entupimento, tais como: o correto planejamento e manejo do sistema, a filtragem da água, a inspeção do campo, o uso de hidrociclone, a cloração, a lavagem das linhas laterais e o tratamento químico da água. A lavagem das linhas laterais pode ajudar a minimizar a formação de sedimentos e, junto ao tratamento químico da água, melhorar o desempenho em longo prazo de um sistema de irrigação por gotejamento (PIZARRO, 1996). No tratamento preventivo com cloro, deve-se permitir que, no emissor mais distante, a água saia com uma concentração de cloro livre entre 0,5 e 1,0 mg L^{-1}, durante pelo menos 45 minutos. Se o tempo for menor, não há segurança em relação ao efeito bactericida. Se a concentração for menor, o efeito pode ser inverso, visto que quantidades insuficientes de cloro podem estimular o rápido crescimento de bactérias. É importante que seja medido o cloro livre, e não o cloro total (PIZARRO, 1996).

A escolha de uma ou da combinação das medidas citadas deve ser cuidadosa, pois em certos casos pode ser ineficiente, dispendiosa, apresentar riscos à saúde humana ou causar resultados indesejáveis, como a fitotoxidez. Por outro lado, a geração de novas tecnologias preventivas é desejável. De acordo com Adin & Sacks (1991), a filtragem e a inspeção a campo previnem o entupimento imediato por partículas relativamente grandes. A lavagem de linhas laterais e principais pode ajudar a minimizar o aumento de sedimentos e o tratamento químico pode melhorar a desempenho do sistema em longo prazo.

a) Filtragem

Quando não há recomendações de fabricantes, geralmente adotam-se filtros que tenham malha filtrante com um décimo do menor diâmetro de abertura do emissor. Fabricantes recomendam os filtros de tela fina (100 a 200 mesh, equivalente à remoção de partículas com tamanho acima de 150 ou 75 µm, respectivamente). Qualquer sistema de filtragem requer inspeção e limpeza rotineira para assegurar a operação satisfatória do sistema (GILBERT & FORD *apud* NAKAYAMA & BUCKS, 1986). Segundo estes autores, os filtros de areia permitem inspeções menos constantes, mas podem fornecer condições favoráveis ao crescimento de bactérias e retêm apenas partículas de 25 a 100 µm.

Segundo Lopez *et al.* (1997), o funcionamento dos filtros de areia depende da qualidade da água, da vazão (normalmente entre 50 e 70 m^3 h^{-1} m^{-2} do elemento filtrante, mas não superior a 70 m^3 h^{-1}), de uma queda máxima de pressão admitida de 60 kPa, da característica da areia (granulometria com peneiras de acordo com a norma ISO/R565), do diâmetro efetivo de acordo com o tamanho da partícula a ser retida, coeficiente de uniformidade não superior a 1,6, calculada pela razão entre a abertura da malha filtrante que permite a passagem de 60% da areia e da abertura que permite a passagem de 10% da areia, no teste granulométrico. A forma das partículas deve ser preferencialmente arredondada, o que proporciona maior microporosidade para retenção de partículas, boa friabilidade que proporciona boa resistência à ação mecânica e perda por ataque com ácido inferior a 2%, caracterizando a resistência química da areia. A altura mínima de areia (40 a 50 cm) e as recomendações para limpeza, também foram descritas por estes autores.

O desempenho dos filtros de tela depende da vazão, da área efetiva de filtragem (malha entre 50 e 200 mesh) e de uma queda máxima de pressão admitida de 40 kPa. Para os filtros de disco, a vazão, a espessura das ranhuras dos discos e a queda máxima de pressão de 40 kPa, são as variáveis mais influentes no funcionamento. Em sistemas de irrigação localizada, os componentes típicos incluem a estação de recalque, o cabeçal de controle, as linhas principais, secundárias e laterais, os emissores, as válvulas e os acessórios. Na Figura 13.8 apresentam-se fotos de dois cabeçais de controle.

***Figura 13.8** – Vista parcial de dois cabeçais de controle (à esquerda e à direita).*
***Fonte:** Os autores.*

Os dispositivos utilizados no cabeçal de controle são:

- ***Separador centrífugo:*** É usado para remover partículas retidas em telas de 200 mesh. A água entra no separador centrífugo em forma tangencial, formando uma força centrífuga que separa a água dos outros elementos (areia, cascalho, etc.), criando um turbilhão que empurra as partículas mais pesadas para baixo, fazendo com que elas se depositem no filtro coletor, para sair em seguida limpa e cristalina. Apresenta-se, na Figura 13.9, um separador centrífugo como componente de um cabeçal de controle.

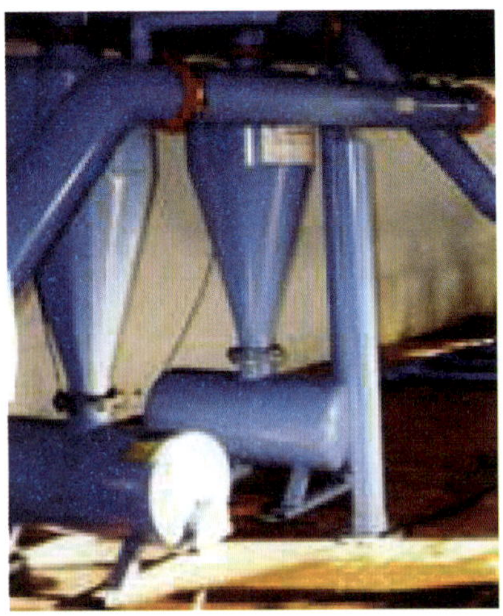

***Figura 13.9** – Separador centrífugo, como componente de um cabeçal de controle.*
***Fonte:** Os autores.*

- Filtro de areia: Recomendado para situações onde os filtros de tela ou de discos teriam que ser limpos com grande frequência.

São mais caros que os filtros de tela ou de discos, e são compostos por uma gradação de camadas de areia (Figura 13.10).

A B

Figura 13.10 – *Filtro de leito de areia como componente de um cabeçal de controle. A – Vista externa; B – Vista interna*
Fonte: *Os autores.*

- Filtro de tela: É um meio simples e barato de fazer a filtragem da água. É definido pelo tamanho da malha, existindo vários tamanhos de malha. Retém com boa eficiência areia fina e algas. As malhas e os filtros podem ser fabricados de diferentes materiais, sendo a malha de aço inoxidável a mais recomendável.

O filtro de tela apresenta forma cilíndrica e constitui-se de uma carcaça de plástico ou metal não corrosivo e de um cesto móvel também de plástico ou metal não corrosivo o qual é recoberto por uma tela. Apresentam-se na Figura 13.11 esquemas de filtros de tela utilizados na irrigação localizada.

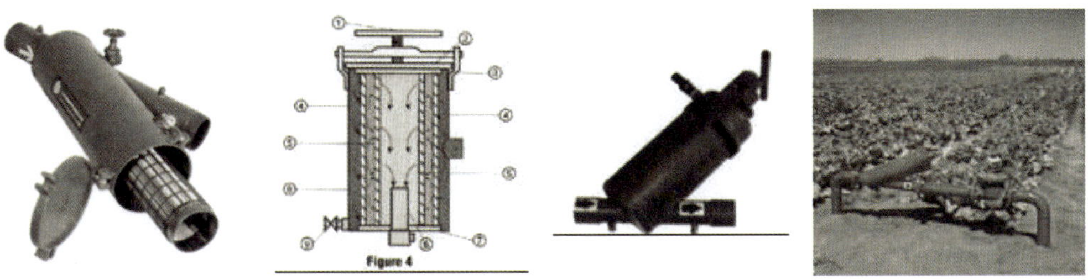

Figura 13.11 – *Esquemas de quatro filtros de tela utilizados na irrigação localizada.*
Fonte: *Os autores.*

O número de mesh do filtro de tela utilizado de acordo com a classificação do solo pode ser visualizado na Tabela 13.11.

Tabela 13.11 – Classificação do solo por tamanho de partículas com o correspondente número de mesh da tela

Classificação do solo	Tamanho da partícula µm	Número de Mesh da tela
Areia muito grossa	10–0 - 2000	-8 - 10
Areia grossa	500 - 1000	-5 - 18
Areia média	250 - 500	-0 - 35
Areia muito fina	100 - 250	1–0 - 60
Areia fina	50 - 100	2–0 - 160
Silte	25 - 50	4–0 - 270*
Argila	< 2	....

Fonte: *Keller & Bliesner (1990).*
** 400 mesh é a tela que tem a malha de menor tamanho (0,03 mm).*

- ***Filtro de discos:*** Consiste de uma pilha de discos plásticos colocados juntos, ao redor de um cilindro telescópico. Os discos apresentam ranhuras em ambos os lados, e as ranhuras de um disco se unem a do vizinho quando empilhados e apertados.

A filtragem acontece em dois estágios: a superfície externa opera como um filtro de tela e retém as partículas maiores e as ranhuras no interior dos discos permitem a adesão das partículas mais finas, principalmente a matéria orgânica (Figura 13.12).

Figura 13.12 – *Esquema de um filtro de disco.*

A Tabela 13.12 mostra o número de ranhuras de acordo com a cor do disco.

Tabela 13.12 - Cores dos discos em função do número de ranhuras

Cor	Número de ranhuras	Mesh	Diâmetro (mm)
Azul	170	40	0,420
Amarelo	340	80	0,177
Vermelho	490	120	0,125
Preto	660	140	0,105

Fonte: *Lopez et al. (1997).*

b) Cloração

O tratamento químico da água compreende a adição de compostos de cloro e/ou ácido no interior das tubulações, com o objetivo de prevenir ou controlar as obstruções dos emissores do sistema, ou causados por organismos vivos ou precipitados químicos, respectivamente. As obstruções dos emissores causados por precipitados químicos podem ser prevenidas provocando a precipitação destes elementos antes do sistema de filtragem ou com a aplicação de ácido para reduzir o pH da água e mantê-los em solução. Estes elementos são solúveis em estado reduzido e, ao oxidar-se, precipitam. O cloro e os ácidos são os produtos mais utilizados, tanto como medida preventiva quanto para recuperar emissores obstruídos (JAMES, 1988).

Costa (2000), trabalhando com gotejadores de cinco diferentes fabricantes, abastecidos com água contendo um teor de ferro de 3,0 mg L^{-1}, observou, após 200 horas de funcionamento, redução de vazão que variou de 34 a 87%, o que confirma a necessidade de um pré-tratamento para utilização de água contendo altos teores de ferro.

Outra forma de obter a oxidação do ferro consiste em arejar a água por meio de saltos, bandejas, sistemas mecânicos em tanques abertos, ou injetar ar na água para induzir à oxidação e precipitação do ferro. Uma vez precipitado, o ferro pode ser separado por meio de filtros. No entanto, ambos os processos devem ser avaliados sob o ponto de vista econômico (PIZARRO, 1996). Aliados à aeração, os tanques de sedimentação são uma solução simples e econômica para eliminação desses precipitados, bem como de sólidos em suspensão, como areia, silte e argila. Nakayama &

Bucks (1991) salientam, entretanto, que este ambiente pode favorecer o desenvolvimento de microrganismos.

Quando a cloração for por adição de hipoclorito de sódio, hipoclorito de cálcio ou gás cloro, Gilbert & Ford (*apud* NAKAYAMA & BUCKS, 1986) afirmam ser basicamente um procedimento para controle da atividade microbiológica. Ao reagirem com a água, tais compostos originam ácido hipocloroso, que é mais eficiente no controle de bactérias (predominando em pH entre 5,0 e 6,0) e íon hipoclorito (predominando em pH acima de 7,5). Portanto, é interessante manter o pH da água abaixo de 7,0. A adequada filtragem do efluente, oriundo de tratamento secundário, reduz a necessidade de cloração frequente e de lavagem da linha lateral.

13.5.6 Recuperação dos gotejadores

A recuperação de emissores entupidos por microrganismos é difícil. Quando os gotejadores são desmontáveis, pode-se desobstruí-los manualmente; entretanto, o custo desta operação pode ser superior ao custo de um novo sistema de irrigação. Padmakumari & Sivanappan (1985) avaliaram o uso de hipoclorito de sódio a 500 mg L^{-1}, sulfato de cobre a 1% e ácido clorídrico a 2% para a recuperação de gotejadores entupidos, e observaram que o tratamento com hipoclorito de sódio foi o mais efetivo para aumentar a vazão dos emissores. Com gotejadores parcialmente entupidos, Pizarro (1990) recomenda a aplicação de 250 a 500 mg L^{-1} de cloro durante 12 h, seguida de uma lavagem com água em alta pressão.

Um estudo realizado por Gilbert *et al.* (1981) no Arizona, usando a água do Rio Colorado, compara a efetividade de vários tratamentos de água para prevenir o entupimento de emissores em termos do número de emissores que operam a menos que 50% da taxa de vazão nominal ao término do experimento. Somente o uso de filtros de tela foi inadequado, apresentando 68% dos emissores entupidos (Tabela 13.13). Em contraste, uma combinação de filtros de areia e de tela (Tratamento C) reduziu a incidência de entupimento para 23%, e o tratamento químico da água (Tratamentos D, E e F) reduziu ainda mais. Os emissores funcionaram melhor com aplicação contínua de ácido sulfúrico (Tratamento F), onde ocorreram somente 8% de entupimento. Estes resultados indicam que o tratamento mais eficiente para prevenção de entupimento de emissores nas condições encontradas foi a acidificação contínua para controle do pH e a prevenção da formação de carbonatos e precipitados. Porém, tal tratamento somente será efetivo quando seguido do uso de filtros de areia e tela. Uma combinação de tratamento contínuo (1 mg L^{-1}) ou tratamento intermitente (10 mg L^{-1}) com cloro e ácido sulfúrico também foi efetiva na redução de entupimento de emissores.

Tabela 13.13 - Efeito do tratamento (T) da água no desentupimento de emissores, utilizando água do Rio Colorado, Yuma, Arizona

T	Filtração	Químico	Nº Emiss. Entupidos[b]	Emissores Entupidos[b] (%)
A	Tela (50 mesh)[a]	Nenhum	205	68
B	Tela (50 mesh)[a]	Aplicação intermitente de cloro (10 mg L^{-1}) e ácido (baixar pH para 7)	205	68
C	Areia (Sílica Nº. 20) + Tela (20 mesh)	Nenhum	68	23
D	Igual ao Trat. C	Igual ao Trat. B	53	18
E	Igual ao Trat. C	Aplicação contínua de cloro[c] (1 mg L^{-1}) e ácido[d] (baixar pH para 7)	41	14
F	Igual ao Trat. C	Aplicação contínua de ácido[d] (baixar pH para 7)	25	8
		Total =	**597**	**33**

Fonte: Gilbert et al. (1981).

1 *Observações coletadas para cada 300 emissores e oito projetos diferentes com um total de 2.400 emissores.*

2 *Emissores entupidos e parcialmente entupidos com vazão menor que 50% da vazão nominal.*

3 *Cloro residual livre*

4 *Ácido sulfúrico.*

Nakayama, Bucks e French (1977) recuperaram emissores obstruídos por lodo biológico com aplicação de 100 mg L^{-1} de cloro livre por 24 horas, e adição de ácido sulfúrico para baixar o pH para 2. Antes do tratamento, a vazão média dos gotejadores era inferior a 50% da vazão nominal; após o tratamento atingiu cerca de 90 a 95%.

Tendo em vista o que foi apresentado sobre qualidade da água, visando prevenir o entupimento de gotejadores, as conclusões principais são as seguintes:

- A qualidade da água para irrigação deve ser avaliada antes do início de funcionamento do projeto;
- A prevenção é mais adequada que a correção de problemas de entupimento, uma vez que, dependendo da situação, não se consegue recuperar o sistema totalmente;
- O uso de filtragem e adição de ácido é uma maneira preventiva bastante efetiva; e
- Águas com qualidade inferior à requerida devem passar por um tratamento antes do sistema de filtragem.

13.6 Qualidade da água para animais

Para a criação dos animais (aves, gado, suínos) os requisitos de qualidade da água são menos rigorosos do que para as águas de irrigação, porém as águas altamente salinas e ou contendo elementos tóxicos, representam perigo para saúde animal, comprometendo a qualidade da carne e do leite, até a ponto de torná-los inadequados para o consumo. O caso mais comum é o da água com alto teor de magnésio, a qual pode provocar diarreia no gado. Na avaliação das águas para o consumo animal deve-se considerar, além da espécie dos animais, entre outros fatores, as fontes de água e as variações estacionais, idade e condições dos animais, e composição dos alimentos.

Conforme a *National Academy of Sciences* dos Estados Unidos, do ponto de vista da salinidade, geralmente, as águas com condutividade elétrica inferior a 5 dS m^{-1} são satisfatórias para o gado (NATIONAL ACADEMY OF SCIENCES, 1972), podendo ocasionar ligeiros transtornos fisiológicos com poucas possibilidades de se produzir transtornos mais graves e perdas econômicas. A Tabela 13.14 apresenta as diretrizes para suprir o gado e as aves domésticas com águas de diferentes valores de salinidade sendo um marco de referência, embora seu uso não elimine todos os possíveis riscos econômicos.

Tabela 13.14 - Guia de qualidade de água para gado e aves

Salinidade da água - dS m^{-1}	**Classe**	**Observações**
< 1,5	Excelente	Adequada para todas as classes de gados e aves confinadas
1,5 - 5,0	Muito satisfatório	Adequada para todas as classes de gado e aves confinados. Provoca diarreia temporária em gado não acostumado e excrementos aquosos nas aves
5,0 - 8,0	Satisfatório para o gado	Pode produzir diarreia temporária ou não ter aceitabilidade por animais não acostumados a ela
	Não apta para aves	Provoca frequentemente excrementos aquosos, aumento de mortalidade e redução de crescimento, especialmente em perus
8,0 - 11,0	De uso limitado para o gado	Adequada com razoável segurança para bovinos de leite, de corte, ovinos, suínos e equinos. Evitar para fêmeas prenhas e em lactação
	Não apta para as aves	Não adequada para as aves domésticas
11,0 - 16,0	De uso limitado	Não adequado para aves e provavelmente para suínos. Grandes riscos para vacas lactantes ou prenhas, ovinos e equinos. Evitar seu uso, embora ruminantes, cavalos, suínos, e aves mais velhas, possam substituir em certas condições
> 16,0	Não recomendável	Risco muito grande

Fonte: *National Academy of Science (1972).*

Com exceção do magnésio, os outros principais íons não são muitos tóxicos; neste contexto, as normas australianas recomendam que se deve considerar o Mg, sobretudo quando a salinidade da água excede de 6,6 dS m^{-1} (4.000 mg L^{-1}) nas águas para o gado bovino e 10 dS m^{-1} nas águas para ovinos. Embora não se tenha estabelecido níveis de Mg nas águas para o gado e aves confinadas, o Australian Water Resources Council (1969) sugere como guia geral limites de 250 mg L^{-1} para aves, suínos, equinos, vacas lactantes, ovelhas e cordeiros, 400 mg L^{-1} para bovinos de corte e 500 mg L^{-1} para ovinos adultos alimentados com feno.

Quanto às outras substâncias e íons tóxicos contidos na água, que podem ser de origem natural ou às atividades humanas, a Tabela 13.15 apresenta os níveis máximos de elementos inorgânicos tóxicos que a National Academic of Sciences (1972; 1974) considera que não devem exceder. Tendo em vista, os níveis não perigosos dependem de muitos fatores, entre os quais o consumo diário de água pelo animal e o seu peso; recomenda-se consultar citadas normas antes de se utilizar uma água de qualidade duvidosa. Os problemas mais comuns são os relacionados ao flúor, ferro, nitrato e ao sulfeto de hidrogênio (ácido sulfídrico).

Tabela 13.15 – Níveis de substâncias tóxicas para o gado[1]

Elemento Íon	Limite máxima mg L^{-1}
Alumínio (Al)	5,00
Arsênio (As)	0,20
Berílio (Be)[2]	0,10
Boro (B)	5.0
Cádmio (Cd)	0,05
Chumbo (Pb)[3]	0,10
Cobalto (Co)	1,00
Cobre (Cu)	0,50
Cromo (Cr)	1,00
Ferro (Fe)	Não necessita
Flúor (F)	2,00
Manganês (Mn)[4]	0,05
Mercúrio (Hg)	0,01
Nitrato + Nitrito (NO_3^-+NO_2^-)	100,00
Nitritos (NO_2^- – N)	10,00
Selênio (Se)	0,05
Vanádio (V)	0,01
Zinco (Zn)	24,00

[1] *Fonte: National Academy of Science (1972)*

[2] *Não existem dados suficientes para o gado. Os valores indicados correspondem à fauna marinha*

[3] *O chumbo é acumulativo e os problemas podem começar com 0,05 mg L^{-1}*

[4] *Não existem dados suficientes para o gado. Os valores indicados são para seres humano*

13.7 Qualidade da água para fins industriais

A qualidade da água para o aproveitamento industrial apresenta padrões extremamente variáveis, conforme a necessidade. Água para resfriadores, por exemplo, não precisa ser obrigatoriamente potável, utilizando-se muitas vezes, inclusive, a água do mar. Da mesma forma, curtumes e indústria de celulose e papel fazem um tratamento primário da água, sem atingir padrões de potabilidade. Já a indústria alimentícia, que inclui massas, biscoitos, enlatados, refrigerantes, entre outros, exige que os padrões de potabilidade, tais como ausência de odor e sabor indesejáveis, contagem microbiológica dentro dos padrões estabelecidos para o uso final, ausência de níveis de metais tóxicos e dureza da água, sejam respeitados. Algumas aplicações até transcendem os padrões de potabilidade, como a cerveja, por exemplo, a faixa de pH ideal é mais restrita, assim como a concentração de ferro; há necessidade de que haja um determinado teor de sulfato de cálcio. Água para o uso em caldeiras geradoras de vapor e de água quente deve ter dureza menor do que aquela que exige os padrões para consumo humano (500 mg L^{-1}) visando evitar incrustações na parede da caldeira, o que diminui sua eficiência térmica.

13.8 Qualidade da água para o manejo ambiental

A classificação da qualidade dos cursos d'água no Brasil foi instituída pela Resolução 20 (CONAMA, 1986) e atualizada pela Resolução 357 (CONAMA, 2005). Segundo estas normas, as águas podem ser classificadas em doces (concentração de sais < 0,5 g L^{-1}), salobras (de 0,5 a 30 g L^{-1}) e salinas (>30 g L^{-1}).

As águas doces são classificadas em Classe Especial, Classe 1, Classe 2, Classe 3 e Classe 4. Essas classes dizem respeito ao esforço necessário para tornar a água apta para uma determinada finalidade; na Tabela 13.16 exemplifica-se a aplicação dessa classificação para o consumo humano e para a irrigação.

Tabela 13.16 – Classes de água doce e suas aptidões para consumo humano e para a irrigação

CLASSE	CONSUMO HUMANO	IRRIGAÇÃO
Especial	Com desinfecção	Não recomendada
1	Tratamento simplificado	Hortaliças consumidas cruas
2	Tratamento convencional	Plantas frutíferas
3	Tratamento avançado	Cereais
4	Não recomendado	Não recomendada

Fonte: *CONAMA (2005).*

As águas de Classe Especial são águas de nascentes, que podem ser consumidas após uma simples cloração; a princípio, não devem ser destinadas à irrigação, pois são águas muito nobres para tal finalidade. As águas de Classe 1 podem ser destinadas ao consumo humano após filtração e cloração. São também recomendadas para irrigação de hortaliças comidas cruas, quando há contato direto da água com a parte comestível. As águas de Classe 2 exigem tratamento convencional para que sejam destinadas ao consumo humano, ou seja, aplicação de produtos floculantes, floculação, filtração e cloração; são recomendadas para plantas frutíferas, sem que haja contato da água com o fruto. As águas de Classe 3 exigem tratamento avançado caso sejam destinadas ao consumo humano, com uso de filtros de carvão. Para irrigação, recomenda-se que sejam destinadas apenas a cereais. Já as águas de Classe 4 não estão aptas ao consumo humano nem à irrigação.

É importante destacar que essa classificação diz respeito à qualidade que se deseja atingir em médio prazo na bacia hidrográfica, ou seja, ela não reflete o estado atual da qualidade da água. A classificação visa estabelecer uma meta para balizar as ações do Comitê de Bacia e do órgão responsável pela gestão ambiental no Estado.

CAPÍTULO 14

Legislação sobre o uso da água no Brasil

14.1 Introdução

O volume total de água existente na Terra é da ordem de 1,4 bilhões de km^3. Se esse valor for separado em seus múltiplos ambientes, têm-se os dados apresentados na Figura 14.1. Deve-se destacar que a água doce mais prontamente disponível (rios e córregos) é apenas 0,01% de 2,8% do total de água existente (FELICIDADE; MARTINS; LEME, 2001).

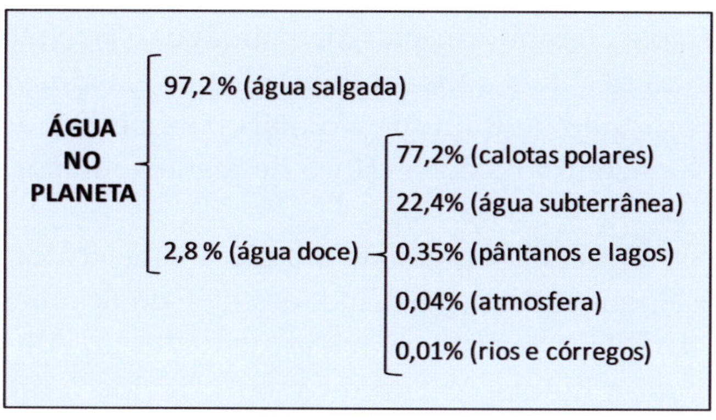

Figura 14.1 *– Localização da água no Planeta.*
Fonte: *Elaborada pelos autores.*

O consumo mínimo doméstico recomendado é da ordem de 300 L hab^{-1} dia^{-1}, o que equivale a 109,5 m^3 hab^{-1} ano^{-1}. Quando se leva em conta todos os outros usos (industrial, irrigação, dessedentação animal, etc.) e se considera ainda que não se deve captar mais do que 20% da vazão média de um curso d'água (BARTH *et al.*, 1987), chega-se ao consumo mínimo recomendável pela FAO que é de 1.000 m^3 hab^{-1} ano^{-1}.

A vazão total dos rios do mundo é estimada em 41.000 km^3 ano^{-1}. Se esse valor for dividido pela população mundial (cerca de 8 bilhões de pessoas, em outubro de 2022) chega-se à cerca de 5.000 L hab^{-1} ano^{-1}.

A princípio parece que ainda existe uma boa folga entre a demanda ideal e a disponibilidade. Entretanto, há uma grande heterogeneidade na distribuição dos recursos hídricos, no Mundo e, também no Brasil, conforme pode ser observado na Tabela 14.1.

Tabela 14.1 – Disponibilidade de água doce superficial no Brasil e em alguns Estados

Estados	Disponibilidade (m^3 hab^{-1} ano^{-1})
Roraima (1°)	1.506.488
Amazonas (2°)	733.000
Pernambuco (último)	1.270
São Paulo	2.209
BRASIL	48.314

* *Faixa razoável (FAO) → 1.000 a 2.000 m^3 hab^{-1} ano^{-1}*
Fonte: *TUNDISI (2003).*

O Brasil é considerado um país rico em água (TUNDISI, 2003); entretanto, quando se avalia a disponibilidade por Estado, verifica-se que o mais rico é o Estado de Roraima e o mais pobre o Estado de Pernambuco, que já se encontra na zona crítica de manejo (menor que 2.000 m^3 hab^{-1} ano^{-1}).

O Estado de São Paulo ainda não atingiu a zona crítica, mas quando se observa a disponibilidade por Unidades de Gerenciamento de Recursos Hídricos (UGRHI), verifica-se que as unidades do Alto do Tietê, Piracicaba-Capivari e Jundiaí, e Turvo-Grande, devido à urbanização e à poluição, já entraram também nessa faixa delicada, exigindo leis para o gerenciamento detalhado da água disponível.

14.2 A Legislação Federal pioneira e suas modificações

Em todos os países existem as Legislações das Águas que são conjuntos de leis que visam:

1 - Garantir o direito de uso da água a todos os cidadãos;
2 - Impor limitações a este uso;
3 - Estabelecer quem é o dono de cada massa de água; e
4 - Estabelecer que órgãos administrativos farão a gestão desses recursos hídricos.

A primeira tentativa de regulamentação da repartição da água que se tem notícia no Brasil aparece nos artigos 563 a 568 do Código Civil (Lei n° 3.071, de 1 de janeiro de 1916).

Estes artigos procuravam apenas regulamentar a repartição da água das nascentes, entre o dono da propriedade onde a nascente aflorava e os vizinhos de baixo. Eram artigos que estavam contidos no chamado Direito de Vizinhança. Alguns pontos que ficavam estabelecidos eram os seguintes:

i - O dono do terreno da nascente tinha prioridade sobre o uso da água, podendo usá-la à vontade, cabendo aos vizinhos de baixo apenas as sobras;
ii - Se não houvesse sobras, os vizinhos de baixo só poderiam reclamar se provassem que o de cima estava desperdiçando água ou retendo as sobras;
iii - Os vizinhos de baixo eram obrigados a deixar que as sobras passassem pelo seu terreno;
iv - O vizinho de cima não poderia reter nem poluir as sobras; e
v - O vizinho de cima não poderia desviar o curso d'água para outra bacia, nem mudar o ponto de saída da água de sua propriedade para outro local, sem a autorização do vizinho de baixo.

Em 1930, a Primeira Conferência do Direito Internacional, realizada em Haia, estabeleceu o conceito de águas internas e externas sendo:

1 - Águas internas: todas as águas continentais incluindo os rios, lagos e mares interiores;

2 - Águas externas: eram as águas marítimas.

Estabeleceu-se, ainda, que sobre as águas internas a nação tinha total jurisprudência e sobre as águas externas haveria de negociar com a comunidade internacional os limites do mar territorial.

A legislação sobre as chamadas águas internas e as águas nacionais externas foi estabelecida no governo de Getúlio Vagas por intermédio do reconhecido *Código das Águas* (Decreto lei nº 24.643, de 10 de julho de 1934), cuja ideia começou a ser elaborada por volta de 1910.

Redigido pelo então reconhecido jurista Alfredo Valadão e inspirado nos códigos francês e alemão, o Código das Águas foi considerado uma lei muito bem elaborada, e uma das mais completas leis de águas para a sua época, vigorando praticamente até a década de 1980, sendo que alguns de seus conceitos vigoram até hoje.

Trata-se, entretanto, de um documento escrito em Português antigo, difícil de ser interpretado, e que deixou algumas questões ainda em uma forma abstrata, talvez na esperança de que fossem melhor regulamentadas ou detalhadas posteriormente. Esta regulamentação caminhou lentamente ao longo das décadas posteriores, por meio de algumas pequenas emendas, de forma que algumas questões ainda deixaram dúvidas até bem pouco tempo atrás.

A seguir ressaltam-se alguns pontos que ficaram estabelecidos pelo Código das Águas de 1934, Livro I:

1) As águas nacionais, internas ou externas, quanto ao seu domínio, ficaram divididas em 3 classes:

- Públicas (de uso comum ou dominicais);
- Comuns; e
- Particulares.

Verifica-se, então, que o universo a ser analisado envolve questões do direito público (águas públicas e comuns) e do direito privado (águas particulares).

*As águas públicas de uso comum eram as seguintes:

- os mares territoriais;
- os cursos d'água e os lagos, de porte considerável (ditos navegáveis ou flutuáveis, embora a definição do que seja navegável ou flutuável ficasse de forma abstrata);
- os afluentes importantes destas águas citadas anteriormente;
- as fontes e nascentes situadas em terrenos públicos; e
- todas as águas localizadas no Polígono das Secas do Nordeste.

* As chamadas águas públicas dominicais eram aquelas que nasciam dentro do terreno de uma instituição ou entidade pública e, portanto, faziam parte do patrimônio desta instituição (pertenciam a uma pessoa jurídica de direito público). Por exemplo:

- Um córrego que nascesse dentro do terreno da ESALQ/USP, em Piracicaba, (córrego Monte Olimpo, por exemplo) seria uma água dominical de caráter estadual;
- Cursos d'água das reversas indígenas seriam águas dominicais de caráter federal.

* As águas comuns eram os pequenos cursos d'água (não navegáveis ou flutuáveis) que atravessavam várias propriedades.

* As águas particulares seriam as nascentes que aflorassem dentro de um terreno particular.

2) As águas públicas de uso comum poderiam ser Federais, Estaduais ou Municipais:

*** Federais***

- mares;
- rios quando situados em Territórios;
- rios quando servissem de limite com as nações vizinhas, ou estivessem numa faixa de 150 km da fronteira com países vizinhos;
- rios quando atravessassem mais de um Estado, ou servissem de limite entre dois Estados (→ Ex.: Rio Piracicaba, Rio Paraná).

* ***Estaduais***

- quando atravessassem mais de um Município ou servissem de limite entre dois Municípios (→ Ex.: Rio Tietê, Rio Piracicamirim (nasce no município de Rio das Pedras, passa pelo município de Saltinho e morre no município de Piracicaba - SP).

* ***Municipais***

- quando tivesse nascente e foz dentro da área de um Município (→ Ex.: Ribeirão dos Marins (nasce e morre dentro do município de Piracicaba).

3) Quando houvesse necessidade pública, qualquer dos tipos de águas (públicas de uso comum, públicas dominicais, comuns ou particulares) poderiam ser desapropriadas da seguinte forma:

- Todas elas pela União;
- As dos Municípios e Particulares pelos Estados; e
- As Particulares pelos Municípios.

4) Quanto ao uso da água, conforme o seu domínio, este deveria seguir as seguintes normas:

*As águas públicas de uso comum ou públicas dominicais só poderiam ser utilizadas mediante a obtenção de concessão administrativa de uso, no caso de utilidade pública e autorização administrativa de uso, no caso de particulares, requeridas ao Município, Estado, União ou da Instituição Patrimonial que detinha o domínio. Exceção era feita para o caso de captações insignificantes, embora o Código não definisse o que era uma captação insignificante. Tratava-se de concessão ou autorização de uso, e que tinha uma validade de no máximo 30 anos, devendo, depois, ser renovada, de forma que a pessoa não era *dona* da água, mas apenas obtinha o *direito* a utilizá-la. Se a propriedade fosse vendida, o novo dono herdava a autorização. Se a captação não fosse realizada em 3 anos, esta caducava.

*O uso das águas comuns era de direito de todos os que tinham propriedades banhadas por ela, e não do primeiro que começou a captar.

*No caso de escassez ou conflito, o juiz local devia repartir o direito de uso com todos os que tinham propriedade cortada ou banhada pelo rio. Sugeria-se que a percentagem de cada um fosse proporcional às suas necessidades e à faixa de rio que cada propriedade tinha.

*O direito do ribeirinho não se extinguia pelo não uso, ou seja, mesmo que ele nunca tivesse usado a água do ribeirão, no dia em que precisasse usar, o seu direito de entrar na partilha estava assegurado.

*Se um proprietário na margem de um rio comprasse um terreno adjacente, que não fosse banhado por esse rio, não poderia usar água para esta nova parte da propriedade, se isto prejudicasse as outras propriedades que fossem banhadas pelo rio.

*Se uma propriedade na margem de um rio fosse dividida em várias partes (herdeiros), mesmo as partes que não ficassem com parte da margem continuavam a ter direito a água. Com o passar das décadas houve uma tendência a publicização das águas comuns.

- O uso das águas particulares (nascentes) seguia mais ou menos o que ficou estabelecido no Código Civil de 1916, mas com algumas ressalvas, quais sejam:
- O dono do terreno da nascente tinha a prioridade do uso da água, cabendo aos vizinhos de baixo apenas as sobras;
- -- Entretanto, havendo sobras, este não poderia privar os vizinhos de baixo desta, retendo as sobras totalmente ou desviando-a para outra bacia;
- O proprietário da nascente não poderia, também, passar a utilizar a água integralmente, se esta estivesse abastecendo uma população à jusante; e
- Mesmo sendo águas particulares, quando fossem de interesses públicos ou sanitários, estas estariam sujeitas a inspeção pública.

5) As quedas d'água, com potencial de energia hidráulica, eram consideradas propriedade independente do solo.

*As quedas d'água localizadas em águas municipais, estaduais e federais eram todas consideradas propriedade da União.

*As quedas d'água localizadas em águas particulares ou comuns pertenciam aos respectivos donos da terra.

*Em águas de quaisquer domínios, mesmo as particulares ou comuns, o aproveitamento para gerar energia elétrica só poderia ser feito mediante a concessão ou autorização do Governo Federal. Exceção era feita para pequenos aproveitamentos, com potência inferior a 50 quilowatts, para o consumo do próprio proprietário.

6) A construção de poços para a captação da água subterrânea só necessitaria de autorização no caso do poço estar localizado em terreno público.
*A captação subterrânea não poderia diminuir a vazão de águas públicas de uso comum, públicas dominicais ou particulares, sob pena do proprietário ser obrigado a suspender as captações.

*Eram proibidas as construções que causassem a poluição do poço ou da nascente alheia, ficando o dono da construção obrigado a demoli-la, caso este fato fosse comprovado.

*Não era permitido construir poço perto da divisa com vizinho, se isto causasse a diminuição de disponibilidade de água do poço do vizinho.

7) O Decreto Lei nº 2281 de 5 de junho de 1940, que dispõe sobre a tributação das empresas de energia elétrica e dá outras providências, procurou definir o conceito de "navegável" e "flutuável", conceito este que inseria as águas no rol das de domínio público:

- navegável – quando permitia a navegação de qualquer embarcação, inclusive jangadas, em um trecho não inferior a sua largura;
- flutuável – quando permitia transportar achas de lenha, por flutuação, em um trecho de comprimento mínimo de 50 vezes a sua largura.
- considerando, portanto, estes conceitos, e relembrando que os afluentes importantes destes cursos d'água também deveriam ser considerados públicos, chega-se a conclusão de que a maioria dos cursos d'água, de um certo porte, passaram a ser públicos.

Este decreto lei de 1940 instituiu, também, que todas as águas públicas de uso comum e dominicais (federais, estaduais e municipais) deveriam ser registradas no Registro de Águas Públicas, feito na Divisão de Águas do Departamento Nacional de Produção Mineral (DNPM), na época vinculado ao Ministério da Agricultura. Esta Divisão de Águas depois se transformou no DNAEE, que registrou diversos cursos d'água, e culminou com a formação da ANA.

Os editais dos registros eram publicados em jornais e os interessados tinham até 90 dias para apresentar eventuais contestações, competindo ao DNAEE mandar verificar e dar o veredito final.

O Decreto Lei Federal nº 7.841, de 8 de agosto de 1945 criou um código especial para as águas minerais (eram aquelas de fontes naturais ou de fontes artificialmente captadas, que, por suas propriedades físicas ou físico-químicas, apresentavam ação medicamentosa). Este decreto, além de conceituar o que seja água mineral, tratou de legalizar a pesquisa e a exploração destas águas, destinando um capítulo às estâncias hidrominerais.

A Constituição Federal de 1946 modificou o artigo 29 do Código das Águas que trata dos domínios desta, fazendo com que as águas públicas passassem a ser apenas Federais ou Estaduais, deixando de haver as águas Municipais.

A Constituição Federal de 1967 e as emendas nº 1/1969 e 16/1980 estabeleceram que não só os cursos d'água navegáveis e flutuáveis (ou seja, os rios), mas qualquer corrente d'água situada na fronteira com outros países, atravessando Estados ou servindo de divisa entre dois Estados, seriam consideradas águas públicas federais. Desta forma, as águas comuns ficaram localizadas apenas dentro de Estados ou Municípios. No âmbito estadual e municipal continuaram valendo os conceitos de navegabilidade e flutuabilidade para separar as águas públicas das comuns.

Pela Portaria nº 468/1978 do Ministério de Minas e Energias, foram conceituadas como captações insignificantes de águas públicas, aquelas que retirassem menos do que 20% da vazão mínima média do trecho do curso d'água onde elas estivessem localizadas.

Ainda por essa portaria, mesmo estas captações insignificantes deveriam requerer outorga de permissão de uso, permissão essa dada pelo Departamento Nacional de Águas e Energia Elétrica (DNAEE) para as águas de domínio federal, por um período de 5 anos, podendo ser renovável.

No Estado de São Paulo, caberia ao Departamento de Águas e Energia Elétrica do Estado de São Paulo (DAEE) outorgar as permissões, autorizações ou concessões.

Na verdade, é muito raro a legislação de um país condensar todos os aspectos referentes ao uso e controle das águas num único código. Isto porque a água se destina a diferentes tipos de aproveitamento e deve ser submetida a diferentes tipos de controle:

- Exemplos de aproveitamento de recursos hídricos:

Uso com derivação de água {Abastecimento urbano; Abastecimento industrial; Irrigação; Abastecimento rural e Piscicultura}.

Uso sem derivação de água {Geração de energia elétrica; Navegação fluvial; Recreação e Esportes Náuticos; Pesca e Diluição, Assimilação e Transporte de Esgotos}.

- Controle dos recursos hídricos: {Controle de enchentes; Combate às secas; Controle da poluição; Controle da erosão do solo}.

Assim, paralelamente ao Código de Águas e suas modificações, foram instituídas outras legislações correlatas, que também tratavam dos recursos hídricos, tentando normalizar as particularidades dos diferentes tipos de aproveitamentos e controles.

Quanto à questão do Meio Ambiente, podem-se citar algumas leis que afetam os recursos hídricos:

- O Código Florestal (Lei nº 4.771, de 15 de setembro de 1965) estabeleceu que, ao longo dos rios ou de qualquer curso d'água, seria obrigatório se deixar uma faixa marginal como área de preservação permanente (APP).
- No final da década de 1970, vários países comandados pelos Estados Unidos começaram a sobretaxar os produtos manufaturados de países que não controlavam a poluição ambiental, o que levou o Governo Federal a instituir a Política Nacional do Meio Ambiente, pela Lei nº 6.938 de 31/01/1981, criando varias instituições responsáveis pela gestão do Meio Ambiente, como o CONAMA (Conselho Nacional do Meio

Ambiente), o SISNAMA (Sistema Nacional do Meio Ambiente), o IBAMA (Secretaria Especial do Meio Ambiente, ligada diretamente ao Presidente da Republica), etc. A avaliação de impactos ambientais é um dos Instrumentos da Política Nacional do Meio Ambiente.

- A Resolução nº 1 de 23/01/86, artigo 2º do CONAMA, torna obrigatório a elaboração de Estudo de Impacto Ambiental (EIA) e do respectivo Relatório (RIMA), a ser submetido a aprovação do órgão competente, para que se obtenha licença para execução de qualquer obra ou atividade capaz de modificar o Meio Ambiente. Em relação às obras mais diretamente ligadas aos recursos hídricos, destacam-se:

    a) Barragens para fins hidrelétricos ou de irrigação;
    b) Abertura de canais de irrigação, drenagem e saneamento;
    c) Retificação de cursos d'água;
    d) Transposição de bacias; e
    e) Construção de diques.

Quanto ao aproveitamento dos potenciais de energia elétrica, houve a criação de uma vasta regulamentação adicional ao Código das Águas. A gestão dos recursos hídricos no Brasil, historicamente, foi marcada pela hegemonia da produção energética sobre os demais usos da água, acompanhando a demanda imposta pelo desenvolvimento industrial, desde o início do século XX. Exemplo de legislações suplementares especificas para o setor elétrico:

* 1939: estabelecia reserva de água para fins de aproveitamento hidrelétrico e criava o Conselho Nacional de Águas e Energia Elétrica;

* 1954: instituía o imposto único sobre a energia elétrica e criava o Fundo Federal de Eletrificação;

* 1961: autorizava a constituição da empresa "Centrais Elétricas Brasileiras S/A - Eletrobrás";

* 1967: criava o Sistema Nacional de Eletrificação.

Quanto à navegação, segundo legislação de 1976, caberia à Portobrás cuidar das atividades ligadas às vias navegáveis interiores, sendo que nenhuma obra poderia ser realizada nas margens ou nos leitos das vias navegáveis sem aprovação do Ministério da Marinha.

Quanto às águas subterrâneas, após serem tratadas no Código Civil e no Código das Águas, em função das normas que regiam o direito de vizinhança, a emenda nº 1/1969 da Constituição Federal de 1967 considerou--as como um tipo de jazida, e estabeleceu que ela fosse regida pelo Código de Mineração. Lamentavelmente, até 1986 o Código de Mineração admitia que a essas águas não se aplicava o regime minerário, mas propunha um regulamento específico para ela. Atualmente as águas subterrâneas são de domínio dos Estados.

Entre as legislações que tratam das águas, existe, finalmente, o Código Penal de 1940 que estabelecia como sendo crimes sujeitos a detenção ou multas represar ou desviar águas alheias, causar inundações ou destruir diques utilizados para controle de inundações, poluir água potável, etc.

Na década de 1960, devido a problemas de escassez de água devido à grande consumo e à poluição, países desenvolvidos, como os Estados Unidos, França, Alemanha e Inglaterra renovaram suas leis e instituições relacionadas aos recursos hídricos, procurando uma maior eficácia no aproveitamento múltiplo, na recuperação e na conservação desses recursos.

Técnicos ligados ao assunto, em todo o mundo, passaram a desenvolver estudos por bacias hidrográficas, que possibilitam uma visão mais ampla dos recursos hídricos e da relação de causa e efeito, bem como melhor identificação e participação dos agentes envolvidos.

No Brasil, apenas na década de 1980, os técnicos ligados ao setor começaram a se conscientizar que o sistema vigente não estava funcionando bem, devido aos seguintes motivos principais:

- Existência, em uma mesma bacia hidrográfica, de rios estaduais e federais, cada um sob gestão de instituições diferentes, dificultando ações integradas;
- Recursos e meios centralizados em nível federal, em detrimento dos estados e municípios;

- Desarticulação e disputa de recursos, entre as diferentes instituições federais, que influenciam no setor de recursos hídricos, como as instituições ligadas ao setor elétrico, ao meio ambiente, ao desenvolvimento regional (nas regiões N e NE, SUDAM, SUDENE, CODEVASF, DNOCS, entre outros), à irrigação, à navegação, etc.;
- O fato de cada bacia hidrográfica apresentar características e necessidades diferentes, como inundações, poluição, escassez de água para irrigação, falta de energia elétrica, etc.;
- A ausência da participação dos usuários nas decisões.

Reconhecendo este problema, a Constituição Federal de 1988, no artigo 21, afirma que: "Compete a União estabelecer o Sistema Nacional de Gerenciamento de Recursos Hídricos", o que foi realizado a partir da década de 1990.

14.3 A Legislação Federal Atual (Lei Nº 9.433 - Política Nacional de Recursos Hídricos)

A regulamentação desta lei esteve tramitando no Congresso Nacional desde 1991 (projeto de Lei nº 2.249/1991), tendo como relator o Deputado Fabio Feldman, e só foi aprovada em 1997. Esta Lei estabelece os seguintes pontos mais importantes:

1 - Institui a Política Nacional de Recursos Hídricos para o Brasil e cria o Sistema Nacional de Gerenciamento de Recursos Hídricos.

2 - Os principais fundamentos em que se baseia a Política Nacional dos Recursos Hídricos são os seguintes:

1º) A água é um bem de domínio público, não podendo ser controlada por particulares;

2º) A água é um recurso natural limitado, dotado de valor econômico;

3º) Em situação de escassez, o uso prioritário dos recursos hídricos é o consumo humano e a dessedentação de animais;

4º) A gestão dos recursos hídricos deve sempre procurar proporcionar o uso múltiplo da água;

5°) A bacia hidrográfica é a unidade territorial para a implementação da Política Nacional de Recursos Hídricos e atuação do Sistema de Gerenciamento de Recursos Hídricos; e

6°) A gestão dos recursos hídricos deve ser descentralizada, e contar com a participação do Poder Publico, dos usuários e das comunidades.

3 - Os objetivos da Política Nacional de Recursos Hídricos são os seguintes:

1°) Assegurar à atual e às futuras gerações a necessária disponibilidade de água, em padrões de qualidade adequados, aos respectivos usos;

2°) A utilização racional e integrada dos recursos hídricos; e

3°) A prevenção e a defesa contra eventos hidrológicos críticos, de origem natural ou decorrentes do uso inadequado dos recursos naturais.

4 - Os instrumentos da Política Nacional de Recursos Hídricos são os seguintes:

1° Os Planos de Recursos Hídricos.

- São planos de longo prazo que visam orientar a implantação da Política Nacional de Recursos Hídricos e o gerenciamento dos recursos hídricos;
- As diversas bacias hidrográficas de um dado Estado deverão elaborar seus planos;
- A reunião destes planos dará origem aos Planos Estaduais;
- A reunião dos Planos Estaduais com os Planos das Bacias Federais, dará origem ao Plano Nacional de Recursos Hídricos;
- Cada um destes planos deve conter no mínimo:

a - diagnostico da situação atual dos recursos hídricos;

b - análise de alternativas de crescimento demográfico, de evolução de atividades produtivas e de modificações dos padrões de ocupação do solo;

c - balanço entre as disponibilidades e as demandas futuras dos recursos hídricos, em quantidade e em qualidade, com identificação de conflitos potenciais;

d - metas de racionalização de uso, aumento da quantidade e melhoria da qualidade dos recursos hídricos disponíveis;

e - medidas a serem tomadas, programas a serem desenvolvidos e projetos a serem implantados para o atendimento das metas previstas;

f - responsabilidades para execução de medidas, de programas e de projetos;

g - cronograma de execução; e programação orçamentária-financeira associados às medidas, programas e projetos; e

h - critérios para a cobrança pelo uso dos recursos hídricos.

Na implementação da Política Nacional de Recursos Hídricos, os Poderes Executivos do Distrito Federal e dos municípios promoverão a integração das políticas locais de saneamento básico, de uso, de ocupação e de conservação do solo e do meio ambiente, com as políticas federais e estaduais de recursos hídricos.

2º O enquadramento dos corpos d'água em classes, segundo os usos preponderantes da água.

- São classes estabelecidas pela legislação ambiental, sendo que o enquadramento visa assegurar às águas qualidade compatível com os seus usos mais exigentes e diminuir os custos de combate à poluição das águas, mediante as ações preventivas permanentes.

3º A outorga dos direitos de uso dos recursos hídricos.

- O objetivo das outorgas é permitir um controle quantitativo e qualitativo dos usos da água, para assegurar o direito de acesso à água a todos e preservar o uso múltiplo desta.
- Estão sujeitos a outorga, os seguintes usos:

a. qualquer tipo de derivação ou captação de uma porção de água;
b. extração de água de aquíferos subterrâneos;
c. lançamento de esgotos urbanos e industriais; e
d. aproveitamentos hidrelétricos.

- A outorga efetiva-se por ato da autoridade competente do Poder Executivo Federal, dos Estados ou do Distrito Federal, com atuação em cada Comitê de Bacia.
- Em bacias com águas de domínio federal e estadual, o Governo Federal deve articular-se previamente com o Governo Estadual para decidir qual órgão que estará envolvido no processo da outorga.
- Toda a outorga far-se-á por prazo não excedente a trinta e cinco anos renovável.
- A outorga não confere delegação de poder público ao seu titular.
- A outorga poderá ser suspensa parcial ou totalmente, em definitivo ou por prazo determinado, nos seguintes casos:
  a) ausência de uso por três anos consecutivos;
  b) necessidade premente de água, para atender a situações de calamidade, inclusive as decorrentes de condições climáticas adversas;
  c) necessidade de se prevenir ou reverter grave degradação ambiental;
  d) necessidade de se atender a usos prioritários, de interesse coletivo, para os quais não se disponha de fontes alternativas; e
  e) necessidade de serem mantidas as características de navegabilidade do corpo de água.
- Independem de outorga o uso de recursos hídricos para a satisfação das necessidades de pequenos núcleos populacionais no meio rural, derivações, captações, lançamentos de esgotos e acumulações de volumes de água considerados insignificantes.

4º A cobrança pelo uso dos recursos hídricos.

- Todos os usos de recursos hídricos, sujeitos a outorga, serão cobrados;
- A cobrança visa basicamente 2 objetivos:
  1. incentivar a racionalização (economizar) do uso da água. Pretende-se estimular dado industrial, serviço municipal de abastecimento ou irrigante a adotar medidas para evitar perdas e desperdícios.
  2. obter recursos financeiros para o financiamento dos programas e intervenções contemplados nos planos de recursos hídricos, pois tradicionalmente estes recursos são muito inferiores aos necessários.

Antes dessa lei não se pagava pelo uso da água. Cada residência, comércio ou indústria, que se servia da rede de água encanada, pagava uma tarifa pelos serviços de captação, tratamento, adução e distribuição executados por uma concessionária (em São Paulo a SABESP), pelos Serviços Municipais (em Piracicaba a SEMAE) ou por uma concessionária privada.

A cobrança pelas derivações, captações e extrações deve levar em conta o volume retirado e seu regime de variação.

A cobrança pelo lançamento de esgotos e demais resíduos deve levar em conta o volume lançado, seu regime de variação e as características físico-químicas, biológicas e de toxicidade do efluente.

Os valores arrecadados com a cobrança pelo uso de recursos hídricos serão aplicados prioritariamente na bacia hidrográfica em que foram gerados. Esses recursos serão utilizados para:

Financiamento de estudos, projetos e obras incluídos nos Planos de Recursos Hídricos.

Pagamento de despesas de implantação e custeio administrativo dos órgãos e entidades integrantes do Sistema Nacional de Gerenciamento de Recursos Hídricos.

A aplicação nas despesas descritas no item "b" é limitada a 7,5% do total arrecadado.

Até 15% dos valores arrecadados com a cobrança pelo uso de recursos hídricos poderão ser aplicados fora da bacia em que foram arrecadados, visando exclusivamente financiar projetos e obras no setor de recursos hídricos.

5º A compensação a municípios.

Poderão receber compensação financeira, ou de outro tipo, os municípios que tenham áreas inundadas por reservatórios ou sujeitos a restrições de uso do solo, com finalidade de proteção dos recursos hídricos.

A compensação financeira a um município visa ressarcir suas comunidades da privação das rendas futuras que os terrenos inundados ou sujeitos a restrições de uso do solo poderiam gerar. Essas compensações não se aplicam às áreas de preservação permanente previstas no Código Florestal de 1965, nem aos aproveitamentos hidrelétricos.

6º O Sistema de Informações sobre Recursos Hídricos.

Este é um sistema de coleta, tratamento, armazenamento e recuperação de informações sobre recursos hídricos e fatores intervenientes em sua gestão. Estes dados visam fornecer subsídios para a elaboração dos Planos de Recursos Hídricos. Eles devem ser obtidos descentralizadamente nas diferentes entidades, mas coordenados de forma unificada, formando o Sistema Nacional de Informações sobre Recursos Hídricos. O acesso aos dados e às informações é garantido a toda a sociedade.

1 - O Sistema Nacional de Gerenciamento de Recursos Hídricos tem o objetivo de implantar a Política Nacional de Recursos Hídricos, ou seja:

- **A.** Coordenar a gestão integrada;
- **B.** Arbitrar administrativamente os conflitos relacionados com os recursos hídricos;
- **C.** Planejar, regular e controlar o uso, a preservação e a recuperação dos recursos hídricos; e
- **D.** promover a cobrança pelo uso de recursos hídricos.

2 - O Sistema Nacional de Gerenciamento de Recursos Hídricos é composto pelas seguintes entidades:

a) Conselho Nacional de Recursos Hídricos

* Este conselho é formado por:

1. Representantes dos Ministérios e da Secretaria da Presidência da República, com atuação no gerenciamento ou no uso de recursos hídricos;

2. Representantes indicados pelos Conselhos Estaduais de Recursos Hídricos;
3. Representantes das associações dos usuários dos recursos hídricos; e
4. Representantes das organizações civis de recursos hídricos.

* As principais funções deste Conselho são as seguintes:

1. Promover a articulação dos planejamentos nacional, regional, estadual e dos setores de usuários dos recursos hídricos;
2. Arbitrar, em última instância administrativa, os conflitos existentes entre os Conselhos Estaduais de Recursos Hídricos;
3. Deliberar sobre os projetos de aproveitamento de recursos hídricos cujas repercussões extrapolam o âmbito dos Estados em que serão implantados;
4. Analisar propostas de alteração da legislação pertinente de recursos hídricos e da Política Nacional de Recursos Hídricos;
5. Aprovar o Plano Nacional de Recursos Hídricos e encaminhá-lo ao Presidente da Republica, para envio, na forma de projeto de lei, ao Congresso Nacional; e
6. Acompanhar a execução do Plano Nacional de Recursos Hídricos e determinar as providências necessárias ao cumprimento de suas metas.

b) Conselhos de Recursos Hídricos dos Estados e do Distrito Federal

Poderá ser visto, posteriormente, como funciona o Conselho Estadual de Recursos Hídricos de SP, por exemplo, em outro texto.

c) Comitês de Bacia Hidrográfica

* Compete ao Comitê de Bacia Hidrográfica, no âmbito de sua área de atuação:

1. Promover o debate das questões relacionadas aos recursos hídricos e articular a atuação das entidades intervenientes;
2. Arbitrar, em primeira instância administrativa, as decisões relacionadas aos recursos hídricos;

3. Aprovar o plano de Recursos Hídricos de bacia;
4. Acompanhar a execução do plano de Recursos Hídricos da bacia e sugerir as providencias necessárias ao cumprimento de suas metas;
5. Estabelecer os mecanismos de cobrança pelo uso dos recursos hídricos e sugerir os valores a serem cobrados;
6. Aprovar o plano de aplicação dos recursos arrecadados com a cobrança pelo uso dos recursos hídricos; e
7. Autorizar a aplicação, fora da respectiva bacia hidrográfica, de até 15% dos recursos arrecadados com a cobrança pelo uso dos recursos hídricos.

*Os comitês de Bacia Hidrográfica são compostos por representantes:

a. da União;
b. dos Estados e do Distrito Federal cujos territórios se situem, ainda que parcialmente, em suas respectivas áreas de atuação;
c. dos Municípios situados, no todo ou parte, em sua área de atuação;
d. das associações dos usuários das águas de sua área de atuação; e
e. das entidades civis de recursos hídricos com atuação comprovada na bacia.

d) Órgãos dos poderes públicos Federal, Estaduais e Municipais cujas competências se relacionem com a gestão de recursos hídricos.

*As agências de Água

As agências de água exercerão a função de secretaria executiva do respectivo comitê; elas terão as seguintes funções:

1. manter o balanço atualizado da disponibilidade de recursos hídricos em sua área de atuação;
2. manter o cadastro de usuários;
3. efetuar a cobrança pelo uso da água;
4. analisar e emitir pareceres sobre os projetos e obras a serem financiados com recursos gerados pela cobrança do uso da água.;

5. acompanhar a administração financeira dos recursos arrecadados com a cobrança;
6. gerir o Sistema de Informações sobre Recursos Hídricos em sua área de atuação;
7. celebrar convênios e contratar financiamentos e serviços para a execução de suas competências;
8. elaborar a sua proposta orçamentária e submetê-la a apreciação do respectivo Comitê;
9. promover os estudos necessários para a gestão dos recursos hídricos em sua área de atuação;
10. elaborar o Plano de Recursos Hídricos para a apreciação do respectivo Comitê; e
11. propor ao Comitê os valores a serem cobrados pelo uso da água e o plano de aplicação dos recursos arrecadados.

* São consideradas, para os efeitos desta Lei, organizações civis de recursos hídricos, desde que legalmente constituídas:

1. Consórcios e associações intermunicipais de bacias hidrográficas;
2. Associações regionais, locais ou setoriais de usuários de recursos hídricos;
3. Organizações técnicas e de ensino e pesquisa, com interesse na área de recursos hídricos; e
4. Organizações não governamentais com objetivos de defesa de interesses difusos e coletivos da sociedade.

Algumas dúvidas práticas sobre a gestão de recursos hídricos

1) Quem compra uma propriedade tem direito a outorga do antigo proprietário? (Sim – o novo proprietário deve ir ao órgão gestor para trocar o outorgado de nome).

2) Se o proprietário A constrói um poço dentro de sua propriedade e diminui a vazão do poço na propriedade do vizinho B, B tem direito a reclamar? (Sim – dois poços tubulares profundos freáticos devem ficar a uma distância mínima de 500 m um do outro).

3) O escoamento superficial de A ajudava a encher o açude de B no período chuvoso. A desvia a água. B pode reclamar? (Sim. - embora a água da chuva seja de propriedade do dono da área A, ele não poderá desviá-la do seu curso natural, se isto atrapalhar B).

4) Se a captação não for realizada durante alguns anos a outorga caduca?

(Sim - se a captação não for realizada conforme estabelecido no cronograma ela caduca. Entretanto, como muitos órgãos gestores têm uma equipe pequena, os técnicos, geralmente, só vão ao campo em caso de denúncia.).

5) É necessário outorga para poços domésticos (cacimbas)?

(Não - poços com vazões de até 15 m^3 dia^{-1} não precisam de outorga. Normalmente exige-se, entretanto, que seja realizado o cadastro deste poço neste órgão. Geralmente, apenas poços tubulares profundos precisam de outorga.)

6) Se D divide a propriedade em D1 e D2, e D2 ficou sem margem de rio, pergunta-se: D2 pode usufruir da água do rio ? (Sim - principalmente se na certidão da propriedade vier uma garantia de servidão de uso de água).

7) Uma microbacia tem três usuários, A, B e C. C tem a menor margem de rio na sua propriedade. Este fato faz com que ele tenha direito a uma menor fração de água na bacia? (Não - a fração de água que cabe a cada usuário depende de sua demanda por água e independe do comprimento da margem.).

8) Cite a sigla de 5 órgãos gestores de recursos hídricos estaduais do Brasil.

- SÃO PAULO → DAEE (Criado em 1951, vinculado à Secretaria de Saneamento e Recursos Hídricos, tem 8 diretorias espalhadas pelo Estado de São Paulo).

- PERNAMBUCO → CPRH da Companhia Pernambucana de Meio Ambiente.

- MINAS GERAIS → IGAM
- RIO GRANDE DO NORTE → SERHID
- RIO DE JANEIRO → SERLA

9) Cite o nome de 7 Comitês Federais:

- PCJ-Federal
- Paraíba do Sul
- São Francisco
- Rio Doce
- Rio Verde
- Rio Grande
- Piranhas-Açú

10) O que é feito pelo órgão gestor caso seja identificada alguma irregularidade em alguma obra de uso ou de controle de água de uma propriedade? (O proprietário recebe um prazo para ter o projeto de alteração aprovado e regularizar o problema, a partir do qual é aplicada uma multa).

11) Pela filosofia estabelecida para a cobrança para os rios estaduais, a região de cada comitê deve cobrar um valor diferente ou um único preço para todo o Estado? (A ideia é que o Estado estabeleça um preço máximo a ser cobrado, e a região de cada comitê cobre um preço diferente, podendo inclusive isentar certas classes de usuários).

12) A vazão outorgada para uma captação a fio d'água para a irrigação se refere a vazão continua média (24 horas/dia) ou a vazão real da bomba? (Se refere à vazão real da bomba estabelecida em sua placa, pois é a condição mais critica).

13) Qual a máxima % da Q7,10 que é outorgada para um usuário? (Este valor, para os rios paulistas, é de 50% da Q7,10 pois uma bacia com 50% ou mais da Q7,10 comprometida já é considerada bacia crítica. Para os rios federais, a ANA estabelece 70% da Q95 como vazão máxima outorgável).

14) Numa captação regularizada por um barramento, qual a máxima vazão a ser outorgada? (A máxima vazão outorga será aquela tal que a vazão firme de regularização (QF) seja de no máximo de 60% da vazão média de longo período).

15) Qual o valor usual de período de retorno para o cálculo do volume de reservatório de regularização para pequenos barramentos agrícolas? (T = 4 a 10 anos.)

16) As captações para usinas de álcool e açúcar são considerados de uso agrícola ou industrial? (Industrial)

17) Como são cobrados os lançamentos de efluentes nos rios? (Na forma de um dado valor por kg de DBO laçado).

18) Arquitetos e Engenheiros Florestais podem assinar projetos de outorga? (Não. Apenas Engenheiros Agrônomo, Agrícola ou Civil. Para poços profundos é preciso o projeto de um Geólogo ou de um Engenheiro de Minas). Os Engenheiros Florestais têm atribuição sobre recursos naturais renováveis; podem assinar outorgas de captação para uso da água em recreação e paisagismo, bem como uso rural, exceto irrigação. Também existe uma resolução (nº 1.010/2005), que estabelece que as atribuições são determinadas de acordo com o currículo do profissional cadastrado no CREA, ou seja, cursos de especialização, pós-graduação, entre outros, podem gerar atribuições ao profissional que antes não as tinha.

19) Como é classificada a disponibilidade per capta de recursos hídricos?

Classificação	Disponibilidade ($m^3 hab^{-1} ano^{-1}$)
Muito pobre	< 500
Pobre	De 500 a 1.000
Regular	De 1.000 a 2.000
Suficiente	De 2.000 a 10.000
Rico	De 10.000 a 100.000
Muito rico	> 100.000

Fonte: *TUNDISI (2003).*

20) Como é classificada o comprometimento da vazão média de uma bacia ?

(A percentagem de comprometimento da vazão média de um rio com consumo pode ser: {<5% → água pode ser considerada um bem livre; 5-10 %→ situação ainda confortável; 10-20 % → gerenciamento indispensável (investimento médios); > 20 % → situação crítica (investimentos grandes)}.

21) Quando começou a cobrança pelo uso de água na Europa? (Na França, a cobrança pelo uso da água iniciou-se em 1964, e na Inglaterra em 1969).

22) Qual o cuidado que deve ter o órgão gestor quanto às outorgas de grandes vazões? (A outorga deve levar em conta não só a quantidade, mas também a questão do impacto da captação na qualidade, pois segundo a Lei 9.433 "... não deve haver dissociação dos aspectos quantidade e qualidade".).

23) A quem cabe legislar sobre o uso e a ocupação do solo? (Cabe aos municípios. Daí ser fundamental a presença dos prefeitos nos comitês, para a tomada de decisão quanto às classes de enquadramento das águas).

14.5 Considerações finais

Ao longo do tempo foram criadas diversas normas, legislações e órgãos para realizar o controle de águas naturais no Brasil. A primeira medida ocorreu em 10 de julho de 1934 com o Decreto nº 24.643, denominado Código das Águas, cuja execução competia ao Ministério da Agricultura. Nesse decreto a água foi dividida em três vertentes principais: águas públicas (Capítulo I), comuns (Capítulo II) e particulares (Capítulo III).

Com a elaboração da nova Constituição da República Federativa do Brasil de 1988 foi determinado no artigo 20, capítulo III, que são bens públicos da união "os lagos, rios e quaisquer correntes de água em terrenos de seu domínio, ou que banhem mais de um estado, sirvam de limites com outros países, ou se estendam a território estrangeiro ou dele provenham, bem como os terrenos marginais e as praias fluviais.

Em 8 de janeiro de 1997, para garantir a utilização racional e integrada dos recursos hídricos e assegurar à atual e às futuras gerações a disponibilidade de água necessária, foi instituída a Lei nº 9.433 ("Lei das Águas") que dispõe sobre a Política Nacional dos Recursos Hídricos (PNRH), e foi criado o Sistema Nacional de Gerenciamento de Recursos Hídricos (SINGREH). Nesse sistema, encontram-se instrumentos que permitem um melhor gerenciamento das águas do território nacional: enquadramento dos corpos de água em classes, outorga dos direitos de uso de recursos hídricos, cobrança pelo uso da água, compensação a municípios e o Sistema de Informações sobre Recursos Hídricos (BRASIL, 1997).

Para cumprir todos objetivos e diretrizes da PNRH foi criada a Agência Nacional de Águas e Saneamento Básico (ANA), por meio da Lei nº 9.984, de 17 de julho de 2000. A agência segue basicamente quatro linhas de ação (ANA, 2019a; BRASIL, 1997):

regulação - regula o acesso e o uso dos recursos hídricos de domínio da União, serviços públicos de irrigação e adução de água bruta, além de emitir e fiscalizar o cumprimento de normas, em especial outorgas;

monitoramento - acompanha a situação dos recursos hídricos no território nacional, coordenando a Rede Hidrometeorológica Nacional, o que permite planejar o uso da água e prevenir eventos críticos. Além disso, procura definir as regras de operação dos reservatórios das usinas hidrelétricas, juntamente do Operador Nacional do Sistema Elétrico;

aplicação da lei - coordena a implementação da PNRH, realizando e apoiando programas e projetos, órgão gestores estaduais e a instalação de comitês e agências de bacias hidrográficas; e

planejamento - elabora ou participa de estudos estratégicos em parceria com instituições e órgãos do poder público.

Concomitantemente à criação da ANA, foram fundados órgãos gestores de recursos hídricos estaduais (Entidades Estaduais), para auxiliar no cumprimento da PNRH e facilitar o planejamento e promoção de ações direcionadas à preservação da quantidade e qualidade das águas de cada estado (ANA, 2019b). Os órgãos estaduais foram criados para fazer parte da estrutura do SINGREH, e, atuar de forma integrada e articulada com os demais elementos do sistema.

O SINGREH tem como principal função a gestão dos usos da água de forma democrática e participativa, sendo composto por: Conselho Nacional de Recursos Hídricos (CNRH), Secretaria de Recursos Hídricos e Qualidade Ambiental (SRQA), ANA, Conselhos Estaduais de Recursos Hídricos (CERH), Entidades Estaduais, Comitês de Bacia Hidrográfica e Agências de Água (ANA, 2019b)

14.6 Exercícios propostos

As questões abaixo foram extraídas de uma prova de Conhecimentos Específicos para Especialista em Recursos Hídricos, objetivando o ingresso na ANA.

1- A gestão integrada de recursos hídricos é um conceito que visa:

a) tornar as decisões sobre recursos hídricos mais fáceis em face da complexidade hidrológica dos sistemas.

b) favorecer aquele uso que é preponderante na bacia sem que os demais usos se alterem.

c) eliminar o poder econômico do conflito pelo uso da água.

d) criar formas de eliminar o risco de não atendimento aos múltiplos usuários do sistema.

e) levar em conta, no processo decisório, os múltiplos usos da água e os múltiplos decisores.

2- A gestão por bacia hidrográfica é o recorte territorial hoje utilizado pelo sistema de gestão de recursos hídricos no Brasil, por que:

a) os sistemas administrativos também estão assim planejados.

b) é o que mais se adapta à gestão de recursos hídricos, uma vez que permite avaliar de forma objetiva a disponibilidade hídrica superficial.

c) os infratores são facilmente localizáveis.

d) vai ao encontro dos princípios da gestão integrada de recursos hídricos, uma vez que é um conceito multidisciplinar.

e) é a forma mais objetiva de gerir as águas superficiais e subterrâneas, já que o limite dos sistemas é o mesmo.

3- São objetivos da Política Nacional de Recursos Hídricos, conforme definido no art. 2º da Lei nº 9.433, de 8 de janeiro de 1997:

a) gerir as águas de acordo com a unidade territorial definida pela bacia hidrográfica.

b) gerir as águas de forma descentralizada e participativa.

c) garantir a sustentabilidade do uso das águas, em quantidade e qualidade adequadas, para as gerações atuais e futuras.

d) cobrar pela utilização dos recursos hídricos, para garantir o uso racional da água.

e) articular a gestão de recursos hídricos com a do uso do solo.

4- O domínio das águas é estabelecido pela Constituição Federal e define:

a) são bens da União os lagos, os rios e quaisquer correntes de água em terrenos de seu domínio, inclusive as águas subterrâneas.

b) são bens da União as bacias hidrográficas fronteiriças.

c) são bens dos Estados as correntes de água cuja foz seja em seu território, mesmo que provenham de território estrangeiro.

d) são bens dos Estados as águas subterrâneas.

e) são bens da União as correntes que deságuam no oceano.

5- A Lei nº 9.433, de 8 de janeiro de 1997, prevê a cobrança pelo uso da água (usuário-pagador) e pelo lançamento de efluentes (poluidor-pagador). O princípio que baseia tais conceitos pode ser entendido como:

a) a punição daqueles que utilizam mal, um bem definido como sendo de uso comum na Constituição Federal.

b) a arrecadação de fundos para que o Poder Público possa decidir sobre os investimentos para recuperação da degradação causada por esses usuários.

c) o incentivo, via mecanismo de preço, a um comportamento de redução da demanda.

d) a equidade, visto que todos os usuários pagarão o mesmo valor unitário para ter acesso ao recurso hídrico.

e) a participação pública, visto que é dever de todo cidadão zelar pelo bom uso dos recursos naturais.

6- Com relação aos usos da água:

a) usos, cujo retorno ao curso d'água é muito pequeno, não podem ser outorgados, pois desequilibram o balanço hídrico da bacia.

b) são considerados consuntivos aqueles usos nos quais há perdas entre o que é captado e o que retorna ao curso natural.

c) o uso do corpo hídrico para assimilação de esgotos é sempre possível, pois é para o rio que os despejos naturalmente fluem.

d) a dessedentação de animais não precisa ser considerada como um uso da água na bacia, por ser insignificante.

e) a navegação fluvial é um uso que não conflita com outros, por não retirar água do corpo hídrico.

7- Na Lei nº 9.433, de 8 de janeiro de 1997, Capítulo IV, a Seção IV, que trata da cobrança do uso de recursos hídricos, afirma-se que:

a) não poderá ser cobrado valor proporcional ao potencial poluidor do lançamento, mas apenas ao volume lançado.

b) está prevista a cobrança para todos os usos de água, inclusive aqueles considerados insignificantes.

c) podem ser cobrados lançamento de resíduos líquidos.

d) os valores arrecadados não podem ser utilizados para pagamento de custeio administrativo dos órgãos integrantes do sistema de gestão de recursos hídricos.

e) o Conselho Nacional de Recursos Hídricos é responsável por fixar limite máximo que pode ser cobrado pelo uso da água nos corpos hídricos de domínio da União.

8- A cobrança do uso de recursos hídricos, segundo a nº 9.433, de 8 de janeiro de 1997:

a) visa garantir o retorno econômico dos projetos financiados com recursos públicos.

b) visa reconhecer a importância dos usuários que utilizam o recurso hídrico para bens de alto valor agregado.

c) visa sustentar as comunidades ribeirinhas.

d) tem por objetivo reconhecer a água como bem econômico.

e) somente pode ser aplicada a usuários que já tiveram sua outorga renovada.

9- A outorga de direito de uso de recursos hídricos, segundo a nº 9.433, de 8 de janeiro de 1997:

a) tem como objetivo assegurar o controle quantitativo e qualitativo dos usos de água.

b) deve ser concedida pelo prazo fixo de 35 anos.

c) é necessária para todo e qualquer uso de água superficial e subterrânea.

d) o usuário pode, se necessário, ceder seu direito de uso a outro usuário, desde que comprovada situação emergencial.

e) a outorga somente poderá ser suspensa se houver comprovação de que não haverá prejuízo para o usuário.

10- Os Planos de Recursos Hídricos, segundo estabelecido na nº 9.433, de 8 de janeiro de 1997:

a) dão soluções para os conflitos de uso de água.

b) são planos de curto prazo, de forma a atender as necessidades mais prementes.

c) são elaborados por bacia hidrográfica, por Estado e para o País.

d) definem o preço pelo uso da água a ser cobrado na bacia hidrográfica.

e) definem de quem é a responsabilidade legal pela implementação das ações.

Respostas:

Nº	**1**	**2**	**3**	**4**	**5**	**6**	**7**	**8**	**9**	**10**
Resp.	e	b	c	d	c	b	c	d	a	c

Referências

Capítulo 1

ANDRADE, E.; PEREIRA, O.; DANTAS, E. Semiárido e o manejo dos recursos naturais - Uma proposta de uso adequado do capital natural. Fortaleza: Universidade Federal do Ceará, 2010. 396p.

BISWAS, A.K. History of Hydrology. Amsterdam, North-Holland Publishing Company, 1972. 335p.

CHRISTOPHERSON, R.W. Geosystems: an introduction to physical geography. 4.ed. Upper Saddle River; New Jersey: Prentice Hall, 2002. 626p.

DAKER, A. A água na agricultura - 2º Volume: Captação, elevação e melhoramento da água. Rio de Janeiro: Livraria Freitas Bastos, 1986. 439p.

DEMATTÊ, J.A.M. Sensoriamento remoto aplicado a solos. Piracicaba: ESALQ/USP, 1990. 87p.

DREZZA, S.E. Licenciamento ambiental em DAEE. Campinas: Pró-Ambiente Assessoria Ambiental, Campinas, 2008. 116p.

ELMORE, W.; BESCHTA, R.L. Ripariam areas: perceptions in management. Rangelands, v.9, n.6, p.260-265, 1987.

FRANÇA, G.V. Interpretação fotográfica de bacias e de redes de drenagem aplicada a solos da região de Piracicaba. 1968. 151p. Tese (Doutorado) - Escola Superior de Agricultura "Luiz de Queiroz" / USP, Piracicaba, 1968.

GARCEZ, L.N.; ALVAREZ, G.A. Hidrologia. São Paulo: Edgard Blücher, 1988. 291p.

GENOVEZ, A.M. Bacia hidrográfica. Campinas: FEC/UNICAMP, 1995. 35p.

GOMES, M.A.F.; PESSOA, A.C.P.Y. Planejamento ambiental do espaço rural com ênfase para microbacias hidrográficas. Brasília: EMBRAPA, 2010. 407 p.

HORTON, R.E. Drainage basin characteristics. Transactions of the American Geophysical Union, v.13, p.350-361, 1932.

HORTON, R.E. An approach toward a physical interpretation of infiltration capacity. Soil Science Society of America Proceedings. v.5, p.399-417, 1940.

KOBIYAMA, M.; GENZ, F.; MENDIONDO, E.M. Estudo em vertentes e bacias hidrográficas. Curitiba: Setor de Ciências Agrárias da UFPR, 1998. 237p.

LIMA, W.P. Interceptação da chuva por povoamentos de eucaliptos e de pinheiros. IPEF, Piracicaba, v. 13, p. 75-90, 1976.

LIMA, W. P. Hidrologia florestal aplicada ao manejo de bacias hidrográficas. USP. 2008. Disponível em: www.ipef.br/hidrologia/hidrologia.pdf

LINSLEY JR.; R.K.; KOHLER, M.A.; PAULHUS, J.L.H. Hydrology for engineers. London: McGraw-Hill Book Company, 1988. 492p.

LUCAS, A.A.T.; NETTO, A.O.A. Águas do São Francisco. São Cristóvão: Universidade Federal de Sergipe, 2011. 311p.

MAIDMENT, D.R. Handbook of Hydrology. New York: McGraw-Hill Inc., 1992. 973p.

McCULLOCH, J.S.G.; ROBINSON, M. History of forest hydrology. Journal of Hydrology, v.150, p.189-216, 1993.

MOOLEY, D.A.; PARTHASARATHY, B. Droughts and floods over India in Summer monsoon seasons 1871-1980 *In*: Street-Perrott, F.A.; Beran, M.; Ratcliff, R. (eds.). Variation in global water budge. Dordrecht: R. Reidel. 1983. 239-252p.

NOBRE, C.A.; SELLERS, P.J.; SHUKLA, J. Amazonian deforestation and regional climate change. Journal of Climate, v.4, p.957-988, 1991.

NOBRE *et al.* The impact of climatic variations on agriculture. Volume 2: Assesments in semi-arid regions. p.271-380, 2014.

PINTO, N.L.S.; HOLTZ, A.C.T.; MARTINS, J.A.; GOMIDE, F.L.S. Hidrologia básica. São Paulo: Edgard Blücher, 1976. 278p.

REBOUÇAS, A.C.; BRAGA, B.; TUNDISI, J.G. Águas doces no Brasil. 2.ed. São Paulo: Escrituras, 2002. 703 p.

RODRIGUES, V.A.; BUCCI, L.A. Manejo de microbacias hidrográficas: experiências nacionais e internacionais. Botucatu: FEPAF, 2006. 299p.

SCHEIDEGGER, A.E. The algebra of stream-order numbers, U.S. Geological Survey Prof. Pap., 525-B, p. B187-B189, 1965.

SCHIEL, D.; MASCARENHAS, S.; VALEIRAS, N.; SANTOS, S.A.M. O estudo de bacias hidrográficas: uma estratégia para educação ambiental. São Carlos: Rima, 2003. 188p.

SHREVE, R. L. Infinite topological random channel networks, Journal of Geology, v.75, p.178-86, 1967.

SHUTTLEWORTH, W.J.; GASH, J.H.C.; ROBERTS, J.; NOBRE, C.A.; MOLION, L.C.B. Post deforestation Amazonian climate: Anglo - Brazilian Research to improve prediction. *In*: International Seminar on Hydrology and Water Management of the Amazon Basin, Manaus 5-9 de agosto 1990. p.275-288.

SOUZA, D.J.R. Hidrologia: Reservatório de estiagem. Rio de Janeiro: Escola de Engenharia da UFRJ, 1974. 193 p. Tese de Livre Docência.

STRAHLER, A.N. Dynamic basis of geomorphology. Geological Society of America Bulletin v.63, p.923-938, 1952.

VILLELA, S.M.; MATTOS, A. Hidrologia aplicada. São Paulo: McGraw-Hill do Brasil, 1975. 245p.

WATSON, I.; BURNETT, A.D. Hydrology: An environmental approach. Boca Raton: CRC Press, Inc., 1995. p.457-473,

WISLER, C.O.; BRATER, E.F. Hidrologia. Rio de Janeiro: Ao Livro Técnico, 1964. 484p.

WORLD METEOROLOGICAL ORGANIZATION (WMO). Guide to hidrological practice. Parte 1/2. 5.ed. Geneva: WMO, 1994. 339p.

Capítulo 2

BANZATTO, D. A.; BENINCASA, M. Estimativa das precipitações máximas prováveis com duração de um dia, para o Estado de São Paulo. Jaboticabal: FCAV/UNESP, 1986. 36p.

BERTONI, J. C.; TUCCI, C. E. M. Precipitação. *In*: TUCCI, C. E. M. (Org.). Hidrologia: ciência e aplicação. Porto Alegre: Editora da UFRGS/ABRH, 2009. p.177-241.

CECÍLIO, R. A.; PRUSKI, F. F. Interpolação dos parâmetros da equação de chuvas intensas com uso do inverso de potências da distância. Revista Brasileira de Engenharia Agrícola e Ambiental, v.7, n.3, p.501-504, 2003.

CETESB - Companhia Ambiental do Estado de São Paulo, 1982. Chuvas intensas no Brasil.

CHAPPELL, R. R.; COLT, R. B. Float type raingauge. US2118459 A, 21 de maio de 1935.

CHAPPELL, R. R.; COLT, R. B. Float type Raingauge. 2ª edição, 1938.

COLLISCHONN, W.; DORNELLES, F. Hidrologia para engenharia e ciências ambientais. 2.ed. Porto Alegre: Associação Brasileira de Recursos Hídricos (ABRH), 2015, 336p.

COSTA, A. R.; PRADO, L. A. Espacialização de chuvas intensas para o Estado de Goiás e o sul de Tocantins. Engenharia Agrícola, v.23, n.2, p.268-273, 2003.

CRUCIANI, D. E. Hidrologia. Piracicaba: Centro Acadêmico "Luiz de Queiroz", Piracicaba, 1987. 143p.

DENARDIN, J. E.; FREITAS, P. L. Características fundamentais da chuva no Brasil. Pesquisa Agropecuária Brasileira, v.17, n.10, p.1409-1416, 1982.

DEPARTAMENTO DE ÁGUA E ENERGIA ELÉTRICA (DAEE). Boletim Técnico. Análise, geração e desagregação de precipitações intensas. São Paulo: Secretaria de Obras e Meio Ambiente, 1980. 224p.

DULNIK, P. R. Elaboração de um pluviógrafo com sensor ótico. 2006, 85p. Dissertação (Mestrado) - Programa de Pós-Graduação em Engenharia Agrícola, Universidade Estadual do Oeste do Paraná, Cascavel, 2006.

ENDO, C. K.; SAMPAIO, S. C.; GOMES, B. M.; SILVESTRO, M. G.; FRIGO, E. P.; CAOVILLA, F. A. Análise de consistência de dados de precipitação da Região Oeste do Estado do Paraná. *In*: Congresso Brasileiro de Engenharia Agrícola, 34. Canoas, 2005. CDROM.

FALAGUASTA, L. N.; GENOVEZ, A. M. Equações de chuvas intensas generalizadas para os estados de São Paulo e Paraná. Revista Brasileira de Recursos Hídricos, v.8, n.3, p.169-176, 2003.

FERREIRA, R. C.; GONÇALVES, A. C. A.; CARAMORI, P. H.; FREITAS, P. S. L.; BERTONHA, A.; WREGE, M. S. Variabilidade espacial da precipitação para os meses de outono e inverno no Estado do Paraná. *In*: Congresso Brasileiro de Engenharia Agrícola, 34. Canoas, 2005. CDROM.

MAGNI, N. L. G.; NERO, F. Precipitações intensas no Estado de São Paulo: DAEE/CTH, 1982. 188p.

MANRÍQUEZ, I. A. G.; ESPINOSA, O. L.; DE LA VEJA, J. A. Diseño y desarrollo de un pluviógrafo semiautomático tipo Hellman. Revista Mexicana de Ciências Agrícolas, Texcoco, v.7, n.1, p.95-101, 2016.

MARTINEZ JUNIOR, F.; MAGNI, N. L. G. Equações de chuvas intensas do Estado de São Paulo. São Paulo: Relatório Convênio Departamento de Águas e Energia Elétrica e Escola Politécnica da Universidade de São Paulo. 1999. 125 p.

MELO JÚNIOR, J. C. F.; SOUSA, E. F.; BERNARDO, S. Análise espacial do regime de chuvas na região hidrográfica costeira do Sudeste Brasileiro. Congresso Brasileiro de Engenharia Agrícola, 34. Canoas, 2005. CDROM.

MENDES, R. D.; VALÉRIO FILHO, M.; BERTOLDO, M. A.; SILVA, M. F. Estudos limiares críticos de chuva de flagradores de deslizamentos no município de São José dos Campos/SP. Territorium, v.22, p.119-129, 2015.

OLIVEIRA, L. F. C.; ANTONINI, J. C. A.; GRIEBELER, N. P. Estimativa de chuvas intensas para o Estado de Goiás. Engenharia Agrícola, v.28, n.1. p.22-33, 2008.

OLIVEIRA, L. F. C.; CORTES, F. C.; WEHR, T. R.: BORGES, L. B.; SARMENTO, P. H. C.; GRIEBELER, N. P. Intensidade-duração-frequência de chuvas intensas para localidades no Estado de Goiás e Distrito Federal. Pesquisa Agropecuária Tropical, v.35, p.13-18, 2005.

PEREIRA, C. E.; SILVEIRA, A.; SILVINO, A. N. O. Estudo de chuvas intensas e estimativa da equação IDF para a cidade de Barra dos Bugres - MT. *In*: Simpósio Brasileiro de Recursos Hídricos, 17. São Paulo: Congresso da Associação Brasileira de Recursos Hídricos, 2007. CDROM.

PFAFSTETTER, O. Chuvas intensas no Brasil. Rio de Janeiro: Departamento Nacional de Obras de Saneamento - DNOS, 1957. 419p.

PFAFSTETTER, O. Chuvas intensas no Brasil. 2.ed. Rio de Janeiro: DNOS, 1982. 426p.

PINTO, F. A.; FERREIRA, P. A.; PRUSKI, F. F.; ALVES, A. R.; CECON, P. R. Equações de chuvas intensas para algumas localidades do Estado de Minas Gerais. Engenharia Agrícola, v.16, n.1, p.91-104, 1996.

PRUSKI, F. F. Análises de precipitações extremas e de escoamento superficial, para áreas agrícolas, da região Oeste do Paraná, Viçosa: UFV, Imprensa Universitária, 1990, 109p.

PRUSKI, F. F.; CALIJURI, M. L.; BHERING, E. M.; SILVA, J. M. A. Metodologia baseada no uso de sistemas de informações geográficas para obtenção de equações de chuvas intensas em qualquer localidade do Estado do Paraná. Revista Engenharia na Agricultura, v.5, n.3, p.254-265, 1997.

SENTELHAS, P. C.; CRUCIANI, D. E.; PEREIRA, A. S.; VILLA NOVA, N. A. Distribuição horária de chuvas intensas de curta duração: um subsídio ao dimensionamento de projetos de drenagem superficial. Revista Brasileira de Meteorologia, v.13, n.1, p.45-52, 1998.

SILVA, D. D.; PINTO, F. R. L. P.; PRUSKI, F. F.; PINTO, F. A. Estimativa e espacialização dos parâmetros da equação de intensidade-duração-frequência da precipitação para os Estados do Rio de Janeiro e Espírito Santo. Engenharia Agrícola, v.18, n.3, p.11-21, 1999b.

SILVA, D. D.; VALVERDE, A. E. L ; PRUSKI, F. F. ; GONÇALVES, R. A. B. Estimativa e espacialização dos parâmetros da equação de intensidade-duração-frequência para o Estado de São Paulo. Revista Engenharia na Agricultura, v.7, n.2, p.70-87, 1999a.

TUCCI, C. E. M. Hidrologia: ciência e aplicação. São Paulo: Editora da Universidade - EDUSP - ABRH, 1993. 943p.

VALVERDE, A. E. L.; GONÇALVES, R. A.; SILVA, D. D.; PRUSKI, F. F. Estimativa e espacialização dos parâmetros da equação de chuvas intensas para o Estado de São Paulo. In: Congresso Brasileiro de Engenharia Agrícola, 28. 1999. CDROM. EAS438.

WISLER, C. O.; BRATER, E. F. Hidrologia. Rio de Janeiro: Ao Livro Técnico, 1964. 484p.

Capítulo 3

BAUTISTA, E.; WARRICK, A. W.; SCHLEGEL, J. L.; THROP, K. R.; HUNSAKER, D. J. Approximate furrow infiltration model for time-variable ponding depth. Journal Irrigation and Drainage Engineering, v.142, n.11, p.04016045-11, 2016. https://ascelibrary.org/doi/10.1061/%28ASCE%29IR.1943-4774.0001057.

BAUTISTA, E.; WARRICK, A. W.; STRELKOFF, T. S. New result for an approximate method for calculating two-dimensional furrow infiltration. Journal Irrigation and Drainage Engineering, v.140, n.10, p.04014032-10, 2014. https://ascelibrary.org/doi/10.1061/%28ASCE%29IR.1943-4774.0000753.

BERNARDO, S. Manual de irrigação. 6.ed. Viçosa: Imprensa Universitária, 1995. 657p.

COSTA, R.N.T.; FILHO, A.A.N. Diagnóstico das características de transmissão de água no solo do Estádio Governador Magalhães Pinto - Mineirão. Fortaleza: Centro de Treinamento e Desenvolvimento/UFC, 2014. 15p.

CHOW, V. T.; MAIDMENT, D. R.; MAYS, L. W. Applied Hydrology, New York: McGraw-Hill, 1988. 572p.

COSTA, R. N. T.; PEREIRA, G. M.; SILVA, A. O.; NOBRE, J. G. A.; ASSIS JÚNIOR, R. N. Métodos de infiltração de água no solo para dimensionamento de sistemas de irrigação por sulcos. Revista Brasileira de Agricultura Irrigada, v.13, p.3262-3274, 2019.

ELLIOTT, R. L.; WALKER, W. R. Field evaluation of furrow infiltration and advance functions. Transactions of ASAE, v.25, n.2, p.396-400, 1982.

FAN, Y.; HUANG, N.; GONG, J.; SHAO, X.; ZHANG, J.; ZHAO, T. A simplified infiltration model for predicting cumulative infiltration during vertical line resource irrigation. Water, v.10, n.1 p.1-12, 2018. https://doi.org/10.3390/w10010089.

FRIZZONE, J. A. Irrigação por superfície. São Paulo: ESALQ/USP, 1993. 183p.

HORTON, R. E. An Approach Toward a Physical Interpretation of Infiltration-capacity. Soil Sei. Soe. Am. Proc., Madison, Wisconsin (USA), v. 5, p. 399-417, 1940.

LIBARDI, P. Dinâmica da água no solo. 3. ed. São Paulo: EDUSP, 2018. 352p.

MATTAR, M. A.; ALAZBA, A. A.; EL-ABEDIN, T. K. Z. Forecasting furrow irrigation infiltration using artificial neural networks. Agricultural Water Management, v.148, p.63-71, 2015. http://dx.doi.org/10.1016/j.agwat.2014.09.015.

WALKER, W. R. Guidelines for designing and evaluating surface irrigation systems, Rome: FAO, 1989, 138p. FAO. Irrigation and Drainage. Paper 45.

WALKER, W. R., SKOGERBOE, G. V. Surface irrigation: theory and practice. New Jersey: Prentice-Hall, 1987. 386p.

Capítulo 4

ALCÂNTARA COSTA, J.; NAVARRO-HEVIA, J.; COSTA, C. A. G.; ARAUJO, J.C. Temporal dynamics of evapotranspiration in semi-arid native forests in Brazil and Spain using remote sensing. Hydrological Processes, v.35, n.3, e14070, 2021.

ALLEN, R. G.; PEREIRA, L. S.; RAES, D.; SMITH, M. Crop evapotranspiration – Guidelines for computing crop water requirements. Rome: FAO. 1998. 333p. Irrigation and Drainage Paper 56.

ALTHOFF, D.; RODRIGUES, L. N.; SILVA, D. D.; BAZAME, H. C. Improving methods for estimating small reservoir evaporation in the Brazilian Savanna. Agricultural Water Management, v.216, p.105-112, 2019.

ALTHOFF, D.; RODRIGUES, L. N.; SILVA, D. D. Impacts of climate change on the evaporation and availability of water in small reservoirs in the Brazilian savannah. Climatic Change, v.159, n.2, p.215-232, 2020.

ANDERSON, M. C.; ZOLIN, C. A.; SENTELHAS, P. C.; HAIN, C. R.; SEMMENS, K.; YILMAZ, M. T.; GAO, F.; OTKIN, J. O; TETRAULT, R. The evaporative stress index as an indicator of agricultural drought in Brazil: An assessment based on crop yield impacts. Remote Sensing of Environment, v.174, p.82-99, 2016.

ANGELINI, L. P.; BIUDES, M. S.; MACHADO, N. G.; GELI, H. M.; VOURLITIS, G. L.; RUHOFF, A.; NOGUEIRA, J. D. S. Surface albedo and temperature models for surface energy balance fluxes and evapotranspiration using SEBAL and Landsat 8 over Cerrado-Pantanal, Brazil. Sensors, v.21, n.21, p. 7196, 2021.

ARAÚJO, J. C.; PIEDRA, J. I. G. Comparative hydrology: analysis of a semi-arid and a humid tropical watershed. Hydrological Processes, v.23, p.1169-1178, 2009.

AYODE, J. O. Introdução a climatologia para os trópicos. São Paulo: Difel, 1986. 332p.

BALDOCCHI, D. D. How eddy covariance flux measurements have contributed to our understanding of global change biology. Global Change Biology, v.26, n.1, p.242-260, 2020.

BERNAL, N. A. H. Avaliação de técnicas de captação de água de chuva para recuperação ambiental na região semiárida do Vale do Jequitinhonha. Belo Horizonte: Universidade Federal de Minas Gerais, 2007. 202p. Tese de Doutorado em Saneamento, Meio Ambiente e Recursos Hídricos.

BRASIL, P.; MEDEIROS, P. H. A. NESTRES – model for operation of non-strategic reservoirs for irrigation in drylands: model description and application to a semi-arid basin. Water Resources Management, v.34, p.195–210, 2020. https://doi.org/10.1007/s11269-019-02438-x

BRUTSAERT, W. Evaporation into the atmosphere. Dordrecht: D. Reidel, 1982. 299p.

BUENO, E. D. O.; MELLO, C. R. D.; ALVES, G. J. Evaporation from Camargos hydropower plant reservoir: water footprint characterization. Revista Brasileira de Recursos Hídricos, v.21, p.570-575, 2016.

CABRAL, O. M.; ROCHA, H. R.; GASH, J. H.; FREITAS, H. C.; LIGO, M. A. Water and energy fluxes from a woodland savanna (cerrado) in southeast Brazil. Journal of Hydrology: Regional Studies, v.4, p.22-40, 2015.

CABRAL, O. M.; ROCHA, H. R.; LIGO, M. A.; FREITAS, H. D. Variações sazonais da água armazenada no solo e albedo em plantação de cana-de-açúcar (*Saccharum* sp.) em Sertãozinho-SP. In: Congresso Brasileiro de Meteorologia,12. Anais... Foz do Iguaçu, p.2329-2335, 2002.

CAMPBELL, G. S.; NORMAN, J. M. Water vapor and other gases. *In*: CAMPBELL, G. S.; NORMAN, J. M. (ed.). An introduction to environmental biophysics. New York: Springer, 1998. p.37-51.

CAMPOS, J. N. B. Dimensionamento de reservatórios. Fortaleza: Ed. UFC, 1996. 118p.

CAMPOS, J. N. B. Modeling the yield-evaporation--spill in the reservoir storage process: The regulation triangle diagram. Water Resources Management, v.24, p.3487–3511, 2010.

CEARÁ (2019) tabela 4.1

CHOW, V. T.; MAIDMENT, D. R.; MAYS, L. W. Applied Hydrology. London: MacGraw--Hill Inc, 1988. 294p. International edition.

CONCEIÇÃO, M. A. F. Reference evapotranspiration based on class A pan evaporation. Scientia Agricola, v.59, p.417-420, 2002.

COSTA, C. A. G.; LOPES, J. W. B.; PINHEIRO, E. A. R.; ARAÚJO, J. C.; GOMES FILHO, R. R. Comportamento espacial da umidade do solo na zona das raízes do Bioma Caatinga. Revista Ciência Agronômica, v.44, n.4, p.685-694, 2013.

COUTO, J. P. C. Fluxo de calor no solo e radiação líquida em pastagem de capim Braquiária com grau de cobertura variável. Cruz das Almas: Universidade Federal do Recôncavo da Bahia, 2016. 79p. Dissertação de Mestrado em Engenharia Agrícola.

CULF, A. D.; FISCH, G.; HODNETT, M. G. The albedo of Amazonian forest and ranch land. Journal of Climate, v.8, n.6, p. 1544-1554, 1995.

FEITOSA, G. P.; ARAÚJO, J. C.; BARROS, M. U. G. Different methods for measuring evaporation in a tropical reservoir: the case of the Gavião reservoir in the state of Ceará. Revista Caatinga, v.34, p.410-421, 2021.

FISCH, G.; MARENGO, J. A.; NOBRE, C. A. Uma revisão geral sobre o clima da Amazônia. Acta Amazônica, v.28, p.101-101, 1998.

FRANCO, A. C.; VALERIANO, D. D. M.; SANTOS, F. M.; HAY, J. D.; HENRIQUES, R. P.; MEDEIROS, R. A. Os microclimas das zonas de vegetação da praia da restinga de Barra de Maricá, Rio de Janeiro. *In*: LACERDA, L. D.; ARAÚJO, D. S. D.; CERQUEIRA, R.; TURCQ, B. (orgs.). Restingas: Origem, estrutura e processos. Niterói: CEUFF. 1984. p.413-425.

HUNKE, P.; MUELLER, E. N.; SCHRÖDER, B.; ZEILHOFER, P. The Brazilian Cerrado: assessment of water and soil degradation in catchments under intensive agricultural use. Ecohydrology, v.8, n.6, p.1154-1180, 2015.

ITAIPU. Disponível em: www.itaipu.gov.br, 2023. Acesso em: 16 jan. 2023.

JACOBS, A. F. G.; ARRIËNS-BEKKER, E. L. Evaporation data from a Piché evaporimeter. Journal of Hydrology, v.60, n.1-4, p.367-380, 1983.

KEESE, U.; KNAPPE, S. Einfluß unterschiedlicher Lysimetertiefen auf Wasser- und Stoffhaushaltz grundwasserferner Standorte am Beispiel von zwei Sandlößböden-Ergebnisse aus der Lysimeterstation Brandis. Bericht über die 5. Gumpensteiner Lysimetertagung, 1995. p.61-69.

KNOERR, K. R.; GAY, L. W. Tree leaf energy balance. Ecology, v.46, n.1-2, p.17-24, 1965.

KUSTAS, W. P.; PRUEGER, J. H.; HATFIELD, J. L.; RAMALINGAM, K.; HIPPS, L. E. Variability in soil heat flux from a mesquite dune site. Agricultural and Forest Meteorology, v.103, n.3, p.249-264, 2000.

LIAKATAS, A.; PROUTSOS, N.; ALEXANDRIS, S. Optical properties affecting the radiant energy of an oak forest. Meteorological Applications, v.9, n.4, p.433-436, 2002.

LINACRE, E. T. Estimating U.S. Class A pan evaporation from few climate data. Water, v.19, p.5–14, 1994.

LIU, H.; ZHANG, Y.; LIU, S.; JIANG, H.; SHENG, L.; WILLIAMS, Q. L. Eddy covariance measurements of surface energy budget and evaporation in a cool season over southern open water in Mississippi. Journal of Geophysical Research: Atmospheres, v.114(D4), 2009.

MAES, W. H.; GENTINE, P.; VERHOEST, N. E.; MIRALLES, D. G. Potential evaporation at eddy-covariance sites across the globe. Hydrology and Earth System Sciences, v.23, n.2, p. 925-948, 2019.

MAMEDE, G. L.; ARAÚJO, N. A.; SCHNEIDER, C. M.; ARAÚJO, J. C.; HERRMANN, H. J. Overspill avalanching in a dense reservoir network. Proceedings of the National Academy of Sciences, v.109, n.19, p.7191-7195, 2012.

MARIN, C. T.; BOUTEN, W.; SEVINK, J. Gross rainfall and its partitioning into throughfall, stemflow and evaporation of intercepted water in four forest ecosystems in western Amazonia. Journal of Hydrology, v.237, n.1-2, p.40-57, 2000.

MARTINS, L. Pesquisa indica nível de evaporação de água de represas brasileiras. Agência Brasil, publicada on-line em 15/11/2021, 2021.

MEDEIROS, P. H. A.; ARAÚJO, J. C.; BRONSTERT, A. Interception measurements and assessment of Gash model performance for a tropical semi--arid region. Revista Ciência Agronômica, v.40, n.2, p.165-174, 2009.

MESQUITA, J. B. F.; LIMA NETO, I. E.; RAABE, A.; ARAÚJO, J. C. The influence of hydroclimatic conditions and water quality on evaporation rates of a tropical lake. Journal of Hydrology, v.590, e125456, 2020.

MONTEITH, J. L. Principles of environment physics. New York: Elsevier, 1973. 241p.

MONTEITH, J. L. Evaporation and surface temperature. Quarterly Journal of the Royal Meteorological Society, v.107, n.451, p.1-27, 1981.

OCHSNER, T. E.; HORTON, R.; REN, T. A new perspective on soil thermal properties. Soil Science Society of America Journal, v.65, n.6, p.1641-1647, 2001.

OLIVEIRA, B. O.; MORAES, E. C.; CARRASCO--BENAVIDES, M.; BERTANI, G.; MATAVELI, G. A. V. Improved albedo estimates implemented in the METRIC model for modeling energy balance fluxes and evapotranspiration over agricultural and natural areas in the Brazilian Cerrado. Remote Sensing, v.10, n.8, 1181, 2018.

OLIVEIRA, G. M.; LEITÃO, M. M. V. B. R.; GALVÃO, C. O.; LEITÃO, T. J. V. Estimativa da evaporação e análise do uso do coeficiente (kp) do Tanque "Classe A" nas regiões do Cariri e sertão da Paraíba. Revista Brasileira de Recursos Hídricos, v.10, n.4, p.73-83, 2005.

OLIVEIRA, L. L. D.; COSTA, R. F. D.; COSTA, A. C. L. D.; SOUSA, F. D. A. S. D.; BRAGA, A. P. Modelagem da interceptação na Floresta Nacional de Caxiuanã, no leste da Amazônia. Revista Brasileira de Meteorologia, v.23, p.318-326, 2008.

PAPAIOANNOU, G.; KALOUDIS, S.; KERKIDES, P. On the proper employment of Piché evaporimeters in estimating evapotranspiration. International Journal of Climatology, v.18, n.11, p.1247-126, 1998.

PAPAIOANNOU, G.; VOURAKI, K.; KERKIDES, P. Piché evaporimeter data as a substitute for Penman equation's aerodynamic term. Agricultural and Forest Meteorology, v.82, n.1-4, p.83-92, 1996.

PENG, X.; HEITMAN, J.; HORTON, R.; REN, T. Field evaluation and improvement of the plate method for measuring soil heat flux density. Agricultural and Forest Meteorology, v.214, n.215, p.341-349, 2015.

PENMAN, H. L. Natural evaporation from open water, bare soil, and grass. Proceedings of the Royal Society of London. Series A, v.193, p.120-146, 1948.

PEREIRA, A. R.; ANGELOCCI, L. R.; SENTELHAS, P. C. Meteorologia agrícola. Piracicaba: ESALQ/USP, 2007. 192p.

PILAU, F. G.; ANGELOCCI, L. R. Leaf area and solar radiation interception by orange tree top. Bragantia, v.74, n.4, p.476-482, 2015.

PILAU, F. G.; ANGELOCCI, L. R. Assessing the coffee canopy light absorption based on the leaf area. Coffee Science, v.11, n.1, p.127-136, 2016.

PINHEIRO, E. A. R.; METSELAAR, K.; VAN LIER, Q. J.; ARAÚJO, J. C. Importance of soil - water to the Caatinga Biome, Brazil. Ecohydrology, v.9, n.7, p.1313-1327, 2016. https://doi.org/10.1002/eco.1728.

QUERINO, C. A. S.; BENEDITTI, C. A.; MACHADO, N. G.; SILVA, M. J. G.; SILVA QUERINO, J. K. A.; SANTOS NETO, L. A.; BIUDES, M. S. Spatiotemporal NDVI, LAI, albedo, and surface temperature dynamics in the southwest of the Brazilian Amazon forest. Journal of Applied Remote Sensing, v.10, n.2, 026007-026007, 2016.

RAMSBECK, M.; FRANKO, U.; STEINHARDT, U. Modeling of lysimeter data using the simulation model candy to interpret water and nitrogen flow. In: European Conference for

Information Technology in Agriculture, 1. Copenhagen. 1997. 4p.

RIGHETTO, A. M. Hidrologia e recursos hídricos. São Carlos: Ed. EESC/USP, 1998. 840p.

RODRIGUES, I. S.; COSTA, C. A. G.; RAABE, A.; MEDEIROS, P. H. A.; ARAÚJO, J. C. Evaporation in Brazilian dryland reservoirs: Spatial variability and impact of riparian vegetation. Science of the Total Environment, v.797, 149059, 2021.

ROQUE, R. O.; SANSIGOLO, C. A. Estimativas de evaporação do Lago de Taquaruçu, SP pelo modelo conceitual de Morton. Revista Brasileira de Recursos Hídricos, v.6, n.1, p.21-28, 2001.

SCOTT, R. L. Using watershed water balance to evaluate the accuracy of eddy covariance evaporation measurements for three semi-arid ecosystems. Agricultural and Forest Meteorology, v.150, n.2, p.219-225, 2010.

SHUTTLEWORTH, W. J. Evaporation from Amazonian rainforest. Proceedings of the Royal Society of London. Series B. Biological Sciences, v.233, n.1272, p.321-346, 1988.

SHUTTLEWORTH, W. J.; GASH, J. H. C.; LLOYD, C. R.; MOORE, C. J.; ROBERTS, J.; MOLION, L. C. B.; NOBRE, C. A.; SÁ, L. D. A.; MARQUES FILHO, A. O.; FISCH, G.; JANUARIO, M.; FATTORI, A.; RIBEIRO, M. N. G.; CABRAL, O. M. R. Amazonian evaporation. Revista Brasileira de Meteorologia, v.2, p.179-191, 1987.

SIMPLÍCIO, A. A.; COSTA, C. A.; NAVARRO--HEVIA, J.; ARAÚJO, J. C. Erosion at hillslope and micro-basin scales in the Gilbués desertification region, Northeastern Brazil. Land Degradation & Development, v.32, n.3, p.1487-1499, 2021.

SOUSA, F.; MOURA, D. B. Evapotranspiração potencial (ETp) e sua influência na vazão de rios do Cerrado Brasileiro. Élisée-Revista de Geografia da UEG, v.11, n.1: e111222, 2022.

SOUZA, A. M.; SANTOS e SILVA, C. M.; BEZERRA, B. G. Caatinga albedo preserved and replaced by pasture in Northeast Brazil. Atmosphere, v.12, n.12, 1622, 2021.

SOUZA, A. P.; ALMEIDA, F. T.; ARANTES, K. R.; MARTIM, C. C.; SILVA, J. O. Coeficientes de tanque classe A para estimativa da evapotranspiração de referência diária na região de transição Cerrado-Amazônica. Scientia Plena, v.11, n.5, 050204, 2015.

SOUZA, P. J.; RIBEIRO, A.; ROCHA, E. J.; LOUREIRO, R. S.; BISPO, C. J.; SOUSA, A. M. Albedo da cultura da soja em área de avanço da fronteira agrícola na Amazônia. Revista Brasileira de Engenharia Agrícola e Ambiental, v.14, p.65-73, 2010.

SPANK, U.; HEHN, M.; KELLER, P.; KOSCHORRECK, M.; BERNHOFER, C. A season of eddy-covariance fluxes above an extensive water body based on observations from a floating platform. Boundary-Layer Meteorology, v.174, p.433-464, 2020.

SPANK, U.; KÖSTNER, B.; MODEROW, U.; GRÜNWALD, T.; BERNHOFER, C. Surface conductance of five different crops based on 10 years of eddy-covariance measurements. Meteorologische Zeitschrift, v.25, n.3, p.251–266, 2016. DOI 10.1127/metz/2016/0732.

STANHILL, G. The use of the Piché evaporimeter in the calculation of evaporation. Quarterly Journal of the Royal Meteorological Society, v.88, n.375, p.80-82, 1962.

TOBON MARIN, C. Monitoring and modelling hydrological fluxes in support of nutrient cycling studies in Amazonian rain forest ecosystems. Amsterdam: University of Amsterdam, 1999. 168p. Doctoral Thesis.

VEISSID, N. Análise das médias mensais do albedo planetário medido pelo experimento Célula Solar do satélite brasileiro SCD2. In: Congresso Brasileiro de Energia Solar, CBENS, 3. Belém, 2010. 11p.b

VELLAME, L. M.; RAABE, A.; DE JONG VAN LIER, Q.; ARAÚJO, G. P.; DE ARAÚJO, J. C. Canopy-radiation balance method to assess daily actual evapotranspiration: Application to the Caatinga forest, Brazil. Journal of Hydrologic Engineering, ASCE, 2024.

WERISCH, S., BURGHARDT, D. Identification of mechanisms controlling nitrogen export from agricultural lysimeters. Proceedings of the Gumpensteiner Lysimetertagung, 19. Raumberg: Raumber-Gumpenstein, 2021.

WORLD METEOROLOGICAL ORGANIZATION (WMO). Chapter 10: Measurement of evaporation. Disponível em: https://library.wmo.int/doc_num.php?explnum_id=3156. Acesso em: 11 fev. 2023.

ZHANG, S.; FOERSTER, S.; MEDEIROS, P.; ARAÚJO, J.C.; DUAN, Z.; BRONSTERT, A.; WASKE, B. Mapping regional surface water volume variation in reservoirs in northeastern Brazil during 2009–2017 using high-resolution satellite images. Science of the Total Environment, v.789, 147711, 2021.

Capítulo 5

ACOSTA, J. F.; CARDOZO, N. P.; MARIN, F. R. Avaliação do desempenho de um modelo de estimativa de saldo de radiação em algumas culturas. In: Congresso Brasileiro de Agrometeorologia, 16. Belo Horizonte, 2009. CDROM.

ALLEN, R. G.; PEREIRA, L. S.; RAES, D.; SMITH, M. Crop evapotranspiration: guidelines for computing crop water requirements. Rome: FAO, 1998. 300p. FAO Irrigation and Drainage Paper, 56.

CRUCIANI , D. E. A drenagem na Agricultura. São Paulo: Nobel, 1987. 367p.

DEPARTAMENTO DE ÁGUA E ENERGIA ELÉTRICA (DAEE). Guia prático para projetos de pequenas obras hidráulicas. São Paulo: Secretaria de Recursos Hídricos, Saneamento e Obras do Estado de São Paulo, 2005. 111p.

DEPARTAMENTO DE ESTRADAS DE RODAGEM DO ESTADO DE SÃO PAULO (DER). DE 01/HID-001. Estudos hidrológicos. São Paulo: DER, 2001.

FADIGA JR., F. M.; MARTINS, J. R. S. Hidrologia urbana. Curso de Capacitação Tecnológica e Transferência de Tecnologia em Drenagem Urbana, 2003. Disponível em: http:/www.fcth.br/public/cursos/praiagrande/1HidrologiaUrbana.pdf.

FERRAZ, S. F. B. Hidrologia florestal aplicada. São Paulo: EDUSP, 2021. 320p.

HERAS, R. Hidrologia y recursos hidráulicos. Madrid: Centro de Estúdios Hidrográficos, 1976. 1582p.

HORTON, R. E. Erosional development of streams and their drainage basin: hidrophysical approach to quantitative morphology. Bulletin of the Geological Society of America, v. 56, p. 275-370, 1945.

LINSLEY JR., R.K., KOHLER, M.A. PAULHUS, J.L.H. Hydrology for Engineers. New York: Mc Graw Hill Book Co., Inc, 1975, 23p.

LINSLEY JR., R.K., KOHLER, M.A. PAULHUS, J.L.H. Hydrology for Engineers. 2nd Edition. New York: Mc Graw Hill Book Co., Inc, 1981. 24p.

LINSLEY Jr., R. K.; KOHLER, M. A.; PAULHUS, J. L. H. Hydrology for engineers. London: McGraw-Hill Book Company. 1988. 492p.

MARCELLINI, S. S. Análise de critérios para a determinação das tormentas de projeto e sua influência nos hidrogramas em pequenas bacias hidrográficas. 1994. 163 p. Dissertação (Mestrado) - Escola Politécnica/USP, São Paulo, 1994.

MULVANEY, T. J. On the use of self-registering rain and flood gauges in making observations of the relations of rainfall and flood discharges in a given catchment. Transactions of the Institution of Civil Engineers, v. 4, n. 2, p. 18, 1851.

PINTO, N. L. S.; HOLTZ, A. C. T.; MARTINS, J. A.; GOMIDE, F. L. S. Hidrologia básica. São Paulo: Edgard Blücher, 1976. 278p.

PIO, E. D. Regionalização do hidrograma unitário sintético e dos coeficientes do hidrograma unitário sintético de Snyder para pequenas bacias rurais do Estado de São Paulo. 1999. 143p. Dissertação (Mestrado) - Faculdade de Engenharia Civil, UNICAMP, Campinas, 1999.

PRUSKI, F. F. Conservação de solo e água: práticas mecânicas para o controle da erosão hídrica. Viçosa: Editora UFV, 2009. 279p.

PRUSKI, F. F.; SILVA, D. D.; TEIXEIRA, A. F.; CECÍLIO, R. A.; SILVA, J. M. A.; GRIEBELER, N. P. Hidros. Dimensionamento de sistemas hidroagrícolas. Viçosa: Editora UFV, 2006. 259p.

SOIL CONSERVATION SERVICE (SCS). Urban hydrology for small watersheds. Washington: U. S. Department of Agriculture. 1985. Technical Release, No. 55.

TUCCI, C. E. M. (1993) p. 31.

TUCCI, C. E. M. Modelos hidrológicos. Porto Alegre: Editora Universidade - ABRH, 1998. 669p.

TUCCI, C. E. M. Águas urbanas. Estudos avançados. v. 22, n. 63, p. 97-112, 2008.

TUCCI, C. E. M. Escoamento superficial. *In*: TUCCI, C. E. M. (org.). Hidrologia. Porto Alegre: UFRGS, 2009. p. 77-105.

TUCCI, C. E. M.; MARQUES, D. M. L. M. Avaliação e controle da drenagem urbana. Porto Alegre: Editora Universidade/FINEP, 2000. 558p.

Capítulo 6

CHOW, V. T. Hydrologic determination of waterway areas for design of drainage structures in small drainage basins. Urbana: University of Illinois, 1962. 104p. Engineering Experiment Station Bulletin Nº 462.

DEPARTAMENTO NACIONAL DE ÁGUA E ENERGIA ELÉTRICA (DNAEE). Curso sobre técnicas de medição de descarga líquida em grandes rios. Manaus: Ministério das Minas e Energia, 1984. 116p.

LIAZI, A.; CONEJO, J. L.; PALOS, J. C. F.; CINTRA, P. S. Regionalização hidrológica no estado de São Paulo. Revista Águas e Energia Elétrica - DAEE, ano 5, n. 14, p. 4-10, 1988.

PRUSKI, F. F.; SILVA, D. D.; KOETZ, M. Estudo da vazão em cursos d'água. Viçosa: DEA/UFV. 2006. 245p.

RAO, A. R.; SRINIVAS, W. Regionalization of watersheds by hybrid-cluster analysis. Journal of Hydrology, v. 381, n. 1. p. 37-56, 2006.

SADRI, S.; BURN, D.H. A fuzzy C-means approach for regionalization using a bivariate homogeneity. Journal of Hydrology, v. 401, n. 3, p. 231-239, 2011.

TUCCI, C. E. M. Regionalização de vazões. Porto Alegre: Ed. UFRGS, 2002. 256p.

WOLFF, V. Avaliação e nova proposta de regionalização para o Estado de São Paulo. 2012. 111 p. Dissertação (Mestrado) - Curso de Pós-Graduação em Engenharia de Sistemas Agrícolas, ESALQ/USP, Piracicaba, 2012.

Capítulo 7

CAMARGO, A. P.; SENTELHAS, P. C. Avaliação do desempenho de diferentes métodos de estimativa da evapotranspiração potencial no estado de São Paulo. Revista Brasileira de Agrometeorologia, v. 5, n. 1, p. 89-97, 1997.

CAMPOS, N. Dimensionamento de reservatórios: o método do diagrama triangular de regularização. 2ª edição. Fortaleza: Expressão Gráfica, 2005. 71p.

CAMPOS, N. Dimensionamento de reservatórios: o método do diagrama triangular de regularização. 1ª edição. Fortaleza: Expressão Gráfica, 1996. 25p.

CAMPOS, N. Dimensionamento de reservatórios: o método do diagrama triangular de regularização. 3ª edição. Fortaleza: Expressão Gráfica, 2010. 25p.

CARVALHO, G. B. Lâminas brutas de irrigação. Britsh Petroleum, Informação pessoal, 2011.

CARVALHO, J. A. Dimensionamento de pequenas barragens para irrigação. Lavras: Ed. UFLA, 2008. 158p.

CARVALHO, D. F.; SILVA, L. D. B. Hidrologia. Seropédica: UFRRJ, 2003. 115p.

DEPARTAMENTO DE ÁGUAS E ENERGIA ELÉTRICA DO ESTADO DE SÃO PAULO (DAEESP). Guia prático para projetos de pequenas obras hidráulicas. São Paulo: Secretaria de Recursos Hídricos, Saneamento e Obras do Estado de São Paulo, 2005. 111p.

DAKER, A. A água na agricultura - 2.Volume: Captação, elevação e melhoramento da água. Rio de Janeiro: Livraria Freitas Bastos, 1986. 439p.

GENOVEZ, A. I. B. Barragem. Campinas: FEC/UNICAMP, 2006. 82p.

MAMEDE, G. L.; ARAUJO, N. A. M ; SCHNEIDER, C. M.; ARAÚJO, J. C. ; HERRMANN, H. J. Overspill avalanching in a dense reservoir network. Proceedings of the National Academy of Sciences of the United States of America, v. 109, p. 7191-7195, 2012.

MEDEIROS, P.; SIVAPALAN, M. From hard-path to soft-path solutions: slow-fast dynamics of human adaptation to droughts in a water scarce environment. Hydrological Sciences Journal, v. 65, p. 1-12, 2020.

OLITTA, A.F.L. Os métodos de irrigação. São Paulo: Nobel, 1978. 296p.

PROGRAMA DE PÓS-GRADUAÇÃO EM CIÊNCIAS DA ENGENHARIA AMBIENTAL (PPGCEA). Recursos hidroenergéticos: usos, impactos e planejamento integrado. São Carlos: Rima, 2002. 346p.

Capítulo 8

CHOW, V. T. Hydrologic determination of waterway areas for design of drainage structures in small drainage basins. Engineering Experiment Station Bulletin Nº 462. 1962. 110p.

PRUSKI, F. F.; SILVA, D. D.; TEIXEIRA, A. F.; CECÍLIO, R. A.; SILVA, J. M. A.; GRIEBELER, N. P. Hidros. Dimensionamento de sistemas hidroagrícolas. Viçosa: Ed. UFV, 2006a. 259p.

PRUSKI, F. F.; SILVA, D. D.; KOETZ, M. Estudo da vazão em cursos d'água. Viçosa: DEA/UFV. 2006b. 245p.

PULS, L. G. Construction of flood routing curves. House Document 185, Washington: U.S. 70th Congress, First Session, Washington, D.C.

THOMAZ, P. Cálculos hidrológicos e hidráulicos para obras municipais. São Paulo: Navegar, 2008. 474p.

Capítulo 9

ALENCAR, P. H. L.; ARAÚJO, J. C.; TEIXEIRA, A. S. Physically-based model for gully simulation: application to the Brazilian Semi-arid Region. Hydrology and Earth System Sciences Discussions, p. 1-2, 2019.

ALENCAR, P. H. L.; ARAÚJO, J. C., TEIXEIRA, A. S. Physically based model for gully simulation: Application to the Brazilian semi-arid region. Hydrology and Earth System Sciences, v. 24, n. 8, p. 4239-4255, 2020.

ALENCAR, P. H. L.; PATON, E. N.; ARAÚJO, J. C. Entropy-based temporal downscaling of precipitation as tool for sediment delivery ratio assessment. Entropy, v. 23, n. 12, p. 1615, 2021.

ARAÚJO, J.C. Assoreamento em reservatórios do semiárido: modelagem e validação. Revista Brasileira de Recursos Hídricos, v. 8, n. 2, p. 39-56, 2003.

ARAÚJO, J. C.; GÜNTNER, A.; BRONSTERT, A. Loss of reservoir volume by sediment deposition and its impact on water availability in semi-arid Brazil. Hydrological Sciences Journal, v. 51, p. 157-170, 2006.

BAGNOLD, R. A. Bedload transport in natural rivers. Water Resources Research, v. 13, p. 303-311, 1977.

BUNTE, K.; ABT, S. R. Sampler size and sampling time affect bed load transport rates and particle sizes measured with bed load traps in gravel-bed streams. IAHS Publication, Proceedings of the Oslo Workshop (Junho de 2002), 2003.

BRONSTERT, A.; ARAÚJO, J. C.; BATALLA, R. J.; COSTA, A. C.; DELGADO, J. M.; FRANKE, T.; FOERSTER, S.; GUENTNERA, F.; LÓPEZ-TARAZÓN, J. A.; MAMEDE, G. L.; MEDEIROS, P. H. M.; MUELLER, E.; VERICAT, D. Process-based modelling of erosion, sediment transport and reservoir siltation in mesoscal e semi-arid catchments. Journal of Soils and Sediments, v. 14, p. 2001-2018, 2014.

BRUNE, G. M. Trap efficiency of reservoirs. Transactions of the AGU, v. 34, n. 3, p. 407-418, 1953.

CARVALHO, N. O. Hidrossedimentologia prática. 2. ed. Rio de Janeiro: Interciência, 2008. 599p.

CAVALLI, M.; VERICAT, D.; PEREIRA, P. Mapping water and sediment connectivity. Science of the Total Environment, v. 673, p. 763-767, 2019.

CERDÁ, A. Soil water erosion on road embankments in eastern Spain. Science of the Total Environment, v. 378, p. 151-155, 2007.

CHURCH, M.; SLAYMAKER, O. Disequilibrium of holocene sediment yield in glaciated British Columbia. Nature, v. 337, p. 452-454, 1989.

EMMETT, W. W. A field calibration of the sediment-trapping characteristics of the Helley-Smith bedload sampler. Washington: US Government Printing Office, 1979. 44p. Geological Survey Profissional Paper 1139.

FERREIRA, O.; BECKERS, A. Fatores e processos de formação do solo. Informativo GEA. 2022. Disponível em: https://www.gea-esalq.com/fatores-e-processo-de-forma%C3%A7%C3%A3o-do-solo

FERRO, V.; PORTO, P. Sediment delivery distributed (SEDD) model. Journal of Hydraulic Engineering, v. 5, n. 4, p. 411-422, 2000.

GARCIA, M. Sedimentation engineering: processes, measurements, modeling, and practice. New York: ASCE, 2008. 1132p. Manual 110.

GIL, M. M. L.; ARAÚJO, J. C.; MONTENEGRO, S. M.; VALENÇA, J. M. Increase in water-scarcity risk in a Brazilian dry-region reservoir. Revista Caatinga, v. 33, p. 1025-1036, 2020.

GÜNTNER, A.; BRONSTERT, A. Representation of landscape variability and lateral redistribution processes for large-scale hydrological modelling in semi-arid areas. Journal of Hydrology, v. 297, p. 136-161, 2004.

HAAN C. T.; BARFIELD, B. J.; HAYES, J. C. Design hydrology and sedimentology for small catchments. San Diego: Academic Press. 1994. 588p.

HAIRSINE, P. B.; ROSE, C. W. Modeling water erosion due to overland flow using physical principles: 1. Sheet flow. Water Resources Research, v. 28, p. 237-243, 1992.

JESUS, D. S.; VELLAME, L. M.; SILVA, A. J. P.; ARAÚJO, J. C. Soil pedestal dating in the degraded Salitre River basin in the northeast of Bahia, Brazil. Journal of South American Earth Sciences, v. 118, p. 103978, 2022.

JIONGXIN, X.; YUNXIA, Y. Scale effects on specific sediment yield in the Yellow River basin and geomorphological explanations. Journal of Hydrology, v. 307, n. 1-4, p. 219-232, 2005.

KHANBILVARDI, R. M.; ROGOWSKI, A. S. Quantitative evaluation of sediment delivery ratios. Water Resources Bulletin, AWRA, v. 20, n. 6, p. 865-874, 1984.

LOMBARDI NETO, F.; MOLDENHAUER, W. C. Erosividade da chuva: sua distribuição e relação com as perdas de solo em Campinas (SP). Bragantia, v. 51, p. 189-196, 1992.

MAMEDE, G. L. Reservoir sedimentation in dryland catchments: Modelling and management. Postdam: University of Potsdam. 2008. Ph.D. Dissertation. Institut für Geoökologie Lehrstuhl für Hydrologie und Klimatologie. Disponível em: https://publishup.uni-potsdam.de/opus4-ubp/files/1546/ mamede_diss.pdf

MANER, S. B. Factors affecting sediment delivery rates in the Red Hills physiographic area. Transactions American Geophysical Union, v. 39, p. 669-675, 1958.

MEDEIROS, P. H. A.; ARAÚJO, J. C.; MAMEDE, G. L.; CREUTZFELDT, B.; GÜNTNER, A.; BRONSTERT, A. Connectivity of sediment transport in a semi-arid environment: a synthesis for the Upper Jaguaribe Basin, Brazil. Journal of Soils and Sediments, v. 14, n. 12, p. 1938-1948, 2014.

MORRIS, G. L.; FAN, J. Reservoir sedimentation handbook. New York: McGraw-Hill, 1997. 784p.

NAVARRO-HEVIA, J.; FARIAS, T. R. F.; ARAÚJO, J. C.; OSORIO-PELÁEZ, C.; PANDO, V. Soil erosion in steep road cut slopes in Palencia (Spain). Land Degradation & Development, v. 27, n. 2, p. 190-199, 2016.

RABELO, D. R.; CAVALCANTE, A. A.; ARAÚJO, J. C. Sediment yield in a basin in Brazilian Semi-arid Regions: A discussion on positive allometry. Catena, v. 221, p. 106749, 2023.

RAWLS, W. J.; BRAKENSIEK, D. L.; SAXTON, K. E. Estimation of soil water properties. Transactions of the American Society of Agricultural Engineering, v. 25, n. 5, p. 1316-1320, 1982.

REINING, L. Erosion in Andean hillside farming: characterization and reduction of soil erosion by water in small-scale cassava cropping systems in the southern central cordillera of Colombia. Hohenheim: Margraf. 1992. 219p. Tropical Agricultural Series, 1992.

RIGHETTO, A. M. Hidrologia e recursos hídricos. São Carlos: Ed. EESC/USP, 1998. 840p.

RODRIGUES, I. S.; COSTA, C. A. G.; RAABE, A.; MEDEIROS, P. H. A.; ARAÚJO, J. C. Evaporation in Brazilian dryland reservoirs: Spatial variability and impact of riparian vegetation. Science of the Total Environment, v. 797, p. 149059, 2021.

ROEHL, J. E. Sediment source areas, and delivery ratios influencing morphological factors. International Association of Hydrological Sciences, v. 59, p. 202-213, 1962.

SANTOS, J. C. N.; ANDRADE, E. M.; MEDEIROS, P. H. A.; PALÁCIO, H. A.; ARAÚJO NETO, J. R. Sediment delivery ratio in a small semi-arid watershed under conditions of low connectivity. Revista Ciência Agronômica, v. 48, p. 49-58, 2017.

SHIELDS, A. Application of similarity principles and turbulence research to bed-load movement. Pasadena: California Institute of Technology. 1936. 44p.

SIEPEL, A. C.; STEENHUIS, T. S.; ROSE, C. W.; PARLANGE, J. Y.; MCISAAC, G. F. A simplified hillslope erosion model with vegetation elements for practical applications. Journal of Hydrology, v. 258, p. 111-121, 2002.

SIMPLÍCIO, A. A. F.; COSTA, C. A. G.; NAVARRO-HEVIA, J.; ARAÚJO, J. C. Erosion at hillslope and micro-basin scales in the Gilbués desertification region, Northeastern Brazil. Land Degradation and Development, v. 32, p. 1487-1499, 2020.

VERICAT, D.; CHURCH, M.; BATALLA, R. J. Bed load bias: Comparison of measurements obtained using two (76 and 152 mm) Helley□Smith samplers in a gravel bed river. Water Resources Research, v. 42, n. 1, 2006.

VERSTRAETEN, G.; POESEN, J. Variability of dry sediment bulk density between and within retention ponds and its impact on the calculation of sediment yields. Earth Surface Processes and Landforms, v. 26, p. 375-394, 2001.

VIEIRA, R. D. S. P.; TOMASELLA, J.; ALVALÁ, R. C. S.; SESTINI, M. F.; AFFONSO, A. G.; RODRIGUEZ, D. A.; BARBOSA, A. A.; CUNHA, A. P. M. A.; VALLES, G. F.; CREPANI, E.; OLIVEIRA, B. P.; SOUZA, M. S. B.; CALIL, P. M.; CARVALHO, M. A.; VALERIANO, D. M.; CAMPBELLO, F. C. B.; SANTANA, M. O. Identifying areas susceptible to desertification in the Brazilian northeast. Solid Earth, v. 6, n. 1, p. 347-360, 2015.

WILLIAMS, J. R.; BERNDT, H. D. Sediment yield computed with universal equation. Journal of Hydrology Division, v. 98, p. 2087-2098, 1972.

WISCHMEIER, W. H.; JOHNSON, C. B.; CROSS, B. V. J. A soil erodibility nomograph for farmland and construction sites. Soil Water Conservation, v. 26, p. 189-193, 1971.

WISCHMEIER, W. H.; SMITH, D. D. Predicting rainfall erosion losses: a guide to conservation planning. Washington: USDA. 1978. 58p. Agriculture Handbooks, 537.

YANG, C. T. Sediment transport: theory and practice. London: McGraw-Hill. 1996. 396p.

ZHANG, S.; FOERSTER, S.; MEDEIRO, P.; ARAÚJO, J. C.; MOTAGH, M.; WASKE, B. Bathymetric survey of water reservoirs in north-eastern Brazil based on TanDEM-X satellite data. Science of the Total Environment, v. 571, p. 575-593, 2016.

Capítulo 10

ASSIS, F. N.; ARRUDA, H. V.; PEREIRA, A. R. Aplicações de estatística à climatologia: teoria e prática. Pelotas: Editora Universitária, 1996. 161p.

BERNARDO, S. Manual de irrigação. Viçosa: Imprensa Universitária da UFV, 1982. 463 p.

DALRYMPLE, T. Flood-frequency analyses, Manual of Hydrology: Part. 3. Flood-flow techniques, geological survey water supply paper 1543-A, Washington, D.C.: U.S. Ed. Government Printing Office, 1960. 80p.

GENOVEZ, A. M. Avaliação dos métodos de estimação das vazões de enchentes para pequenas bacias rurais do Estado de São Paulo. 1991. 225p. Tese (Doutorado) - FEC/UNICAMP, Campinas: UNICAMP, 1991.

HAAN, C. T. Statistical methods in Hydrology. Ames: The Iowa State University Press, 1994. 378p.

HOSKING, J. R. M.; WALLIS, J. R. Regional frequency analysis: an approach based on L-moments. Cambridge: Ed. Cambridge University Press, 1997. 224p.

NAGHETTINI, M; PINTO, E. J. A. Hidrologia estatística. Belo Horizonte: Ed. CPRM, 2007. 552p.

PRUSKI, F. F.; SILVA, D. D.; KOETZ, M. Estudo da vazão em cursos d'água. Viçosa: DEA/UFV, 2006b. 245p.

PRUSKI, F. F.; SILVA, D. D.; TEIXEIRA, A. F.; CECÍLIO, R. A.; SILVA, J. M. A.; GRIEBELER, N. P. Hidros. Dimensionamento de sistemas hidroagrícolas. Viçosa: Editora UFV, 2006a. 259p.

Capítulo 11

ABBASPOUR, K. C.; YANG, J.; MAXIMOV, I.: SIBER, R.; BOGNER, K.: MELEITNER, J.: ZOBRIST, J.; SRINIVASAN, R. Modeling hydrology and water quality in the Pre-Alpine/Alpine thur watershed using SWAT. Journal of Hydrology, v. 333, p. 413-430, 2007.

ABBASPOUR, K. C.; JOHNSON, C. A.; VAN GENUCHTEN, M. T. Estimating uncertain flow and transport parameters using a sequential uncertainty fitting procedure. Vadose Zone Journal, v. 3, p. 1340-1352, 2004.

ABBOTT, M.; REFSGAARD, J. C. Distributed hydrological modeling. Heidelberg: Springer, 1996. 336 p.

ALBERTO, M. C.; KIANG, C. H. Fluxo da água subterrânea em sistema de encosta-rio, município de Paulínia (SP): caracterização e simulação numérica. Geociências, v. 22, n. especial, p. 117-128, 2003.

ALENCAR, P. H. L.; ARAÚJO, J. C.; SANTOS TEIXEIRA, A. Physically based model for gully simulation: application to the Brazilian semi-arid region. Hydrology and Earth System Sciences, v. 24, n. 8, p. 4239-4255, 2020.

ALENCAR, P. H. L.; SIMPLÍCIO, A. A. F.; ARAÚJO, J. C. Entropy-based model for gully erosion: a combination of probabilistic and deterministic components. Science of the Total Environment, v. 836, p. 155-629, 2022.

ARAÚJO, J. C. Assoreamento de reservatórios no semiárido: modelagem e validação. Revista Brasileira de Recursos Hídricos, v. 8, n. 2, p. 39-56, 2003.

ARAÚJO, J. C. Entropy□based equation to assess hillslope sediment production. Earth Surface Processes and Landforms: The Journal of the British Geomorphological Research Group, v. 32, n. 13, p. 2005-2018, 2007.

ARNOLD, J. G.; MORIASI, D.; GASSMAN, P. W.; ABBASPOUR, K. C.; WHITE, M. J.; SRINIVASAN, R.; SANTHI, C.; HARMEL, R. D.; VAN GRIENSVEN, A.; VAN LIEW, M. W.; KANNAN, N.; JHA, M. K. SWAT: Model use, calibration and validation. Transactions of the ASABE, v. 55, n. 4, p. 1491-1508, 2012.

ARNOLD, J. G.; SRINIVASAN, R.; MUTTIAH, R. S.; WILLIAMS, J. R. Large area hydrologic modeling and assessment. Part 1: Model development. Journal of the American Water Resources Association, v. 34, n. 1, p. 73-89, 1998.

BACELLAR, A. A. A. Estudo da erosão na microbacia hidrográfica do Ribeirão da Cachoeirinha - Município de Iracemápolis, utilizando um Sistema de Informação Geográfica. Campinas: Universidade Estadual de Campinas, 1994. 54p. (Relatório Técnico).

BATHURST, J. C.; WICKS, J. M.; O'CONNEL, P. E. The SHE / SHESED basin scale water flow and sediment transport modelling system. *In*: SINGH, V.P. (ed.). Computer models of watershed hydrology. Highlands Ranch: Water Resources Publications, 1995. p. 563-594.

BEASLEY; D. B.; HUGGINS, L. F.; MONKE, E. J. ANSWER: a model for watershed planning. Transaction of the ASAE, v. 23, n. 4, p. 938-944, 1980.

BEASLEY; D. B.; HUGGINS, L. F; MONKE, E. J. Modeling Sedments Yields from Agricultural Watersheds. Journal of Soil and Water Conservation, v. 37, n. 2, p. 113-117, 1982.

BETSON, R. P. What is watershed runoff? Journal of Geophysical Research, v. 69, p. 1541-1551, 1964.

BEVEN, K. J. Prophecy reality and uncertainty in distributed hydrological modeling. Advances in Water Resources, v. 16, p. 41–51, 1993.

BEVEN, K. J.; BINLEY, A. The future of distributed models: Model calibration and uncertainty prediction. Hydrology Process, n. 6, p. 279-298, 1992.

BEVEN, K. J.; BINLEY, A. GLUE: 20 years on. Hydrological Process, v. 28, n. 24, p. 5897-5918, 2014.

BEVEN, K. J.; KIRKBY, M. J. A physically based, variable contributing area model of basin hydrology. Hydrological Sciences Journal, v. 24, n. 1, p. 43-69, 1979.

BEVEN, K. J.; KIRKBY, M. J.; SCHOFIELD, N.; TAGG, A. F. Testing a physically-based flood forecasting model (Topmodel) for three U.K. catchments. Journal of Hydrology, v. 69, p. 119-143, 1984.

BEVEN, K. J.; LAMB, R.; QUINN, P.; ROMANOWICZ, R.; FREER, J. TOPMODEL. *In*: SINGH, V. P. (ed.). Computer models of watershed hydrology. Highlands Ranch: Water Resources Publications, 1995. p. 627-668.

BITTELLI, M.; TOMEI, F.; PISTOCCHI, A.; FLURY, M.; BOLL, J.; BROOKS, E. S.; ANTOLINI, G. Development and testing of a physically based, three-dimensional model of surface and subsurface hydrology. Advances in Water Resources, v. 33, p. 106-122, 2010.

BORAH, P. Conceptual issues in framing theory: A systematic examination of a decades of communication. Journal of Comunication, v. 61, n. 2, p. 246-263, 2011.

BREMICKER, M. Aufbau eines Wasserhaushaltsmodells fur das Weserund das Ostsee-Einzugsgebiet als Baustein eines AtmospharenHydrologie-Modells. Dissertation (Master) - Institut fur Hydrologie, AlbertLudwis - Universitat Freiburg, Freiburg im Breisgau, 1998.

BRONSTERT, A.; ARAÚJO, J. C.; BATALLA, R. J.; COSTA, A. C.; DELGADO, J. M.; FRANCKE, T.; FOERSTER, S.; GUENTNER, A.; LÓPEZ-TARAZÓN, J. A.; MAMEDE, G. L.; MEDEIROS, P. H.; MUELLER, E.; VERICAT, D. Process-based modelling of erosion, sediment transport and reservoir siltation in mesoscale semi-arid catchments. Journal of Soils and Sediments, v. 14, p. 2001-2018, 2014.

BROOKS, E. S.; BOLL, J.; McDANIEL, P. A. Distributed and integrated response of a GIS based hydrologic model in the eastern Palouse region, Idaho. Hydrological Processes, v. 21, p. 110-122, 2007.

BRUNE, G. M. Trap efficiency of reservoirs. Eos, Transactions American Geophysical Union, v. 34, n. 3, p. 407-418, 1953.

BRUTSAERT, W. Hydrology: an introduction. Cambridge: Cambridge University Press, 2005. 605p.

BURTE, J. D.; SCHRADER, G. O. Programa pingo d'água. Relatório de atividades. Fortaleza: DENA-UFC, Quixeramobim. 1999. 105p.

CALHEIROS, R. O. Nascentes: produção, captação e cuidados com a água para consumo doméstico. Syngenta - Gerência de Relações Institucionais. Jaboticabal: FUNEP, 2010. 98p.

CALIJURI, M. L.; MEIRA, A. D.; PRUSK, F. F. Geoprocessamento aplicado aos recursos hídricos. *In*: CONGRESSO BRASILEIRO DE ENGENHARIA AGRÍCOLA, 27, 1998, Poços de Caldas. Cartografia, Sensoriamento e Geoprocessamento. Lavras: UFLA, SBEA, 1998, p. 200-225.

CAMPOS, N. Dimensionamento de reservatórios: o método do diagrama triangular de regularização. Fortaleza: Expressão Gráfica, 2005. 71p.

CARVER, S.; HEYWOOD, I.; CORNELIUS, S.; SEAR, D. Evaluating field-based GIS for environmental characterization, modeling decision support. International Journal of Geographical Information Systems, v. 9, n. 4, p. 475-486, 1995.

CAVALCANTE, I. N. Fundamentos hidrogeológicos para gestão integrada de recursos hídricos na Região Metropolitana de Fortaleza, Estado de Ceará. 1998. 112p. Tese (Doutorado em Geociências) - Instituto de Geociências, Universidade de São Paulo, São Paulo, 1998.

CHEN, Z. Q.; GOVINDARAJU, R. S.; KAVVAS, M. L. Spatial averaging of unsaturated flow equations under infiltration conditions over a really heterogeneous soils. Water Resources Research, Washington, v. 30, p. 523-548, 1994.

CHO, S. M.; JENNINGS, G. D.; STALLINGS, C.; DEVINE, H. A. GIS-basead water quality model calibration in the Delaware River basin. ASAE, St. Joseph, Michigan, 1995. (ASAE Microfiche, 952404).

COCHRANE, T. A; FLANAGAN, D. C.; NORTON, L. D.; ENGEL, B. A. WEPP watershed modeling using ArcView 3.0 (GIS). Madison: ASA, 1997. 61p.

COELHO, F. S. A. Desenvolvimento de um modelo chuva - deflúvio, para pequenas bacias rurais, a partir dos modelos do hidrograma unitário instantâneo geomorfológico e do TOPMODEL. Tese de Doutorado (Engenharia Civil) Campinas, SP: Unicamp, 2003.

COLLISCHONN, W. Simulação hidrológica de grandes bacias. 2001. 270p. Tese (Doutorado em Recursos Hídricos e Saneamento Ambiental) - Universidade Federal do Rio Grande do Sul, Porto Alegre, 2001.

COLLISCHONN, W.; ALLASIA, D.; SILVA, B.; TUCCI, C. The MGB-IPH model for large-scale rainfall- runoff modeling. Hydrological Sciences–Journal–des Sciences Hydrologiques, v. 52, n. 5, p. 878-895, 2007.

COLLISCHONN, W.; TUCCI, C. Simulação Hidrológica de Grandes Bacias. Revista Brasileira de Recursos Hídricos, Porto Alegre, v. 6, n. 1, p. 95-118, 2001.

COMPANHIA AMBIENTAL DO ESTADO DE SÃO PAULO (CETESB). Relatório de qualidade das águas subterrâneas do Estado de São Paulo: 2001-2003. São Paulo: Secretaria de Estado do Meio Ambiente, 2004. 234p.

COSTA, W. D. Avaliação de reservas, potencialidade e disponibilidade de aquífero. *In*: Congresso Brasileiro de Águas Subterrâneas, 10. Anais ..., [s. l.], 1998.

DAGGUPATI, P.; PAI, N.; ALE, S.; DOUGLAS-MANKIN, K. R; ZECKOSKI, R. W.; JEONG, J.; PARAJULI, P. B.; SARASWAT, D.; YOUSSEF, M. A. A recommended calibration and validation strategy for hydrologic and water quality models. Transactions of the ASABE, v. 58, n. 6, p. 1705-1719, 2015.

DAKER, A. A água na agricultura - 2º Volume: Captação, elevação e melhoramento da água. Rio de Janeiro: Livraria Freitas Bastos, 1988. 439p.

DAWES, W.R.; HATTON, T.J. TOPOG IRM, 1, Model description, technical memorandum. Canbera: CSIRO Division of Water Resources, 1993.

DEPARTAMENTO DE ÁGUAS E ENERGIA ELÉTRICA (DAEE). Programa de treinamento técnico: projeto, perfuração e operação de poços profundos. Ribeirão Preto: Secretaria de Obras e Meio Ambiente do Estado de São Paulo, 1983. 249p.

DI LUZIO, M.; SRINIVASAN, R.; ARNOLD, J. ArcView interface for SWAT2000 - User's Guide. Temple: Blackland Research Center, Texas Agricultural Experiment Station, 2001. 337p.

DiGIAMMARCO, P.; TODINI, E.; LAMBERTI, P. A conservative finite elements approach to overland flow: the control volume finite element formulation. Journal of Hydrology, v. 175, p. 267-291, 1996.

DOWNER, C. W. Identification and modeling of important stream flow producing processes in watersheds. 2002. 1760 p. Thesis (PhD) - Storrs: University of Connecticut, 2002.

DOWNER, C. W.; JOHNSON, B. E.; OGDEN F. L.; MESELHE, E. A. Advances in physically based hydrologic modeling with CASC2D, EWRI Watershed Management 2000 Conference, ASCE. 2000. Disponível em: http://dx.doi.org/10.1061/40499(2000)48. Acesso em: 10 maio 2012.

DOWNER, C. W.; OGDEN, F. L. GSSHA: A model for simulating diverse streamflow generating processes, Journal of Hydrologic Engineering, v. 9, p. 161-174, 2004a.

DOWNER, C. W.; OGDEN, F. L. Appropriate vertical discretization of Richards' equation for two-dimensional watershed-scale modelling, Hydrological Processes, v. 18, p. 1-22, 2004b.

DOWNER, C. W.; OGDEN, F. L.; BYRD, A. R. GSSHAWIKI User's manual, gridded surface subsurface hydrologic analysis version 4.0

for WMS 8.1, ERDC technical report, Engineer Research and Development Center, Vicksburg, Mississippi. 2008a. Disponível em: www.gsshawiki.com/gssha/GSSHA_User's_Manual. Acesso em: 6 ago. 2010.

DOWNER, C. W.; OGDEN, F. L.; BYRD, A. R. Non-orthogonal channel and reservoir routing in GSSHA. ERDC technical note, system-wide water resources program. 2008b. Disponível em: http://libweb.wes.army.mil/uhtbin/hyperion/TN-SWWRP-08-5.pdf. Acesso em: 10 fev. 2012.

DOWNER, C. W.; OGDEN, F. L.; MARTIN, W. D.; RUSSELL, S. H. Theory, development and applicability of the surface water model CASC2D. Hydrological Process, v. 16, n. 2, p. 255-275, 2002.

DOWNER, C. W.; OGDEN, F. L.; NEIDZIALEK, J.; LIU, S. Gridded surface/subsurface hydrologic analysis (GSSHA) model: A model for simulating diverse streamflow-producing process. *In*: SINGH, V. P.; FREVERT, D. K. (eds.). Watershed models. Boca Raton: CRC Taylor and Francis, 2006. p. 131-157.

DUNNE, T.; BLACK, R. D. Partial-area contributions to storm runoff in a small New England watershed. Water Resources Research, v. 6, p. 1296-1311, 1970.

EMPRESA BRASILEIRA DE PESQUISA AGROPECUÁRIA (EMBRAPA). Projeto ARAquáGeo. Disponível em: http://www.sgte.embrapa.br/ARAqu%C3%A1Geo/index.html. Acesso em: 1 set. 2013.

FEDRA, K. *In*: GOODCHILD, M. F.; PARKS, B. O.; STEYART, L. T. (eds.). Environmental Modeling with GIS, Oxford University Press, New York, p. 35-50, 1993.

FEITOSA, F. A. C.; MANOEL FILHO, J. Hidrogeologia: conceitos e aplicações. 2. ed. Fortaleza: CPRM. 2000. 391p. Paginação irregular

FLANAGAN, D. C.; ASCOUGH, J. C.; NICKS, A. D.; NEARING, M. A.; LAFLEN, J. M. Overview of the WEPP erosion prediction model. *In*: FLANAGAN, D. C.; NEARING, M. A. (eds.). USDA water erosion prediction project: hillslope profile and watershed model documentation. West Lafayette: USDA-ARS NSERL, 1995.

FLÜGEL, W. Delineating hydrological response units by Geographical Information System analyses for regional hydrological modelling using PRMS/MMS in the drainage basin of the River Brol, Germany. Hydrological Processes, v. 9, n. 3-4, p. 423-436, 1995.

FRAISSE, C. W.; CAMPBELL, K. L.; JOVES, J. W.; BOGGESS, W. G. Integration of GIS and GLEAMS for alternative dairy waste management analysis. St. Joseph: ASAE, 1994. 154p. (ASAE Paper, 94-205).

FRANCHINI, M.; WENDLING, J.; OBLED, C.; TODINI, E. Physical interpretation and sensitivity analysis of TOPMODEL. Journal of Hydrology, Amsterdam, v. 175, p. 293-338, 1996.

FRANCKE, T.; FOESTER, S.; BROSINSKY, A.; SOMMERER, E.; LOPEZ-TARAZON, J. A.; GÜNTER, A.; BATALLA, R. J.; BRONSTERT, A. Water and sediment fluxes in Mediterranean mountainous regions: comprehensive dataset for hydro-sedimentological analyses and modelling in a mesoscale catchment (River Isábena, NE Spain). Earth System Science Data, v. 10, n. 2, p. 1063-1075, 2018.

GAISER, T.; KROL, M.; FRISCHKORN, H.; ARAÚJO, J. C. Global change and regional impacts. Springer, 2003, 78p.

GAMBOLATI, G.; PUTTI, M. PANICONI, M. Three dimensional model of coupled density dependent flow and miscible salt transport. *In*: BEAR, J. (ed.). Seawater intrusion in coastal aquifers. Dordrecht: Kluwer Acad, 1999. cap. 10. p. 329-353.

GERARD-MARCHANT, P.; HIVELY, W. D.; STEENHUIS, T. S. Distributed hydrological modeling of total dissolved phosphorous transport in agricultural landscapes. pt I. Hydrology and Earth System Sciences, v. 10, p. 245-261, 2006.

GIL, M. M. L.; ARAÚJO, J. C.; MONTENEGRO, S. M. G. L.; VALENÇA, J. M. M. S. Increase in water-scarcity risk in a Brazilian dry-region reservoir. Revista Caatinga, v. 33, p. 1025-1036, 2020.

GOTTARDI, G.; VENUTELLI, M. A control-volume finite element model for two dimensional overland flow. Advances in Water Resources, v. 16, p. 227-284, 1993.

GRAYSON, R. B.; MOORE, I. D.; McMAHON, T. A. Physically based hydrologic modeling. 1. A terrain-based model for investigating purposes. Water Resources Research, v. 28, p. 2639-2658, 1992.

GÜNTNER, A.; KROL, M. S.; ARAÚJO, J. C.; BRONSTERT, A. Simple water balance modelling of surface reservoir systems in a large data-scarce semi-arid region. Hydrological Sciences Journal, v. 49, n. 5, p. 901-918, 2004.

GÜNTNER, A.; BRONSTERT, A. Representation of landscape variability and lateral redistribution processes for large-scale hydrological modelling in semi-arid areas. Journal of Hydrology, v. 297, n. 1-4, p. 136-161, 2004.

HAAN, C. T.; BARFIELD, B. J.; HAYES, J. C. Design hydrology and sedimentology for small catchments. Elsevier, 1994.

HAITH, D. A.; SHOEMAKER, L. L. Generalized watershed loading functions for stream flow nutrients. Water Resources Bulletin, v. 23, p. 471-478, 1987.

HAMMOURI, N.; EL-NAQA, A. Hydrological modeling of un-gauged wadis in arid environments using GIS: a case study of Wadi Madoneh in Jordan. Revista Mexicana de Ciencias Geológicas, v. 24, n. 2, p. 185-196, 2007.

HARBAUGH, A. W.; BANTA, E. R.; HILL, M. C.; McDONALD, M. G. MODFLOW-2000, the US geological survey modular ground water model - user guide to modularization concepts and the ground-water flow process. Reston: USGS, 2000. 253p.

HARTKAMP, A. D.; WHITE, J. W.; HOOGENBOOM, G. Interfacing geographical information systems with agronomic modeling: a review. Agronomy Journal, v. 91, p. 761-772, 1999.

HESSION, C. W.; SHANHOLTZ, V. O. A geographical information system for targeting nonpoint source agricultural pollution. Journal of Soil Water Conservation, v. 43, p. 264-266, 1988.

HEWLETT, D.; HIBBERT, A. R. Factors affecting the response of small watersheds to precipitation in humid areas. *In*: SOPPER, W. E.; LULL, H. W. (eds.). Forest Hydrology. Oxford: Pergamon Press, 1967. p. 275-290.

HORNBERGER G. M.; RAFFENSPERGER, J. P.; WIBERG, P. L.; ESHLEMAN, K. N. Elements of physical hydrology. J. Hopkins, p. 302, 1998. Disponível em: https://aguassubterraneas.abas.org/asubterraneas/article/view/22276/14619. Acesso em: 10 set. 2018.

JAYAKRISHNAN, R.; SRINIVASAN, R.; SANTHI, C.; ARNOLD, J.G. Advances in the application of the SWAT model for water resources management. Hydrological Processes, v. 19, p. 749-762, 2005.

JOHNSON, B. E.; GERALD, T. K. Development of nutrient submodules for use in the Gridded Surface Subsurface Hydrologic Analysis (GSSHA) distributed watershed model. Journal of the American Water Resources Association, v. 42, p. 1502-1525, 2006.

JOHNSON DIVISION. **Água subterrânea e poços tubulares.** Tradução da primeira edição do original norte-americano, Groundwater and Wells. 2. ed. São Paulo: CETESB, 1974.

JULIEN, P. Y.; BAHRAM, S. A. A two dimensional watershed rainfall-runoff model. Colorado State University, 1991. 66p.

JULIEN, P. Y.; SAGHAFIAN, B.; OGDEN, F. L. Raster-based hydrologic modeling of spatially-varied surface runoff. Water Resources Bulletin, v. 31, p. 523-536, 1995.

KENNEDY, J.; EBERHART, R. Particle swarm optimization. Proceedings of the IEEE International Conference on Neural Networks, v. 4, p. 1942-1948, 1995.

KHAKBAZ, B.; IMAM, B.; HSU, K.; SOROOSHIAN, S. From lumped to distributed via semi-distributed: calibration strategies for semi-distributed hydrologic models. Journal of Hydrology, v. 418-419, p. 61-77, 2012.

KHANBILVARDI, R. M.; ROGOWSKI, A. S. Quantitative evaluation of sediment delivery ratios 1. Journal of the American Water Resources Association, v. 20, n. 6, p. 865-874, 1984.

KING, K. W.; ARNOLD J. G.; WILLIAMS, J. R.; SCRINIVASAN R. Soil and Water Assessment Tool–SWAT. Texas: USDA, Agricultural Research Service, 1996. 450p.

KIRKBY, M. J. Hydrograph modelling strategies. *In*: PEEL, R.; CHISHOLM, M.; HAGGET, P. (eds). Process in physical and human geography. Heinemann, 1975. p. 69-90.

KOUWEN, N.; SOULIS, E.; PIETRONIROFL, A.; DONALD, J.; HARRINGTON, R. Grouped response units for distributed hydrologic modeling. Journal of Water Resources Planning and Management, v. 119, n. 3, p. 289-305, 1993.

KROL, M. S.; VRIES, M. J.; VAN OEL, P. R.; ARAÚJO, J. C. Sustainability of small reservoirs and large scale water availability under current conditions and climate change. Water Resources Management, v. 25, p. 3017-3026, 2011.

KUCZERA, G.; PARENT, E. Monte Carlo assessment of parameters uncertainty in conceptual catchment models: The metropolis algorithm. Journal of Hydrology, v. 211, p. 69-85, 1998.

LABSID - Laboratório de Sistemas de Suporte a Decisões em Engenharia Ambiental e de Recursos Hídricos. ABC 6 - Apresentação. Disponível em: http://www.labsid.com.br/produto_interna.php?id=92. Acesso em: 1 set. 2013.

LAM, D. C. L.; SWAYNE, D. A.; MAYFIELD, C. I.; COWAN, D. D. Integration of SIG with other software systems: Integration versus interconnection. *In*: International Conference/Workshop on Integrating GIS and Environmental Modeling, 3. Santa Fe, 1996. Proceedings. National Center for Geographic Information and Analysis, Santa Barbara, CA, USA. Disponível em: http:// www.ncgia.ucsb.edu/conf/SANTA_FE_CD-ROM/main.html.

LEGATES, D.; McCABE JR., G. Evaluating the use of "goodness-of-fit" measures in hydrologic and hydroclimatic model validation. Water Resources Research, v. 35, n. 1, p. 233-241, 1999.

LIANG, X.; LETTENMAIER, D. P.; WOOD, E. F.; BURGES, S. J. A simple hydrologically based model of land surface water and energy fluxes for general circulation models. Journal of Geophysical Research, v. 99, n. 7, p. 14415-14428, 1994.

LOAGUE, K; VAN DER KWAAK, J. Physics-based hydrologic response simulation: platinum bridge, 1958 Edsel, or useful tool. Hydrological Processes, v. 18, p. 2949–2956, 2004.

LUDWIG, K.; BREMICKER, M. (ed.). The water balance model LARSIM: design, content and applications. Freiburger Schriften zur Hydrologie, v. 22. Freiburg: Institut für Hydrologie Universität Freiburg, 2006. 130p.

LYNSLEY JR., R. K.; KOHLER, M. A.; PAULHUS, J. L. H. Hydrology for engineers. London: McGraw-Hill Book Company, 1988. 492p.

MACHADO, J. L. F. Águas subterrâneas e poços: uma jornada através dos tempos. Porto Alegre: EST Edições, 2008. 126p.

MACHADO, R. E. Simulação de escoamento e de produção de sedimentos em uma microbacia hidrográfica utilizando técnicas de modelagem e geoprocessamento. 2002. 154p. Tese (Doutorado em Irrigação e Drenagem) - Escola Superior de Agricultura "Luiz de Queiroz", Universidade de São Paulo, Piracicaba, 2002.

MAGALHÃES, P. C. Hidrologia superficial. *In*: RAMOS, F. (ed.). Engenharia hidrológica. Rio de Janeiro: ABRH, 1989. cap. 3, p. 201-289.

MALVEIRA, V. T. C.; ARAÚJO, J. C.; GÜNTNER, A. Hydrological impact of a high-density reservoir network in semi-arid northeastern Brazil. Journal of Hydrologic Engineering, v. 17, n. 1, p. 109-117, 2012.

MAMEDE, G. L.; GÜNTNER, A.; MEDEIROS, P. H.; ARAÚJO, J. C.; BRONSTERT, A. Modeling the effect of multiple reservoirs on water and sediment dynamics in a semi-arid catchment in Brazil. Journal of Hydrologic Engineering, v. 23, n. 12, 05018020, 2018.

MARTÍNEZ, J. A. T.; JURGEN, M.; ARTURO, H. A.; ABRAHAN, M. Origin of the salinity in the coastal aquifer of La Paz, Mexico. Procedia Earth and Planetary Science, v. 17, p. 520-523, 2017.

MEDEIROS, P. H. A.; ARAÚJO, J. C.; MAMEDE, G. L.; CREUTZFELDT, B., GÜNTNER, A.; BRONSTERT, A. Connectivity of sediment transport in a semi-arid environment: a synthesis for the Upper Jaguaribe Basin, Brazil. Journal of Soils and Sediments, v. 14, p. 1938-1948, 2014.

MEDEIROS, P. H.; GÜNTNER, A.; FRANCKE, T.; MAMEDE, G. L.; ARAÚJO, J. C. Modelling spatio-temporal patterns of sediment yield and connectivity in a semi-arid catchment with the WASA-SED model. Hydrological Sciences Journal, v. 55, n. 4, p. 636-648, 2010.

MENDES, C. A. B. Planejamento Nacional de Recursos Hídricos Baseado no Uso de Técnicas de Geoprocessamento, 9p, 1998. Disponível em: http//www.iica.org.Br/AguaTrab/Carlos%20 andre%20 bublões/ P1TB08.htm.

MILDE, L. C. E., MORAES, J., MORTATTI, J., FERRAZ, F. F.; GROPPO, J. Modelo espaço-temporal HEC-HMS: avaliação na Bacia de Drenagem de Analândia. Revista de Ciência & Tecnologia, v. 10, n. 19, p. 61-69, 2002.

MONTEITH, J. L. Vegetation and Atmosphere. London Academic Press, v. 2, 1975. 459p.

MONTEITH, J. L. Evaporation and surface temperature. Quartely Journal of the Royal Meteorological Society, v. 107, n. 451, 1981.

MORIASI, D.; ARNOLD, J.; VAN LIEW, M. W.; BINGNER, R.; HARMEL, R. D. Model evaluation guidelines of systematic quantification of accuracy in watersheds simulations. Transactions of ASABE, v. 5, n. 3, p. 885-900, 2007.

MUELLER, E. N.; FRANCKE, T.; BATALLA, R. J.; BRONSTERT, A. Modelling the effects of land-use change on runoff and sediment yield for a mesoscale catchment in the Southern Pyrenees. Catena, v. 79, n. 3, p. 288-296, 2009.

MUELLER, E. N.; GÜNTNER, A.; FRANCKE, T.; MAMEDE, G. Modelling sediment export, retention and reservoir sedimentation in drylands with the WASA-SED model. Geoscientific Model Development, v. 3, n. 1, p. 275-291, 2010.

NASH, J. E.; SUTCLIFFE, J. V. River flow forecasting through conceptual model. Part 1 - A discussion of principles. Journal of Hydrology, v. 10, p. 282-290, 1970.

NIJSSEM, B; LETTENMAIER, D.; LIANG, X.; WETZEL, S.; WOOD, E. Streamflow simulation for continental-scale river basins. Water Resources Research, v. 33, n. 4, p. 711-724, 1997.

NUNES, K. G. Recursos hídricos subterrâneos e estratégias de produção agropecuária no semiárido brasileiro. 2021. 135p. Tese (Doutorado em Engenharia Agrícola) - Universidade Federal do Ceará, Fortaleza, 2021.

OGDEN, F. L.; JULIEN, P. Y. Distributed model CASC2D, in Mathematical Models of Small Watershed Hydrology, edited by V. P. Sing, and D.F. Frevert, Water Resources Publications, Highlands Ranch, Colo, 2002.

OLIVEIRA, C. P. M.; PORTO, R. L.; ZAHED FILHO, K; ROBERTO, A. N. ABC 6, um sistema de suporte a decisões para análise de cheias em bacias complexas. *In*: I Simpósio Brasileiro de Recursos Hídricos, XIII, Belo Horizonte, Dezembro de 1999. Anais... Belo Horizonte, 1999. CD-ROM.

PAUDEL, M.; NELSON, E. J.; DOWNER, C. W.; HOTCHKISS, R. Comparing the capability of distributed amd lumped hydrologic models for analysing the effects of land and use change. Journal of Hydroinformatics, v. 13, n. 3, p. 461, 2011.

PEREIRA, F. J. S.; SILVA FILHO, A. V.; LOPES, J. W. B.; ARAÚJO, J. C. Entropy model to assess sediment resuspension probability and trap efficiency of small dams. International Journal of Sediment Research, v. 37, n. 5, p. 675-686, 2022.

PESSOA, M. C. P. Y.; LUCHIARI, A. J.; FERNANDES, E. N.; LIMA, M. A. Principais modelos matemáticos e simuladores utilizados para análise de impactos ambientais das atividades agrícolas. Jaguariúna: EMBRAPA, CNPMA, 1997. 83p. (EMBRAPA. CNPMA. Documentos, 8).

PESSOA, M. L. Hidrometeorologia com radar. *In*: TUCCI, C. E. M. (org.). Hidrologia: Ciência e aplicação. Coleção ABRH v. 4. Porto Alegre: Ed. da Universidade/ABRH/EDUSP, 1993. p. 877-896.

PETER, S. J.; ARAÚJO, J. C.; ARAÚJO, N. A.; HERRMANN, H. J. Flood avalanches in a semi-arid basin with a dense reservoir network. Journal of Hydrology, v. 512, p. 408-420, 2014.

PETERSON, J. R.; HAMLETT, J. M. Hydrologic calibration of the SWAT model in a watershed containing fragipan soils. Journal of the American Water Resources Association, v. 34, n. 3, p. 531-544, 1998.

PINDER, G. F.; BREDEHOEFT, J. D. Application of the digital computer for aquifer evaluations. Water Resources Research, v. 4, p. 1069-1093, 1968.

RANZINI, M.; RIGHETTO, A. M.; LIMA, W. P.; GUANDIQUE, M. E. G.; ARCOVA, F. C. S.; CICCO, V. Processos hidrológicos de uma microbacia com Mata Atlântica, na região da Serra do Mar, SP. Scientia Forestalis, n. 66, p. 108-119, 2004.

REFSGAARD, J. C.; SETH, S. M.; BATHURST, J. C.; ERLICH, M. Application of the SHE to catchments in India part 1: general results. Journal of Hydrology, n. 140, p. 1-23, 1992.

REFSGAARD, J. C.; STORM, B. MIKE SHE. *In*: SINGH, V. P. (ed.). Computer models of watershed hydrology. Highlands Ranch: Water Resources Publications, 1995. p. 809–846.

REICHARDT, K. Dinâmica da matéria e da energia em ecossistemas. Piracicaba: Departamento de Física e Meteorologia da ESALQ/USP. 1996. 513p.

RICHARDS, L. A. Capillary conduction of liquids in porous mediums. Physics, v. 1, p. 318-333, 1931.

RIGHETTO, A. M. Hidrologia e recursos hídricos. São Carlos: EESCUSP, 1998. 840p.

RODRIGUES, M. Introdução ao geoprocessamento. In: Simpósio Brasileiro de Sensoramento Remoto, 1., São Paulo, 1990. Anais. São Paulo: Escola Politécnica, 1990. p.1-26.

RODRÍGUES-ITURBE, I.; RINALDO, A. Fractal river basins: chance and self-organization. Cambridge: Cambridge University Press, 1997. 547 p.

ROSENTHAL, W. D.; SRINIVASAN, R.; ARNOLD, J. G. Alternative river management using a linked GIG-hydrology model. Transactions of the ASAE, v. 38, n. 3, p. 783-790, 1995.

SHARPLEY, A. N.; WILLIAMS, J. R. EPIC - Erosion Productivity Impact Calculator, 1. Model documentation. Washington: U.S. Department of Agriculture, Agricultural Research Service, 1990. 145p. (Technical Bulletin, 1798).

SHIRMOHAMMADI, A.; MAGETTE, W. L.; BEKDASH, F. A. Environmental evaluation of agricultural practices using modeling and GIS technologies. *In*: World Congress and Ageng'94 Conference on Agricultural Engineering, 12. Milan, 1994. Milan: CIGR, 1994. p. 68-78.

SHUTTLEWORTH, W. Evaporation. *In*: MAIDMENT, D. (ed.) Handbook of hydrology. New York: McGraw-Hill, 1993. 4.1-4.53.

SILVA, R. V.; KOBIYAMA, M. TopModel: teoria integrada e revisão. Revista RA'E GA, v. 14, p. 97-110, 2007.

SILVEIRA, R. N. C. M. Aquífero aluvionar como suporte à irrigação na bacia hidrográfica do Rio Curu, Ceará. 2014. 90p. Dissertação (Mestrado em Irrigação e Drenagem) –Universidade Federal do Ceará, Fortaleza, 2014.

SIMPLICIO, A. A. F.; COSTA, C. A. G.; NAVARRO--HEVIA, J.; ARAÚJO, J. C. Erosion at hillslope and micro-basin scales in the Gilbués desertification region, Northeastern Brazil. Land Degradation & Development, v. 32, n. 3, p. 1487-1499, 20 nov. 2020.

SRINIVASAN, R.; ARNOLD J. G. Integration of a basin-scale water quality model with GIS. Water Resources Bulletin, v. 30, n. 3, p. 453-462, 1994.

STALLINGS, C.; HUFFMAN, R. L.; KHORRAM, S.; GUO, Z. Linking GLEAMS and GIS. St. Joseph: ASAE, 1992. 124p. ASAE Paper, 92-36/13.

STUART, N.; STOCKS, C. Hydrological modeling within GIS: An integration approach. In: Application of geographic information systems in hydrology and water resources management. Vienna: International Association of Hydrological Sciences, 1993. p. 319-329. Publication, 211.

TAVARES, P. R. L.; CASTRO, M. A. H. Simulação de perfis d'água e planícies de inundação relacionados a diferentes cenários de urbanização. *In*: Simpósio Brasileiro de Recursos Hídricos, XVI, João Pessoa, 2005.

TEIXEIRA, W.; TOLEDO, M. C. M.; FAIRCHILD, T. R.; TAIOLI, F. Decifrando a terra. São Paulo: USP - Oficina de Textos, 2000. 557p.

THOMPSON, J. R.; REFSTRUP SØRENSON, H.; GAVIN, H.; REFSGAARD, A. Application of the coupled MIKE SHE/MIKE 11 modeling system to a lowland wet grassland in southeast England. Journal of Hydrology, n. 293, p. 151-179, 2004.

TIM, U. S. Emerging technologies for hydrologic and water quality modeling research. Transactions of the ASAE, v. 39, n. 20, p. 465-476, 1996.

TIM, U. S.; JOLLY, R. Evaluating agricultural nonpoint-source pollution using integrad geographic information systems and hydrology/water quality model. Journal in Environmental Quality, v. 23, p. 25-35, 1994.

TRESCOTT, P. C.; LARSON, S. P. Comparison of iterative methods of solving two-dimensional groundwater flow equations. Water Resources Research, v. 13, p. 125-136, 1977.

TROCH, P. A.; PANICONI, C.; McLAUGHLIN, D. Catchment-scale hydrological modeling and data assimilation. Advances in Water Resources, v. 26, p. 131-135, 2003.

TROCH, P. A.; PANICONI, C.; VAN LOON, E. E. Hillslope-storage Boussinesq model for subsurface flow and variable source areas along complex hillslopes: 1. Formulation and characteristic response. Water Resources Research, v. 39, p. 1316-1327, 2003.

TSUKAMOTO, Y. An experiment on subsurface flow. Journal of Japanese Society Forestry, v. 43, p. 61-68, 1961.

TUCCI, C. E. M. Modelos hidrológicos. Porto Alegre: Editora Universidade - ABRH, 1998. 669p.

TUCCI, C. E. M. Modelos hidrológicos. Porto Alegre: UFRGS, 2005. 678p.

U.S. DEPARTAMENT OF AGRICULTURE. Soil Conservation Service. Hydrology. National engineering handbooks. Washington: USDA, 1972. (Section 4).

USACE - US Army Corps of Engineers, Hydrologic Engineering Center. HEC - RAS River analysis system: User's manual. Davis: HEC, 2010b. 785p.

USACE US Army Corps of Engineers (2010a) HEC-HMS User's Manual. US Army Corps of Engineers, Davis, 785p.

USACE-HEC - US Army Corps of Engineers, Hydrologic Engineering Center. Hydrologic Modeling System, HEC-HMS v3.3 - User's manual. Davis: US Army Corps of Engineers, Hydrologic Engineering Center, September 2008a.

USACE-HEC - US Army Corps of Engineers, Hydrologic Engineering Center. Hydrologic Modeling System, HEC-HMS - Applications guide. Davis: US Army Corps of Engineers, Hydrologic Engineering Center, March 2008b.

VAN DAM, J. C.; FEDDES, R. A. Numerical simulation of infiltration, evaporation, and shallow groundwater levels with the Richards equation. Journal of Hydrology, v. 233, p. 72-85, 2000.

VAN DER KWAAK, J.; LOAGUE, K. Hydrologic--response simulations for the R-5 catchment with a comprehensive physics-based model. Water Resources Research, v. 39, p. 37, p. 999-1013, 2001.

VAN GRIENSVEN, A.; MEIXNER, T.; GRUNWALD S.; BISHOP, T. S.; DILUZIO, M.; SRINIVASAN, R. A global sensitivy analysis tool for the parameters of multi-variable catchment models. Journal of Hydrology, v. 324, n. 1, p. 10-23, 2006.

VETTORAZZI, C. A. Sensoriamento remoto orbital. Piracicaba: ESALQ, Departamento de Engenharia Rural. 1992. 134p. Série Didática, 2.

VOSS, C. I.; PROVOST, A. M. Sutra, a model for saturated-unsaturated variable density ground-water flow with energy or solute transport. Reston: USGS, 2002. 250p. US Geological Survey, Open-file report 02-4231.

WIGMOSTA, M.; VAIL, L.; LETTENMAIER, D. A distributed hydrology-vegetation model for complex terrain. Water Resources Research, v. 30, n. 6, p. 1665-1679, 1994.

WILSON, B.; WANG, B. Prediction of surface drainage networks for GIS and water quality models, 3p, 1998. Disponível em: http://www.bae.umn.edu/annrpt/research/water8.html.

WISCHMEIER, W. H.; SMITH, D. D. Predicting rainfall erosion losses: a guide to conservation planning. Department of Agriculture, Science and Education Administration. 1978. 67p.

YOUNG, D. W.; DOZER, G. J. Heuristic approach to the evaluation of groundwater uses in San Pedro watershed in southeasten Arizona. *In*: Proceedings of the First Annual Symposium, Arizona Hydrological Society. September, 16-17, Phoenix, AZ, Phoenix, AZ: Arizona Hydrological Society, p. 14-34, 1988.

YOUNG, R. A.; ONSTAD, C. A.; BOSCH, D. D.; ANDERSON, W. P. Agricultural non-point pollution model (AGNPS). A watershed analysis tool. USDA Conservation Research Report, 35, 1987.

ZAKIA, M. J. B. Identificação e caracterização da zona ripária em uma microbacia experimental: implicações no manejo de bacias hidrográficas e na recomposição de matas nativas. 1998. 98 p. Tese (Doutorado na área Engenharia Ambiental) - Escola de Engenharia de São Carlos, Universidade de São Paulo, 1998.

Capítulo 12

BRAGA, A. C. O, Métodos geoelétricos aplicados: Módulo: Hidrogeologia. Rio Claro: Universidade Estadual Paulista UNESP/IGCE/DGA, 2001. 91p.

BURTE, J. D.; SCHRADER, G. O. Programa pingo d'água. Quixeramobim: Relatório de atividades, 1999. 105p.

CALHEIROS, R. O. Nascentes: produção, captação e cuidados com a água para consumo doméstico. Syngenta - gerência de relações institucionais. São Paulo, 2010. 98 p.

CAVALCANTE, I. N. Fundamentos hidrogeológicos para gestão integrada de recursos hídricos na Região Metropolitana de Fortaleza, Estado de Ceará. 1998. 153p. Tese (Doutorado em Geociências) - Instituto de Geociências, Universidade de São Paulo, São Paulo, 1998.

COMPANHIA AMBIENTAL DO ESTADO DE SÃO PAULO (CETESB). Relatório de qualidade das águas subterrâneas do Estado de São Paulo: 2001-2003. Secretaria de Estado do Meio Ambiente, São Paulo, 2004. 234p.

COSTA, W. D. Avaliação de reservas, potencialidade e disponibilidade de aquífero. In: Congresso Brasileiro de Águas Subterrâneas, 10. Anais [...], [s. l.], 1998. Disponível em: https://aguassubterraneas.abas.org/asubterraneas/article/view/22276/14619. Acesso em: 10 set. 2018.

DAKER, A. A água na agricultura - 2º Volume: Captação, elevação e melhoramento da água. Rio de Janeiro: Livraria Freitas Bastos, 1988. 439 p.

DARCY, H. Les fontaines publiques de la ville de Dijon. Paris: Dalmon, 1856, 13p.

DEPARTAMENTO DE ÁGUA E ENERGIA ELÉTRICA (DAEE). Programa de treinamento técnico: projeto, perfuração e operação de poços profundos. Secretaria de Obras e

Meio Ambiente do Estado de São Paulo, Ribeirão Preto, 1983. 249 p.
FEITOSA, F. A. C.; MANOEL FILHO, J. Hidrogeologia: conceitos e aplicações CPRM. 2000. 2. ed. paginação irregular. 391p.
FEITOSA, E. C. *et al.* Avaliação de Recursos Hídricos Subterrâneos. In: FEITOSA, F. A. C.; MANOEL FILHO, J.; FEITOSA, E. C.; DEMETRIO, J. G. A. (eds.). Hidrologia: conceitos e aplicações. 3. Ed. Rio de Janeiro: CPRM, labhid, 2008. P. 661-671.
JOHNSON DIVISION. **Água subterrânea e poços tubulares**; tradução da primeira edição do original norte-americano, Groundwater and wells, publicado pela UOP Johnson Division. Saint Paul. 2. ed. rev. São Paulo: CETESB, 1974.
MACHADO, J. L. F. Águas subterrâneas e poços: uma jornada através dos tempos. Porto Alegre: EST Edições, 2008. 126 p.
MARTÍNEZ, J. A. T.; JURGEN, M.; ARTURO, H. A.; ABRAHAN, M. Origin of the salinity in the coastal aquifer of La Paz, Mexico. Procedia Earth and Planetary Science, v. 17, p. 520-523, 2017.
NUNES, K. G. Recursos hídricos subterrâneos e estratégias de produção agropecuária no semiárido brasileiro. 2021. 135p. Tese (Doutorado em Engenharia Agrícola) -Universidade Federal do Ceará, Fortaleza, 2021.
REICHARDT, K. Dinâmica da matéria e da energia em ecossistemas. Piracicaba: Departamento de Física e Meteorologia da Esalq/USP, 1996. 513 p.
SILVEIRA, R. N. C. M. Aquífero aluvionar como suporte à irrigação na bacia hidrográfica do Rio Curu, Ceará. 2014. 90p. Dissertação (Mestrado em Irrigação e Drenagem) - Universidade Federal do Ceará, Fortaleza, 2014.
TEIXEIRA, W.; TOLEDO, M. C. M.; FAIRCHILD, T. R.; TAIOLI, F. Decifrando a terra. São Paulo: USP - Oficina de Textos, 2000. 557p.
THIEM, G. Hydrologische methoden. Leipzig: J. M. Gephardt, 1906, 56p.
THORNTHWAITE, C. W.; MATHER, J. R. The water balance. Centerton, NJ: Drexel Institute of Technology. 104p. Publications in Climatology, vol. VIII, n.1. 1955.

Capítulo 13

ADIN, A.; SACKS, M. Dripper clogging factors in wastewater irrigation. Journal of Irrigation and Drainage Engineering. v. 117, n. 6, p. 813-826, 1991.
ARAÚJO, W. F. Aplicação de água carbonatada em abobrinha em solo com e sem cobertura plástica. 2002. 86p. Tese (Doutorado em Irrigação e Drenagem) - Escola Superior de Agricultura "Luiz de Queiroz", Universidade de São Paulo, Piracicaba, 2002.
AUSTRALIAN WATER RESOURCES COUNCIL. Quality aspects of farm water supplies. Canberra: Department of National Development, 1969. 45p.
AYERS, R. S.; WESTCOT, D. W. A qualidade da água na agricultura. 2. ed. Campina Grande: UFPB. 1999. 153p. Estudos FAO: Irrigação e Drenagem, 29.
CLARK, G. A.; SMAJSTRLA, A. G. Treating irrigation systems with chlorine. Gainsville: Cooperative Extension Service. IFAS. University of Florida, 1999. 6p. Circular 1039.
CONSELHO NACIONAL DO MEIO AMBIENTE (CONAMA). Resolução CONAMA N° 86, de 18 de junho de 1986. Disponível em: https://www.icmbio.gov.br/cepsul/images/stories/legislacao/Portaria/1986/res_conama_20_1986_revgd_classificacaoaguas_altrd_res_conama_274_2000_revgd_357_2005.pdf.
CONSELHO NACIONAL DO MEIO AMBIENTE (CONAMA). Resolução CONAMA N° 357, de 17 de março de 2005. Disponível em: https://www.icmbio.gov.br/cepsul/images/stories/legislacao/Resolucao/2005/res_conaa_357_2005_classificacao_corpos_agua_rtfcda_altrd_res_393_2007_397_2008_410_2009_430_2011.pdf.
COSTA, C. C. Estudo da susceptibilidade de tubos gotejadores ao entupimento por precipitado químico de ferro. 2000. 85p. Dissertação (Mestrado em Engenharia Agrícola) -Universidade Federal de Lavras, Lavras, MG, 2000.
DEMATTE, J. B.; CASSIANO SOBRINHO, F.; MENDONÇA, J. R. Influência da irrigação por gotejamento e aspersão sobre o desenvolvimento e produção da cultura de alface (*Lactuca sativa* L) cv. Brasil - 48. Científica, v. 9, p. 207-213, 1981.
GILBERT, R. G.; FORD, H. W. Operational principles. *In*: NAKAYAMA, F. S.; BUCKS, D. A. (eds.). Trickle irrigation for crop production. Amsterdam: Elsevier, 1986. cap. 3, p. 142-163.

GILBERT, R. G.; NAKAYAMA, F. S.; BUCKS, D. A.; FRENCH, O. F.; ADAMSON, K. C. Trickle irrigation: emitter clogging and flow problems. Agricultural Water Management, v. 3, n. 3, p. 159-178, 1981.

GILBERT, R. G.; NAKAYAMA, F. S.; BUCKS, D. A.; FRENCH, O. F.; ADAMSON, K. C.; JOHNSON, R. M. Trickle irrigation: predominant bacteria in treated Colorado River water and biologically clogged emitters. Irrigation Science, v. 3, p. 123-132, 1982.

JAMES, L. G. Principles of farm irrigation system design. New York: John Wiley & Sons. 1988. 543p.

KAY, M. G.; TYRREL, S. F.; HOWSAM, P. Biofouling in drip/trickle irrigation systems. *In*: RYDZEWSKI, J. R. (ed.). Irrigation: theory and practice. London: Pentech Press, 1989. p. 652-659.

KELLER, J.; BLIESNER, R. D. Sprinkler and trickle irrigation. New York: van Nostrand Reinhold, 1990, 652p.

LOPEZ, R. J.; ABREU, J. M. H.; REGALADO, A. P.; HERNANDEZ, J. F. G. Riego localizado. 2. ed. Madri: Mundi-Prensa, 1997. 405p.

MICHALAKOS, G. D.; NIEVA, J. M.; VAYENAS, D. V.; LYBERATOS, G. Removal of iron from potable water using a trickling filter. Water Research, v. 31, n. 5, p. 991-996, 1997.

NAKAYAMA, F. S.; BUCKS, D. A. Water quality in drip/trickle irrigation: A review. Irrigation Science, v. 12, p. 187-192, 1991.

NAKAYAMA, F. S.; BUCKS, D. A.; FRENCH, O. F. Reclaiming partially clogged trickle emitters. Transactions of the ASAE, v. 20, p. 278-280, 1977.

NATIONAL ACADEMY OF SCIENCES. Nutrient and toxic substances in water for livestock and poultry. Washington DC: National Academy of Sciences, 1974. 93p.

NATIONAL ACADEMY OF SCIENCES; NATIONAL ACADEMY OF ENGINEERING. Water quality criteria. Washington DC: United States Environment Protection Agency, 1972. 592p. Report No. EPA-R373-033.

PADMAKUMARI, O.; SIVANAPPAN, R. K. Study on clogging in drip systems. In. International Drip/Trickle Irrigation Congress, 3., Fresno, 1985. Proceedings... St. Joseph: ASAE, 1985. p. 80-83.

PESCOD, M. D. Wastewater treatment and use in agriculture. Rome: FAO, 1992. 125p. FAO. Irrigation and Drainage Paper, 47.

PITTS, D. J.; HAMAN, D. Z.; SMAJSTRLA, A. G. Causes and prevention of emitter plugging in microirrigation systems. Gainsville: University of Florida, Florida Cooperative Extension Service, 1990. 12p. Bulletin, 258.

PIZARRO, F. Riegos localizados de alta frequencia. 3.ed. Madri: Mundi Prensa, 1996. 513p.

RAVINA, I.; PAZ, E.; SOFER, Z.; MARCU, A.; SCHISCHA, A.; SAGI, G. Control of emitter clogging in drip irrigation with reclaimed wastewater. Irrigation Science, v.13, p.129-139, 1992.

RAVINA, I.; PAZ, E.; SOFER, Z.; MARCU, A.; SCHISCHA, A.; SAGI, G.; YECHIALY, Z.; LEV, Y. Control of clogging in drip irrigation with stored treated municipal sewage effluent. Agricultural Water Management, v.33, p.127-137, 1997.

RESENDE, R. S. Suscetibilidade de gotejadores ao entupimento de causa biológica e avaliação do desentupimento via cloração da água de irrigação. Piracicaba: Escola Superior de Agricultura "Luiz de Queiroz", Universidade de São Paulo, 1999. 77p. Dissertação Mestrado em Irrigação e Drenagem.

RESENDE, R. S. Intrusão radicular e efeito de vácuo em gotejamento enterrado na irrigação de cana-de-açúcar. Piracicaba: Escola Superior de Agricultura "Luiz de Queiroz", Universidade de São Paulo, 2003. 124p. Tese de Doutorado em Irrigação e Drenagem.

SHANNON, P. E. Sediment transport and deposition in trickle irrigation laterals. Transaction of the ASAE, v. 25, n. 1, p. 160-164, 1982.

SMAJSTRLA, A. G. Causes and prevention of emitter clogging in microirrigation systems. Irrigation Journal, v. 45, n. 3, p. 14-17, 1995.

SOUZA, J. A. A.; CORDEIRO, E. A.; COSTA, E. L. Aplicação de hipoclorito de sódio para recuperação de gotejadores entupidos em irrigação com água ferruginosa. Revista Brasileira de Engenharia Agrícola e Ambiental, v. 10, n. 1, p. 5-9, 2006.

SUAREZ, D. L. Relation between pHc and sodium adsorption ratio (SAR) and an alternate method of estimating SAR of soil or drainage waters. Soil Science Society of America Journal, v.45, p.469-475, 1981.

UCCC - University of California Committee of Consultants. Guidelines for interpretation of water quality for agriculture. Davis: University of California. 1974. 13p.

VERMEIREN, L.; JOBLING, G. A. Irrigação localizada. Campina Grande: UFPB, 1997. 218p. Estudos FAO: Irrigação e Drenagem, 36.

VIDELA, H. A. Biocorrosão, biofouling e biodeterioração de materiais. São Paulo: Edgard Blücher, 2003. 148p.

Capítulo 14

AGÊNCIA NACIONAL DE ÁGUAS E SANEAMENTO (ANA). Conjuntura recursos hídricos Brasil. Informe anual. Brasília: ANA, 2019a. 110p. https://www.snirh.gov.br/portal/centrais-de-conteudos/conjuntura-dos-recursos-hidricos

AGÊNCIA NACIONAL DE ÁGUAS E SANEAMENTO (ANA). Manual de usos consuntivos da água no Brasil. Brasília: ANA, 2019b. 75p. https://www.snirh.gov.br/portal/snirh/centrais-de-conteudos/central-de-publicacoes/ana_manual_de_usos_consuntivos_ da_agua_no_brasil.pdf/view

BARTH, F. T.; POMPEU, C. T.; FILL, H. D.; TUCCI, C. E. M.; KELMAN, J.; BRAGA JÚNIOR, B. P. F. Modelos para gerenciamento de recursos hídricos. São Paulo: Nobel/ABRH, 1987. 526p.

BRASIL. Lei nº 9.433, de 8 de janeiro de 1997. Institui a Política Nacional de Recursos Hídricos, cria o Sistema Nacional de Gerenciamento de Recursos Hídricos, regulamenta o inciso XIX do art. 21 da Constituição Federal, e altera o art. 1º da Lei nº 8.001, de 13 de março de 1990, que modificou a Lei nº 7.990, de 28 de dezembro de 1989. Diário Oficial da União, Brasília, DF, 9 jan. 1997. Disponível em: https://www.planalto.gov.br/ccivil_03/leis/l9433.htm

FELICIDADE, N.; MARTINS, R. C.; LEME, A. A. Uso e gestão de recursos hídricos do Brasil. São Carlos: Rima, 2001. 238p.

TUNDISI, J. G. Água no século XXI: enfrentando a escassez. São Carlos: Rima, 2003. 247p.

Conheça mais obras
publicadas pela editora